鲲鹏生态应用开发

北京博海迪信息科技有限公司　主编
林康平　李黄　俞翔　编著

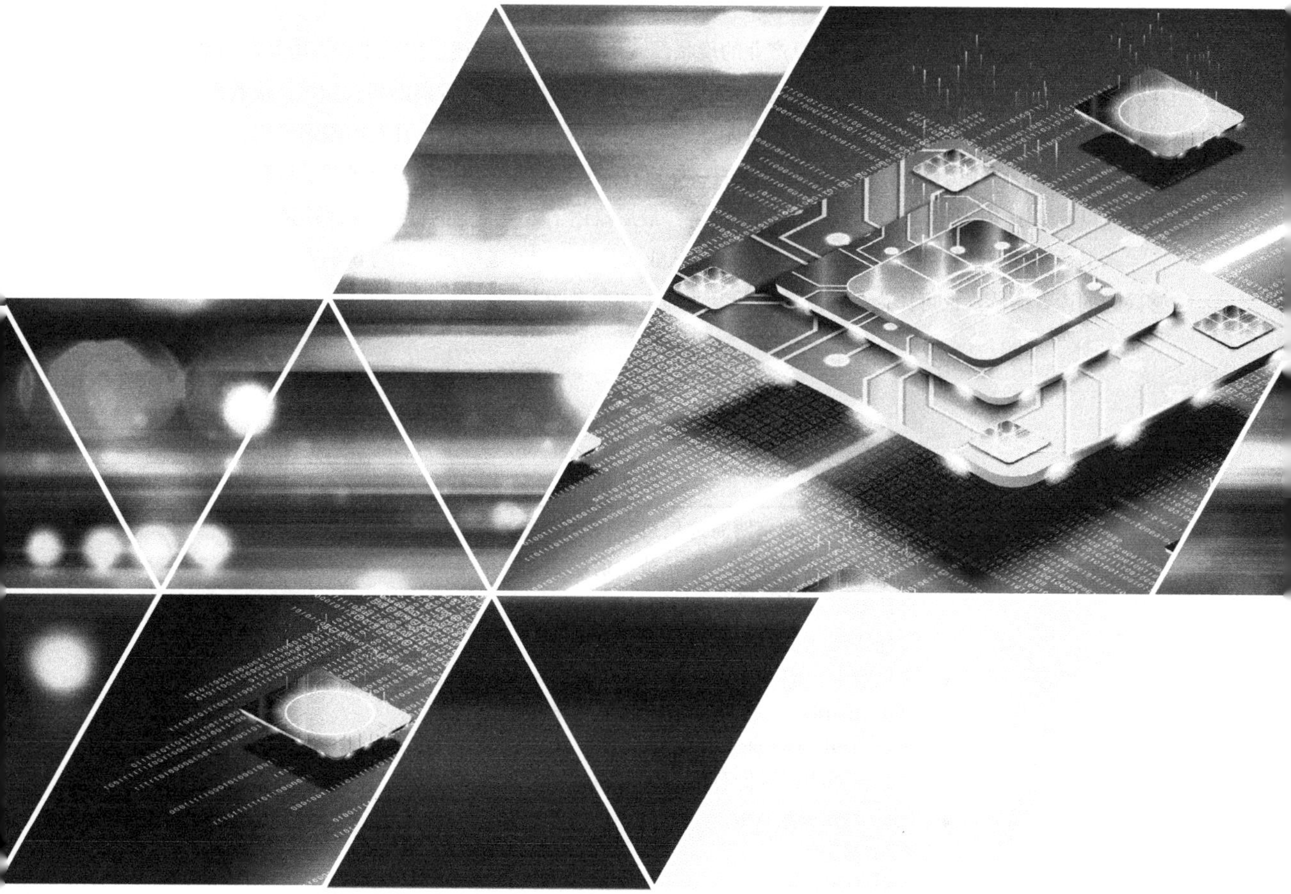

人民邮电出版社
北京

图书在版编目（CIP）数据

鲲鹏生态应用开发 / 北京博海迪信息科技有限公司主编 ; 林康平, 李黄, 俞翔编著. -- 北京 : 人民邮电出版社, 2021.11
（鲲鹏生态职业认证系列丛书）
ISBN 978-7-115-57676-7

Ⅰ. ①鲲… Ⅱ. ①北… ②林… ③李… ④俞… Ⅲ. ①移动终端－应用程序－程序设计 Ⅳ. ①TN929.53

中国版本图书馆CIP数据核字(2021)第211718号

内 容 提 要

本书系统、详细地介绍了鲲鹏计算产业的现状及应用。本书首先讲述了鲲鹏生态应用开发的基础知识，其中包括计算产业发展概述、计算产业组成、鲲鹏生态概述以及鲲鹏处理器的相关知识；接着系统地讲解了鲲鹏云平台上软件迁移的原理和步骤，并基于大量实验操作介绍了由华为开发的鲲鹏代码扫描和移植工具的具体内容及使用方法，介绍了不同场景的软件迁移流程；借助实验流程重点讲解了鲲鹏应用开发环境的搭建以及基于鲲鹏计算平台的应用发布与部署；最后概述了鲲鹏产业的行业以及通用解决方案。

本书适合计算机相关领域的研发人员、ICT 从业人员、希望通过鲲鹏认证考试的人员以及对鲲鹏生态感兴趣的读者阅读，也可作为高等院校相关专业师生的参考图书。

◆ 主　　编　北京博海迪信息科技有限公司
编　　著　林康平　李　黄　俞　翔
责任编辑　李　静
责任印制　陈　犇

◆ 人民邮电出版社出版发行　　北京市丰台区成寿寺路 11 号
邮编　100164　　电子邮件　315@ptpress.com.cn
网址　https://www.ptpress.com.cn
北京盛通印刷股份有限公司印刷

◆ 开本：787×1092　1/16
印张：29.5　　　　2021 年 11 月第 1 版
字数：660 千字　　　　2024 年 12 月北京第 3 次印刷

定价：139.80 元

读者服务热线：(010)53913866　印装质量热线：(010)81055316
反盗版热线：(010)81055315
广告经营许可证：京东市监广登字 20170147 号

编 委 会

序言一

处理器+操作系统是计算机系统的核心，也是产业生态的核心，更是安全的基石，涉及每一个单位、每一个个体，甚至上升到国家层面。多样性计算、人工智能、大数据、云计算等新兴技术正在驱动下一代操作系统创新发展，“新基建”、数字经济进一步加大基础技术自主创新的研发投入，信息产业自主可控发展迎来新机遇。

随着云计算、人工智能时代的到来，新的计算架构拐点出现，从主机生态到开放架构 x86 生态再到云计算生态，IT 发展的每个阶段都有处于引领和主导地位的生态，而生态的完善和壮大也推动着算力的发展和提升。5G 规模化商用+AIoT 技术快速发展，推动边缘侧数据采集量及计算需求空前提升。移动互联网蓬勃发展，物联网、人工智能等领域的创新应用井喷式涌现。应用场景的多样化带来了数据的多样性，从行业趋势和应用需求看，多种计算架构的组合是实现最优性能计算的必然选择。

以鲲鹏和昇腾处理器为核心、贯穿整个 IT 基础设施及行业应用的“鲲鹏生态”雏形已现。鲲鹏生态将引领多样性计算时代的发展，为云计算、大数据、物联网、人工智能、边缘计算等提供强大的算力支撑，为软件产业持续创新提供源源不断的发展动力。发展鲲鹏生态离不开人才的培育，人才是促进鲲鹏计算产业可持续发展的“星星之火”。发展鲲鹏生态就要建好人才底座，从而为计算产业培养高质量创新人才。但目前人才瓶颈问题突出，传统产业转型和新兴产业发展对鲲鹏生态人才需求激增，但国内人才缺口持续加大，高端复合型人才仍然严重不足。

由人民邮电出版社和北京博海迪信息科技有限公司（泰克教育）联合策划、出版的《鲲鹏生态职业认证系列丛书》定位为高校及职业院校教学、ICT 从业人员参考用书。这套丛书将鲲鹏、昇腾、OpenEuler 等产业前沿技术和实践实训密切结合，课程案例与产业接轨，让读者了解产业的真实需求。作为行业内少有的实操性质的书籍，这套丛书内容详尽、示例丰富、结构清晰、通俗易懂，更加注重理论与实践的紧密结合，对重点、难点内容给出了详细的操作流程，将读者从枯燥的理论学习中引导至实际案例操作当中，赋予读者更加强大的动手实践能力，便于读者学习和查阅。

这套丛书将产业前沿技术与院校教学、科研、实践相结合，是产教融合实践的有益尝试，对有效推进鲲鹏人才培养、助力鲲鹏产业生态建设具有重要意义。

倪光南

中国工程院院士

2021 年 10 月

序言二

鲲鹏计算产业在国家政策指导及创新、绿色、开放、共享的发展理念指引下，打造了以行业生态、商业生态、技术生态及人才生态为方向的鲲鹏计算产业生态，以鲲鹏处理作为核心支撑点，将政府、企业、高校、人才培养紧密联系，组成可持续发展的良性生态。

作为聚焦教育和科技深度融合的国家高新技术企业，北京博海迪信息科技有限公司（泰克教育）在鲲鹏计算生态建设中积极贡献力量。由泰克研发的产教融合实训云通过了鲲鹏云服务兼容性认证，与华为 Atlas 人工智能计算平台完成了兼容性测试，为鲲鹏生态人才培养奠定了基础。泰克教育是首批华为鲲鹏凌云伙伴，与研究型本科、应用型本科、高职等多所院校合作共建鲲鹏产业学院及鲲鹏人才培养体系，为社会培养了具备鲲鹏适配、研发、服务能力的人才超过 20000 名。

当前计算产业空间巨大，需要更多优秀的人才加入产业建设中。泰克基于教育行业多年的经验积累，为全国院校培养信息通信技术人才提供实践平台，联合学校、政府共同探索人才培养新模式，创新教育组织形态，促进教育和产业联动发展。目前，泰克以产教融合基地建设、院校专业建设、产业学院、国际化合作等多维度与院校和区域政府展开深入合作，促进教育和产业统筹融合、良性互动的发展。

感谢读者对《鲲鹏生态职业认证系列丛书》的支持和信任，这套丛书涵盖产业前沿技术的讲解、丰富的课程案例、实践实训等内容，为高校及职业院校教学科研、ICT 从业人员实践提升提供参考。泰克教育的资深技术专家和高校一线教师共同组成编写团队，将最新的鲲鹏生态相关技术与产业实践融入这套丛书中，方便学员深入浅出地了解行业发展。

道阻且长，行则将至，行而不辍，未来可期。泰克将持续脚踏实地、躬耕前行，在鲲鹏生态建设和信息通信技术人才培养领域助力院校、企业和政府，为产业发展奠定坚实的人才底座。

北京博海迪信息科技有限公司（泰克教育）总经理

2021 年 10 月

前 言

计算产业是IT技术的基础，是每一次产业变革的驱动力，从云计算、大数据、人工智能，到区块链、边缘计算、物联网都离不开强大的计算能力的支持。计算多样性时代产生了大量异构计算的需求，多种计算架构的组合成为最优的解决路径。

鲲鹏计算产业是基于鲲鹏处理器的基础软硬件设施、行业应用及服务，涵盖从底层硬件、基础软件到上层行业应用的全产业链条。纵观鲲鹏计算产业生态全景，硬件方面，围绕鲲鹏处理器，涵盖昇腾AI芯片、智能网卡芯片、底板管理控制器（BMC）芯片、固态硬盘（SSD）、磁盘阵列卡（RAID卡）、主板等部件以及个人计算机、服务器、存储等整机产品。基础软件方面，涵盖操作系统、虚拟化软件、数据库、中间件、存储软件、大数据平台、数据保护和云服务等基础软件及平台软件。行业应用方面，鲲鹏计算产业生态覆盖政府、金融、电信、能源等各领域应用，提供全面、完整、一体化的信息化解决方案。

本书为各位读者详细介绍了鲲鹏计算产业的现状及应用。本书首先概述了鲲鹏生态的体系结构；重点介绍了鲲鹏生态产业的应用移植；介绍了基于鲲鹏计算平台进行业务的性能优化以及基于鲲鹏计算平台的应用发布与部署；最后为各位读者概述了鲲鹏产业的行业以及通用解决方案。本书通过大量具体的案例，引领读者更快、更轻松地掌握鲲鹏生态的应用技术。

本书定位于对鲲鹏生态感兴趣的各位读者、ICT 从业人员以及高校老师与学生。本书可帮助高校老师、学生以及企业人员进一步了解及使用鲲鹏生态建设带来的成果，并平滑地过渡到鲲鹏生态建设中，为国产化、自主化建设添砖加瓦。

本书的完成离不开泰克教育的大力扶持及高校老师的鼎力相助。他们在本书的撰写过程中提供了高价值的参考意见，为本书的质量提升提供了非常大的帮助。

目 录

第1章 鲲鹏体系介绍

学习目标

- ♦ 了解计算产业发展概述
- ♦ 掌握华为鲲鹏（Kunpeng）处理器相关内容
- ♦ 掌握 TaiShan 服务器相关内容

本章主要介绍鲲鹏生态应用开发的基础知识，包括计算产业发展概述、鲲鹏计算产业组成、鲲鹏生态概述等，重点了解华为鲲鹏处理器。

1.1 计算产业发展概述

以“信息技术”为特征的第三次工业革命，将世界带入数字化时代；以“智能技术”为特征的第四次工业革命，目前正在席卷全球，将会把人类社会带入智能化时代。那么，计算产业的定义到底是什么呢？其实，计算产业指的就是与 IT（Information Technology，信息技术）计算能力相关的各种产业。例如个人 PC（Personal Computer，个人计算机）、服务器、中间件、虚拟化、存储等。简而言之，计算产业是 IT 技术的基础，是每一次产业变革的驱动力，从云计算、大数据、人工智能，到区块链、边缘计算、物联网都离不开强大的计算能力的支持。

1.1.1 移动应用云化、万物互联兴起（万物互联时代背景）

在万物互联（Internet of Everything，IoE）的定义中，人、流程、数据和事物结合在一起使网络连接变得更加相关，更有价值。万物互联将信息转化为行动，为企业、个人以及国家创造新的功能，并带来更加丰富的体验和前所未有的经济发展机遇。

互联网给国家、企业和个人带来许多福利，通过信息的民主化改进教育，通过电子商务促进经济增长，通过支持广泛的合作加快商业创新。如今，我们正从“物联网”（Internet of Things，IoT）走入“万物互联”的时代，所有的东西将会获得语境感知能力，增强的处理能力和更好的感应能力。将人和信息加入互联网中，你将会得到一个集合十亿甚至万亿连接的网络。这些连接创造了前所未有的机会并且给沉默的东西赋予声音。

随着越来越多的事物、人、数据和互联网联系起来，互联网的力量正呈指数增长。同时在计算产业，AI（Artificial Intelligence，人工智能）、AIoT（Artificial Intelligence & Internet of Things，人工智能物联网）、应用和数据的多样性管理都对计算提出了新的需求。当前计算产业呈现 2 个变化趋势。第一个是在我们的日常生活中，移动智能终端逐渐取代传统的 PC。有数据显示，2018 年全球传统 PC 出货量为 2.5 亿台，连续七年下滑。与之相反，2018 年全球移动智能终端出货量突破 16 亿部。这意味着计算能力正在从 x86 架构向 ARM（Advanced RISC Machine）架构转移，应用正从 PC 应用向移动应用，再向移动应用云化转移。新的算力需求意味着云数据中心侧与端侧同构的算力需要高性能、高并发、高吞吐的算力支持。第二个是万物互联的时代将为我们带来海量的数据，2018 年全球连接设备的数量已超过 230 亿，预计到 2025 年将突破 1000 亿。对于海量数据的处理需求，在边缘侧，需要对采集的数据进行实时的智能分析、处理，提出 AI 的算力需求；在数据中心侧，分析、处理海量的数据需要高并发、高性能、高吞吐的计算能力。

1.1.2 单一架构向多种计算架构组合演进

云计算（Cloud Computing）是继 20 世纪 80 年代由大型计算机向客户端/服务器

（Client-Server，C/S）模式大转变后，信息技术的又一次革命性变化。云计算是网格计算、分布式计算、并行计算、效用技术、网络存储、虚拟化和负载均衡等传统计算机和网络技术发展融合的产物，其目的是通过基于网络的计算方式，将共享的软件/硬件资源和信息进行组织整合，按需提供给计算机和其他系统使用。云计算作为虚拟化的一种延伸，影响范围越来越大。即便如此，云计算依然不能支持复杂的企业环境。因此，基于对现有云计算产品的分析，结合个人经验，总结出一套云计算架构，该架构主要可分为显示层、中间层、基础设施层、管理层四层。

海量应用的涌现，以及云计算、大数据、人工智能等技术的飞速发展，助推计算多样性，未来的计算不仅要满足端、边、云等全场景需求，同时还要支撑电信、制造、金融、能源等传统行业的数字化转型，这标志着智能计算的时代已经来临。

时代发展逐渐证明多样性计算组合才是最优路径。在计算多样性的智能计算时代，没有任何一种单一的计算架构可以满足所有场景、所有数据类型的处理需求。比如摩尔定律，它是由戈登•摩尔（Gordon Moore）提出来的，其内容为："当价格不变时，集成电路上可容纳的元器件的数目，约每隔 18～24 个月便会增加一倍，性能也将提升一倍。"换言之，一美元所能买到的电脑性能，每隔 18～24 个月将翻一倍。这一定律已经不适用于当前计算产业的发展趋势。因为传统的单一的计算架构已经不能满足当前所有的计算场景、所有的数据类型的处理需求。在计算多样性的时代，我们有大量异构计算能力的需求。多种计算架构共存的异构计算将是计算架构重构的最优路径。基于对发展趋势的理解，华为正在积极满足数据与应用多样性带来的计算多样性需求，推动计算架构向"x86+ARM+GPU（Graphics Processing Unit，图形处理器）+NPU" 的多样性架构发展。

基于"重新定义计算架构"的战略目标，华为聚焦鲲鹏（KunPeng）处理器与昇腾 AI 处理器，分别面向通用计算场景和人工智能场景，建立计算产业核心竞争力，引领计算产业迈向智能和多样性计算时代。华为公司的计算战略就是打造多样化计算架构、构建基于鲲鹏处理器和 AI 昇腾处理器的计算平台。华为一直秉承"聚焦处理器技术、硬件开放、软件开源、伙伴优先"的理念，注重鲲鹏计算产业生态的构建，通过更深入的技术合作，更丰富的业务创新，与伙伴共赢，共同构建鲲鹏计算产业生态。

围绕鲲鹏计算平台和昇腾计算平台，华为以五大系列自研计算芯片为基石[鲲鹏处理器、昇腾 AI 处理器、智能 SSD（Solid State Disk 或 Solid State Drive，固态硬盘）控制器芯片、智能网卡芯片、智能管理芯片]，基于两大智能引擎（智能管理引擎与智能加速引擎），突破摩尔定律极限，提升管理效率，进行面向全场景的智能计算解决方案布局。在多样性计算以及建设绿色数据中心的趋势下，华为推出了新一代数据中心服务器——TaiShan 服务器。TaiShan 服务器基于华为鲲鹏处理器，具有多核、高并发、高效能的优势，适用于大数据、分布式存储、原生应用、数据库等应用场景。无论是打造鲲鹏和昇腾两大计算平台，还是提供覆盖云、边、端的全栈全场景智能计算解决方案，华为都致力于以多样化的算力，加速传统数据中心智能化升级，使能行业智能化再造，实现构建万物互联的智能世界的愿景。

1.1.3 计算产业空间与产值

华为鲲鹏借力 ARM，剑指计算产业万亿空间。华为鲲鹏逐步突破 ARM 体系在服务器市场的应用边界。ARM 之前由于高密度低功耗的特点，且一般只适合轻量级的工作负载，因此在 PC 和服务器等应用场景下显得力不从心。随着 ARM 公司针对全新基础架构和各种应用场景公布 Neoverse 处理器 IP（Internet Protocol，网络互连协议）路线图，ARM 产品的应用边界被逐渐打开，其中大规模数据中心就是其中重要的一块。鲲鹏 920 处理器和鲲鹏 920s 处理器目前主要的应用场景是服务器和云计算市场，在高性能测试方面，鲲鹏 920 处理器的整体测试性能超过 930 分，同时还推出了基于鲲鹏芯片的 TaiShan 服务器，其鲲鹏芯片处于基于 ARM 服务器 CPU（Central Processing Unit，中央处理器）高性能的第一梯队。

目前 ARM 在移动端有着不可比拟的优势，根据 ARM 公司财报表述，目前 ARM 约占 90%的移动和 IoT 市场，发货量是 1500 亿个。ARM 在移动端生态较为完善，且在并发性能、功耗、集成度等方面都保持着领先优势，后续这些优势有望从移动端逐步延续到服务器端和 PC 端。同时对于鲲鹏来说，鲲鹏产业有望通过三步走战略，即从树立标杆客户到拓展部分行业再到实现全行业全场景覆盖，掘金万亿全球计算产业（根据 IDC 预测，到 2023 年，全球计算产业投资空间达 1.14 万亿美元。中国计算产业投资空间达 1043 亿美元，接近全球的 10%）。

1.2 鲲鹏计算产业组成

如图 1-1 所示，鲲鹏计算产业是基于鲲鹏处理器的基础软硬件设施、行业应用及服务，涵盖从底层硬件、基础软件到上层行业应用的全产业链条。纵观鲲鹏计算产业生态全景，硬件方面，围绕鲲鹏处理器，包括昇腾 AI 芯片、智能网卡芯片、底板管理控制器（Baseboard Managem Controller，BMC）芯片、固态硬盘（SSD）、磁盘阵列卡（Redundant Arrays of Independent Drives，RAID 卡）、主板等部件以及个人计算机、服务器、存储等整机产品。基础软件方面，涵盖操作系统、虚拟化软件、数据库、中间件、存储软件、大数据平台、数据保护和云服务等基础软件及平台软件。行业应用方面，鲲鹏计算产业生态覆盖政府、金融、电信、能源、大企业等各大行业应用，提供全面、完整、一体化的信息化解决方案。

1.2.1 鲲鹏计算产业定义

当前，全球进入以数据为关键生产要素的数字经济时代，数字化应用的蓬勃发展促使数据资源发生新变化，数据体量爆发式增长、数据结构多样性演变、数据资源泛在分布以及每比特数据应用成本不断下降。数据要素变化引发计算技术演进，异构、极致、泛在、协同、绿色、普惠成为数字经济时代“新计算”特征，为全球计算产业带来发展新机。

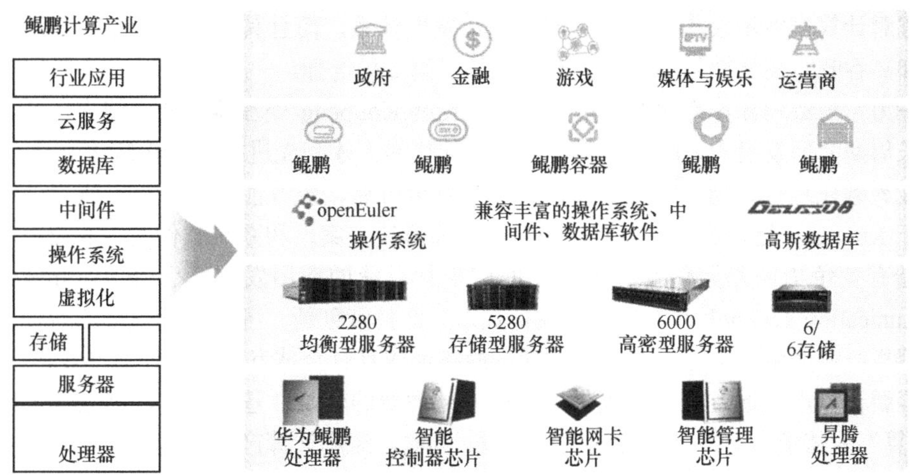

图 1-1 鲲鹏计算产业

2016 年 4 月成立的绿色计算产业联盟，它们在创新、绿色、开放、共享的发展理念的指引下，一直致力于不断汇聚全球产业链优势资源，持续推动了绿色计算产业的发展。

鲲鹏计算满足高性能、低功耗、低时延的绿色计算要求，有巨大的市场空间，同时有中国电子技术标准化研究院、Arm 中国、华为等行业翘楚支持，发展鲲鹏计算产业已经具备了技术和商业基础。

鲲鹏计算产业包括处理器、服务器、存储、虚拟、操作系统、中间件、数据库、云服务、行业应用以及资讯管理服务等。

图 1-2 所示为鲲鹏与昇腾产业全景，结合图 1-1 可看出华为从两大核心处理器系列入手，逐步扩展它的生态，以及布局应用落地场景。鲲鹏计算产业基于鲲鹏和昇腾两大处理器，不断推进算力、数据基础设施和云三方面创新，围绕四大生态建设，在大数据、数据库、原生应用、高性能计算、云服务等五大典型应用场景中初露锋芒。

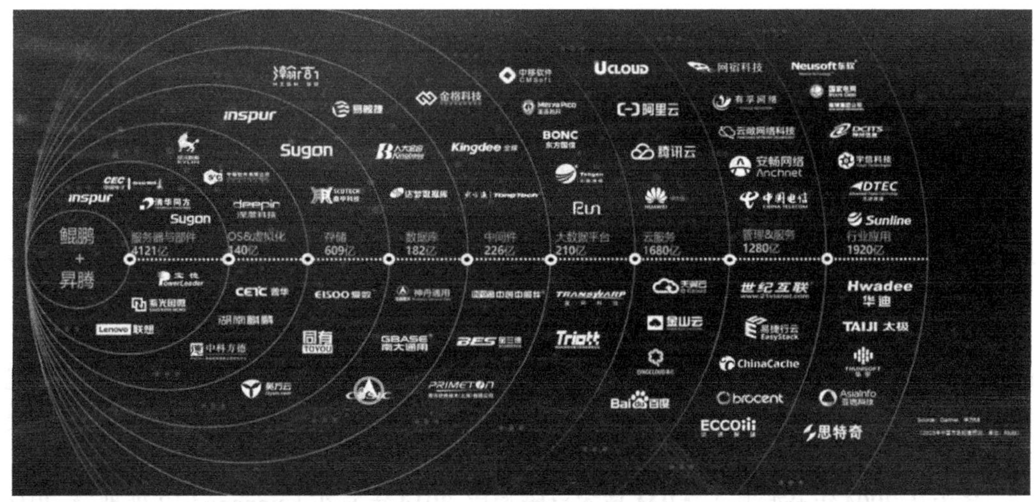

图 1-2 鲲鹏与昇腾产业全景

鲲鹏计算产业不仅构建了一套新的产业发展体系，而且其鲲鹏处理器的高性能、高集成和高吞吐、高能效等特性，为产业提供了第二种选择。

华为作为鲲鹏计算产业的成员，聚焦于发展 Kunpeng 处理器的核心能力，通过战略性、长周期的研发投入，吸纳全球计算产业的优秀人才和先进技术，构筑 Kunpeng 处理器的业界领先地位，为产业提供绿色节能、安全可靠、极致性能的算力底座。上下游厂商基于 Kunpeng 处理器发展自有品牌的产品和解决方案，和系统软件及行业应用厂商一起打造有竞争力的差异化解决方案。面向千行百业的应用发展牵引 ICT（Information Communication Technology，信息和通信技术）的持续创新，各领域涌现出的新行业领先者将聚拢产业力量、主导行业发展方向，最终形成具有全球竞争力的计算产业集群。

鲲鹏计算产业通过对业界提供基于鲲鹏处理器的软硬件基础设施，高效满足市场对“新计算”的需求，支撑全社会数字化转型。同时，鲲鹏计算产业的落地将带动计算产业链集聚发展，促进产业协同创新，激发地方投资就业活力，形成数字经济发展新动能。

全球在新冠疫情的影响下，云上工作生活成为“新常态”。各主要经济体把数字技术作为走出危机之道，开启大规模数字基础设施建设，加速数字化进程。例如，欧盟推出规模达 7500 亿欧元的“下一代欧盟”刺激计划，旨在推动后疫情时代的数字基础设施建设，包括加快 5G 部署，加强 AI、云、高性能计算等战略技术的建设和应用，以全面推动数字经济发展，激发创新和创造就业。

中国加速新型基础设施建设，以新发展理念为引领、以技术创新为驱动、以信息网络为基础，面向高质量发展需要，打造升级、融合、创新的基础设施体系。各省份陆续出台政策和规划，加速产业数字化转型。作为数字经济发展的支撑底座，计算产业在此次浪潮中将迎来巨大的发展机遇。

未来，不同应用领域间的巨大差异将催生更多的细分生态，结合上层应用的负载特征、调配处理效率最优的底层计算资源、实现计算资源利用率的最大化，将成为计算产业发展方向。

1.2.2 华为鲲鹏处理器

CPU 是一块超大规模的集成电路，是一台计算机的运算核心和控制核心，它的功能主要是解释计算机指令以及处理计算机软件中的数据。

中央处理器主要包括运算器（算术逻辑单元，ALU，Arithmetic and Logic Unit）和高速缓冲存储器（Cache）及实现它们之间联系的数据（Data）、控制及状态的总线（Bus）。它与内部存储器（Memory）和输入/输出（I/O）设备合称为电子计算机三大核心部件。

简单来说，CPU 相当于电子计算机的大脑，它有条不紊地处理着千千万万的数据，以保障电子计算机的运行。CPU 的依靠指令来自计算和控制系统，每款 CPU 在设计时就规定了一系列与其硬件电路相配合的指令系统。指令的强弱是 CPU 的重要指标，指令集是提高微处理器效率的最有效工具之一。

华为从 2004 年开始基于 ARM 技术自研芯片，2014 年发布 Kunpeng 912 处理器，2016 年发布 Kunpeng 916 处理器，2019 年 1 月发布 Kunpeng 920 处理器。Kunpeng 920 处理器

是业界第一颗采用 7nm 工艺的数据中心级的 ARM 架构处理器，主要目的在于满足数据中心的多样性计算和绿色计算需求，具有高性能，高宽带，高集成度，高效能四大特点。

鲲鹏处理器的产品系列见表 1-1。

表 1-1　鲲鹏处理器的产品系列

产品	介绍
低功耗级鲲鹏 916 处理器	16nm 工艺，支持 24 个内核，主频 2.4GHz，功耗低至 75w
极致效能级鲲鹏 920-3226 和鲲鹏 920-4826 处理器	7nm 工艺，支持 32 和 48 个内核，最高主频 3.0GHz
极致性能级鲲鹏 920-6426 处理器	7nm 工艺，支持 64 个内核，最高主频 3.0GHz

鲲鹏处理器的产品系列种类繁多，接下来以鲲鹏 920 处理器为例进行详细介绍，如图 1-3 所示。

图 1-3　鲲鹏 920 处理器

鲲鹏 920 处理器兼容 ARM 架构，采用 7nm 工艺制造，可以支持 32/48/64 个内核，最高主频可达 3.0GHz，支持 8 通道 DDR4、PCle4.0 和 100G RoCE[RDMA（Rerwote Direct Menury Access，远程直接内存访问）over Converged Etheruet，通过以太网使用远程直接内存访问]网络。高性能、高吞吐、高集成、高效能是鲲鹏 920 处理器的产品特点，见表 1-2。

表 1-2　鲲鹏 920 处理器的产品特点

高性能	鲲鹏 920 处理器的整型测试性能超过 930 分，是鲲鹏 916 的三倍
高吞吐	• 内存带宽高：内存通道数量提升到 8 通道，内存速率提升至 2933MHz，带宽提升 2.4 倍。 • I/O（Input/Output，输入/输出）带宽高：PCle3.0 升级到 PCle4.0，速率翻番，I/O 总带宽提升 1.7 倍。 • 网络带宽高：集成 100G RoCE 以太网卡功能，网络带宽提升 10 倍
高集成成	鲲鹏 920 处理器集成了 CPU、南桥、网卡、SAS[Sericul Attached SCSI（Small Computer System Interface，小型计算机系统接口），串行 SCSI 技术]存储控制器等 4 颗芯片的功能，能够释放出服务器更多槽位，用于扩展更多加速部件功能，大幅提高系统的集成度
高效能	鲲鹏 920 处理器在相同功耗下性能表现提高了 35%

华为的鲲鹏 920 处理器在异构计算、大数据分析、分布式存储、智能计算、ARM 原生应用、数据中心等领域应用广泛。通过优化分支预算法、提升运算单元数量、改进内存子系统架构等一系列微架构设计，大幅提高了处理器性能。鲲鹏 920 是华为面向智能计算领域推出的基于 ARM 架构的处理器，基于鲲鹏 920 处理器华为推出了相关的 TaiShan 系列服务器

产品。TaiShan 服务器分别面向均衡性、存储型、高密型等几种机型的服务器市场均推出了对应产品。同时合作伙伴基于 Kunpeng 920 处理器，推出对应的服务器产品，例如“湖南造”湘江鲲鹏服务器、四川长虹“天宫服务器”、宝德自强 PR210K 机架服务器等。

在鲲鹏产业当中，作为底座的鲲鹏芯片非常重要，正是因为有了芯片，所以才使得各类鲲鹏计算产品以及上层软件和应用的推广成为可能。在鲲鹏的芯片底座中，包括通用处理器芯片、AI 芯片、存储控制器、网络互联智能网卡、智能管理芯片等，其中最为重要的就是通用处理器芯片鲲鹏和 AI 芯片昇腾。根据数据显示，之前的服务器技术一直被西方国家垄断，全球 97%的服务器处理器为 x86 架构，英特尔在该领域内有领先优势，从 2019 年华为发布鲲鹏 920 芯片开始，由于其性能已经达到业内领先水平，因此标志着国内厂商在服务器 CPU 领域开始在全球市场中崭露头角。

鲲鹏已经在华为消化吸收 ARMv 8 架构的基础上，性能有了很大提升。目前华为已经取得了 ARM v 8 架构的永久授权，并在此基础上完全自主研发了处理器核、微架构和芯片。鲲鹏处理器从指令集和微架构两方面进行了兼容性设计，确保新的产品既能够向后兼容已有产品又能适应未来的应用和技术发展。从目前华为发布的芯片性能来说，包括工艺、路程、主频、功耗等方面，我们可以看出鲲鹏系列芯片性能已经达到第一梯队的标准。

1. 什么是 ARM 架构

华为鲲鹏处理器基于 ARM 架构。ARM 是一种 CPU 架构，它有别于 Inter、AMD CPU 采用的 CISC（Complex Instruction Set Computing，复杂指令集运算），ARM CPU 采用的是 RISC （Reduced Instruction Set Computer，精简指令集计算机）。由于传统的 CISC 指令集庞大，指令长度不固定，指令执行周期有长有短，因此指令译码和流水线的实现在硬件上非常复杂，给芯片的设计开发和成本的降低带来了极大困难。随着计算机技术的发展，新的复杂的指令集需要被引入，为支持这些新增的指令，计算机的体系结构会越来越复杂。然而，在 CISC 指令集的各种指令中，其使用频率却相差悬殊，大约有 20%的指令会被反复使用，占整个程序代码的 80%。而余下的 80%的指令不经常使用，在程序设计中只占 20%，显然，这种结构是不太合理的。

针对这些明显的弱点，1979 年美国加州大学伯克利分校提出了 RISC 的概念，RISC 不是简单地减少指令，而是把着眼点放在了使计算机的结构更加简单合理地提高运算速度上。RISC 结构优先选取使用频率最高的简单指令，避免复杂指令，将指令长度固定，减少指令格式和寻址方式种类；以控制逻辑为主，不用或少用微码控制等措施。

ARM 处理器本身是一个 32 位精简指令集设计，其广泛地使用在许多嵌入式系统中。由于节能的特点，ARM 处理器非常适用于移动通信领域，符合其主要设计目标为低耗电的特性。目前，ARM 家族在所有 32 位嵌入式处理器中占 75%的比例，成为全世界占比最多的 32 位架构之一。ARM 处理器可以在很多消费性电子产品上看到，从可携式装置，如 PDA、移动电话、多媒体播放器、掌上型电子游戏和计算机，到电脑外设，如硬盘、桌上型路由器，甚至在导弹的弹载计算机等军用设施中都有它的存在。此外还有一些基于 ARM 设计的派生产品，重要产品还包括 Marvell 的 XScale 架构和德州仪器的 OMAP 系列。

2. ARM 架构图

图 1-4 所示是 ARM 架构，它由 32 位 ALU、若干个 32 位通用寄存器以及状态寄存器、8 位乘法器、32 位桶形移位寄存器、指令译码以及控制逻辑、指令流水线和数据/地址寄存器组成。

① ALU：它由两个操作数锁存器、加法器、逻辑功能、结果以及零检测逻辑构成。

② 桶形移位寄存器：ARM 采用了 32 位的桶形移位寄存器，这样可以使左移/右移 n 位、环移 n 位和算术右移 n 位等一次完成。

③ 高速乘法器：一般采用"加—移位"的方法来实现乘法。ARM 为了提高运算速度，采用两位乘法的方法，根据乘数的 2 位来实现"加—移位"运算。ARM 高速乘法器采用 8 位的结构，可以降低集成度（其相应芯片面积不到并行乘法器的 1/3）。

④ 浮点部件：作为选件供 ARM 构架使用。浮点加速器作为协处理方式与 ARM 相连，并通过协处理指令的解释来执行。

⑤ 控制器：采用的是硬接线的可编程逻辑阵列。

⑥ 寄存器：有限存贮容量的高速存贮部件，可用来暂存指令、数据和地址。在中央处理器的控制部件中，包含的寄存器有指令寄存器和程序计数器；在中央处理器的算术及逻辑部件中，寄存器有累加器。

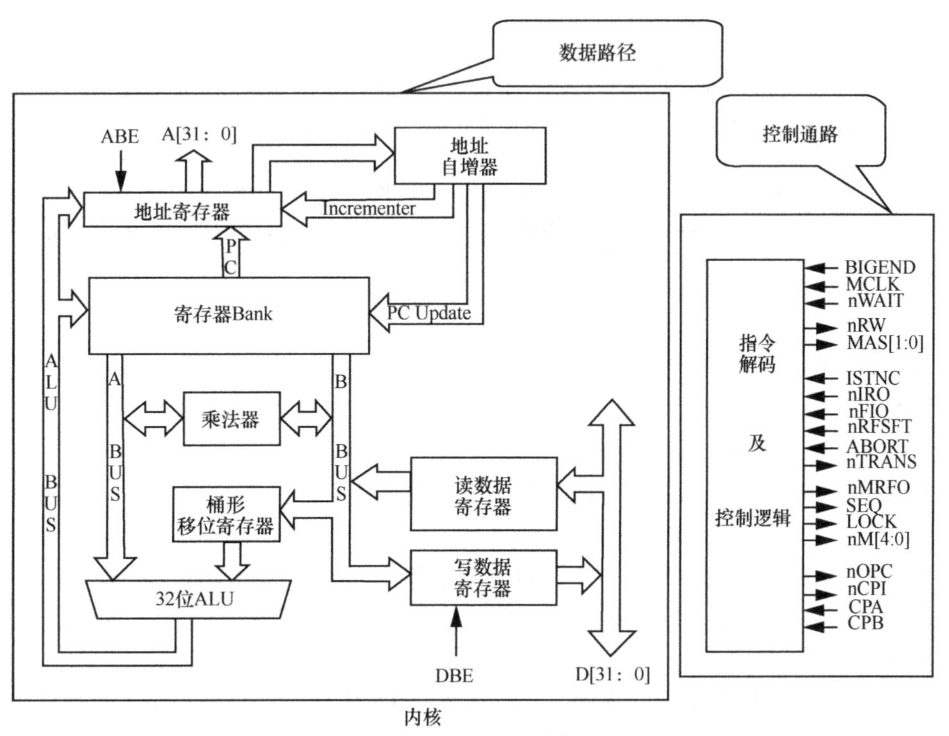

图 1-4　ARM 架构

3. x86 架构图

目前的 PC 架构绝大多数都是 Intel 的 x86 架构。1978 年 6 月 8 日，Inter 发布了新款

16 位微处理器“8086”，同时开创了一个新时代。在 40 多年的发展历史中，x86 家族不断壮大，从桌面到笔记本、服务器、超算、便携设备等领域，期间挫败、限制和许多竞争对手的发展，让不少处理器厂商及其架构技术成为历史名字，同时确定了 Intel 如日中天的地位，成为了业界的标准。

x86 架构是微处理器执行的计算机语言指令集，指一个 Intel 通用计算机系列的标准编号缩写，标识一套通用的计算机指令集合。以 PC 架构为例，如图 1-5 所示。

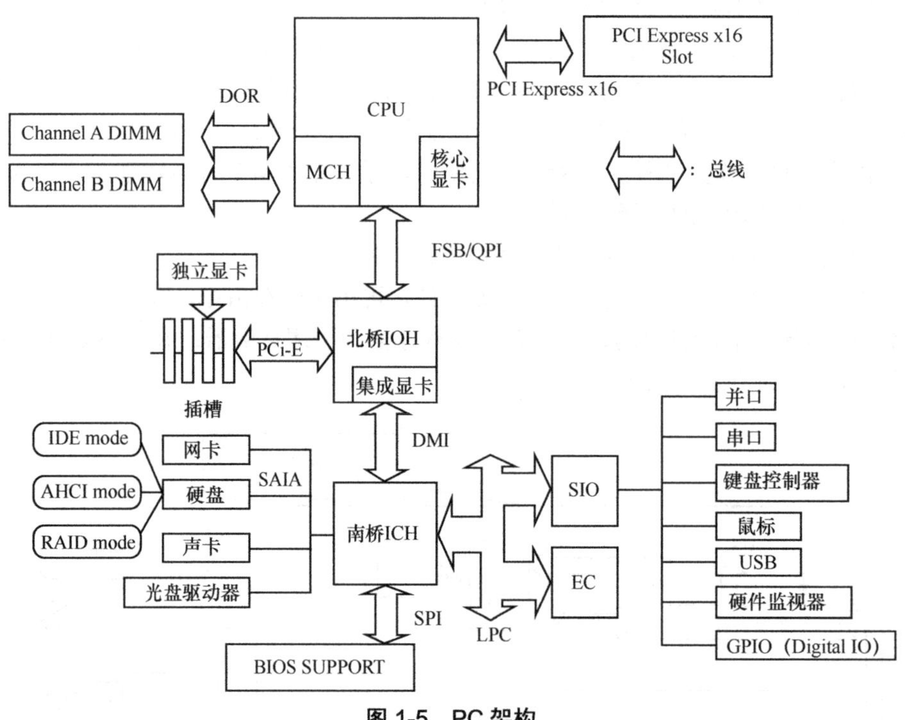

图 1-5　PC 架构

根据不同的主板、平台，架构是略有差别的，比如说，目前很多主板已经将北桥集成到 CPU 中，将南桥集成为 PCH。架构图上的各个内容的简介如下。

① CPU 是计算机的核心大脑。

② 北桥（North Bridge）是电脑主板上的一块芯片，位于 CPU 插座边，起连接作用。

③ 南桥芯片（South Bridge Chipset）是主板芯片组的重要组成部分，一般位于主板上离 CPU 插槽较远的下方，PCI（Peripheral Component Interconnect，外设部件互连标准）总线插槽的附近，这种布局是考虑到它所连接的 I/O 总线较多，离处理器远一点有利于布线。

④ 内存是计算机中重要的部件之一，它是与 CPU 进行沟通的桥梁。计算机中所有程序的运行都是在内存中进行的，因此内存的性能对计算机的影响非常大。

⑤ 显卡（Video Card、Graphics Card，全称显示接口卡），又称显示适配器，是计算机最基本配置、最重要的配件之一。

⑥ 显示接口。

⑦ 网卡是工作在链路层的网络组件，是局域网中连接计算机和传输介质的接口，不仅能实现与局域网传输介质之间的物理连接和电信号匹配，还涉及帧的发送与接收、帧的封装与拆封、介质访问控制、数据的编码与解码以及数据缓存的功能等。

⑧ 声卡的基本功能是把来自话筒、磁带、光盘的原始声音信号加以转换，输出到耳机、扬声器、扩音机、录音机等声响设备，或通过音乐设备数字接口（Musical Instrument Digital Interface，MIDI）使乐器发出美妙的声音。

⑨ SATA（Serial Advanced Technology Attachment，串行高级技术连接）是一种基于行业标准的串行硬件驱动器接口，是由 Intel、IBM、Dell、APT、Maxtor 和 Seagate 公司共同提出的硬盘接口规范。

⑩ 硬盘是电脑主要的存储媒介之一，由一个或者多个铝制或者玻璃制的碟片组成。碟片外覆盖有铁磁性材料。

⑪ 总线是计算机各种功能部件之间传送信息的公共通信干线，由导线组成的传输线束，按照计算机所传输的信息种类，计算机的总线可以划分为数据总线、地址总线和控制总线，分别用来传输数据、数据地址和控制信号。

1.2.3 TaiShan 服务器

TaiShan 服务器是华为新一代数据中心服务器，基于华为鲲鹏处理器，系统最高提供 128 核、3.0GHz 主频和计算能力和最多 27 个 SAS/SATA HDD 和 SSD 硬盘。具有高性能、低功耗以及灵活扩展能力等特点。适合在大数据、分布式存储、Web、ARM 原生、高性能计算核数据库等应用加速，旨在满足数据中心多样性计算、绿色计算的需求。

1. 高效能计算

TaiShan 服务器旨在将高效能计算带入数据中心，充分发挥华为鲲鹏处理器的多核计算、高并发、低功耗、高效加速应用等特点，为大数据、分布式存储、数据库、HPC（High Performance Computing，高性能计算）等应用提供高效能计算。

2. 安全可靠

TaiShan 服务器所采用的鲲鹏处理器由华为自主设计和研发，能够确保核心技术的长期演进。同时 Taishan 服务器聚集了华为在计算工程能力的长期积累，铸就泰山服务器稳如泰山的品质。

3. 开放生态

TaiShan 服务器是一个开放的计算平台，支持业界主流软件，华为愿意携手产业伙伴，基于鲲鹏处理器和 TaiShan 服务器，共同构建一个开放、共赢的生态系统，共创计算新高度。

TaiShan 服务器家族包含基于鲲鹏 916 处理器的 TaiShan 100 服务器和基于鲲鹏 920 处理器的 TaiShan 200 服务器，提供计算均衡型、存储计算型和高密计算型等不同产品型号，见表 1-3。

表 1-3　TaiShan 服务器不同产品型号

型号	说明
TaiShan 2280 计算均衡型服务器	2U2 路机架服务器，配置两颗鲲鹏处理器，支持最多 16 个 NVMe，SSDs 和 32 个 DDR4 内存，适合大数据分析应用场景
TaiShan 5280 存储计算型服务器	4U2 路机架服务器，配置两颗鲲鹏处理器，单台服务器可支持最多 40 个硬盘，单柜提供最多 5.6PB 海量存储容量，适合分布式存储应用场景
TaiShan X6000 高密计算型服务器	2U4 节点高密度服务器，单框支持 4 个服务节点。每个节点配置两颗鲲鹏处理器，单柜提供最多 10240 核的高密计算能力。同时还支持液冷散热，帮助有效降低用于散热的能耗支出，适合超大规模数据中心和高性能计算应用场景

TaiShan 100 服务器（已淘汰）技术规格见表 1-4。

表 1-4　TaiShan 100 服务器技术规格

产品型号	2280	5280
产品形态	2U 双路机架	4U 双路机架
处理器	2×鲲鹏 916	2×鲲鹏 916
内存插槽	16 个 DDR4-2400 插槽	16 个 DDR4-2400 插槽
本地存储	最多 16 个 3.5 英寸或 27 个 2.5 英寸 SAS/SATA HDD 硬盘、SAS/SATA SSD 硬盘	最多 40 个 3.5 英寸 SAS/SATA DD 硬盘、SAS/SATA SSD 硬盘
RAID 支持	支持 RAID 0,1,5,6,10,50,60，支持超级电容掉电保护	
PCIe 扩展	最多 5 个 PCIe 3.0 x8 标准插槽	最多 5 个 PCIe 3.0 x8 标准插槽
板载网络	2×GE 电口+2×10GE 光口	2×GE 电口+2×10GE 光口
电源	2 个热插拔 460W 或 750W 交流电源模块，支持 1+1 冗余	2 个热插拔 1200W 交流电源模块，支持 1+1 冗余
供电	支持 100~240V AC，240V DC	
风扇	支持 4 个热拔插风扇模组，支持 N+1 冗余	
操作系统	SUSE、Ubuntu、CentOS、中标麒麟、深度、银河麒麟、凝思、泰山国心、普华、湖南麒麟等操作系统	
工作环境温度	5℃～40℃	5℃～35℃
散热	风冷	风冷
尺寸（宽×深×高）	447mm×748mm×86.1mm	447mm×748mm×175mm

TaiShan 200 服务器技术规格见表 1-5。

在服务器领域，华为携手生态合作伙伴共同聚焦 ARM 产业发展，提出 TaiShan 分布式存储解决方案、TaiShan 数据库解决方案、TaiShan 原生应用解决方案、TaiShan 服务器解决方案、TaiShan 高性能计算解决方案以及 TaiShan 大数据解决方案六大解决方案。

表 1-5　TaiShan 200 服务器技术规格

产品型号	2280	5280	X6000
产品形态	2U 双路机架	4U 双路机架	2U4 节点高密
处理器	2×鲲鹏 920	2×鲲鹏 920	2×鲲鹏 920
内存插槽	32 个 DDR4-2933 插槽	32 个 DDR4-2933 插槽	16 个 DDR4-2933 插槽
本地存储	最多 16 个 3.5 英寸或 27 个 2.5 英寸 SAS/SATA HDD 硬盘、SAS/SATA SSD 硬盘或 16 个 2.5 英寸 NVMe SSD 硬盘	最多 40 个 3.5 英寸 SAS/SATA HDD 硬盘、SAS/SATA SSD 硬盘，以及 4 个 2.5 英寸 NVMe SSD 硬盘	最多 6 个 2.5 英寸 SAS/SATA HDD 硬盘、SAS/SATA SSD 硬盘、NVMe SSD 硬盘
RAID 支持	支持 RAID 0,1,5,6,10,50,60，支持超级电容掉电保护		
PCIe 扩展	最多 8 个 PCIe 4.0×8 或 3 个 PCIe 4.0×16 + 2 个 PCIe 4.0 ×8 标准插槽	最多 8 个 PCIe 4.0×8 或 3 个 PCIe 4.0×16 + 2 个 PCIe 4.0×8 标准插槽	最多 1 个 PCIe 4.0×16 和 1 个 PCIe 4.0×8 标准插槽
板载网络	2 个板载网络插卡，每个插卡支持 4×GE 电口或者 4×10GE 光口或者 4×25GE 光口	2 个板载网络插卡，每个插卡支持 4×GE 电口或者 4×10GE 光口或者 4×25GE 光口	2×GE 电口+1×100GE 光口
电源	2 个热插拔 900W 或 2000W 交流电源模块，支持 1+1 冗余	2 个热插拔 2000W 交流电源模块，支持 1+1 冗余	2 个热插拔 3000W 交流电源模块，支持 1+1 冗余
供电	支持 100~240V AC，240V DC		
风扇	支持 4 个热拔插风扇模组，支持 N+1 冗余		
操作系统	SUSE、Ubuntu、CentOS、中标麒麟、深度、银河麒麟、凝思、泰山国心、普华、湖南麒麟等操作系统		
工作环境温度	5℃～40℃	5℃～35℃	5℃～35℃
散热	风冷	风冷	风冷以及液冷* *支持液冷会占用 1 个 PCIe×16 槽位
尺寸（宽×深×高）	447mm×748mm×86.1mm	447mm×748mm×175mm	X6000 机框：436mm×819mm× 86.1 mm XA320 节点：177.9mm×545.5 mm×40.5 mm

其中，备受关注的华为 TaiShan 服务器解决方案，如图 1-6 所示，通过聚焦特定应用场景，充分发挥鲲鹏 ARM 处理器多核架构、高并发的计算优势，将高效能计算带入每一个数据中心，帮助客户面向应用持续优化计算性能和数据中心的运维成本。TaiShan 分布式存储解决方案主要是内置硬件加速，释放计算潜能、降低 TCO（Total Cost of Ownership，总拥有成本）；TaiShan 数据库解决方案主要运用 RoCE、多核调度优化算法、NUMA 三大技术为数据库加速；TaiShan 原生应用解决方案主要是同构部署、零性能损耗，完美应对移动应用云化；TaiShan 高性能计算解决方案主要是八通道内存技术提供超高内存带宽，加速访存密集型 HPC 应用；TaiShan 大数据解决方案主要是多核高并发，匹配海量数据处理需求。

图 1-6　TaiShan 服务器解决方案

服务器系统架构如图 1-7 所示。系统由客户层、应用层、数据层组成。而应用层又分为控制层、业务逻辑层、基础服务层；数据层分为数据访问层以及数据存储层。

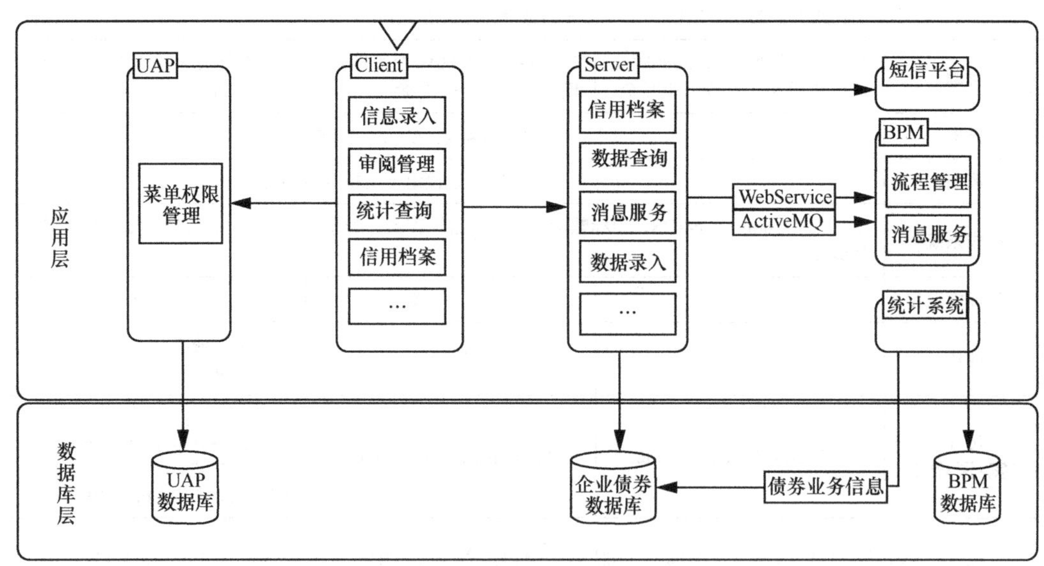

图 1-7　服务器系统架构

1.2.4　华为云鲲鹏云服务

随着互联网和移动互联网的快速发展，企业在数字化转型时面临各种各样的挑战，例如管理效率/水平难以跟上业务的发展，业务孤岛难以形成合力；创新业务试错，业务的不确定性，初期无法大规模投入，大规模投入交付周期长，无法满足业务快速变化的需求；业务浪涌式或爆发式增长，企业难以快速响应，上线周期长，难以把握机会窗口；

企业业务和数据可靠性、安全性受限于技术、资金、人才等因素，存在隐患和不到位等限制企业数字化转型。

云服务的实质就是云计算，是指将“计算”“存储”“网络”等资源或者能力以服务的方式提供用户使用。用户只关心应用的功能，而不关心应用的实现方式，应用的实现和维护由其提供服务的供应厂商完成，用户根据自己的需求获取对应的应用服务及资源。

云服务是企业数字化转型的趋势，通过云服务提升客户服务、降低运作成本、提高业务处理效率。客户通过依托云服务的弹性拓展能力，增强业务服务能力，确保业务体验，还可以利用新技术服务如 AI、IoT 进行业务创新；通过云服务可降低生产系统运作成本，降低通信和 IT 系统的总体拥有成本；通过云服务员工，可进行高效率的业务处理及协作，方便员工外出时远程和移动办公。

图 1-8 所示为华为云鲲鹏云服务，基于鲲鹏处理器等多元基础设施，涵盖裸机、虚机、容器等形态，具备多核高并发特点，适合 AI、大数据、HPC、云手机/云游戏等场景。

图 1-8　华为云鲲鹏云服务

1．弹性云服务器

弹性云服务器（Elastic Cloud Server，ECS）是云服务的典型产品之一，由 CPU、内存、操作系统、云硬盘组成的基础的计算组件。ECS 创建成功后，就可以像使用自己的本地 PC 或物理服务器一样，在云上使用弹性云服务器。而且 ECS 的开通是自助完成的，只需要指定 CPU、内存、操作系统、规格、登录鉴权方式即可，同时可以根据自己的需求随时调整 ECS 的规格。华为致力打造可靠、安全、灵活、高效的计算环境。

（1）产品架构

通过和其他产品、服务组合，ECS 可以实现计算、存储、网络、镜像安装等功能。ECS 产品架构如图 1-9 所示。

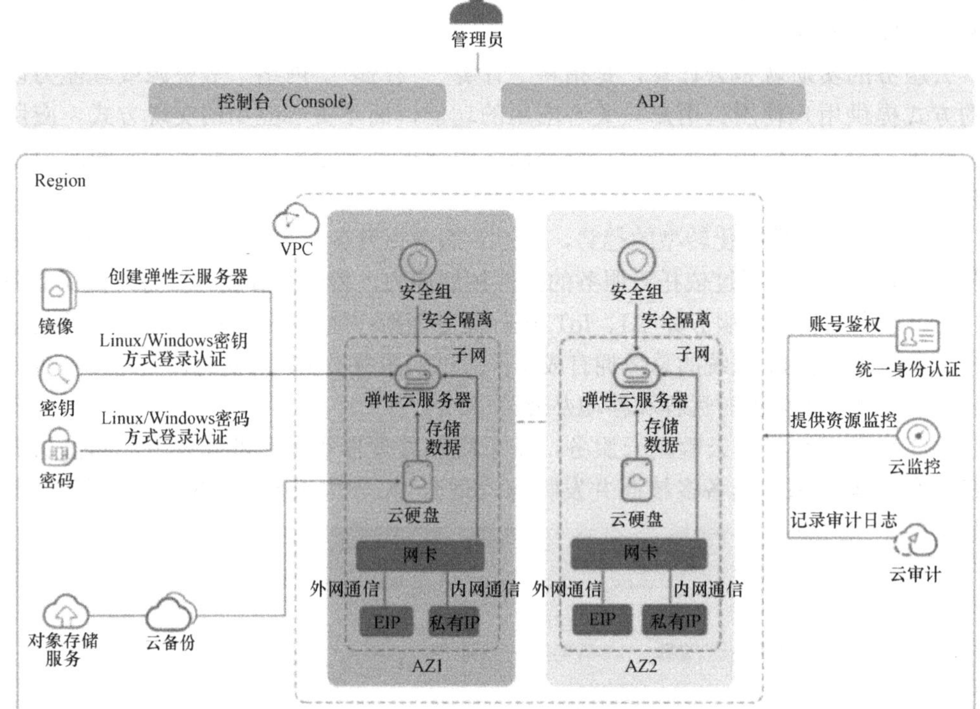

图 1-9　ECS 产品架构

① ECS 在不同可用区中部署（可用区之间通过内网连接），部分可用区发生故障后不会影响同一区域内的其他可用区。

② 可以通过虚拟私有云建立专属的网络环境，设置子网、安全组，并通过弹性公网 IP 实现 外网链接（需带宽支持）。

③ 通过镜像服务，可以对弹性云服务器安装镜像，也可以通过私有镜像批量创建 ECS，实现快速的业务部署。

④ 通过云硬盘服务实现数据存储，并通过云硬盘备份服务实现数据的备份和恢复。

⑤ 云监控是保持弹性云服务器可靠性、可用性和其他性能的重要部分，通过云监控，用户可以观察 ECS 资源。

⑥ 云备份（Cloud Backup and Recovery，CBR）提供云硬盘和 ECS 的备份保护服务，支持基于快照技术的备份服务，并支持利用备份数据恢复服务器和磁盘的数据。

（2）优势

ECS 可以根据业务需求和伸缩策略，自动调整计算资源。客户可以根据自身需要自定义服务器配置，灵活地选择所需的内存、CPU、带宽等配置，打造可靠、安全、灵活、高效的应用环境。

（3）稳定可靠

1）丰富的磁盘种类

提供普通 I/O、高 I/O、通用型 SSD、超高 I/O、极速型 SSD 类型的云硬盘，支持云服务器不同业务场景需求。

① 普通 I/O 云硬盘：安全、可靠、可弹性扩展，适用于大容量、读写速率要求不高、事务性处理较少的应用场景。

② 高 I/O 云硬盘：高性能、高扩展、高可靠，适用于性能相对较高，读写速率要求高，有实时数据存储需求的应用场景。

③ 通用型 SSD：高性价比，适用于高吞吐、低时延的企业办公场景。

④ 超高 I/O 云硬盘：低时延、高性能，适用于高性能，高读写速率要求，读写密集型应用场景。

⑤ 极速型 SSD：采用了全新低时延拥塞控制算法的 RDMA 技术，适用于需要超大带宽和超低时延的应用场景。

2）高数据可靠性

基于分布式架构的，可弹性扩展的虚拟块存储服务；具有高数据可靠性，高 I/O 吞吐能力，能够保证任何一个副本故障时快速进行数据迁移恢复，避免单一硬件故障造成数据丢失。

3）支持云服务器和云硬盘的备份及恢复

可以预先设置自动备份策略，实现在线自动备份；也可以根据需要随时通过控制台或 API，备份云服务器和云硬盘指定时间点的数据。

（4）安全保障

1）多种安全服务，多维度防护

Web 应用防火墙、漏洞扫描等多种安全服务提供多维度防护。

2）安全评估

提供用户云环境的安全评估，帮助用户快速发现安全弱点和威胁，同时提供安全配置检查，并给出安全实践建议，有效减少或避免网络病毒和恶意攻击带来的损失。

3）智能化进程管理

提供智能的进程管理服务，基于可定制的白名单机制，自动禁止非法程序的执行，保障 ECS 的安全性。

4）漏洞扫描

支持通用 Web 漏洞检测、第三方应用漏洞检测、端口检测、指纹识别等多项扫描服务。

（5）弹性伸缩

1）自动调整计算资源

动态伸缩：基于伸缩组监控数据，随着应用运行状态，动态增加或减少 ECS 实例。

定时伸缩：根据业务预期及运营计划等，制订定时及周期性策略，按时自动增加或减少 ECS 实例。

2）灵活调整云服务器配置

规格、带宽可根据业务需求灵活调整，高效匹配业务要求。

3）灵活的计费模式

支持包年/包月、按需计费、竞价计费模式购买云服务器，满足不同应用场景的需求，根据业务波动随时购买和释放资源。

（6）应用场景

1）网站应用

一般的网站应用对 CPU、内存、硬盘空间和带宽无特殊要求，对安全性、可靠性要求高，服务一般只需要部署在一台或少量的服务器上，一次投入成本少，后期维护成本低的场景。例如网站开发测试环境、小型数据库应用。使用通用型 ECS，主要提供均衡的计算、内存和网络资源，适用于业务负载压力适中的应用场景，满足企业或个人普通业务搬迁上云需求。

2）企业电商

常见的企业电商对内存要求高、数据量大并且数据访问量大、要求快速的数据交换和处理的场景。例如广告精准营销、电商、移动 APP。使用内存优化型 ECS，主要提供高内存实例，同时可以配置超高 I/O 的云硬盘和合适的带宽。

3）图形渲染

图形渲染对图像视频质量要求高、大内存，大量数据处理，I/O 并发能力。可以完成快速的数据处理交换以及大量的 GPU 计算能力的场景。例如图形渲染、工程制图。使用 GPU 图形加速型 ECS，G1 型 ECS 基于 NVIDIA Tesla M60 硬件虚拟化技术，提供较为经济的图形加速能力。能够支持 DirectX、OpenGL，可以提供最大显存 1GiB、分辨率为 4096×2160 的图形图像处理能力。

4）数据分析

处理大容量数据，需要高 I/O 能力和快速的数据交换处理能力的场景。例如 MapReduce、Hadoop 计算密集型。使用磁盘增强型 ECS，主要适用于需要对本地存储上极大型数据集进行高性能顺序读写访问的工作负载，例如：Hadoop 分布式计算，大规模的并行数据处理和日志处理应用。主要的数据存储是基于 HDD 的存储实例，默认配置最高为 10GE 网络能力，提供较高的 PPS（Packets per Second，每秒数据包）性能和网络低延迟。最大可支持 24 个本地磁盘、48 个 vCPU 和 384GiB 内存。

5）高性能计算

高计算能力、高吞吐量的场景。例如科学计算、基因工程、游戏动画、生物制药计算和存储系统。高性能计算型 ECS 主要使用在受计算限制的高性能处理器的应用程序上，适合要求提供海量并行计算资源、高性能的基础设施服务，需要达到高性能计算和海量存储，对渲染的效率有一定保障的场景。

2. 云容器引擎

云容器引擎 CCE 为云服务计算产品另一个重要产品，它提供高度可扩展的、高性能的企业级 Kubernetes 集群，支持运行 Docker 容器。借助 CCE，可以在云上轻松部署、管理和扩展容器化应用程序。

CCE 深度整合了华为云高性能的计算[ECS（Elastic Cloud Server，弹性云服务器）/BMS（Bare Metal Server，裸金属服务器）]、网络[VPC（Virtual Private Cloud，虚拟私有云）/EIP（Elastic IP，弹性公网 IP）/ELB（Elastic Load Balance，弹性负载均衡）]、存储[EVS（Elastic Volumn Service，云硬盘）/OBS（Object Storage Service，对象存储服务）/SFS（Scalable File Service，弹性文件服务）]等服务，并支持 GPU、ARM、FPGA（Field

Programmable Gate Array，现场可编程逻辑门阵列）等异构计算架构，支持多可用区（Available Zone，AZ）、多区域容灾等技术构建高可用 Kubernetes 集群，并提供高性能可伸缩的容器应用管理能力，简化集群的搭建和扩容等工作，专注于容器化应用的开发与管理。

（1）主要功能

CCE 支持对容器应用的全生命周期管理，具有以下功能。

1）集群管理

通过控制台一键创建 Kubernetes 集群，支持跨可用区高可用。

2）一站式容器管理

① 容器应用全生命周期管理。

② 高性能容器隧道网络、VPC（Virtual PC，虚拟机）网络、云原生网络 2.0 等容器网络。

③ 华为云云硬盘 EVS、弹性文件存储 SFS、对象存储 OBS（Optical Burst Switching，光突发交换）等持久化存储支持。

④ 资源、应用、容器多维度监控。

⑤ 多样化的日志报表统计。

⑥ 基于角色的权限管理和容器运行时安全。

3）应用市场内容

① 丰富的 Helm chart 组件。

② 对接开源镜像中心和华为云容器镜像服务，支持自定义镜像和共享镜像。

4）开发者服务

① 提供 OpenAPI 和社区原生 API。

② 提供 Kubectl 插件和社区原生 Kubectl 工具。

（2）华为云相关解决方案及案例

除上述产品外，华为云鲲鹏云服务还涉及计算、存储、网络、安全、容器、数据库等一系列产品及应用，这些产品及应用组成了一系列行业或产业解决方案。其中华为云服务的一些典型解决方案及案例都展示在华为官网上。以蘑菇街为例，华为云云原生帮助蘑菇街统一了机器学习与大数据业务平台，打造了国内首个在线直播实时换脸方案。该解决方案基于华为云提供的 CCE 和云容器实例 CCI，实现资源灵活扩容，云容器实例最高可实现 30 秒扩容 1000 容器，极大地满足了日常机器学习、Spark 大数据分析等海量计算任务处理的诉求。并且基于云原生批量计算平台 Volcano 为 Spark 大数据、机器学习业务构建了统一的云原生高性能计算平台，提供了队列调度、多队列资源共享/抢占、高吞吐调度性能、多级调度等能力，极大提升资源利用率。该解决方案使用鲲鹏存算分离 MRS（Magnetil Resonance Spectroscopy，磁共振波谱学）大数据解决方案，屏蔽底层芯片差异，让客户业务平滑迁移大数据解决方案，计算和存储资源完全解耦，独立配置，综合成本降低 30%。

蘑菇街是时尚女性专属消费平台，实现实时换脸存在诸多挑战，比如资源扩容难，算法任务投递阻塞。现有平台需支撑蘑菇街多个算法团队，每天需要投放数千次的任务投递，高峰期易出现容器任务阻塞的问题。而且资源池割裂，存算一体，利用率低。原有 Spark 大数据与机器学习业务分别在不同的平台上运行，资源没有充分利用，急需统一平台提升效率。随着数据量增加，存储扩容时必须同步计算扩容，成本剧增。同时运维难度大，冷热数据搬迁困难，成本居高不下。Spark 大数据、机器学习等业务对运维诉求不一，且大数据部件众多。伴随着开源社区的持续发展，升级、运维工作量巨大。

蘑菇街相关的解决方案如图 1-10 所示。

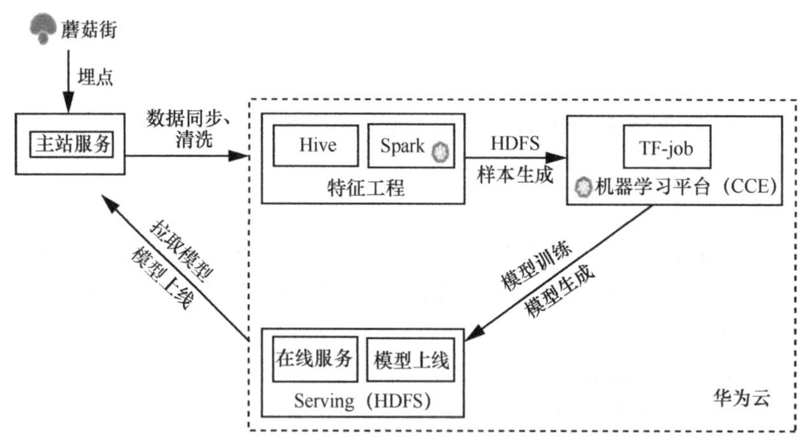

图 1-10　蘑菇街相关的解决方案

1.3　鲲鹏生态概述

1.3.1　鲲鹏计算产业生态全景

何为生态？简单地说，生态是指一切生物的生存状态，以及它们之间和它们与环境之间环环相扣的关系。在生态中，不是一家独大，而是生态中的每一分子相互连接、相互支持，共同构成一个和谐发展的环境。

鲲鹏生态的一个核心支撑点就是鲲鹏处理器，以它为中心向外扩展并形成丰富的产品和行业应用矩阵。华为与服务器、存储等硬件厂商，以及各行业的 ISV（Independent Software Vendors，独立软件开发商）共同孵化解决方案，充分发挥鲲鹏处理器的多核、高并发优势，并针对大数据、分布式存储、数据库、原生应用和云服务等优势场景进行深度优化，为政府、金融、运营商、电力、互联网等广大行业客户提供了基于鲲鹏处理器的数据中心基础设施和服务。

1.3.2　鲲鹏伙伴计划

随着 5G 技术的应用和普及，海量智能终端数据的应用需要一个新的云架构生态系统支撑，ARM 架构能很好地满足应用移动化和终端化的需求。华为云基于华为鲲鹏处理器打造了鲲鹏云服务和解决方案，开启云上的多元新架构。华为具备从芯片到服务器到平台的全栈自主创新能力，软硬件深度协同使鲲鹏云服务具备极致性能，更好地帮助客户

实现业务安全可靠和产业智能化升级。

鲲鹏云服务的发展离不开伙伴的支持，需要 ISV、咨询、迁移服务等各类伙伴共同参与，携手合作，共同奋斗，才能建设欣欣向荣的鲲鹏云服务生态。

鲲鹏凌云伙伴计划是华为云围绕鲲鹏云服务推出的一项合作伙伴计划。华为云为合作伙伴提供培训、技术、营销、市场的全方位支持，帮助伙伴基于华为云鲲鹏云服务进行开发、应用移植，并开辟云市场鲲鹏专区，助力伙伴商业变现。鲲鹏凌云伙伴计划具备“更领先、更迅捷、更开放”三大特点。首先，鲲鹏凌云伙伴计划首批投入 1 亿生态资金，这使得华为云成为全国首家战略投入鲲鹏云生态建设的云服务厂商，并为开发者及行业 ISV 提供最领先的技术服务支持；其次，华为云将在云市场开辟鲲鹏专区，优先推荐伙伴的应用上架到华为云市场；同时，华为云具备云边端协同的优势，为伙伴提供开放的生态支持。

生态伙伴积极参与鲲鹏生态，目前已经有超过 80 家伙伴的应用在向鲲鹏云服务移植，其中 25 家已率先完成华为云鲲鹏云服务兼容性测试的认证。

鲲鹏展翅伙伴计划是华为智能计算围绕 TaiShan 服务器推出的一项合作伙伴计划，旨在帮助更多的合作伙伴将应用迁移到 TaiShan 服务器上，并和华为共建鲲鹏生态，智能计算为合作伙伴提供培训、技术、营销、市场的全面支持，帮助伙伴基于鲲鹏系列产品进行开发、应用移植等，使伙伴商业成功。

图 1-11 所示为官网伙伴计划相关内容。

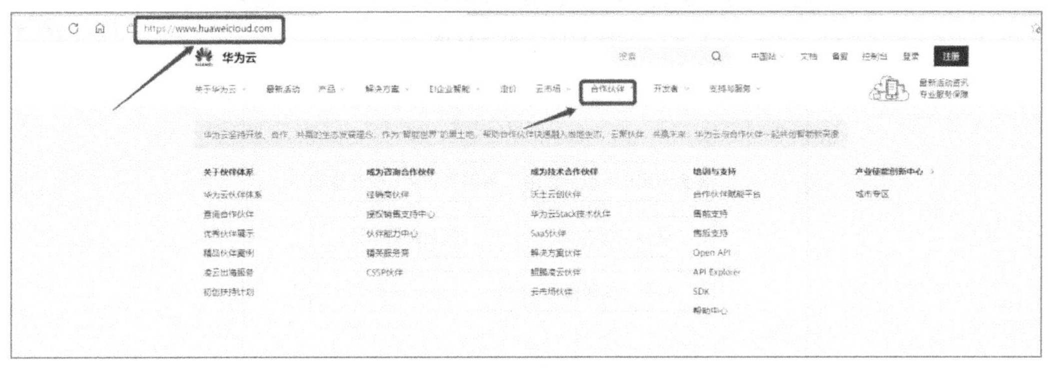

图 1-11 官网伙伴计划相关内容

1.3.3 鲲鹏社区

如图 1-12 所示，鲲鹏社区是鲲鹏开发者技术支持和生态使能的“一站式”资源、服务平台，可提供完善的鲲鹏领域软件资源、专业技能、技术支持、生态政策和产品方案等内容，与社区参与者共建基于鲲鹏计算产业的综合性社区。

鲲鹏社区包含应用开发、学院、支持与交流、咨询活动、产品及解决方案、生态六个模块。

第一模块应用开发有丰富的软件资源、应用迁移实践及云上部署指导助力伙伴和客户快速使用鲲鹏计算平台。第二模块鲲鹏学院汇聚在线课堂、云端实验室和技能认证加速开发者技术水平提升。其中在线课堂体系化建立了鲲鹏体系完整认知，针对开发者、伙伴不同受众人群，从入门到专家课程。云端实验室可以随时随地对鲲鹏计算平台进行调测和验证实践。开发者可以一键申请实验资源，并且实验的每步操作都有详尽指导。第三模块多样化的鲲鹏产品及解决方案匹配客户与合作伙伴应用场景，如图 1-13 所示。第四模块鲲鹏生态包括鲲鹏伙伴计划、官方权威鲲鹏认证发布、鲲鹏伙伴展示、鲲鹏成功故事。加入鲲鹏伙伴计划，共赢计算产业新时代，全面了解鲲鹏计算产业与生态发展。第五模块支持与交流没有专家在线技术答疑，此模块是鲲鹏开发者实践分享与讨论的大本营。第六模块资讯与活动有新闻、行业资讯、开发者大赛、产业动态等一手消息。开发者可以了解鲲鹏最新消息。

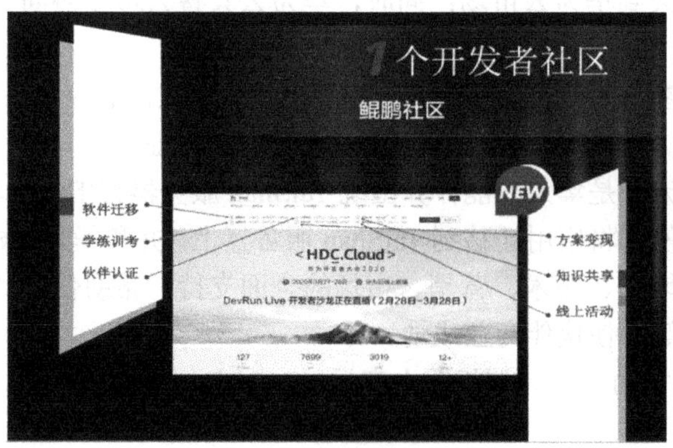

图 1-12　鲲鹏社区

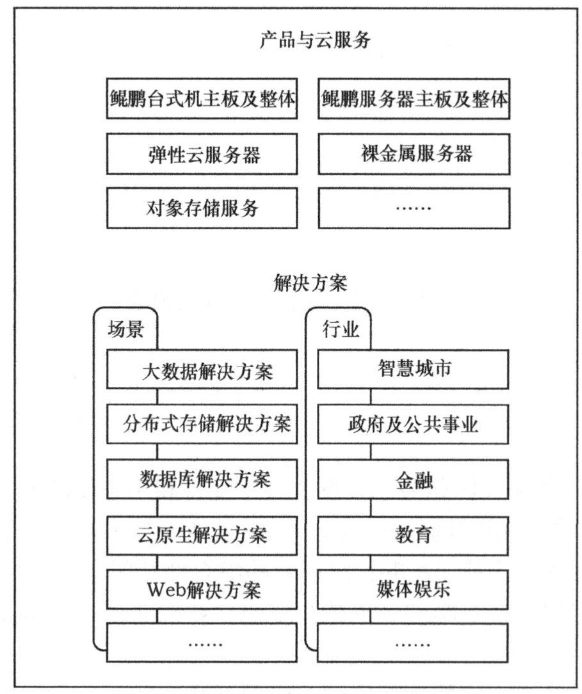

图 1-13　匹配客户与合作伙伴应用场景

图 1-14 所示为鲲鹏计算平台页面，里面包括硬件、软件、云服务与解决方案、文档等相关内容。

图 1-14　鲲鹏计算平台页面

图 1-15 所示为鲲鹏开发者页面，里面主要包含鲲鹏开发套件、鲲鹏应用使能套件。其次还有基础软件、资源、文档等相关内容。

图 1-15　鲲鹏开发者页面

图 1-16 所示为鲲鹏商业应用页面，其中包含：政府、运营商、金融、电力、制造、交通、互联网等领域的内容。当今时代，新一轮科技革命和产业变革席卷全球，数字经济已经成为全球最重要的产业基础和经济形态。数字经济的蓬勃发展，加速了经济社会各领域深刻变革，成为全球经济社会发展的新动能。

发展数字经济应着力加快新型基础设施建设，吸收新科技革命成果，实现国家生态化、数字化、智能化、高速化、新旧动能转换。各级政府和各行各业已对此达成共识。以政府为例，详细介绍。

面对数字经济发展浪潮，在 ICT 的支撑下，政府机构正加快数字化转型，提升执政施政水平与效率，引领全社会高质量发展。计算是 ICT 的硬件设施底座，要想做好政府数字化转型，高质量、高可靠的算力至关重要。

Kunpeng 首页 鲲鹏计算平台 开发者 生态合作 商业应用 学习发展 活动交流 Powered by Kunpeng

商业应用 政府 运营商 金融 电力 制造 交通 互联网

图 1-16 鲲鹏商业应用页面

1．行业需求与挑战

（1）海量数据需要更强算力

政务类别激增，用户规模扩大，服务体验要求高，需要对海量数据进行聚合和关联分析，需要强大计算能力与内存带宽支撑。

（2）高算力要求应用场景的激增

政务系统数字化转型加快，催生大流量、低时延、高可靠应用场景需求，对算力设施的负载能力和计算效率要求高。

（3）新技术带来算力挑战

结合大数据、物联网等技术，智慧城市产生更多高并发、大流量、低时延数据处理需求，对算力基础设施升级提出新的要求。

2．行业应用场景

（1）政务云业务承载需求的不断丰富对底层基础设施提出更高算力要求

随着“互联网+政务服务”建设全面推进，政务数字化转型加速，在线政务服务应用场景不断丰富，大流量高并发数据处理需求不断攀升，加之对智慧城市建设的承载需求逐步增强，政务云底层基础设施面临从架构到软硬件能力的全面提升需求。

（2）鲲鹏计算为政务应用场景提供高性能和具有性价比的解决方案

随着政府数字化转型加快，电子政务在政府内部以及政府部门之间应用的渗透率不断提升，综合管理系统、OA 系统、邮件系统等内部应用场景以及公文交换系统、政务服务网、政府门户等对外应用对数据资源的汇聚、处理、分析需求均不断提升。鲲鹏处理器多核高并发、大内存和高内存带宽等技术特征，在满足多样化电子政务场景对计算基础设施提出的更高处理能力要求外，能够提供安全、更具性价比的解决方案，为打造协同高效的政务服务体系提供基础支撑。

3．联合解决方案

（1）电子公文系统

新点软件基于鲲鹏计算平台打造了信息化工作平台解决方案。通过构建强协同、高效能、易融合、深业务的办公新模式，实现跨层级、跨部门、跨系统的高效协同，构建一体化的办公体系。

（2）政务大数据平台

鲲鹏+国泰新点联合推出政务大数据解决方案，整合政务数据资源，构建大数据资源中心，支撑多部门协同服务，简化企业和个人办事流程；辅助政府科学决策，打造公共服务和社会治理的新模式。

（3）互联网+政务服务

鲲鹏+北明推出互联网+政务服务平台，按照对象、流程等场景进行多维度重组，基于鲲鹏计算平台提供指尖通办、码上办、AI+审批等服务，实行“一窗受理、一网通办、集成服务”，实现一次办成“一件事”。

如图 1-17 所示，鲲鹏学习发展页面有开发者新手成长路径，详细介绍了什么是鲲鹏。在面向开发者的页签里面有在线课堂和在线实验，其中在线课堂针对鲲鹏开发人员，介绍鲲鹏体系的基础知识、软硬件产品、云服务，以及 x86 应用如何迁移上鲲鹏平台。在线实验模拟真实开发场景，提供完善的虚拟环境配置搭建，引导开发者进入虚拟环境操作实验。微认证是一站式在线学习、实验与考试，零基础也可学习前沿技术，快速获得场景化的技能提升，考取权威认证证书。

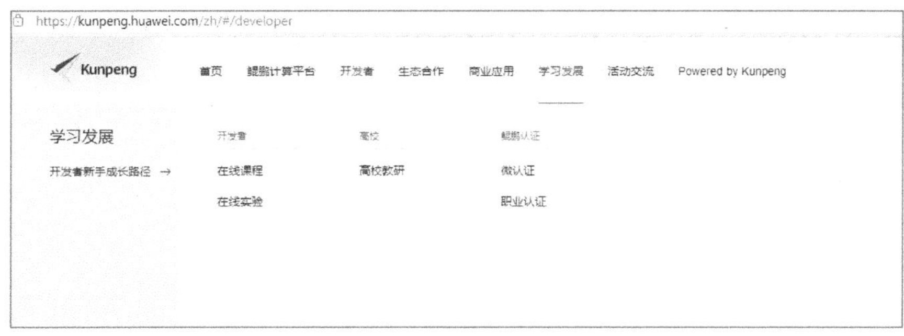

图 1-17　鲲鹏学习发展页面

1.4　本章小结

本章介绍了鲲鹏计算产业发展与组成、鲲鹏生态概述。对鲲鹏计算产业及目标、华为鲲鹏处理器、泰山服务器以及鲲鹏伙伴计划的概念进行了详细地叙述。本章的重点在于对华为鲲鹏处理器的特点结构进行了解，并熟悉泰山服务器和鲲鹏生态的重点内容。

本章习题

1. 华为鲲鹏计算产业相关产品有哪些？（　　）

A. 华为鲲鹏处理器

B. TaiShan 服务器

C. 华为云鲲鹏云服务

2. 华为鲲鹏云服务包括以下哪些？（　　）

A. 华为鲲鹏裸金属服务器

B. 鲲鹏弹性云服务器

C. 鲲鹏容器

D. 鲲鹏云手机

3. 华为云鲲鹏云手机优势有哪些？（　　）

A. 基于华为自研芯片及硬件底座

B. 支持自研高性能 GPU

C. 兼容 32/64 位 ARM 原生指令

D. Monbox 双 ZOS 共内核架构

4. 以下哪些内容不享受鲲鹏服务？（　　）

A. 购买 TaiShan 服务器

B. 购买鲲鹏云服务

C. 购买 RH 服务器

答案：1. ABC　　2. ABCD　　3. ABCD　　4. C

第2章 OpenEuler 基础操作

学习目标

- ♦ 了解 OpenEuler 操作系统概述
- ♦ 了解 OpenEuler 基础应用
- ♦ 了解 vim 编辑器的使用
- ♦ 掌握 OpenEuler 操作系统的安装
- ♦ 基于 OpenEuler 配置 LAMP，部署 WordPress

本章主要讲解 OpenEuler 基础操作的相关知识。在这之前，首先，向大家介绍操作系统，其中包括操作系统的基本概念、发展历史、基本功能、设计目标、发展趋势、主流的操作系统，接着引出 OpenEuler，让首次接触 OpenEuler 操作系统的读者可以更好地理解它。其次，介绍了 OpenEuler 的基础应用，例如它在华为云 ECS 上是如何操作的，常用的命令操作有哪些；除此，还介绍了 vim 编辑器的入门使用。最后，讲述了 OpenEuler 操作系统的安装以及基于 OpenEuler 配置 LAMP、部署 WordPress 的方法。

2.1 OpenEuler 操作系统概述

2.1.1 操作系统的基本概念

1. 简介

操作系统（Operating System，OS）是指控制和管理整个计算机系统的硬件和软件资源，并合理地组织调度计算机的工作和资源的分配，以提供给用户和其他软件方便的接口和环境的程序集合。计算机操作系统是随着计算机研究和应用的发展逐步形成并发展起来的，它是计算机系统中最基本的系统软件。它的主要体系结构包括：简单体系结构、单体内核结构、层次式结构、微内核结构、外核结构。

2. 操作系统实例

（1）嵌入式

嵌入式系统通常使用非常广泛的系统（如 VxWorks、eCos、Symbian OS 及 Palm OS）以及某些功能缩减版本的 Linux 系统或者其他操作系统。某些情况下，OS 指的是一个内置了固定应用软件的巨大泛用程序。在最简单的嵌入式系统中，所谓的 OS 就是指其上唯一的应用程序。

（2）类 Unix

主条目：类 Unix

所谓的类 Unix 家族指的是一族种类繁多的 OS，此族包含了 System V、BSD 与 Linux。由于 Unix 是 The Open Group 的注册商标，因此 Unix 特指遵守此公司定义的行为的操作系统。而类 Unix 通常指的是比原来的 Unix 包含更多特征的 OS。

类 Unix 系统可在非常多的处理器架构下运行，在服务器系统上有很高的使用率。当前，计算机按照计算能力排名的世界 500 强中，472 台使用 Linux 系统，6 台使用 Windows 系统，其余为各类 BSD 等 Unix 系统。

（3）Microsoft Windows

主条目：Microsoft Windows

Microsoft Windows 系列操作系统是基于微软为 IBM 机器设计的 MS-DOS 而设计的图形操作系统。现在的 Windows 系统，如 Windows 2000、Windows XP 皆是创建于现代的 Windows NT 内核。NT 内核是由 OS/2 和 OpenVMS 等系统上借用来的。Windows 可以在 32 位和 64 位的 Intel 和 AMD 的处理器上运行，但是早期的版本也可以在 DEC Alpha、MIPS 与 PowerPC 架构上运行。

（4）MacOS X

主条目：MacOS 和 MacOS X

MacOS，前称为“MacOS X”或“OS X”，是一套运行于苹果 Macintosh 系列计算机上的操作系统。Mac OS 是首个在商用领域成功的图形用户界面系统。Macintosh 开发

成员包括 Bill Atkinson、Jef Raskin 和 Andy Hertzfeld。从 OS X 10.8 开始，其名字中去掉了 Mac，仅保留 OS X 和版本号。2016 年 6 月 13 日在 WWDC2016 上，苹果公司将 OS X 更名为 macOS，现行的最新的系统版本是 Big Sur 11.6，即 macOS Big Sur。

（5）Google Chrome OS

主条目：Google Chrome OS

Google Chrome OS 是 Google 的一项轻型的、基于网络的计算机操作系统计划，它是基于 Google 的浏览器 Google Chrome 的 Linux 内核开发的。

2.1.2　操作系统的发展历史

1．手工操作时代

第一台计算机诞生于 20 世纪 50 年代中期，那时还未出现操作系统，计算机工作采用手工操作方式。程序员将应用程序和数据的已穿孔的纸带（或卡片）装入输入机，然后启动输入机把程序和数据输入计算机内存，接着通过控制台开关启动程序，开始数据运行；计算完毕，打印机输出计算结果；用户取走结果并卸下纸带（或卡片）后，才让下一个用户上机。计算机手工操作流程如图 2-1 所示。

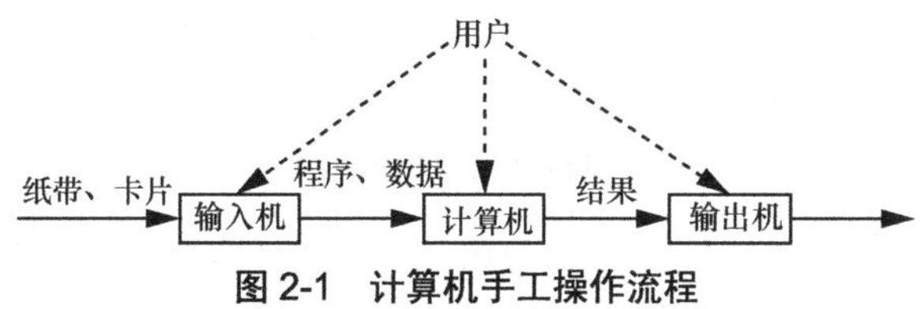

图 2-1　计算机手工操作流程

计算机手工操作方式两个特点：

① 用户独占全机，不会出现因资源已被其他用户占用而等待的现象，但资源的利用率较低；

② CPU 等待手工操作，利用率低。

2．批处理系统

（1）联机批处理系统

首先出现的是联机批处理系统，即作业的输入/输出由 CPU 来处理。主机与输入机之间增加一个存储设备——磁带，在运行于主机上的监督程序的自动控制下，计算机可自动成批地把输入机上的用户作业读入磁带，依次把磁带上的用户作业读入主机内存并执行，同时把计算结果向输出机输出。完成了上一批作业后，监督程序又从输入机上输入另一批作业，保存在磁带上，并按上述步骤重复处理。联机批处理系统的操作流程如图 2-2 所示。

监督程序不停地处理各个作业，从而实现了作业到作业的自动转接，减少了作业建立时间和手工操作时间，有效克服了人机矛盾，提高了计算机的利用率。但是，在作业输入和结果输出时，主机的高速 CPU 仍处于空闲状态，等待慢速的输入/输出设备完成工作，主机处于“忙等”状态。

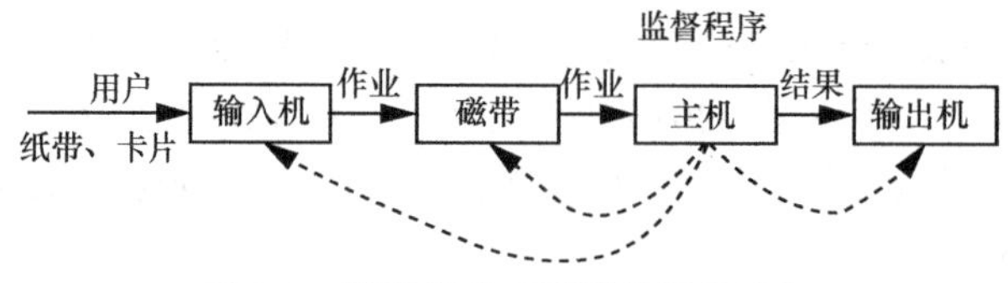

图 2-2 联机批处理系统的操作流程

（2）脱机批处理系统

为缓解高速主机与慢速外设的矛盾，提高 CPU 的利用率，脱机批处理系统被引入，旨在使输入/输出脱离主机控制。

这种方式的显著特征是增加一台不与主机直接相连而专门用于与输入/输出设备打交道的卫星机，其功能是：

① 从输入机上读取用户作业并将其放到输入磁带上；

② 从输出磁带上读取执行结果并传给输出机。

这样，主机不是直接与慢速的输入/输出设备打交道，而是与速度相对较快的磁带机发生联动，有效缓解了主机与设备的矛盾。主机与卫星机可并行工作，两者分工明确，可以充分发挥主机的高速计算能力。脱机批处理系统的操作流程如图 2-3 所示。

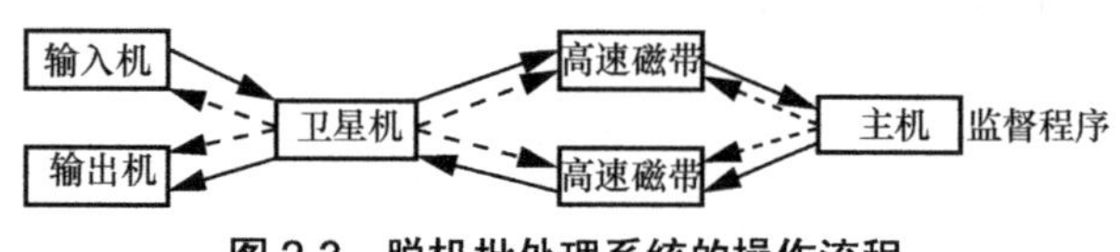

图 2-3 脱机批处理系统的操作流程

脱机批处理系统于 20 世纪 60 年代应用十分广泛，它极大地缓解了人机矛盾及主机与外设的矛盾。它的不足：每次主机内存中仅存放一道作业，每当它运行期间发出输入/输出请求后，高速的 CPU 便处于等待低速的 I/O 完成状态，致使 CPU 空闲。为提高 CPU 的利用率，又引入了多道程序系统。

3. 多道程序系统

所谓多道程序设计技术，就是指允许多个程序同时进入内存并运行。即同时把多个程序放入内存，并允许它们交替在 CPU 中运行，它们共享系统中的各种硬、软件资源。当一个程序因 I/O 请求而暂停运行时，CPU 便立即转去运行另一个程序。

单道程序的运行过程：在 A 程序计算时，I/O 空闲，A 程序 I/O 操作时，CPU 空闲（B 程序也是同样）；A 程序工作完成后，B 程序才能进入内存中开始工作，两者是串行的，全部完成共需时间=$T1+T2$。单道程序工作流程如图 2-4 所示。

多道程序的运行过程：将 A、B 两个程序同时存放在内存中，它们在系统的控制下，可相互穿插、交替地在 CPU 上运行。当 A 程序因请求 I/O 操作而放弃 CPU 时，B 程序就可以占用 CPU 运行，这样 CPU 不再空闲，而正进行 A 程序 I/O 操作的 I/O 设备也不空闲，显然，CPU 和 I/O 设备都处于“忙”状态，大大提高了资源的利用率，从而也提高了系统的效率，A、B 两个程序全部完成所需时间□ $T1+T2$。多道程序工作流程如图 2-5 所示。

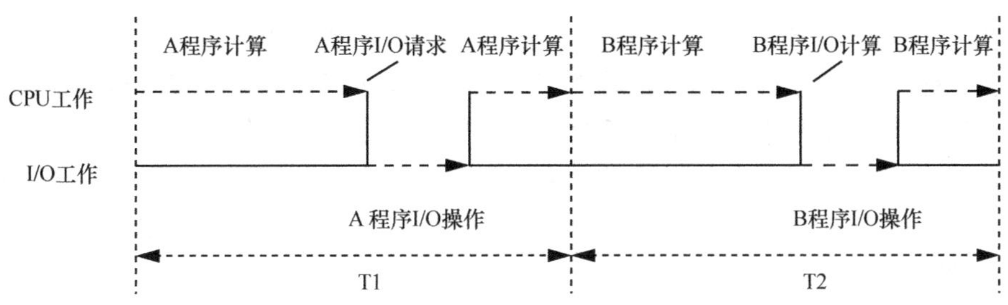

图 2-4　单道程序工作流程

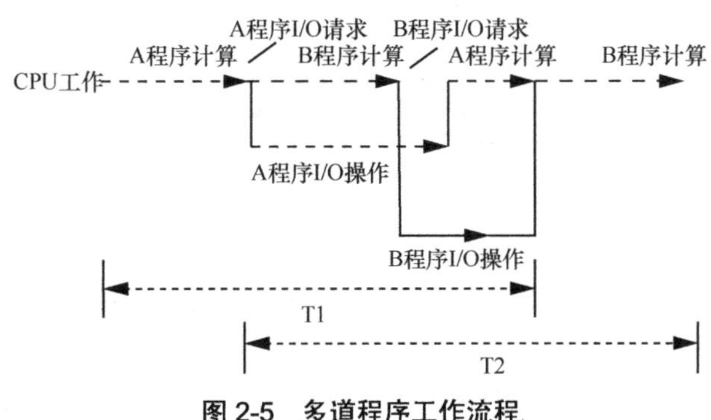

图 2-5　多道程序工作流程

由上我们明显看出，多道程序设计技术不仅使 CPU 得到充分利用，同时提高了 I/O 设备和内存的利用率，从而提高了整个系统的资源利用率和系统吞吐量，最终提高了整个系统的效率。

20 世纪 60 年代中期，前述的批处理系统中引入了多道程序设计技术后形成多道批处理系统（简称“批处理系统”）。

多道批处理系统有如下两个特点。

① 多道：系统内可同时容纳多个作业。这些作业放在外存中，组成一个后备队列，系统按一定的调度原则每次从后备作业队列中选取一个或多个作业进入内存运行，运行作业结束、退出运行和后备作业进入运行均由系统自动实现，从而在系统中形成一个自动转接的、连续的作业流。

② 成批：系统运行过程中，不允许用户与其作业发生交互作用，即作业一旦进入系统，用户就不能直接干预其作业的运行。

批处理系统追求的目标：提高系统资源利用率和系统吞吐量，实现作业流程的自动化。

批处理系统的一个重要缺点：不提供人机交互能力，给用户使用带来不便。虽然用户独占全机资源，并且直接控制程序的运行，可以随时了解程序的运行情况，但这种工作方式资源利用率极低。

4．分时操作系统

由于 CPU 速度不断提高和采用分时技术，一台计算机可同时连接多个用户终端，而每个用户可在自己的终端上联机使用计算机，好像自己独占计算机一样。

分时技术：把处理机的运行时间分成很短的时间片，按时间片轮流把处理机分配给各联机作业使用。若某个作业在分配给它的时间片内不能完成计算，则该作业暂时被中断，把处理机让给另一作业使用，等待下一轮再继续运行。由于计算机速度很快，作业运行轮转得很快，给每个用户的印象是，好像他独占了一台计算机。而每个用户可以通过自己的终端向系统发出各种操作控制命令，在人机充分交互的情况下，完成作业的运行。分时操作系统的工作流程如图 2-6 所示。具有上述特征的计算机系统被称为分时系统，它允许多个用户同时联机使用计算机。

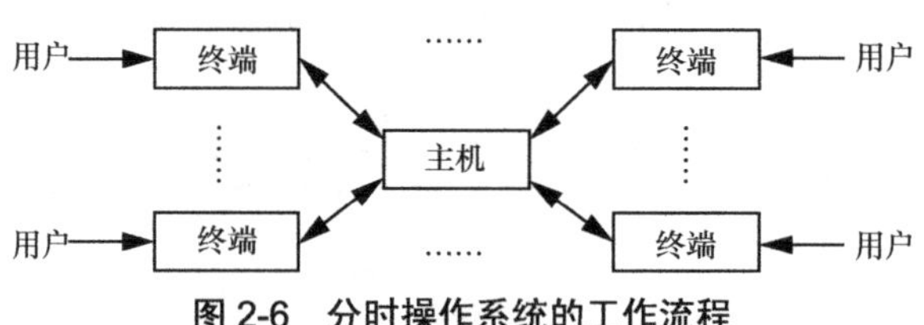

图 2-6　分时操作系统的工作流程

分时操作系统有以下几个特点。

① 多路性。若干个用户同时使用一台计算机。微观上看是各用户轮流使用计算机，宏观上看是各用户并行工作。

② 交互性。用户可根据系统对请求的响应结果，进一步向系统提出新的请求。这种能使用户与系统进行人机对话的工作方式，明显地有别于批处理系统，因而，分时操作系统又被称为交互式系统。

③ 独立性。用户之间可以相互独立操作，互不干扰。系统保证各用户程序运行的完整性，不会发生相互混淆或破坏现象。

④ 及时性。系统可对用户的输入及时做出响应。分时操作系统性能的主要指标之一是响应时间，这个响应时间是指从终端发出命令到系统予以应答所需的时间。

分时操作系统的主要目标：提高对用户响应的及时性，即不让用户等待每一个命令的处理时间过长。多用户分时操作系统是当今计算机操作系统中最普遍使用的一类操作系统。

5．实时操作系统

虽然多道批处理系统和分时操作系统能获得较令人满意的资源利用率和系统响应时间，但却不能满足实时控制与实时信息处理两个应用领域的需求。于是就产生了实时操作系统，即系统能够及时响应随机发生的外部事件，并在严格的时间范围内完成对该事件的处理。实时操作系统在一个特定的应用中常作为一种控制设备来使用。

实时操作系统可分成如下两类。

① 实时控制系统。当用于飞机飞行、导弹发射等的自动控制时，要求计算机能尽快处理测量系统测得的数据，及时地对飞机或导弹进行控制，或将有关信息通过显示终端提供给决策人员。当用于轧钢、石化等工业生产过程控制时，也要求计算机能及时处理由各类传感器送来的数据，然后控制相应的执行部件。

② 实时信息处理系统。当用于预订飞机票、查询有关航班、航线、票价等事宜时，或用于银行业务、情报检索时，都要求计算机能对终端设备发来的服务请求及时予以正确的回应。此类对响应及时性的要求稍弱于第一类。

实时操作系统的主要特点有以下两个。

① 及时响应。每一个信息接收、分析处理和发送的过程必须在严格的时间限制内完成。

② 高可靠性。需采取冗余措施、双机系统前后台工作，包括执行必要的保密措施等。

6. 通用操作系统

操作系统有 3 种基本类型：多道批处理系统、分时操作系统、实时操作系统。通用操作系统是指具有多种类型操作特征的操作系统。它可以同时兼有多道批处理、分时、实时处理的功能，或其中两种以上的功能。

例如：实时处理+批处理=实时批处理系统。首先，系统保证优先处理实时任务，插空进行批处理作业。我们常把实时任务称为前台作业，批作业称为后台作业。

再如：分时处理+批处理=分时批处理系统。时间要求不强的作业被放入“后台”（批处理）处理，需频繁交互的作业被“前台”（分时）处理，处理机优先运行“前台”作业。

20 世纪 60 年代中期，国际上开始研制一些大型的通用操作系统。这些系统试图达到功能齐全、可适应各种应用范围和操作方式变化多样的目标。但是，这些系统过于复杂和庞大，在解决可靠性、可维护性和可理解性方面都遇到了很大的困难。

相比之下，Unix 操作系统却是一个例外。这是一个通用的多用户分时交互型的操作系统。它首先建立的是一个精干的核心，在核心层以外，而其功能却足以与许多大型的操作系统相媲美。可以支持庞大的软件系统。它很快得到应用和推广，并不断完善，对现代操作系统有着重大的影响。

2.1.3　操作系统的基本功能

为了使计算机系统能协调、高效和可靠地进行工作，同时也为了给用户一种方便友好的使用计算机的环境，计算机操作系统中，通常都设有处理器管理、存储器管理、设备管理、文件管理、作业管理等功能模块，它们相互配合，共同完成操作系统既定的全部职能。操作系统的基本功能如图 2-7 所示。

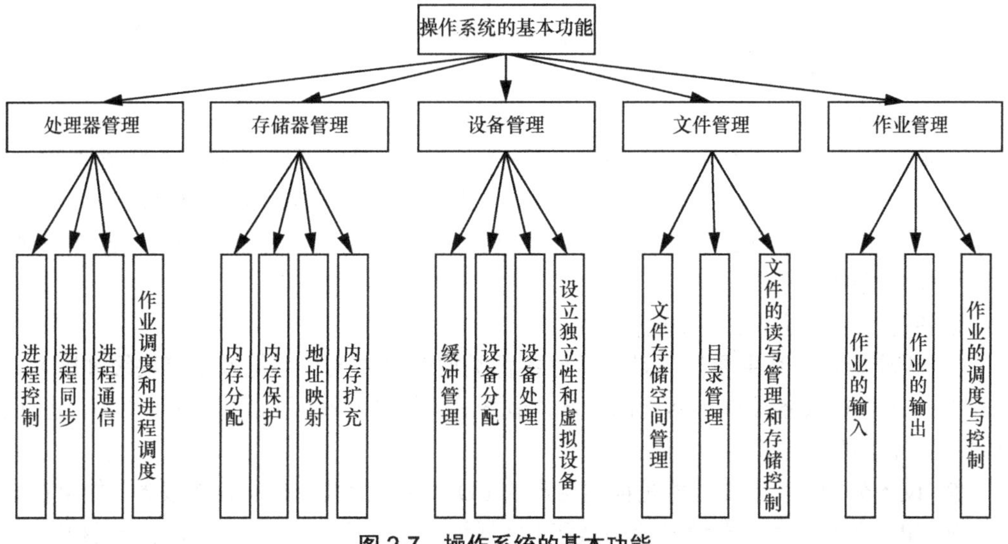

图 2-7　操作系统的基本功能

1. 处理器管理

处理器管理最基本的功能是处理中断事件。处理器只能发现中断事件并进行中断而不能进行处理。配置了操作系统后，它就可对各种事件进行处理。处理器管理的另一功能是处理器调度。处理器可能是一个，也可能是多个，不同类型的操作系统将针对不同情况采取不同的调度策略，这种情况也叫进程管理。

处理器管理包括以下主要功能。

① 进程控制。其主要任务是为作业创建进程，撤销已结束的进程，以及控制进程在运行过程中的状态转换。

② 进程同步。其主要任务是对并发执行及以异步方式运行的进程进行协调。

③ 进程通信。其主要任务是实现相互合作进程之间的信息交换。

④ 作业调度和进程调度。前者的主要任务是从后备队列中按照一定的算法，选择出若干个作业，为它们分配必要的资源。后者的主要任务是从就绪进程队列中按照一定算法选出一个新进程，把处理机分配给它，并为它设置运行现场，使其投入运行。

2. 存储器管理

存储器管理主要是指针对内存储器的管理。它的主要任务是：分配内存空间，保证各作业占用的存储空间不发生矛盾，并使各作业在自己所属存储区中互不干扰。

内存管理包括以下主要功能。

① 内存分配。其主要任务是为每个程序分配内存空间，使它们各得其所，提高存储器利用率，以减少不可用的内存空间，允许正在运行的程序申请附加的内存空间，以适应程序和数据动态增长的需要。

② 内存保护。其主要任务是确保每个用户程序都在自己的内存空间中运行，互不干扰。进一步说，它决不允许应用程序访问操作系统的程序和数据，也不允许其转移到非共享的其他用户程序中。

③ 地址映射。其主要任务是将地址空间中的逻辑地址转换为内存空间中与之对应的物理地址。

④ 内存扩充。其主要任务是借助于虚拟存储技术，从逻辑上扩充内存容量，使用户所感觉到的内存容量比实际内存容量大得多。

3. 设备管理

设备管理是指管理各类外围设备（简称“外设”），如分配、启动和故障处理等。它的主要任务是：当用户使用外部设备时，必须提出要求，待操作系统进行统一分配后方可使用。当用户的程序运行到要使用某外设时，由操作系统负责驱动外设。操作系统还具有处理外设中断请求的能力。

设备管理包括以下主要功能。

① 缓冲管理。其主要任务是管理好各种类型的缓冲区（字符或字符块缓冲区），以缓和 CPU 和 I/O 设备速度不匹配的矛盾，最终达到提高 CPU 和 I/O 设备利用率，进而提高系统吞吐量的目的。

② 设备分配。其主要任务是根据用户的 I/O 请求，为其分配所需的设备。如果在 I/O 设备和 CPU 之间还存在着设备控制器和 I/O 通道，还需为分配出去的设备分配相应的控

制器和通道。

③ 设备处理。其主要任务是实现 CPU 和设备控制器之间的通信，即由 CPU 向设备控制器发出 I/O 指令，要求它完成指定的 I/O 操作；同时 CPU 能够接收由设备控制器发来的中断请求，给予及时的响应和相应的处理。

④ 设备独立性和虚拟设备。设备独立性指应用程序独立于物理设备，以使用户编制的程序与实际使用的物理设备无关。这不仅能提高用户程序的可适应性，使程序不局限于某具体的物理设备，而且易于实现输入/输出的重定向。虚拟设备则指把每次仅允许一个进程使用的物理设备，改造为能同时供多个进程共享的设备，即把一个物理设备变换为多个对应的逻辑设备，以使一个物理设备能供多个用户共享。这不仅可以提高设备利用率，而且还可以加速程序运行，使每个用户都感觉到自己在独占该设备。

4．文件管理

文件管理是指操作系统对信息资源的管理。在操作系统中，我们将负责存取的管理信息的部分称为文件系统。文件是在逻辑上具有完整意义的一组相关信息的有序集合，每个文件都有一个文件名。文件管理支持文件的存储、检索和修改等操作以及文件的保护功能。操作系统一般都提供功能较强的文件系统，有的还提供数据库系统来实现信息的管理工作。

文件管理包括以下主要功能。

① 文件存储空间管理。其主要任务是为每个文件分配必要的外存空间，提高外存的利用率，从而有助于提高文件系统的工作效率。

② 目录管理。其主要任务是为每个文件建立目录项，并对众多的目录项加以有效的组织，以实现方便的按名存取。

③ 文件的读写管理和存储控制。前者指根据用户请求，从外存中读取数据或将数据写入外存；后者则指防止系统中的文件被非法窃取和破坏。

5．作业管理

每个用户请求计算机系统完成的一个独立的操作称为作业。作业管理包括作业的输入和输出、作业的调度与控制。

2.1.4 操作系统的设计目标

现代操作系统的设计目标主要有以下 4 个方面。

（1）方便性

改进和完善用户接口，使计算机系统更方便使用。

（2）有效性

通过有效管理和分配软、硬件资源以及合理组织计算机工作流程来提高资源利用率和系统吞吐量。

（3）可扩充性

以适应计算机硬件和体系结构的迅猛发展，满足更高的功能和性能要求，设计操作系统时应该充分考虑操作系统的可充性。

（4）开放性

支持不同厂家与不同类型的计算机及其设备的网络化集成和协同工作，实现应用程序的可移植性和互操作性。

2.1.5 主流操作系统

计算机发展中出现过很多种类的操作系统，但很难用单一的标准把它们统一分类。若按照用户界面的使用环境和功能特征划分，其可分为批处理操作系统、分时操作系统、实时操作系统；若按照用户应用领域来划分，其可分为桌面操作系统、服务器操作系统、嵌入式操作系统；若按照所支持的用户数目划分，其可分为单用户操作系统和多用户操作系统，其中单用户操作系统包括 MS DOS、Windows 95、Windows 98、Windows ME，自 Windows 2000 之后的 Windows 操作系统都是多用户操作系统，包括 Unix、Linux、MacOS 等操作系统；若根据硬件结构划分，其分为网络操作系统，如 NetWare、Windows N、Unix、Linux、MacOS 网络操作系统；现最为流行的操作系统有 Windows、Linux、MacOS 等。

1. Windows 操作系统

Windows 操作系统的发展历程如下：

① Windows 操作系统于 1983 年由微软公司开发，开发的初衷是为用户提供 MS-DOS 的多任务图形界面；

② 1985 年，具有图形用户界面的第一个版本——Windows1.0 问世；

③ 1987 年，Windows 2.0 版本发布，这一版本最显著的变化是多窗口接口的形式相互重叠，但是没有引起人们的注意；

④ 直到 1990 年，Windows 3.0 版本的推出才成为一个重要的里程碑，它决定了 Windows 系统在 PC 领域的垄断地位，取得了压倒性的商业成功，现今流行的 Windows 窗口界面的基本形式也是基于 Windows3.0 确定的；

⑤ Windows 8 于 2012 年 10 月正式发行，被应用于个人电脑和平板电脑上，广泛适用于移动触控电子设备，如平板电脑、触屏手机等；

⑥ 如今，Windows 10 可谓是现在最流行的版本了。

2. Linux 操作系统

芬兰赫尔辛基大学 Linux Benerdict Torvalds 于 1991 年首次发布了命名为 Linux 的操作系统。Linux 操作系统是一个功能强大的多任务操作系统，已开发出多种版本的应用系统，如 Ubuntu、OpenSUSE、RedHat、CentOS 等应用系统，这些应用系统因具有安装、升级简单的特点而得到广大用户的喜爱。

3. MacOS 操作系统

MacOS 是苹果公司为麦金塔电脑开发的专属操作系统，于 1998 年被首次推出，2002 年起随麦金塔电脑发售。2018 年 9 月，MacOS 10.14 版本发行，MacOS Mojave 10.14 的更新提高了 Mac 的稳定性和可靠性。MacOS 是先进的操作系统，设计简单直观，让处处创新的 Mac 安全易用，高度兼容。

4．几种操作系统的对比分析

根据 Windows、Linux、MacOS 操作系统的特点，我们对这几种操作系统的特性进行对比，使读者能清晰直观地看出异同点，对其选型使用有比较好的参考价值。

（1）安全性

Windows 操作系统提供了更为新颖、简洁的图形化界面，更易于使用；支持更多新的硬件和软件；增强了系统可靠性，提高了安全性，提供了增强的 Internet 集成功能和增强的多媒体功能；由于 Windows 操作系统被应用于各行各业，因此 Windows 操作系统的安全性受到威胁，成为了病毒攻击的目标，不过，微软时刻集中精力来解决安全问题。

Linux 操作系统是一款开源的操作系统，开源的特性，使得系统的漏洞更容易被发现，也更容易被修补。它的内核由多名极客共同维护，从而成就了它的稳定性和安全性。因此 Linux 操作系统不易被特洛伊、蠕虫攻击。Linux 操作系统的安全设置采用取消不必要的服务；对远程存取进行限制；安全漏洞可以进行修补；支持安全工具以及经常性的安全检查等功能。

MacOS 操作系统是封闭的，具有完善的权限机制，大部分伪装软件的强制安装的软件都是 EXE 可执行文件，这对于 MacOS 系统来说是无法识别的，所以也是相对安全的。MacOS 操作系统具有沙盒机制，所有的软件都会被应用商店过滤后才可以下载，这样的做法进一步减少了恶意软件的攻击，目前使用 MacOS 操作系统的用户数也比较少，黑客攻击无法产生足够的利益。

（2）易用性

Windows 操作系统是最典型的图形化界面操作系统，它的操作方式通过图形界面进行操作，现作为个人计算机的主流操作系统，用户可以通过单击鼠标完成大部分的操作，美观简洁的窗口风格和易用性被用户广为接受和认可。

Linux 操作系统桌面环境支持字符界面和图形界面，完成工作的方式不止一种，Linux 操作系统有各种各样的图形化桌面可供选择。Linux 操作系统是通过命令来运行的，用户在初次接触 Linux 操作系统的时候，会遇到一些常见的问题：从 GUI 操作到命令行操作的过渡不习惯；众多命令不容易掌握，不同 shell 命令格式的混淆等。

MacOS 操作系统全屏幕界面特别卓越，图形处理功能特别强大，突出了形象的图标和人机对话。从启动 MacOS 所看到的全屏幕桌面，到日常使用的应用程序，都设计得特别简约精美。MacOS 的易用性更强，如果操作者想删除一个软件，只需要打开相应的目录，删除文件即可。

（3）网络服务

Windows 操作系统拥有更多的网络协议，具有非常强的网络应用服务，不仅能满足用户的各种需求，更能给用户带来便捷。由于 Windows 操作系统对服务器的硬件条件要求较高，稳定性能不是很好，目前主要应用于低、中档服务器中。

Linux 操作系统是基于网络的，诞生于网络，支持各种标准的网络协议，并提供了大量的网络管理软件、网络分析软件和网络安全软件，常用的软件比较丰富，能满足用户的日常需求。小型局域网基本不使用 Linux 作为网络操作系统，目前，Linux 系统主要应用于中、高档服务器中。

（4）软硬件环境

Windows 操作系统是硬件的灵魂，支持的硬件设备种类、型号和数量比较占据优势，支持的软件也比较丰富；支持网络管理工具软件、文件使用程序、办公应用软件、程序开发软件、游戏软件、各种多媒体软件等。

Linux 操作系统的软件资源比较丰富，对于用户所需要的应用程序都能够满足。Linux 操作系统应用软件可以从互联网免费下载，这一切就使设计者进行软件开发变得非常容易。

MacOS 是硬件的附属，是 Mac 的独家定制，MacOS 提供了一些出色的计算机硬件选择。MacOS 支持的应用软件比较少，具有自行开发的许多领域的专业软件，有自己的专业版本浏览器、办公软件 iwork 和 ilife、QQ 等软件，操作起来简便轻松。

2.1.6 操作系统的发展趋势

《2019—2025 年中国操作系统行业发展前景预测及投资战略研究报告》。

目前，从全球桌面操作系统市场格局已基本稳定，2019 年微软旗下的 Windows 占据全球 PC 端操作系统 77.81%的市场份额，其次为苹果旗下的 OS X，占据市场 14.23%的份额，而 Linux 系统仅占全球市场份额的 1.68%。从近几年市场格局的变化趋势来看，全球领先操作系统 Windows 份额占比呈现逐年下滑态势，OS X 占比逐年上升，整体来看，国际巨头垄断地位难以撼动。

从国内市场来看，微软公司的 Windows 系统仍然占据我国 PC 操作系统的主导地位，2019 年占比达 87.86%；其次为 OS X，2019 年市场份额为 7.3%；近年来 Wintel 架构之外的桌面操作系统市场份额占比正逐渐提升，2019 年 Linux 占比为 0.81%，市场份额较 2016 年提高 0.26 个百分点。

随着越来越多社会因素的影响，国产操作系统加快了开发的步伐。国产操作系统起步较早，但过去受限于生态基础不完善，发展缓慢，近年来受益于政企办公、能源等关键领域的自主可控相关政策，获得了平稳发展。国产操作系统市场呈现出厂商林立的局面，除了统信软件外，国内操作系统还包括中标麒麟、湖南麒麟、中兴新支点、普华桌面、一铭桌面、绿地桌面等。近几年，国产操作系统在政企办公等领域的市场收入逐年上涨。

目前，国产操作系统整合仍在继续，其中 UOS 国产统一操作系统源自 Deepin Linux 技术团队，意在整合国产操作系统优质资源，解决国产化操作系统研发、生态、技术路线的碎片化问题。与 Windows 7 相比，UOS 无弹窗和流氓软件，简化了使用界面，用户体验较好，且由国内企业开发，可控性较好，生命周期长久，可提供本地化维护支持，在日常办公领域，已具备了替换 Windows 7 系统的能力。

从国家安全的角度来看，操作系统是软件行业必须要攻克的阵地，未来国产操作系统整合仍是大势所趋，一方面有利于软硬件厂商集中研发资源发展生态，逐渐打破国外操作系统的垄断和封锁，为中国操作系统市场带来新的活力；另一方面有利于用户的增长和积累，反哺操作系统生态。

由此不难预见，我们当前的任务就是要使我国的 OS 领域从主要是 Windows 平台逐步转换到包括 Linux 在内的多平台建设，OS 平台变化自然会有力地带动支撑软件、应用软件、应用程序等相关软件系统的转换和发展，持续的加大扶持和开发力度必将会迅速提高我国软件业的整体水平。

由于计算机的快速发展，各种版本在计算机操作系统中应用，未来要想实现计算机操作系统的有序运行，需要我们对其有明确的认识。计算机操作系统在未来的发展中主要体现出以下几个特点。

（1）方便性

这种方便性不仅是传统意义上的使用方便，更重要的是体现整个操作系统具有更方便的制造技术，在节约资源和维持整个操作系统方面能够更加便捷地供人们使用。

（2）功能性

这种功能性主要体现计算机的硬件和软件以及操作系统的密切结合，同时保持特有的使用功能，以满足人们更加多样化的需求。同时改变传统的使用功能，使之趋向于一种更加智能化的发展。

（3）高效性

由于未来生活的发展是一个充满更高科技化的过程，整个生活讲究的是效率，因此，计算机的发展一定会朝着更高效力的方面发展，同时满足人们的各种生活需要。计算机的操作系统也相应地会朝着人性化和高性能及高效益的方向发展，从而更加有利于计算机系统的发展。

（4）稳定性

对于使用者来说，系统的稳定性是至关重要的，在未来的操作系统发展中，系统的稳定性是一大重要因素。

综上所述，计算机操作系统是计算机的重要支撑，它决定了计算机的性能。在近几年中，计算机的操作系统发展迅速，尤其是一些稳定性、功能性的操作系统得到了较快的应用和发展。

2.1.7 OpenEuler 系统简介

1. 发展历程

从 1969 年到今天，Linux 已成为在 ICT 领域应用最广泛、最基础的承载平台。而 OpenEuler 是一款由全球开源贡献者构建的高效、稳定、安全的开源操作系统。OpenEuler 的内核源于 Linux，支持鲲鹏及其他多种处理器，能够充分释放计算芯片的潜能，适用于数据库、大数据、云计算、人工智能等应用场景。OpenEuler 是一个开源免费的 Linux 发行版系统，通过开放的社区形式与全球的开发者共同构建一个开放、多元和架构包容的软件生态体系，同时也是一个创新的系统，倡导客户在系统上提出创新想法，开拓新思路，实践新方案。

OpenEuler 操作系统历经十余年开发打造，早期主要用于华为内部高性能计算项目。2013—2016 年，华为发布 EulerOS 1.x 系列，并在内部 ICT 产品、存储产品、无线控制器、

CloudEdge 等中首次规模商用。目前，EulerOS 2.X 版本已经发布，并在内部云产品以及 ICT 产品，如消费者云、华为公有云、存储产品、无线产品、云核心网等产品中规模商用。2019 年 12 月 31 日，华为作为创始企业发起了 OpenEuler 开源社区，并将 EulerOS 相关的能力开放给 OpenEuler 社区，后续 EulerOS 将基于 OpenEuler 进行演进。2019 年，华为首次宣布了计算产业“硬件开放、软件开源”的核心战略，OpenEuler 成为软件开源的第一站；同年 12 月，OpenEuler 操作系统源代码正式上线，标志着开源之路启动。2020 年 3 月，OpenEuler 开源社区发布 OpenEuler 20.03 LTS 版本，9 月发布 OpenEuler 20.09 创新版。如今，OpenEuler 吸引到越来越多的全球开发者参与，社区整体朝向“共建、共享、共治”的目标稳健发展。

在这一背景下，OpenEuler 21.03 版本推出内核热替换技术，对内核的热替换之后，系统能够快速恢复，包括 PCI 的设备状态，以及内存里的业务数据等，整个替换时间在百毫秒到 2 秒之间，用户业务通过热替换技术在“飞行途中换引擎”的同时，Bug 修复效率也会有一个质的提升。

除了内核技术的提升外，OpenEuler 21.03 版本还将有麒麟、深度桌面环境、Gnome 3 个桌面供使用者选择，增加了 repo 仓库，从而让 ISV 的发布、分发效率更高，用户更容易获取。新版本面向云、边缘和端侧将提供一整套完善方案，支持在云上实现极致性能、高效运维，安全可靠；在边缘上提供轻量、敏捷、实时的系统；在端侧，提供一整套的工具集，让用户可以自由地对 OS 进行定制。

降低进入门槛仍然是 OpenEuler 21.03 版本的重要任务，除此之外，在用户体验和落地连接侧，OpenEuler 21.03 版本则力图变得更“好用”，这也让我们对 OpenEuler 的这次更新产生了更多的期待。

OpenEuler 标志如图 2-8 所示。

图 2-8　OpenEuler 标志

2. 特征

（1）支持多处理架构

新版本（20.09）增加了新的架构和芯片支持，除了之前的 x86 和 ARM 架构之外，还与中科院软件研究所合作，发布了国内首个 RISC-V Linux 尝鲜版，同时还增加了对中科海光（注：中科曙光投资的海光信息技术有限公司）芯片的支持。对于开源开发者，20.09 版本增加了对树莓派的支持。

支持的架构和芯片越来越多，在一定程度上说明 OpenEuler 正在以更开放的姿态和更低的开发门槛迎接开发者们加入项目。

（2）性能更强

针对目前核与核之间、物理 CPU 与物理 CPU 之间，越来越不均衡的现状，新版本为了更好地去释放这些硬件的算力，对内核进行了协同反馈式的调度，通过内核共享资源并行优化等技术手段，进一步释放多核之间的算力，使性能提升 20%。

新版本在为行业提供新的多核算力解决方案的同时，也进一步展示了华为在开源操作系统领域的硬实力。

（3）使用更易

在虚拟化方面，新版本通过 StratoVirt+iSula 组合构建了一个极致轻量化的安全容器全栈，甚至可以说是下一代的虚拟化技术。

通过 RUST 语言和 VMware 的接口，针对数据的迁移，包括镜像的构建，提供了拥有丰富应用的一个工具，通过这些构建，让容器使用起来更加容易简单。

这个方案既有虚拟机的隔离性，又有相关实时性和轻量化，面对未来的 Serverless 计算平台，特别是函数计算，是一个非常完美的选择。

（4）效率更高

为了更好地对 OS 进行基于业务场景的调优，新版本的 A-Tune 工具针对应用业务场景进行了系统画像，把所支持的应用场景扩大到了十大类 20 多款应用，可以调节的对象参数达到 200 多个。

A-Tune 是对运行在操作系统上的业务建立精准模型，动态感知业务特征并推理出具体应用，根据业务负载情况动态调节给出最佳的参数配置组合，从而使业务运行于最佳系统性能状态下，大大提升了调优效率。

总的来说，除了增加新的架构和芯片支持外，新版本的大多数升级都是围绕提升易用性展开的，目的是为了降低开发者参与 OpenEuler 开源项目的门槛。

3．应用

OpenEuler 是一款开源、免费的操作系统，由 OpenEuler 社区运作。当前 OpenEuler 内核源于 Linux，支持鲲鹏及其他多种处理器，能够充分释放计算芯片的潜能，是由全球开源贡献者构建的高效、稳定、安全的开源操作系统，适用于数据库、大数据、云计算、人工智能等应用场景。

4．探索与挑战

OpenEuler 通常有两种版本：一是创新版本，支撑 Linux 爱好者技术创新和内容创新，如 OpenEuler 20.09，通常半年发布一个新的版本；二是 LTS，即 OpenEuler 的稳定版，如 OpenEuler LTS 20.03。

OpenEuler20.09 版本是 OpenEuler 开源以来的一个高峰，OpenEuler 未来还将经历更多高峰。根据 OpenEuler 的版本发布规划，今后每两年会发布一个 LTS 版本，每年 3 月和 9 月份还会各发布一个创新版本。对于下一个 21.03 版本的展望，新版本将进行更多的内核探索。

OpenEuler 一路走来，完成了从上线到开源，从社区建设到 OSV（虚拟环境下的操作系统）合作体系建设等一系列工作，完成了从 0 到 1 的起步，正在进行着从 1 到 10，到 100，到 1 之后无数个 0 的生态生态建设，从上文提到的 OpenEuler 版本发行节奏以及社区建设规划来看，OpenEuler 的开源之路还将长期进行。

5．解决方案

（1）OpenEuler+鲲鹏打造智能边缘计算

5G 具有超大宽带、超低时延、超大规模连接的特点，激发了边缘计算的更高算力需求。边缘技术作为 5G 关键技术，提供 IT 或者云的能力，以减少业务的多级传递，降低核心网和传输的负担。OpenEuler 可丰富边缘场景和应用，对算力产生差异化需求。OpenEuler+鲲鹏方案可满足边缘高算力需求和适应严苛的部署环境，为边缘应用和创新提供算力支持。

OpenEuler+鲲鹏软硬件协同边缘计算平台的优势如下。

① OpenEuler 操作系统可针对鲲鹏处理器进行多个方面深度优化，最大释放鲲鹏强大算力。

② TaiShan200 边缘型服务器（型号：2280E）可提供边缘差异化算力需求。

a．性能出众——多核架构，系统最高 256 核；支持 32 个 DDR4，内存带宽提升 33%；全 PCLe4.0 NVMe SSD 加速。

b．灵活扩展——支持网络 10GE/25GE/100GE 板载网络；I/O 支持最多 8 个 PCLe4.0 插槽，12 种 Riser 卡设计。

c．安全可靠——领先的系统抗震及散热设计，硬盘故障率低于业界产品的 15%；支持全液冷方案，无须部署行级空调，PUE≤1.05；满足 ECII（Edge Computing IT Infrastructure，边缘计算基础设施产业推进工作组）标准，易部署、易维护。

③ 鲲鹏 920 高性能处理器具备高性能、多核高并发处理能力，能够满足边缘计算场景对算力的多样化需求。

④ 基础软件平台：OpenEuler 释放鲲鹏多核并发算力，成为鲲鹏基础软件生态底座。其原因如下。

a．OpenEuler 与鲲鹏硬件最佳配套：在进程管理方面，多核加速，分域调度性能提升 20%；在多核调度方面，性能优于业界标杆 OS 20%。

b．OpenEuler 开放开源，联合伙伴创新。

c．OpenEuler 安全加固，保证边缘安全。

（2）iSula

iSula 是 OpenEuler 开源平台上的容器技术项目，包括了容器全栈生态中的多个软件。其中，通用容器引擎 iSulad 是一种新的容器解决方案，可提供统一的架构设计来满足 CT 和 IT 领域的不同需求。相比 Docker，iSulad 使用 C/C++实现，具有轻、灵、巧、快的特点，不受硬件规格和架构的限制，开销更小，可应用领域更为广泛。

OpenEuler20.09 相对 OpenEuler20.03 LTS 版本有以下特性更新：

① iSulad 的性能优化，并发启动和容器生命周期操作性能有了很大的提升；

② 新增容器镜像构建工具 iSula-build，提供了静态构建、IMA（Integrity Meosurement Architecture，完整性度量架构）构建等能力。

OpenEuler20.09 版本相对于 OpenEuler20.03 LTS 版本，其 iSulad 的性能得到了大幅提升，主要有以下优化：

① 对源码架构进行了重构和调整，提高了代码可维护性和可扩展性，对外接口保持不变，用户不感知；

② 优化了容器并发启动性能，容器并发启动平均耗时从 18 s 降低到 2.2 s（泰山 2288 服务器，iSulad 配置 overlay2 存储）。

OpenEuler20.09 版本还新增了容器镜像构建工具 iSula-build，它提供了安全、快速的容器镜像构建能力。iSula-build 与 iSulad、iSula-transform 等一系列组件一起，构成了 iSula 全栈解决方案，为容器镜像构建提供了全新的选择。

iSula-build 的重点特性如下。

1）完全兼容 Dockerfile 语法

iSula-build 完全兼容 Dockerfile 语法，支持多 Stage 构建，用户可以沿用 Docker build 的使用习惯，不需要任何学习成本。

2）与 iSulad、Docker 快速集成

iSula-build 的镜像导出形式多样，可以直接导入 iSulad 和 Docker 的本地 Storage 中，还支持导出到远端仓库和本地 tar 包中，与周边组件的集成快速、方便。

3）镜像管理

iSula-build 提供了本地镜像管理功能。除 build 镜像外，iSula-build 还提供了 import、save、load、tag、rm 等镜像管理功能，这使得其镜像构建的来源更加丰富，导出形式更加多样。

4）快速

相比 Docker build，iSula-build 不会为每一条 Dockerfile 指令启动一个容器，只有 RUN 指令才会在容器中执行，而且 Commit 的粒度是 Stage 而不是每一行指令。所以在通常的容器镜像构建场景，构建速度会有大幅提高。

5）安全

支持 IMA（Integrity Measurewent Architecture，完整性度量架构），这是内核中的一个子系统，能够基于自定义策略对通过 execve()、mmap()和 Open()系统调用访问的文件进行度量。通过 iSula-build 构建的镜像能够保留 IMA 文件扩展属性，再配合操作系统，共同保证构建出来的容器镜像在运行侧可执行文件和动态库的完整性度量。

6）静态构建

静态构建，是指当构建镜像的输入，包括 Dockerfile 和命令行一致，并且指定构建时间戳，则在同一环境多次构建结果得到的容器镜像 ID 相同，在某些需要记录 Dockerfile 对应容器镜像 ID，或者需要固定镜像 ID 的场景下能发挥作用。

iSula-build 目前的应用场景很明确，可以在通用场景无缝替换 Docker build 构建容器镜像，同时还可提供上述涉及的新特性。

（3）A-Tune 自优化

A-Tune 是一款 OpenEuler 社区孵化的性能可自优化的系统级基础软件。在鲲鹏产业中，操作系统作为基础软件是衔接应用和硬件的基础平台，应用负载千差万别，对服务器要求各不相同。如何释放鲲鹏算力提升用户体验，操作系统的作用至关重要。硬件和基础软件组成的应用环境，涉及高达 7000+的配置对象，配置非常复杂，超出工程师的个人能力范围，针对这些挑战，华为创新推出了 A-Tune 全栈智能自优化技术。A-Tune 结合大数据和人工智能技术，精确建立系统画像，感知推理业务特征，智能决策，预测和自动优化调度，使系统时刻在最佳状态运行。业务运行时，A-Tune 实时感知业务特征，基于业务负载特征，完成资源模型的优先级调度匹配，实现不同

资源的分类调度，发挥鲲鹏多核的优势，实现资源多级伸缩调度，释放鲲鹏澎湃算力，精准实现业务所需的高性能、低时延、高吞吐等业务功能。在 Web、大数据等主流应用场景下，A-Tune 技术使 OpenEuler 成为鲲鹏处理器的最佳拍档，使用户体验达到极致。

A-Tune 利用 AI 技术，通过对各种类型的业务进行数据采集，建立精准业务模型，并制订相应的调优策略。A-Tune 具有如下功能。

① 在线静态调优。A-Tune 简化了系统调优，尽可能地屏蔽了硬件和操作系统底层细节，使用者无须感知底层细节，就可以实现快速调优。它利用 AI 技术，通过采集 52 个数据维度进行数据分析和机器学习，识别到具体的应用，快速匹配出多种配置组合，并从积累的优化模型库中找到最佳配置进行设置，满足多业务、多场景下的性能调优。

② 离线动态调优。A-Tune 在离线场景下，采用重要参数搜索算法筛选出影响该业务场景下的重要参数，通过贝叶斯优化算法对筛选出的重要参数空间进行迭代搜索，不断优化参数配置，直到算法最终收敛，获取到最优配置。离线动态调优对于配置项多、业务复杂的场景能够极大提升调优效率。

接下来，我们举例两个 A-Tune 的应用场景。应用场景 1——HPC 场景调优系统参数见表 2-1。

表 2-1 应用场景 1——HPC 场景调优系统参数

调优系统参数			
CPU	Memory	Network	Disk
128core	512GB	10GB/25GB	HDD/SSD

对 Nginx 业务场景进行离线动态调优，A-Tune 能够自动感知需要进行硬件加速的场景，硬件加速自动触发后，性能从 17998rps 优化到 61144rps，性能提升 240%，如图 2-9 所示。

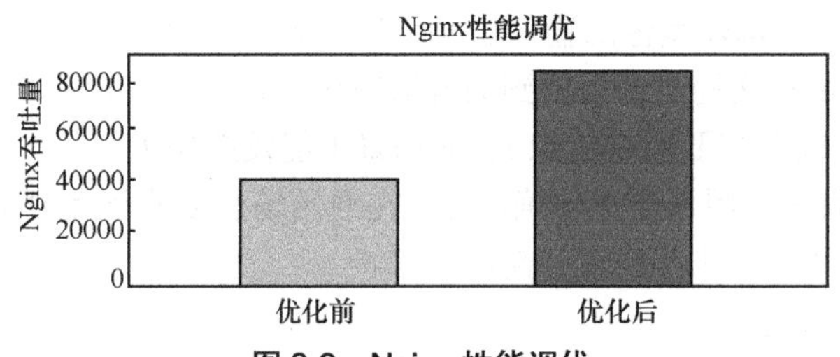

图 2-9 Nginx 性能调优

应用场景 2——HPC 场景调优系统参数见表 2-2。

表 2-2 应用场景 2——HPC 场景调优系统参数

调优系统（3 节点集群）参数			
CPU	Memory	Network	Disk
128core	1TB	10GB/25GB	nvme

对 HPC 人类基因组业务场景进行离线动态调优，基因测序中合并场景的运行时间从 180min 优化到 60min，优化效果提升 200%，如图 2-10 所示。

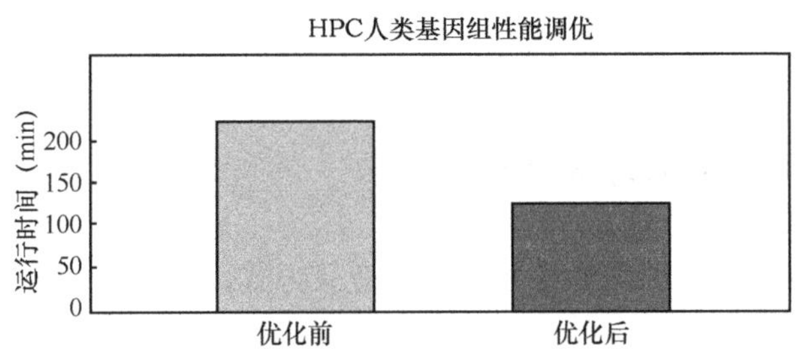

图 2-10　HPC 人类基因组性能调优

A-Tune 的特点如下。

1）新增多种调优算法支持

一种调优算法并不能适用所有的调优场景，因此，A-Tune 新增多种调优算法：GP、RF、ET、GBRT、LHS、ABTEST，供用户适配多种调优场景使用。

2）支持增量调优

对于单次调优时间较长的系统，意外中断导致一次次重新开始调优是一件非常费时的事情，A-Tune 提供 Restart 的方式可实现增量调优。

3）新一代负载分类模型

A-Tune 采用双层分类模型和特征工程方法自动选择重要维度并利用随机森林算法进行分类，识别粒度从业务大类识别增强到具体应用识别。

4）敏感参数识别与自动筛选

系统可调参数成百上千，过多的调优参数组合导致传统调优算法难以收敛，A-Tune 新增重要参数选择算法（基于模型精度的加权集成式重要参数选择算法），利用多轮增量式参数筛选裁剪参数空间，加快调优算法收敛速度。

5）支持多种环境部署

A-Tune 支持虚拟机和物理机，支持 x86 和 ARM64 架构。

6）支持引擎独立部署

AI 计算会耗费大量的算力，与调优系统一起部署会占用系统本身的资源，A-Tune 新增 AI 引擎独立部署能力。

7）支持自动化模型训练

A-Tune 增加一键式自动化模型训练功能，可满足用户自定义场景下应用负载模型训练自动化需求。

以上列举的方案都能充分体现出使用 OpenEuler 能够很好地优化或者解决一些问题。作为鲲鹏生态的底层基座，OpenEuler 将为鲲鹏生态建设提供更加稳定、高效的能力。

2.2 OpenEuler 基础应用

2.2.1 华为云 ECS 主机的登录方式

本节向读者介绍华为云 ECS 主机的两种登录方式，分别是 VNC 远程登录 ECS 和 Xshell 远程登录 ECS。

1. VNC 远程登录 ECS

步骤一：浏览器输入 www.huaweicloud.com，登录华为云官网，如图 2-11 所示。

图 2-11 华为云官网界面

步骤二：单击右上角的登录，打开登录窗口，如图 2-12 所示。

图 2-12 VNC 远程登录界面

步骤三：按照要求输入账号和密码，登录华为云，如图 2-13 所示。

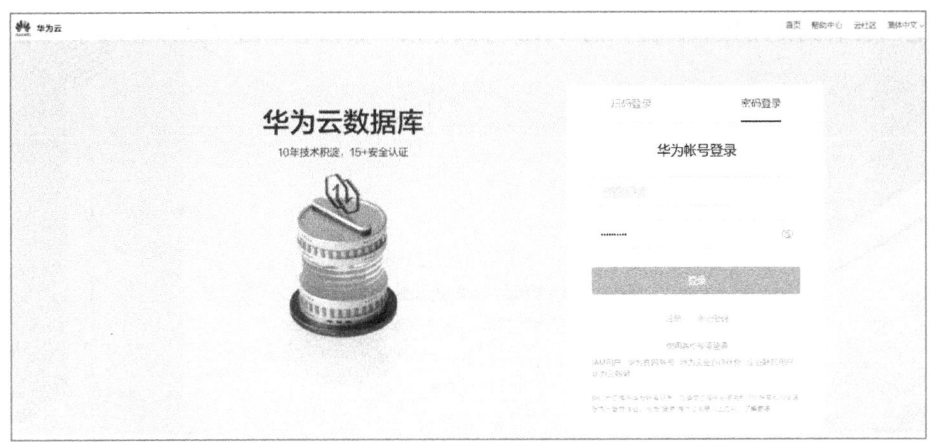

图 2-13　登录华为云界面

步骤四：单击左上角的“控制台”，打开控制台界面，如图 2-14 所示。

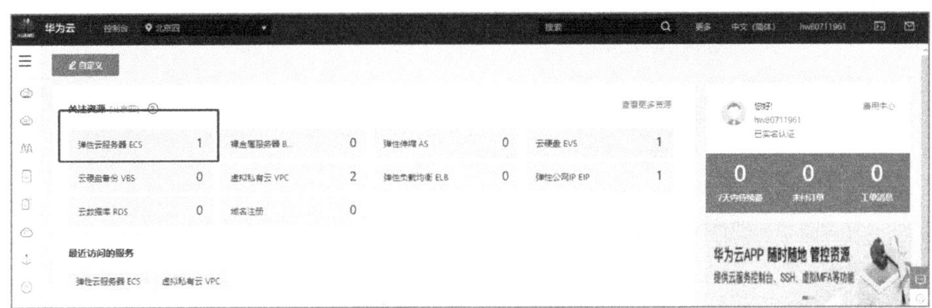

图 2-14　控制台界面

单击“弹性云服务器 ECS”就会看到弹性云服务器界面，如图 2-15 所示。

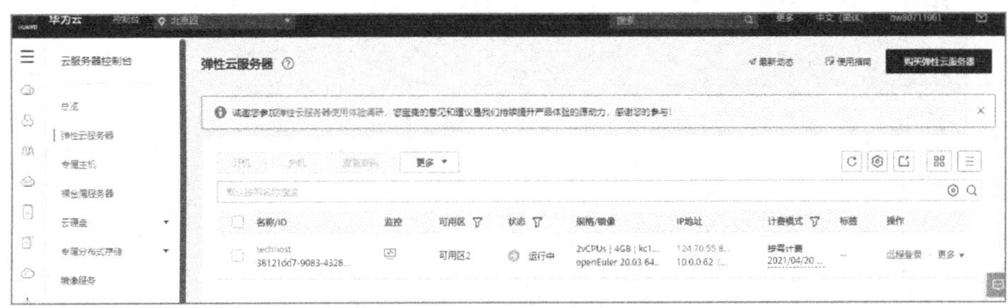

图 2-15　弹性云服务器界面

步骤五：单击“远程登录”，如图 2-16 所示。

图 2-16　远程登录界面

之后会看到使用控制台提供的 VNC 方式登录，紧接着单击“立即登录”，如图 2-17 所示。

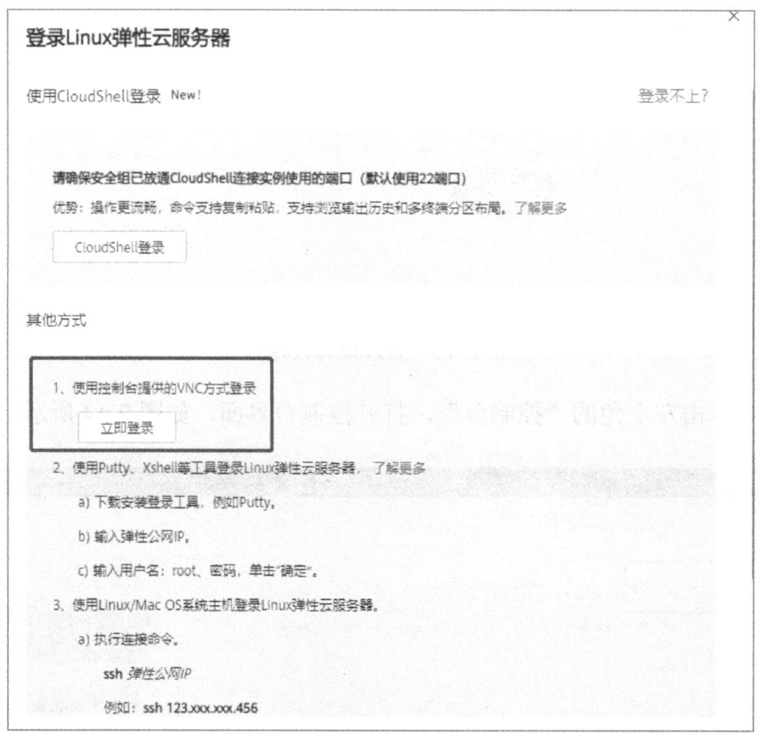

图 2-17 立即登录界面

使用 VNC 远程登录 ECS 成功界面就出现了，如图 2-18 所示。

图 2-18 登录 ECS 成功界面

2. Xshell 远程登录 ECS

远程接入，使用 Xshell 7 软件登录弹性云服务器 ECS。

步骤一：在 ECS 控制台查看 ECS 弹性 IP 地址，如图 2-19 所示。

图 2-19　ECS 控制台界面

步骤二：在电脑上下载安装 Xshell 7 软件，并打开；输入名称、主机等信息，单击下方的“确定”，如图 2-20 所示。

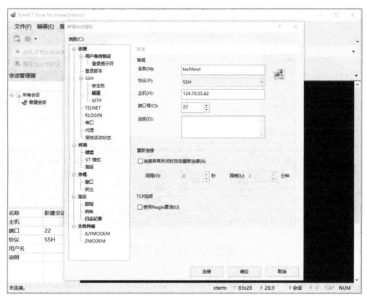

图 2-20　Xshell 远程登录界面 1

步骤三：单击“接受并保存”，如图 2-21 所示。

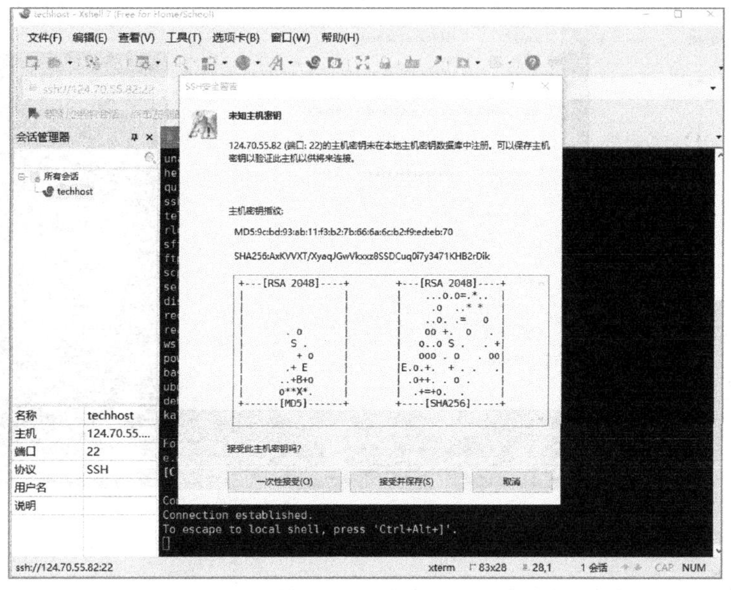

图 2-21　Xshell 远程登录界面 2

步骤四：出现了登录界面，输入用户名：root，同时可以勾选“记住用户名”，点击“确定”，如图 2-22 所示。

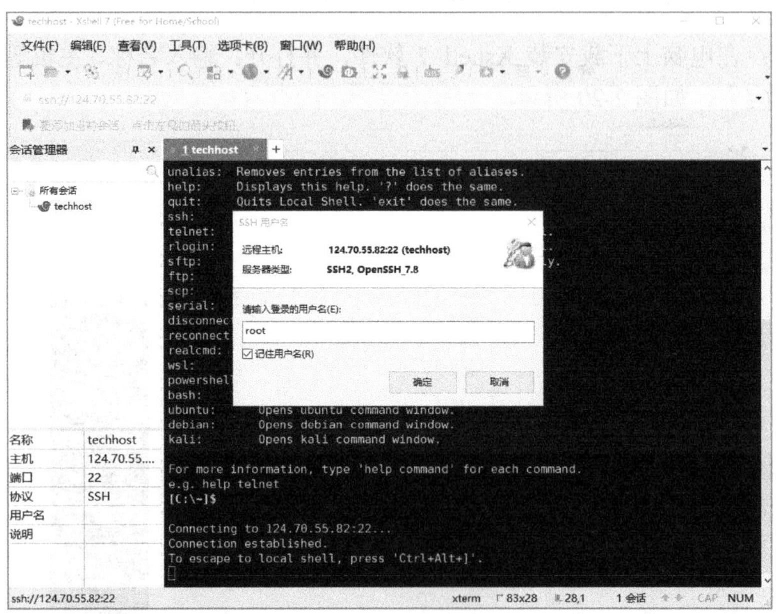

图 2-22　用户名界面

步骤五：选择密码登录，同时可以勾选“记住密码”，如图 2-23 所示。

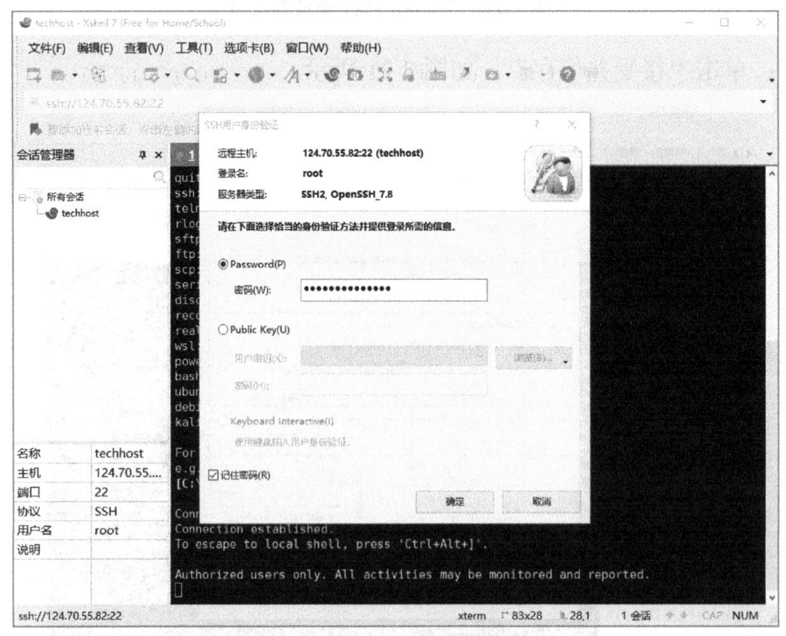

图 2-23　密码界面

点击“确定”这样就登录系统了，如图 2-24 所示。

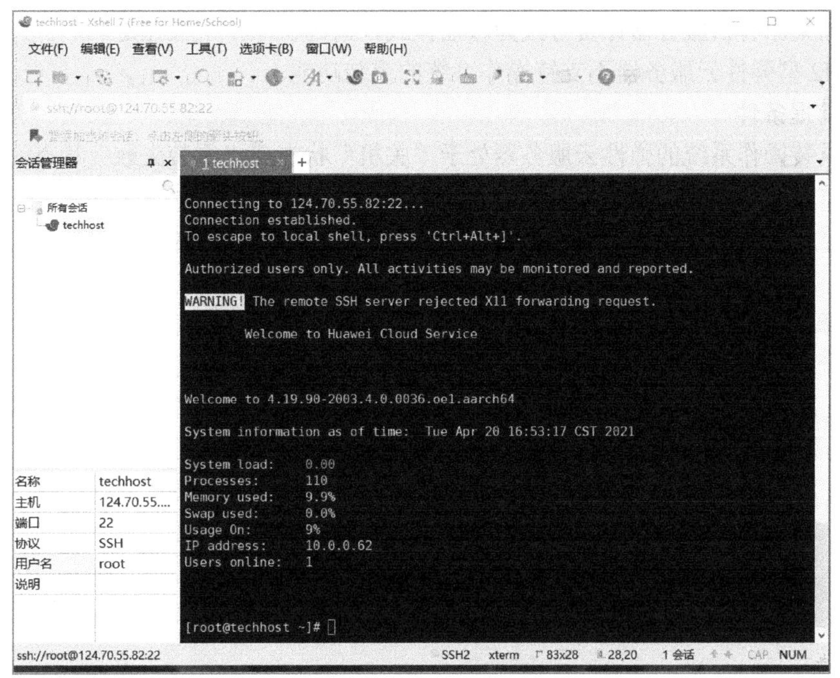

图 2-24　登录成功界面

2.2.2　重装系统

1．操作场景

当弹性云服务器操作系统无法正常启动时，或云服务器系统运行正常，但需要对系统进行优化，使其在最优状态下工作时，用户可以使用重装弹性云服务器的操作系统功能。

2．重装须知

① 重装操作系统后，弹性云服务器 IP 地址和 MAC 地址不发生改变。

② 重装操作系统会清除系统盘数据，其中包括系统盘上的系统分区和其他分区，请做好数据备份。

③ 重装操作系统不影响数据盘数据。

④ 重装操作系统后的几分钟，系统正在注入密码或密钥信息，在此期间请勿对云服务器执行其他操作，避免密码或密钥信息注入失败，从而导致云服务器无法登录。

⑤ Windows 操作系统云服务器，如果重装操作系统时设置了新密码，本地保存的 RDP（Remote Desktop Protocol，远程桌面协议）文件已失效，请重新下载 RDP 文件登录云服务器。

3．约束与限制

① 云硬盘的配额需大于 0。

② 如果是通过私有镜像创建的弹性云服务器，请确保原有镜像仍存在。

③ 如果原有云服务器计费方式为按需模式，请确认账户余额充足。

④ H2 型弹性云服务器不支持操作系统的重装功能。

4．前提条件

① 重装操作系统的弹性云服务器处于“关机”状态或“重装失败”状态。

② 重装操作系统的弹性云服务器挂载有系统盘。

③ 重装操作系统会清除系统盘数据，如系统盘上的系统分区和其他分区，请做好数据备份。

5．操作步骤

① 登录管理控制台，如图 2-25 所示。

图 2-25　华为云登录界面

② 单击管理控制台左上角的位置图标，选择区域和项目，如图 2-26 所示。

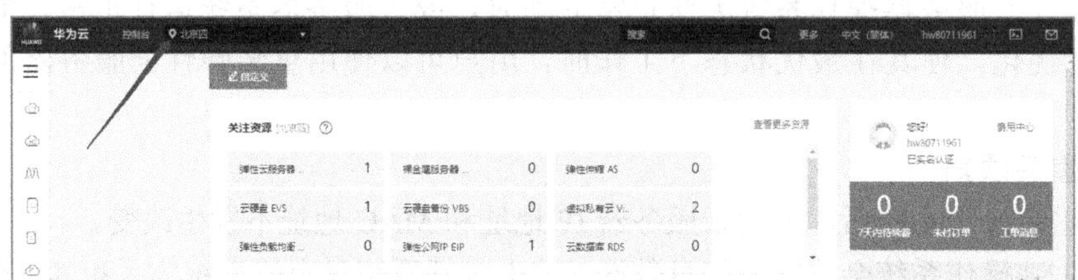

图 2-26　华为云控制台

③ 选择“计算→弹性云服务器 ECS”，如图 2-27 所示。

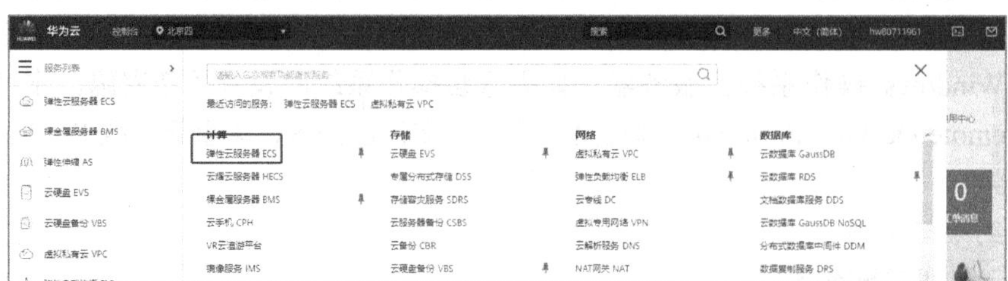

图 2-27　服务列表

④ 在待重装操作系统的弹性云服务器的"操作"列下，单击"更多→镜像/磁盘→重装系统"，如图 2-28 和图 2-29 所示。重装操作系统前请先将云服务器关机，或根据页面提示勾选"立即重装操作系统"。

图 2-28　主机选项

图 2-29　重装系统

⑤ 设置登录方式。如果待重装操作系统的弹性云服务器是使用密码登录方式创建的，此时可以更换使用新密码，如图 2-30 所示。

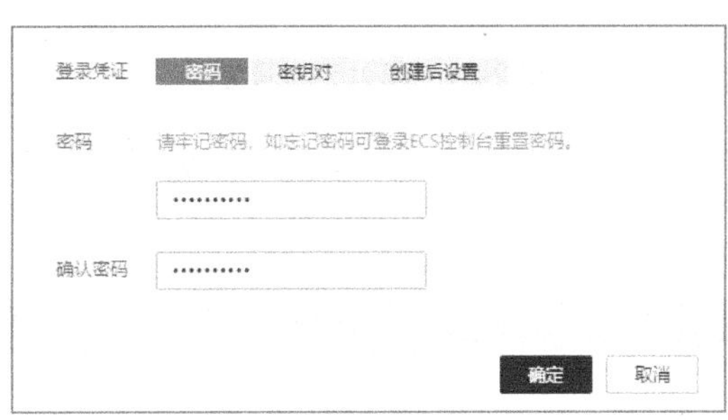

图 2-30　输入密码

⑥ 单击"确定"按钮。

⑦ 在"弹性云服务器重装系统"页面，确认重装的操作系统规格无误后，阅读并勾选"我已经阅读并同意《华为弹性云服务器服务协议》"，单击"提交申请"。

提交重装系统的申请后，弹性云服务器的状态变为"重装中"，当该状态消失后，表示重装结束。

说明：系统在重装过程中，会创建一台临时弹性云服务器，重装系统结束后会自动将其删除。在重装操作系统过程中请不要对该弹性云服务器进行任何操作。

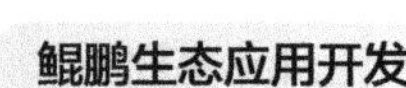

6．后续处理

如果操作系统重装失败，页面会提示“重装操作系统失败”。公有云平台支持重试功能，用户可重新执行重装弹性云服务器的操作系统流程。重试后，如果仍未成功，可直接联系客服，客服会在后台进行人工恢复。

注：以上重装系统的操作步骤和上面的其他操作步骤相似，这里就不再赘述进行演示。

2.2.3 重置密码

当我们长时间不登录云主机时，难免会忘记登录密码，对此，我们可通过如下操作进行密码更改。

① 登录华为云，如图 2-31 所示。

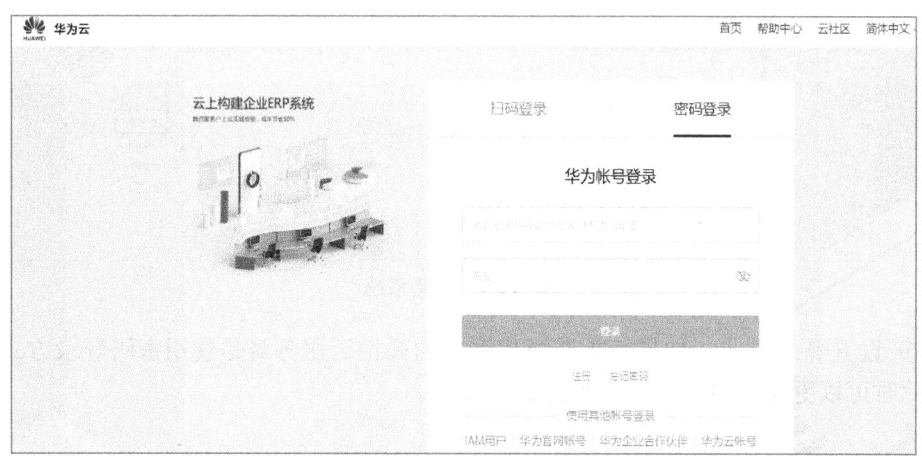

图 2-31　华为云账号登录

② 单击“控制台”→“服务列表”→“弹性云服务器 ECS”，如图 2-32 和图 2-33 所示。

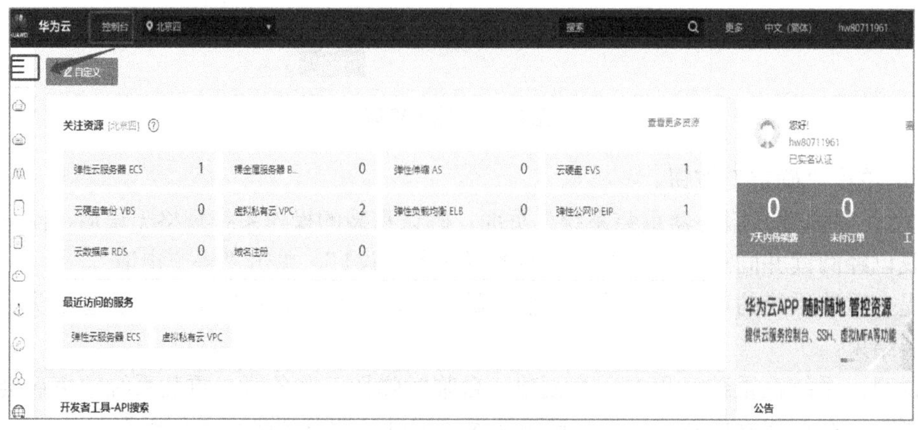

图 2-32　控制台

图 2-33　弹性云服务器 ECS

③ 选中重置密码的云服务器，单击“重置密码”，如图 2-34 所示。

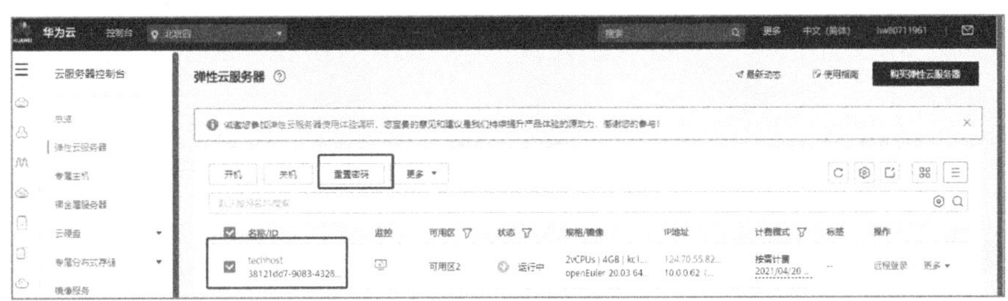

图 2-34　重置密码

④ 根据要求重置密码，最后单击“确定”，如图 2-35 所示。

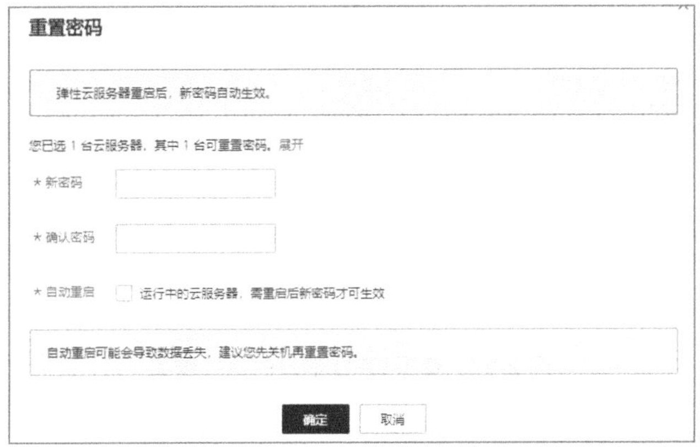

图 2-35　输入新密码

⑤ 重置密码后重启弹性云服务器 ECS。

2.2.4　OpenEuler 系统常用命令操作

1．查看信息

（1）查看系统信息

查看系统信息，命令如图 2-36 所示。

```
[root@techhost ~]# cat /etc/os-release
```

```
[root@techhost ~]# cat /etc/os-release
NAME="openEuler"
VERSION="20.03 (LTS)"
ID="openEuler"
VERSION_ID="20.03"
PRETTY_NAME="openEuler 20.03 (LTS)"
ANSI_COLOR="0;31"
```

图 2-36　查看系统信息的执行结果

（2）查看系统相关的资源信息

① 查看 CPU 信息，命令如图 2-37 所示。

```
[root@techhost ~]# lscpu
```

```
[root@techhost ~]# lscpu
Architecture:                  aarch64
CPU op-mode(s):                64-bit
Byte Order:                    Little Endian
CPU(s):                        2
On-line CPU(s) list:           0,1
Thread(s) per core:            1
Core(s) per socket:            2
Socket(s):                     1
NUMA node(s):                  1
Vendor ID:                     HiSilicon
Model:                         0
Model name:                    Kunpeng-920
Stepping:                      0x1
CPU max MHz:                   2400.0000
CPU min MHz:                   2400.0000
BogoMIPS:                      200.00
L1d cache:                     128 KiB
L1i cache:                     128 KiB
L2 cache:                      1 MiB
L3 cache:                      32 MiB
NUMA node0 CPU(s):             0,1
Vulnerability Itlb multihit:   Not affected
Vulnerability L1tf:            Not affected
Vulnerability Mds:             Not affected
Vulnerability Meltdown:        Not affected
```

图 2-37　查看 CPU 信息的执行结果

② 查看内存信息，命令如图 2-38 所示。

```
[root@techhost ~]# free
```

```
[root@techhost ~]# free
              total        used        free      shared  buff/cache   available
Mem:        3048896      695296      211264       14080     2142336     1998976
Swap:             0           0           0
```

图 2-38　查看内存信息的执行结果

③ 查看磁盘信息，命令如图 2-39 所示。

```
[root@techhost ~]# fdisk -l
```

```
[root@techhost ~]# fdisk -l
Disk /dev/vda: 40 GiB, 42949672960 bytes, 83886080 sectors
Units: sectors of 1 * 512 = 512 bytes
Sector size (logical/physical): 512 bytes / 512 bytes
I/O size (minimum/optimal): 512 bytes / 512 bytes
Disklabel type: gpt
Disk identifier: E4391D6A-9819-45CA-BDE4-52285BCE52A7

Device         Start      End  Sectors Size Type
/dev/vda1       2048  2099199  2097152   1G EFI System
/dev/vda2    2099200 83884031 81784832  39G Linux filesystem
[root@techhost ~]#
```

图 2-39　查看磁盘信息的执行结果

④ 查看系统资源实时信息，命令如图 2-40 所示。

```
[root@techhost ~]# top
```

```
[root@techhost ~]# top
top - 14:28:14 up  6:00,  4 users,  load average: 0.54, 0.76, 0.50
Tasks: 159 total,   1 running, 158 sleeping,   0 stopped,   0 zombie
%Cpu(s):  1.0 us,  1.0 sy,  0.0 ni, 97.8 id,  0.2 wa,  0.0 hi,  0.0 si,  0.0 st
MiB Mem :   2977.4 total,    359.2 free,   1748.6 used,    869.6 buff/cache
MiB Swap:      0.0 total,      0.0 free,      0.0 used.    873.1 avail Mem

  PID USER      PR  NI    VIRT    RES    SHR S  %CPU  %MEM     TIME+ COMMAND
    1 root      20   0  113792  19392   8576 S   0.3   0.6   0:09.43 systemd
 1074 dbus      20   0   17984   6784   3392 S   0.3   0.2   0:02.95 dbus-daemon
 1087 polkitd   20   0 1523776  17344   8640 S   0.3   0.6   0:00.50 polkitd
 1265 root      20   0   24320  13888   7168 S   0.3   0.5   0:01.10 systemd-logind
52675 malluma   20   0  625792  14016  11712 S   0.3   0.5   0:00.44 magent
58057 root      20   0  218432   6144   3392 R   0.3   0.2   0:00.08 top
    2 root      20   0       0      0      0 S   0.0   0.0   0:00.00 kthreadd
    3 root       0 -20       0      0      0 I   0.0   0.0   0:00.00 rcu_gp
    4 root       0 -20       0      0      0 I   0.0   0.0   0:00.00 rcu_par_gp
    6 root       0 -20       0      0      0 I   0.0   0.0   0:00.00 kworker/0:0H-kblockd
    8 root       0 -20       0      0      0 I   0.0   0.0   0:00.00 mm_percpu_wq
    9 root      20   0       0      0      0 S   0.0   0.0   0:00.21 ksoftirqd/0
   10 root      20   0       0      0      0 I   0.0   0.0   0:00.39 rcu_sched
   11 root      20   0       0      0      0 I   0.0   0.0   0:00.00 rcu_bh
   12 root      rt   0       0      0      0 S   0.0   0.0   0:00.02 migration/0
   13 root      20   0       0      0      0 S   0.0   0.0   0:00.00 cpuhp/0
   14 root      20   0       0      0      0 S   0.0   0.0   0:00.00 cpuhp/1
```

图 2-40　查看系统资源实时信息的执行结果

2．基础配置

（1）设置语言环境

我们可以通过 localectl 修改系统的语言环境，对应的参数设置保存在/etc/locale.conf 文件中。这些参数会在系统启动过程中被 systemd 的守护进程读取。

① 显示当前语言环境，命令如图 2-41 所示。

```
[root@techhost ~]# localectl status
```

```
[root@techhost ~]# localectl status
   System Locale: LANG=en_US.UTF-8
       VC Keymap: us
      X11 Layout: us
[root@techhost ~]#
```

图 2-41　显示当前语言环境的执行结果

② 显示当前可用的语言环境，命令如图 2-42 所示。

```
[root@techhost ~]# localectl list-locales
```

```
[root@techhost ~]# localectl list-locales
C.UTF-8
aa_DJ.UTF-8
aa_ER.UTF-8
aa_ER.UTF-8@saaho
aa_ET.UTF-8
af_ZA.UTF-8
agr_PE.UTF-8
ak_GH.UTF-8
am_ET.UTF-8
an_ES.UTF-8
anp_IN.UTF-8
ar_AE.UTF-8
ar_BH.UTF-8
ar_DZ.UTF-8
ar_EG.UTF-8
ar_IN.UTF-8
ar_IQ.UTF-8
ar_JO.UTF-8
ar_KW.UTF-8
ar_LB.UTF-8
ar_LY.UTF-8
ar_MA.UTF-8
ar_OM.UTF-8
ar_QA.UTF-8
```

图 2-42 显示当前可用的语言环境的执行结果

③ 设置为简体中文语言环境，在 root 权限下执行如下命令，如图 2-43 所示。

```
[root@techhost ~]# localectl set-locale LANG=zh_CN.UTF-8
```

```
[root@techhost ~]# localectl set-locale LANG=zh_CN.UTF-8
[root@techhost ~]#
```

图 2-43 命令执行结果

显示当前语言环境，如图 2-44 所示。

```
[root@techhost ~]#  localectl set-locale LANG=zh_CN.UTF-8
[root@techhost ~]# localectl status
   System Locale: LANG=zh_CN.UTF-8
       VC Keymap: us
      X11 Layout: us
[root@techhost ~]#
```

图 2-44 显示当前语言环境的执行结果

说明：

① 要设置语言环境为其他语言类型时，在 root 权限下执行上面步骤③的命令，其中 set-locale 后面改为要设置的语言类型，取值范围可通过 localectl list-locales 获取，可根据实际情况修改。

② 修改信息后需要重新登录或者在 root 权限下执行 source /etc/locale.conf 命令刷新配置的文件，使修改生效。

（2）设置键盘

我们可以通过 localectl 修改系统的键盘设置，对应的参数设置保存在/etc/locale.conf 文件中。这些参数，会在系统启动的早期被 systemd 的守护进程读取。

① 显示当前键盘设置，命令如图 2-45 所示。

```
[root@techhost ~]# localectl status
```

```
[root@techhost ~]# localectl status
   System Locale: LANG=zh_CN.UTF-8
       VC Keymap: us
      X11 Layout: us
```

图 2-45 显示当前键盘设置的执行结果

② 显示当前可用的键盘布局，命令如图 2-46 所示。

```
[root@techhost ~]# localectl list-keymaps
```

```
[root@techhost ~]# localectl list-keymaps
ANSI-dvorak
af
af-fa-olpc
af-olpc-ps
af-ps
af-uz
af-uz-olpc
al
al-plisi
am
am-eastern
am-eastern-alt
am-phonetic
am-phonetic-alt
am-western
amiga-de
amiga-us
applkey
ara
ara-azerty
ara-azerty_digits
ara-buckwalter
ara-digits
ara-mac
```

图 2-46　显示当前可用的键盘布局的执行结果

③ 设置键盘布局。在 root 权限下执行如下命令，其中 map 是要设置的键盘类型，取值范围可通过 localectl list-keymaps 获取，可根据实际情况修改此时设置的键盘布局。设置完成后，查看当前状态，如图 2-47 所示。

```
[root@techhost ~]# localectl set-keymap map
[root@techhost ~]# localectl status
```

```
[root@techhost ~]# localectl set-keymap map
[root@techhost ~]# localectl status
   System Locale: LANG=zh_CN.UTF-8
       VC Keymap: map
      X11 Layout: us
[root@techhost ~]#
```

图 2-47　设置键盘布局的执行结果

（3）设置日期和时间

本节介绍通过 timedatectl、date 命令来设置系统的日期、时间和时区等。

1）使用 timedatectl 命令设置

a．显示当前的日期和时间

显示当前的日期和时间，命令如图 2-48 所示。

```
[root@techhost ~]#  timedatectl
```

```
[root@techhost ~]#  timedatectl
               Local time: Sun 2021-04-25 14:54:54 CST
           Universal time: Sun 2021-04-25 06:54:54 UTC
                 RTC time: Sun 2021-04-25 06:54:54
                Time zone: Asia/Shanghai (CST, +0800)
System clock synchronized: yes
              NTP service: active
          RTC in local TZ: no
[root@techhost ~]#
```

图 2-48　显示当前的日期和时间的执行结果

b．通过远程服务器进行时间同步

我们可以启用 NTP（Network Time Protocol，网络时间协议）远程服务器进行系统时钟的自动同步。是否启用 NTP，可在 root 权限下执行下面代码框中的命令进行设置。其中 boolean 可取值 yes 和 no，分别表示启用和不启用 NTP 进行系统时钟的自动同步，可根据实际情况修改。

说明：若启用了 NTP 远程服务器进行系统时钟自动同步，则不能手动修改日期和时间。若需要手动修改日期或时间，则需确保已经关闭 NTP 系统时钟自动同步。可执行 timedatectl set-ntp no 命令进行关闭。

开启自动远程时间同步，命令如图 2-49 所示。

```
[root@techhost ~]# timedatectl set-ntp yes
```

```
[root@techhost ~]# timedatectl set-ntp yes
[root@techhost ~]#
```

图 2-49　开启自动远程时间同步的执行结果

c．修改日期

修改日期前，请确保已经关闭 NTP 系统时钟自动同步，如图 2-50 所示。

```
[root@techhost ~]# timedatectl set-ntp no
```

```
[root@techhost ~]# timedatectl set-ntp no
[root@techhost ~]#
```

图 2-50　关闭 NTP 系统时钟自动同步执行结果

修改当前的日期，在 root 权限下执行如下命令，其中 YYYY 代表年份，MM 代表月份，DD 代表某天，可根据实际情况修改：

```
[root@techhost ~]# timedatectl set-time YYYY-MM-DD
```

例如，修改当前的日期为 2021 年 4 月 25 日，命令如图 2-51 所示。

```
[root@techhost ~]# timedatectl set-time '2021-04-25'
```

```
[root@techhost ~]# timedatectl set-ntp no
[root@techhost ~]# timedatectl set-time '2021-04-25'
```

图 2-51　修改当前日期为 2021 年 4 月 25 日的执行结果

d．修改时间

修改时间前，请确保已经关闭 NTP 系统时钟自动同步。修改当前的时间，在 root 权限下执行如下命令，其中 HH 代表小时，MM 代表分钟，SS 代表秒，可根据实际情况修改：

```
[root@techhost ~]# timedatectl set-time HH:MM:SS
```

例如，修改当前的时间为 15 时 57 分 24 秒，命令如图 2-52 所示。

```
[root@techhost ~]# timedatectl set-time 15:57:24
```

```
[root@techhost ~]# timedatectl set-ntp no
[root@techhost ~]# timedatectl set-time 15:57:24
```

图 2-52　修改当前的时间为 15 时 57 分 24 秒的执行结果

e．修改时区

显示当前可用时区，命令如图 2-53 所示。

```
[root@techhost ~]# timedatectl list-timezones
```

```
[root@techhost ~]# timedatectl list-timezones
Africa/Abidjan
Africa/Accra
Africa/Algiers
Africa/Bissau
Africa/Cairo
Africa/Casablanca
Africa/Ceuta
Africa/Johannesburg
Africa/Juba
Africa/Khartoum
Africa/Lagos
Africa/Maputo
Africa/Monrovia
Africa/Nairobi
Africa/Ndjamena
Africa/Sao_Tome
Africa/Tripoli
Africa/Tunis
```

图 2-53　显示当前可用时区的执行结果

要修改当前的时区，在 root 权限下执行如下命令，其中 time_zone 是要设置的时区，可根据实际情况修改：

```
[root@techhost ~]# timedatectl set-timezone time_zone
```

例如，修改当前的时区，首先查询所在地域的可用时区，此处以 Asia 为例，如图 2-54 所示。

```
[root@techhost ~]# timedatectl list-timezones | grep Asia
```

```
[root@techhost ~]# timedatectl list-timezones | grep Asia
Asia/Almaty
Asia/Amman
Asia/Anadyr
Asia/Aqtau
Asia/Aqtobe
Asia/Ashgabat
Asia/Atyrau
Asia/Baghdad
Asia/Baku
Asia/Bangkok
Asia/Barnaul
Asia/Beijing
Asia/Beirut
Asia/Bishkek
Asia/Brunei
Asia/Chita
Asia/Choibalsan
Asia/Colombo
Asia/Damascus
Asia/Dhaka
Asia/Dili
Asia/Dubai
Asia/Dushanbe
Asia/Famagusta
```

图 2-54　命令的执行结果

然后修改当前的时区为“Asia/Shanghai”，命令如图 2-55 所示。

```
[root@techhost ~]# timedatectl set-timezone Asia/Shanghai
```

```
[root@techhost ~]# timedatectl set-timezone Asia/Shanghai
[root@techhost ~]#
```

图 2-55 修改当前的时区为“Asia/Shanghai”的执行结果

2）使用 date 命令设置

① 显示当前的日期和时间

显示当前的日期和时间，命令如图 2-56 所示。

```
[root@techhost ~]# date
```

```
[root@techhost ~]# date
Sun Apr 25 16:32:22 CST 2021
[root@techhost ~]#
```

图 2-56 显示当前的日期和时间的执行结果

默认情况下，date 命令显示本地时间。要显示 UTC 时间，添加--utc 或-u 参数，如图 2-57 所示。

```
[root@techhost ~]# date --utc
```

```
[root@techhost ~]# date --utc
Sun Apr 25 08:34:17 UTC 2021
```

图 2-57 命令执行结果

要自定义对应的输出信息格式，添加 +“format” 参数：

```
[root@techhost ~]# date +"format"
```

参数说明见表 2-3。

表 2-3 参数说明

格式参数	说明
%H	小时以 HH 格式（例如 17）
%M	分钟以 MM 格式（例如 37）
%S	秒以 SS 格式（例如 25）
%d	日期以 DD 格式（例如 15）
%m	月份以 MM 格式（例如 07）
%Y	年份以 YYYY 格式（例如 2019）
%Z	时区缩写（例如 CEST）
%F	日期整体格式为 YYYY-MM-DD（例如 2019-7-15），等同%Y-%m-%d
%T	时间整体格式为 HH:MM:SS（例如 18:30:25），等同%H:%M:%S

自定义 date 命令的输出，如图 2-58 所示。

```
[root@techhost ~]# date +"%Y-%m-%d %H:%M"
```

```
[root@techhost ~]# date +"%Y-%m-%d %H:%M"
2021-04-25 16:42
[root@techhost ~]#
```

图 2-58 自定义 date 命令的输出的执行结果

② 修改时间

要修改当前的时间，添加--set 或者-s 参数。在 root 权限下执行如下命令，其中 HH 代表小时，MM 代表分钟，SS 代表秒，可根据实际情况修改：

```
[root@techhost ~]# date --set HH:MM:SS
```

默认情况下， date 命令设置本地时间。要设置 UTC 时间，添加--utc 或-u 参数：

```
[root@techhost ~]# date --set HH:MM:SS --utc
```

例如，修改当前的时间为 23 时 26 分 00 秒，在 root 权限下执行命令，如图 2-59 所示。

```
[root@techhost ~]# date --set 23:26:00
```

```
[root@techhost ~]# date --set 23:26:00
Sun Apr 25 23:26:00 CST 2021
```

图 2-59　修改当前的时间为 23 时 26 分 00 秒的执行结果

③ 修改日期

修改当前的日期，添加--set 或者-s 参数。在 root 权限下执行如下命令，其中 YYYY 代表年份，MM 代表月份，DD 代表某天，可根据实际情况修改：

```
[root@techhost ~]# date --set YYYY-MM-DD
```

例如，修改当前的日期为 2021 年 4 月 25 日，命令如图 2-60 所示。

```
[root@techhost ~]# date --set 2021-04-25
```

```
[root@techhost ~]# date --set 2021-04-25
Sun Apr 25 00:00:00 CST 2021
```

图 2-60　修改当前的日期为 2021 年 4 月 25 日的执行结果

3．基础命令操作

（1）目录及文件管理

1）使用 pwd 回显当前用户所在的位置

```
[root@techhost ~]# pwd
/root              #回显显示当前在/root 目录下
```

2）使用 ls 命令

使用 ls 命令，如图 2-61 所示。

```
[root@techhost ~]# ls /        #查看根目录下的文件或目录
bin   CloudResetPwdUpdateAgent   dev   home   lib64          media   opt    root   sbin   sys   usr
boot  CloudrResetPwdAgent              etc   lib    lost+found   mnt     proc   run    srv    tmp   var
[root@techhost ~]# ls   -l          #查看当前目录下的文件或目录详细信息
total 0
[root@techhost ~]# ls -a            #查看当前目录下的所有文件或目录
.    .bash_history   .bash_profile   .cache   .ssh        .viminfo
..   .bash_logout    .bashrc              .cshrc   .tcshrc
[root@techhost ~]#
```

```
[root@techhost ~]# pwd
/root
[root@techhost ~]# ls /
bin   CloudResetPwdUpdateAgent  dev  home  lib64        media  opt   root  sbin  sys  usr
boot  CloudrResetPwdAgent       etc  lib   lost+found   mnt    proc  run   srv   tmp  var
[root@techhost ~]# ls -a
.   .bash_history  .bash_profile  .cache  .ssh    .viminfo
..  .bash_logout   .bashrc        .cshrc  .tcshrc
[root@techhost ~]#
```

图 2-61　使用 ls 命令的执行结果

3）使用 cd 命令

使用 cd 命令，如图 2-62 所示。

```
[root@techhost ~]# cd   /          #切换到系统根目录
[root@techhost ~]#pwd
/
[root@techhost ~]#cd   /etc        #切换到/etc 目录
[root@ techhost etc]#cd   sysconfig          #切换到/etc/sysconfig 目录
[root@ techhost sysconfig]#cd         #切换到当前用户的家目录
[root@techhost ~]#
```

```
[root@techhost ~]# cd /
[root@techhost /]# pwd
/
[root@techhost /]# cd /etc/
[root@techhost etc]# cd sysconfig/
[root@techhost sysconfig]# cd
[root@techhost ~]#
```

图 2-62　使用 cd 命令的执行结果

4）使用 mkdir 命令

使用 mkdir 命令，如图 2-63 所示。

```
[root@techhost ~]# mkdir test1    #创建 test1 目录
[root@techhost ~]# ls
test1
[root@techhost ~]# mkdir -p first/second/third      #递归创建多级目录
[root@techhost ~]# tree
.
├── first
│   └── second
│       └── third
└── test1

4 directories, 0 files
[root@techhost ~]#
```

```
[root@techhost ~]# mkdir test1
[root@techhost ~]# ls
test1
[root@techhost ~]# mkdir -p first/second/third
[root@techhost ~]# tree
.
├── first
│   └── second
│       └── third
└── test1

4 directories, 0 files
[root@techhost ~]#
```

图 2-63　使用 mkdir 命令的执行结果

5）使用 touch 命令创建文件

使用 touch 命令创建文件，如图 2-64 所示。

```
[root@techhost ~]# touch huawei.txt
[root@techhost ~]# ls
first   huawei.txt   test1
[root@techhost ~]#
```

```
[root@techhost ~]# touch huawei.txt
[root@techhost ~]# ls
first   huawei.txt   test1
[root@techhost ~]#
```

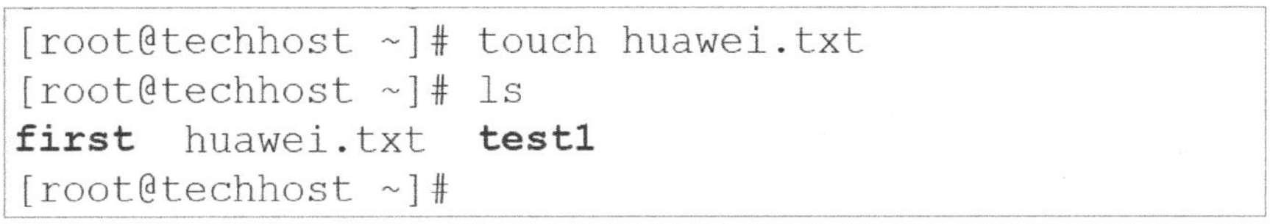

图 2-64　使用 touch 命令创建文件的执行结果

6）使用 cp 命令

使用 cp 命令，如图 2-65 所示。

```
[root@techhost ~]# cp -r test1/ /mnt/     #拷贝 test1 目录到/mnt 目录下，拷贝目录使用-r 参数
[root@techhost ~]# ls /mnt/
test1
[root@techhost ~]# cp huawei.txt /mnt/huawei.txt.bak     #拷贝文件
[root@techhost ~]# ls /mnt/
huawei.txt.bak   test1
[root@techhost ~]#
```

```
[root@techhost ~]# cp -r test1/ /mnt/
[root@techhost ~]# ls /mnt/
test1
[root@techhost ~]# cp huawei.txt /mnt/huawei.txt.bak
[root@techhost ~]# ls /mnt/
huawei.txt.bak   test1
[root@techhost ~]#
```

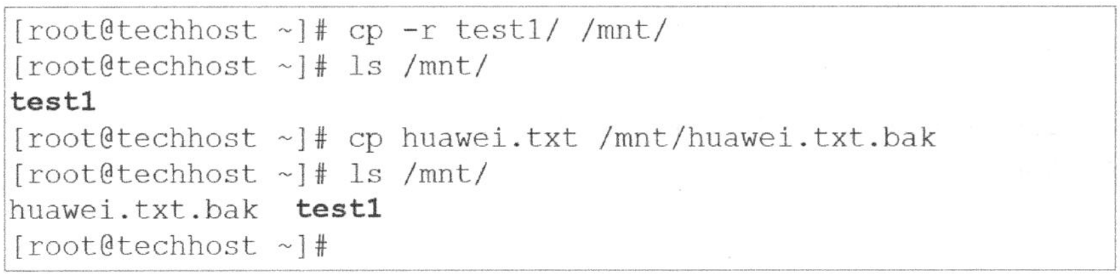

图 2-65　使用 cp 命令的执行结果

7）使用 rm 命令

使用 rm 命令，如图 2-66 所示。

```
#删除/root 目录下的 huawei.txt 文件
[root@techhost ~]# rm huawei.txt
rm: remove regular empty file 'huawei.txt'? y   #此处需要输入 y，确认删除
[root@techhost ~]# ls
first   test1
[root@techhost ~]#
#删除/root 下的 test1 文件夹以及/mnt 下的 test1 文件夹
[root@techhost ~]# rm -rf test1     #选项 r 表示删除对象是目录，选项 f 表示强制
[root@techhost ~]# rmdir /mnt/test1/   #rmdir 表示删除一个空目录
[root@techhost ~]#
```

```
[root@techhost ~]# rm huawei.txt
rm: remove regular empty file 'huawei.txt'? y
[root@techhost ~]# ls
first  test1
[root@techhost ~]#
[root@techhost ~]# rm -rf test1
[root@techhost ~]# rmdir /mnt/test1/
[root@techhost ~]#
```

图 2-66　使用 rm 命令的执行结果

8）使用 mv 命令

使用 mv 命令，如图 2-67 所示。

```
[root@techhost ~]# mv /mnt/huawei.txt.bak ~/huawei.txt
[root@techhost ~]# ls
first    huawei.txt
[root@techhost ~]#
```

```
[root@techhost ~]# mv /mnt/huawei.txt.bak ~/huawei.txt
[root@techhost ~]# ls
first   huawei.txt
[root@techhost ~]#
```

图 2-67　使用 mv 命令的执行结果

9）使用 ln 命令

使用 ln 命令，如图 2-68 所示。

```
[root@techhost ~]# ln huawei.txt /mnt/huawei1.txt
[root@techhost ~]# ls -l /mnt/
total 0
-rw------- 2 root root 0 Jun   5 11:54 huawei1.txt          #此处引用计数为 2
[root@techhost ~]#
```

```
[root@techhost ~]# ln huawei.txt /mnt/huawei1.txt
[root@techhost ~]# ls -l /mnt/
total 0
-rw------- 2 root root 0 Jun  5 11:54 huawei1.txt
[root@techhost ~]#
```

图 2-68　使用 ln 命令的执行结果

（2）文件查看

使用 cat、head 命令，如图 2-69 所示。

```
#将 passwd 文件拷贝到当前用户家目录下
[root@techhost ~]# cp /etc/passwd ~
#cat 命令查看文件，使用管道符，借助 head 命令打印前 5 行
[root@techhost ~]# cat passwd | head -n 5
root:x:0:0:root:/root:/bin/bash
bin:x:1:1:bin:/bin:/sbin/nologin
daemon:x:2:2:daemon:/sbin:/sbin/nologin
adm:x:3:4:adm:/var/adm:/sbin/nologin
lp:x:4:7:lp:/var/spool/lpd:/sbin/nologin
[root@techhost ~]#
```

```
#使用 tail 命令查看后 5 行内容，不加-n 参数默认为后 10 行
[root@techhost ~]# tail -n 5 passwd
sshd:x:74:74:Privilege-separated SSH:/var/empty/sshd:/sbin/nologin
chrony:x:995:992::/var/lib/chrony:/sbin/nologin
dbus:x:991:991:System Message Bus:/:/usr/sbin/nologin
tcpdump:x:72:72::/:/sbin/nologin
apache:x:48:48:Apache:/usr/share/httpd:/sbin/nologin
[root@techhost ~]#
```

```
[root@techhost ~]# cp /etc/passwd ~
[root@techhost ~]# cat passwd | head -n 5
root:x:0:0:root:/root:/bin/bash
bin:x:1:1:bin:/bin:/sbin/nologin
daemon:x:2:2:daemon:/sbin:/sbin/nologin
adm:x:3:4:adm:/var/adm:/sbin/nologin
lp:x:4:7:lp:/var/spool/lpd:/sbin/nologin
[root@techhost ~]# tail -n 5 passwd
sshd:x:74:74:Privilege-separated SSH:/var/empty/sshd:/sbin/nologin
chrony:x:995:992::/var/lib/chrony:/sbin/nologin
dbus:x:991:991:System Message Bus:/:/usr/sbin/nologin
tcpdump:x:72:72::/:/sbin/nologin
apache:x:48:48:Apache:/usr/share/httpd:/sbin/nologin
[root@techhost ~]#
```

图 2-69　使用 cat、head 命令查看文件的执行结果

（3）查找命令

1）使用 find 命令

使用 find 命令，如图 2-70 所示。

```
#使用 find 查找/etc/目录下的 passwd 文件
[root@techhost ~]# find /etc/ -name passwd
/etc/passwd
/etc/pam.d/passwd
[root@techhost ~]#
#使用 find 查找/root 目录下 2 天内动过的文件
[root@techhost ~]# find /root/ -mtime -2
/root/
/root/.ssh
/root/.ssh/authorized_keys
/root/huawei.txt
/root/.bash_history
/root/passwd
/root/first
/root/first/second
/root/first/second/third
[root@techhost ~]#
#查找/etc/目录下大于 512KB 的文件
[root@techhost ~]# find /etc/ -size +512k
/etc/udev/hwdb.bin
/etc/selinux/targeted/policy/policy.31
/etc/services
/etc/ssh/moduli
[root@techhost ~]#
```

```
[root@techhost ~]# find /etc/ -name passwd
/etc/passwd
/etc/pam.d/passwd
[root@techhost ~]# find /root/ -mtime -2
/root/
/root/.ssh
/root/.ssh/authorized_keys
/root/huawei.txt
/root/.bash_history
/root/passwd
/root/first
/root/first/second
/root/first/second/third
[root@techhost ~]# find /etc/ -size +512k
/etc/udev/hwdb.bin
/etc/selinux/targeted/policy/policy.31
/etc/services
/etc/ssh/moduli
[root@techhost ~]#
```

图 2-70　使用 find 命令的执行结果

2）使用 which 命令

使用 which 命令，如图 2-71 所示。

```
#使用 which 查看 pwd 命令的路径
[root@techhost ~]# which pwd
/usr/bin/pwd
[root@techhost ~]#
```

```
[root@techhost ~]# which pwd
/usr/bin/pwd
[root@techhost ~]#
```

图 2-71　使用 which 命令的执行结果

3）使用 whereis 命令

使用 whereis 命令，如图 2-72 所示。

```
#使用 whereis 查看 bash 的位置
[root@techhost ~]# whereis bash
bash: /usr/bin/bash
[root@techhost ~]#
```

```
[root@techhost ~]# whereis bash
bash: /usr/bin/bash
[root@techhost ~]#
```

图 2-72　使用 whereis 命令的执行结果

（4）打包和压缩

1）使用 zip 命令

使用 zip 命令，如图 2-73 所示。

```
#使用 zip 压缩文件
[root@techhost ~]# zip -r -q -o passwd.zip passwd
[root@techhost ~]# ls
first   huawei.txt   passwd   passwd.zip
[root@techhost ~]#
```

```
#使用 unzip 工具解压缩
[root@techhost ~]# rm -rf passwd
[root@techhost ~]# ls
first   huawei.txt   passwd.zip
[root@techhost ~]# unzip passwd.zip
Archive:   passwd.zip
  inflating: passwd
[root@techhost ~]# ls
first   huawei.txt   passwd   passwd.zip
[root@techhost ~]#
```

```
[root@techhost ~]# zip -r -q -o passwd.zip passwd
[root@techhost ~]# ls
first  huawei.txt  passwd  passwd.zip
[root@techhost ~]#
[root@techhost ~]#
[root@techhost ~]# rm -rf passwd
[root@techhost ~]# ls
first  huawei.txt  passwd.zip
[root@techhost ~]# unzip passwd.zip
Archive:  passwd.zip
  inflating: passwd
[root@techhost ~]# ls
first  huawei.txt  passwd  passwd.zip
[root@techhost ~]#
```

图 2-73　使用 zip 命令的执行结果

2）使用 tar 命令

使用 tar 命令，如图 2-74 所示。

```
#使用 tar 工具打包文件
[root@techhost ~]# mkdir tar
[root@techhost ~]# cp -r /tmp/* /root/tar/
[root@techhost ~]# ls /root/tar/
hsperfdata_root
systemd-private-0ca8e73422a249d18beec559d73b73a5-chronyd.service-dODm9M
systemd-private-0ca8e73422a249d18beec559d73b73a5-systemd-logind.service-f6dLx5
wrapper-1381-1-in
wrapper-1381-1-out
[root@techhost ~]# cd /root/tar/
#将所有文件打包成 tar1.tar 文件
[root@techhost tar]# tar -cf tar1.tar *
[root@techhost tar]# ls
hsperfdata_root
systemd-private-0ca8e73422a249d18beec559d73b73a5-chronyd.service-dODm9M
systemd-private-0ca8e73422a249d18beec559d73b73a5-systemd-logind.service-f6dLx5
tar1.tar
wrapper-1381-1-in
wrapper-1381-1-out
[root@techhost tar]#
```

```
[root@techhost ~]# mkdir tar
[root@techhost ~]# cp -r /tmp/* /root/tar/
[root@techhost ~]# ls /root/tar/
hsperfdata_root
systemd-private-0ca8e73422a249d18beec559d73b73a5-chronyd.service-dODm9M
systemd-private-0ca8e73422a249d18beec559d73b73a5-systemd-logind.service-f6dLx5
wrapper-1381-1-in
wrapper-1381-1-out
[root@techhost ~]# cd /root/tar/
[root@techhost tar]# tar -cf tar1.tar *
[root@techhost tar]# ls
hsperfdata_root
systemd-private-0ca8e73422a249d18beec559d73b73a5-chronyd.service-dODm9M
systemd-private-0ca8e73422a249d18beec559d73b73a5-systemd-logind.service-f6dLx5
tar1.tar
wrapper-1381-1-in
wrapper-1381-1-out
[root@techhost tar]#
```

图 2-74　使用 tar 命令的执行结果

使用 tar 命令解包文件，命令执行结果如图 2-75 所示。

```
#使用 tar 工具解包
[root@techhost tar]# cd
[root@techhost ~]# tar -xvf tar/tar1.tar -C /mnt/
hsperfdata_root/
hsperfdata_root/1640
systemd-private-0ca8e73422a249d18beec559d73b73a5-chronyd.service-dODm9M/
systemd-private-0ca8e73422a249d18beec559d73b73a5-chronyd.service-dODm9M/tmp/
systemd-private-0ca8e73422a249d18beec559d73b73a5-systemd-logind.service-f6dLx5/
systemd-private-0ca8e73422a249d18beec559d73b73a5-systemd-logind.service-f6dLx5/tmp/
wrapper-1381-1-in
wrapper-1381-1-out
[root@techhost ~]# ls /mnt/
hsperfdata_root
huawei1.txt
systemd-private-0ca8e73422a249d18beec559d73b73a5-chronyd.service-dODm9M
systemd-private-0ca8e73422a249d18beec559d73b73a5-systemd-logind.service-f6dLx5
wrapper-1381-1-in
wrapper-1381-1-out
[root@techhost ~]#
```

```
[root@techhost tar]# cd
[root@techhost ~]# tar -xvf tar/tar1.tar -C /mnt/
hsperfdata_root/
hsperfdata_root/1640
systemd-private-0ca8e73422a249d18beec559d73b73a5-chronyd.service-dODm9M/
systemd-private-0ca8e73422a249d18beec559d73b73a5-chronyd.service-dODm9M/tmp/
systemd-private-0ca8e73422a249d18beec559d73b73a5-systemd-logind.service-f6dLx5/
systemd-private-0ca8e73422a249d18beec559d73b73a5-systemd-logind.service-f6dLx5/tmp/
wrapper-1381-1-in
wrapper-1381-1-out
[root@techhost ~]# ls /mnt/
hsperfdata_root
huawei1.txt
systemd-private-0ca8e73422a249d18beec559d73b73a5-chronyd.service-dODm9M
systemd-private-0ca8e73422a249d18beec559d73b73a5-systemd-logind.service-f6dLx5
wrapper-1381-1-in
wrapper-1381-1-out
[root@techhost ~]#
```

图 2-75　命令执行结果

使用 tar 命令打包并压缩文件，命令执行结果如图 2-76 所示。

```
#使用 tar 工具打包并压缩文件
[root@techhost ~]# rm -rf /root/tar/tar1.tar
[root@techhost ~]# tar -czvf tar1.t（ar.gz tar/
tar/
tar/systemd-private-0ca8e73422a249d18beec559d73b73a5-systemd-logind.service-f6dLx5/
tar/systemd-private-0ca8e73422a249d18beec559d73b73a5-systemd-logind.service-f6dLx5/tmp/
tar/hsperfdata_root/
tar/hsperfdata_root/1640
tar/wrapper-1381-1-out
tar/wrapper-1381-1-in
tar/systemd-private-0ca8e73422a249d18beec559d73b73a5-chronyd.service-dODm9M/
tar/systemd-private-0ca8e73422a249d18beec559d73b73a5-chronyd.service-dODm9M/tmp/
[root@techhost ~]# ls
first  huawei.txt  passwd  passwd.zip  tar  tar1.tar.gz
[root@techhost ~]# rm -rf /root/tar
[root@techhost ~]# ls
first  huawei.txt  passwd  passwd.zip  tar1.tar.gz
```

```
[root@techhost ~]# rm -rf /root/tar/tar1.tar
[root@techhost ~]# tar -czvf tar1.tar.gz tar/
tar/
tar/systemd-private-0ca8e73422a249d18beec559d73b73a5-systemd-logind.service-f6dLx5/
tar/systemd-private-0ca8e73422a249d18beec559d73b73a5-systemd-logind.service-f6dLx5/tmp/
tar/hsperfdata_root/
tar/hsperfdata_root/1640
tar/wrapper-1381-1-out
tar/wrapper-1381-1-in
tar/systemd-private-0ca8e73422a249d18beec559d73b73a5-chronyd.service-dODm9M/
tar/systemd-private-0ca8e73422a249d18beec559d73b73a5-chronyd.service-dODm9M/tmp/
[root@techhost ~]# ls
first  huawei.txt  passwd  passwd.zip  tar  tar1.tar.gz
[root@techhost ~]# rm -rf /root/tar
[root@techhost ~]# ls
first  huawei.txt  passwd  passwd.zip  tar1.tar.gz
```

图 2-76　命令执行结果

使用 tar 命令解包 tar1、tar.gz 文件，命令执行结果如图 2-77 所示。

```
[root@techhost ~]# tar -xzvf tar1.tar.gz
tar/
tar/systemd-private-0ca8e73422a249d18beec559d73b73a5-systemd-logind.service-f6dLx5/
tar/systemd-private-0ca8e73422a249d18beec559d73b73a5-systemd-logind.service-f6dLx5/tmp/
tar/hsperfdata_root/
tar/hsperfdata_root/1640
tar/wrapper-1381-1-out
tar/wrapper-1381-1-in
tar/systemd-private-0ca8e73422a249d18beec559d73b73a5-chronyd.service-dODm9M/
tar/systemd-private-0ca8e73422a249d18beec559d73b73a5-chronyd.service-dODm9M/tmp/
[root@techhost ~]# ls
first  huawei.txt  passwd  passwd.zip  tar  tar1.tar.gz
[root@techhost ~]# ls tar
hsperfdata_root
systemd-private-0ca8e73422a249d18beec559d73b73a5-chronyd.service-dODm9M
```

```
systemd-private-0ca8e73422a249d18beec559d73b73a5-systemd-logind.service-f6dLx5
wrapper-1381-1-in
wrapper-1381-1-out
[root@techhost ~]#
```

```
[root@techhost ~]# tar -xzvf tar1.tar.gz
tar/
tar/systemd-private-0ca8e73422a249d18beec559d73b73a5-systemd-logind.service-f6dLx5/
tar/systemd-private-0ca8e73422a249d18beec559d73b73a5-systemd-logind.service-f6dLx5/tmp/
tar/hsperfdata_root/
tar/hsperfdata_root/1640
tar/wrapper-1381-1-out
tar/wrapper-1381-1-in
tar/systemd-private-0ca8e73422a249d18beec559d73b73a5-chronyd.service-dODm9M/
tar/systemd-private-0ca8e73422a249d18beec559d73b73a5-chronyd.service-dODm9M/tmp/
[root@techhost ~]# ls
first  huawei.txt  passwd  passwd.zip  tar  tar1.tar.gz
[root@techhost ~]# ls tar
hsperfdata_root
systemd-private-0ca8e73422a249d18beec559d73b73a5-chronyd.service-dODm9M
systemd-private-0ca8e73422a249d18beec559d73b73a5-systemd-logind.service-f6dLx5
wrapper-1381-1-in
wrapper-1381-1-out
[root@techhost ~]#
```

图 2-77　命令执行结果

（5）OpenEuler 软件包管理

OpenEuler 软件包管理，命令执行结果如图 2-78 所示。

```
#搜索软件包
[root@techhost ~]# dnf search httpd
```

```
[root@techhost ~]# dnf search httpd
Last metadata expiration check: 2:10:09 ago on Sat 05 Jun 2021 11:40:42 AM CST.
============================== Name Exactly Matched: httpd ==============================
httpd.aarch64 : Apache HTTP Server
httpd.src : Apache HTTP Server
============================= Name & Summary Matched: httpd =============================
httpd-devel.aarch64 : Development files for httpd
httpd-debugsource.aarch64 : Debug sources for package httpd
httpd-debuginfo.aarch64 : Debug information for package httpd
libmicrohttpd-help.noarch : This help package for libmicrohttpd
libmicrohttpd-devel.aarch64 : Development files for libmicrohttpd
libmicrohttpd-debugsource.aarch64 : Debug sources for package libmicrohttpd
libmicrohttpd-debuginfo.aarch64 : Debug information for package libmicrohttpd
================================== Name Matched: httpd ==================================
httpd-help.noarch : Documents and man pages for HTTP Server
httpd-tools.aarch64 : Related tools for use HTTP Server
libmicrohttpd.aarch64 : Lightweight library for embedding a webserver in applications
libmicrohttpd.src : Lightweight library for embedding a webserver in applications
httpd-filesystem.noarch : The basic directory for HTTP Server
web-assets-httpd.noarch : Web Assets also known as the Apache HTTP daemon
[root@techhost ~]#
```

图 2-78　命令执行结果

利用 dnf 列出软件包清单，命令执行结果如图 2-79 所示。

```
#列出软件包清单
[root@techhost ~]# dnf list all
```

```
[root@techhost ~]# dnf list all | more
Last metadata expiration check: 2:12:10 ago on Sat 05 Jun 2021 11:40:42 AM CST.
Installed Packages
ModemManager-glib.aarch64                       1.8.0-7.oe1
  @anaconda
NetworkManager.aarch64                          1:1.16.0-7.oe1
  @anaconda
NetworkManager-libnm.aarch64                    1:1.16.0-7.oe1
  @anaconda
abattis-cantarell-fonts.noarch                  0.111-2.oe1
  @anaconda
acl.aarch64                                     2.2.53-7.oe1
  @anaconda
adwaita-icon-theme.noarch                       3.32.0-1.oe1
  @anaconda
alsa-lib.aarch64                                1.1.6-6.oe1
  @OS
```

图 2-79　命令执行结果

列出指定 rpm 包信息，命令执行结果如图 2-80 所示。

```
#列出指定 rpm 包信息
[root@techhost ~]# dnf list httpd
```

```
[root@techhost ~]# dnf list httpd
Last metadata expiration check: 2:18:05 ago on Sat 05 Jun 2021 11:40:42 AM CST.
Available Packages
httpd.aarch64                   2.4.34-15.oe1                    OS
httpd.aarch64                   2.4.34-15.oe1                    everything
httpd.src                       2.4.34-15.oe1                    source
[root@techhost ~]#
```

图 2-80　命令执行结果

显示 rpm 包信息，命令执行结果如图 2-81 所示。

```
#显示 rpm 包信息
[root@techhost ~]# dnf   info   httpd
```

```
[root@techhost ~]# dnf  info  httpd
Last metadata expiration check: 2:12:47 ago on Sat 05 Jun 2021 11:40:42 AM CST.
Installed Packages
Name         : httpd
Version      : 2.4.34
Release      : 15.oe1
Architecture : aarch64
Size         : 8.8 M
Source       : httpd-2.4.34-15.oe1.src.rpm
Repository   : @System
From repo    : OS
Summary      : Apache HTTP Server
URL          : https://httpd.apache.org/
License      : ASL 2.0
Description  : Apache HTTP Server is a powerful and flexible HTTP/1.1 compliant web
             : server.
```

图 2-81　命令执行结果

安装软件包，命令执行结果如图 2-82 所示。

```
#安装软件包
[root@techhost ~]# dnf install httpd -y
```

```
[root@techhost ~]# dnf install httpd -y
Last metadata expiration check: 2:14:02 ago on Sat 05 Jun 2021 11:40:42 AM CST.
Package httpd-2.4.34-15.oe1.aarch64 is already installed.
Dependencies resolved.
Nothing to do.
Complete!
[root@techhost ~]#
```

图 2-82　命令执行结果

下载软件包，命令执行结果如图 2-83 所示。

```
#下载软件包
[root@techhost ~]# dnf download --resolve redis
```

```
[root@techhost ~]# dnf download --resolve redis
Last metadata expiration check: 2:15:16 ago on Sat 05 Jun 2021 11:40:42 AM CST.
redis-4.0.11-5.oe1.aarch64.rpm                          2.1 MB/s | 772 kB     00:00
[root@techhost ~]#
```

图 2-83　命令执行结果

删除软件包，如图 2-84 所示。

```
#删除软件包
[root@techhost ~]# dnf remove httpd -y
```

```
  Verifying        : perl-TermReadKey-2.38-2.oe1.aarch64                        15/17
  Verifying        : subversion-1.10.6-2.oe1.aarch64                            16/17
  Verifying        : utf8proc-2.1.1-6.oe1.aarch64                               17/17

Removed:
  httpd-2.4.34-15.oe1.aarch64                 golang-1.13-3.3.oe1.aarch64
  apr-1.6.5-4.oe1.aarch64                     apr-util-1.6.1-11.oe1.aarch64
  git-2.23.0-12.oe1.aarch64                   golang-devel-1.13-3.3.oe1.noarch
  httpd-filesystem-2.4.34-15.oe1.noarch       httpd-tools-2.4.34-15.oe1.aarch64
  libserf-1.3.9-12.oe1.aarch64                mailcap-2.1.48-6.oe1.noarch
  mod_http2-1.10.20-4.oe1.aarch64             openEuler-logos-1.0-6.oe1.noarch
  perl-Error-1:0.17026-4.oe1.noarch           perl-Git-2.23.0-12.oe1.noarch
  perl-TermReadKey-2.38-2.oe1.aarch64         subversion-1.10.6-2.oe1.aarch64
  utf8proc-2.1.1-6.oe1.aarch64

Complete!
[root@techhost ~]#
```

图 2-84　命令执行结果

4. 管理服务

（1）管理系统服务

Systemd 进程提供 systemctl 命令来运行、关闭、重启、显示、启用/禁用系统服务。

1）sysvinit 命令和 systemd 命令

systemd 提供的 systemctl 命令与 sysvinit 命令的功能类似。当前 OpenEuler 版本中依然兼容 service 和 chkconfig 命令，相关说明见表 2-4，建议用 systemctl 命令进行系统服务管理。

表 2-4　sysvinit 命令和 systemd 命令的对照

sysvinit 命令	systemd 命令	备注
service network start	systemctl start network.service	用来启动一个服务（并不会重启现有的）
service network stop	systemctl stop network.service	用来停止一个服务（并不会重启现有的）
service network restart	systemctl restart network.service	用来停止并启动一个服务
service network reload	systemctl reload network.service	当支持时，重新装载配置文件而不中断等待操作
service network condrestart	systemctl condrestart network.service	如果服务正在运行，那么重启
service network status	systemctl status network.service	检查服务的运行状态

表 2-4　sysvinit 命令和 systemd 命令的对照（续）

sysvinit 命令	systemd 命令	备注
chkconfig network on	systemctl enable network.service	在下次启动时或满足其他触发条件时设置服务为启用
chkconfig network off	systemctl disable network.service	在下次启动时或满足其他触发条件时设置服务为禁用
chkconfig network	systemctl is-enabled network.service	用来检查一个服务在当前环境下被配置为启用还是禁用
chkconfig --list	systemctl list-unit-files --type= service	输出在各个运行级别下服务的启用和禁用情况
chkconfig network --list	ls /etc/systemd/system/*.wants/ network.service	用来列出该服务在哪些运行级别下启用和禁用
chkconfig network --add	systemctl daemon-reload	当创建新服务文件或者变更设置时使用

2）显示所有当前服务

显示当前正在运行的服务，使用命令如图 2-85 所示。

```
[root@techhost ~]# systemctl list-units --type service
```

```
[root@techhost ~]# systemctl list-units --type service
UNIT                                                LOAD   ACTIVE SUB     DESCRIPTION
auditd.service                                      loaded active running Security Auditing Service
chronyd.service                                     loaded active running NTP client/server
cloud-config.service                                loaded active exited  Apply the settings specified in cloud-config
cloud-final.service                                 loaded active exited  Execute cloud user/final scripts
cloud-init-local.service                            loaded active exited  Initial cloud-init job (pre-networking)
cloud-init.service                                  loaded active exited  Initial cloud-init job (metadata service crawler)
cloudResetPwdUpdateAgent.service                    loaded active running cloudResetPwdUpdateAgent
crond.service                                       loaded active running Command Scheduler
dbus.service                                        loaded active running D-Bus System Message Bus
dracut-shutdown.service                             loaded active exited  Restore /run/initramfs on shutdown
getty@tty1.service                                  loaded active running Getty on tty1
HSSInstall.service                                  loaded active running LSB: Host Security Agent Install
hwclock-save.service                                loaded active exited  Update RTC With System Clock
irqbalance.service                                  loaded active running irqbalance daemon
kdump.service                                       loaded active exited  Crash recovery kernel arming
kmod-static-nodes.service                           loaded active exited  Create list of static device nodes for the current kernel
multi-queue-hw.service                              loaded active exited  LSB: NIC multiple queues init
NetworkManager-wait-online.service                  loaded active exited  Network Manager Wait Online
NetworkManager.service                              loaded active running Network Manager
polkit.service                                      loaded active running Authorization Manager
rngd.service                                        loaded active running Hardware RNG Entropy Gatherer Daemon
rsyslog.service                                     loaded active running System Logging Service
serial-getty@ttyAMA0.service                        loaded active running Serial Getty on ttyAMA0
sshd.service                                        loaded active running OpenSSH server daemon
systemd-fsck-root.service                           loaded active exited  File System Check on Root Device
systemd-fsck@dev-disk-by\x2duuid-3B7F\x2d01BD.service loaded active exited  File System Check on /dev/disk/by-uuid/3B7F-01BD
systemd-journal-flush.service                       loaded active exited  Flush Journal to Persistent Storage
systemd-journald.service                            loaded active running Journal Service
systemd-logind.service                              loaded active running Login Service
systemd-networkd-wait-online.service                loaded active exited  Wait for Network to be Configured
systemd-networkd.service                            loaded active running Network Service
systemd-random-seed.service                         loaded active exited  Load/Save Random Seed
systemd-remount-fs.service                          loaded active exited  Remount Root and Kernel File Systems
systemd-sysctl.service                              loaded active exited  Apply Kernel Variables
systemd-tmpfiles-setup-dev.service                  loaded active exited  Create Static Device Nodes in /dev
systemd-tmpfiles-setup.service                      loaded active exited  Create Volatile Files and Directories
systemd-udev-trigger.service                        loaded active exited  udev Coldplug all Devices
systemd-udevd.service                               loaded active running udev Kernel Device Manager
systemd-update-utmp.service                         loaded active exited  Update UTMP about System Boot/Shutdown
systemd-user-sessions.service                       loaded active exited  Permit User Sessions
systemtap.service                                   loaded active exited  Run a configured list of systemtap scripts at system startup.
```

```
tuned.service                       loaded active running Dynamic System Tuning Daemon
user-runtime-dir@0.service          loaded active exited  User Runtime Directory /run/user/0
lines 1-44
```

图 2-85　命令执行结果

如果需要显示所有的服务（包括未运行的服务），则需要添加-all 参数，使用命令如图 2-86 所示。

```
[root@techhost ~]# systemctl list-units --type service --all
```

```
[root@techhost ~]# systemctl list-units --type service --all
  UNIT                                   LOAD      ACTIVE   SUB     DESCRIPTION
  auditd.service                         loaded    active   running Security Auditing Service
● autofs.service                         not-found inactive dead    autofs.service
  chronyd.service                        loaded    active   running NTP client/server
  cloud-config.service                   loaded    active   exited  Apply the settings specified in cloud-config
  cloud-final.service                    loaded    active   exited  Execute cloud user/final scripts
  cloud-init-local.service               loaded    active   exited  Initial cloud-init job (pre-networking)
  cloud-init.service                     loaded    active   exited  Initial cloud-init job (metadata service crawler)
  cloudResetPwdAgent.service             loaded    inactive dead    cloudResetPwdAgent
  cloudResetPwdUpdateAgent.service       loaded    active   running cloudResetPwdUpdateAgent
  cpupower.service                       loaded    inactive dead    Configure CPU power related settings
  crond.service                          loaded    active   running Command Scheduler
  dbus.service                           loaded    active   running D-Bus System Message Bus
● display-manager.service                not-found inactive dead    display-manager.service
  dnf-makecache.service                  loaded    inactive dead    dnf makecache
  dracut-cmdline.service                 loaded    inactive dead    dracut cmdline hook
  dracut-initqueue.service               loaded    inactive dead    dracut initqueue hook
  dracut-mount.service                   loaded    inactive dead    dracut mount hook
  dracut-pre-mount.service               loaded    inactive dead    dracut pre-mount hook
  dracut-pre-pivot.service               loaded    inactive dead    dracut pre-pivot and cleanup hook
  dracut-pre-trigger.service             loaded    inactive dead    dracut pre-trigger hook
  dracut-pre-udev.service                loaded    inactive dead    dracut pre-udev hook
  dracut-shutdown.service                loaded    active   exited  Restore /run/initramfs on shutdown
  emergency.service                      loaded    inactive dead    Emergency Shell
  getty@tty1.service                     loaded    active   running Getty on tty1
  hostguard.service                      loaded    inactive dead    LSB: Huawei Host Security Agent
  HSSInstall.service                     loaded    active   running LSB: Host Security Agent Install
  hwclock-save.service                   loaded    active   exited  Update RTC With System Clock
  initrd-cleanup.service                 loaded    inactive dead    Cleaning Up and Shutting Down Daemons
  initrd-parse-etc.service               loaded    inactive dead    Reload Configuration from the Real Root
  initrd-switch-root.service             loaded    inactive dead    Switch Root
  initrd-udevadm-cleanup-db.service      loaded    inactive dead    Cleanup udevd DB
  irqbalance.service                     loaded    active   running irqbalance daemon
  kdump.service                          loaded    active   exited  Crash recovery kernel arming
  kmod-static-nodes.service              loaded    active   exited  Create list of static device nodes for the current kernel
  ldconfig.service                       loaded    inactive dead    Rebuild Dynamic Linker Cache
  multi-queue-hw.service                 loaded    active   exited  LSB: NIC multiple queues init
● network.service                        not-found inactive dead    network.service
  NetworkManager-wait-online.service     loaded    active   exited  Network Manager Wait Online
  NetworkManager.service                 loaded    active   running Network Manager
● ntpd.service                           not-found inactive dead    ntpd.service
● ntpdate.service                        not-found inactive dead    ntpdate.service
● openvswitch.service                    not-found inactive dead    openvswitch.service
● plymouth-quit-wait.service             not-found inactive dead    plymouth-quit-wait.service
● plymouth-start.service                 not-found inactive dead    plymouth-start.service
```

```
  polkit.service                         loaded    active   running Authorization Manager
  rc-local.service                       loaded    inactive dead    /etc/rc.d/rc.local Compatibility
lines 1-47
```

图 2-86　命令执行结果

显示当前正在运行的服务，命令如图 2-87 所示。

```
[root@techhost ~]# systemctl list-units --type service
```

```
[root@techhost ~]# systemctl list-units --type service
  UNIT                                 LOAD      ACTIVE SUB     DESCRIPTION
  auditd.service                       loaded    active running Security Auditing Service
  cloud-config.service                 loaded    active exited  Apply the settings specified in cloud-config
  cloud-final.service                  loaded    active exited  Execute cloud user/final scripts
  cloud-init-local.service             loaded    active exited  Initial cloud-init job (pre-networking)
  cloud-init.service                   loaded    active exited  Initial cloud-init job (metadata service crawler)
  cloudResetPwdUpdateAgent.service     loaded    active running cloudResetPwdUpdateAgent
  crond.service                        loaded    active running Command Scheduler
  dbus.service                         loaded    active running D-Bus System Message Bus
  dracut-shutdown.service              loaded    active exited  Restore /run/initramfs on shutdown
  firewalld.service                    loaded    active running firewalld - dynamic firewall daemon
  getty@tty1.service                   loaded    active running Getty on tty1
  gunicorn_sys.service                 loaded    active running gunicorn daemon
  gunicorn_user.service                loaded    active running gunicorn daemon
● HSSInstall.service                   not-found active running HSSInstall.service
  hwclock-save.service                 loaded    active exited  Update RTC With System Clock
  hyper_tuner_nginx.service            loaded    active running nginx - high performance web server
  irqbalance.service                   loaded    active running irqbalance daemon
  kdump.service                        loaded    active exited  Crash recovery kernel arming
  kmod-static-nodes.service            loaded    active exited  Create list of static device nodes for the current kernel
  magent.service                       loaded    active running magent daemon
  mallumad.service                     loaded    active running mallumad daemon
  multi-queue-hw.service               loaded    active exited  LSB: NIC multiple queues init
  NetworkManager-wait-online.service   loaded    active exited  Network Manager Wait Online
```

图 2-87　命令执行结果

3）显示服务状态

需要显示某个服务的状态，可执行如下命令：

```
# systemctl status name.service
[root@techhost ~]# systemctl status httpd.service
```

相关状态显示参数说明见表 2-5。

表 2-5　状态显示参数说明

参数	描述
Loaded	说明服务是否被加载，并显示服务对应的绝对路径以及是否启用
Active	说明服务是否正在运行，并显示时间节点
Main PID	相应的系统服务的 PID 值
CGroup	相关控制组（CGroup）的其他信息

如果需要鉴别某个服务是否运行，可执行如下命令：

```
#格式：systemctl is-active name.service
[root@techhost ~]# systemctl is-active httpd.service
```

is-active 命令的返回结果见表 2-6。

表 2-6　is-active 命令的返回结果

状态	含义
active(running)	有一个或多个程序正在系统中执行
active(exited)	仅执行一次就正常结束的服务，目前并没有任何程序在系统中执行。例如，开机或者是挂载时才会进行一次的 quotaon 功能
active(waiting)	正在执行当中，不过要等待其他的事件才能继续处理。例如：打印的队列相关服务就是这种状态，虽然正在启动中，但是也需要真的有队列进来　（打印作业），这样才会继续唤醒打印机服务来进行下一步打印的功能
inactive	这个服务没有运行

同样，如果需要判断某个服务是否被启用，可执行如下命令：

```
#格式：systemctl is-enabled name.service
[root@techhost ~]# systemctl is-enabled httpd.service
```

is-enabled 命令的返回结果见表 2-7。

表 2-7　is-enabled 命令的返回结果

状态	含义
“enabled”	已经通过 /etc/systemd/system/ 目录下的 Alias= 别名、.wants/ 或 .requires/ 软连接被永久启用
“enabled-runtime”	已经通过 /run/systemd/system/ 目录下的 Alias= 别名、.wants/ 或 .requires/ 软连接被临时启用
“linked”	虽然单元文件本身不在标准单元目录中，但是指向此单元文件的一个或多个软连接已经存在于 /etc/systemd/system/ 永久目录中
“linked-runtime”	虽然单元文件本身不在标准单元目录中，但是指向此单元文件的一个或多个软连接已经存在于 /run/systemd/system/ 临时目录中
“masked”	已经被 /etc/systemd/system/ 目录永久屏蔽（软连接指向 /dev/null 文件），因此 start 操作会失败

表 2-7　is-enabled 命令的返回结果（续）

状态	含义
“masked-runtime”	已经被 /run/systemd/systemd/ 目录临时屏蔽（软连接指向 /dev/null 文件），因此 start 操作会失败
“static”	尚未被启用，并且单元文件的“[Install]”小节中没有可用于 enable 命令的选项
“indirect”	尚未被启用，但是单元文件的“[Install]”小节中 Also= 选项的值列表非空（也就是列表中的某些单元可能已被启用）或者它拥有一个不在 Also= 列表中的其他名称的别名软连接。对于模板单元来说，表示已经启用了一个不同于 DefaultInstance= 的实例
“disabled”	尚未被启用，但是单元文件的“[Install]”小节中存在可用于 enable 命令的选项
“generated”	单元文件是被单元生成器动态生成的。被生成的单元文件可能并未被直接启用，而是被单元生成器隐含地启用了
“transient”	单元文件是被运行时 API 动态临时生成的。该临时单元可能并未被启用
“bad”	单元文件不正确或者出现其他错误。is-enabled 不会返回此状态，而是会显示一条出错信息。list-unit-files 命令有可能会显示此单元

查看 auditd.service 服务状态，命令如图 2-88 所示。

```
[root@techhost ~]# systemctl status auditd.service
```

```
[root@techhost ~]# systemctl status auditd.service
● auditd.service - Security Auditing Service
   Loaded: loaded (/usr/lib/systemd/system/auditd.service; enabled; vendor preset: enabled)
   Active: active (running) since Sun 2021-04-25 15:15:05 CST; 11h left
     Docs: man:auditd(8)
           https://github.com/linux-audit/audit-documentation
 Main PID: 822 (auditd)
    Tasks: 2
   Memory: 14.8M
   CGroup: /system.slice/auditd.service
           └─822 /sbin/auditd

Apr 25 16:43:21 techhost systemd[1]: /usr/lib/systemd/system/auditd.service:13: PIDFile= references a path below legacy directory /var/run/, updating /var/run/au>
Apr 25 16:43:21 techhost systemd[1]: /usr/lib/systemd/system/auditd.service:13: PIDFile= references a path below legacy directory /var/run/, updating /var/run/au>
Apr 25 16:43:21 techhost systemd[1]: /usr/lib/systemd/system/auditd.service:13: PIDFile= references a path below legacy directory /var/run/, updating /var/run/au>
Apr 25 16:43:22 techhost systemd[1]: /usr/lib/systemd/system/auditd.service:13: PIDFile= references a path below legacy directory /var/run/, updating /var/run/au>
Apr 25 16:43:22 techhost systemd[1]: /usr/lib/systemd/system/auditd.service:13: PIDFile= references a path below legacy directory /var/run/, updating /var/run/au>
Apr 25 16:43:23 techhost systemd[1]: /usr/lib/systemd/system/auditd.service:13: PIDFile= references a path below legacy directory /var/run/, updating /var/run/au>
Apr 25 16:43:23 techhost systemd[1]: /usr/lib/systemd/system/auditd.service:13: PIDFile= references a path below legacy directory /var/run/, updating /var/run/au>
Apr 25 16:43:23 techhost systemd[1]: /usr/lib/systemd/system/auditd.service:13: PIDFile= references a path below legacy directory /var/run/, updating /var/run/au>
Apr 25 16:43:24 techhost systemd[1]: /usr/lib/systemd/system/auditd.service:13: PIDFile= references a path below legacy directory /var/run/, updating /var/run/au>
Apr 25 02:40:51 techhost auditd[822]: Audit daemon rotating log files
lines 1-21/21 (END)
```

图 2-88　命令执行结果

4）运行服务

如果需要运行某个服务，可在 root 权限下执行如下命令：

```
[root@techhost ~]# systemctl start name.service
```

运行 httpd 服务，命令如图 2-89 所示。

```
[root@techhost ~]# systemctl start httpd.service
```

```
[root@techhost ~]# systemctl start httpd.service
[root@techhost ~]#
```

图 2-89　命令执行结果

5）关闭服务

如果需要关闭某个服务，可在 root 权限下执行如下命令：

```
[root@techhost ~]# systemctl stop name.service
```

关闭蓝牙服务，命令如下：

```
[root@techhost ~]# systemctl stop bluetooth.service
```

6）重启服务

如果需要重启某个服务，可在 root 权限下执行如下命令：

```
[root@techhost ~]# systemctl restart name.service
```

执行命令后，当前服务会被关闭，但马上会重新启动。如果指定的服务当前处于关闭状态，则执行命令后，服务也会被启动。

重启蓝牙服务，命令如图 2-90 所示。

```
[root@techhost ~]# systemctl restart bluetooth.service
```

```
[root@techhost ~]# systemctl restart bluetooth.service
[root@techhost ~]#
```

图 2-90　命令执行结果

7）启用服务

如果需要在开机时启用某个服务，可在 root 权限下执行如下命令：

```
[root@techhost ~]# systemctl enable name.service
```

设置 httpd 服务开机时启动，命令如图 2-91 所示。

```
[root@techhost ~]# systemctl enable httpd.service
ln -s'/usr/lib/systemd/system/httpd.service'
'/etc/systemd/system/multi-user.target.wants/httpd.service'
```

```
[root@techhost ~]#  systemctl enable httpd.service
Created symlink /etc/systemd/system/multi-user.target.wants/httpd.service → /usr/lib/systemd/system/httpd.service.
[root@techhost ~]# ln -s'/usr/lib/systemd/system/httpd.service' '/etc/systemd/system/multi-user.target.wants/httpd.service'
ln: invalid option -- '/'
Try 'ln --help' for more information.
[root@techhost ~]#
```

图 2-91　命令执行结果

8）禁用服务

如果需要在开机时禁用某个服务，可在 root 权限下执行如下命令：

```
[root@techhost ~]# systemctl disable name.service
```

在开机时禁用蓝牙服务，命令如图 2-92 所示。

```
[root@techhost ~]# systemctl disable bluetooth.service
Removed /etc/systemd/system/bluetooth.target.wants/bluetooth.service.
Removed /etc/systemd/system/dbus-org.bluez.service.
```

```
[root@techhost ~]# systemctl disable bluetooth.service
Removed /etc/systemd/system/bluetooth.target.wants/bluetooth.service.
Removed /etc/systemd/system/dbus-org.bluez.service.
```

图 2-92　命令执行结果

（2）关闭、暂停和休眠系统

1）systemctl 命令

systemd 通过 systemctl 命令可以对系统进行关机、重启、休眠等一系列操作。当前，它仍兼容部分 Linux 常用管理命令，对应关系见表 2-8。建议用户使用 systemctl 命令进行操作。

表 2-8　命令对应关系

Linux 常用管理命令	systemctl 命令	描述
halt	systemcti halt	关闭系统
poweroff	systemctl poweroff	关闭电源
reboot	systemctl reboot	重启

2）关闭系统

关闭系统并下电机器，可在 root 权限下执行以下命令，如图 2-93 和图 2-94 所示。

```
[root@techhost ~]# systemctl poweroff
```

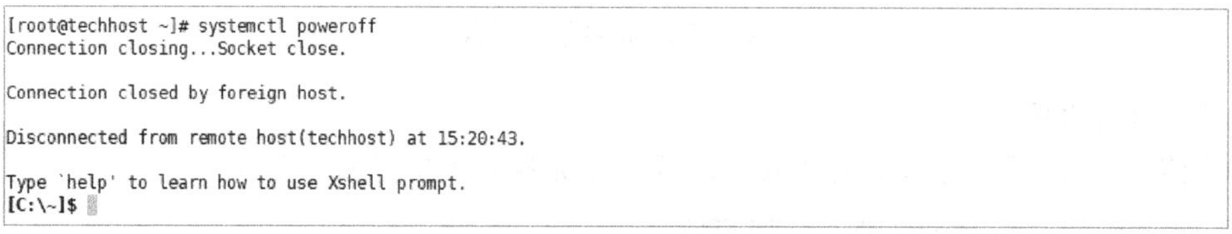

```
[root@techhost ~]# systemctl poweroff
Connection closing...Socket close.

Connection closed by foreign host.

Disconnected from remote host(techhost) at 15:20:43.

Type `help' to learn how to use Xshell prompt.
[C:\~]$
```

图 2-93　命令执行结果

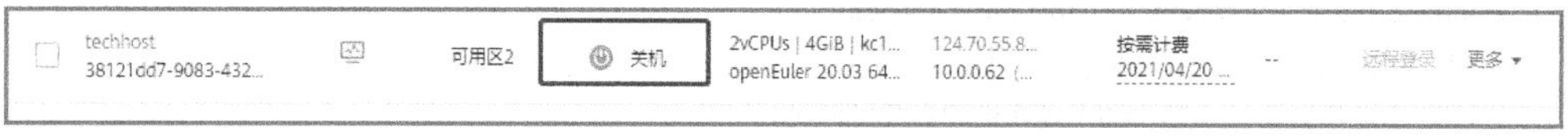

techhost 38121dd7-9083-432...		可用区2	关机	2vCPUs | 4GiB | kc1... openEuler 20.03 64...	124.70.55.8... 10.0.0.62 (...	按需计费 2021/04/20 ...	--	远程登录　更多 ▾

图 2-94　云主机状态显示

关闭系统但不下电机器，可在 root 权限下执行以下命令，如图 2-95 所示。

```
[root@techhost ~]# systemctl halt
```

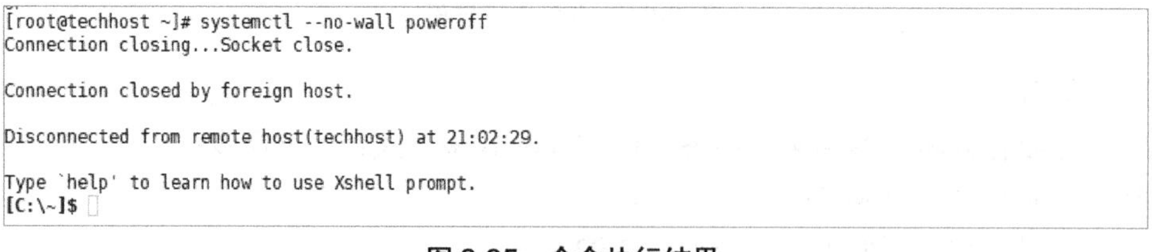

```
[root@techhost ~]# systemctl --no-wall poweroff
Connection closing...Socket close.

Connection closed by foreign host.

Disconnected from remote host(techhost) at 21:02:29.

Type `help' to learn how to use Xshell prompt.
[C:\~]$
```

图 2-95　命令执行结果

执行上述命令会给当前所有的登录用户发送一条提示消息。如果不想让 systemd 发送该消息，则可以添加“--no-wall”参数，具体命令如图 2-96 和图 2-97 所示。

```
[root@techhost ~]# systemctl --no-wall poweroff
```

```
[root@techhost ~]# systemctl --no-wall poweroff
Connection closing...Socket close.

Connection closed by foreign host.

Disconnected from remote host(techhost) at 21:02:29.

Type `help' to learn how to use Xshell prompt.
[C:\~]$
```

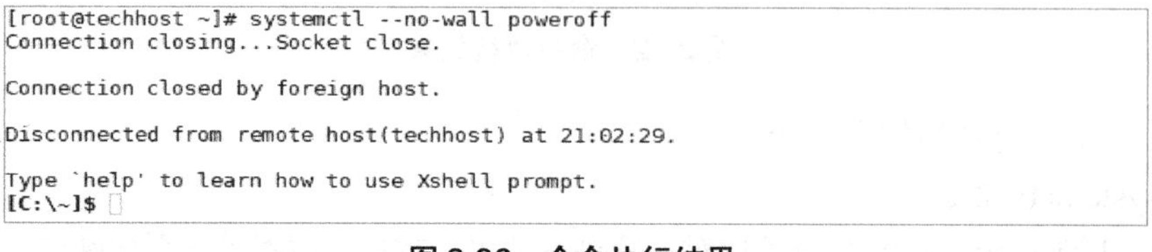

图 2-96　命令执行结果

	techhost 38121dd7-9083-432...		可用区2	关机	2vCPUs | 4GIB | kc1... openEuler 20.03 64...	124.70.55.8... 10.0.0.62 (...	按需计费 2021/04/20 ...	--	远程登录	更多 ▾

图 2-97　云主机状态显示

3）重启系统

重启系统可在 root 权限下执行以下命令，如图 2-98 所示。

```
[root@techhost ~]# systemctl reboot
```

```
[root@techhost ~]# systemctl reboot
Connection closing...Socket close.

Connection closed by foreign host.

Disconnected from remote host(techhost) at 21:06:36.

Type `help' to learn how to use Xshell prompt.
[C:\~]$
```

图 2-98　命令执行结果

执行上述命令会给当前所有的登录用户发送一条提示消息。如果不想让 systemd 发送该消息，则可以添加“--no-wall”参数，具体命令如图 2-99 所示。

```
[root@techhost ~]# systemctl --no-wall reboot
```

```
[root@techhost ~]# systemctl --no-wall reboot
Connection closing...Socket close.

Connection closed by foreign host.

Disconnected from remote host(techhost) at 21:07:42.

Type `help' to learn how to use Xshell prompt.
[C:\~]$
```

图 2-99　命令执行结果

系统待机命令如图 2-100 所示。

```
[root@techhost ~]# systemctl suspend
```

```
[root@techhost ~]# systemctl suspend
[root@techhost ~]#
Socket error Event: 32 Error: 10053.
Connection closing...Socket close.

Connection closed by foreign host.

Disconnected from remote host(techhost) at 21:09:18.

Type `help' to learn how to use Xshell prompt.
[C:\~]$

Connecting to 124.70.55.82:22...
Could not connect to '124.70.55.82' (port 22): Connection failed.

Type `help' to learn how to use Xshell prompt.
[C:\~]$
```

	techhost 38121dd7-9083-432...		可用区2	运行中	2vCPUs | 4GIB | kc1... openEuler 20.03 64...	124.70.55.8... 10.0.0.62 (...	按需计费 2021/04/20 ...	--	远程登录	更多 ▾

图 2-100　命令执行结果与云主机状态显示

说明：虽然系统待机，但是运行状态仍然是运行中。

4）系统休眠

系统休眠可在 root 权限下执行以下命令，如图 2-101 所示。

```
[root@techhost ~]# systemctl hibernate
```

[root@techhost ~]# systemctl hibernate
Failed to hibernate system via logind: Not enough swap space for hibernation

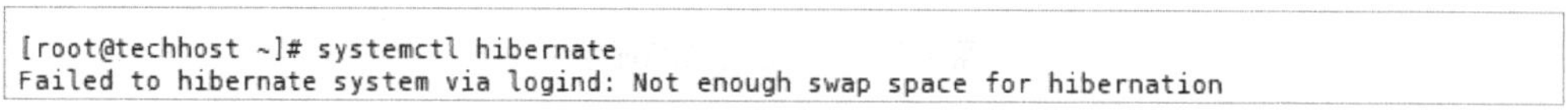

图 2-101　命令执行结果

系统待机且处于休眠状态可在 root 权限下执行以下命令，如图 2-102 所示。

```
[root@techhost ~]# systemctl hybrid-sleep
```

[root@techhost ~]# systemctl hybrid-sleep
Failed to put system into hybrid sleep via logind: Not enough swap space for hibernation
[root@techhost ~]#

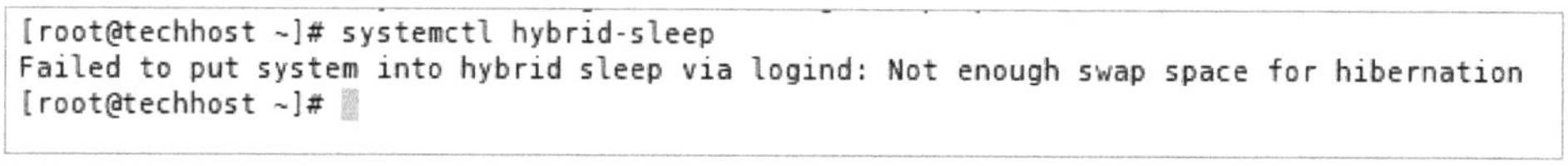

图 2-102　命令执行结果

说明：以上所有 OpenEuler 常用命令操作在 OpenEuler 官网上都有，读者可以自主学习。

2.3　vim 文本编辑器的使用

vim 是从 vi 发展而来的一个文本编辑器。它的代码补全、编译及错误跳转等方便编程的功能特别丰富。接下来，我们将介绍 vim 的使用方法。

步骤一：安装 vim，如图 2-103 所示。

```
[root@techhost ~]#dnf install vim -y
```

[root@techhost ~]# dnf install vim -y
Last metadata expiration check: 2:27:37 ago on Sat 05 Jun 2021 11:40:42 AM CST.
Package vim-enhanced-2:8.1.450-8.oe1.aarch64 is already installed.
Dependencies resolved.
Nothing to do.
Complete!
[root@techhost ~]#

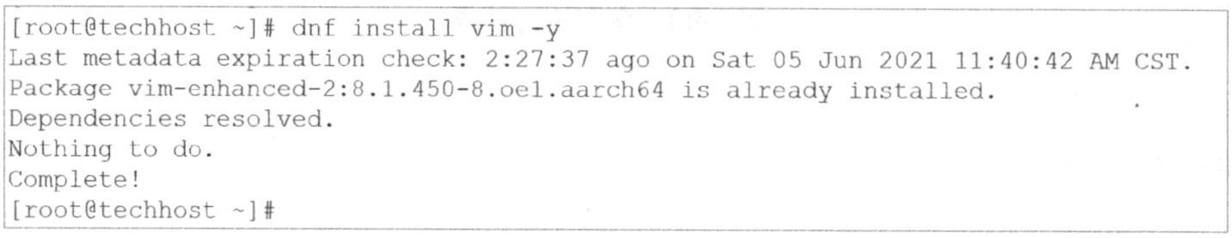

图 2-103　安装 vim

步骤二：编辑 file1 文件，如图 2-104 所示。

```
[root@techhost]# vim file1
```

[root@techhost ~]# vim file1

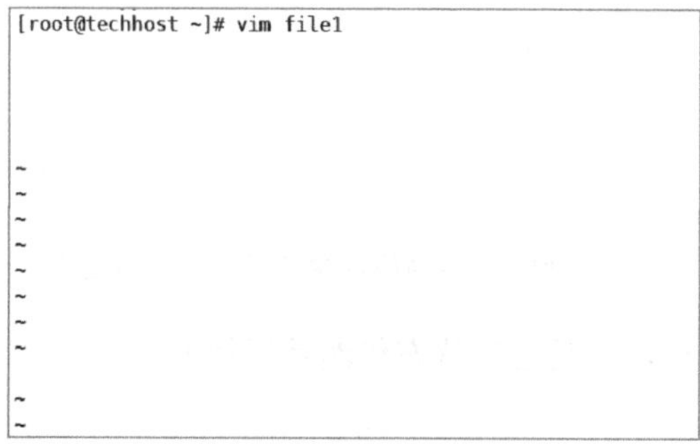

图 2-104　编辑 file1 文件

① 按 i 键进入插入模式，观察屏幕左下角，应有“INSERT”字样。在这个模式下，输入字符串：Today is a good day，如图 2-105 和图 2-106 所示。

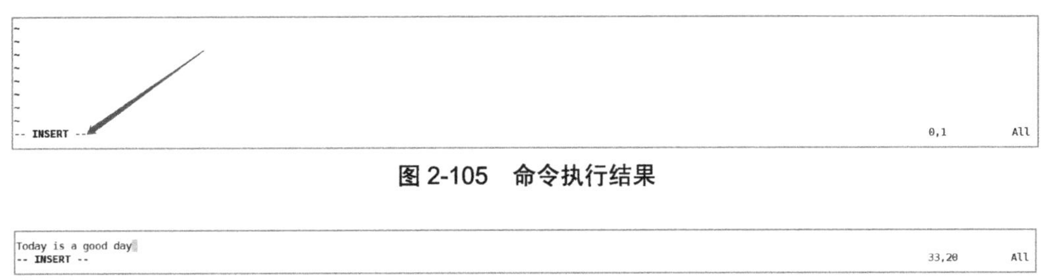

图 2-105　命令执行结果

图 2-106　命令执行结果

② 按 Esc 键退回命令模式，观察屏幕左下角，“INSERT”字样消失，如图 2-107 所示。

图 2-107　命令执行结果

③ 单击冒号：进入末行模式，输入命令 wq /tmp/vim_modes，按 Enter 键以保存退出，如图 2-108 和图 2-109 所示。

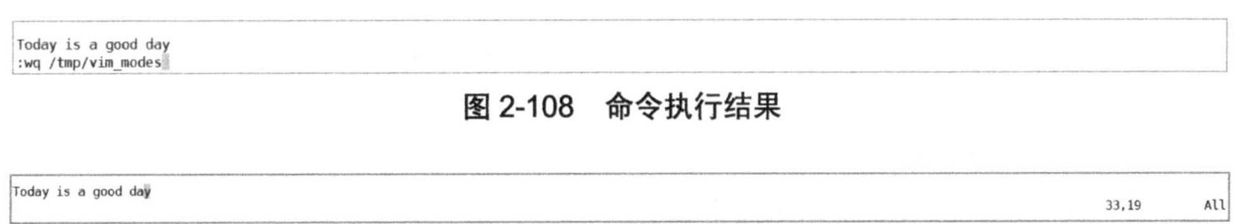

图 2-108　命令执行结果

图 2-109　命令执行结果

步骤三：vim 常用的光标移动命令。

① 运行 vimtutor 命令，该命令会打开一个临时文件，如图 2-110 所示。

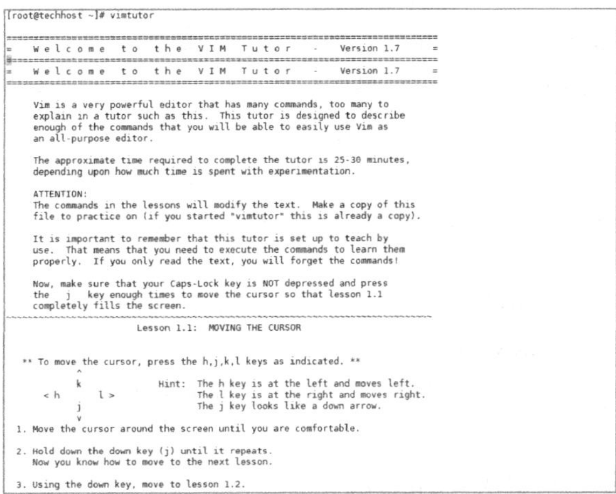

图 2-110　命令执行结果

② 用末行模式命令: set number 把行号显示出来，如图 2-111 和图 2-112 所示。

```
~
~
~
~
:set number
```

图 2-111　命令执行结果

图 2-112　命令执行结果

③ 用 j、k、h、l 这 4 个键做光标的上下左右移动操作。

④ 输入 gg 回到第一行。

⑤ 输入 G 去到最后一行。

⑥ 输入:99 末行模式命令去到第 99 行。

⑦ 用$和 0 命令在行首和行尾之间跳动。

⑧ 对比 0 和^命令的细微差别，0 移到第一个字符，^移到第一个非空字符。

⑨ 用 w 和 b 命令在当前行内以词为单位左右移动。

⑩ 用组合键 ctrl-f、ctrl-b 上下滚动文档。

步骤四：vim 的复制、剪切、粘贴、撤销、重做操作。

① 接着步骤三，仍然在 vimtutor 里面；如果已经退出，请重新运行命令 vimtutor。

② 输入:99 末行模式命令去到第 99 行。

③ 输入 yy 复制当前行，即第 99 行，屏幕上没有什么变化。

④ 输入 p 把复制的内容粘贴到当前行的下面，即第 100 行。

⑤ 输入 u 撤销上一步的粘贴操作。

⑥ 输入 5dd 删除从当前行往下的 5 行，删除就是剪切。

⑦ 用命令 93gg 去到第 93 行。

⑧ 输入 P（大写的 P），把之前删除（剪切）的 5 行数据粘贴到当前行（第 93 行）的上面。

⑨ 不停地按 u 键，撤销所有的改动。

2.4　基于 OpenEuler 配置 LAMP，部署 WordPress

本小节，我们部署 LNMP 环境，并在 OpenEuler 主机上完成 WordPress 环境的部署。WordPress 简称 WP，最初是一款博客系统，后逐步演化成一款免费的 CMS（Content Management System，内容管理系统）。

步骤一：安装 Nginx 服务。

```
#执行如下命令，安装 Nginx
#安装依赖
[root@techhost ~]#dnf install gcc pcre pcre-* openssl openssl-* zlib-devel gd gd-* perl
perl-* -y
#安装 Nginx
[root@techhost ~]# dnf install Nginx -y
#启动服务
[root@techhost ~]# systemctl start Nginx
[root@techhost ~]# systemctl enable Nginx
Created symlink /etc/systemd/system/multi-user.target.wants/Nginx.service →
/usr/lib/systemd/system/Nginx.service.
[root@techhost ~]#
#查看服务状态，显示 Active: active (running)
[root@techhost ~]# systemctl status Nginx
#为了方便，本实验我们彻底关闭 selinux 与防火墙
[root@techhost ~]# vim /etc/selinux/config
[root@techhost ~]# systemctl stop firewalld
[root@techhost ~]# systemctl disable firewalld
[root@techhost ~]#
```

使用浏览器访问 http://ipaddress（即安装地址），显示画面如下，此处使用自己的公网访问，如图 2-113 所示。

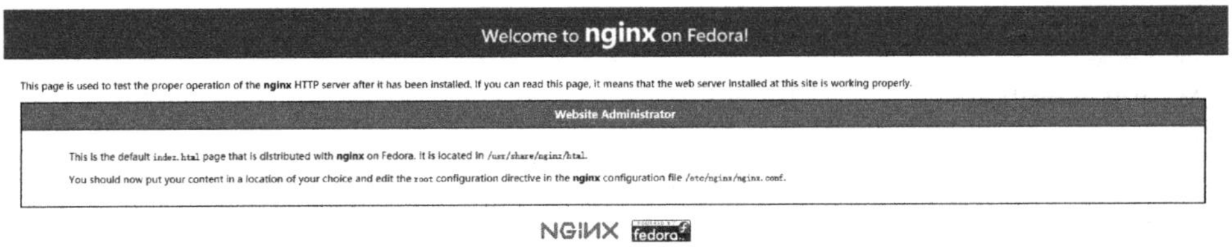

图 2-113　Nginx 服务欢迎界面

步骤二：安装 Mariadb。

此处，我们使用 mariadb 数据库来替代 mysql 数据库，部署如下：

```
[root@techhost ~]# dnf -y install mariadb mariadb-server
[root@techhost ~]# systemctl start mariadb
[root@techhost ~]# systemctl enable mariadb
[root@techhost ~]#
#设置数据库密码（一路回车即可，在写密码处输入密码）
```

```
[root@techhost ~]# mysql_secure_installation
#登录数据库创建所需数据库
[root@techhost ~]# mysql -u root -p
Enter password:
Welcome to the MariaDB monitor.   Commands end with ; or \g.
Your MariaDB connection id is 16
Server version: 10.3.9-MariaDB MariaDB Server
Copyright (c) 2000, 2018, Oracle, MariaDB Corporation Ab and others.

Type 'help;' or '\h' for help. Type '\c' to clear the current input statement.

MariaDB [(none)]>

MariaDB [(none)]> create database wordpress default charset="utf8";
Query OK, 1 row affected (0.000 sec)

MariaDB [(none)]>
#赋予 root 用户远程访问权限
MariaDB [(none)]> GRANT ALL PRIVILEGES ON *.* TO 'root'@'%' IDENTIFIED BY 'Tech@123';
Query OK, 0 rows affected (0.000 sec)

MariaDB [(none)]> flush privileges;
Query OK, 0 rows affected (0.000 sec)

MariaDB [(none)]>
#查询验证
MariaDB [(none)]> select   User,authentication_string,Host from mysql.user;
+------+----------------------+-----------+
| User | authentication_string | Host           |
+------+----------------------+-----------+
| root |                       | localhost |
| root |                       | 127.0.0.1 |
| root |                       | ::1           |
| root |                       | %             |
+------+----------------------+-----------+
4 rows in set (0.000 sec)

MariaDB [(none)]>
#退出数据库
MariaDB [(none)]> exit
Bye
[root@techhost ~]#
```

步骤三：安装部署 PHP。

```
#依次执行以下命令，安装 PHP 和一些所需的 php 扩展
[root@techhost ~]# dnf install php php-*   -y
#启动 php 服务
[root@techhost ~]# systemctl start php-fpm
[root@techhost ~]# systemctl enable php-fpm
Created symlink /etc/systemd/system/multi-user.target.wants/php-fpm.service →
/usr/lib/systemd/system/php-fpm.service.
[root@techhost ~]#
#执行如下命令验证 php 版本信息
[root@techhost ~]# php -v
```

```
PHP 7.2.10 (cli) (built: Mar 23 2020 20:08:27) ( NTS )
Copyright (c) 1997-2018 The PHP Group
Zend Engine v3.2.0, Copyright (c) 1998-2018 Zend Technologies
    with Zend OPcache v7.2.10, Copyright (c) 1999-2018, by Zend Technologies
[root@techhost ~]#
```

步骤四：安装 wordpress。

在/usr/share/Nginx/html 目录下下载安装 wordpress，命令如下：

```
[root@techhost ~]# cd /usr/share/Nginx/html
[root@techhost ~]#wget https://wordpress.org/wordpress-5.2.1.tar.gz
[root@techhost html]# tar -xvf wordpress-5.2.1.tar.gz
[root@techhost html]#chmod -R 777 wordpress
[root@techhost html]# ls
404.html   50x.html   index.html   Nginx-logo.png   poweredby.png   wordpress
wordpress-5.2.1.tar.gz
[root@techhost html]# systemctl restart Nginx
[root@techhost html]#
```

接下来在浏览器中输入“addressIp/wordpress”进行安装部署 wordpress，如图 2-114 所示。

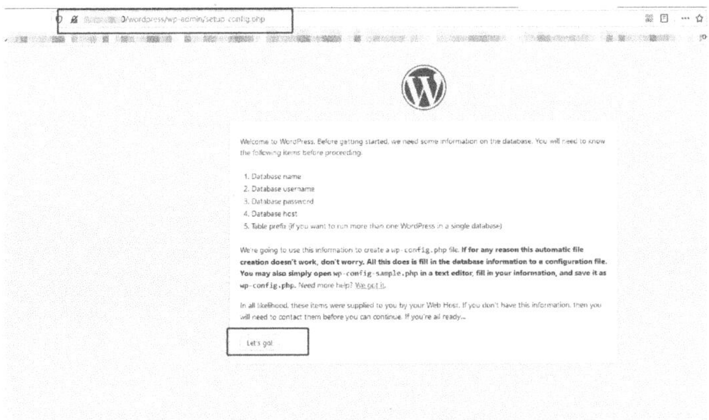

图 2-114　wordpress 安装介绍

单击“Let’s go”进入数据库配置页面，如图 2-115 所示。

Below you should enter your database connection details. If you're not sure about these, contact your host.

Database Name	wordpress	The name of the database you want to use with WordPress.
Username	root	Your database username.
Password	Tech@123	Your database password.
Database Host	localhost	You should be able to get this info from your web host, if localhost doesn't work.
Table Prefix	wp_	If you want to run multiple WordPress installations in a single database, change this.

Submit

图 2-115　数据库配置

数据库配置完成后，进入下一页面，单击“Run the installation”，如图 2-116 所示。

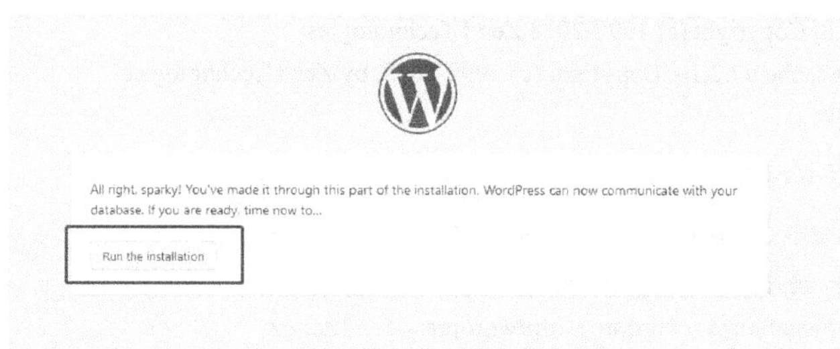

图 2-116　配置确认

进入欢迎页面完善相关信息，如图 2-117 所示。

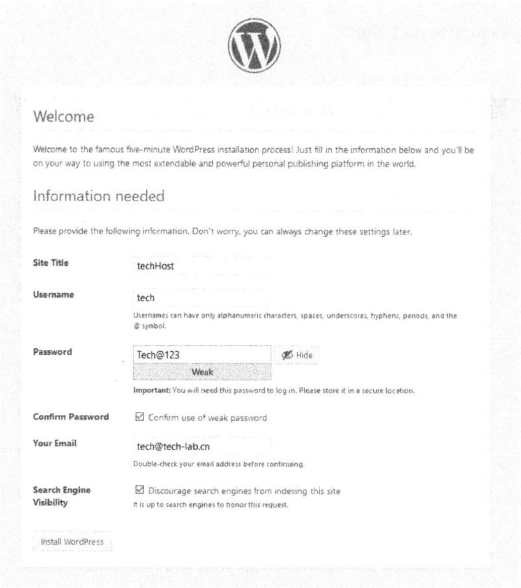

图 2-117　登录信息完善

安装成功，单击“Log in”，如图 2-118 所示。

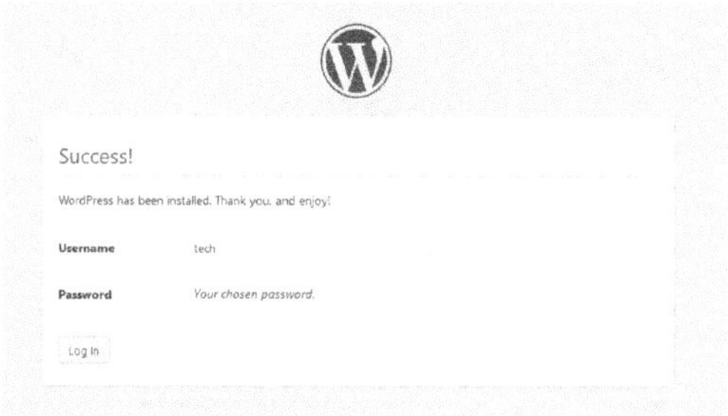

图 2-118　安装成功

进入登录页面后，输入用户名与密码，如图 2-119 所示。

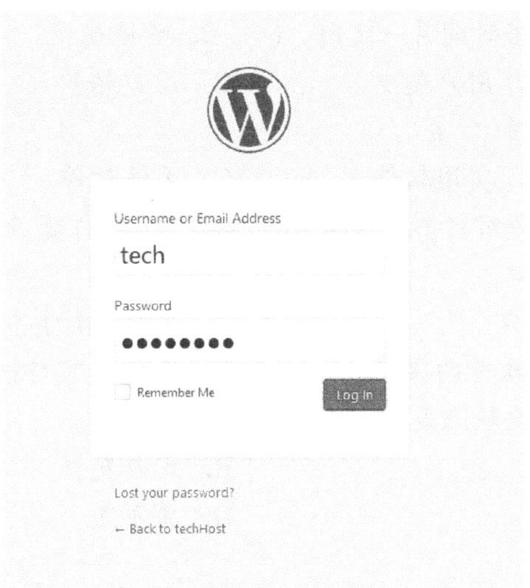

图 2-119　登录

至此，LNMP 环境部署完成，如图 2-120 所示。

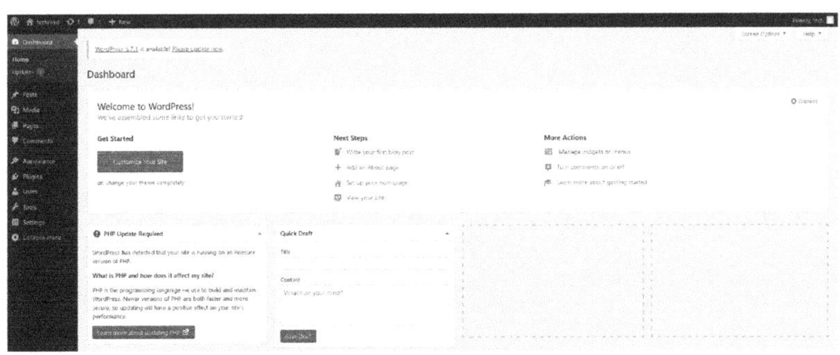

图 2-120　wordpress 首页

2.5　本章小结

本章首先概述了操作系统的基本概念、发展历史、基本功能、设计目标、主流的操作系统以及发展趋势，顺其自然地引出了 OpenEuler 操作系统，并对其做了介绍，详细讲述了 OpenEuler 基础应用和 vim 编辑器的使用等，重点讲述了 OpenEuler 操作系统的安装步骤和基于 OpenEuler 配置 LAMP、部署 WordPress 的详细步骤。

本章习题

1. 下面不属于操作系统的是（　　）

A. OS/2　　B. UCDOS　　C. WPS　　D. FEDORA

2. 在分时系统中，当时间片一定时，(　　)，响应越快。

A. 内存越大　　B. 用户越少　　C. 用户越多　　D. 内存越小

3. 操作系统是一种 (　　)。

A. 应用软件　　B. 实用软件　　C. 系统软件　　D. 编译软件

4. 操作系统的功能是对计算机资源（包括软件和硬件资源）等进行管理和控制的程序，是 (　　) 之间的接口。

A. 主机与外设的接口　　B. 用户与计算机的接口

C. 系统软件与应用软件的接口　　D. 高级语言与机器语言的接口

5. 批处理系统的主要缺点是 (　　)。

A. CPU 使用效率低　　B. 无并发性

C. 无交互性　　D. 都不是

答案：1. C　2. B　3. C　4.B　5.C

第3章 鲲鹏应用迁移

学习目标

- 了解鲲鹏平台应用迁移的基本概念
- 掌握鲲鹏代码扫描和移植工具的使用方法
- 掌握不同语言代码移植的方法

本章首先介绍了计算机程序运行的概念和原理；其次系统地讲述了在鲲鹏云平台上软件迁移的原理和步骤，并基于操作介绍了由华为开发的鲲鹏代码扫描和移植工具的具体内容和使用方法；最后介绍了常用语言的软件迁移流程。

3.1 程序运行原理

3.1.1 计算机系统概述

1. 计算机系统介绍

计算机系统是用于数据库管理的计算机软、硬件及网络系统。数据库系统需要大容量的主存以存放和运行操作系统程序、数据库管理系统程序、应用程序以及数据库、目录、系统缓冲区等，而辅存则需要支持大容量的直接存取设备；此外，计算机系统还应具有较强的网络功能。计算机是脑力的延伸和扩充，是近代科学的重大成就之一。

计算机系统由硬件系统和软件系统组成，如图 3-1 所示。硬件系统是借助电、磁、光、机械等原理构成的各种物理部件的有机组合，是计算机系统赖以工作的实体。软件系统是指各种程序和文件，用于指挥全系统按指定的要求进行工作。

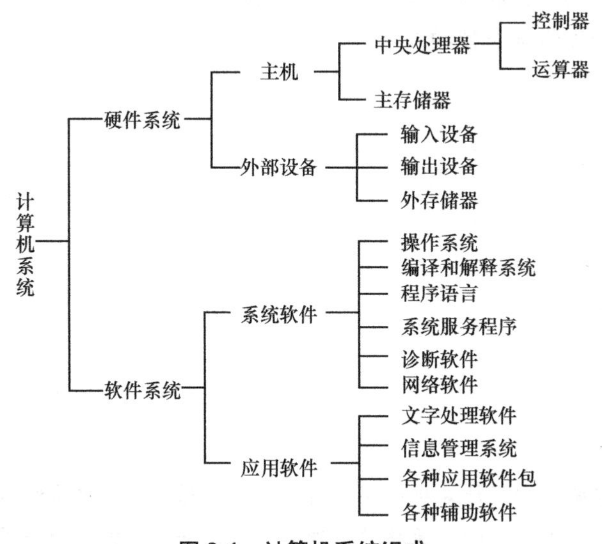

图 3-1 计算机系统组成

计算机系统的特点是能进行精确、快速的计算和判断，而且通用性好，使用容易，还能联成网络。

① 计算：一切复杂的计算，几乎都可用计算机通过算术运算和逻辑运算来实现。

② 判断：计算机有判别不同情况、选择做不同处理的能力，故可用于管理、控制、对抗、决策、推理等。

③ 存储：计算机能存储巨量信息。

④ 精确：只要字长足够，计算精度理论上不受限制。

⑤ 快速：计算机一次操作所需时间已小到以纳秒计。

⑥ 通用：计算机是可编程的，不同程序可实现不同的应用。

⑦ 易用：丰富的高性能软件及智能化的人–机接口，大大方便了使用。

⑧ 联网：多个计算机系统能超越地理界限，借助通信网络，共享远程信息与软件资源。

2．计算机系统的演进及分类

自 1946 年第一台电子计算机问世以来，计算机技术在元件器件、硬件系统结构、软件系统、应用等方面，均有惊人进步，现代计算机系统小到微型计算机和个人计算机，大到巨型计算机及其网络，形态、特性多种多样，已广泛用于科学计算、事务处理和过程控制，日益深入社会各个领域，对社会的进步产生了深刻影响。

截止到目前，计算机的发展可以分为 4 个阶段。

（1）第一代计算机（1945—1955 年）：真空管和插件板

这个时期的机器需要一个小组专门设计、制造、编程、操作、维护。程序设计使用机器语言，通过插板上的硬连线来控制基本功能。图 3-2 所示为第一代计算机。

图 3-2 第一代计算机（图片摘自百度百科）

（2）第二代计算机（1955—1965 年）：晶体管和批处理系统

这个时期的计算机越来越可靠，已从研究院中走出来，走进了商业应用。但这个时期的计算机主要是完成各种科学计算，需要专门的操作人员维护，并且需要针对每次的计算任务进行编程。图 3-3 所示为第二代晶体管计算机。

图 3-3 第二代晶体管计算机（图片摘自百度百科）

（3）第三代计算机（1965—1980 年）：集成电路芯片和多道程序

20 世纪 60 年代初，计算机厂商根据不同的应用将计算机分成了两个系列，一个针对科学计算，一个针对商业应用。随着计算机应用的深入，统一两种应用的计算机需求出现了。

20 世纪 60 年代末，一位贝尔实验室曾参加过 Multics 研制工作的计算机科学家 Ken Thompson，在一台无人使用的 PDP-7 机器上开发出了一套简化的、单用户版的 Multics。这就是 Unix 操作系统的前身。

（4）第四代计算机（1980 年至今）：个人计算机

随着计算机技术的不断更新与发展，计算机神奇般地闯入了人们的生活，个人用户以低廉的价格就可以获得有强大计算能力的计算机。在前几代计算机的基础上，第四代计算机将百万晶体管集成在小小的芯片上，极大地提高了计算运行速度。

随着现代技术与工艺的进步，计算机的价格也更加亲民。当价格不再是阻拦计算机普及的门槛时，提高计算机的易用性就显得十分重要。Unix 系统的特点，使其不太适合在个人计算机上运行，这时就需要一种新的操作系统。微软凭借 Windows 系统再次称雄。

图 3-4 所示为个人计算机。

图 3-4　个人计算机（图片摘自百度百科）

未来，计算机工艺技术的发展进步仍然会对整个社会起到巨大的推动作用。计算机的发展趋势必将是向着更快、更稳定的方向发展。某些领域也会诞生相应的专业计算机，以满足高精密的工作需求，如生物计算机、量子计算机等。

计算机发展到现在，根据用途以及性能的区别，可以被分为以下五大类。

（1）超级计算机

超级计算机是指能够处理一般个人计算机无法处理的大量数据且高速运算的计算机。它具有很强的计算和处理数据的能力，主要特点表现为高速度和大容量，配有多种外部和外围设备，以及丰富的、高性能的软件系统。以我国第一台全部采用国产处理器构建的“神威·太湖之光”为例，它的持续性能为 9.3 亿亿次/秒，峰值性能可以达到 12.5 亿亿次/秒。超级计算机的主要特点有两个方面：极大的数据存储容量和极快的数据处理速度。因此它可以在多种领域进行一些人们或者普通计算机无法进行的工作。图 3-5 所示为国产“神威·太湖之光”超级计算机。

图 3-5 国产“神威・太湖之光”超级计算机（图片摘自网络）

（2）大型计算机

大型计算机是用来处理大容量数据的机器，它们一般用于大型事务处理，特别适用过去完成的且不值得重新编写的数据库应用方面，其应用软件通常是硬件成本的好几倍。

大型计算机体系结构的最大好处是无与伦比的 I/O 处理能力。虽然大型计算机处理器并不总是拥有领先优势，但是它的 I/O 体系结构使其能处理好几个 PC 服务器一起才能处理的数据。大型计算机的另一些特点是它的大尺寸和使用液体冷却处理器阵列。在使用大量中心化处理的组织中，它们仍有重要的地位，欧盟委员会称，全球绝大多数企业数据依然存储在大型计算机上。图 3-6 所示为大型计算机。

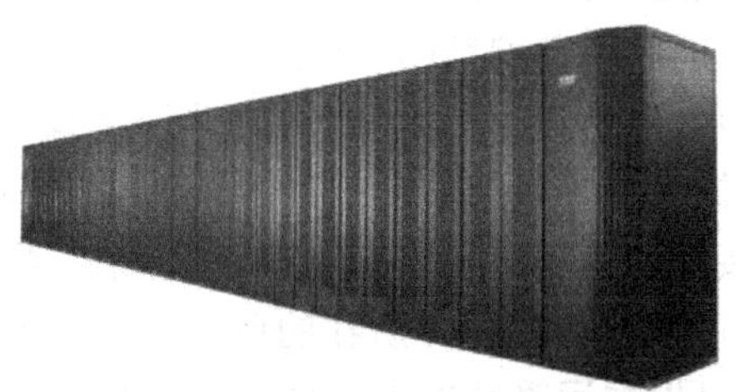

图 3-6 大型计算机（图片摘自百度百科）

（3）迷你计算机（服务器）

迷你计算机也被称作小型机，是指采用精简指令集处理器，性能和价格介于 PC 服务器和大型主机之间的一种高性能 64 位计算机。国外小型机对应的英文名是 minicomputer 和 midrange computer。midrange computer 是相对于大型主机和微型机而言的，而在中国，小型机习惯上用来指 Unix 服务器。

（4）微型计算机

微型计算机简称“微型机”“微机”，也就是我们日常俗称的电脑，微型计算机是由大规模集成电路组成的、体积较小的电子计算机。它是以微处理器为基础，配以内存储器及 I/O 接口电路和相应的辅助电路而构成的裸机。微型计算机的特点是体积小、灵活性大、价格便宜、使用方便。

（5）工作站

工作站是一种高端的通用微型计算机。它为单用户提供比个人计算机更强大的性能，尤其是图形处理能力和任务并行能力。它通常配有高分辨率的大屏、多屏显示器及容量很大的内存储器和外部存储器，并且具有极强的信息和高性能的图形、图像处理功能。

另外，连接到服务器的终端机也可称为工作站。工作站的应用领域有：科学和工程计算、软件开发、计算机辅助分析、计算机辅助制造、工程设计和应用、图形和图像处理、过程控制和信息管理等。

3．冯·诺依曼体系结构

数学家冯·诺依曼于 1946 年提出了计算机的存储程序原理，即把程序本身当作数据来对待，程序和该程序处理的数据用同样的方式储存。冯·诺依曼理论的要点是：计算机的数制采用二进制；计算机应该按照程序顺序执行；提出了计算机的 5 个组成部分，即运算器、控制器、存储器、输入设备、输出设备。人们把冯·诺依曼的这个理论称为冯·诺依曼体系结构。

冯·诺依曼体系结构的具体内容如下。

① 采用存储程序方式，指令和数据不加区别混合存储在同一个存储器中，数据和程序在内存中是没有区别的，它们都是内存中的数据，当 EIP（Elastic IP Address，弹性公网 IP）指针指向哪里，CPU 就加载那段内存中的数据，如果是不正确的指令格式，CPU 就会发生错误中断。在目前 CPU 的保护模式中，每个内存段都有其描述符，这个描述符记录着这个内存段的访问权限（可读、可写、可执行）。这就变相地指定了哪些内存中存储的是指令，哪些内存中存储的是数据。

指令和数据都可以送到运算器进行运算，即由指令组成的程序是可以修改的。

② 存储器是按地址访问的线性编址的一维结构，每个单元的位数是固定的。

③ 指令由操作码和地址码组成。操作码指明本指令的操作类型，地址码指明操作数和地址。操作数本身无数据类型的标志，它的数据类型由操作码确定。

④ 通过执行指令直接发出控制信号控制计算机的操作。指令在存储器中按其执行顺序存放，由指令计数器指明要执行的指令所在的单元地址。指令计数器只有一个，一般按顺序递增，但执行顺序可根据运算结果或当时的外界条件改变。

⑤ 以运算器为中心，I/O 设备与存储器间的数据传送都要经过运算器。

⑥ 数据以二进制表示。

冯·诺依曼体系结构如图 3-7 所示。

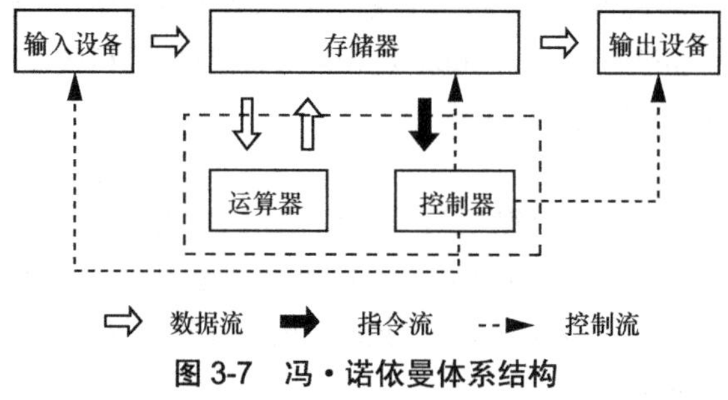

图 3-7　冯·诺依曼体系结构

在冯·诺依曼体系下，程序的执行过程实际上是不断地取指令、指令译码、执行指令的过程，其 CPU 工作原理如图 3-8 所示。

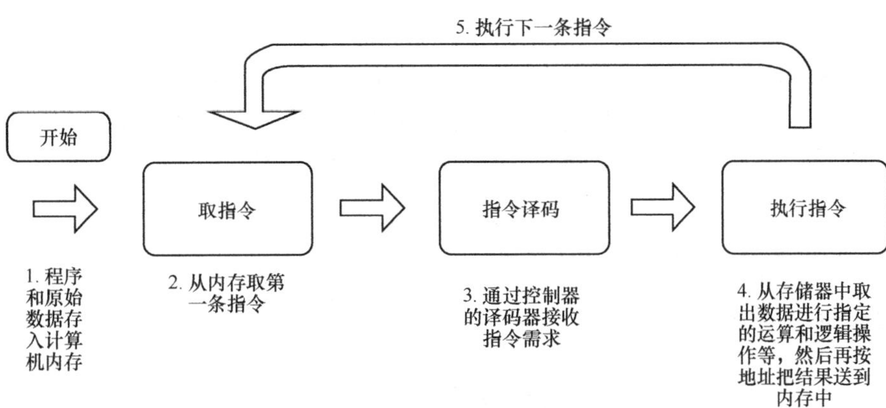

图 3-8　冯·诺依曼体系 CPU 工作原理

冯·诺依曼体系结构是现代计算机的基础，现在大多数计算机仍采用冯·诺依曼计算机的组织结构，只是做了一些改进而已，并没有从根本上突破冯·诺依曼体系结构的束缚，冯·诺依曼也因此被人们称为“计算机之父”。然而传统冯·诺依曼计算机体系结构具有的局限性，从根本上限制了计算机的发展。

4．计算机系统软硬件组成

计算机系统由计算机硬件和软件两部分组成。硬件包括中央处理器、存储器和外部设备等；软件包括系统软件和应用软件。

计算机系统整体构造如图 3-9 所示。

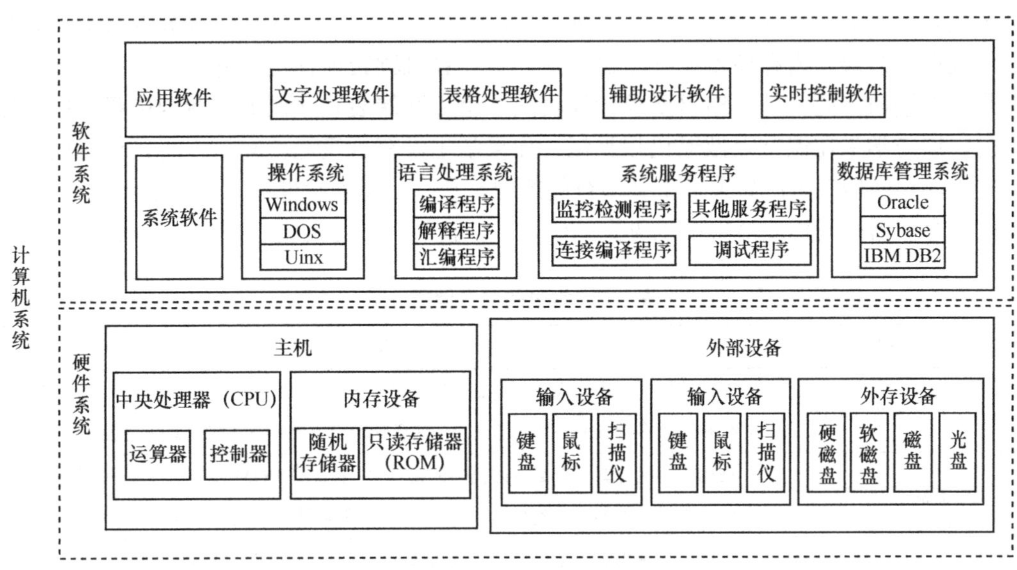

图 3-9　计算机系统整体构造

（1）硬件

计算机系统的硬件系统主要由中央处理器、存储器、输入/输出控制系统和各种外部设备组成。

1）中央处理器

中央处理器简称处理器，是对信息进行高速运算处理的主要部件，其处理速度可达每秒几亿次以上。根据冯·诺依曼体系结构，CPU 的工作分为 5 个阶段：取指令阶段、指令译码阶段、执行指令阶段、访存取数阶段和结果写回阶段，见表 3-1。

表 3-1　CPU 工作的各阶段

步骤	作用
取指令（IF，Instruction Fetch）	将一条指令从主存储器中取到指令寄存器的过程
指令译码（ID，Instruction Decode）	指令译码器按照预定的指令格式，对取回的指令进行拆分和解释，识别区分出不同的指令类别以及各种获取操作数的方法
执行指令（EX，EXecute）	具体实现指令的功能
访存取数（MEM，MEMory）	根据指令需要访问主存、读取操作数，CPU 得到操作数在主存中的地址，并从主存中读取该操作数用于运算
结果写回（WB，Write Back）	把执行指令阶段的运行结果数据“写回”到某种存储形式

在指令执行完毕、结果数据写回之后，若无意外事件（如结果溢出等）发生，计算机就从程序计数器中取得下一条指令地址，开始新一轮的循环，下一个指令周期将按顺序取出下一条指令。

2）存储器

存储器用于存储程序、数据和文件，常由快速的内存储器（容量可达数百兆字节，甚至数 G 字节，也称作主存）和慢速海量外存储器（容量可达数十 G 或数百 G 以上，也称作辅存）组成。内存储器在程序执行期间被计算机频繁地使用，并且在一个指令周期内是可直接访问的。外存储器要求计算机从一个外存储装置（例如磁带或磁盘）中读取信息。这与学生在课堂上做笔记相类似：如果学生没有看笔记就知道内容，信息就被存储在“内存储器”中；如果学生必须查阅笔记，那么信息就存储在“外存储器”中。 常见的外存储器有我们生活中可以见到的硬盘、U 盘等。常见的内存储器分类见表 3-2。

表 3-2　常见的内存储器分类

类别	简介
随机存取存储器（RAM）	在计算期间被用作高速暂存记忆区。数据可以在 RAM 中存储、读取和用新的数据代替。大多数 RAM 是不稳定的，这意味着当关闭计算机时信息将会丢失
只读存储器（ROM）	被用于存储计算机在必要时需要的指令集。存储在 ROM 内的信息是硬接线的（即它是电子元件的一个物理组成部分），且不能被计算机改变（因此称为“只读”）
可编程只读存储器（PROM）	可以将其暴露在一个外部电器设备或光学器件（如激光）中来改变

3）输入/输出设备

各种输入/输出外部设备是人机间的信息转换器，由输入/输出控制系统管理外部设备与主存储器（中央处理器）之间的信息交换。

输入设备是向计算机输入数据和信息的设备，是用户和计算机系统之间进行信息交

换的主要装置之一。输入设备的任务是把数据、指令及某些标志信息等输送到计算机中。键盘、鼠标、摄像头、扫描仪、光笔、手写输入板、游戏杆、语音输入装置等都属于输入设备。常见的输入设备如图 3-10 所示。

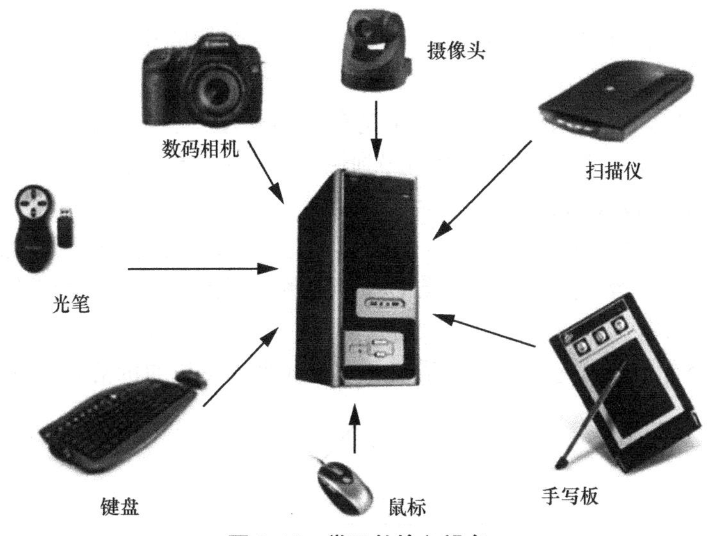

图 3-10　常见的输入设备

输出设备是把计算或处理的结果或中间结果以人能识别的各种形式，如数字、符号、字母等表示出来，因此输入/输出设备起到了人与机器之间进行联系的作用。常见的输出设备有显示器、打印机、绘图仪、影像输出系统、语音输出系统、磁记录设备等。

（2）软件

软件分为系统软件、支撑软件和应用软件。系统软件由操作系统、实用程序、编译程序等组成。操作系统实施对各种软、硬件资源的管理控制。实用程序是为方便用户所设的，如文本编辑等。编译程序的功能是把用户用汇编语言或某种高级语言所编写的程序，翻译成机器可执行的机器语言程序。应用软件是用户按其需要自行编写的专用程序，借助系统软件和支撑软件来运行，是软件系统的最外层。

5．计算机存储策略

（1）高速缓冲存储器

中央处理器从寄存文件中读取数据的速度要比从主存中读取快得多，并且随着半导体技术的更新进步，这种差距还在不断加大，而且加快处理器的运行速度的成本要远低于加快主存运行速度的成本。针对这种差异，系统设计者采用了更小更快的存储设备，即高速缓冲存储器（Cache Memory，简称为 Cache 或高速缓存）。高速缓冲存储器是介于主存与 CPU 之间的一级存储器，由静态存储芯片组成，容量较小但速度比主存快得多，最重要的指标是它的命中率。高速缓冲存储器与主存储器之间信息的调度和传送是由硬件自动进行的。

高速缓冲存储器主要由以下三大部分组成。

① Cache 存储体：存放由主存调入的指令与数据。

② 地址转换部件：建立目录表以实现主存地址到缓存地址的转换。

③ 置换部件：在缓存已满时按一定策略进行数据替换，并修改地址转换部件中的目录表。

（2）存储层次

存储层次是指在计算机体系结构下存储系统层次结构的排列顺序。每一层与下一层相比都拥有较高的速度和较低的时延，以及较小的容量。

在存储层次中，存储系统的基本要求是存储容量大、存取速度快和成本低。为同时满足上述 3 个要求，计算机需有速度由慢到快、容量由大到小的多层次存储器，以最优的控制调度算法和合理的成本，构成存储系统。

图 3-11 所示为存储器层次化结构，存储层次由上到下呈现出以下特点：价格越来越低，速度越来越慢，容量越来越大，CPU 访问的频度也越来越少。最上层的寄存器通常都安装在 CPU 芯片内，寄存器中的数直接在 CPU 内部参与运算。目前 CPU 内部可以有十几个、几十个寄存器，它们的速度最快、位价（平均每位的价格）最高、容量最小。

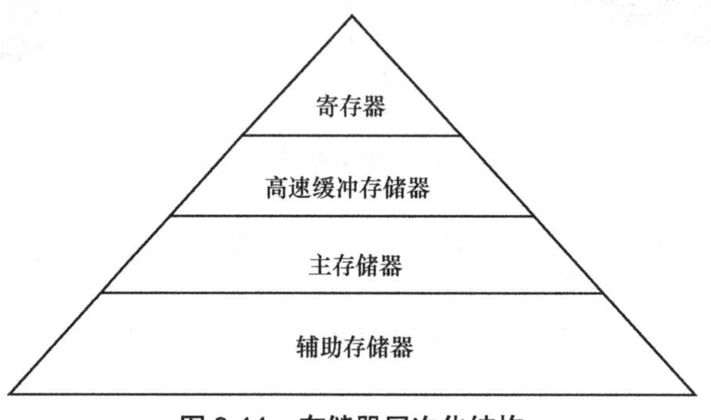

图 3-11　存储器层次化结构

（3）多核处理器

多核处理器是指在一个处理器中集成两个或多个完整的计算引擎（内核），此时处理器能支持系统总线上的多个处理器，由总线控制器提供所有总线控制信号和命令信号。对于多核处理器，每个核都有自己的 L1 和 L2 高速缓存，其中的 L1 高速缓存分为两个部分，一部分保存最近读取到的指令，另一部分存放数据。多核处理器内存层次结构如图 3-12 所示。

6. 指令集体系结构

指令集体系结构（Instruction Set Architecture，ISA），简称“体系结构”或“系统结构”，是软件和硬件之间接口的一个完整定义。ISA 定义了一台计算机可以执行的所有指令的集合，每条指令规定了计算机执行的操作、所处理的操作数存放的地址空间以及操作数类型。ISA 规定的内容包括数据类型及格式，指令格式，寻址方式和可访问地址空间的大小，程序可访问的寄存器个数、位数和编号，控制寄存器的定义，I/O 空间的编制方式，中断结构，机器工作状态的定义和切换，输入/输出结构和数据传送方式，存储保护方式等。因此可以看出，指令集体系结构是指软件能够感知到的部分（也称软件可见部分）。ISA 将计算机的软、硬件集合，因此 ISA 是计算机系统中的核心部分。

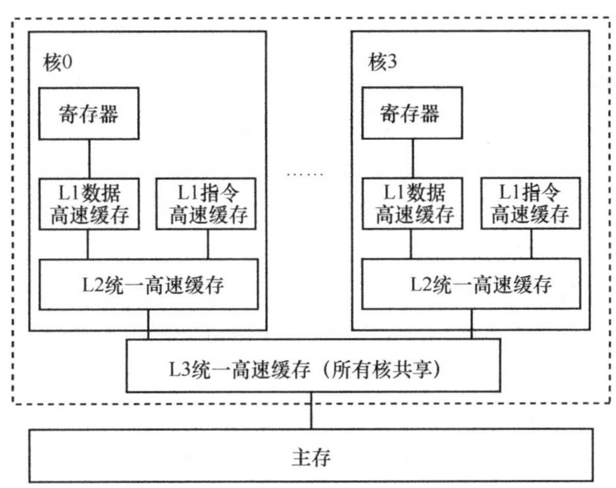

图 3-12　多核处理器内存层次结构

处理器的指令集架构包括复杂指令集运算、精简指令集运算、显式并行指令集运算（Explicitly Parallel Instruction Computing，EPIC）、超长指令字（Very Long Instruction Word，VLIW），通常分为复杂和精简两类。

（1）复杂指令集（CISC）

指令集的内容较多，对特殊的任务都有对应的特殊指令。在 CISC 微处理器中，程序的各条指令是按顺序串行执行的，每条指令中的各项操作也是按顺序串行执行的。顺序执行的优点是控制简单，但复杂的指令系统必然带来结构的复杂性，因此它的缺点就是在执行指令时效率较低，速度较慢。

（2）精简指令集（RISC）

精简指令集强调的是计算机结构的简单性和高效性。RISC 的设计是从足够的不可缺少的指令集开始的。它的速度比那些具有传统复杂指令组计算机结构的机器快得多，而且 RISC 由于其较简洁的设计，较易使用，因此具有更短的研制开发周期。RISC 的结构一般具有以下特点。

① 单周期的执行。它统一用单周期指令，从根本上克服了 CISC 指令周期有长有短，从而造成运行中偶发性不确定而使运行失常的问题。

② 采用高效的流水线操作。它使指令在流水线中并行地操作，从而提高处理数据和指令的速度。

③ 无微代码的硬连线控制。微代码的使用会增加复杂性和每条指令的执行周期。

④ 指令格式的规格化和简单化。为与流水线结构相适应且提高流水线的效率，指令的格式必须趋于简单和固定的规式，比如指令采用 16 位或 32 位固定的长度，并且指令中的操作码字段、操作数字段都尽可能具有统一的格式。此外，尽量减少寻址方式，从而使硬件逻辑部件简化且缩短译码时间，同时也可提高机器执行效率和可靠性。

⑤ 采用面向寄存器堆的指令。RISC 结构采用大量的寄存器操作指令，使指令系统更为精简，控制部件更为简化，指令执行速度大大提高。超大规模集成电路技术的迅速发展，使得在一个芯片上做大量的寄存器成为可能，这也促成了 RISC 结构的实现。

⑥ 采用装入/存储指令结构。在 CISC 结构中，大量设置存储器操作指令，频繁地访问内存，将会降低执行速度。在 RISC 结构的指令系统中，只有装入/存储指令可以访问内存，而其他指令均在寄存器之间对数据进行处理。用装入指令从内存中将数据取出，送到寄存器；在寄存器之间对数据进行快速处理，并将它暂存在那里，以便再有需要时取用，不必再次访问内存；在适当的时候，使用一条存储指令再将这个数据送回内存。采用这种方法可以提高指令执行的速度。

7. 操作系统及关键概念

操作系统是管理计算机硬件与软件资源的计算机程序，如图 3-13 所示。因为应用程序不能直接访问键盘、显示器、磁盘或者主存，所以需要依靠操作系统。操作系统需要处理管理与配置内存、决定系统资源供需的优先次序、控制输入设备与输出设备、操作网络与管理文件系统等基本事务。操作系统可提供一个让用户与系统交互的操作界面。

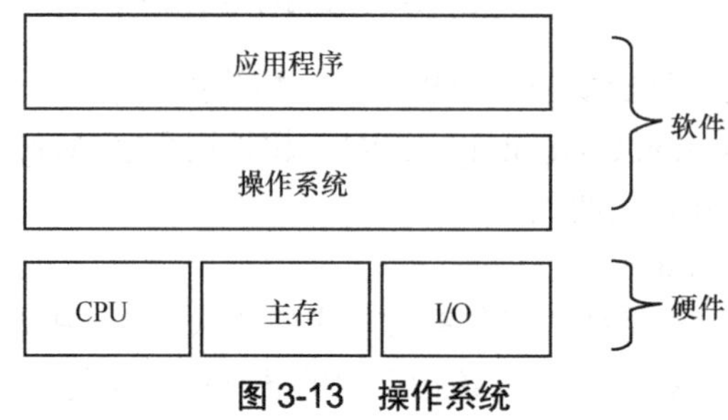

图 3-13　操作系统

操作系统主要包括以下几个方面的功能。

① 进程管理：主要是进行进程调度，在单用户、单任务的情况下，处理器仅为一个用户的一个任务所独占， 进程管理的工作十分简单。但在多道程序或多用户的情况下，组织多个作业或任务时，就要解决处理器的调度、分配和回收等问题 。

② 存储管理分为几种功能：存储分配、存储共享、存储保护、存储扩张。

③ 设备管理分为以下功能：设备分配、设备传输控制、设备独立性。

④ 文件管理：文件存储空间的管理、目录管理、文件操作管理、文件保护。

⑤ 作业管理是负责处理用户提交的任何要求。

操作系统的关键概念如下。

（1）进程和线程

我们都知道计算机的核心是 CPU，它承担了所有的计算任务，而操作系统是计算机的管理者，它负责任务的调度以及资源的分配和管理，统领整个计算机硬件；应用程序是具有某种功能的程序，程序是运行于操作系统之上的。

进程是一个具有一定独立功能的程序在一个数据集上的一次动态执行的过程，是操作系统进行资源分配和调度的一个独立单位，是应用程序运行的载体。进程是一种抽象的概念，从来没有统一的标准定义。进程一般由程序、数据集合和进程控制块 3 部分组成。程序用于描述进程要完成的功能，是控制进程执行的指令集；数据集合是程序在执行时所需要的数据和工作区；程序控制块包含进程的描述信息和控制信息，是进程存在的唯一标志。

进程具有如下特征。

① 动态性：进程是程序的一次执行过程，是临时的，有生命期的，是动态产生、动态消亡的。

② 并发性：任何进程都可以同其他进程一起并发执行。

③ 独立性：进程是系统进行资源分配和调度的一个独立单位。

④ 结构性：进程由程序、数据集合和进程控制块 3 部分组成。

在早期的操作系统中并没有线程的概念，进程是拥有资源和独立运行的最小单位，也是程序执行的最小单位。任务调度采用的是时间片轮转的抢占式调度方式，而进程是任务调度的最小单位，每个进程有各自独立的一块内存，从而使各个进程之间内存地址相互隔离。

后来，随着计算机的发展，用户对 CPU 的要求越来越高，进程之间的切换开销较大，已经无法满足越来越复杂的程序的要求了，于是线程应运而生。线程是程序执行中的一个单一的顺序控制流程，是程序执行流的最小单元，是处理器调度和分派的基本单位。一个进程可以有一个或多个线程，各个线程之间共享程序的内存空间（也就是所在进程的内存空间）。一个标准的线程由线程 ID、当前指令指针 PC、寄存器和堆栈组成。而进程由内存空间（代码、数据、进程空间、打开的文件）和一个或多个线程组成。

进程和线程的区别如下：

① 线程是程序执行的最小单位，而进程是操作系统分配资源的最小单位；

② 一个进程由一个或多个线程组成，线程是一个进程中代码的不同执行路线；

③ 进程之间相互独立，但同一进程下的各个线程之间共享程序的内存空间（包括代码段、数据集、堆等）及一些进程级的资源，某进程内的线程在其他进程不可见；

④ 线程上下文切换比进程上下文切换要快得多。

（2）并发与并行

在操作系统中，并发是指一个时间段中有几个程序都处于已启动运行到运行完毕之间，且这几个程序都是在同一个处理机上运行，但任一个时刻点上只有一个程序在处理机上运行（宏观上是同时进行两个任务，但微观上仍是顺序执行）。简单理解并发的概念就是：有两个或多个任务时，这些任务会按时间间隔执行，同一时间只有一个任务在执行，其他线程任务被挂起。

而并行指的是在操作系统中，若干个程序段同时在系统中运行，这些程序的执行在时间上是重叠的，一个程序段的执行尚未结束，另一个程序段的执行已经开始，无论从微观还是宏观，程序都是一起执行的。

并发与并行示意如图 3-14 所示。

（3）上下文

无论是在单核系统还是多核系统中，一个 CPU 看上去都像是在并发地执行多个进程，但是在任何一个时刻，单核处理器系统都只能执行一个进程的代码。当操作系统决定要把控制权从当前进程转移到某个新进程时，就会进行上下文切换，即保存当前进程的上下文，恢复新进程的上下文，然后将控制权传递到新进程，新进程就会从它上次停止的地方开始。操作系统保持跟踪进程运行所需的所有状态信息。这种状态，也就是上下文，包括许多信息，比如 PC 和寄存器文件的当前值、主存的内容等。

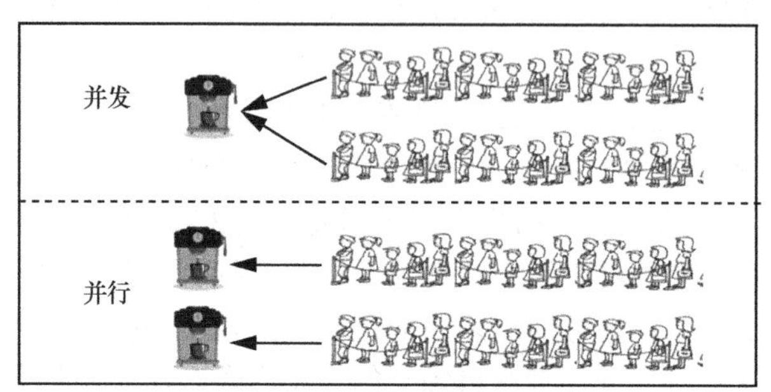

图 3-14　并发与并行示意

上下文切换指的是内核（操作系统的核心）在 CPU 上对进程或者线程进行切换。基本原理就是：发生任务切换时保存当前任务的寄存器到内存中，将下一个即将要切换过来的任务的寄存器状态恢复到当前 CPU 寄存器中，使其继续执行，同一时刻只允许一个任务独享寄存器。任务切换的过程中涉及任务上下文的保存和恢复操作，而任务上下文切换操作的性能是衡量操作系统性能的一个重要指标。任务上下文切换指标可以反映出操作系统在多任务环境下的处理能力。

上下文的切换流程如下：

① 挂起一个进程，将这个进程在 CPU 中的状态（上下文信息）存储于内存的印制电路板中；

② 在印制电路板中检索下一个进程的上下文并将其在 CPU 的寄存器中恢复；

③ 跳转到程序计数器所指向的位置（即跳转到进程被中断时的代码行）并恢复该进程。

时间片轮转方式使多个任务在同一 CPU 上的执行有了可能，具体过程如图 3-15 所示。

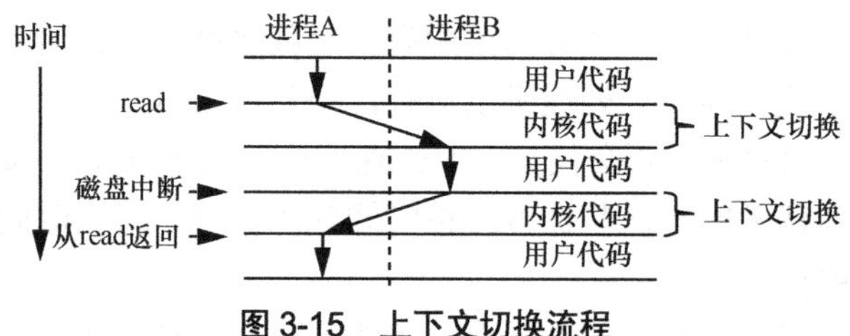

图 3-15　上下文切换流程

引起线程上下文切换的原因如下：

① 当前正在执行的任务完成，系统的 CPU 正常调度下一个任务；

② 当前正在执行的任务遇到 I/O 等阻塞操作，被调度器挂起，调度器继续调度下一个任务；

③ 多个任务并发抢占锁资源，当前任务没有抢到锁资源，被调度器挂起，调度器继续调度下一个任务；

④ 用户的代码挂起当前任务，比如线程执行 yield( )方法，让出 CPU；

⑤ 硬件中断。

（4）虚拟内存

虚拟内存（虚拟存储器）是计算机系统内存管理的一种技术。它使应用程序认为它拥有连续可用的内存（一个连续完整的地址空间），而实际上，它通常是被分隔成多个物理内存碎片，还有部分暂时存储在外部磁盘存储器上，在需要时进行数据交换。目前，大多数操作系统都使用了虚拟内存，如 Windows 家族的“虚拟内存”、Linux 的“交换空间”等。

虚拟存储器是由硬件和操作系统自动实现存储信息调度和管理的。它的工作过程包括 6 个步骤。

① 中央处理器访问主存的逻辑地址分解成组号 a 和组内地址 b，并对组号 a 进行地址变换，即，将逻辑组号 a 作为索引，查地址变换表，以确定该组信息是否存放在主存内。

② 如该组号已在主存内，则转而执行步骤④；如果该组号不在主存内，则检查主存中是否有空闲区，如果没有，便将某个暂时不用的组调出送往辅存，以便将这组信息调入主存。

③ 从辅存读出所要的组，并将其送到主存空闲区，然后将那个空闲的物理组号 a 和逻辑组号 a 记录在地址变换表中。

④ 从地址变换表读出与逻辑组号 a 对应的物理组号 a。

⑤ 从物理组号 a 和组内字节地址 b 中得到物理地址。

⑥ 根据物理地址从主存中存取必要的信息。

8．系统之间网络通信

我们一直把系统视为孤立的软件和硬件的集合。实际上，现代操作系统经常通过网络与其他系统相连。从一个单独的系统来看，网络可以视为一个 I/O 设备。如图 3-16 所示，当系统从主存复制一串字节到网络适配器时，数据流经过网络到达另一台机器，相似地，系统可以读取从其他机器发送来的数据，并把数据复制到自己的主存中。

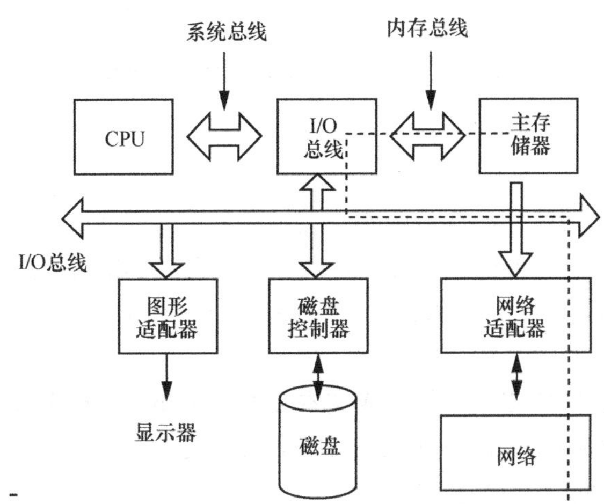

图 3-16　系统之间网络通信

假设用本地主机上的 telnet 客户端连接远程主机上的 telnet 服务器，在其登录到远程主机并运行 shell 后，远端的 shell 就在等待接收输入命令。此后，远端运行 hello 程序如图 3-17 所示。

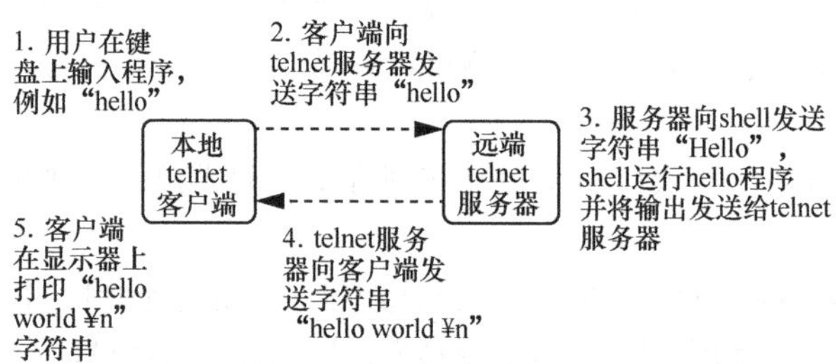

图 3-17　远端运行 hello 程序的基本步骤

3.1.2　计算机系统的工作过程

1．由源程序到可执行程序

计算机只能读懂机器语言，也就是我们说的二进制语言。而很多应用程序都是高级语言，因此计算机为了能正常运行程序，都要先经过由源程序到可执行目标的编译过程。编译流程包含预处理阶段、编译阶段、汇编阶段、链接阶段 4 个阶段。图 3-18 所示为 hello.c 源程序编译过程示意。

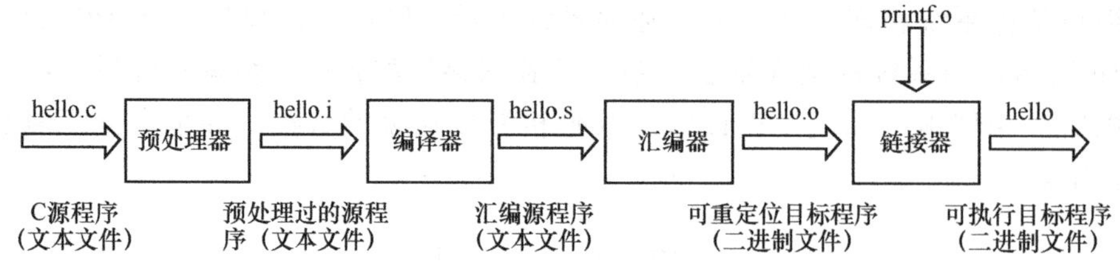

图 3-18　hello.c 源程序编译过程示意

2．编译流程详述

（1）预处理阶段

预处理器根据以字符 # 开头的命令，修改原始的 C 程序。比如“hello.c”中第一行“#include<studio.h>”命令告诉预处理器读取系统文件“stdio.h”的内容，并把它直接插入程序中。结果就得到另一个 C 程序，通常是以“.i”作为文件扩展名。

（2）编译阶段

编译器将文本文件“hello.i”翻译成文本文件“hello.s”，hello.s 文件包含一个汇编语言程序。该程序包含函数 main 的定义，如下所示，定义中 2～7 行的每条语句都以一种文本格式描述了一条低级机器语言指令。

```
1. main:
2. subq    $8,%rsp
```

```
3. movl   $.LCO,%edi
4. call     puts
5. movl    $0,%eax
6. addq    $8,%rsp
7. ret
```

（3）汇编阶段

汇编器将“hello.s”翻译成机器语言指令，把这些指令打包成被称作“可重定位目标程序”的格式，并将结果保存在目标文件“hello.o”中。“hello.o”文件是一个二进制文件。如果我们用文本编辑器打开“hello.o”文件，将会是一堆乱码。

（4）链接阶段

在图 3-18 中，我们看到“hello.c”程序调用了 printf 函数，它是每个 C 编译器都会提供的标准 C 库中的一个函数。printf 函数存在于一个名为“printf.o”的单独预编译好了的目标文件中，而这个文件必须以某种方式合并到“hello.o”程序中。链接器就是负责处理这种合并，结果就是得到一个“hello”文件。它是一个可执行目标程序，可以被加载到内存中，由系统运行。

编译完成后，就可以启动和执行文件。

在此处，我们以一个典型的计算机系统的硬件组织图为例明确一下运行 hello 程序时计算机内部发生了哪些操作。

① 从键盘读取 hello 命令，如图 3-19 所示。

最开始，shell 程序执行指令，等待输入的命令。当我们键入字符串“./hello”后，shell 程序会顺着 I/O 总线将字符逐个读入寄存器堆，然后再将其放入主存储器中。

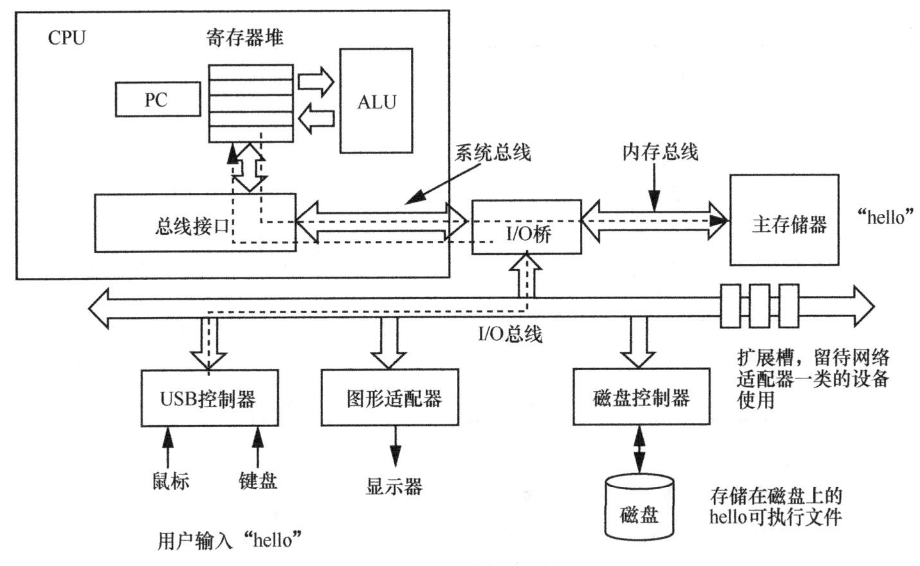

图 3-19 从键盘读取 hello 命令

② 从磁盘加载可执行文件到主存，如图 3-20 所示。

当我们键入指令敲击回车时，就相当于给 shell 程序发出信号告诉它我们已经结束了命令的输入，然后 shell 程序就可以执行一系列指令来加载 hello 文件。这些指令会把 hello 文件中的代码数据从磁盘复制到主存储器。

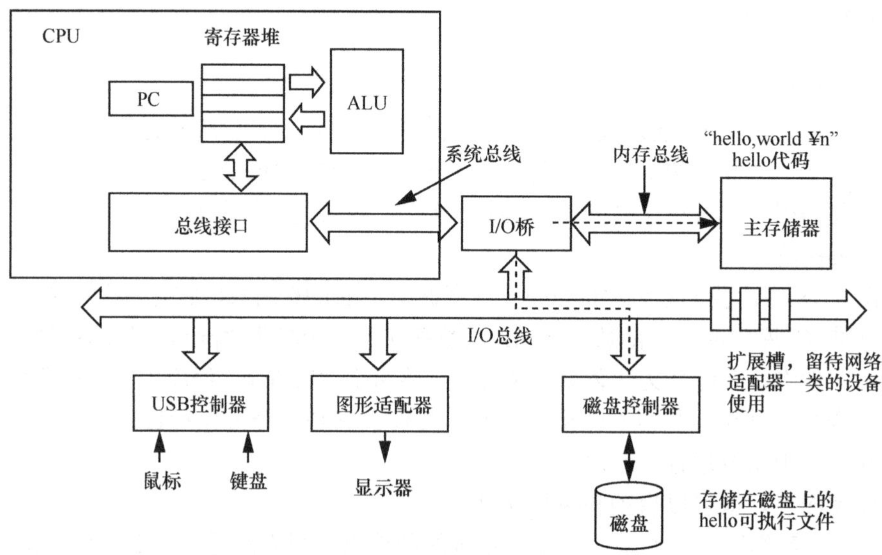

图 3-20　从磁盘加载可执行文件到主存

③ 将输出字符串从存储器写到显示器，如图 3-21 所示。

当目标文件 hello 中的代码和数据被加载到主存，处理器就开始执行 hello 文件的 main 程序中的指令。这些指令将“hello, world¥n”字符串中的字节从主存储器复制到寄存器，再从寄存器中复制到显示设备，最终显示在屏幕上。

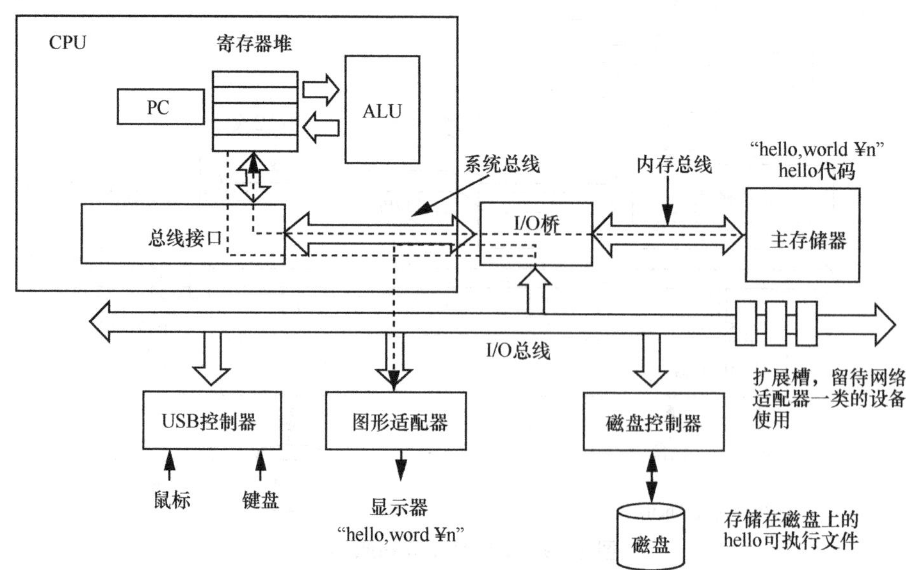

图 3-21　将输出字符串从存储器写到显示器

3.2　鲲鹏软件迁移和移植

3.2.1　鲲鹏软件迁移流程概述

华为鲲鹏处理器基于 ARM 架构。ARM 是一种 CPU 架构，有别于 Intel、AMD CPU 采用的 CISC，ARM CPU 采用的是 RISC，因此 ARM 架构具有更好的并发性能，更佳的匹配业务特征能耗比，更加灵活丰富的选择。所以我们若想要享受鲲鹏服务器带来的高性能体验，就需要将成熟开发的软件移植到鲲鹏服务器上使用。

在鲲鹏平台进行的软件迁移过程大致可分为 5 个阶段，具体见表 3-3。

表 3-3　软件迁移过程

迁移阶段 涉及工作	阶段一 技术分析	阶段二 编译迁移	阶段三 功能验证	阶段四 性能调优	阶段五 规模商用
软件移植	① 软件栈分析（应用软件、OS、数据库、中间件组件等）规定；② 编程语言/代码、依赖库分析	① 重写汇编代码；② 修改编译选项；③ 代码编译（含依赖库替换）	① 全量功能验证；② 交付工具适配	① 产品关键性能指标测试和调优；② 全面性能测试和调优	① 可靠性、可服务性验证和配置工具开发；② 上市资料刷新
迁移环境	准备调试编译环境（准备测试样机服务器/OpenLab 线上服务器）	搭建编译调试环境（OS/编译器/CI 工程等）	搭建功能测试环境	部署测试工具	① 部署生产系统；② 灰度/割接上线
管理工作	①成立项目组；②制订迁移计划；③协调相关人力/物料资源	例行监控与沟通汇报	例行监控与沟通汇报	例行监控与沟通汇报	项目总结关闭

1. 软件移植策略

鲲鹏软件整体移植策略如图 3-22 所示。

鲲鹏软件栈是一个不断发展更新的生态环境，其中包含大数据、Web 应用、数据库等等多个领域，提供了各类软件的迁移指导，鲲鹏软件栈中包含了不同来源的软件包可供用户选择；同时，针对不同运行环境也会给出不同的替换支持版本，整体的迁移思想就是将业务软件和运行环境都替换为鲲鹏或者 TaiShan 的版本，然后将应用从 x86 平台完整地迁移到鲲鹏平台，从而方便用户快速地在不同运行环境下部署自己需要的软件。

2. 技术迁移团队能力模型

软件迁移团队能力模型与要求如图 3-23 所示。

一个完整的软件迁移管理团队需要具备 3 种能力：一是要有基本的运维能力，即能够熟练使用华为提供的各类工具软件，具备一定的编程能力，这样可以满足大多数用户的基本需求；二是要有一定的自我研发能力，可以根据用户需求为用户提供完整的软件代码移植服务；三是需要能够提供所谓的“售后服务”，也就是在满足用户需求后，要能够评估此次服务的质量，即对过程中的问题进行改进，尽可能地为用户提供最优的软件迁移服务。

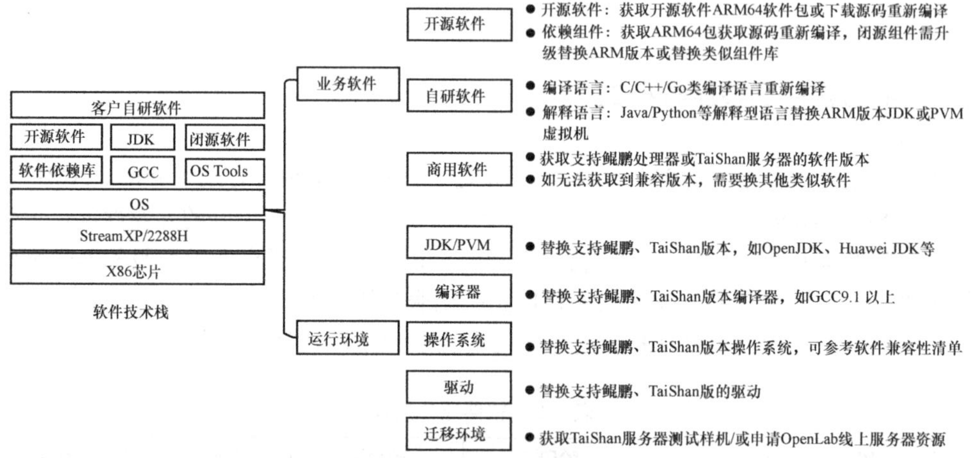

图 3-22　鲲鹏软件整体移植策略

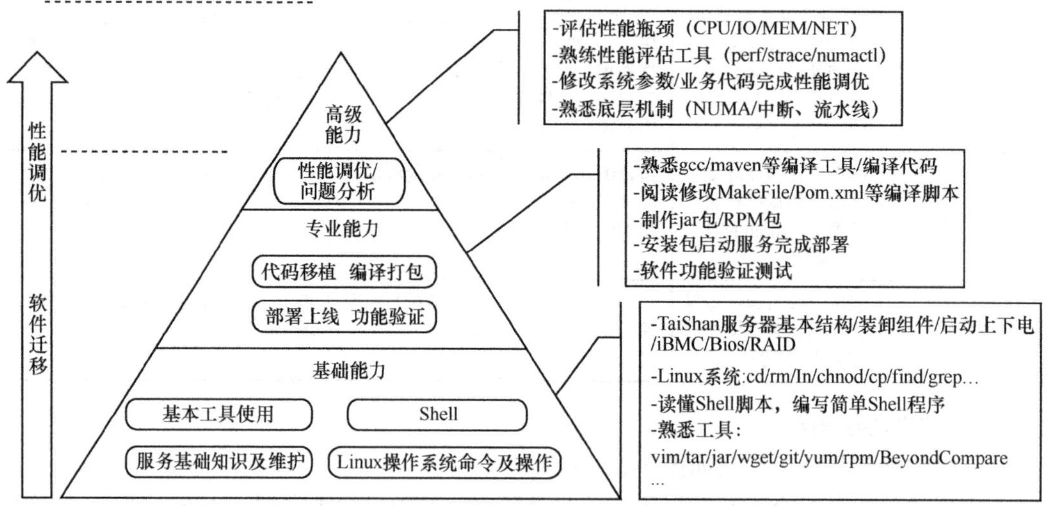

图 3-23　软件迁移团队能力模型与要求

3. 软件迁移方式

（1）基于华为云

需要登录华为云官网，并购买华为弹性云服务器 ECS。

（2）基于本地 TaiShan 服务器

基于本地 TaiShan 服务器的迁移流程如图 3-24 所示。

此种方式首先需要购买相应的硬件设施，硬件到货后安装操作系统，部署好软件运行环境，当准备工作都完成后，就可以实施迁移计划了。软件迁移完成后，可以借助华为的其他工具进行调优，最后发布软件上市。

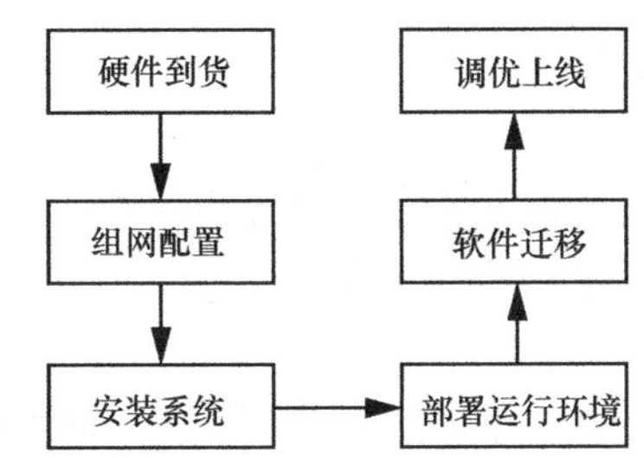

图 3-24　基于本地 TaiShan 服务器的迁移流程

基于本地 TaiShan 服务器的迁移存在一定的缺点：第一，需要购买硬件设施，相较于其他方式来说成本偏高；第二，因为需要配置服务器，所以从购买到投入使用需要一定的时间周期。

（3）基于华为远程 OpenLab

基于华为远程 OpenLab 可以实现软件从 x86 平台到鲲鹏平台的移植，并进行兼容性测试以及 ISV 认证。优点在于无须购置硬件设备，如 TaiShan 服务器等，只需要向远程的 OpenLab 申请服务器就可以使用，而且办公环境也可以直接连接公网环境，相对来说更加方便快捷。所以，基于远程 OpenLab 是通过开放工具化、流程化能力，支持面向全软件栈的鲲鹏生态建设。

3.2.2　鲲鹏通用应用移植流程

应用软件移植到华为鲲鹏云服务器上的整体思路如图 3-25 所示。

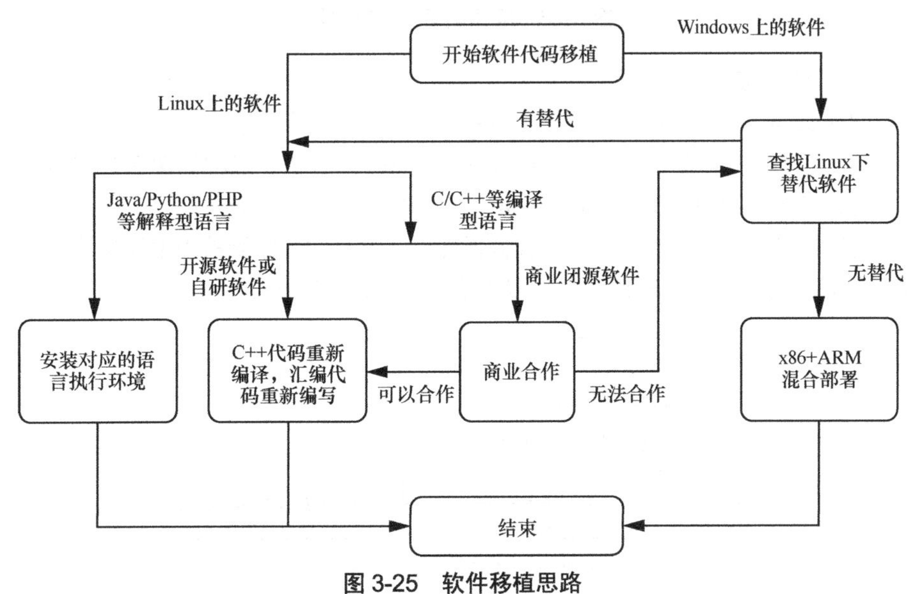

图 3-25　软件移植思路

在向不同的平台移植应用程序时可以根据应用的特点来决定移植方式，应用程序是使用程序语言来编写的，因此可以从编写应用程序的语言入手，分析该应用是否适合移

植以及实际移植时应采取的方法。

1．编程语言介绍

按照翻译方式的不同，高级语言通常可以分为两类：一类是编译翻译，另一类是解释翻译，分别对应着编译型语言和解释型语言。

（1）编译型语言

典型的如 C、C++、Go 等语言，都属于编译型语言，编译型语言开发的程序在从 x86 处理器迁移到鲲鹏处理器时，必须经过重新编译才能运行。源代码到执行的过程如图 3-26 所示。C/C++编译好的程序是机器指令，由操作系统加载到存储器（一般为内存）后由 CPU 直接执行。

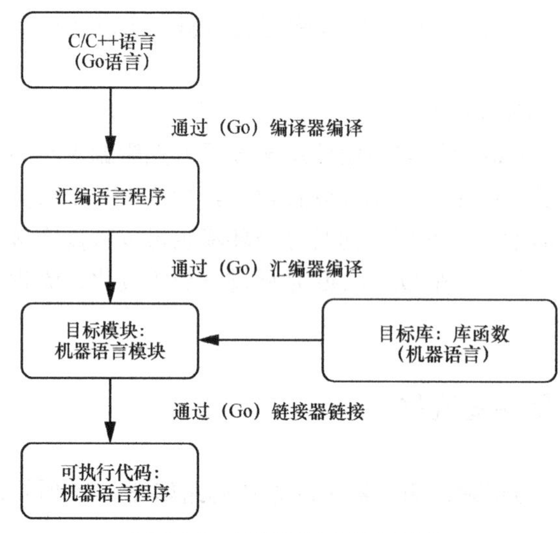

图 3-26　编译型语言执行过程

（2）解释型语言

典型的如 Java、Python 语言，都属于解释型语言，解释型语言开发的程序在迁移到鲲鹏处理器时，一般不需要重新编译，可以直接移植。Java 语言执行过程如图 3-27 所示，Python 语言执行过程和图 3-28 所示。Java/Python 编译好的程序是平台无关的字节码，由虚拟机解释执行，虚拟机完成平台差异的屏蔽。若解释性语言编写的程序涵盖由编译型语言编写的第三方 SO（Shared Object）等依赖库，则需要获取第三方 SO 依赖库进行重新编码安装。

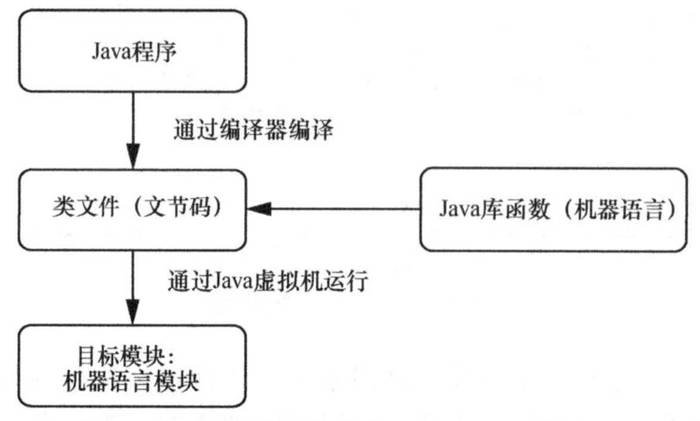

图 3-27　解释型语言执行过程（Java 语言）

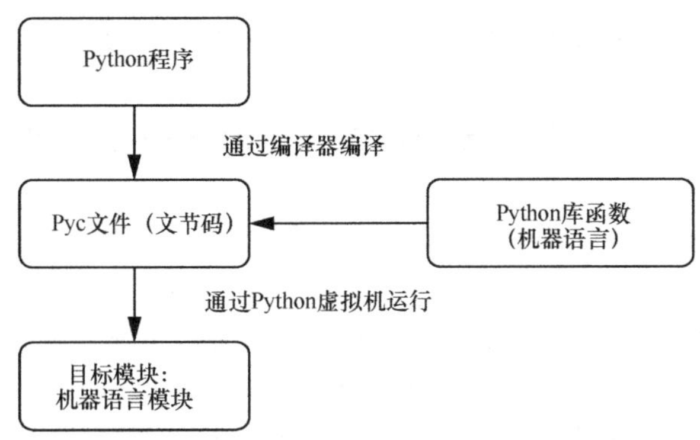

图 3-28　解释型语言执行过程（Python 语言）

2. 基于编译型语言开发的应用程序 （以 C/C++代码为例）

典型的如 C/C++语言，都属于编译型语言，执行编译型语言首先会将源代码编译生成机器语言，再由机器运行机器码（具体形式是二进制文件），而不同的操作系统或不同架构的计算机识别的二进制文件是不同的，因此在从 x86 处理器迁移到鲲鹏处理器时，必须经过重新编译才能运行。C/C++代码编译移植流程如图 3-29 所示。

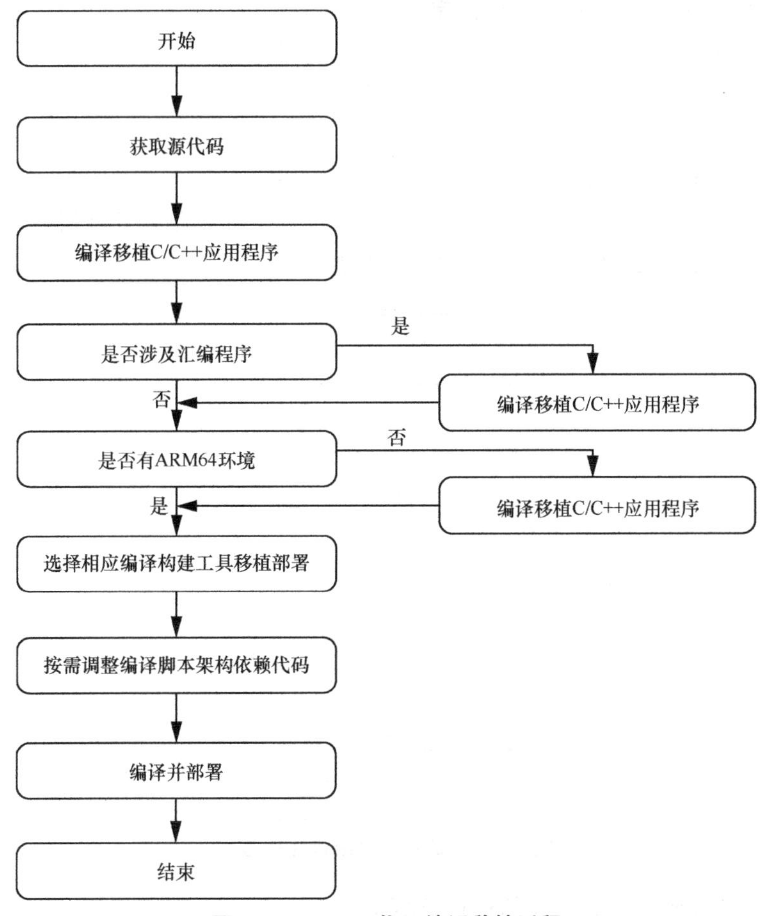

图 3-29　C/C++代码编译移植过程

① 首先需要通过 github 或者第三方开源社区获取源码，如果公司或者个人有自己的代码仓库，也可以自行下载源码。

② 下载好源码后，就需要准备编译环境：安装编译器 GCC（推荐 GCC 7.3.0 以上版本）或其他中间件等。

③ 环境配置好后，根据使用 ARM 或 x86 编译环境，使用相应的编译工具或交叉编译工具，编译应用程序。

在 ARM 编译环境上，其编译方法与 x86 服务器一致，可使用 make、cmake、autoconfig 等工具进行编译。对于多数开源软件，执行./configure; make; make install 即可完成编译和安装，编译时遇到找不到函数、缺少库文件等错误，可以安装对应的库，安装方法同 x86 服务器。

① 当遇到开源项目库不支持 ARM 架构时，可采用修改源码或寻找替代库的方法解决。

② 因为 x86 平台与鲲鹏平台的底层指令架构是不同的，所以需要替换依赖库，防止执行时出现错误，比如说编译时的 SO 库缺失或链接错误，就需要重新编译或替换依赖库。

③ 当以上所述的准备工作全部完成后，就可以将可执行程序安装部署到生产或测试系统中。

3. 基于解释型语言开发的应用程序

基于解释型语言开发的应用程序，与 CPU 架构不相关，典型的如 Java、Python、PHP 等语言，将这类应用程序移植到鲲鹏云服务器，无须修改和重新编译，按照与 x86 一致的方式部署和运行应用程序即可。

4. Java 自研代码移植

Java 属于解释型语言，解释型语言开发的程序在迁移到鲲鹏处理器时，一般不需要重新编译。编译运行过程较为简单，如图 3-30 所示。

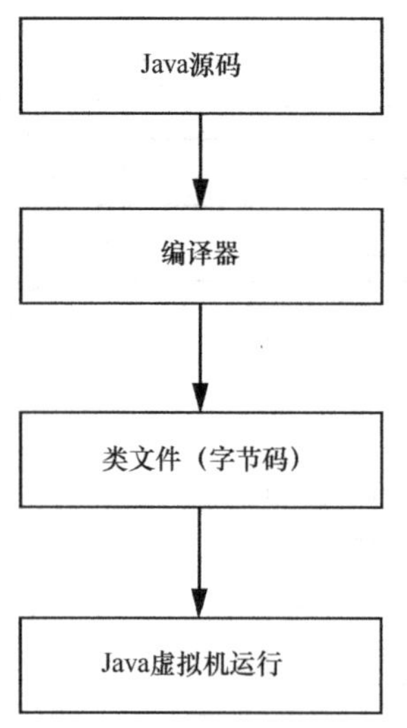

图 3-30 Java 程序编译运行过程

Java 程序迁移到鲲鹏处理器的过程可概括如下：

① 安装鲲鹏或 ARM 版本的 JDK，并配置 JDK 的环境变量；

② 编译 Java 源码，生成字节码；

③（可选）如果 Java 语言在编写过程中调用了其他的 SO 文件，那么就需要移植 jar 包中的依赖库；

④（可选）如果移植了依赖库，就需要使用新的依赖库重新打 jar 包；

⑤ 完成上述准备工作后，就可以启动 Java 程序，并调试功能。

5. Java 开源软件的迁移（Maven 仓库）

开源软件迁移过程如图 3-31 所示。

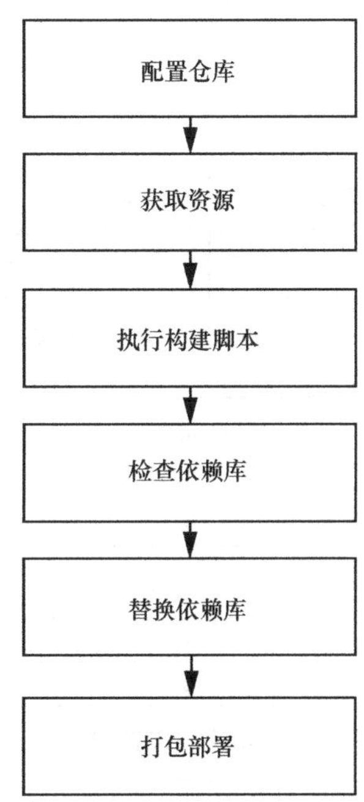

图 3-31 开源软件迁移过程

如果大家使用 Java 语言编写程序，就一定会用到 Maven 仓库。因为使用 Java 语言编写程序时，我们需要用到各种不同版本的 jar 包来维持程序的正常运行，但是不同版本的 jar 包可能会出现不兼容的问题，仅依靠人工去寻找可以相互依赖的 jar 包的过程是十分烦琐的，而 Maven 则可以根据需要配置的 jar 包名称，从 Maven 的远程仓库中协调并下载所需的 jar 包，使软件正常运行。Maven 仓库软件构建流程如图 3-32 所示。

Maven 安装好后，会在本地生成一个仓库，其中包含各种 jar 包。当本地仓库中没有需要的 jar 包时，就会从远程仓库中下载。对于下载好的 jar 包，如果是 x86 平台就可以直接编写运行程序。但要把应用迁移到鲲鹏平台时，就需要替换掉与鲲鹏平台不适应的其他语言的 SO 文件，重新编译打 jar 包并更新本地仓库使其正常运行。

6. Python 自研代码移植

Python 语言也属于解释型语言，因此在移植时只需要替换成响应的 ARM 版本或是兼容鲲鹏处理器的 Python 软件就可以正常运行了。Python 程序编译运行过程如图 3-33 所示。

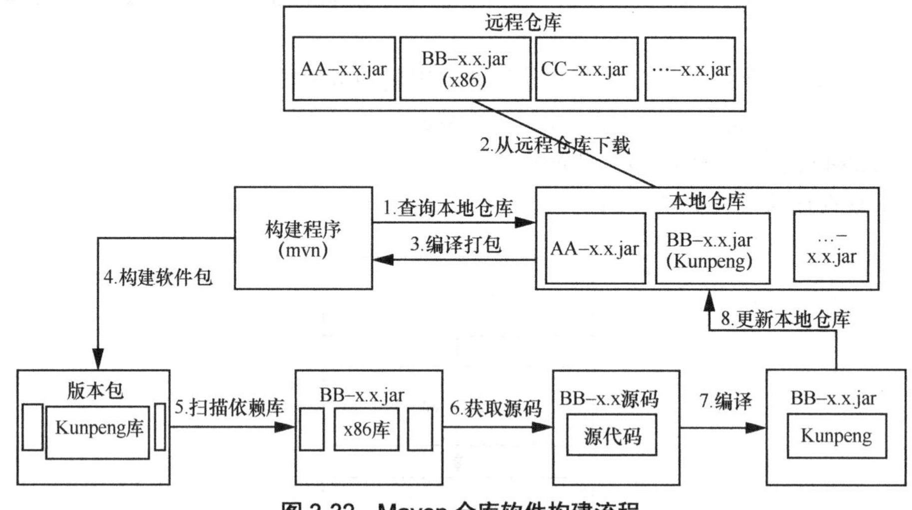

图 3-32　Maven 仓库软件构建流程

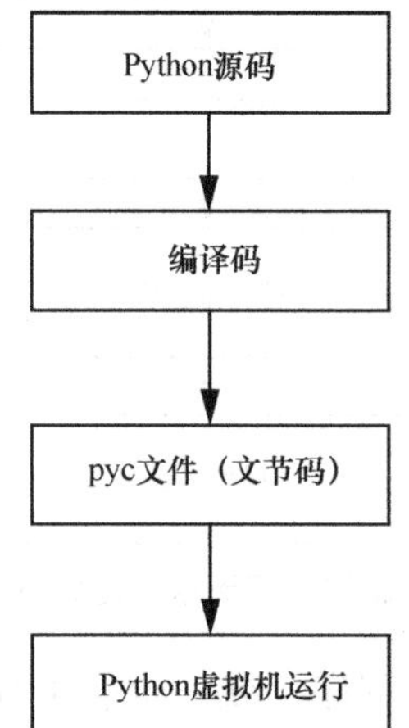

图 3-33　Python 程序编译运行过程

Python 程序迁移到鲲鹏处理器上的流程如下：

① 首先使用操作系统自带的 Python，或安装兼容鲲鹏/ARM 版本的 Python 软件；

② 有了软件就需要设置 Python 的执行环境变量；

③（可选）编译生成 pyc 文件（字节码）；

④（可选）移植外部依赖库（替换鲲鹏/ARM 版本或获取 C/C++源码重新编译）；

⑤（可选）更新代码中新的外部依赖库调用代码；

⑥ 执行 Python 源码程序。

上面步骤 3 中的字节码文件可以隐藏代码的内容，从而保护代码，步骤④、步骤⑤与 Java 语言的需求相似。

3.3 鲲鹏应用移植工具

明确了向鲲鹏平台迁移软件的基本概念和过程后就要准备开始移植软件，而这当然少不了借助工具。为了让其他平台的应用可以移植到华为鲲鹏云平台上，华为研究开发了一系列工具软件，具体如图 3-34 所示。

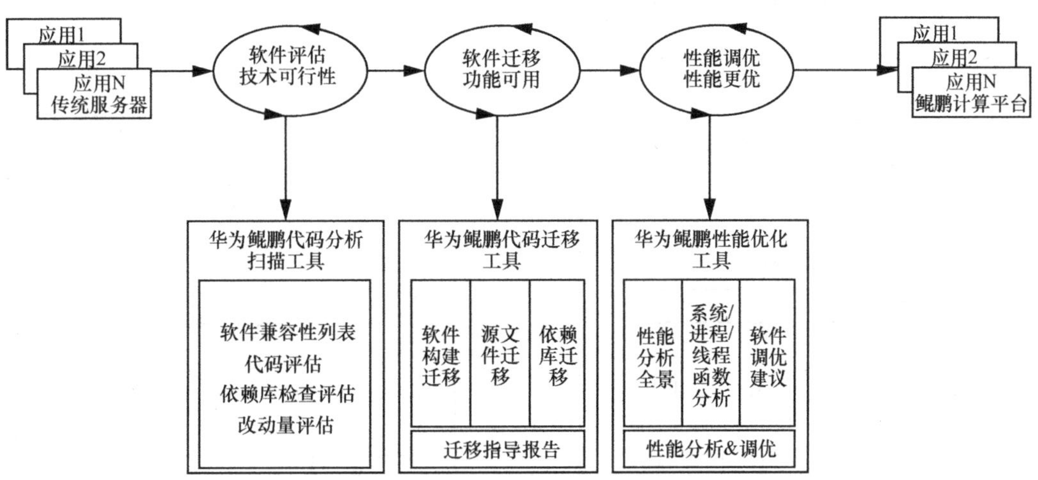

图 3-34 华为开发套件概述

华为鲲鹏开发套件包括代码扫描分析工具（Dependency advisor），代码移植工具（Porting advisor）以及性能优化工具（Tuning kit）。用户可以借助这些工具完成核心应用系统迁移，在华为鲲鹏云平台上开展业务。

3.3.1 鲲鹏分析扫描工具

我们在开始移植前要对移植的代码进行评估，确保移植操作的成功性并为用户提供相应的指导，这时候就需要用到鲲鹏分析扫描工具。

华为鲲鹏分析扫描工具是一款可以简化用户应用迁移到 TaiShan 服务器或鲲鹏云服务过程的工具。当用户有软件需要移植时，可先用该工具分析软件的可移植性和移植投入。该工具解决了用户软件移植评估分析过程中人工分析投入大、准确率低、整体效率低下的痛点，并能够自动分析并输出指导报告。鲲鹏分析扫描工具支持的功能特性如下：

① 检查用户软件资源包（RPM、DEB、TAR、ZIP、GZIP 文件）中包含的 SO 依赖库和可执行文件，并评估 SO 依赖库和可执行文件的可移植性及其在安装包中的相对路径；

② 检查用户 Java 类软件包（JAR、WAR）中包含的 SO 依赖库和二进制文件，并评估上述文件的可移植性；

③ 检查指定的用户软件安装路径下的 SO 依赖库和可执行文件，并评估 SO 依赖库和可执行文件的可移植性；

④ 检查用户 C/C++软件构建工程文件，并评估该文件的可移植性；

⑤ 检查用户 C/C++软件源码，并评估软件源文件的可移植性；

⑥ 向用户提供软件移植报告，提供移植工作量评估；

⑦ 支持命令行方式和 Web 两种工作模式。

本小节主要以实验形式向大家介绍鲲鹏分析扫描工具的安装和使用。

1. Dependency advisor 逻辑架构及功能特性

鲲鹏分析扫描工具的架构如图 3-35 所示。

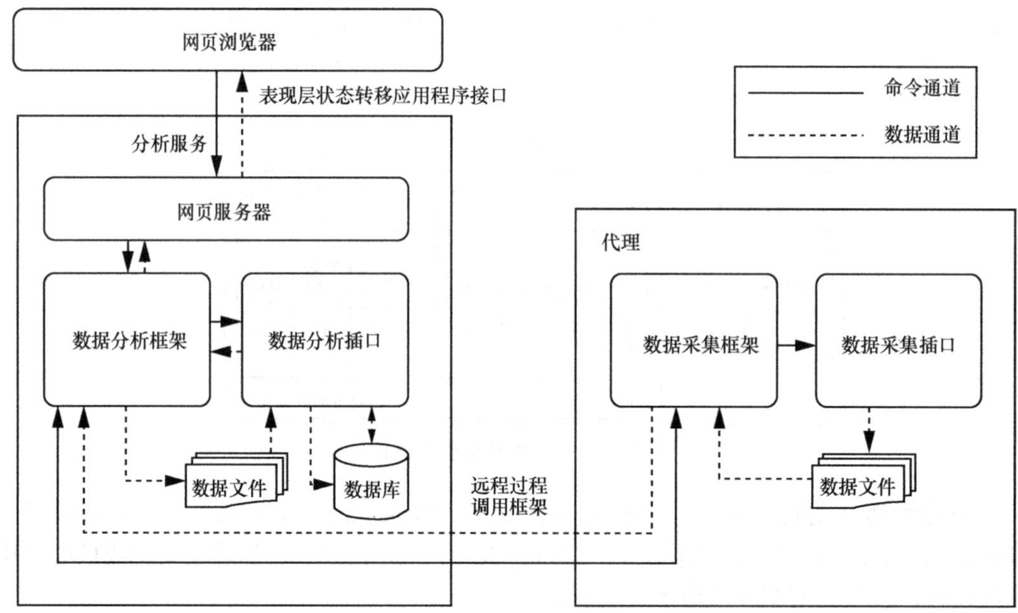

图 3-35 鲲鹏分析扫描工具的架构

鲲鹏分析扫描工具包含的模块见表 3-4。

表 3-4 鲲鹏分析扫描工具包含的模块

模块名	功能
Nginx	① 开源第三方组件，在 Web 方式下需要安装部署； ② 处理用户前端的 HTTPS 请求，向用户前端提供静态页面，或者向后台传递用户输入数据，并将扫描结果返回给用户
Django	① 开放源代码的 Web 应用框架，在 Web 方式下需要安装部署； ② Django 是 RESTful 框架，可将 HTTP 请求转换成 RESTful API 并驱动后端功能模块，同时提供用户认证、管理功能
Main Entry	① 命令行方式入口； ② 负责解析用户输入参数，并驱动各功能模块完成用户指定的作业
用户软件包扫描	① 根据用户输入的安装包资源路径或文件信息，得到所有的 SO 文件列表； ② 支持常用的软件包格式，例如 DEB、RPM、WAR、JAR、TAR、GZIP 等

表 3-4 鲲鹏分析扫描工具包含的模块（续）

模块名	功能
依赖库白名单检查	扫描分析用户软件目标二进制文件依赖的源文件集合，根据编译器版本信息，检查源码中使用的架构相关的编译选项、编译宏、builtin 函数、attribute、用户自定义宏等，确定需要迁移的源码及源文件，包括： ① 软件构建配置文件检查； ② C/C++/Fortran 源码检查，其中 Fortran 语言支持 Fortran77、Fortran90、Fortran95、Fortran03 等版本； ③ x86 汇编代码检查
编译器检查	根据编译器版本确定 x86 与鲲鹏平台相异的编译宏、编译选项、builtin 函数、attribute 等列表
软件迁移评估报告	① 根据包扫描和 C/C++/Fortran 源码扫描结果合成用户软件迁移分析报告(csv 或 html 格式)； ② 输出软件迁移报告的概要信息到终端

2. 安装 Dependency advisor 分析扫描工具

步骤一：按照表 3-5 配置及购买 ECS 主机，本实验 EIP 地址为 116.63.128.120，读者可根据自己购买主机自行设置。

表 3-5 参数配置

参数	配置
区域	华北–北京四
名称	vpc-techhost
网段	192.168.0.0/24
子网可用区	可用区 1
子网名称	subnet- techhost
子网网段	192.168.0.0/24
计费模式	按需计费
区域	华北–北京四
CPU 架构	鲲鹏计算
规格	kc1.large.2 | 2vCPUs | 4GB
公共镜像	OpenEuler 20.03 64bit with ARM（40GB）
系统盘	高 I/O，40GB
网络	vpc- techhost | subnet- techhost | 手动分配 IP 地址 | 192.168.0.67
安全组	sg- techhost（放通全部规则）
弹性公网 IP	现在购买
路线	全动态 BGP
公网带宽	按流量计费
带宽大小	5Mbit/s

表 3-5　参数配置（续）

参数	配置
云服务器名称	Techhost
登录凭证	密码
用户名	root
密码/确认密码	自行设置密码，要求 8 位以上且包含大小写字母、数字、特殊字符中的 3 种以上字符
云备份	暂不购买

步骤二：使用 xshell 等工具登录到弹性云服务器，如图 3-36 所示。

```
        Welcome to Huawei Cloud Service


Welcome to 4.19.90-2003.4.0.0036.oe1.aarch64

System information as of time:  Fri Jun  4 15:24:02 CST 2021

System load:      0.00
Processes:        117
Memory used:      10.0%
Swap used:        0.0%
Usage On:         9%
IP address:       192.168.0.67
Users online:     1


[root@techhost ~]#
```

图 3-36　远程登录成功显示

步骤三：关闭防火墙及 selinux，如图 3-37 所示。

```
#关闭防火墙
[root@techhost ~]# systemctl stop firewalld
[root@techhost ~]# systemctl disable firewalld
#关闭 selinux
[root@techhost ~]# setenforce 0
```

```
[root@techhost ~]# systemctl stop firewalld
[root@techhost ~]# systemctl disable firewalld
[root@techhost ~]# setenforce 0
setenforce: SELinux is disabled
[root@techhost ~]#
```

图 3-37　命令执行结果

步骤四：下载鲲鹏分析扫描工具，如图 3-38 所示。

```
[root@techhost~]#wget
https://hcia.obs.cn-north-4.myhuaweicloud.com/v1.5/ Dependency-advisor-Kunpeng-linux- 2.1.1.SPC100.tar.gz
```

```
[root@techhost ~]# wget https://hcia.obs.cn-north-4.myhuaweicloud.com/v1.5/Dependency-advi
sor-Kunpeng-linux-2.1.1.SPC100.tar.gz
--2021-06-04 15:29:19--  https://hcia.obs.cn-north-4.myhuaweicloud.com/v1.5/Dependency-adv
isor-Kunpeng-linux-2.1.1.SPC100.tar.gz
Resolving hcia.obs.cn-north-4.myhuaweicloud.com (hcia.obs.cn-north-4.myhuaweicloud.com)...
 49.4.112.92, 49.4.112.3, 49.4.112.91
Connecting to hcia.obs.cn-north-4.myhuaweicloud.com (hcia.obs.cn-north-4.myhuaweicloud.com
)|49.4.112.92|:443... connected.
HTTP request sent, awaiting response... 200 OK
Length: 330734241 (315M) [application/gzip]
Saving to: 'Dependency-advisor-Kunpeng-linux-2.1.1.SPC100.tar.gz'

Dependency-advisor-Kun 100%[=========================>] 315.41M  1.00MB/s    in 4m 8s

2021-06-04 15:33:28 (1.27 MB/s) - 'Dependency-advisor-Kunpeng-linux-2.1.1.SPC100.tar.gz' s
aved [330734241/330734241]

[root@techhost ~]#
```

图 3-38　命令执行结果

步骤五：安装鲲鹏分析扫描工具，如图 3-39 所示。

```
#加压安装包
[root@techhost ~]#tar -xvf  Dependency-advisor-Kunpeng-linux-2.1.1.SPC100.tar.gz
#切换到安装包路径下
[root@techhost ~]# cd  Dependency-advisor-Kunpeng-linux-2.1.1.SPC100
#执行安装脚本
[root@techhost Dependency-advisor-Kunpeng-linux-2.1.1.SPC100]# ./install.sh web
[root@techhost ~]#
```

```
[root@techhost ~]# tar -xvf Dependency-advisor-Kunpeng-linux-2.1.1.SPC100.tar.gz
Dependency-advisor-Kunpeng-linux-2.1.1.SPC100/
Dependency-advisor-Kunpeng-linux-2.1.1.SPC100/webui.tar.gz
Dependency-advisor-Kunpeng-linux-2.1.1.SPC100/install.sh
Dependency-advisor-Kunpeng-linux-2.1.1.SPC100/install_func.sh
Dependency-advisor-Kunpeng-linux-2.1.1.SPC100/architecture
Dependency-advisor-Kunpeng-linux-2.1.1.SPC100/upgrade.sh
Dependency-advisor-Kunpeng-linux-2.1.1.SPC100/check_port_conflict.sh
Dependency-advisor-Kunpeng-linux-2.1.1.SPC100/cmd.tar.gz
Dependency-advisor-Kunpeng-linux-2.1.1.SPC100/uninstall.sh
Dependency-advisor-Kunpeng-linux-2.1.1.SPC100/portal.tar.gz
Dependency-advisor-Kunpeng-linux-2.1.1.SPC100/install_webfunc.sh
[root@techhost ~]# ls
Dependency-advisor-Kunpeng-linux-2.1.1.SPC100
Dependency-advisor-Kunpeng-linux-2.1.1.SPC100.tar.gz
[root@techhost ~]# cd Dependency-advisor-Kunpeng-linux-2.1.1.SPC100
[root@techhost Dependency-advisor-Kunpeng-linux-2.1.1.SPC100]# ls
architecture           cmd.tar.gz       install.sh          portal.tar.gz  upgrade.sh
check_port_conflict.sh  install_func.sh  install_webfunc.sh  uninstall.sh   webui.tar.gz
[root@techhost Dependency-advisor-Kunpeng-linux-2.1.1.SPC100]# ./install.sh
```

图 3-39　命令执行结果

安装过程中会出现输入主机 IP 地址、HTTPS port、tool port 等操作，我们只需要回车表示默认即可，当出现图 3-40 所示的情况时，说明安装成功。

```
Installed:
  rpmdevtools-8.10-8.oe1.noarch            emacs-filesystem-1:26.1-12.oe1.noarch
  fakeroot-1.23-2.oe1.aarch64

Complete!
 rpmdevtools Successful installation!
 java-devel already installed!
Removed /etc/systemd/system/multi-user.target.wants/gunicorn_dep.service.
Created symlink /etc/systemd/system/multi-user.target.wants/gunicorn_dep.service → /etc/sy
stemd/system/gunicorn_dep.service.
Locking password for user dependency.
passwd: Success
 Dependency Web console is now running, go to:https://HOSTNAME_OR_IP_ADDRESS:8082.
 Successfully installed the Kunpeng Dependency Advisor in /opt/depadv/.
[root@techhost Dependency-advisor-Kunpeng-linux-2.1.1.SPC100]#
```

图 3-40　命令执行结果

步骤六：通过浏览器访问 Dependency Advisor 的 Web 管理界面，在访问过程中浏览器会提示“安全警告”信息，我们单击“高级”，然后单击“继续前往”即可，效果如图 3-41 所示。

图 3-41　访问提示

进入后，显示登录页面信息，如图 3-42 所示。

图 3-42　登录页面

在 Dependency Advisor 的 Web 管理界面，默认的登录用户名为 depadmin，初始密码为 Admin@9000，首次登录请按照提示修改密码，密码长度要求在 8 位以上且包含大小写字母、数字以及特殊字符中的 3 种以上字符。请避免输入弱密码，如图 3-43 所示。

步骤七：密码修改完成后，系统会自动回到登录页面，我们再次输入 depadmin 及修改后的密码，进入 Dependency Advisor 的 Web 管理界面，如图 3-44 所示，即表示登录成功。

图 3-43　修改密码

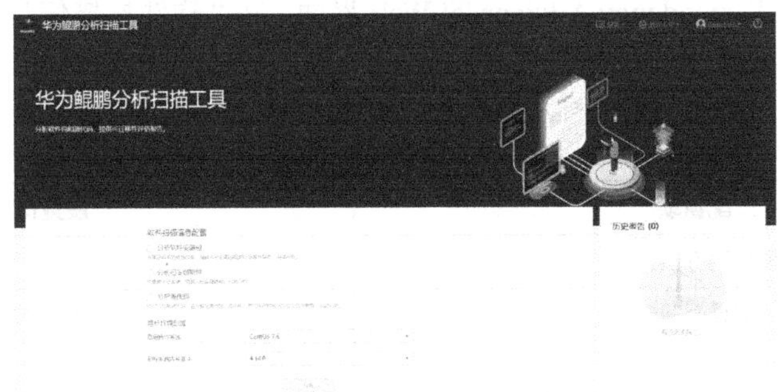

图 3-44　登录成功默认页面

3. 代码分析扫描

步骤一：在安装了 Dependency Advisor 工具的 techhost 主机上，进入/opt/depadv/depadmin 目录，下载 Test.zip 测试源码包，如图 3-45 所示。

```
[root@techhost ~]# cd /opt/depadv/depadmin/
[root@techhost depadmin]# wget https://hcia.obs.cn-north-4.myhuaweicloud.com/v1.5/Test.zip
```

```
[root@techhost ~]# cd /opt/depadv/depadmin/
[root@techhost depadmin]# wget https://hcia.obs.cn-north-4.myhuaweicloud.com/v1.5/Test.zip
--2021-06-04 15:56:18--  https://hcia.obs.cn-north-4.myhuaweicloud.com/v1.5/Test.zip
Resolving hcia.obs.cn-north-4.myhuaweicloud.com (hcia.obs.cn-north-4.myhuaweicloud.com)...
 49.4.112.3, 49.4.112.91, 49.4.112.92
Connecting to hcia.obs.cn-north-4.myhuaweicloud.com (hcia.obs.cn-north-4.myhuaweicloud.com
)|49.4.112.3|:443... connected.
HTTP request sent, awaiting response... 200 OK
Length: 4733 (4.6K) [application/zip]
Saving to: 'Test.zip'

Test.zip                100%[==========================>]   4.62K  --.-KB/s    in 0s

2021-06-04 15:56:18 (185 MB/s) - 'Test.zip' saved [4733/4733]

[root@techhost depadmin]#
```

图 3-45　命令执行结果

步骤二：解压源码包到 test 目录，并赋予目录权限，如图 3-46 所示。

```
[root@techhost depadmin]# ls
[root@techhost depadmin]# unzip -n Test.zip -d test
```

```
[root@techhost depadmin]# chmod -R 777 test/
[root@techhost depadmin]# ls
```

```
[root@techhost depadmin]# ls
Test.zip  whitelist_backup
[root@techhost depadmin]# unzip -n Test.zip -d test
Archive:  Test.zip
  inflating: test/Makefile
  inflating: test/attribute-test.c
  inflating: test/builtin-test.c
[root@techhost depadmin]# chmod -R 777 test/
[root@techhost depadmin]# ls
test  Test.zip  whitelist_backup
[root@techhost depadmin]#
```

图 3-46　命令执行结果

步骤三：登录 Dependency Advisor 的 Web 界面，在“软件扫描信息配置”区勾选“分析源代码”，并配置参数，见表 3-6。

表 3-6　配置参数

配置项	设置值
源代码存放路径	test
编译器版本	GCC 7.3
构建工具	make
编译命令	make
目标操作系统	OpenEuler 20.03
目标系统内核版本	4.19.90

配置截图如图 3-47 所示。

软件扫描信息配置
分析软件安装包
分析已安装软件
分析源代码
源代码存放路径　/opt/depadv/depadmin/　test
编译器版本　GCC 7.3
构建工具　make
编译命令　make
目标环境配置
目标操作系统　openEuler 20.03
目标系统内核版本　4.19.90
分析

图 3-47　配置截图

步骤四：配置正确后单击“分析”，对源码进行扫描分析。分析完成后显示信息如图 3-48 所示。

图 3-48　分析结果

步骤五：通过分析报告，我们可以看出需要移植的依赖库文件、需要迁移的源码文件以及迁移的代码行数，亦可以看到预估迁移工作量，我们也可以将迁移报告以 csv 或者 html 两种文件格式进行下载。至此，Dependency Advisor 分析扫描工具实验完成。

3.3.2　鲲鹏代码移植工具

鲲鹏代码迁移工具 Porting Advisor 是华为研发的一款为客户提供向鲲鹏服务器上进行应用迁移的工具。此工具仅支持 x86 Linux 到 Kunpeng Linux 的扫描与分析，不支持 Windows 软件代码的扫描、分析与迁移。

当客户需要将 x86 平台上源代码的软件迁移到鲲鹏的服务器上时，既可以使用该工具分析可迁移性和迁移费用，也可以使用该工具自动分析出需修改的代码内容，并指导客户如何修改。

鲲鹏代码迁移工具既解决了客户软件迁移评估分析过程中人工分析投入时间多、准确率低、整体效率低下的痛点（通过该工具能够自动分析并输出指导报告），也解决了客户代码兼容性人工排查困难、迁移经验欠缺、反复依赖编译调错定位等痛点。

本节实验以一个 C/C++的代码文件为例，实现了使用 Porting Advisor 工具对代码进行移植分析和修改。修改代码后，实现了代码移植。

1．Porting Advisor 逻辑架构及功能特性

华为鲲鹏代码移植工具 Porting Advisor 的架构如图 3-49 所示。

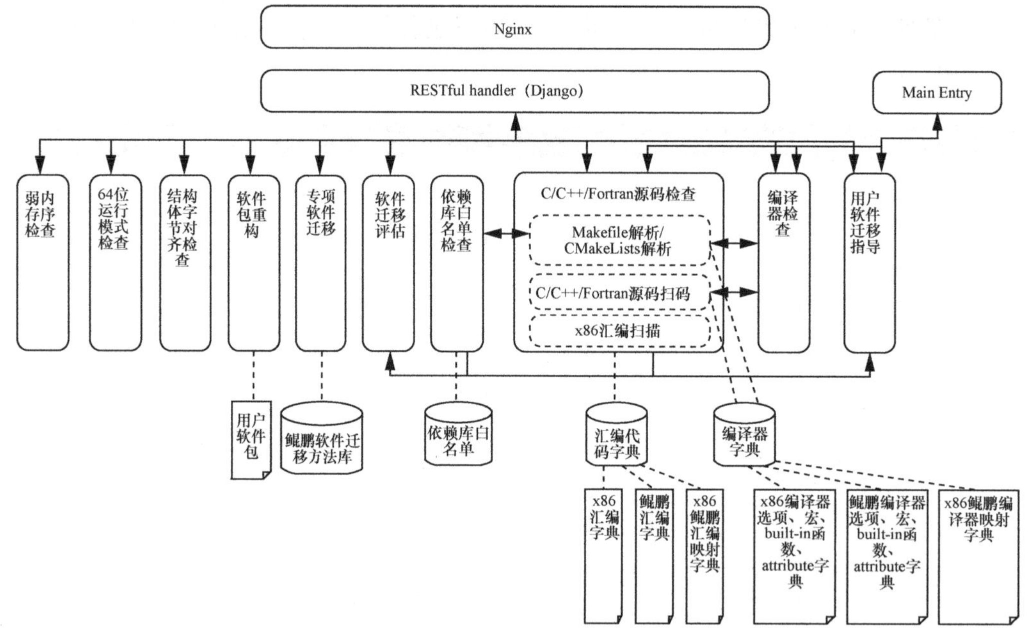

图 3-49　华为鲲鹏代码移植工具 Porting Advisor 的架构

华为鲲鹏代码迁移工具 Porting Advisor 包含的模块见表 3-7。

表 3-7　鲲鹏代码迁移工具模块介绍

模块名	功能
Nginx	开源第三方组件，在 Web 方式下需要安装部署； 处理用户前端的 HTTPS 请求，向用户前端提供静态页面，或者向后台传递用户输入数据，并将扫描结果返回给用户
Django	开放源代码的 Web 应用框架，在 Web 方式下需要安装部署； Django 是 RESTful 框架，将 HTTP 请求转换成 RESTful API 并驱动后端功能模块，同时提供用户认证、管理功能
Main Entry	命令行方式入口； 负责解析用户输入参数，并驱动各功能模块完成用户指定的作业
用户软件包扫描	根据用户输入的安装包资源路径或文件信息，得到所有的 SO 文件列表 支持常用的软件包格式，例如：DEB、RPM、WAR、JAR、TAR、GZIP 等
依赖库白名单检查	扫描分析用户软件目标二进制文件依赖的源文件集合，根据编译器版本信息，检查源码中使用的与架构相关的编译选项、编译宏、builtin 函数、attribute 字典、用户自定义宏等，确定需要迁移的源码及源文件，包括： • 软件构建配置文件检查； • C/C++/Fortran 源码检查，其中 Fortran 语言支持 Fortran77、Fortran90、Fortran95、Fortran03 等版本； • x86 汇编代码检查

表 3-7 鲲鹏代码迁移工具模块介绍（续）

模块名	功能
编译器检查	根据编译器版本确定 x86 与鲲鹏平台相异的编译宏、编译选项、builtin 函数、attribute 字典等列表
软件迁移评估报告	• 根据包扫描和 C/C++/Fortran 源码扫描结果合成用户软件迁移分析报告（csv 或 html 格式）； • 输出软件迁移报告的概要信息到终端
用户软件迁移指导	• 根据编译依赖库检查和 C/C++/Fortran 源码扫描结果合成用户软件迁移建议报告（csv 或 html 格式）； • 输出软件迁移概要信息到终端
专项软件迁移	根据华为积累的基于解决方案分类的软件迁移方法汇总
软件包重构	对用户 x86 软件包进行重构分析，产生适用鲲鹏平台的软件包
64 位运行模式检查	将原 32 位应用向鲲鹏平台迁移并将其转换为 64 位应用的迁移检查，同时给出修改建议
结构体字节对齐检查	对用户软件中的结构体变量的内存分配进行检查
弱内存序检查	根据用户需要检查或修复弱内存序问题： • 通过提供的静态检查工具检查用户源码，对潜在的弱内存序问题进行告警并修复 • 通过提供的编译器工具在用户编译软件阶段自动完成修复

代码迁移工具支持的功能特性见表 3-8。

表 3-8 代码迁移工具支持的功能特性

功能	描述
软件迁移评估	• 检查用户软件包（RPM、DEB、TAR、ZIP、GZIP 文件）中包含的 SO 依赖库和可执行文件，并评估 SO 依赖库和可执行文件的可迁移性； • 检查用户 Java 类软件包（JAR、WAR）中包含的 SO 依赖库和二进制文件，并评估 SO 依赖库和二进制文件的可迁移性； • 检查指定的用户软件安装路径下的 SO 依赖库和可执行文件，并评估 SO 依赖库和可执行文件的可迁移性
源码迁移	• 检查用户 C/C++/Fortran 软件构建工程文件，并指导用户如何迁移该文件； • 检查用户 C/C++/Fortran 软件构建工程文件使用的链接库，并提供可迁移性信息； • 检查用户 C/C++/Fortran 软件源码，并指导用户如何迁移源文件，其中，Fortran 源码支持从 Intel Fortran 编译器迁移到 GCC Fortran 编译器，并进行编译器支持特性、语法扩展的检查； • x86 汇编指令转换，分析部分 x86 汇编指令，并将其转换成功能对等的鲲鹏汇编指令
软件包重构	在鲲鹏平台上，分析待迁移软件包的构成，重构并生成鲲鹏平台兼容的软件包，或直接提供已迁移了的软件包
专项软件迁移	在鲲鹏平台上，对部分常用的解决方案专项软件源码，进行自动化迁移修改、编译并构建生成鲲鹏平台兼容的软件包

表 3-8 Porting Advisor 工具支持的功能特性（续）

功能	描述
增强功能	• 64 位运行模式检查就是将原 32 位平台上的软件迁移到 64 位平台上，进行迁移检查并给出修改建议； • 结构体字节对齐检查就是在需要考虑字节对齐时，检查源码中结构体类型变量的字节对齐情况； • 弱内存序检查就是分析、修复用户软件中的弱内存序问题

使用华为鲲鹏代码移植工具的流程可以总结为以下 3 步。

① 输入源码文件：包括 C/C++源代码文件、汇编源代码文件以及 Makefile 文件。

② 扫描分析处理输入的文件：用户 C/C++需要移植部分识别；汇编源码等同功能指令集、兼容指令集移植部分；从 Makefile 中识别需要移植/替代的编译依赖库；根据知识库给出移植指导建议。

③ 输出报告文件：包括分析文件、分析时间戳等信息，修改内容综述，简单说明；做详细 csv 或 html 报告，包括需修改的代码行号、更改点及指导建议；编译依赖库移植或替换建议。

2．鲲鹏代码移植工具安装

（1）获取软件安装包

软件安装包名称及获取方法见表 3-9。

表 3-9 软件安装包名称及获取方法

软件包名称	获取方法
• x86 服务器：Porting-advisor_x.x.x_x86_64- linux.tar.gz • 鲲鹏云服务器：Porting-advisor_x.x.x_Kunpeng-linux.tar.gz	下载网址，华为开源镜像站 https://mirrors.huaweicloud.com/kunpeng/archive/Porting_Dependency/Packages/

（2）安装鲲鹏代码移植工具

注意：OpenEuler 操作系统会默认开启 SELinux 强制模式，这可能会导致工具安装失败，因此要先关闭 SELinux。同时，Web 模式下需打开 OpenEuler 系统中服务器 OS 防火墙端口，具体操作均参见安装 Dependency Advisor 工具中关闭 SELinux 的步骤。

步骤一：使用 SSH（Secure Shell，安全外壳协议）远程登录工具，将从网站下载的鲲鹏代码迁移工具安装包（Porting-advisor_2.2.1_Kunpeng-linux.tar.gz）拷贝到自定义路径下（此处 2.2.1 为工具版本，实际下载版本请自行选择，这里仅做说明使用）。

步骤二：使用 SSH 远程登录工具，进入 OpenEuler 操作系统命令行界面。

步骤三：执行以下命令进入保存鲲鹏代码迁移工具安装包的自定义路径（此处创建 porting 目录，请根据实际情况创建目录），如图 3-50 所示。

```
[root@techhost ~]# mkdir /porting
[root@techhost ~]# cd /porting
[root@techhost porting]# wget https://mirrors.huaweicloud.com/kunpeng/archive/ Porting_Dependency/ Packages/Porting-advisor_2.2.1_Kunpeng-linux.tar.gz
```

```
[root@techhost ~]# mkdir /porting
[root@techhost ~]# ls
[root@techhost ~]# cd /porting
[root@techhost porting]# wget https://mirrors.huaweicloud.com/kunpeng/archive/Porting_Dependency/Packages/Porting-advis
or_2.2.1_Kunpeng-linux.tar.gz
--2021-04-26 17:56:29--  https://mirrors.huaweicloud.com/kunpeng/archive/Porting_Dependency/Packages/Porting-advisor_2.
2.1_Kunpeng-linux.tar.gz
Resolving mirrors.huaweicloud.com (mirrors.huaweicloud.com)... 124.70.125.96, 124.70.125.113, 124.70.125.98
Connecting to mirrors.huaweicloud.com (mirrors.huaweicloud.com)|124.70.125.96|:443... connected.
HTTP request sent, awaiting response... 200 OK
Length: 593429567 (566M) [application/octet-stream]
Saving to: 'Porting-advisor_2.2.1_Kunpeng-linux.tar.gz'

Porting-advisor_2.2.1_Kunpeng 100%[===============================================>] 565.94M  1.25MB/s    in 7m 27s

2021-04-26 18:03:56 (1.27 MB/s) - 'Porting-advisor_2.2.1_Kunpeng-linux.tar.gz' saved [593429567/593429567]

[root@techhost porting]# 
```

图 3-50 命令执行结果

步骤四：执行以下命令解压鲲鹏代码迁移工具安装包（其中“2.2.1”表示版本号，请用实际情况代替），如图 3-51 所示。

```
[root@techhost porting]# tar -zxvf Porting-advisor_2.2.1_Kunpeng-linux.tar.gz
```

```
[root@techhost porting]# ls
Porting-advisor_2.2.1_Kunpeng-linux.tar.gz
[root@techhost porting]# tar -zxvf Porting-advisor_2.2.1_Kunpeng-linux.tar.gz
Porting-advisor_2.2.1_Kunpeng-linux/
Porting-advisor_2.2.1_Kunpeng-linux/upgrade
Porting-advisor_2.2.1_Kunpeng-linux/Porting-advisor_2.2.1_Kunpeng-linux.tar.gz
Porting-advisor_2.2.1_Kunpeng-linux/cms
Porting-advisor_2.2.1_Kunpeng-linux/Porting-advisor_2.2.1_Kunpeng-linux.tar.gz.cms
Porting-advisor_2.2.1_Kunpeng-linux/Porting-advisor_2.2.1_Kunpeng-linux.tar.gz.crl
Porting-advisor_2.2.1_Kunpeng-linux/install
Porting-advisor_2.2.1_Kunpeng-linux/Porting-advisor_2.2.1_Kunpeng-linux.tar.gz.txt
[root@techhost porting]# 
```

图 3-51 命令执行结果

步骤五：执行以下命令进入解压后的鲲鹏代码迁移工具安装包目录，如图 3-52 所示。

```
[root@techhost porting]# cd Porting-advisor_2.2.1_Kunpeng-linux
```

```
[root@techhost porting]# ls
Porting-advisor_2.2.1_Kunpeng-linux  Porting-advisor_2.2.1_Kunpeng-linux.tar.gz
[root@techhost porting]# cd Porting-advisor_2.2.1_Kunpeng-linux
[root@techhost Porting-advisor_2.2.1_Kunpeng-linux]# 
```

图 3-52 命令执行结果

步骤六：安装鲲鹏代码移植工具。

注意：鲲鹏代码迁移工具的 Web 模式和 CLI（Command-line Interface，命令行界面）模式不能安装在同一个目录下。为了方便大家学习与日常使用，此处展示 Web 模式的安装步骤。

执行以下命令安装鲲鹏代码迁移工具的 Web 模式，如图 3-53 所示。

```
[root@techhost Porting-advisor_2.2.1_Kunpeng-linux]# ./install web
```

```
[root@techhost Porting-advisor_2.2.1_Kunpeng-linux]# ./install web
Checking ./Porting-advisor_2.2.1_Kunpeng-linux ...
Installing ./Porting-advisor_2.2.1_Kunpeng-linux ...
Enter the installation path. The default path is /opt :  回车
Ip address list:
sequence_number          ip_address               device
[1]                      10.0.0.237               eth0
Enter the sequence number of listed ip as web server ip(default: 1): 1  输入"1"，回车
Set the web server IP address 10.0.0.237
Please enter HTTPS port(default: 8084):  回车
The HTTPS port 8084 is valid.  Set the HTTPS port to 8084 (y/n default: y):y  输入"y"，回车
Set the HTTPS port 8084
Please enter tool port(default: 7998):  回车
The tool port 7998 is valid.  Set the tool port to 7998 (y/n default: y):y  输入"y"，回车
Set the tool port 7998
Decompressing files ...
```

图 3-53　命令执行结果

这样就开始安装了，若出现如下回显内容，则说明安装成功，如图 3-54 所示。

```
The dependent libraries have been installed.
Porting Web console is now running, go to:https://10.0.0.237:8084.
Successfully installed the Kunpeng Porting Advisor in /opt/portadv/.
[root@techhost Porting-advisor_2.2.1_Kunpeng-linux]#
```

图 3-54　命令执行结果

步骤七（可选）：安装 Web 模式时，如果服务器 OS 防火墙已开启，则执行如下操作开通服务器 OS 防火墙端口（如果服务器 OS 防火墙没有开启，请跳过此步骤）。

① 执行如下命令查看服务器防火墙状态。如果防火墙已开启（active），则执行如下操作允许防火墙通过对应端口；如果防火墙没有开启（inactive），请跳过以下步骤，具体如图 3-55 所示。

```
[root@techhost Porting-advisor_2.2.1_Kunpeng-linux]# systemctl status firewalld
```

```
[root@techhost Porting-advisor_2.2.1_Kunpeng-linux]# systemctl status firewalld
● firewalld.service - firewalld - dynamic firewall daemon
   Loaded: loaded (/usr/lib/systemd/system/firewalld.service; disabled; vendor preset: enabled)
   Active: inactive (dead)
     Docs: man:firewalld(1)
[root@techhost Porting-advisor_2.2.1_Kunpeng-linux]#
```

图 3-55　命令执行结果

如图 3-55 所示，服务器防火墙处于关闭状态，因此不会对端口通信造成影响，无须继续开通端口的操作，可跳过本步骤。如果显示“active”，则按照下面操作进行即可。

② 执行 firewall-cmd --query-port=8084/tcp 命令查看端口是否开通，提示“no”表示端口未开通，如图 3-56 所示。

```
[root@techhost Porting-advisor_2.2.1_Kunpeng-linux]# firewall-cmd --query-port=8084/tcp
```

```
[root@techhost Porting-advisor_2.2.1_Kunpeng-linux]# firewall-cmd --query-port=8084/tcp
no
[root@techhost Porting-advisor_2.2.1_Kunpeng-linux]#
```

图 3-56　命令执行结果

③ 执行 firewall-cmd --add-port=8084/tcp --permanent 命令永久开通端口，提示

“success”表示开通成功，如图 3-57 所示。

```
[root@techhost Porting-advisor_2.2.1_Kunpeng-linux]# firewall-cmd --add-port=8084/tcp --permanent
```

```
[root@techhost Porting-advisor_2.2.1_Kunpeng-linux]# firewall-cmd --add-port=8084/tcp --permanent
success
[root@techhost Porting-advisor_2.2.1_Kunpeng-linux]#
```

图 3-57　命令执行结果

④ 执行 firewall-cmd --reload 命令重新载入配置。

⑤ 再次执行 firewall-cmd --query-port=8084/tcp 命令查看端口是否开通，提示“yes”表示则端口已开通，如图 3-58 所示。

```
[root@techhost Porting-advisor_2.2.1_Kunpeng-linux]# firewall-cmd --query-port=8084/tcp
yes
[root@techhost Porting-advisor_2.2.1_Kunpeng-linux]#
```

图 3-58　命令执行结果

根据实际安装的工具类型，重复上述②～⑤步骤开通 7998 端口。

注意：此处依然要在华为云安全组的入方向规则中添加放通这两个端口。

步骤八：卸载。

当不需要鲲鹏代码迁移工具时，可以选择卸载代码迁移工具，步骤如下。

① 使用 SSH 远程登录工具，进入操作系统命令行界面 。

② 执行如下命令卸载鲲鹏代码迁移工具（“/opt/portadv”为工具安装目录，请根据实际情况替换）。

```
[root@techhost ~]# bash / opt /portadv/tools/uninstall.sh
```

回显信息如下：

```
Are you sure you want to uninstall porting advisor?(y/n)y
Removed symlink /etc/systemd/system/multi-user.target.wants/nginx_port.service.
Removed symlink /etc/systemd/system/multi-user.target.wants/gunicorn_port.service.
Delete porting user.
porting:x:1010:1011::/home/porting:/sbin/nologin
Erasing rsa successfully.
The Kunpeng Porting Advisor is uninstalled successfully.
```

3. 通过 Web 界面使用鲲鹏代码迁移工具

（1）登录鲲鹏代码迁移工具 Web 界面

浏览器类型及说明见表 3-10。

表 3-10　浏览器类型及说明

浏览器类型	说明
Edge	Edge 79.0 及以上版本
Internet Explorer	Internet Explorer 11.0 及以上版本
Chrome	Chrome 72.0 及以上版本

本部分使用 Windows10 自带 Edge 浏览器演示。

步骤一：打开浏览器，在地址栏输入 https://服务器 IP:端口号（默认端口为 8084），按下“Enter”。登录时可能会弹出“安全告警”界面，此时可以选择忽略此告警信息继续浏览网页，单击高级，如图 3-59 所示。

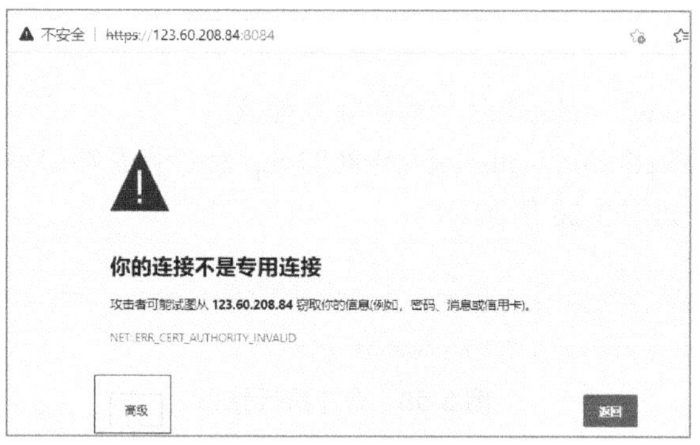

图 3-59　登录提示

如图 3-60 所示，选择继续访问即可进入 Web 界面。

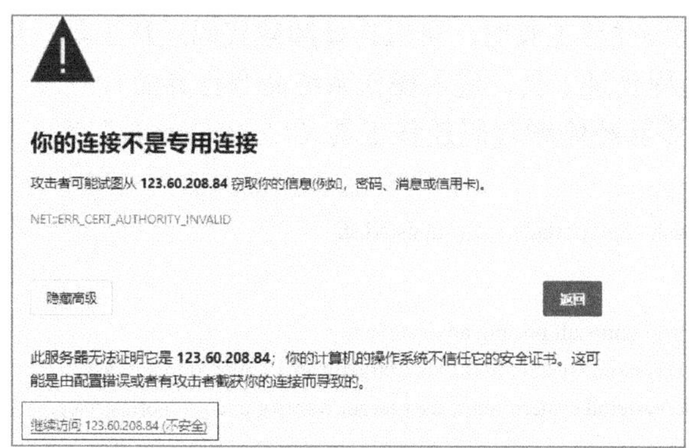

图 3-60　登录提示

步骤二：首次登录界面如图 3-61 所示。

图 3-61　首次登录界面

管理员用户名默认为 portadmin，工具安装完成后首次登录需要创建管理员密码。密码的复杂度要求如下：

① 密码长度为 8～32 个字符；

② 必须包含大写字母、小写字母、数字、特殊字符（`~!@#$%^&*()-_=+\|[{}];:'",<.>/?）中的两种及以上类型的组合；

③ 密码不能是用户名；

④ 密码不能在弱口令字典中。

设置好管理员密码后单击“确认”会出现图 3-62 和图 3-63 所示的登录界面，此处密码自行设置，建议使用与服务器相同的密码。

图 3-62　填写密码

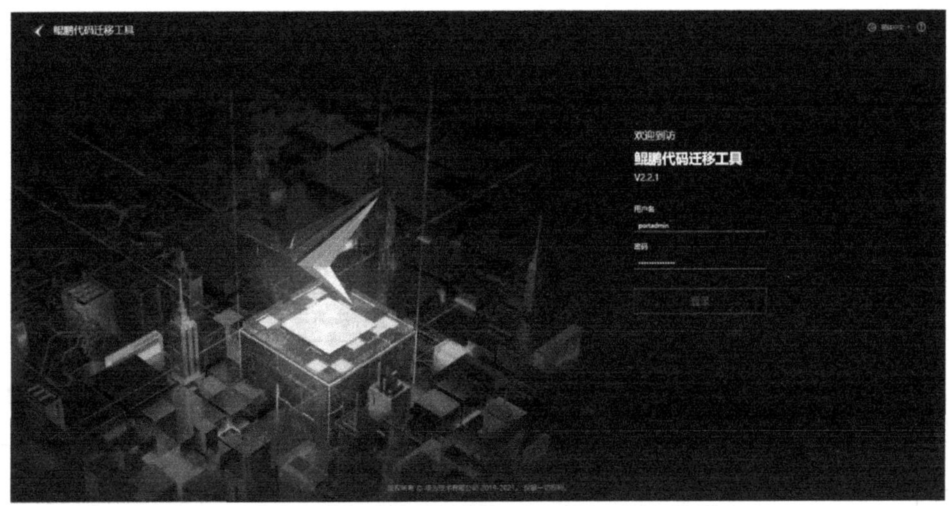

图 3-63　登录界面（非首次）

输入用户名和密码，单击登录，即可进入代码迁移工具界面，如图 3-64 所示。

图 3-64　登录成功页面

成功登录后，界面右上角显示登录的用户名。

（2）登录鲲鹏代码迁移工具 Web 界面

如图 3-65 所示，已做好标记。

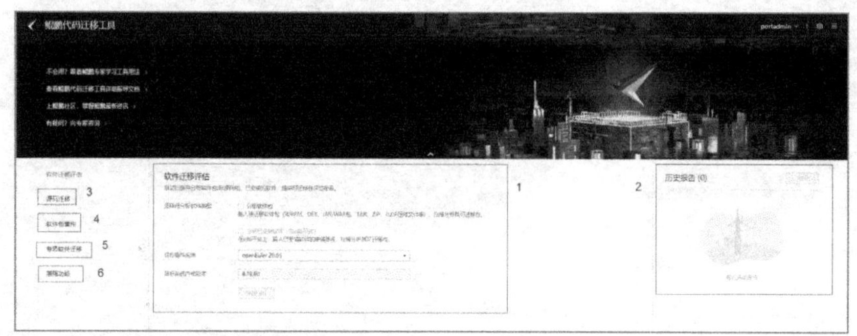

图 3-65　页面展示

各个参数说明见表 3-11。

表 3-11　鲲鹏代码迁移工具首页界面参数说明

区域	名称	说明
1	软件迁移评估	软件迁移评估入口，用户可在软件迁移评估的创建分析任务区创建新的分析任务
2	查看历史报告区	展示历史分析报告
3	源码迁移	软件迁移入口，用户可在源码迁移的创建分析任务区创建新的分析任务
4	软件包重构	软件包重构入口，用户可对软件包进行重构分析，构建适用于鲲鹏平台的软件包
5	专项软件迁移	专项软件迁移入口，展示华为积累的基于解决方案分类的软件迁移方法汇总
6	增强功能	支持 64 位运行模式检查、结构体字节对齐检查、弱内存序检查入口、x86 平台 GCC 4.8.5～GCC 9.3 版本 32 位应用向 64 位应用的运行模式检查和字节对齐检查、鲲鹏平台上运行可能存在的弱内存序问题检查
7	当前用户	展示当前登录用户，并提供修改密码和用户的操作入口
8	配置	提供用户管理、依赖字典、软件迁移模板、扫描参数配置、阈值设置、查看 Web 服务端证书、查询日志、弱口令字典管理和系统配置功能入口
9	更多	提供中英文切换、意见反馈、查看联机帮助、免责声明和鲲鹏代码迁移工具发布信息入口

（3）使用工具配置

1）上传文件

使用工具时所有涉及上传文件功能的，如果上传的文件大于500MB或者解压后大于1GB，则需要手动将文件上传至服务器，其他情况均可通过Web界面上传功能上传。以下步骤中的“/opt/portadv”为工具默认安装目录，如果安装过程中变更了安装目录，请根据实际情况替换。

步骤一：获取待上传的文件。

步骤二：将待上传的文件放入已创建的用户名路径的子目录下（具体目录可查看页面上的上传目录），以下步骤均以portadmin用户上传源码迁移文件为例。

① 打开FTP（File Transfer Protocol，文件传输协议）工具（例如winscp），以root用户登录服务器操作系统。

② 上传待扫描源码文件到“/opt/portadv/portadmin/sourcecode/”目录内。

③ 解压文件（如果上传的文件不需要解压则可以跳过此步骤）。

a. 使用SSH远程登录工具以root用户登录服务器命令行界面。

b. 执行下述命令切换到待解压文件的目录下。

```
[root@techhost ~]# cd /opt/portadv/portadmin/sourcecode
```

c. 执行解压命令解压文件。例如文件是tar.gz格式，则执行以下命令（其中“xxx”为具体文件名，请根据实际情况替换）。

```
[root@techhost sourcecode]# tar -zxvf xxx.tar.gz
```

④ 修改文件的所属组并修改文件执行权限（xxx是解压得到的文件夹或者用户上传的软件安装包文件）。

```
[root@techhost sourcecode]# chown -R porting:porting xxx
[root@techhost sourcecode]# chmod -R 600 xxx
```

2）配置扫描参数

此部分操作针对需要自定义代码迁移工作量评估标准的用户。

登录鲲鹏代码迁移工具，单击页面右上角的按钮，选择“扫描参数配置”，如图3-66所示。

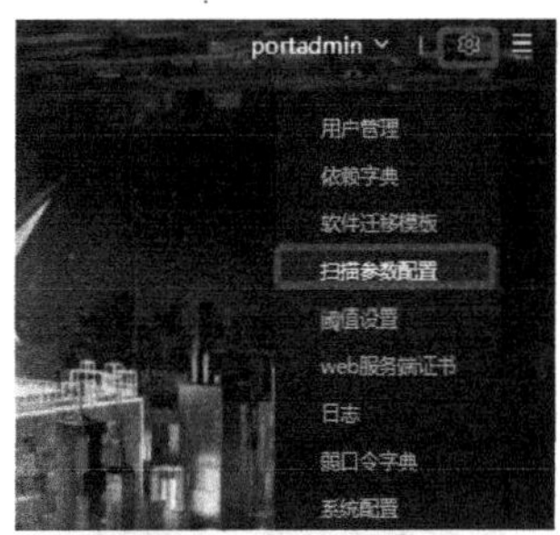

图3-66 设置页面

打开扫描参数配置界面，如果有需要修改的内容，则单击“修改配置”，进入图3-67所示页面。

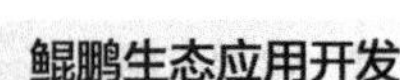

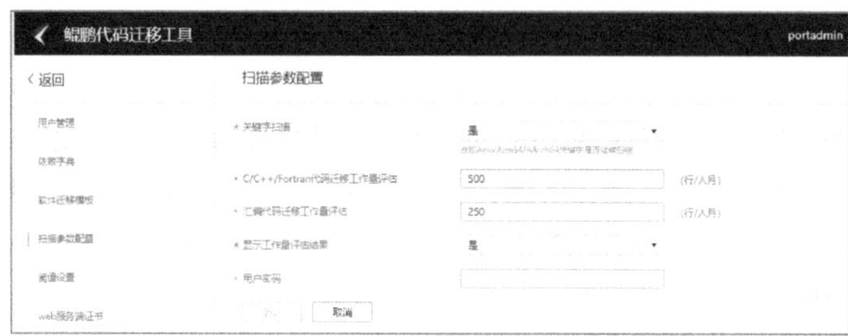

图 3-67　扫描参数的配置页面

根据需求参考表 3-12 中各部分的配置参数进行配置，配置完成后输入用户密码，然后单击“确定”即可。

表 3-12　扫描参数配置界面参数说明

参数	说明
关键字扫描	选择发现 Arm/Arm64/AArch64 关键字是否继续扫描，默认为“是”
C/C++/Fortran 代码迁移工作量评估（行/人月）	输入 C/C++/Fortran 代码迁移工作量评估标准，默认为 500，取值为 1～99999
汇编代码迁移工作量评估（行/人月）	输入汇编代码迁移工作量评估标准，默认为 250，取值为 1～99999
显示工作量评估结果	选择是否在分析报告详情页面显示“预估迁移工作量”。默认为“是”
用户密码	输入用户的密码

3.3.3　配置历史报告阈值

如果需要自定义历史报告阈值，则执行本节的操作。

配置历史报告阈值是指当历史报告数量达到“历史报告提示阈值”后，可以继续操作，但会被提示“当前报告数量过多，请适量删除”。而当历史报告数量达到“历史报告最大阈值”后，禁用新建任务功能，会被提示“当前报告数量已达到最大限制，新建任务功能已被禁用，请删除无用的历史报告”。具体配置方法如下。

登录鲲鹏代码迁移工具，单击页面右上角的⚙按钮，选择“阈值设置”，如图 3-68 所示。

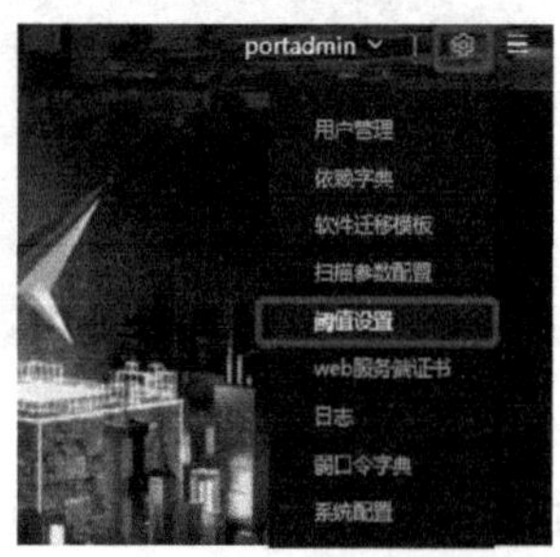

图 3-68　设置页面

单击“修改配置”，即可填写“历史报告提示阈值”和“历史报告最大阈值”，如图 3-69 所示。

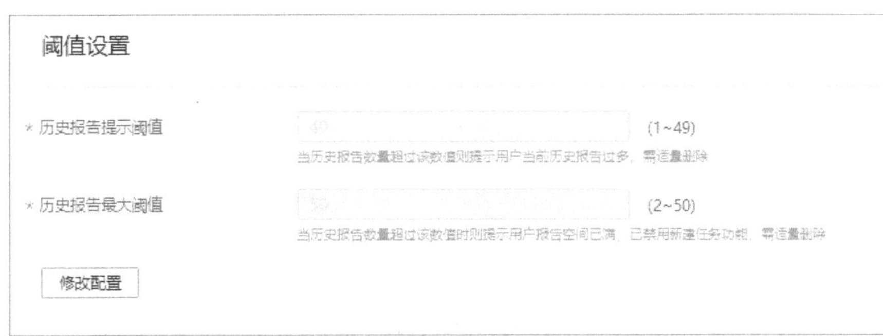

图 3-69　阈值设置

3.4　软件迁移评估

3.4.1　创建分析任务

步骤一：登录鲲鹏代码迁移工具 Web 界面，选择页面左侧的“软件迁移评估”，如图 3-70 所示。

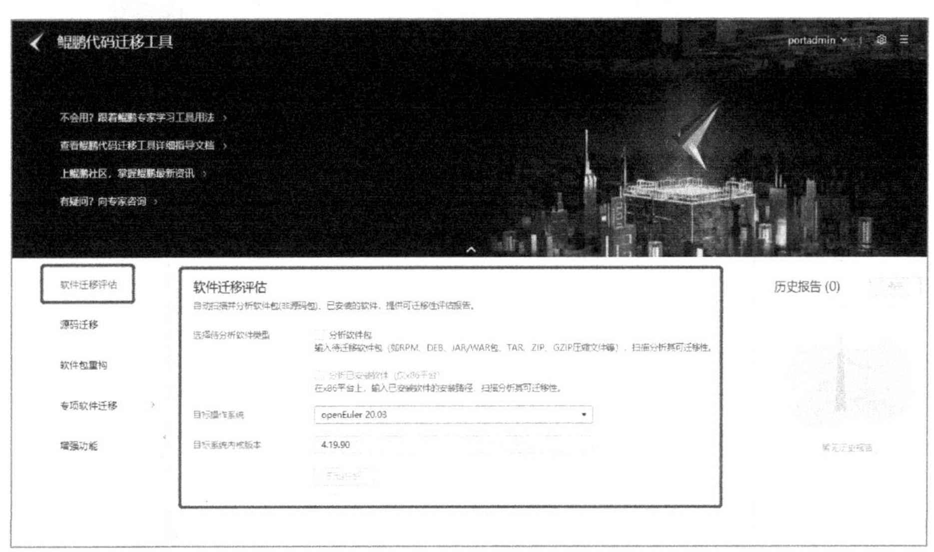

图 3-70　软件迁移评估 1

步骤二：在创建分析任务区勾选“分析软件包”或“分析已安装软件（仅 x86 平台）”，如图 3-71 所示，并上传需要评估的软件包（此处仅做演示）。

图 3-71　软件迁移评估 2

步骤三：　单击“开始分析”，生成分析报告。弹窗页面显示任务分析进度，分析完成后，单击“查看报告”即可进入“迁移报告”界面，如图 3-72 所示。

图 3-72　分析报告

迁移报告界面如图 3-73 所示。

图 3-73　迁移报告

配置说明见表 3-13。

表 3-13　配置说明

参数	说明
配置信息	显示软件安装包存放路径或软件包名称或 x86 上已安装软件的路径，以及目标操作系统和目标系统内核版本
与架构相关的依赖库文件	显示 SO 文件： • 针对兼容鲲鹏平台的动态库、静态库文件、软件包、可执行文件、Jar 包等，用户可以直接单击处理建议中的“下载”，下载鲲鹏平台可用的文件，然后进行替换，或者下载鲲鹏版本源码，直接编译； • 对于鲲鹏平台兼容性未知的文件，可先在鲲鹏平台上验证。若不兼容，可联系供应方获取鲲鹏兼容版本，或获取源码并编译成鲲鹏兼容版本，或使用其他方案替代

3.4.2　管理分析任务

在“软件迁移评估”界面右侧的“历史报告”区域内选择需要下载的报告，单击需下载的报告后面的 ，下载历史报告，若需要删除，则可以点击后方的 ，如图 3-74 所示。

图 3-74　历史报告

打开下载的报告如图 3-75 所示。

文件 | E:/20210426223354.html

2021/04/26 22:33:54

配置信息

软件安装包存放路径或软件包名称　/opt/portadv/portadmin/package/MySQL-client-5.6...
目标操作系统　openeuler20.03
目标系统内核版本　4.19.90

依赖文件总数 14　可兼容替换 10　待验证替换 4

与架构相关的依赖文件

序号	依赖文件名	文件类型	路径	待下载软件包名称	分析结果	处理建议
1	mysql	可执行文件	/package/MySQL-client-5.6.31-1.el6.x...	mysql-8.0.21-2.oe1.aarch64.rpm	可兼容替换	下载
2	mysql_config_edit...	可执行文件	/package/MySQL-client-5.6.31-1.el6.x...	mysql-8.0.21-2.oe1.aarch64.rpm	可兼容替换	下载
3	mysql_waitpid	可执行文件	/package/MySQL-client-5.6.31-1.el6.x...	mariadb-10.3.9-9.oe1.aarch64.rpm	可兼容替换	下载
4	mysqladmin	可执行文件	/package/MySQL-client-5.6.31-1.el6.x...	mysql-8.0.21-2.oe1.aarch64.rpm	可兼容替换	下载
5	mysqlbinlog	可执行文件	/package/MySQL-client-5.6.31-1.el6.x...	mysql-8.0.21-2.oe1.aarch64.rpm	可兼容替换	下载
6	mysqlcheck	可执行文件	/package/MySQL-client-5.6.31-1.el6.x...	mysql-8.0.21-2.oe1.aarch64.rpm	可兼容替换	下载
7	mysqldump	可执行文件	/package/MySQL-client-5.6.31-1.el6.x...	mysql-8.0.21-2.oe1.aarch64.rpm	可兼容替换	下载
8	mysqlimport	可执行文件	/package/MySQL-client-5.6.31-1.el6.x...	mysql-8.0.21-2.oe1.aarch64.rpm	可兼容替换	下载
9	mysqlshow	可执行文件	/package/MySQL-client-5.6.31-1.el6.x...	mysql-8.0.21-2.oe1.aarch64.rpm	可兼容替换	下载
10	mysqlslap	可执行文件	/package/MySQL-client-5.6.31-1.el6.x...	mysql-8.0.21-2.oe1.aarch64.rpm	可兼容替换	下载

图 3-75　打开下载的报告

3.5 源码迁移

3.5.1 创建源码分析任务

步骤一：登录鲲鹏代码迁移工具 Web 界面，选择页面左侧的“源码迁移”，如图 3-76 所示。

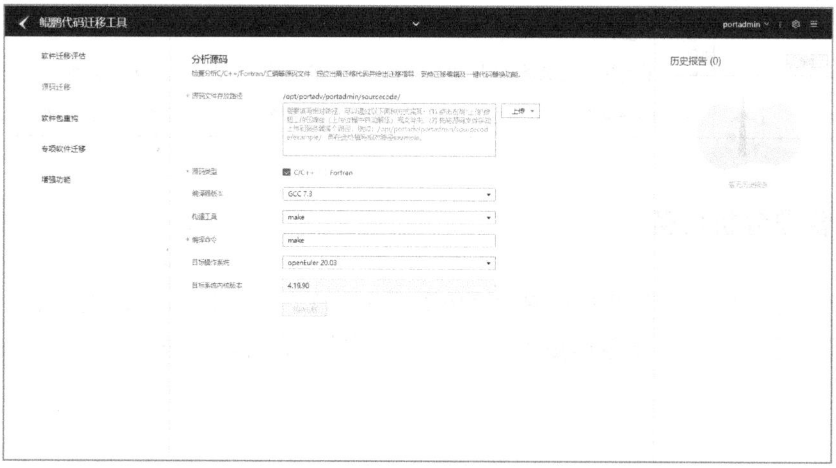

图 3-76　源码迁移

步骤二：根据需求配置图中各参数。

步骤三：单击“开始分析”生成分析报告。

3.5.2 鲲鹏代码迁移工具使用案例

本节将介绍有代表性的开源软件 smartdenovo-master 迁移实践案例。

首先，我们要准备两套环境，一套 x86 环境，一套鲲鹏环境。

x86 平台环境说明见表 3-14。

表 3-14　x86 平台环境说明

项目	说明
服务器	弹性云 ECS 服务器（x86 架构）
规格	通用计算型 | s6.small.1 | 1vCPUs | 1GiB
OS	OpenEuler 20.03 64bit| 公共镜像
计费模式	按需计费
安装工具	Porting Advisor 2.2.T4

平台环境如图 3-77 所示。

```
Porting Web console is now running, go to:https://10.0.0.223:8084.
Successfully installed the Kunpeng Porting Advisor in /opt/portadv/.
[root@techhost-x86 Porting-advisor_2.2.T4_x86_64-linux]#
```

图 3-77 x86 平台环境

其中 124.71.231.127 为 x86 架构服务器的 IP 地址，如图 3-78 所示，可根据实际填写。

图 3-78 软件迁移评估

鲲鹏平台环境说明见表 3-15。

表 3-15 鲲鹏平台环境说明

项目	说明
服务器	弹性云 ECS 服务器（鲲鹏架构）
规格	鲲鹏通用计算增强型 | kc1.large.2 | 2vCPUs | 4GiB
OS	OpenEuler 20.03 64bit| 公共镜像
计费模式	按需计费
安装工具	Porting Advisor 2.2.T4

鲲鹏平台环境如图 3-79 所示。

```
Porting Web console is now running, go to:https://10.0.0.237:8084.
Successfully installed the Kunpeng Porting Advisor in /opt/portadv/.
[root@techhost Porting-advisor_2.2.T4_Kunpeng-linux]#
```

图 3-79 鲲鹏平台环境

其中 123.60.208.84 为鲲鹏架构服务器的 IP 地址，如图 3-80 所示，可根据实际填写。

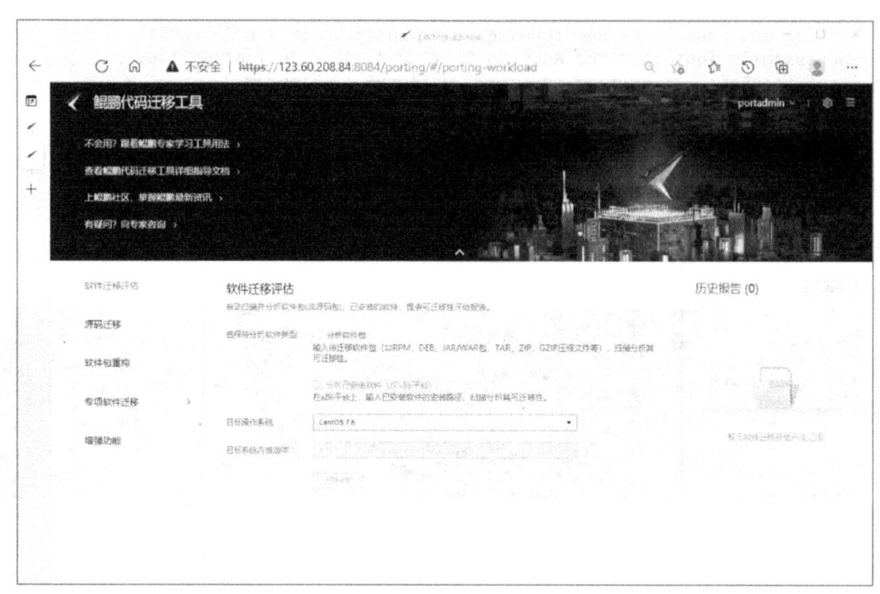

图 3-80　软件迁移评估

本实例的目的是将开源软件 smartdenovo-master 迁移到鲲鹏平台（OpenEuler20.03）上，前提条件是 PC 端已经安装 SSH 远程登录工具并成功登录服务器，服务器和操作系统正常运行。并且已经安装好 Porting Advisor 工具。整个操作内容可总结如下：

① 利用 Porting Advisor 的源码迁移功能对获取到的 smartdenovo 源代码进行扫描，获取其 SO 库依赖关系、可迁移性、迁移工作量等分析结果；

② 根据 Porting Advisor 的源码迁移功能分析得到的 smartdenovo 依赖关系，准备对应的 SO 库；

③ 检查 smartdenovo 源代码的源代码分析报告，获取编译构建文件、.h/.c 等源代码文件的修改建议，并根据修改建议进行修改；

④ 用修改后的源代码进行编译，生成鲲鹏版本的 smartdenovo 软件；

⑤ 使用鲲鹏版本的 smartdenovo 软件进行部署和简单的验证。

1．扫描源代码

步骤一：从 https://github.com/ruanjue/smartdenovo（smartdenovo 所在网络地址）下载待分析的软件源码包 smartdenovo-master.zip，如图 3-81 所示。

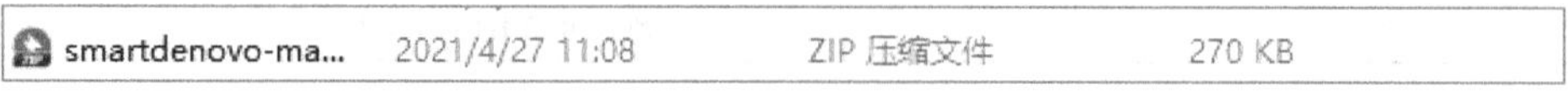

图 3-81　源码包

步骤二：登录鲲鹏代码迁移工具 Web 界面，单击左侧“源码迁移”菜单进行扫描分析。在出现的配置页面中，单击“上传”，上传前面下载的 smartdenovo-master.zip。其他几个可选项根据实际情况进行选择，源码配置如图 3-82 所示。

鲲鹏代码迁移工具

软件迁移评估

源码迁移

软件包重构

专项软件迁移

增强功能

分析源码

检查分析C/C++/Fortran/汇编等源码文件，定位出需迁移代码并给出迁移指导，支持迁移编辑及一键代码替换功能。

源码文件存放路径 /opt/portadv/portadmin/sourcecode/

smartdenovo-master,

上传

上传并解压成功

源码类型 C/C++ Fortran

编译器版本 GCC 7.3

构建工具 make

编译命令 make

目标操作系统 openEuler 20.03

目标系统内核版本 4.19.90

开始分析

图 3-82　源码配置

配置完成后单击“开始分析”，等待右下角的分析进度完成后单击“查看报告”即可进入迁移报告界面，迁移报告界面如图 3-83 所示。

图 3-83　迁移报告界面

2．准备依赖库

从迁移报告分析结果来看，该源码包不依赖于基本环境（OS 环境基本的安装依赖，如 GLIBC 等）外的其他依赖文件。

3．修改源代码

步骤一：点击左上角“源码迁移建议”进入“源码迁移建议”页面，如图 3-84 所示。

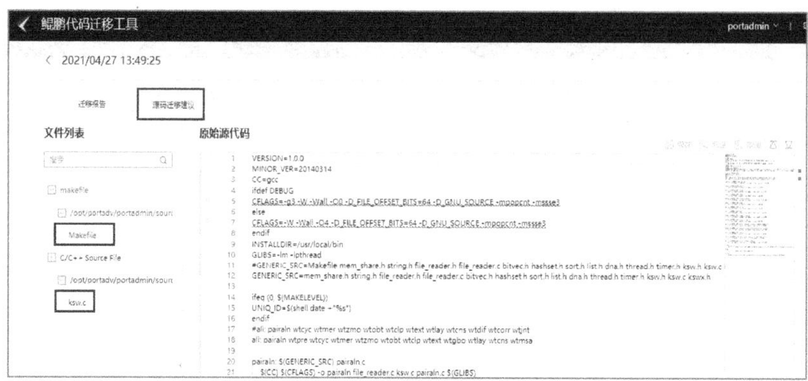

图 3-84　源码迁移建议

步骤二：根据迁移报告，确认有两个文件需要修改。在“源码迁移建议”页面，检查每个文件的修改建议，并根据建议进行源代码修改，主要执行以下两个操作：

① 根据“文件列表”中 Makefile 文件波浪线提示的内容，修改 Makefile 文件；

② 根据“文件列表”中 ksw.c 文件波浪线提示的内容，修改 ksw.c 文件。

（1）修改 Makefile 文件

在“源码迁移建议”页面，查看 Makefile 文件的修改建议，如图 3-85 所示。

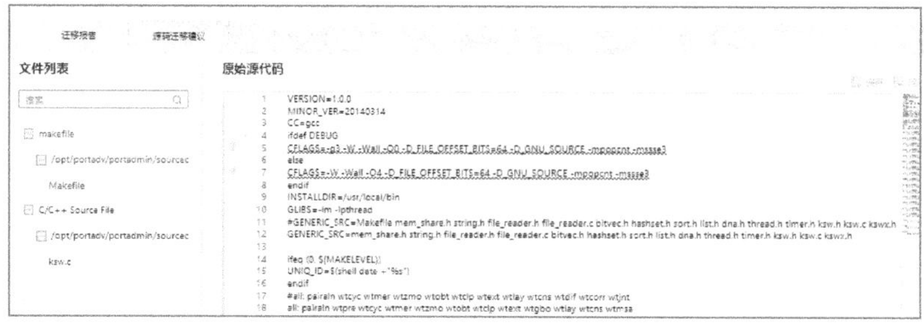

图 3-85　查看 Makefile 文件

将鼠标指针移动到带波浪线的代码行上即可查看具体修改意见，如图 3-86 和图 3-87 所示。

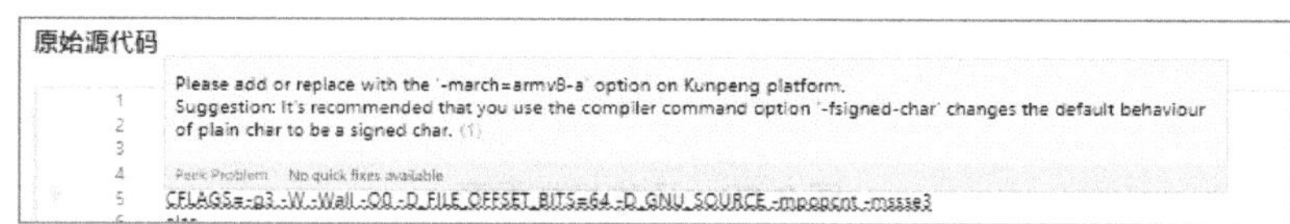

图 3-86　原始代码

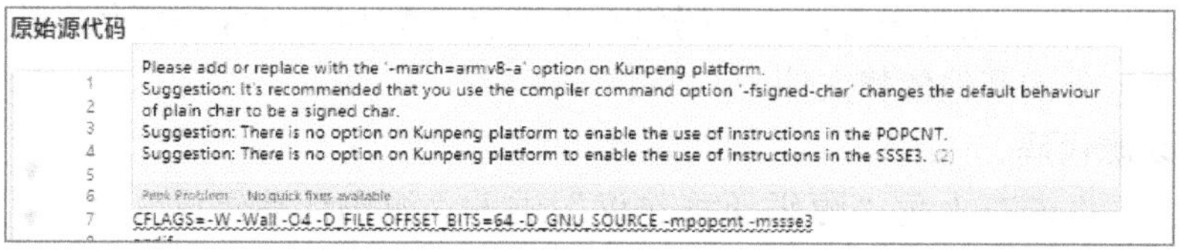

原始源代码

Please add or replace with the '-march=armv8-a' option on Kunpeng platform.
Suggestion: It's recommended that you use the compiler command option '-fsigned-char' changes the default behaviour of plain char to be a signed char.
Suggestion: There is no option on Kunpeng platform to enable the use of instructions in the POPCNT.
Suggestion: There is no option on Kunpeng platform to enable the use of instructions in the SSSE3. (2)
Peek Problem　No quick fixes available
CFLAGS=-W -Wall -O4 -D_FILE_OFFSET_BITS=64 -D_GNU_SOURCE -mpopcnt -mssse3

图 3-87　修改原始代码

根据以上建议，Makefile 文件中需要给 CFLAGS 变量增加选项内容“-march=armv8-a-fsigned-char”，同时，还需要删除 CFLAGS 变量中的选项“-mpopcnt”和“-msse3”。修改后的代码（修改时进行了 x86_64 分支和 aarch64 分支的区分处理），如图 3-88 所示。

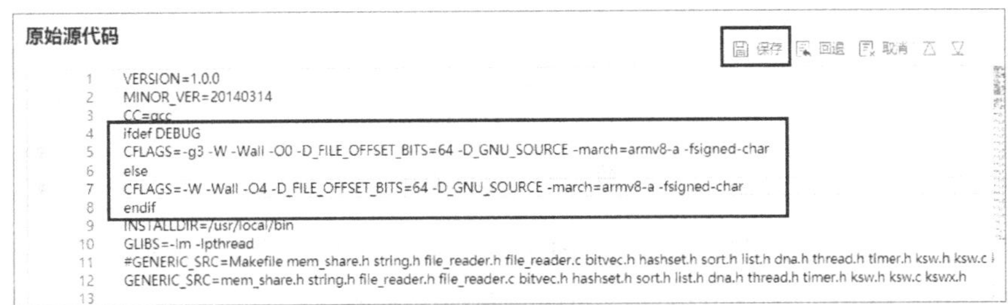

图 3-88 修改后的代码

单击保存，点击确认，如图 3-89 所示。

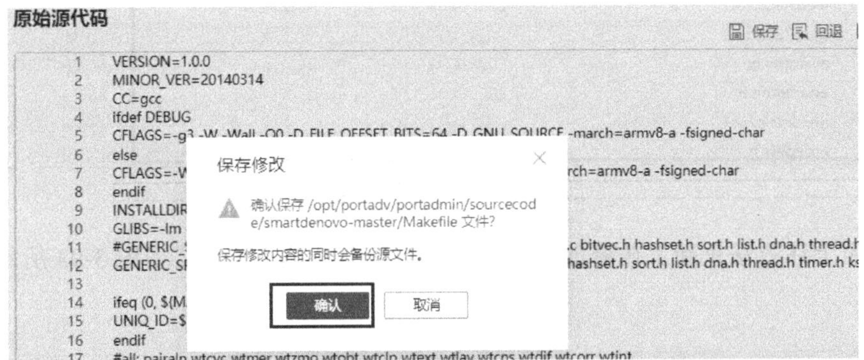

图 3-89 确认保存

（2）修改 ksw.c 文件

查看 ksw.c 文件修改建议方法与上述一致，ksw.c 文件的修改建议都与下图类似，这种提示都是关于 intrinsic 函数使用方面的内容。根据提供的建议，需要增加‘#include "avx2neon.h"’到 ksw.c 中，使得 ksw.c 包含 avx2neon.h，并针对 x86 和 aarch64 两种框架分别设置头文件且包含它们的分支定义，用来确保在代码同时适配 x86 和 aarch64 两种架构的情况下完成代码的修改，如图 3-90 所示。同时，需要下载 avx2neon 相关的头文件到 ksw.c 所在目录中。

C/C++ Source File
/opt/portadv/portadmi
ksw.c

```
kswr_t ksw_u8(kswq_t *q, int tlen, const uint8_t *target, int _o_del, int _e_del, int _o_ins, int _e_ins, int xt
{
```

Visit 'https://github.com/kunpengcompute/AvxToNeon' and obtain the 'avx2neon.h' source code according to the README.md file.
Suggestion: Visit 'https://github.com/kunpengcompute/AvxToNeon' and obtain the 'avx2neon.h' source code according to the README.md file.
Peek Problem No quick fixes available

```
(xx) = _mm_max_epu8((xx), _mm_srli_si128((xx), 4)); \
(xx) = _mm_max_epu8((xx), _mm_srli_si128((xx), 2)); \
(xx) = _mm_max_epu8((xx), _mm_srli_si128((xx), 1)); \
(ret) = _mm_extract_epi16((xx), 0) & 0x00ff; \
```

图 3-90 修改 ksw.c 文件

修改内容如图 3-91 所示。

原始源代码

```
ACTION OF CONTRACT, TORT OR OTHERWISE, ARISING FROM, OUT OF OR IN
CONNECTION WITH THE SOFTWARE OR THE USE OR OTHER DEALINGS IN THE
SOFTWARE.
*/

#include <stdlib.h>
#include <stdint.h>
#include "avx2neon.h"
  //Suggestion: Visit 'https://github.com/kunpengcompute/AvxToNeon' and obtain the 'avx2neon.h' source code according to the README.md file.
#include "ksw.h"
```

图 3-91　修改内容

这里我们采取先修改源代码再上传的方法，在本地将下载的源码包解压后再找到“Makefile”和“ksw.c”文件并按照上述内容修改文件内容；然后下载源码包，解压后将其中的部分文件复制到 smartdenovo-master 文件夹中，如图 3-92 所示。

Makefile	2021/4/27 13:55	文件	3 KB
avx2neon.h	2021/4/13 11:59	H 文件	1 KB
avx512intrin.h	2021/4/13 11:59	H 文件	78 KB
avxintrin.h	2021/4/13 11:59	H 文件	69 KB
emmintrin.h	2021/4/13 11:59	H 文件	45 KB
immintrin.h	2021/4/13 11:59	H 文件	4 KB
typedefs.h	2021/4/13 11:59	H 文件	2 KB

图 3-92　依赖文件

按照上述方法重新上传修改后的源码文件夹到鲲鹏服务器，如图 3-93 所示，选择“替换”。

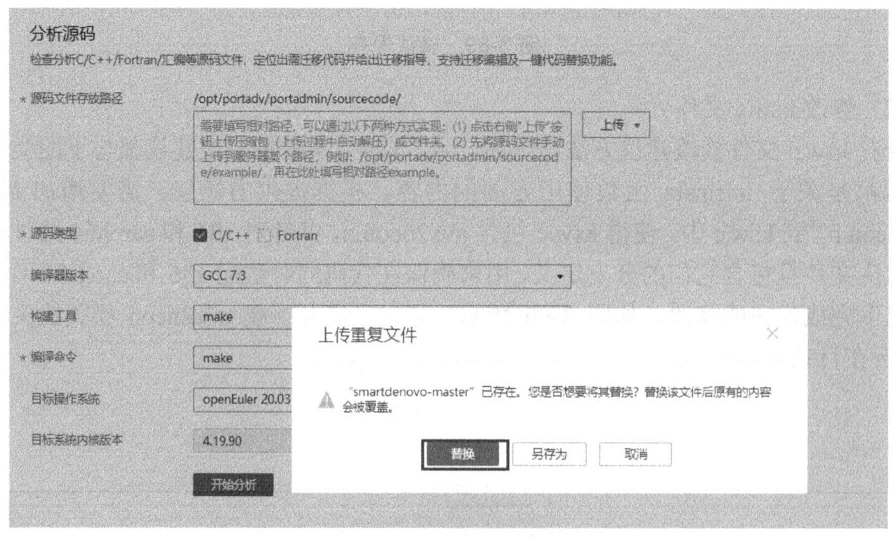

图 3-93　确认信息

如图 3-94 所示，点击“开始分析”，此时信息会直接上传到鲲鹏服务器。

图 3-94　开始分析

接着，切换到鲲鹏终端命令行的相应路径下，如图 3-95 所示。

```
[root@techhost ~]# cd /opt/portadv/portadmin/sourcecode/smartdenovo-master
[root@techhost smartdenovo-master]# ll
```

```
[root@techhost ~]# cd /opt/portadv/portadmin/sourcecode/smartdenovo-master
[root@techhost smartdenovo-master]# ll
total 1.4M
-rw------- 1 porting porting  854 Apr 27 14:11 avx2neon.h
-rw------- 1 porting porting  78K Apr 27 14:11 avx512intrin.h
-rw------- 1 porting porting  69K Apr 27 14:11 avxintrin.h
-rw------- 1 porting porting 2.6K Apr 27 14:11 bit2vec.h
-rw------- 1 porting porting 5.2K Apr 27 14:11 bitsvec.h
-rw------- 1 porting porting  14K Apr 27 14:11 bitvec.h
-rw------- 1 porting porting 3.2K Apr 27 14:11 block_sparse_array.h
-rw------- 1 porting porting 2.7K Apr 27 14:11 bloom_filter.h
```

图 3-95　命令执行结果

执行如下命令进行编译，编译完成后执行 make install 进行安装，出现回显信息，说明安装成功，如图 3-96 所示。

```
[root@techhost smartdenovo-master]# make clean && make
[root@techhost smartdenovo-master]# make install
```

```
[root@techhost smartdenovo-master]# make install
cp pairaln wtpre wtcyc wtmer wtzmo wtobt wtclp wtext wtgbo wtlay wtcns wtmsa /usr/local/bin
[root@techhost smartdenovo-master]#
[root@techhost smartdenovo-master]# ll /usr/local/bin
total4528
-rwxr-xr-x 1 root root  225 May 18  2020 chardetect
-rwx------ 1 root root  397 May 18  2020 cloud-init
-rwx--x--x 1 root root 1003 May 18  2020 jsondiff
-rwxr-xr-x 1 root root 409K May 02  23:45 pairaln
-rwxr-xr-x 1 root root 209K May 02  23:45 wtclp
-rwxr-xr-x 1 root root 547K May 02  23:45 wtcns
-rwxr-xr-x 1 root root 410K May 02  23:45 wtcyc
-rwxr-xr-x 1 root root 413K May 02  23:45 wtext
-rwxr-xr-x 1 root root 550K May 02  23:45 wtgbo
-rwxr-xr-x 1 root root 283K May 02  23:45 wtlay
-rwxr-xr-x 1 root root 141K May 02  23:45 wtmer
-rwxr-xr-x 1 root root 548K May 02  23:45 wtmsa
-rwxr-xr-x 1 root root 210K May 02  23:45 wtobt
-rwxr-xr-x 1 root root 140K May 02  23:45 wtpre
-rwxr-xr-x 1 root root 613K May 02  23:45 wtzmo
[root@techhost smartdenovo-master]#
```

图 3-96　命令执行结果

3.6 鲲鹏软件代码移植实例

在向不同的平台移植应用程序时可以根据应用的特点来决定移植方式，应用程序是使用程序语言来编写的，因此，我们可以从编写应用程序的语言入手，分析该应用是否适合移植以及实际移植时应采取的方法。

按照翻译方式的不同，高级语言通常可以分为两类：一类是编译型语言（编译翻译）；一类是解释型语言（解释翻译）。不同的语言的移植方式是不同的。

① 基于解释型语言。Java、Python 等语言，都属于解释型语言。解释型语言开发的程序在从 x86 处理器迁移到鲲鹏处理器时，一般不需要重新编译，可以直接移植。Java/Python 编译好的程序是与平台无关的字节码，由虚拟机解释执行，虚拟机完成平台差异的屏蔽。

② 基于编译型语言。C、C++、Go 等语言，都属于编译型语言。编译型语言开发的程序在从 x86 处理器迁移到鲲鹏处理器时，必须经过重新编译才能运行。C/C++编译好的程序是机器指令，由操作系统加载到存储器（一般为内存）后由 CPU 直接执行。

接下来将通过实验的方式展示不同语言编写的应用程序在移植时的具体操作，读者需要掌握不同语言编写的程序移植的步骤。

3.6.1 Python 代码移植案例

本小节讲述 Python 代码移植到鲲鹏服务器上的具体操作，以 Python3.7.6 版本为例进行说明，首先讲解整体移植 Python3 到鲲鹏服务器，然后讲解移植 Python 中的库 Numpy（Numerical Python）。

首先确保服务器已经安装了鲲鹏代码迁移工具，然后按照如下步骤操作。

步骤一：在 home 目录下，下载该实验所需的源码压缩包。

```
[root@techhost ~]#cd /home
[root@techhost home]#wget https://kungpeng-ip.obs.myhuaweicloud.com:443/3.2%20Python%E5%BA%94%E7%94%A8%_E7%A7%BB%E6%A4%8D/python-porting.tar.gz
```

下载完成后解压压缩包并查看是否存在实验代码，如图 3-97 所示。

```
[root@techhost home]# tar -xvzf python-porting.tar.gz
[root@techhost home]# ls
[root@techhost home]# cd python-porting
[root@techhost python-porting]# ls
```

```
python-porting/code/venv/Scripts/tqdm.exe
[root@techhost home]# ls
porting  python-porting  python-porting.tar.gz
[root@techhost home]# cd python-porting
[root@techhost python-porting]# ls
code
[root@techhost python-porting]# 
```

图 3-97　命令执行结果

检查 Pyrhon 版本，如图 3-98 所示。

```
[root@techhost python-porting]# cd code
[root@techhost code]# python3 --version
```

```
[root@techhost python-porting]# cd code
[root@techhost code]# python3 --version
Python 3.7.4
[root@techhost code]#
```

图 3-98　命令执行结果

步骤二：使用如下命令尝试运行 Python 脚本，会发现报错，如图 3-99 所示。

```
[root@techhost code]# python3 Nevnetwork.py
```

```
[root@techhost code]# python3 Nevnetwork.py
Traceback (most recent call last):
  File "Nevnetwork.py", line 1, in <module>
    import numpy as np
ModuleNotFoundError: No module named 'numpy'
[root@techhost code]#
```

图 3-99　命令执行结果

出现报错是因为缺少 Numpy 库，解决该报错有两种方式：

① 从华为云开源镜像站中查找是否有适用于 ARM 平台上的 Numpy，如果有，直接进行安装即可；

② 对 Numpy 进行源码移植。

大部分情况下使用第一种方式解决，少数情况下需要第二种方式。本实验分别使用两种方式来讲解如何进行 Python 应用的移植。

1．移植 Numpy 方法一

步骤一：使用 Python 华为镜像源路径。

使用如下命令创建 pip 配置文件 pip.conf，如图 3-100 所示。

```
[root@techhost ~]# cd /bin
[root@techhost bin]# mkdir ~/.pip
[root@techhost bin]# touch ~/.pip/pip.conf
[root@techhost bin]# vim ~/.pip/pip.conf
```

```
[root@techhost ~]# cd /bin
[root@techhost bin]# mkdir ~/.pip
[root@techhost bin]# touch ~/.pip/pip.conf
[root@techhost bin]# vim ~/.pip/pip.conf
```

图 3-100　命令执行结果

在 pip.conf 中输入如下内容，如图 3-101 所示，保存退出。

```
[global]
index-url = https://repo.huaweicloud.com/repository/pypi/simple
trusted-host = repo.huaweicloud.com
timeout = 120
```

图 3-101　配置信息

步骤二：安装 Numpy。

使用如下命令安装 Numpy 依赖包，如图 3-102 所示。

```
[root@techhost ~]# yum install -y python3-devel
```

```
[root@techhost ~]# yum install -y python3-devel
Last metadata expiration check: 2:18:26 ago on Tue 27 Apr 2021 01:19:38 PM CST.
Dependencies resolved.
====================================================================================================================
 Package                 Architecture            Version                     Repository                 Size
====================================================================================================================
Installing:
 python3-devel           aarch64                 3.7.4-8.oe1                 OS                         10 M

Transaction Summary
====================================================================================================================
Install  1 Package

Total download size: 10 M
Installed size: 52 M
Downloading Packages:
python3-devel-3.7.4-8.oe1.aarch64.rpm                                          1.3 MB/s |  10 MB     00:07
--------------------------------------------------------------------------------------------------------------------
Total                                                                          1.3 MB/s |  10 MB     00:07
Running transaction check
Transaction check succeeded.
Running transaction test
Transaction test succeeded.
Running transaction
  Preparing        :                                                                                      1/1
  Installing       : python3-devel-3.7.4-8.oe1.aarch64                                                    1/1
  Running scriptlet: python3-devel-3.7.4-8.oe1.aarch64                                                    1/1
  Verifying        : python3-devel-3.7.4-8.oe1.aarch64                                                    1/1

Installed:
  python3-devel-3.7.4-8.oe1.aarch64

Complete!
[root@techhost ~]#
```

图 3-102　命令执行结果

使用如下命令安装 Numpy 库，如图 3-103 所示。

```
[root@techhost ~]# pip3 install numpy
```

```
[root@techhost ~]# pip3 install numpy
WARNING: Running pip install with root privileges is generally not a good idea. Try `pip3 install --user` instead.
Looking in indexes: https://repo.huaweicloud.com/repository/pypi/simple
Collecting numpy
  Downloading https://repo.huaweicloud.com/repository/pypi/packages/82/a8/1e0f86ae3f13f7ce260e9f782764c16559917f24382c74edfb52149897de/numpy-1.20
    100% |████████████████████████████████| 7.8MB 2.9MB/s
  Installing build dependencies ... done
Installing collected packages: numpy
  Running setup.py install for numpy ... done
Successfully installed numpy-1.20.2
[root@techhost ~]#
```

图 3-103　命令执行结果

步骤三：验证安装成果。

进入 Python 的开发状态，调用 Numpy，测试 Numpy 是否安装完成，具体命令如图 3-104 所示。

```
[root@techhost ~]# python3
import numpy
```

```
[root@techhost ~]# python3
Python 3.7.4 (default, Mar 23 2020, 19:08:45)
[GCC 7.3.0] on linux
Type "help", "copyright", "credits" or "license" for more information.
>>> import numpy
>>>
```

图 3-104　命令执行结果

如果能够正常调用 Numpy 库，则说明安装成功。测试完成，输入 quit ()，敲击回车退出。

步骤四：移除已经安装的 Numpy，为方法二做准备。

使用以下命令移除 Numpy，如图 3-105 所示。

```
[root@techhost ~]# pip3 uninstall numpy
```

```
[root@techhost ~]# pip3 uninstall numpy
Uninstalling numpy-1.20.2:
  Would remove:
    /usr/local/bin/f2py
    /usr/local/bin/f2py3
    /usr/local/bin/f2py3.7
    /usr/local/lib64/python3.7/site-packages/numpy-1.20.2-py3.7.egg-info
    /usr/local/lib64/python3.7/site-packages/numpy/*
Proceed (y/n)? y  输入"y"敲击回车
  Successfully uninstalled numpy-1.20.2
[root@techhost ~]#
```

图 3-105　命令执行结果

再重复步骤三的操作来验证 Numpy 已经被删除，如图 3-106 所示。

```
[root@techhost ~]# python3
Python 3.7.4 (default, Mar 23 2020, 19:08:45)
[GCC 7.3.0] on linux
Type "help", "copyright", "credits" or "license" for more information.
>>> import numpy
Traceback (most recent call last):
  File "<stdin>", line 1, in <module>
ModuleNotFoundError: No module named 'numpy'
>>>
```

图 3-106　命令执行结果

2. 移植 Numpy 方法二

首先编译环境配置。

步骤一：安装 gcc-gfortran，如图 3-107 和图 3-108 所示。

```
[root@techhost ~]# yum -y install gcc-gfortran
```

```
[root@techhost ~]# yum -y install gcc-gfortran
Last metadata expiration check: 2:31:45 ago on Tue 27 Apr 2021 01:19:38 PM CST.
Dependencies resolved.
================================================================================
 Package                 Architecture             Version
================================================================================
Installing:
 gcc-gfortran            aarch64                  7.3.0-20190804.h31.oe1
Installing dependencies:
 libgfortran             aarch64                  7.3.0-20190804.h31.oe1

Transaction Summary
================================================================================
Install  2 Packages
```

图 3-107　命令执行结果

```
Installed:
  gcc-gfortran-7.3.0-20190804.h31.oe1.aarch64          libgfortran-7.3.0-20190804.h31.oe1.aarch64

Complete!
[root@techhost ~]#
```

图 3-108　命令执行结果

步骤二：使用如下命令下载 Numpy 安装包，如图 3-109 所示。

```
[root@techhost ~]# cd /usr/local/src
[root@techhost src]# wget https://github.com/numpy/numpy/releases/download/v1.19.4/numpy-1.19.4.tar.gz
```

```
[root@techhost ~]# cd /usr/local/src
[root@techhost src]# wget https://github.com/numpy/numpy/releases/download/v1.19.4/numpy-1.19.4.tar.gz
--2021-04-27 15:53:29--  https://github.com/numpy/numpy/releases/download/v1.19.4/numpy-1.19.4.tar.gz
Resolving github.com (github.com)... 192.30.255.112
Connecting to github.com (github.com)|192.30.255.112|:443... connected.
HTTP request sent, awaiting response... 302 Found
Location: https://github-releases.githubusercontent.com/908607/da952880-1cec-11eb-895a-6404f5d772f9?X-Amz-Algorithm=AWS4-HMAC-SHA256&X-Amz-Creden
tial=AKIAIWNJYAX4CSVEH53A%2F20210427%2Fus-east-1%2Fs3%2Faws4_request&X-Amz-Date=20210427T075330Z&X-Amz-Expires=300&X-Amz-Signature=dced33a32e8d8d
6d166be28cf7d9942760acb5d27df943c745de63435ef575f3&X-Amz-SignedHeaders=host&actor_id=0&key_id=0&repo_id=908607&response-content-disposition=attac
hment%3B%20filename%3Dnumpy-1.19.4.tar.gz&response-content-type=application%2Foctet-stream [following]
--2021-04-27 15:53:30--  https://github-releases.githubusercontent.com/908607/da952880-1cec-11eb-895a-6404f5d772f9?X-Amz-Algorithm=AWS4-HMAC-SHA2
56&X-Amz-Credential=AKIAIWNJYAX4CSVEH53A%2F20210427%2Fus-east-1%2Fs3%2Faws4_request&X-Amz-Date=20210427T075330Z&X-Amz-Expires=300&X-Amz-Signature
=dced33a32e8d8d6d166be28cf7d9942760acb5d27df943c745de63435ef575f3&X-Amz-SignedHeaders=host&actor_id=0&key_id=0&repo_id=908607&response-content-di
sposition=attachment%3B%20filename%3Dnumpy-1.19.4.tar.gz&response-content-type=application%2Foctet-stream
Resolving github-releases.githubusercontent.com (github-releases.githubusercontent.com)... 185.199.109.154, 185.199.110.154, 185.199.111.154, ...
Connecting to github-releases.githubusercontent.com (github-releases.githubusercontent.com)|185.199.109.154|:443... connected.
HTTP request sent, awaiting response... 200 OK
Length: 6782925 (6.5M) [application/octet-stream]
Saving to: 'numpy-1.19.4.tar.gz'

numpy-1.19.4.tar.gz            100%[=================================================================>]   6.47M  79.1KB/s    in 91s

2021-04-27 15:55:02 (72.6 KB/s) - 'numpy-1.19.4.tar.gz' saved [6782925/6782925]

[root@techhost src]#
```

图 3-109　命令执行结果

步骤三：解压并进入源码目录，如图 3-110 所示。

```
[root@techhost src]# tar -zxvf numpy-1.19.4.tar.gz && cd numpy-1.19.4
```

```
numpy-1.19.4/tools/travis-test.sh
numpy-1.19.4/tools/travis-upload-wheel.sh
numpy-1.19.4/tox.ini
[root@techhost numpy-1.19.4]# ls
benchmarks  doc_requirements.txt  LICENSE.txt  numpy     pyproject.toml  README.md    setup.py          test_requirements.txt  tools
doc         INSTALL.rst.txt       MANIFEST.in  PKG-INFO  pytest.ini      runtests.py  site.cfg.example  THANKS.txt             tox.ini
[root@techhost numpy-1.19.4]#
```

图 3-110　命令执行结果

步骤四：编译 Numpy。

使用如下命令编译 Numpy 的依赖，如图 3-111 所示。

```
[root@techhost numpy-1.19.4]# pip3 install Cython
```

```
[root@techhost numpy-1.19.4]# pip3 install Cython
WARNING: Running pip install with root privileges is generally not a good idea. Try `pip3 install --user` instead.
Looking in indexes: https://repo.huaweicloud.com/repository/pypi/simple
Collecting Cython
  Downloading https://repo.huaweicloud.com/repository/pypi/packages/f6/e3/293d7d18a64dde5e60f809c5c3354ee812af713b167
9.23-py2.py3-none-any.whl (978kB)
    100% |████████████████████████████████| 983kB 22.4MB/s
Installing collected packages: Cython
Successfully installed Cython-0.29.23
[root@techhost numpy-1.19.4]#
```

图 3-111　命令执行结果

进入 Numpy 目录下，进行编译，如图 3-112 所示。

```
[root@techhost numpy-1.19.4]# python3 setup.py install
```

步骤五：验证 Numpy。

使用一种验证方法即可。需要注意的是，在验证时不能在 Numpy -1.19.4 目录中，否则系统会报错，如图 3-113 所示，请切换到其他目录中验证。

```
[root@techhost numpy-1.19.4]# cd numpy -1.19.4
-bash: cd: too many arguments
[root@techhost numpy-1.19.4]# python3 setup.py install
Running from numpy source directory.

Note: if you need reliable uninstall behavior, then install
with pip instead of using `setup.py install`:

  - `pip install .`       (from a git repo or downloaded source
                           release)
  - `pip install numpy`   (last NumPy release on PyPi)


Cythonizing sources
Processing numpy/random/_bounded_integers.pxd.in
Processing numpy/random/_sfc64.pyx
Processing numpy/random/_pcg64.pyx
Processing numpy/random/_generator.pyx
```

图 3-112　命令执行结果

```
[root@techhost numpy-1.19.4]# python3
Python 3.7.4 (default, Mar 23 2020, 19:08:45)
[GCC 7.3.0] on linux
Type "help", "copyright", "credits" or "license" for more information.
>>> import numpy
Traceback (most recent call last):
  File "/usr/local/src/numpy-1.19.4/numpy/__init__.py", line 124, in <module>
    from numpy.__config__ import show as show_config
ModuleNotFoundError: No module named 'numpy.__config__'

During handling of the above exception, another exception occurred:

Traceback (most recent call last):
  File "<stdin>", line 1, in <module>
  File "/usr/local/src/numpy-1.19.4/numpy/__init__.py", line 129, in <module>
    raise ImportError(msg)
ImportError: Error importing numpy: you should not try to import numpy from
        its source directory; please exit the numpy source tree, and relaunch
        your python interpreter from there.
>>>
```

图 3-113　错误提示

学会了移植方法后，我们可以对移植后的 Numpy 进行调试，完成数字识别。测试移植的 Numpy 是否运行良好，具体操作流程如下。

步骤一：使用如下指令安装依赖库，如图 3-114、图 3-115 和图 3-116 所示。

```
[root@techhost ~]# pip3 install selenium tqdm
[root@techhost ~]#
[root@techhost ~]# pip3 install matplotlib
```

```
[root@techhost ~]# pip3 install selenium tqdm
WARNING: Running pip install with root privileges is generally not a good idea. Try `pi
Looking in indexes: https://repo.huaweicloud.com/repository/pypi/simple
Collecting selenium
  Downloading https://repo.huaweicloud.com/repository/pypi/packages/80/d6/4294f0b4bce4d
.141.0-py2.py3-none-any.whl (904kB)
    100% |████████████████████████████████| 911kB 12.6MB/s
Collecting tqdm
  Downloading https://repo.huaweicloud.com/repository/pypi/packages/72/8a/34efae5cf9924
0-py2.py3-none-any.whl (75kB)
    100% |████████████████████████████████| 81kB 58.4MB/s
Requirement already satisfied: urllib3 in /usr/local/lib/python3.7/site-packages (from
Installing collected packages: selenium, tqdm
Successfully installed selenium-3.141.0 tqdm-4.60.0
```

图 3-114　命令执行结果

```
[root@techhost ~]# pip3 install --upgrade pip
WARNING: Running pip install with root privileges is generally not a good ide
Looking in indexes: https://repo.huaweicloud.com/repository/pypi/simple
Collecting pip
  Downloading https://repo.huaweicloud.com/repository/pypi/packages/ac/cf/0cc
y3-none-any.whl (1.5MB)
    100% |████████████████████████████████| 1.6MB 6.0MB/s
Installing collected packages: pip
Successfully installed pip-21.1
```

图 3-115　命令执行结果

```
Successfully installed cycler-0.10.0 kiwisolver-1.3.1 matplotlib-3.4.1 pillow-8.2.0 pyparsing-2.4.7
WARNING: Running pip as root will break packages and permissions. You should install packages reliab
s/venv
[root@techhost ~]# 
```

图 3-116　命令执行结果

步骤二：进入 code 目录，使用如下测试代码（此过程耗时较长），如图 3-117 和图 3-118 所示。

```
[root@techhost ~]# cd /home/python-porting/code
[root@techhost code]# python3 Traing.py
```

```
训练数据集大小33593, 测试数据集大小8407
  0%|                                                                  | 0/100779 [00:00<?, ?it/s]
/home/python-porting/code/Nevnetwork.py:6: RuntimeWarning: overflow encountered in exp
  return 1 / (1 + np.exp(-x))
 12%|████████                                                         | 12409/100779 [05:13<37:11, 39.61it/s]
```

图 3-117　命令执行结果

```
el783']
训练数据集大小33567, 测试数据集大小8433
  0%|
/home/python-porting/code/Nevnetwork.py:6: RuntimeWarning: overflow encountered in exp
  return 1 / (1 + np.exp(-x))
100%|████████████████████████████████████████████████████████████
模型识别正确率:  0.9188900747065102
[root@techhost code]# 
```

图 3-118　命令执行结果

执行如下命令，如图 3-119 所示。

```
[root@techhost code]# python3  Dy-test.py
```

```
[root@techhost code]# python3  Dy-test.py
Traceback (most recent call last):
  File "Dy-test.py", line 25, in <module>
    dplayTs()
  File "Dy-test.py", line 11, in dplayTs
    with open(file_name, 'r') as f:
FileNotFoundError: [Errno 2] No such file or directory: 'data01/test.csv'
```

图 3-119　命令执行结果

此时可能出现报错提示，使用如下命令将测试所需的 test.csv 文件移动到 code 目录下：

```
[root@techhost code]# cd /data/data
[root@techhost data]# mv test.csv /home/python-porting/code
```

然后修改 Dy-test.py 文件，将其中的文件目录改为“test.csv”保存退出再运行即可，如图 3-120 所示。

```
[root@techhost code]# python3  Dy-test.py
['pixel0', 'pixel1', 'pixel2', 'pixel3', 'pixel4', 'pixel5', 'pixel6', 'pixel7', 'pixel8', 'pixel9',
l14', 'pixel15', 'pixel16', 'pixel17', 'pixel18', 'pixel19', 'pixel20', 'pixel21', 'pixel22', 'pixel2
pixel28', 'pixel29', 'pixel30', 'pixel31', 'pixel32', 'pixel33', 'pixel34', 'pixel35', 'pixel36', 'pi
', 'pixel42', 'pixel43', 'pixel44', 'pixel45', 'pixel46', 'pixel47', 'pixel48', 'pixel49', 'pixel50',
el55', 'pixel56', 'pixel57', 'pixel58', 'pixel59', 'pixel60', 'pixel61', 'pixel62', 'pixel63', 'pixel
'pixel69', 'pixel70', 'pixel71', 'pixel72', 'pixel73', 'pixel74', 'pixel75', 'pixel76', 'pixel77', 'p
2', 'pixel83', 'pixel84', 'pixel85', 'pixel86', 'pixel87', 'pixel88', 'pixel89', 'pixel90', 'pixel91'
xel96', 'pixel97', 'pixel98', 'pixel99', 'pixel100', 'pixel101', 'pixel102', 'pixel103', 'pixel104',
pixel109', 'pixel110', 'pixel111', 'pixel112', 'pixel113', 'pixel114', 'pixel115', 'pixel116', 'pixel
21', 'pixel122', 'pixel123', 'pixel124', 'pixel125', 'pixel126', 'pixel127', 'pixel128', 'pixel129',
pixel134', 'pixel135', 'pixel136', 'pixel137', 'pixel138', 'pixel139', 'pixel140', 'pixel141', 'pixel
```

图 3-120　命令执行结果

使用如下命令查看结果：

```
[root@techhost code]# cd img/
[root@techhost img]# python3-m http.server
```

打开安全组释放端口 8000，打开浏览器输入 IP 地址+端口，如图 3-121 所示。

123.60.208.84:8000

图 3-121　输入 IP 地址+端口

敲击回车即可进入网页界面，如图 3-122 所示。

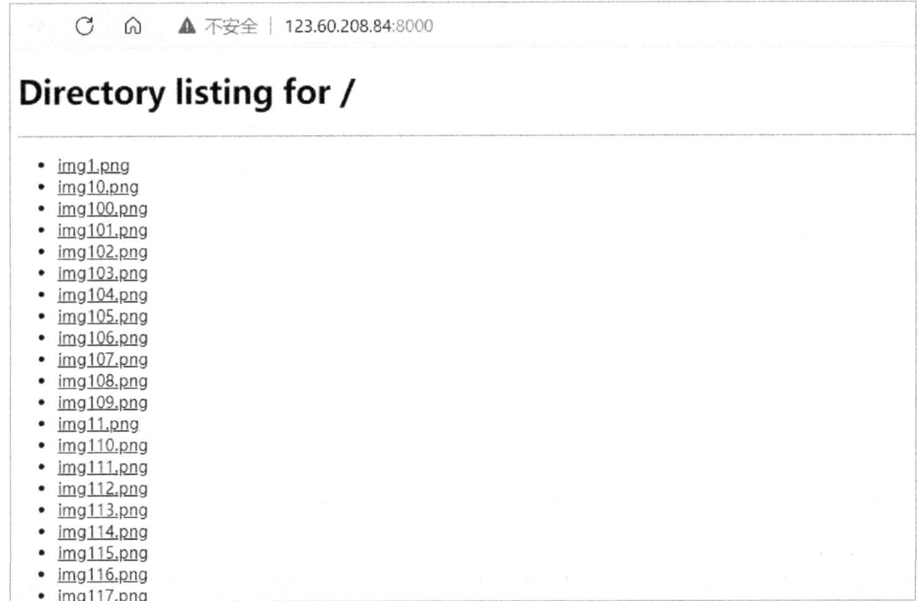

图 3-122　进入网页

任意点击图片查询，以第二张“img10.png”为例，出现结果如图 3-123 所示，说明调试成功，移植的 Numpy 能完美运行。

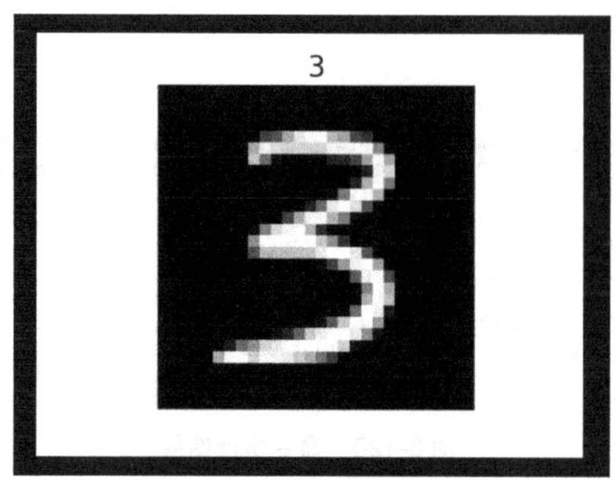

图 3-123　结果显示

3.6.2　Go 语言代码移植

本小节讲述 Go 语言编写代码移植到鲲鹏平台上的操作：首先在 x86 平台上编译构建由 Go 语言编写的简单的 Web 服务器应用；然后将应用直接移植部署到鲲鹏云平台；最后在鲲鹏平台上重新编译构建该应用。

1．在 x86 服务器运行 Go Web 服务器

（1）购买 x86 云服务器

首先需要购买华为云 x86 云服务器，要注意的是，CPU 架构要选择 x86 结构而不是鲲鹏计算，剩余配置可根据个人情况选择。本实验配置说明见表 3-16。

表 3-16　实验配置说明

计费模式	按需计费
区域	华北-北京四
可用区	随机分配
CPU 架构	x86 计算
规格	通用计算型 s6.small.1 1vCPUs|1GB
镜像	公共镜像 OpenEuler 20.03 64bit（40GB）
主机安全	基础版
系统盘	高 I/O 40GB

云主机配置如图 3-124 所示。

单击下一步进入网络配置，本机网络及安全组配置选择已创建的虚拟云网络和安全组，可根据实际设置。带宽选择“按流量计费”大小选择“5”，单击下一步高级配置，如图 3-125 所示。

图 3-124　云主机配置

图 3-125　网络配置

在高级设置页面配置云服务器的名称和登录密码，本实验设置 x86 服务器名称为 techhost_x86，实际操作时，服务器名称和密码可自行设置，如图 3-126 所示。

云服务器名称 techhost_x86 允许重名

登录凭证 密码 密钥对 创建后设置

用户名 root

密码 请牢记密码，如忘记密码可登录ECS控制台重置密码。

确认密码

云备份 使用云备份服务，需购买备份存储库，存储库是存放服务器产生的备份副本的容器。

现在购买 使用已有 暂不购买

云服务器组（可选） 反亲和性

新建云服务器组

图 3-126　主机登录信息

单击“下一步，确认配置”，确认无误后勾选“我已阅读并同意《镜像免责声明》”并单击立即购买，如图 3-127 所示。

图 3-127　购买弹性云服务器

单击“返回弹性云服务器列表”，查看刚刚购买的弹性云服务器，等待约 30s，其状态变为“运行中”，并显示弹性公网 IP 地址，如图 3-128 所示。

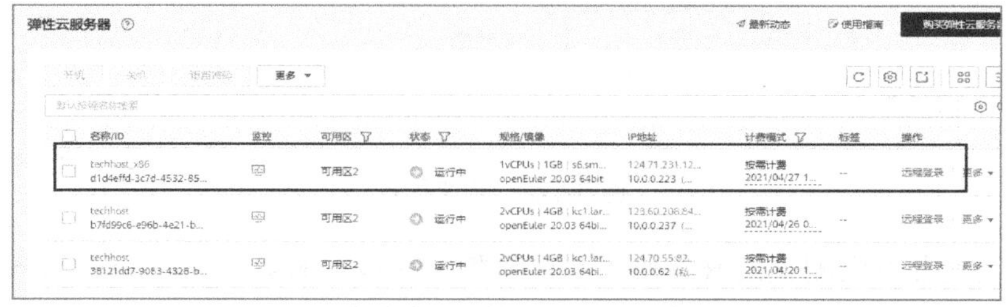

图 3-128　云主机展示

（2）在 x86 服务器上安装 Go

使用 SSH 远程登录工具登录 x86 云服务器。

步骤一：查看系统信息并下载 Go 软件包，如图 3-129 所示。

```
[root@techhost-x86 ~]# uname -a
[root@techhost-x86 ~]# wget https://kunpeng-ip.obs.cn-north-4. myhuaweicloud. com/ %E5% AE% 9E%E9%
AA%8C%E8%B5%84%E6%BA%90/3.2%20Go%E8%AF%AD%E8%A8%80%E4%BB%A3%E7%A0%81%E7%A7%B
B%E6%A4%8D/go1.15.3.linux-amd64.tar.gz
```

```
[root@techhost-x86 ~]# uname -a
Linux techhost-x86 4.19.90-2003.4.0.0036.oe1.x86_64 #1 SMP Mon Mar 23 19:10:41 UTC 2020 x86_64 x86_64 x86_64 GNU/Linux
[root@techhost-x86 ~]# wget https://kunpeng-ip.obs.cn-north-4.myhuaweicloud.com/%E5%AE%9E%E9%AA%8C%E8%B5%84%E6%BA%90/3.2%20Go%E8%AF
A3%E7%A0%81%E7%A7%BB%E6%A4%8D/go1.15.3.linux-amd64.tar.gz
--2021-04-27 19:15:58--  https://kunpeng-ip.obs.cn-north-4.myhuaweicloud.com/%E5%AE%9E%E9%AA%8C%E8%B5%84%E6%BA%90/3.2%20Go%E8%AF%AD
E7%A0%81%E7%A7%BB%E6%A4%8D/go1.15.3.linux-amd64.tar.gz
Resolving kunpeng-ip.obs.cn-north-4.myhuaweicloud.com (kunpeng-ip.obs.cn-north-4.myhuaweicloud.com)... 100.125.80.126
Connecting to kunpeng-ip.obs.cn-north-4.myhuaweicloud.com (kunpeng-ip.obs.cn-north-4.myhuaweicloud.com)|100.125.80.126|:443... conn
HTTP request sent, awaiting response... 200 OK
Length: 121097663 (115M) [application/octet-stream]
Saving to: 'go1.15.3.linux-amd64.tar.gz'

go1.15.3.linux-amd64.tar.gz         100%[=====================================================================>] 115.49M   122M

2021-04-27 19:15:59 (122 MB/s) - 'go1.15.3.linux-amd64.tar.gz' saved [121097663/121097663]

[root@techhost-x86 ~]#
```

图 3-129　命令执行结果

步骤二：将下载好的安装包解压到指定（此处设置为/usr/local 目录，可根据实际情况设置）文件夹目录下，如图 3-130 所示。

```
[root@techhost-x86 ~]# tar -C /usr/local -xzvf go1.15.3.linux-amd64.tar.gz
```

```
[root@techhost-x86 ~]# tar -C /usr/local -xzvf go1.15.3.linux-amd64.tar.gz
```

图 3-130　命令执行结果

步骤三：使用如下命令打开环境变量配置文件，在文件最后添加如下内容，然后保存退出，如图 3-131 所示。

```
[root@techhost-x86 ~]# vim /etc/profile
export GOPATH=/usr/local/go
export PATH=$PATH:/usr/local/go/bin
```

```
                    . /etc/bashrc
        fi
fi

export GOPATH=/usr/local/go
export PATH=$PATH:/usr/local/go/bin
```

图 3-131　命令执行结果

运行如下代码使配置生效，如图 3-132 所示。

```
[root@techhost-x86 ~]# source /etc/profile
```

```
[root@techhost-x86 ~]# source /etc/profile


Welcome to 4.19.90-2003.4.0.0036.oe1.x86_64

System information as of time:  Tue Apr 27 19:23:59 CST 2021

System load:    0.04
Processes:      81
Memory used:    13.3%
Swap used:      0.0%
Usage On:       9%
IP address:     10.0.0.223
Users online:   1



[root@techhost-x86 ~]#
```

图 3-132　命令执行结果

步骤四：使用如下命令查看 Go 版本信息，验证 Go 安装成功。

```
[root@techhost-x86 ~]# go version
```

若返回如下信息，则说明安装成功，如图 3-133 所示。

```
[root@techhost-x86 ~]# go version
warning: GOPATH set to GOROOT (/usr/local/go) has no effect
go version go1.15.3 linux/amd64
[root@techhost-x86 ~]#
```

图 3-133　命令执行结果

（3）在 x86 服务器上运行 Web 服务器

步骤一：使用如下命令创建 Go 文件。

```
[root@techhost-x86 ~]# vim hello-techhost.go
```

在创建的空文件中输入 Web 服务器的代码如下，然后保存退出。

```
package main
import (
        "fmt"
"net/http"
)
func main () {
        http.HandleFunc("/", HelloServer)
        http.ListenAndServe(":8080", nil)
}
func HelloServer(w http.ResponseWriter, r *http.Request) {
        fmt.Fprintf(w, "Hello,texhhostx86 %s!", r.URL.Path[1:])
}
```

步骤二：运行如下代码。

```
[root@techhost-x86 ~]# go run hello-techhost.go
```

步骤三：打开浏览器输入网址为 IP 地址+端口号。此处使用 8080 端口，可在安全组中释放 8080 端口。即可看到以下界面，如图 3-134 所示。

```
不安全 | 124.71.231.127:8080

Hello, texhhostx86 !
```

图 3-134 命令执行结果

使用“Ctrl+c”指令停止运行 Web 服务器，如图 3-135 所示。

```
[root@techhost-x86 ~]# go run hello-techhost.go
warning: GOPATH set to GOROOT (/usr/local/go) has no effect
^Csignal: interrupt
[root@techhost-x86 ~]#
```

图 3-135 命令执行结果

（4）Build Web 服务器

步骤一：使用如下命令查看 Web 服务器的编译过程，部分过程如下，如图 3-136 所示。

```
[root@techhost-x86 ~]# go build -x hello-techhost.go
```

```
[root@techhost-x86 ~]# go build -x hello-techhost.go
warning: GOPATH set to GOROOT (/usr/local/go) has no effect
WORK=/tmp/go-build206501139
mkdir -p $WORK/b001/
cat >$WORK/b001/importcfg << 'EOF' # internal
# import config
packagefile fmt=/usr/local/go/pkg/linux_amd64/fmt.a
packagefile net/http=/usr/local/go/pkg/linux_amd64/net/http.a
packagefile runtime=/usr/local/go/pkg/linux_amd64/runtime.a
EOF
cd /root
/usr/local/go/pkg/tool/linux_amd64/compile -o $WORK/b001/_pkg_.a -trimpath "$WORK/b001=>" -p m
SavhWe/4aC_4oD4vY8itCSavhWe -goversion go1.15.3 -D _/root -importcfg $WORK/b001/importcfg -pac
/usr/local/go/pkg/tool/linux_amd64/buildid -w $WORK/b001/_pkg_.a # internal
cp $WORK/b001/_pkg_.a /root/.cache/go-build/c1/c10e3d388c3e4732b9a875456e42855e56339680248c9bb
cat >$WORK/b001/importcfg.link << 'EOF' # internal
packagefile command-line-arguments=$WORK/b001/_pkg_.a
packagefile fmt=/usr/local/go/pkg/linux_amd64/fmt.a
packagefile net/http=/usr/local/go/pkg/linux_amd64/net/http.a
packagefile runtime=/usr/local/go/pkg/linux_amd64/runtime.a
packagefile errors=/usr/local/go/pkg/linux_amd64/errors.a
packagefile internal/fmtsort=/usr/local/go/pkg/linux_amd64/internal/fmtsort.a
```

图 3-136 命令执行结果

步骤二：使用如下指令查看目录下文件，并运行可执行文件 hello-techhost，如图 3-137 所示。

```
[root@techhost-x86 ~]# ll
[root@techhost-x86 ~]# ./hello-techhost
```

```
[root@techhost-x86 ~]# ll
total 122M
-rw------- 1 root root 116M Jan 28 15:31 go1.15.3.linux-amd64.tar.gz
-rwx------ 1 root root 6.2M Apr 27 19:56 hello-techhost
-rw------- 1 root root  529 Apr 27 19:50 hello-techhost.go
[root@techhost-x86 ~]# ./hello-techhost
```

图 3-137 命令执行结果

步骤三：打开浏览器输入网址为IP地址+端口号。此处使用8080端口，可在安全组中释放8080端口，即可看到以下界面，如图3-138所示。

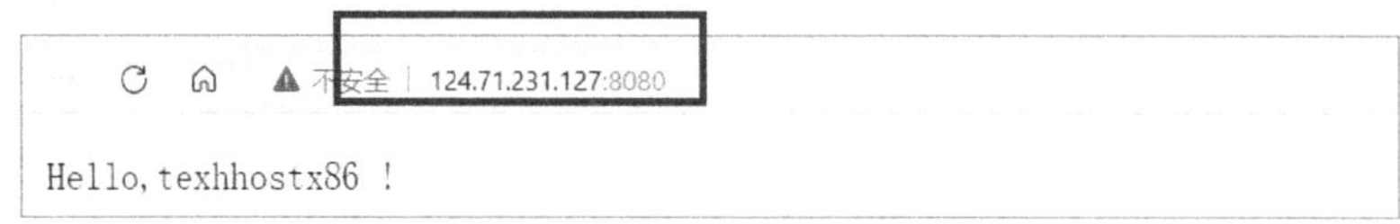

图3-138 结果展示

使用“Ctrl+c”停止Web服务器，如图3-139所示。

```
[root@techhost-x86 ~]# ./hello-techhost
^C
[root@techhost-x86 ~]#
```

图3-139 命令执行结果

2. 在鲲鹏云服务器运行Go Web服务器

（1）在鲲鹏云服务器安装Go

步骤一：使用如下命令查看系统信息并下载Go软件包，如图3-140所示。

```
[root@techhost ~]# uname -a
[root@techhost ~]# wget https://dl.google.com/go/go1.15.3.linux-arm64.tar.gz
```

```
[root@techhost ~]# wget https://dl.google.com/go/go1.15.3.linux-arm64.tar.gz
--2021-04-27 20:17:59--  https://dl.google.com/go/go1.15.3.linux-arm64.tar.gz
Resolving dl.google.com (dl.google.com)... 180.163.150.161
Connecting to dl.google.com (dl.google.com)|180.163.150.161|:443... connected.
HTTP request sent, awaiting response... 200 OK
Length: 97706539 (93M) [application/octet-stream]
Saving to: 'go1.15.3.linux-arm64.tar.gz'

go1.15.3.linux-arm64.tar.gz      100%[==========================================================>]  93.18M  1.32MB/s    in 77s

2021-04-27 20:19:16 (1.21 MB/s) - 'go1.15.3.linux-arm64.tar.gz' saved [97706539/97706539]

[root@techhost ~]#
```

图3-140 命令执行结果

步骤二：使用如下命令将下载的软件包解压到指定目录下（此处设置为/usr/local 目录，可根据实际情况设置），如图3-141所示。

```
[root@techhost ~]# tar -C /usr/local -xzvf go1.15.3.linux-arm64.tar.gz
```

```
[root@techhost ~]# tar -C /usr/local -xzvf go1.15.3.linux-arm64.tar.gz
```

图3-141 命令执行结果

步骤三：使用如下命令打开环境变量配置文件，在文件最后添加如下内容，然后保存退出，如图3-142所示。

```
[root@techhost ~]# vim /etc/profile
export PATH=$PATH:/usr/local/go/bin
export GOROOT=/usr/local/go
export GOPATH=$HOME/go
export PATH=$PATH:$GOPATH/bin
```

```
        fi
fi

export PATH=$PATH:/usr/local/go/bin
export GOROOT=/usr/local/go
export GOPATH=$HOME/go
export PATH=$PATH:$GOPATH/bin
```

图 3-142 命令执行结果

运行如下代码使配置生效，如图 3-143 所示。

```
[root@techhost ~]# source /etc/profile
```

```
[root@techhost ~]# source /etc/profile


Welcome to 4.19.90-2003.4.0.0036.oe1.aarch64

System information as of time:  Tue Apr 27 20:23:41 CST 2021

System load:    0.00
Processes:      137
Memory used:    22.4%
Swap used:      0.0%
Usage On:       8%
IP address:     10.0.0.237
Users online:   2


[root@techhost ~]#
```

图 3-143 命令执行结果

步骤四：使用如下命令查看 Go 版本信息，验证 Go 安装成功。

```
[root@techhost ~]# go version
```

若返回信息如图 3-144 所示，说明安装成功。

```
[root@techhost ~]# go version
go version go1.15.3 linux/arm64
[root@techhost ~]#
```

图 3-144 命令执行结果

（2）在鲲鹏云服务器运行 Web 服务器

步骤一：使用如下命令从 x86 云服务器复制可执行文件至鲲鹏云服务器（其中 124.71.231.127 为 x86 云服务器 IP 地址，可根据实际情况填写），如图 3-145 所示。

```
[root@techhost ~]# scp root@124.71.231.127:/root/hello-techhost /root/
```

```
[root@techhost ~]# scp root@124.71.231.127:/root/hello-techhost /root/
The authenticity of host '124.71.231.127 (124.71.231.127)' can't be established.
ECDSA key fingerprint is SHA256:jYFMC0FXcfGsQ42eXmq46oVKdFEa3lUj6ivVlfJHEgs.
Are you sure you want to continue connecting (yes/no)? yes
Warning: Permanently added '124.71.231.127' (ECDSA) to the list of known hosts.

Authorized users only. All activities may be monitored and reported.
root@124.71.231.127's password:  输入x86云服务器密码
hello-techhost                                                    100% 6298KB
[root@techhost ~]#
```

图 3-145 复制文件

使用“ll”命令查询，出现可执行文件“hello-techhost”说明复制成功，如图 3-146 所示。

```
[root@techhost ~]# ll
total 100M
-rwxrwxrwx 1 root root  490 Apr 27 19:38 2.sh
-rw------- 1 root root  94M Oct 15  2020 go1.15.3.linux-arm64.tar.gz
-rwx------ 1 root root 6.2M Apr 27 20:30 hello-techhost
[root@techhost ~]#
```

图 3-146 查看文件

步骤二：运行可执行文件“hello-techhost”会出现报错提示，如图 3-147 所示。

```
[root@techhost ~]# ./hello-techhost
```

```
[root@techhost ~]# ./hello-techhost
-bash: ./hello-techhost: cannot execute binary file: Exec format error
[root@techhost ~]#
```

图 3-147 命令执行结果

这是由于 x86 和鲲鹏平台差异导致执行格式错误，无法执行 x86 的二进制文件，需要在鲲鹏平台重新编译源码。

（3）在鲲鹏云服务器构建 Web 服务器

步骤一：使用如下命令从 x86 云服务器复制可执行文件至鲲鹏云服务器（其中 124.71.231.127 为 x86 云服务器 IP 地址，可根据实际情况填写）并查看目录下文件，如图 3-148 所示。

```
[root@techhost ~]# scp root@124.71.231.127:/root/hello-techhost.go /root/
[root@techhost ~]# ll
```

```
[root@techhost ~]# scp root@124.71.231.127:/root/hello-techhost.go /root/

Authorized users only. All activities may be monitored and reported.
root@124.71.231.127's password:  输入x86云服务器密码
hello-techhost.go                                                   100%  529   2
[root@techhost ~]# ll
total 100M
-rwxrwxrwx 1 root root  490 Apr 27 19:38 2.sh
-rw------- 1 root root  94M Oct 15  2020 go1.15.3.linux-arm64.tar.gz
-rwx------ 1 root root 6.2M Apr 27 20:30 hello-techhost
-rw------- 1 root root  529 Apr 27 20:38 hello-techhost.go
[root@techhost ~]#
```

图 3-148 复制文件

步骤二：使用如下指令重新编译源码并查看过程，如图 3-149 所示。

```
[root@techhost ~]# go build -x -o hello-techhost-kp hello-techhost.go
```

```
[root@techhost ~]# go build -x -o hello-techhost-kp hello-techhost.go
WORK=/tmp/go-build352683072
mkdir -p $WORK/b001/
cat >$WORK/b001/importcfg << 'EOF' # internal
# import config
packagefile fmt=/usr/local/go/pkg/linux_arm64/fmt.a
packagefile net/http=/usr/local/go/pkg/linux_arm64/net/http.a
packagefile runtime=/usr/local/go/pkg/linux_arm64/runtime.a
EOF
cd /root
/usr/local/go/pkg/tool/linux_arm64/compile -o $WORK/b001/_pkg_.a -trimpath "$WORK/b001
rhNmpx/dEbyyfXtv5Ko34rhNmpx -goversion go1.15.3 -D _/root -importcfg $WORK/b001/import
/usr/local/go/pkg/tool/linux_arm64/buildid -w $WORK/b001/_pkg_.a # internal
cp $WORK/b001/_pkg_.a /root/.cache/go-build/9e/9ea002004afac19a73eae9f0b99f901a43f66ff
cat >$WORK/b001/importcfg.link << 'EOF' # internal
packagefile command-line-arguments=$WORK/b001/_pkg_.a
packagefile fmt=/usr/local/go/pkg/linux_arm64/fmt.a
packagefile net/http=/usr/local/go/pkg/linux_arm64/net/http.a
packagefile runtime=/usr/local/go/pkg/linux_arm64/runtime.a
```

图 3-149 重新编译源码

步骤三：再次查看目录下的文件会发现可执行文件 hello-techhost-kp 已经存在了，如图 3-150 所示。

```
[root@techhost ~]# ll
```

```
[root@techhost ~]# ll
total 199M
-rwxrwxrwx 1 root root  490 Apr 27 19:38 2.sh
-rw------- 1 root root  94M Oct 15  2020 go1.15.3.linux-arm64.tar.gz
-rw------- 1 root root  94M Oct 15  2020 go1.15.3.linux-arm64.tar.gz.1
-rwx------ 1 root root 6.2M Apr 27 20:30 hello-techhost
-rw------- 1 root root  529 Apr 27 20:38 hello-techhost.go
-rwx------ 1 root root 5.9M Apr 27 20:47 hello-techhost-kp
[root@techhost ~]#
```

图 3-150　命令执行结果

步骤四：运行可执行文件。

```
[root@techhost ~]# ./hello-techhost-kp
```

步骤五：打开浏览器输入网址为 IP 地址+端口号（此处 IP 地址为鲲鹏云服务器 IP 地址，可根据实际情况填写）。使用 8080 端口，可在安全组中释放 8080 端口，即可看到以下界面，如图 3-151 所示。

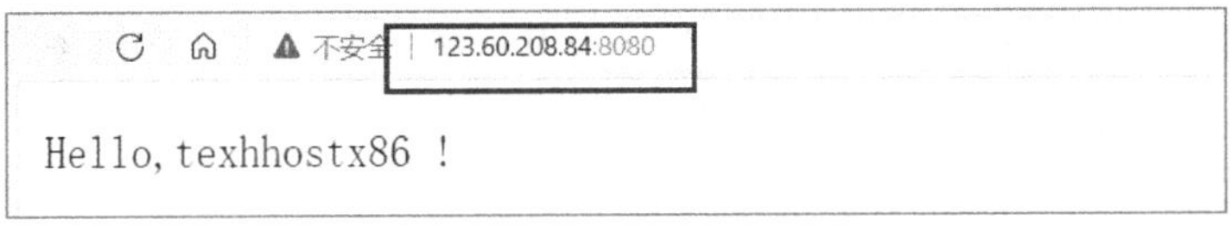

```
不安全 | 123.60.208.84:8080

Hello, texhhostx86 !
```

图 3-151　命令执行结果

使用“Ctrl+c”停止 Web 服务器，如图 3-152 所示。

```
[root@techhost ~]# ./hello-techhost-kp
^C
[root@techhost ~]#
```

图 3-152　命令执行结果

3.7　Docker 容器原理与操作

3.7.1　容器概述

容器技术起源于 Linux，是一种内核虚拟化技术，提供轻量级的虚拟化，以便隔离进程和资源。它可以有效地将单个操作系统的资源划分到孤立的组中，以便更好地在孤立的组之间平衡有冲突的资源使用需求。

容器可被理解为是一种轻量级、可移植、自包含的软件打包技术，可使应用程序在几乎任何地方以相同的方式运行。开发人员在自己笔记本上创建并测试好的容器，无须任何修改就能够在生产系统的虚拟机、物理服务器或公有云主机上运行。

3.7.2 Docker 容器

尽管容器技术已经出现很久，但这一技术却是随着 Docker 的出现而变得广为人知。Docker 是第一个使容器能在不同机器之间移植的系统，也是最受大众关注的容器技术，并且现在几乎是容器的标准。它不仅简化了打包应用的流程，也简化了打包应用的库和依赖，甚至整个操作系统的文件系统都能被打包成一个简单的可移植的包，这个包可以被用来在任何其他运行 Docker 的机器上使用。

Docker 容器是一个开源的应用容器引擎，让开发者可以以统一的方式打包他们的应用以及依赖包到一个可移植的容器中，然后发布到任何安装了 Docker 引擎的服务器上（包括流行的 Linux 机器、Windows 机器），同时可以实现虚拟化。容器完全使用沙箱机制，相互之间不会有任何接口。Docker 容器几乎没有性能开销，可以很容易地在机器和数据中心中运行，最重要的是，它不依赖于任何语言、框架、系统。

Docker 容器有以下 3 个主要的概念。

1. 镜像

Docker 镜像里包含了已打包的应用程序及其所依赖的环境。它包含应用程序可用的文件系统和其他元数据，如镜像运行时的可执行文件路径。

2. 镜像仓库

Docker 镜像仓库用于存放 Docker 镜像，以及促进不同人和不同电脑之间共享这些镜像。当编译镜像时，要么可以在编译它的电脑上运行，要么可以先上传镜像到一个镜像仓库，然后将其下载到另外一台电脑上并运行。某些仓库是公开的，允许所有人从中拉取镜像，也有一些是私有的，仅限部分人和机器接入。

3. 容器

Docker 容器通常是一个 Linux 容器，基于 Docker 镜像被创建。一个运行中的容器是一个运行在 Docker 主机上的进程，但它和主机以及所有运行在主机上的其他进程都是隔离的。这个进程是资源受限的，意味着它只能访问和使用分配给它的资源（CPU、内存等）。

Docker 的基本架构如图 3-153 所示。

Docker 容器架构概念解释见表 3-17。

Docker 迁移实现的原理与早期容器内核的局限性有很大的关系。早期容器技术的容器内核基于 LXC（Linux Container 规定 LXC 容器）实现容器的创建和管理。LXC 容器是一种内核虚拟化技术，可以提供轻量级的虚拟化。这种技术可让一个应用程序运行在一个沙箱容器中，该应用程序无论做出任何破坏都不会影响到真实的系统（仅仅只是沙箱容器中的虚拟环境）。但是 LXC 在创建容器时，需要借助于模板。当允许 lxc-create 创建一个容器时，我们可以在 CentOS 的系统上创建一个 Ubuntu 的容器或 FreeBSD 的容器等，只需要提供相应的模板和这些系统的软件包安装源即可。但 LXC 方式带来的问题是使用上依然非常困难，应用模板的创建并不容易，并且还会产生很多冗余数据，所以它并不适合大规模使用。

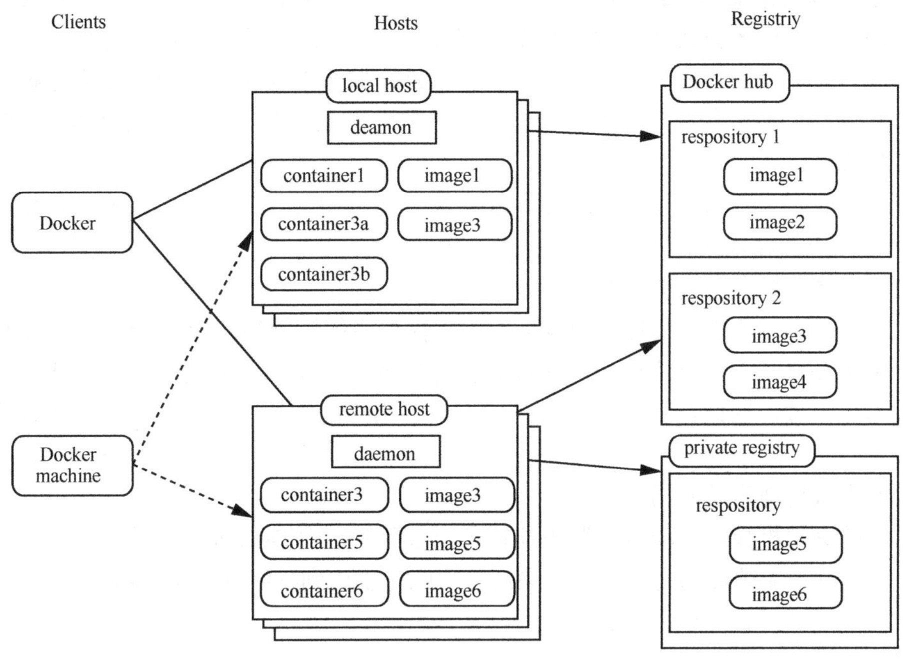

图 3-153　Docker 的基本架构

表 3-17　Docker 容器架构概念解释

概念	说明
Docker 镜像（image）	Docker 镜像是用于创建 Docker 容器的模板
Docker 容器（Container）	容器是独立运行的一个或一组应用，是镜像运行时的实体
Docker 客户端（Client）	Docker 客户端通过命令行或者其他工具使用 Docker SDK 与 Docker 的守护进程通信
Docker 主机（Host）	一个物理或者虚拟的机器用于执行 Docker 守护进程和容器
Docker Registry	Docker 仓库用来保存镜像，可以理解为代码控制中的代码仓库。Docker 提供了庞大的镜像集合
	一个 Docker Registry 中可以包含多个仓库，每个仓库可以包含多个标签（Tag），每个标签对应一个镜像
	通常，一个仓库会包含同一个软件不同版本的镜像，而标签就常用于对应该软件的各个版本。我们可以通过 <仓库名>:<标签>的格式来指定软件具体版本的镜像。如果不给出标签，将以 latest 作为默认标签
Docker Machine	Docker Machine 是一个简化 Docker 安装的命令行工具。通过一个简单的命令行即可在相应的平台上安装 Docker，比如 VirtualBox、 Digital Ocean、Microsoft Azure

而 Docker 虽然早期创建容器的内核是 LXC，但它使用了比 LXC 更高效、更精巧的

方式来创建容器，不再使用模板来安装容器，而是将容器制作成镜像，当需要使用容器时，直接从镜像仓库中下载之前制作好的镜像到本地，直接启动容器即可。并且，它的镜像采用叠加镜像的方式解决数据冗余的问题，实际上它采用三层叠加镜像的方式来实现数据的高效利用和容器私有数据的保存。借助于共享存储来将容器的私有数据保存在宿主机的外部，当宿主机宕机时，只要在新的宿主机上下载镜像、启动容器、挂载数据即可恢复服务。

那么，我们为什么要使用 Docker 迁移呢？那是因为作为一种新兴的虚拟化方式，Docker 与传统的虚拟化方式相比具有众多的优势。

（1）更高效地利用系统资源

由于容器不需要进行硬件虚拟及运行完整操作系统等额外开销，Docker 对系统资源的利用率更高。其无论是应用执行速度、内存损耗或者文件存储速度，都要比传统的虚拟机技术更高效。因此，相比虚拟机技术，一台相同配置的主机，往往可以运行更多数量的应用。

（2）更快速地启动时间

传统的虚拟机技术启动应用服务往往需要数分钟，而 Docker 容器应用，由于直接运行于宿主内核，无须启动完整的操作系统，因此可以达到秒级甚至毫秒级别的启动时间，大大地缩短了开发、测试、部署的时间。

（3）一致的运行环境

开发过程中一个常见的问题是环境一致性问题。开发环境、测试环境、生产环境不一致，导致有些 BUG 并未在开发过程中被发现。而 Docker 的镜像提供了除内核外完整的运行环境，确保了应用运行环境的一致性。

（4）持续交付和部署

Docker 可以通过定制应用镜像来实现持续集成、持续交付和部署。开发人员可以通过 Dockerfile 来进行镜像构建，并结合持续集成系统进行集成测试，而运维人员则可以直接在生产环境中快速部署该镜像，甚至结合持续部署系统进行自动部署。

使用 Dockerfile 使镜像构建透明化，不仅让开发团队更好地理解应用运行环境，也方便运维团队了解应用运行所需的条件，帮助其在更好的生产环境中部署该镜像。

（5）更轻松的迁移

由于 Docker 确保了执行环境的一致性，因此应用的迁移更加容易。Docker 可以在很多平台上运行，无论是物理机、虚拟机、公有云、私有云，还是笔记本，其运行结果都是一致的。因此，用户可以很轻易地将在一个平台上运行的应用迁移到另一个平台，而不用担心运行环境的变化导致应用无法正常运行。

（6）更轻松的维护和扩展

Docker 使得应用重复部分的复用更为容易，也使应用的维护更新更加简单，基于基础镜像进一步扩展镜像也变得非常简单。此外，Docker 团队同各个开源项目团队一起维护了一大批高质量的官方镜像，这些镜像既可以直接在生产环境使用，又可以作为基础进一步定制，大大地降低了应用服务的镜像制作成本。

Docker 容器典型的使用流程如图 3-154 所示。

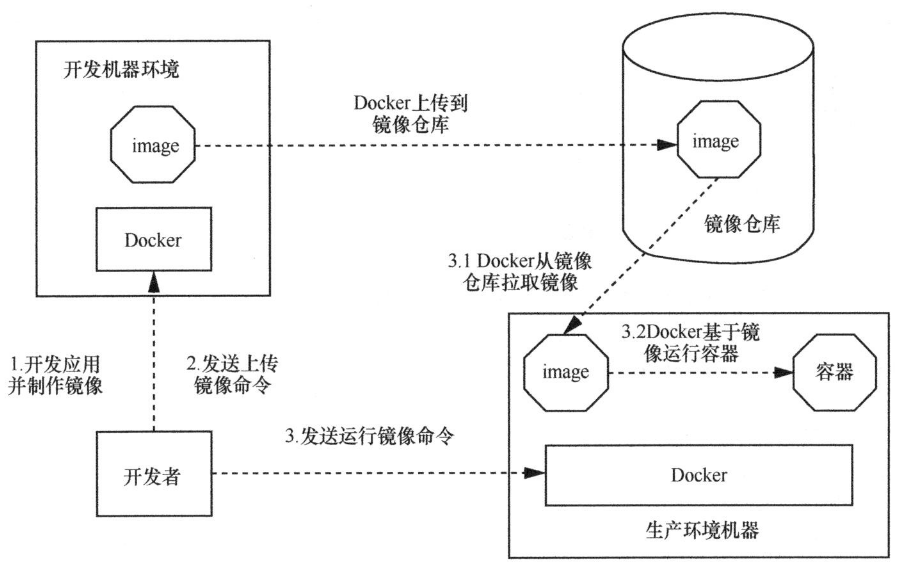

图 3-154　Docker 容器典型的使用流程

① 开发者在开发环境机器上开发应用并制作镜像；Docker 执行命令，构建镜像并将其存储在机器上。

② 开发者发送上传镜像命令；Docker 收到命令后，将本地镜像上传到镜像仓库；开发者向生产环境机器发送运行镜像命令；在生产环境机器收到命令后，Docker 会从镜像仓库拉取镜像到机器上，然后基于镜像运行容器。

3.7.3　Docker 安装与应用

本小节介绍了在华为云上使用弹性云服务器的 Linux 实例部署 Docker，并提供了 Docker 常用操作及简单的镜像制作过程。

1. 安装 Docker

步骤一：首先使用如下命令检查服务器内核版本，如图 3-155 所示。

```
[root@techhost ~]# uname -r
```

```
[root@techhost ~]# uname -r
4.19.90-2003.4.0.0036.oe1.aarch64
[root@techhost ~]# 
```

图 3-155　命令执行结果

回显内容说明当前系统为 64 位，内核版本为 4.19，符合版本要求。

步骤二：使用如下命令下载 Docker 安装包，如图 3-156 所示。

```
[root@techhost ~]# wget https://download.docker.com/linux/static/stable/aarch64/docker-18.09.8.tgz
```

```
[root@techhost ~]# wget https://download.docker.com/linux/static/stable/aarch64/docker-18.09.8.tgz --no-check-certificate
--2021-04-29 11:28:49--  https://download.docker.com/linux/static/stable/aarch64/docker-18.09.8.tgz
Resolving download.docker.com (download.docker.com)... 13.35.70.53, 13.35.70.97, 13.35.70.52, ...
Connecting to download.docker.com (download.docker.com)|13.35.70.53|:443... connected.
HTTP request sent, awaiting response... 200 OK
Length: 42888721 (41M) [application/x-tar]
Saving to: 'docker-18.09.8.tgz'

docker-18.09.8.tgz          100%[=======================================================>]  40.90M  1.18MB/s    in 39s

2021-04-29 11:29:29 (1.04 MB/s) - 'docker-18.09.8.tgz' saved [42888721/42888721]
```

图 3-156　下载 Docker 安装包

步骤三：使用如下指令解压安装包，如图 3-157 所示。

```
[root@techhost ~]# tar xvpf docker-18.09.8.tgz
[root@techhost ~]# cp -p -f docker/* /usr/bin
```

```
[root@techhost ~]# tar xvpf docker-18.09.8.tgz
docker/
docker/docker-proxy
docker/containerd-shim
docker/docker
docker/dockerd
docker/containerd
docker/docker-init
docker/runc
docker/ctr
[root@techhost ~]# cp -p -f docker/* /usr/bin
```

图 3-157　命令执行结果

步骤四：关闭防火墙服务，如图 3-158 所示。

```
[root@techhost ~]# setenforce 0
[root@techhost ~]# systemctl stop firewalld
[root@techhost ~]# systemctl disable firewalld
```

```
[root@techhost ~]# setenforce 0
setenforce: SELinux is disabled
[root@techhost ~]# systemctl stop firewalld
[root@techhost ~]# systemctl disable firewalld
```

图 3-158　命令执行结果

步骤五：配置 docker.service 服务。

使用如下指令创建并打开 docker.service 文件，如图 3-159 所示。

```
[root@techhost ~]# vim /usr/lib/systemd/system/docker.service
```

```
[root@techhost ~]# vim /usr/lib/systemd/system/docker.service
```

图 3-159　命令执行结果

并在其中编辑输入如下内容后保存退出：

```
[Unit]
Description=Docker Application Container Engine
Documentation=http://docs.docker.com
After=network.target docker.socket
[Service]
Type=notify
```

```
EnvironmentFile=-/run/flannel/docker
WorkingDirectory=/usr/local/bin
ExecStart=/usr/bin/dockerd -H tcp://0.0.0.0:4243 -H unix:///var/run/docker.sock --selinux-enabled=false --log-opt max-size=1g
ExecReload=/bin/kill -s HUP
# Having non-zero Limit*s causes performance problems due to accounting overhead
# in the kernel. We recommend using cgroups to do container-local accounting.
LimitNOFILE=infinity
LimitNPROC=infinity
LimitCORE=infinity
# Uncomment TasksMax if your systemd version supports it.
# Only systemd 226 and above support this version.
#TasksMax=infinity
TimeoutStartSec=0
# set delegate yes so that systemd does not reset the cgroups of docker containers
Delegate=yes
# kill only the docker process, not all processes in the cgroup
KillMode=process
Restart=on-failure
[Install]
WantedBy=multi-user.target
```

依次执行如下命令启动相关服务，如图 3-160 所示。

```
[root@techhost ~]# systemctl daemon-reload
[root@techhost ~]# systemctl status docker
[root@techhost ~]# systemctl restart docker
[root@techhost ~]# systemctl status docker
[root@techhost ~]# systemctl enable docker
```

```
[root@techhost ~]# systemctl daemon-reload
[root@techhost ~]# systemctl status docker
● docker.service - Docker Application Container Engine
   Loaded: loaded (/usr/lib/systemd/system/docker.service; disabled; vendor preset: disabled)
   Active: inactive (dead)
     Docs: http://docs.docker.com
[root@techhost ~]# systemctl restart docker
[root@techhost ~]# systemctl status docker
● docker.service - Docker Application Container Engine
   Loaded: loaded (/usr/lib/systemd/system/docker.service; disabled; vendor preset: disabled)
   Active: active (running) since Thu 2021-04-29 11:31:06 CST; 4s ago
     Docs: http://docs.docker.com
 Main PID: 2746 (dockerd)
    Tasks: 22
   Memory: 32.0M
   CGroup: /system.slice/docker.service
           ├─2746 /usr/bin/dockerd -H tcp://0.0.0.0:4243 -H unix:///var/run/docker.sock --selinux-enabled=false --log-opt max-size=
           └─2753 containerd --config /var/run/docker/containerd/containerd.toml --log-level info

Apr 29 11:31:06 techhost dockerd[2746]: time="2021-04-29T11:31:06.306096490+08:00" level=info msg="pickfirstBalancer: HandleSubConn
Apr 29 11:31:06 techhost dockerd[2746]: time="2021-04-29T11:31:06.331086235+08:00" level=info msg="Graph migration to content-addre
Apr 29 11:31:06 techhost dockerd[2746]: time="2021-04-29T11:31:06.331699266+08:00" level=info msg="Loading containers: start."
Apr 29 11:31:06 techhost dockerd[2746]: time="2021-04-29T11:31:06.473536797+08:00" level=info msg="Default bridge (docker0) is assi
Apr 29 11:31:06 techhost dockerd[2746]: time="2021-04-29T11:31:06.528929635+08:00" level=info msg="Loading containers: done."
Apr 29 11:31:06 techhost dockerd[2746]: time="2021-04-29T11:31:06.544436557+08:00" level=info msg="Docker daemon" commit=0dd43dd gr
Apr 29 11:31:06 techhost dockerd[2746]: time="2021-04-29T11:31:06.544556439+08:00" level=info msg="Daemon has completed initializat
Apr 29 11:31:06 techhost dockerd[2746]: time="2021-04-29T11:31:06.572276484+08:00" level=info msg="API listen on /var/run/docker.so
Apr 29 11:31:06 techhost dockerd[2746]: time="2021-04-29T11:31:06.572340105+08:00" level=info msg="API listen on [::]:4243"
Apr 29 11:31:06 techhost systemd[1]: Started Docker Application Container Engine.

[root@techhost ~]# systemctl enable docker
Created symlink /etc/systemd/system/multi-user.target.wants/docker.service → /usr/lib/systemd/system/docker.service.
```

图 3-160 命令执行结果

步骤六：配置镜像源。

使用如下命令创建并打开 daemon.json 文件

```
[root@techhost ~]# vim /etc/docker/daemon.json
```

在其中输入如下内容并保存退出：

```
{
"registry-mirrors":["https://6kx4zyno.mirror.aliyuncs.com"]
}
```

执行如下命令重启使配置生效：

```
[root@techhost ~]# systemctl daemon-reload
[root@techhost ~]# systemctl restart docker
```

使用如下命令查看 Docker 版本，若出现如下回显内容，则表示安装成功，如图 3-161 所示。

```
[root@techhost ~]# docker version
```

```
[root@techhost ~]# docker version
Client: Docker Engine - Community
 Version:           18.09.8
 API version:       1.39
 Go version:        go1.10.8
 Git commit:        0dd43dd
 Built:             Wed Jul 17 17:39:22 2019
 OS/Arch:           linux/arm64
 Experimental:      false

Server: Docker Engine - Community
 Engine:
  Version:          18.09.8
  API version:      1.39 (minimum version 1.12)
  Go version:       go1.10.8
  Git commit:       0dd43dd
  Built:            Wed Jul 17 17:53:39 2019
  OS/Arch:          linux/arm64
  Experimental:     false
```

图 3-161　查看 Docker 版本

步骤七：运行 hello-world 镜像，如图 3-162 所示。

```
[root@techhost ~]# docker run hello-world
```

```
[root@techhost ~]# docker run hello-world
Unable to find image 'hello-world:latest' locally
latest: Pulling from library/hello-world
256ab8fe8778: Pull complete
Digest: sha256:f2266cbfc127c960fd30e76b7c792dc23b588c0db76233517e1891a4e357d519
Status: Downloaded newer image for hello-world:latest

Hello from Docker!
This message shows that your installation appears to be working correctly.

To generate this message, Docker took the following steps:
 1. The Docker client contacted the Docker daemon.
 2. The Docker daemon pulled the "hello-world" image from the Docker Hub.
    (arm64v8)
 3. The Docker daemon created a new container from that image which runs the
    executable that produces the output you are currently reading.
 4. The Docker daemon streamed that output to the Docker client, which sent it
    to your terminal.

To try something more ambitious, you can run an Ubuntu container with:
 $ docker run -it ubuntu bash

Share images, automate workflows, and more with a free Docker ID:
 https://hub.docker.com/

For more examples and ideas, visit:
 https://docs.docker.com/get-started/
```

图 3-162　运行镜像

步骤八：查看 hello-world 镜像，如图 3-163 所示。

```
[root@techhost ~]# docker images
```

```
[root@techhost ~]# docker images
REPOSITORY          TAG                 IMAGE ID            CREATED             SIZE
hello-world         latest              a29f45ccde2a        16 months ago       9.14kB
```

图 3-163 查看镜像

2. Docker 构建基础镜像

步骤一：使用如下命令查找 Docker Hub 上的 centos 镜像，如图 3-164 所示。

```
[root@techhost ~]# docker search centos
```

```
[root@techhost ~]# docker search centos
NAME                                   DESCRIPTION                                     STARS
D
centos                                 The official build of CentOS.                   6519
ansible/centos7-ansible                Ansible on Centos7                              133
consol/centos-xfce-vnc                 Centos container with "headless" VNC session…   128
jdeathe/centos-ssh                     OpenSSH / Supervisor / EPEL/IUS/SCL Repos - …   117
centos/systemd                         systemd enabled base container.                 98
centos/mysql-57-centos7                MySQL 5.7 SQL database server                   87
imagine10255/centos6-lnmp-php56        centos6-lnmp-php56                              58
tutum/centos                           Simple CentOS docker image with SSH access      47
kinogmt/centos-ssh                     CentOS with SSH                                 29
pivotaldata/centos-gpdb-dev            CentOS image for GPDB development. Tag names…   13
guyton/centos6                         From official centos6 container with full up…   10
nathonfowlie/centos-jre                Latest CentOS image with the JRE pre-install…   8
centos/tools                           Docker image that has systems administration…   7
drecom/centos-ruby                     centos ruby                                     6
pivotaldata/centos                     Base centos, freshened up a little with a Do…   5
darksheer/centos                       Base Centos Image -- Updated hourly             3
pivotaldata/centos-mingw               Using the mingw toolchain to cross-compile t…   3
pivotaldata/centos-gcc-toolchain       CentOS with a toolchain, but unaffiliated wi…   3
mamohr/centos-java                     Oracle Java 8 Docker image based on Centos 7    3
indigo/centos-maven                    Vanilla CentOS 7 with Oracle Java Developmen…   2
blacklabelops/centos                   CentOS Base Image! Built and Updates Daily!     1
mcnaughton/centos-base                 centos base image                               1
pivotaldata/centos6.8-dev              CentosOS 6.8 image for GPDB development         1
pivotaldata/centos7-dev                CentosOS 7 image for GPDB development           0
smartentry/centos                      centos with smartentry                          0
[root@techhost ~]#
```

图 3-164 查找镜像

步骤二：拉取官方的镜像，标签为 7，如图 3-165 所示。

```
[root@techhost ~]# docker pull arm64v8/centos:7
```

```
[root@techhost ~]# docker pull arm64v8/centos:7
7: Pulling from arm64v8/centos
6717b8ec66cd: Pull complete
Digest: sha256:43964203bf5d7fe38c6fca6166ac89e4c095e2b0c0a28f6c7c678a1348ddc7fa
Status: Downloaded newer image for arm64v8/centos:7
[root@techhost ~]#
```

图 3-165 拉取镜像

步骤三：使用 docker images 查看本地镜像列表里 REPOSITORY 为 arm64v8/centos、标签为 7 的镜像，如图 3-166 所示。

```
[root@techhost ~]# docker images arm64v8/centos:7
```

```
[root@techhost ~]# docker images arm64v8/centos:7
REPOSITORY          TAG                 IMAGE ID            CREATED             SIZE
arm64v8/centos      7                   e5df02c43685        5 months ago        301MB
[root@techhost ~]#
```

图 3-166　查看镜像信息

步骤四：使用镜像 arm64v8/centos:7 以交互模式启动一个容器，在容器内执行/bin/bash 命令。

```
[root@techhost ~]# docker run -it arm64v8/centos:7 /bin/bash
```

步骤五：使用如下命令在容器内安装 Redis 依赖包，出现以下回显信息即为下载安装成功，如图 3-167 和图 3-168 所示。

```
[root@fb7a70b474e6 /]# yum -y install wget gcc make libgcc gcc-c++ glibc-devel
```

```
[root@fb7a70b474e6 /]# yum -y install wget gcc make libgcc gcc-c++ glibc-devel
Loaded plugins: fastestmirror, ovl
Determining fastest mirrors
 * base: mirrors.huaweicloud.com
 * extras: mirrors.huaweicloud.com
 * updates: mirrors.huaweicloud.com
base                                                                   | 3.6 k
extras                                                                 | 2.9 k
updates                                                                | 2.9 k
(1/4): extras/7/aarch64/primary_db                                     | 237 k
(2/4): base/7/aarch64/group_gz                                         | 153 k
(3/4): updates/7/aarch64/primary_db                                    | 1.0 M
(4/4): base/7/aarch64/primary_db                                       | 4.9 M
Package libgcc-4.8.5-44.el7.aarch64 already installed and latest version
Resolving Dependencies
--> Running transaction check
---> Package gcc.aarch64 0:4.8.5-44.el7 will be installed
--> Processing Dependency: libgomp = 4.8.5-44.el7 for package: gcc-4.8.5-44.el7.aarch64
```

图 3-167　安装依赖

```
Installed:
  gcc.aarch64 0:4.8.5-44.el7          gcc-c++.aarch64 0:4.8.5-44.el7      glibc-devel.a
  wget.aarch64 0:1.14-18.el7_6.1

Dependency Installed:
  cpp.aarch64 0:4.8.5-44.el7              glibc-headers.aarch64 0:2.17-323.el7_9
  libgomp.aarch64 0:4.8.5-44.el7          libmpc.aarch64 0:1.0.1-3.el7
  mpfr.aarch64 0:3.1.1-4.el7

Dependency Updated:
  glibc.aarch64 0:2.17-323.el7_9                                   glibc-common.aar

Complete!
[root@fb7a70b474e6 /]#
```

图 3-168　安装完成

步骤六：输入 exit，退出容器，输入 docker ps -a 查看容器 ID，可以看到，容器 ID 为 fb7a70b474e6，如图 3-169 所示。

```
[root@fb7a70b474e6 /]# exit
[root@techhost ~]# docker ps -a
```

```
[root@fb7a70b474e6 /]# exit
exit
[root@techhost ~]# docker ps -a
CONTAINER ID        IMAGE               COMMAND             CREATED
fb7a70b474e6        arm64v8/centos:7    "/bin/bash"         About an hour ago
atelet
929e99a3532a        hello-world         "/hello"            About an hour ago
onate_ellis
[root@techhost ~]#
```

图 3-169 查看容器 ID

步骤七：根据容器 ID 创建一个新的镜像作为 Redis 的基础镜像，如图 3-170 所示。

```
[root@techhost ~]# docker commit -a "huawei.com" -m "redis images" fb7a70b474e6 r_arm64v8/centos:7
```

```
[root@techhost ~]# docker commit -a "huawei.com" -m "redis images" fb7a70b474e6 r_arm64v8/centos:7
sha256:fc0f26639cfbf1d0013ce48549e982b0220777e0af2cb482f1f5d1c4bb7a8264
[root@techhost ~]#
```

图 3-170 创建镜像

步骤八：查看新构建的基础镜像，可以看到新镜像 r_arm64v8/centos:7 构建成功，如图 3-171 所示。

```
[root@techhost ~]# docker images
```

```
[root@techhost ~]# docker images
REPOSITORY          TAG                 IMAGE ID            CREATED              SIZE
r_arm64v8/centos    7                   fc0f26639cfb        About a minute ago   462MB
arm64v8/centos      7                   e5df02c43685        5 months ago         301MB
hello-world         latest              a29f45ccde2a        16 months ago        9.14kB
[root@techhost ~]#
```

图 3-171 查看镜像

3. Docker 根据基础镜像安装 Redis

步骤一：使用如下指令创建 redis 目录。data 目录将映射为 redis 容器配置的/data 目录，作为 redis 数据持久化的存储目录，如图 3-172 所示。

```
[root@techhost ~]# docker images
```

```
[root@techhost ~]# mkdir -p ~/redis/data
[root@techhost ~]#
```

图 3-172 创建目录

步骤二：使用如下命令进入创建的 redis 目录，创建 Dockerfile，如图 3-173 所示。

```
[root@techhost ~]# cd ~/redis
[root@techhost redis]# vim Dockerfile
```

```
[root@techhost ~]# cd ~/redis
[root@techhost redis]# vim Dockerfile
```

图 3-173 进入目录

在 Dockerfile 文件中输入如下内容并保存退出：

```
FROM r_arm64v8/centos:7
WORKDIR /home
RUN wget https://obs-mirror-ftp4.obs.cn-north-4.myhuaweicloud.com/database/redis-4.0.3-aarch64.tar.gz && \
```

```
tar -xvzf redis-4.0.3-aarch64.tar.gz && \
mv redis-4.0.3/ redis && \
rm -f redis-4.0.3-aarch64.tar.gz
WORKDIR /home/redis
RUN make && make install
Volume /data

EXPOSE 6379
CMD ["redis-server"]
```

上述 Dockerfile 参数内容如图 3-174 所示。

```
FROM r_arm64v8/centos:7
WORKDIR /home
RUN wget https://obs-mirror-ftp4.obs.cn-north-4.myhuaweicloud.com/database/redis-4.0.3-aarch64.tar.gz && \
tar -xvzf redis-4.0.3-aarch64.tar.gz && \
mv redis-4.0.3/ redis && \
rm -f redis-4.0.3-aarch64.tar.gz
WORKDIR /home/redis
RUN make && make install
Volume /data

EXPOSE 6379
CMD ["redis-server"]
~
```

图 3-174　Dockerfile 配置文件

FROM <image>或者 FROM <image>:<tag>：基于哪个镜像，<image>首选本地是否存在，如果不存在则会从公共仓库下载。

WORKDIR：切换目录用，对 RUN，CMD，ENTRYPOINT 生效。

RUN：执行指令。

EXPOSE：告诉容器在运行时要监听的端口，但是这个端口是用于多个容器之间通信用的（links），外面的 host 是访问不到的。要把端口暴露给外面的主机，在启动容器时使用-p 选项。

VOLUME：指定挂载点/data。

CMD：用于容器启动时指定的服务。

步骤三：使用如下命令通过 Dockerfile 创建 redis 镜像，如图 3-175 所示。

```
[root@techhost redis]# docker build -t r_arm64v8/centos_redis:4.0.3 .
```

```
[root@techhost redis]# docker build -t r_arm64v8/centos_redis:4.0.3 .
Sending build context to Docker daemon   2.56kB
Step 1/8 : FROM r_arm64v8/centos:7
 ---> fc0f26639cfb
Step 2/8 : WORKDIR /home
 ---> Running in 765107ecf487
Removing intermediate container 765107ecf487
 ---> 84fd28b6f848
Step 3/8 : RUN wget https://obs-mirror-ftp4.obs.cn-north-4.myhuaweicloud.com/database/r
arch64.tar.gz && mv redis-4.0.3/ redis && rm -f redis-4.0.3-aarch64.tar.gz
 ---> Running in cc159dedc123
--2021-04-29 04:33:41--  https://obs-mirror-ftp4.obs.cn-north-4.myhuaweicloud.com/datab
Resolving obs-mirror-ftp4.obs.cn-north-4.myhuaweicloud.com (obs-mirror-ftp4.obs.cn-nort
Connecting to obs-mirror-ftp4.obs.cn-north-4.myhuaweicloud.com (obs-mirror-ftp4.obs.cn-
nected.
HTTP request sent, awaiting response... 200 OK
```

图 3-175　创建镜像

若出现如下回显内容，则说明创建成功，如图 3-176 所示。

```
Removing intermediate container 0901d89a684e
 ---> 532c96f701fb
Step 8/8 : CMD ["redis-server"]
 ---> Running in 1290092db112
Removing intermediate container 1290092db112
 ---> be7c2ad58c49
Successfully built be7c2ad58c49
Successfully tagged r_arm64v8/centos_redis:4.0.3
[root@techhost redis]#
```

图 3-176 创建镜像成功

步骤四：使用如下命令查看创建的 redis 镜像，镜像 ID 为 be7c2ad58c49，如图 3-177 所示。

```
[root@techhost redis]# docker images
```

```
[root@techhost redis]# docker images
REPOSITORY              TAG       IMAGE ID       CREATED          SIZE
r_arm64v8/centos_redis  4.0.3     be7c2ad58c49   2 minutes ago    577MB
r_arm64v8/centos        7         fc0f26639cfb   10 minutes ago   462MB
arm64v8/centos          7         e5df02c43685   5 months ago     301MB
hello-world             latest    a29f45ccde2a   16 months ago    9.14kB
[root@techhost redis]#
```

图 3-177 查看镜像

4. 验证 Redis 镜像

步骤一：使用如下命令运行容器，执行 redis-server。

```
[root@techhost redis]# docker run -p 6379:6379 -v /root/redis/data:/data -d r_arm64v8/centos_redis:4.0.3 redis-server --appendonly yes
```

命令说明：

-p 6379:6379：将容器的 6379 端口映射到主机的 6379 端口(此处需要在安全组中释放 6379 端口)。

-v $PWD/data:/data：将主机中当前目录下的 data 挂载到容器的/data。

redis-server --appendonly yes：在容器执行 redis-server 启动命令，并打开 redis 持久化配置，如图 3-178 所示。

```
[root@techhost redis]# docker run -p 6379:6379 -v /root/redis/data:/data -d r_arm64v8/centos_redis:
400a81da0b4a9117a6a99db9d8763e5a6590d5ec2a4f285241378b0e5a33d4ec
[root@techhost redis]#
```

图 3-178 运行镜像

步骤二：查看容器启动状态，记录容器 ID，下一步中通过容器 ID 进入容器，如图 3-179 所示。

```
[root@techhost redis]# docker ps
```

```
[root@techhost redis]# docker ps
CONTAINER ID   IMAGE                          COMMAND                  CREATED          STATUS         PORTS
  NAMES
400a81da0b4a   r_arm64v8/centos_redis:4.0.3   "redis-server --appe…"   2 minutes ago    Up 2 minutes   0.0.0.0:6379->6379/tcp
  jolly_engelbart
[root@techhost redis]#
```

图 3-179 查看容器启动状态

步骤三：执行 redis-cli 命令连接到刚启动的容器，并敲入 info 命令（其中 400a81da0b4a 为上一步中查到的容器 ID），如图 3-180 所示。

```
[root@techhost redis]# docker exec -it 400a81da0b4a redis-cli
127.0.0.1:6379> info
```

```
[root@techhost redis]# docker exec -it 400a81da0b4a redis-cli
127.0.0.1:6379> info
# Server
redis_version:4.0.3
redis_git_sha1:00000000
redis_git_dirty:0
redis_build_id:6b1969a56372c494
redis_mode:standalone
os:Linux 4.19.90-2003.4.0.0036.oe1.aarch64 aarch64
arch_bits:64
multiplexing_api:epoll
atomicvar_api:atomic-builtin
gcc_version:4.8.5
process_id:1
run_id:8973f72288798c42477caf6004e7464f489ed692
tcp_port:6379
uptime_in_seconds:304
uptime_in_days:0
hz:10
lru_clock:9058836
executable:/home/redis/redis-server
config_file:
```

图 3-180　命令执行结果

由上，说明连接 redis-server 成功。

步骤四：使用 redis 容器，分别敲入以下命令：ping、set runkey “hello redis”、get runkey，如图 3-181 所示。

```
127.0.0.1:6379> ping
127.0.0.1:6379> set runkey "hello redis"
127.0.0.1:6379> get runkey
```

```
127.0.0.1:6379> ping
PONG
127.0.0.1:6379> set runkey "hello redis"
OK
127.0.0.1:6379> get runkey
"hello redis"
127.0.0.1:6379>
```

图 3-181　命令执行结果

说明：ping 返回 PONG 说明检测到 redis 服务已经启动。

set runkey “hello redis”：设置 runkey 值为“hello redis”，返回 OK，说明设置成功。

get runkey：获取 runkey 的值，返回“hello redis”说明与设置的相匹配。

3.8 迁移常见问题及解决思路与案例

3.8.1 常见编译参数和编译脚本的问题

1．C/C++语言 char 数据类型默认符号不一致的问题

问题描述：在编译 C/C++代码时可能会出现如下提示：

告警信息：warning: comparison is always false due to limitedrange of data type

导致该问题的原因是由于 char 变量在不同 CPU 架构下默认符号不一致，在 x86 架构下为 signed char，在 ARM64 平台为 unsigned char，所以在移植时需要指定 char 变量为 signed char，如图 3-182 所示。

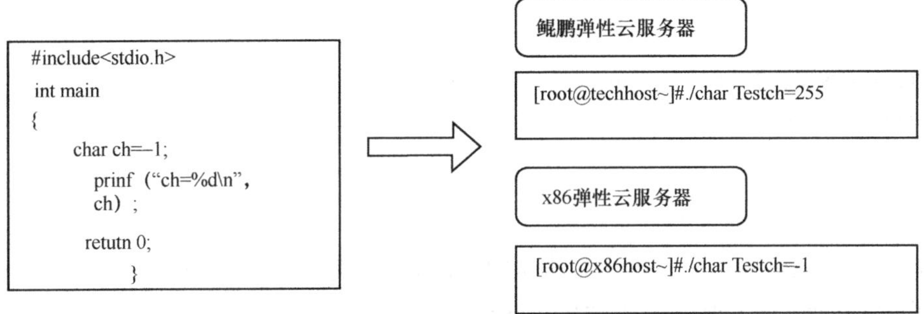

图 3-182　字符问题示例

可以看到：输入相同的代码，在鲲鹏服务器下 char 默认为 unsigned char 类型，所以赋值为−1 的时候，输出的为−1，对 256 取模的结果为 255，而在 x86 环境中的 char 默认为 signed char 类型，输出为−1。

因此解决方案如下：

① 在编译选项中加入“-fsigned-char”选项，指定 ARM64 平台下的 char 为有符号数；

② 将 char 类型直接声明为有符号 char 类型——signed char。

2．C/C++语言中调用汇编指令编译错误

问题描述：C/C++代码在编译时遇到如下提示：

错误信息：error：impossible constraint in ‘asm’ __asm__ __volatile__

出现该问题的原因是在代码中使用了汇编指令，而汇编指令与 CPU 指令集强相关。在 x86 架构 CPU 中的汇编指令需要修改为鲲鹏处理器平台的指令才能编译通过，实现功能替换。因此，解决该问题只需要将 x86 中的汇编指令修改为鲲鹏处理器的相应命令即可。

3．编译错误，无法识别-m64 编译选项

问题描述：C/C++代码在编译时可能遇到如下提示：

错误信息：gcc: error: unrecognized command line option ‘-m64’

该问题出现的原因是-m64 是 x86 64 位应用编译选项，m64 选项设置 int 为 32bit 及 long，指针为 64 bit，为 AMD 的 x86 64 架构生成代码。鲲鹏处理器平台无法支持。

解决该问题则需要将鲲鹏处理器平台对应的编译选项设置为-mabi=lp64 并重新编译。

4．configure 配置与 Makefile 构建

检查软件源代码是否包含 Makefile 文件。当软件源代码不包含 Makefile 文件时，用户可利用自动编译工具，如 Autoconf、Automake 和 Build 构建 Makefile 文件；解压源代码后，进入代码目录检查代码结构，查看是否存在 configure 脚本，再执行 configure 命令：

```
./configure
```

如果不存在 configure 脚本，则可通过源码中的自动化脚本生成 configure 文件。如果执行过程中存在以下问题，对应的解决方案如下。

（1）configure 文件不包括 aarch64 架构选项

解决方法：修改 configure 文件，增加适配 aarch64 编译选项。例如，hadoop 编译时需要修改“apsupport.m4”文件：

```
case $host_cpu in
…
aarch64*)
CFLAGS="$CFLAGS –DCPU=\\\"arm\\\""
Supported_os="arm"
HOST_CPU=arm
;;
```

（2）无法识别编译类型

执行 configure 脚本时，提示无法识别编译类型，错误提示如下所示：

```
configure: error: cannot guess build type: you must specify one
configure: error: ./configure failed for libltdl
```

解决方法：需要在 configure 文件中指定 arm 类型。如下所示：

```
chmod +x ./configure
./configure –build-arm-linux –enable-gui=no
```

5．-m64 编译选项

-m64 是 x86 64 位应用编译选项，m64 选项设置 int 为 32 bit 及 long 指针为 64 bit，为 AMD 的 x86 64 架构生成代码。ARM64 平台无法支持。

解决方法：将 ARM64 平台对应的编译选项设置为“-mabi=lp64”。

6．-march 与-mtune 编译参数不兼容

Makefile 中包含“-march”与-mtune 编译参数，提示参数不兼容。

解决方法：调整后参数如下。

```
-march=armv8.1-a -tune=cortex-a72
```

3.8.2 常见功能问题

1．超出整型取值范围时浮点型转整型与 x86 不一致

问题描述：C/C++双精度浮点型数据转整型数据时，如果超出了整型的取值范围，则

鲲鹏处理器的表现与 x86 平台的表现不同。

问题出现的原因是 x86（指令集）中的浮点到整型的转换指令，定义了一个 indefinite integer value——不确定数值（64bit：0x8000000000000000），大多数情况下，x86 平台确实都在遵循这个原则，但是在从 double 向无符号整型转换时，又出现了不同的结果。鲲鹏平台的处理则非常清晰和简单，即在上溢出或下溢出时，保留整型能表示的最大值或最小值。

C/C++语言 double 类型超出整型取值范围向整型转换参照，见表 3-18、表 3-19、表 3-20、表 3-21。

表 3-18 转换参照

CPU 类型	double 值	转为 long 变量保留值
x86	正值超出 long 范围	0x8000000000000000
x86	负值超出 long 范围	0x8000000000000000
鲲鹏	正值超出 long 范围	0x7FFFFFFFFFFFFFFF
鲲鹏	负值超出 long 范围	0x8000000000000000

表 3-19 转换参照

CPU 类型	double 值	转为 unsigned long 变量保留值
x86	正值超出 long 范围	0x0000000000000000
x86	负值超出 long 范围	0x8000000000000000
鲲鹏	正值超出 long 范围	0x7FFFFFFFFFFFFFFF
鲲鹏	负值超出 long 范围	0x0000000000000000

表 3-20 转换参照

CPU 类型	double 值	转为 int 变量保留值
x86	正值超出 int 范围	0x80000000
x86	负值超出 int 范围	0x80000000
鲲鹏	正值超出 int 范围	0x7FFFFFFF
鲲鹏	负值超出 int 范围	0x80000000

表 3-21 转换参照

CPU 类型	double 值	转为 unsigned int 变量保留值
x86	正值超出 unsigned int 范围	0x80000000
x86	负值超出 unsigned int 范围	0x80000000
鲲鹏	正值超出 unsigned int 范围	0x7FFFFFFF
鲲鹏	负值超出 unsigned int 范围	0x80000000

2. 对结构体中的变量进行原子操作时程序异常

问题描述：程序调用原子操作函数对结构体中的变量进行原子操作，程序 coredump，堆栈如图 3-183 所示。

```
Program received signal SIGBUS, Bus error.
0x000000000040083c in main () at /root/test/src/main.c:19
19          __sync_add_and_fetch(&a.count, step);
(gdb) disassemble
Dump of assembler code for function main:
  0x0000000000400824 <+0>:    sub    sp, sp, #0x10
  0x0000000000400828 <+4>:    mov    x0, #0x1                  // #1
  0x000000000040082c <+8>:    str    x0, [sp, #8]
  0x0000000000400830 <+12>:   adrp   x0, 0x420000
<__libc_start_main@got.plt>
  0x0000000000400834 <+16>: add x0, x0, #0x31 //将变量的地址放入x0寄存器
  0x0000000000400838 <+20>: ldr  x1, [sp, #8] //指定ldxr取数据的长度（此处
为8字节）
=> 0x000000000040083c <+24>: ldxr x2, [x0] //ldxr从x0寄存器指向的内存地
址中取值
  0x0000000000400840 <+28>:   add    x2, x2, x1
  0x0000000000400844 <+32>:   stlxr  w3, x2, [x0]
  0x0000000000400848 <+36>:   cbnz   w3, 0x40083c <main+24>
  0x000000000040084c <+40>:   dmb    ish
  0x0000000000400850 <+44>:   mov    w0, #0x0                  // #0
  0x0000000000400854 <+48>:   add    sp, sp, #0x10
  0x0000000000400858 <+52>:   ret
End of assembler dump.
(gdb) p /x $x0
$4 = 0x420039 // x0寄存器存放的变量地址不在8字节地址对齐处
```

图 3-183　堆栈示例

该问题出现的原因是鲲鹏处理器对变量的原子操作、锁操作等用到了 ldaxr、stlxr 等指令，这些指令要求变量地址必须按变量长度对齐，否则执行指令会触发异常，导致程序 coredump。一般是代码中对结构体进行强制字节对齐，导致变量地址不在对齐位置上。对这些变量进行原子操作、锁操作等会触发这类问题。

因此，解决该问题需要在代码中搜索“#pragma pack”关键字（该宏改变了编译器默认的对齐方式），找到使用了字节对齐的结构体，如果结构体中变量会被作为原子操作、自旋锁、互斥锁、信号量、读写锁的输入参数，则需要修改代码保证这些变量按变量长度对齐。

3．加速器初始化失败

问题描述：使用引擎与不使用引擎的性能测试表现相当。

出现该问题的原因就是加速器没有正常加载，因此需要检查与加速器驱动、加速器引擎库相关的软链接、环境变量是否正确被安装或配置。

具体解决方案按照以下步骤操作。

步骤一：检查以下加速器驱动是否成功加载到内核：uacce.ko、qm.ko、sgl.ko、hisi_sec2.ko、hisi_hpre.ko、hisi_zip.ko、hisi_rde.ko

```
[root@techhost ~] lsmod | grep uacce
uacce 262144 2 hisi_hpre, qm
```

步骤二：检查/usr/lib64 和 OpenSSL 安装目录是否有加速器引擎库且建立正确的软链接。

```
#查询 kae 是否正确安装并建立软链接，如果有正确安装则显示如下内容：
[root@localhost home]# ll /usr/local/lib/engines-1.1/ |grep kae
lrwxrwxrwx. 1 root root 22 Nov 12 02:33 kae.so -> kae.so.1.0.1
lrwxrwxrwx. 1 root root 22 Nov 12 02:33 kae.so.0 -> kae.so.1.0.1
-rwxr-xr-x. 1 root root 112632 May 25 2019 kae.so.1.0.1
```

```
[root@localhost home]# ll /usr/lib64/ | grep libwd
#查询 wd 是否正确安装并建立软链接，如果有正确安装则显示如下内容：
lrwxrwxrwx. 1 root root 14 Nov 12 02:33 libwd.so -> libwd.so.1.0.1
lrwxrwxrwx. 1 root root 14 Nov 12 02:33 libwd.so.0 -> libwd.so.1.0.1
-rwxr-xr-x. 1 root root 137120 May 25 2019 libwd.so.1.0.1
```

步骤三：检查环境变量 LD_LIBRARY_PATH 是否包含 OpenSSL 库路径，可通过 export 命令增加。

```
[root@techhost ~]# export LD_LIBRARY_PATH=$LD_LIBRARY_PATH:/usr/local/lib
[root@techhost ~]# echo $LD_LIBRARY_PATH
/usr/local/lib
```

3.8.3　常见工具问题

1. 代码迁移工具 Porting Advisor 源码路径错误

问题描述：使用 Porting 迁移工具执行分析任务时，填写源码存放路径后，执行分析任务，提示“源代码路径错误”，如图 3-184 所示。

图 3-184　代码迁移

该问题出现的原因是源代码没有放置到 porting 工具的安装目录下。

因此，解决方法就是在工具 Web 界面，重新填写源代码存放路径，单击“分析”，如图 3-185 所示。弹窗页面显示任务分析进度，分析完成后，自动跳转至“移植报告”界面。

图 3-185　重新填写源代码存放路径

2．Maven 软件仓库编译错误：无法找到依赖库

问题描述：在 Maven 软件编译过程中系统会报错：

```
Failed to execute goal on project hadoop-auth: Could not resolve dependencies for project org.apache. hadoop:hadoop-auth:jar:2.7.1.2.3.4.7-4:
The following artifacts could not be resolved:
org.mortbay.jetty:jetty-util:jar:6.1.26.hwx,
org.mortbay.jetty:jetty:jar:6.1.26.hwx,
org.apache.zookeeper:zookeeper:jar:3.4.6.2.3.4.7-4:
Failure to find org.mortbay.jetty:jetty-util:jar:6.1.26.hwx in
```

上述示例问题的提示是：从远程仓库下载 jetty-util-6.1.26.hwx.jar 包失败，原因是远程仓库中没有对应的 jar。解决办法是修改 Maven 安装路径下的 conf/settings.xml，在 mirror 标签中设置 Maven 远程仓库路径。

3.8.4 代码归一

鲲鹏服务器底层芯片架构和传统 x86 芯片有差异，业务软件迁移过程中要对代码进行适配修改。修改后的代码可能会维护 2 个代码分支，这样就增加了后期代码的维护成本，是不可取的。将 2 个分支的代码合到一套代码的过程称为代码归一。本小节提供一些通用常见的代码归一的方法和建议。

1．解释型语言代码归一

解释型语言编译后生成与平台无关的字节码，由虚拟机解释执行，虚拟机完成平台差异的屏蔽，所以基于解释型语言开发的应用程序，与底层芯片架构无关，无须迁移，可以将同一套代码放在鲲鹏和 x86 服务器上运行。这里以 Java 代码为例。

解决方法：无须特别归一，同一套代码可以运行在鲲鹏和 x86 平台上。例如，Java 代码编译后的 jar 包可以直接在鲲鹏平台上运行。

2．编译型语言代码归一

基于编译型语言开发的应用程序，其编译后得到可执行程序，可执行程序执行时依赖的指令是与芯片架构相关的。因此，软件迁移后鲲鹏架构上的代码和 x86 架构的代码会不一致，代码归一需要利用合适的方法修改代码适配。这里以 C/C++代码为例。

解决方法：通过编译宏控制是 C/C++中较为通用的代码片段隔离方法，同样适用于不同芯片架构中的代码归一。一般方法是，在代码中用不同的宏将对应芯片的代码包含起来，在编译时选择或者自动识别选用的宏类型，如果不是被启用的宏，其代码就不会被编译。

下面示例代码是 CRC（Cyclic Redundancy Check，循环冗余校验）指令在 x86 和 ARM 平台的不同实现方法，我们可以通过编译宏控制来进行区分隔离，代码可以放到同一个文件中，实现代码归一。

```
// x86 环境下会编译如下代码块：
#ifdef x86_64
static inline uint32_t crc32_u8(uint32_t crc, uint8_t v) {
__asm__("crc32b %1, %0" : "+r"(crc) : "rm"(v));
```

```
return crc;
}
static inline uint32_t crc32_u16(uint32_t crc, uint16_t v) {
__asm__("crc32w %1, %0" : "+r"(crc) : "rm"(v));
return crc;
}
static inline uint32_t crc32_u32(uint32_t crc, uint32_t v) {
__asm__("crc32l %1, %0" : "+r"(crc) : "rm"(v));
return crc;
}
static inline uint32_t crc32_u64(uint32_t crc, uint64_t v) {
uint64_t result = crc;
__asm__("crc32q %1, %0" : "+r"(result) : "rm"(v));
return result;
}
#endif
// ARM 环境下会编译如下代码块:
#ifdef ARM_AARCH64
static inline uint32_t crc32_u8(uint32_t crc, uint8_t value) {
__asm__("crc32cb %w[c], %w[c], %w[v]":[c]"+r"(crc):[v]"r"(value));
return crc;
}
static inline uint32_t crc32_u16(uint32_t crc, uint16_t value) {
__asm__("crc32ch %w[c], %w[c], %w[v]":[c]"+r"(crc):[v]"r"(value));
return crc;
}
static inline uint32_t crc32_u32(uint32_t crc, uint32_t value) {
__asm__("crc32cw %w[c], %w[c], %w[v]":[c]"+r"(crc):[v]"r"(value));
return crc;
}
static inline uint32_t crc32_u64(uint32_t crc, uint64_t value) {
__asm__("crc32cx %w[c], %w[c], %x[v]":[c]"+r"(crc):[v]"r"(value));
return crc;
}
#endif
```

C/C++语言中通过条件编译“#ifdef”“#endif”等关键词实现将代码块编译区分，在启动编译前可以在 makefile 或者业务配置文件里面打开对应芯片的宏定义（如示例代码中的宏 ARM_AARCH64 和宏 x86_64），这样就能实现代码合一。

3．运行态自动适配

如果上层业务代码要根据不同的芯片类型设置不同的参数，或者走不同的代码逻辑路径，则可以通过实时查询芯片类型来判断，这样代码就实现了自动适配芯片类型。它与编译宏控制方法的区别是，这类代码和编译无关，不同的芯片架构都可以编译。

解决方法：简单通用的方法是实时查询 CPU 的类型，根据查询结果来判断。例如，Linux 系统可以通过 lscpu 命令来实现，执行如下命令：

```
lscpu | grep Archit | awk '{print $2}'
```

鲲鹏服务器显示结果：

```
[root@techhost ~]# lscpu | grep Archit | awk '{print $2}'
aarch64
```

x86 服务器显示结果：

```
[root@x86host ~]# lscpu | grep Archit | awk '{print $2}'
x86_64
```

编程语言有类似系统调用 system( )函数，通过这类函数执行上述 shell 命令，根据执行结果判断代码分支执行路径。

```
// 自动识别芯片类型，伪代码
strCmdLine = "lscpu | grep Archit | awk '{print $2}' ";
strExeResult = system(strCmdLine);
if ("aarch64" == strExeResult) //如果是 ARM 芯片业务代码放在这里
{
……
}
if ("x86_64" == strExeResult) //如果是 x86 芯片业务代码放在这里
{
……
}
```

除了 lscpu 命令以外还有很多其他方法可以判断底层芯片类型，大家可根据业务情况自行选择。

4．依赖组件迁移或替换后归一

x86 代码迁移到鲲鹏平台上以后，依赖组件不一致，导致代码不能归一。将鲲鹏平台和 x86 平台上代码业务组件整合为一致，实现代码归一的方法有：

① 如果 x86 上组件是开源的代码可获得的，则将这个 x86 组件重新在鲲鹏上编译打包验证，迁移到鲲鹏上。

② 如果 x86 上组件闭源不能迁移，可以考虑用其他功能类似的组件替代。这个组件可以同时运行在鲲鹏平台和 x86 平台上。

3.8.5 弱内存序导致程序执行结果与预期不一致

问题描述：弱内存序导致程序执行结果和预期不一致。

这个问题的原因是 ARM64 平台是弱内存序，原理如下所示。

① 相同的一份数据，在 cache 里存在多份，需要在 CPU 之间进行同步，如图 3-186 所示。

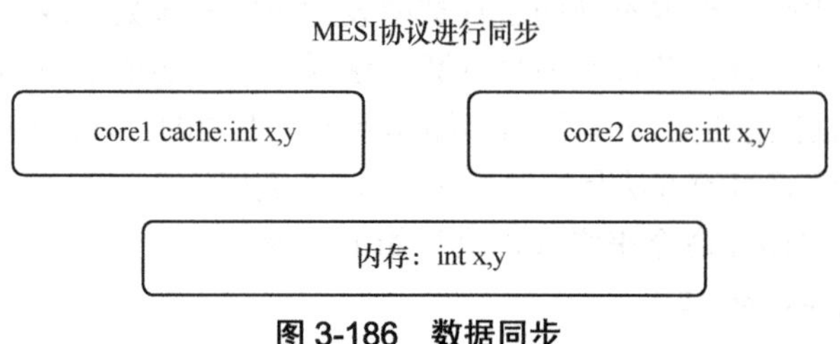

图 3-186 数据同步

② 代码编写顺序和执行顺序可能不一样。

例如开发人员编写的代码可能如下：

```
int x = 0;
int y = 0;
x = 1;
y = 1;
```

而 CPU1 上可能的执行顺序与预期不一样：

```
y = 1;//y 先执行
x = 1;
```

CPU2 上的线程在执行如下逻辑，就可能出现：

```
if( y==1 ){
//x 可能为 0
assert(x==1);
}
```

CPU 内部是流水线执行，在执行到 x=1 时，如果 x 在内存，那么 CPU 就会等待 x 导入 cache，在等待的过程中，如果 y 已经在 cache 中了，那么 CPU 会执行 y=1，这样就会导致后面的语句先执行。

解决方法：找到使用无锁编程的代码，检查是否用内存屏障指令保证了数据的一致性。

使用内存屏障指令保证对共享数据的访问和预期一致。

例如：

```
int x = 0;
int y = 0;
x = 1;
smp_wmb();//等待 x=1 执行完成
y = 1;
```

其他线程在执行如下逻辑，可以保证数据为最新，从而保证对共享数据的访问和预期一致：

```
if ( y==1 ){
smp_rmb();//保证读的数据是最新的
assert(x==1);
}
```

3.9　鲲鹏应用云上开发概述

我国软件业在经历了 20 多年的高速发展后仍保持了较高的增速。而软件业云化、平台化、服务化发展趋势突显。软件产品和服务向基于云计算方向发展，软件产品和软件服务相互渗透，向一体化软件平台的新体系演变，产业模式则从传统的“以产品为中心”向“以服务为中心”转变。软件服务化（Software as a Service，SaaS）需要软件企业关注长尾效应，专注业务升级，降低开发与维护成本，要求企业以面向服务的方式构建软件，

“多、快、好、省”地持续推出新服务或者升级现有服务。

SaaS 是一种通过 Internet 提供软件的模式，厂商将应用软件统一部署在自己的服务器上，用户可以根据自己的实际需求，通过互联网向厂商定购所需的应用软件服务，并获得厂商提供的服务。用户不用再购买软件，而改用向提供商租用基于 Web 的软件，来管理企业经营活动，且无须对软件进行维护。服务提供商会全权管理和维护软件，软件厂商在向用户提供互联网应用的同时，也提供软件的离线操作和本地数据存储，让用户随时随地都可以使用其定购的软件和服务。对于许多小型企业来说，SaaS 消除了企业购买、构建和维护基础设施和应用程序的中间环节。

在这种模式下，用户不再像传统模式那样花费大量投资用于硬件、软件、人员，而只需要支出一定的租赁服务费用，通过互联网便可以享受相应的硬件、软件和维护服务，享有软件的使用权。这是网络应用最具效益的营运模式。

软件产业向服务化转型的趋势在两家典型的软件公司得到了验证。

① Salesforce，SaaS 模式的开创者也是云计算应用端的代表，在 2020 年的营收已经达到了 171 亿美元，同比增速达到了 29%。

② Office 作为微软的典型产品，也推出了在线订阅服务 Office365，并且将其作为后续的主推方向。

产业类型的转变对技术的要求也在不断提高，服务化需要依靠软件的可靠性。以华为云为例，华为云承诺的可靠性为 5 个 9，即 99.999%，也就是说，全年服务的情况下不可用或者服务器性能下降的时间不能超过 5.256 min。因此 IT 形态云化成了必然的趋势，“云”成为了软件的普遍承载方式。

从第三方的咨询报告中传递出以下信息：

① 数据中心的数量从增速和规模，都超过企业私有的 DC，这就反映出越来越多的业务和数据都集中到了云平台中；

② 云计算越来越成为云基础设施，云的能力和价值也逐渐被企业认可，云模式成为了企业业务的首选架构；

③ 关于云的安全问题的顾虑也随着技术的成熟不断被消除。

3.9.1 新形势为企业带来了新挑战和新要求

随着移动、社交、云计算、大数据、AI 的发展与应用，颠覆式的创新和跨界竞争也不断加剧。对企业来说这既是机遇也是挑战。随着软件产业向服务化转变以及基于云的发展趋势，企业所要面对的用户群体的差异化需求也呈现出爆炸式增长态势。在新形势下，企业必须快速高效地交付价值产品，以抢占新的市场，获取利润。但现如今，软件系统复杂度不断增加，一方面是稍纵即逝的市场机会，另一方面是难度不断提升的开发与部署，这就对企业提供的产品的可靠性提出了更高的要求，核心研发数据是企业最为重要的资产。

为了应对形势的挑战，软件企业的组织流程和研发模式需要不断地优化创新去适应市场形势。图 3-187 所示为企业流程优化历程。

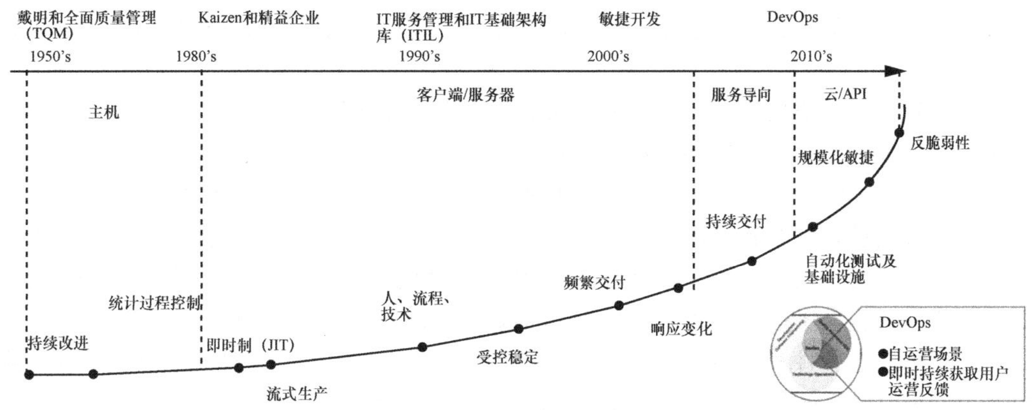

图 3-187　企业流程优化历程

从图 3-187 中我们可以看到，在客户端/服务器年代的末期，敏捷开发开始出现，它主张频繁交付、响应变化，背景则是消费者市场的快速崛起。随后技术趋势转向服务导向，业界开始主张更加持续的交付，以便满足消费者不断变化的需求和持续创新的需要。从 2010 年起，云计算走上舞台，进入了云和 API 技术主导的时代，DevOps 也成为标识性的理念，强调研发和运维部门更紧密的协作。与此同时，敏捷开发被更大规模的企业所青睐，而能够指导大型企业实践敏捷的规模化敏捷方法论逐渐浮现并得到采纳。

3.9.2　应用开发流程

图 3-188 所示为瀑布模型流程。瀑布模型是一种顺序式的软件开发流程，于 1970 年被温斯顿·罗伊斯提出。其核心思想是按工序将问题由繁化简，将功能的实现与设计分开，便于分工协作，即采用 结构化的分析与设计方法将逻辑实现与物理实现分开。通常按照分析、设计、开发、测试、运维等几个阶段顺序进行，每个阶段进行一次。这种模式要求下一阶段的开发是要建立在上一阶段完整交付并成熟的基础上的。该模型通常适用于需求稳定或后期变更代价高的场合。

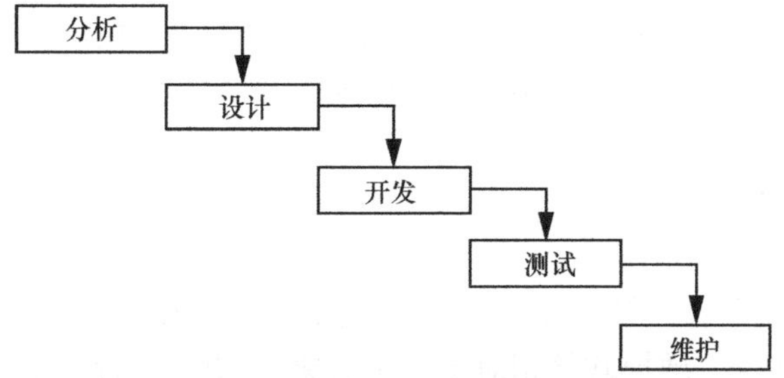

图 3-188　瀑布模型流程

分析阶段解决两个问题：需求分析和可行性分析。其中，可行性分析包括衡量企业是否具备资源完成软件设计、是否符合规定、是否能够解决客户的需求、业务逻辑是否闭环。需求分析就是回答做什么的问题，它是一个对用户的需求进行去粗取精、去伪存

真、正确理解，然后将它用软件工程开发语言（形式功能规约，即需求规格说明书）表达出来的过程。

设计阶段分为概要设计和详细设计两部分。概要设计就是结构设计，主要目标就是给出软件的模块结构，以软件结构图表示。详细设计的首要任务就是设计模块的程序流程、算法和数据结构，次要任务就是设计数据库，常用方法还是结构化程序设计方法。

开发阶段就是编写软件代码的过程。软件编码是指把软件设计转换成计算机可以接受的程序，即写成以某一程序设计语言表示的“源程序清单”。充分了解软件开发语言、工具的特性和编程风格，有助于开发工具的选择以及保证软件产品的开发质量。

测试阶段是软件开发中很重要的一部分，测试工作贯穿整个软件开发过程。软件测试的目的是以较小的代价发现尽可能多的错误。测试工作如图 3-189 所示。

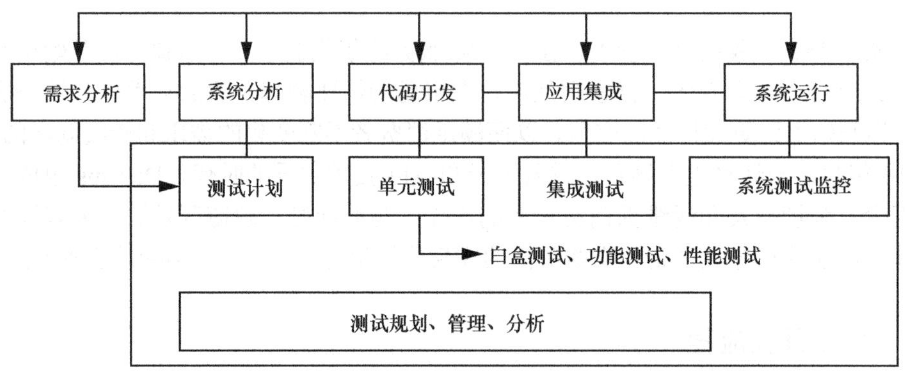

图 3-189 测试工作

维护是指对已经完成前边步骤并交付用户使用的软件进行的一些适当的调整修改。即根据软件运行的情况，对软件进行适当修改，以适应新的要求，以及纠正运行中发现的错误，编写软件问题报告、软件修改报告。

一个中等规模的软件，如果研制阶段需要一年至两年的时间，在它投入使用以后，其运行或工作时间可能持续五年至十年，那么它的维护阶段也是运行的这五年至十年。在这段时间，人们需要着手解决研制阶段所遇到的各种问题，同时还要解决某些维护工作本身特有的问题。做好软件维护工作，不仅能排除障碍，使软件能正常工作，而且还可以使它扩展功能，提高性能，为用户带来明显的经济效益。

3.9.3 敏捷软件开发

21 世纪开始出现了各种敏捷式软件开发方法。自 2001 年起，“敏捷”一词在软件领域就被赋予了新的含义。敏捷软件相对于“非敏捷”，更强调程序员团队与业务专家之间的紧密协作、面对面的沟通、频繁交付新的软件版本、紧凑而自我组织型的团队、能够很好地适应需求变化的代码编写和团队组织方法，也更注重软件开发过程中人的作用。敏捷软件开发主张适度的计划、进化开发、提前交付与持续改进，并且鼓励开发人员快速与灵活地面对开发与变更。

在传统软件开发过程中，软件到最终交付前，我们能够看到的都是一堆中间件、代码、文档，并不能看出最后的成果，因此最终产品可能与客户的要求相差很大。而敏捷软件开发遵循客观的规律，不断地进行迭代增量开发，并不断地与客户交流得到反馈意见，确保最终交付的是客户满意的产品。两种开发方式的对比如图 3-190 所示。

图 3-190 传统软件开发与敏捷软件开发方式对比

敏捷式开发追求价值驱动，其优势可以概括如下：

① 敏捷能够带来全程持续的高可视性，可了解现场的具体情况；

② 敏捷可通过短迭代的模式，进行需求调整，带来高适应性；

③ 敏捷通过聚焦价值来排序特性，可以从一开始就产出高业务价值，更可以在边际效益递减时决策以减少投入；

④ 敏捷方式能够更早地发现和规避风险。

3.9.4 DevOps 是什么？

DevOps（Development 和 Operations 的组合词）是一组过程、方法与系统的统称，用于促进开发（应用程序/软件工程）、技术运营和质量保障（QA）部门之间的沟通、协作与整合。它是一种重视“软件开发人员（Dev）”和“IT 运维技术人员（Ops）”之间沟通合作的机制，以自动化“软件交付”和“架构变更”的流程，使得构建、测试、发布软件能够更加地快捷、频繁和可靠。

我们可以把 DevOps 看作开发（软件工程）、技术运营和质量保障（QA）三者的交集。

传统的软件企业将开发、技术运营和质量保障设为各自分离的部门。按照从前的工作方式，开发和部署不需要技术支持或者 QA 深入的、跨部门的支持，但却需要极其紧密的多部门协作。而 DevOps 考虑的还不仅是软件部署，它是一套针对这几个部门间沟通与协作问题的流程和方法。

DevOps 的引入能对产品交付、测试、功能开发和维护起到意义深远的影响。在缺乏 DevOps 能力的企业或组织中，开发与运营之间存在着信息“鸿沟”，例如运营人员要求更好的可靠性和安全性，开发人员则希望基础设施响应更快。

以下几方面因素可能促使一个企业引入 DevOps：

① 使用敏捷开发方法或其他软件开发过程与方法；

② 业务负责人要求加快产品交付；

③ 虚拟化和云计算基础设施（可能来自内部或外部供应商）日益普遍；

④ 数据中心自动化技术和配置管理工具的普及；

⑤ 有一种观点认为，占主导地位的“传统”的管理风格（“斯隆模型 vs 丰田模型”）会导致“烟囱式自动化”，从而造成开发与运营之间的鸿沟，因此需要 DevOps 能力来解决由此引发的问题。

DevOps 经常被描述为“开发团队与运营团队之间具有的协作性、更高效的关系”。由于团队间协作关系的改善，整个组织的效率得到提升，伴随频繁变化而来的生产环境的风险也能得到降低。DevOps 生命周期过程如图 3-191 所示。

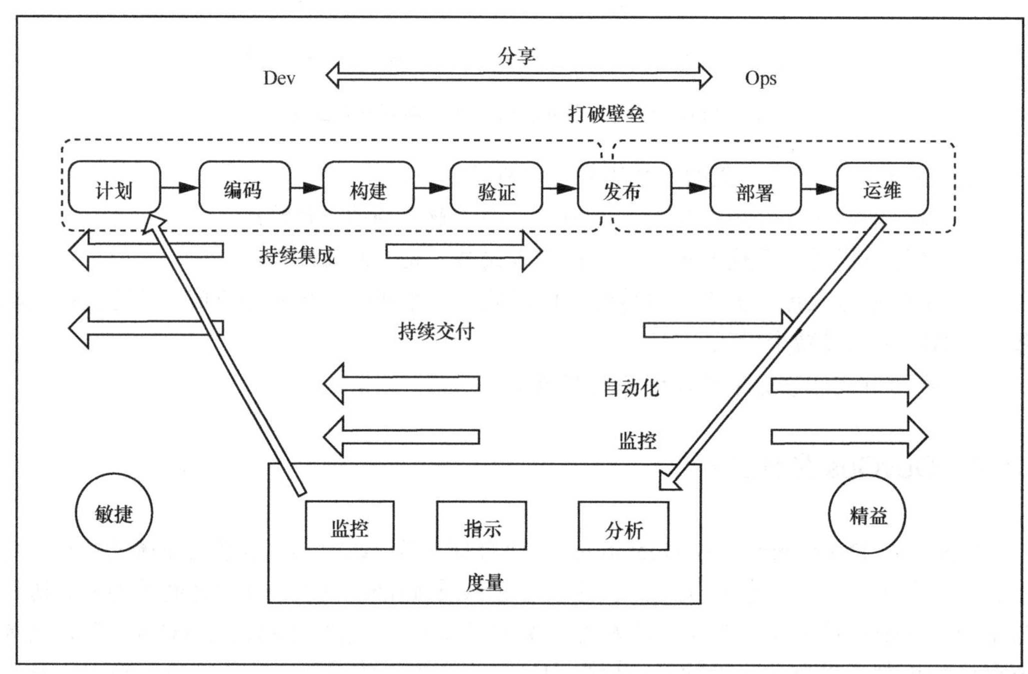

图 3-191 DevOps 生命周期过程

DevOps 包括以下 5 个要素：

① 文化：DevOps 与传统职能型团队不同，它的前提是建立一体化的全功能团队，打破开发（Dev）与技术运营（Ops）的隔阂，形成协同合作的文化氛围。

② 自动化：自动化一切可以自动化的，通过自动化的工具或脚本实现软件工程从构建到运维的自动化流水线作业。

③ 精益：以精益的方式小步快跑，持续改善。

④ 度量：建立有效的监控与度量手段并快速获得反馈，推动产品和团队的持续改进。

⑤ 分享：不同职能、不同产品之间经验分享能够促进 DevOps 的文化沉淀，促进产品迭代和更新。

在这里，我们要讲一下敏捷和 DevOps 之间的关系。DevOps 集合了以下 4 个部分。

① 敏捷管理：包含计划、需求、设计、开发。

② 持续交付：包括开发、部署、运营。

③ IT 服务管理：包括运营、周期终止。

④ 精益管理：从计划到周期终止的全程。

可以看出，DevOps不是对敏捷的否定，而是融合了敏捷和精益的思想和方法，并在其基础上的进一步发展。

3.9.5 持续集成与持续交付

持续集成（Continuous Integration，CI）是一种软件开发实践。比如，团队开发成员经常集成他们的工作，通常每个成员每天至少集成一次，也就意味着每天可能会发生多次集成。每次的集成都通过自动化的构建（包括编译、发布、自动化测试）来验证，从而尽早地发现集成错误。持续集成并不能消除Bug，而是使错误变得非常容易被发现并改正。

持续交付（Continuous Delivery，CD）是一种软件工程方法。它让软件产品在一个短周期内完成，以保证软件可以稳定、持续地保持在随时可以发布的状态。它的目标在于让软件的构建、测试与发布变得更快以及更频繁。这种方式可以减少软件开发的成本与缩短软件开发的时间，从而降低风险。

持续交付与DevOps的含义很相似，所以经常被混淆。但是它们是不同的两个概念：DevOps的范围更广，它以文化变迁为中心，特别是软件交付过程所涉及的多个团队（开发、运维、QA、管理部门等）之间的合作，并且将软件交付的过程自动化；持续交付是一种自动化交付的手段，关注点在于将不同的过程集中起来，并且更快、更频繁地执行这些过程。因此，DevOps可以是持续交付的一个产物，持续交付直接汇入DevOps。

持续交付的优势：

① 快速发布，能够应对业务的需求，并更快地实现软件价值；

② 编码、测试、上线、交付的频繁迭代周期缩短，同时获得快速反馈；

③ 高质量的软件发布标准，整个交付过程标准化、可重复化、可靠；

④ 整个交付过程进度可视化，方便团队人员了解项目成熟度；

⑤ 更先进的团队协作方式，从需求分析、产品的用户体验到交互设计、开发、测试、运维等环节密切协作，相比于传统的瀑布式软件团队，效率更高。

持续部署是指交付的代码通过评审之后，自动部署到生产环境中。持续部署是持续交付的最高阶段，意味着所有通过了一系列的自动化测试的改动都将自动部署到生产环境中。

持续部署的工作流程：开发人员提交代码；持续集成服务器获取代码，执行单元测试；由测试结果决定是否部署到预演环境，如果成功部署到预演环境，则进行整体验收测试，如果测试通过，就自动部署到产品环境中，全程自动化高效运转。

持续部署的优点：可以相对独立地部署新的功能，并能快速地收集真实用户的反馈。

持续集成、持续交付和持续部署提供了一个优秀的DevOps环境，频繁部署、快速交付以及开发流程自动化都将成为未来软件工程重要的组成部分。

3.9.6 云原生与微服务

云原生是一种专门针对云上应用而设计的方法，用于构建和部署应用，以充分发挥云计算的优势。这些应用的特点是可以实现快速和频繁地构建、发布和部署，结合云计算的特点实现与底层硬件和操作系统的解耦，从而满足应用在扩展性、可用性、可移植性等方面的要求，并提供更好的经济性。

云原生的技术产品包括：容器、Docker、编排 K8S、微服务、服务网格、敏捷、持续集成、持续交付、持续部署、DevOps 等。

云原生是方法和实践，云原生应用是云原生方法实践的成果。

3.10 本章小结

本章介绍了华为鲲鹏云平台上鲲鹏代码扫描分析工具与鲲鹏代码迁移工具的安装及使用方法，讲述了软件代码移植工具的原理和使用方法，并通过实验系统讲解了各类常用语言代码的移植过程。学习完本章后，读者可对鲲鹏云平台上的应用移植有较清晰的认识并具备一定的操作能力。

本章习题

1. 为什么 x86 架构处理器上的软件在鲲鹏处理器中使用时需要移植？（　　）

A. 两种处理器的指令集不同

B. 源代码需要按照目标处理的指令集编译成指令才能运行

C. 编译型语言由编译器静态编译成指令和数据

D. 解释型语言由语言的虚拟机在运行时将源码/字节码编译成指令和数据

2. 为什么 x86 架构处理器上的软件在鲲鹏处理器使用时需要分析扫描？（　　）

A. 提供给用户使用的软件移植建议

B. 分析用户软件编译依赖的 SO 文件

C. 分析用户 C/C++源码，识别 x86 汇编代码并提供 C/C++代码移植修改建议

D. 分析用户 C/C++源码，分析 x86 汇编代码移植到华为鲲鹏平台的可移植性和移植工作量

3. 华为鲲鹏代码迁移工具适用于以下哪些类型的应用程序？（　　）

A. C/C++

B. Java

C. 汇编

D. Python

4. 华为鲲鹏代码迁移工具能够提供（　　）方面的移植评估结果。

A. 扫描源码中有多少个安装包

B. 扫描源码中有多少可以移植的依赖库 SO 文件

C. 扫描源码中有多少行可以移植的 C/C++代码、汇编代码

D. 预估移植所需的工作量

5. 关于 Dockerfile 的参数说明不正确的是（　　）。

A. FORM 是基于哪个镜像创建新镜像

B. WORKDIR 是切换目录的

C. VOLUME 是告诉容器在运行时要监听哪个端口

D. CMD 是用于容器启动时指定的服务

6. 使用 Dependency Advisor 工具对源码进行分析时，以下哪些是必填项（　　）。

A. 软件存放路径

B. 编译器版本

C. 目标系统的操作系统版本

D. 构建工具类型

7. 华为鲲鹏代码迁移工具可以在哪种操作系统上运行？（　　）

A. Windows10

B. Android

C. iOS

D. CentOS

答案：1. ABCD　2. D　3. AC　4. ABC　5. C　6. ABCD　7. D

第4章 应用性能测试及调优

学习目标

- 学习性能测试的作用
- 学习性能测试的方法
- 学习性能测试工具的使用
- 学习鲲鹏平台对于性能的优化处理

本章的学习目的是了解在鲲鹏场景下性能测试的方法，以及在鲲鹏系统如何提升性能。在本章中，读者将会学习到：性能测试方法、性能测试指标、常见的性能测试工具、鲲鹏系统是如何进行优化的，以及鲲鹏性能优化的工具。

4.1 性能测试概述

百度百科对性能测试定义为，性能测试是通过自动化的测试工具模拟多种正常、峰值以及异常负载条件来对系统的各项性能指标进行测试。负载测试和压力测试都属于性能测试，两者可以结合进行。负载测试可以确定在各种工作负载下系统的性能，测试当负载逐渐增加时，系统各项性能指标的变化情况。压力测试是通过确定一个系统的瓶颈或者不能接受的性能点，来获得系统能提供的最大服务级别的测试。

一个应用或一个网站的性能直接影响用户的体验，没有哪个用户可以忍受一个速度特慢的网站或者应用。所以无论是对产品运营层面还是技术层面，我们都需要进行性能优化，通过性能测试获取性能指标，发现影响应用或系统的性能瓶颈，然后对各项指标进行性能瓶颈的分析和调优。

性能问题是系统或应用实现其功能与价值的直接体现，不同的用户对性能的描述也会存在很大的差异，如运维人员、测试人员、开发人员眼中的性能就是系统可以支持多大的并发、系统每秒处理的事物数是多少，以及系统资源开销是多少（这些资源的开销包括 I/O、磁盘、CPU、MEM 等）；而普通用户眼中的性能问题就可以比较通俗地展示出来，如访问页面多久可以加载出来、页面为什么会访问失败、服务器为什么会访问不了等。针对性能问题不同的描述方法，我们以共同的性能指标去表达，如以系统的响应时间、TPS（Transaction Per Second，每秒处理的事物数）/QPS（Query Per Second，每秒查询率）、吞吐量、PV（Page View，页面浏览量）/UV（Unique Visitor，独立访客）等指标进行衡量。响应时间一般指的是某个操作从发出指令到接收到服务器所用的时间的插值，一般用来衡量服务器的事物处理能力。TPS 一般指系统每秒处理的事物数，QPS 一般用来衡量一个特定的查询服务器在规定时间内处理的流量。吞吐量指的是系统在单位时间内处理客户端请求的数量，一般与系统的 CPU、带宽、I/O 等资源相关。UV 是指统计一天内访问站点的用户数，以 Cookie 为依据，访问网站的一台电脑客户端即为一个访客。了解完性能测试的基本概念后，接下来我们一起了解一下常见的性能测试类型。

① 基准测试：在给系统施加较低压力时，查看系统的运行状况并记录相关数据作为基础参考。

② 负载测试：对系统不断地增加压力或增加一定压力下的持续时间，直到系统的某项或多项性能指标达到安全临界值，例如某种资源已经达到饱和状态等。

③ 压力测试：评估系统处于或超过预期负载时系统的运行情况，即系统在峰值负载或超出最大载荷情况下的处理能力。

④ 稳定性测试：在给系统加载一定业务压力的情况下，使系统运行一段时间，以此检测系统是否稳定。

⑤ 并发测试：测试多个用户同时访问同一个应用、同一个模块或者数据记录时，是否存在死锁或者其他性能问题。

4.2 性能测试方法论

4.2.1 SEI 负载测试计划过程

SEI 负载测试计划过程是一个关注负载测试计划的方法，其目标是产生“清晰、易理解、可验证的负载测试计划”。SEI 负载测试计划过程将目标、用户、用例、生产环境、测试环境和测试场景 6 个区域作为负载测试计划需要重点关注和考虑的内容。

1. 生产环境和测试环境的不同

由于负载测试环境与实际的生产环境存在一定的差异，测试环境中对应用系统进行的负载测试结果很可能不能准确反映该系统在生产环境上的实际性能表现，为了规避这个风险，我们必须仔细设计测试环境。

2. 用户分析

我们对用户行为进行分析，依据用户行为模型建立用例和场景。

3. 用例

用例是用户使用某种顺序和操作方式对业务过程进行实现的过程，对于负载测试来说，用例的作用在于分析和分解出关键的业务，判断每个业务发生的频度、出现性能问题的风险等。

需要注意的是，SEI 负载测试计划过程对负载测试需要关注的具体内容提供了参考，但并不是一个完整的测试过程。

4.2.2 RBI 方法

RBI（Rapid Bottleneck Identify）方法是 Empirix 公司提出的一种用于快速识别系统性能瓶颈的方法，该方法基于以下一些事务：

① 80%的系统性能瓶颈由吞吐量制约；

② 并发用户数和吞吐量瓶颈之间存在关联；

③ 采用吞吐量测试能够更快速地定位问题。

RBI 方法先访问“小页面”和“简单应用”，从应用服务器、网络等基础层次去了解系统吞吐量的表现；再选择不同场景、设定不同并发数，使吞吐量保持趋势增长，观察系统的性能表现。该方法按照“自上而下”的方式进行分析，首先确定是并发还是吞吐量引发的性能表现限制，然后从网络、数据库、应用服务器、代码本身 4 个环境确定系统性能具体的瓶颈。

RBI 方法在性能瓶颈定位过程中能发挥良好的作用，但也不是完整的性能测试过程。

4.2.3 性能下降曲线分析法

如图 4-1 所示，性能下降曲线实际上描述的是性能随用户数增长而出现下降趋势的曲线，这里所说的性能可以是响应时间，也可以是吞吐量，一般来说，性能主要是指响应时间。

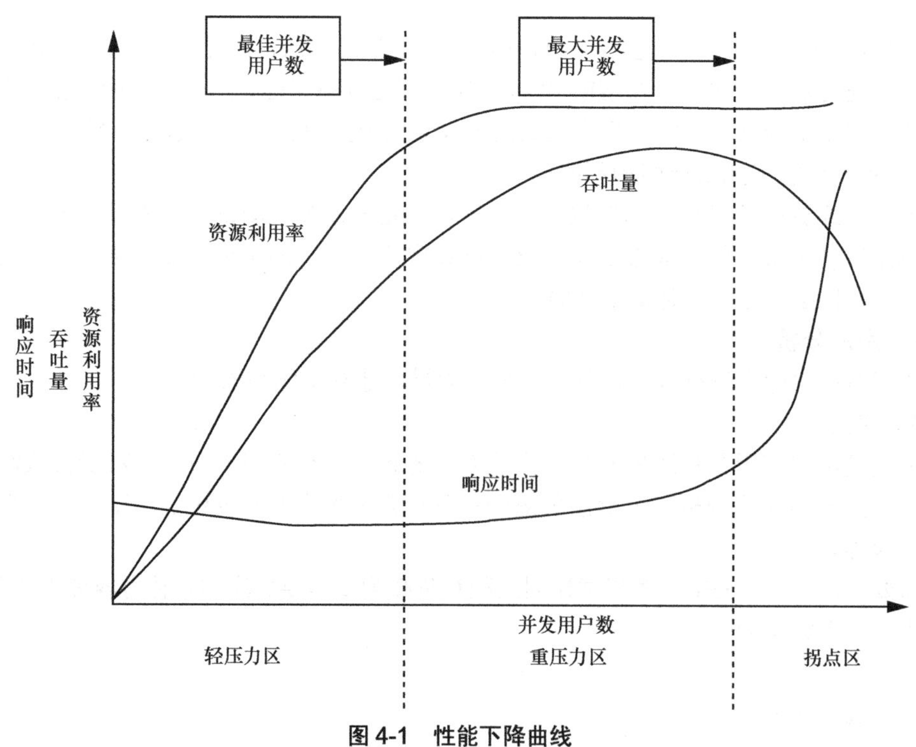

图 4-1 性能下降曲线

性能下降曲线分析法主要关注的是性能下降曲线上的各个区间和相应的拐点，通过识别不同的区间和拐点，从而为性能瓶颈识别和性能调优提供依据。

一条响应时间性能下降曲线包括以下几个区域。

1. 单用户区域

一个单用户的响应时间，对建立性能的参考值很有帮助。

2. 性能平坦区

系统性能最优秀的区间。

3. 压力区域

系统性能开始变坏的区间。

4. 拐点

性能开始急剧下降的点。

4.2.4　GAME（A）性能测试过程模型方法

自动化测试生命周期方法被称为“性能测试过程通用模型”，GAME（A）性能测试过程模型方法使用的就是这一种方法。该方法分为 G（Goal，目标）、A（Analysis，分析）、M（Metrics，度量）、E（Execution，执行）、（A）（Adjust，调整）等步骤。当 E 执行失败后才进入 A 阶段，并且 A 阶段涉及的大多是有关开发和系统管理工作，因此 A 设为隐式。具体流程如图 4-2 所示。

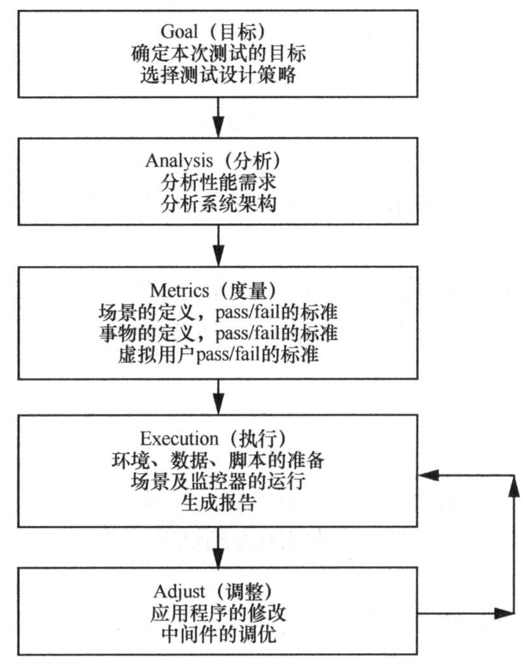

图 4-2　GAME（A）流程

1. 目标

制订一个明确而详细的测试目标是性能测试开始的第一步，也是性能测试成功的关键。

本步骤的开始时间：需求获取阶段。

本步骤的输入内容：性能需求意向。

本步骤的输出：明确的性能测试目标和性能测试策略。

常规的性能测试目标有以下 6 种。

（1）度量最终用户响应时间

查看用户执行业务流程及从服务器得到响应所花费的时间。例如，可以检测系统在正常的负载情况下运行时，用户最终能否在 20 秒内得到所有请求的响应。

（2）定义最优的硬件配置

检测各项系统配置（内存、CPU 速度、缓存、适配器、调制解调器）对性能的影响。

在了解系统体系结构并测试了应用程序响应时间后，用户可以度量不同系统配置下的应用程序响应时间，从而确定哪一种设置能够提供理想的性能级别。

例如，可以设置以下 3 种不同的服务器配置，并针对各个配置运行相同的测试，以确定性能上的差异。

配置 1：1.2GHz、1GB RAM

配置 2：1.2GHz、2GB RAM

配置 3：2.4GHz、1GB RAM

（3）检查可靠性

确定系统在连续高工作负载下的稳定性级别。强制系统在短时间内处理大量任务，以模拟系统在数周或数月的时间内通常会遇到的活动类型。

（4）查看硬件或软件升级

执行回归测试，以便对新旧版本的硬件或软件进行比较。用户可以查看软件或硬件升级对响应时间（基准）和可靠性的影响。注意，此回归测试的目的不是验证升级版的新功能，而是查看新版本的效率和可靠性是否与旧版本相同。

（5）确定瓶颈

用户可以运行测试以确定系统的瓶颈，并确定哪些因素会导致性能下降，例如文件锁定、资源争用和网络过载。将 LoadRunner 与新的网络和计算机监视工具结合使用以生成负载，并度量系统中不同点的性能，最终找出瓶颈所在的位置。

（6）度量系统容量

度量系统容量，并确定系统在不降低性能的前提下能提供多少额外容量。我们根据不同的测试目标去选择合适的性能测试设计策略，比如，“度量最终用户响应时间”可以采用负载测试策略，“检查可靠性”可以用压力测试策略等。

2．分析

本步骤的开始时间：需求分析阶段和性能测试启动阶段。

本步骤的输入内容：性能需求。

本步骤的输出内容：达成一致的性能指标列表、性能测试案例文档。

（1）分析性能需求

在这里，要定义性能测试的内容，细化性能需求。

客户、需求分析人员和测试工程师共同起草一个性能需求标准，并对此标准获得一致认同。此标准将用户的需求细化、量化，并能在测试中作为判断依据。

比如，对于负载测试来说，可以从以下角度来细化需求，逐步找出测试关键点。

测试的对象是什么，例如“被测系统中有负载压力需求的功能点包括哪些”“测试中需要模拟哪些部门用户产生的负载压力”等问题。

系统配置如何，例如“预计有多少用户并发访问”“用户客户端的配置如何”“使用什么样的数据库”“服务器怎样和客户端通信”。

应用系统的使用模式是什么，例如“用户使用在什么时间达到高峰期”“用户使用该系统时是否采用 B/S 运行模式”“网络设备的吞吐能力如何，每个环节承受多少并发用户”等问题。

最后得出的性能测试指标标准至少要包含测试环境、业务规则、期望响应时间等。

（2）分析系统架构

要求测试人员对硬件和软件组件、系统配置及典型的使用模型有一个透彻的了解。结合性能测试指标标准，生成性能测试用例（可参考第 10 章“进阶 LoadRunner 高手”的用例设计部分）。

3．度量

本步骤的开始时间：性能测试设计阶段。

本步骤的输入内容：细化的性能指标和性能测试案例。

本步骤的输出内容：和工具相关的场景度量、交易度量、监控器度量和虚拟用户度量等。

度量是非常重要的一步，它把性能测试本身量化，这个量化的过程因测试工具的不同而不同。

（1）场景的定义（以 pass/fail 的标准）

测试场景包含性能测试的宏观信息，包括测试环境、运行规则和监控数据等，具体表现为历史数据记录数、虚拟用户数、虚拟用户加载方式、监控指标等。

（2）事务的定义（以 pass/fail 的标准）

事务用来度量服务器的处理能力。事务定义应该以性能指标标准为依据，是性能指标的具体体现。事务的定义是很重要的，不同的定义会导致不同的 TPS。

使用性能测试工具执行性能测试之后，我们能看到的是 pass/fail 的用户数、pass/fail 的事务数，而这些 pass/fail 的标准应该在执行性能测试之前就被定义好。比如，LoadRunner 默认的 pass/fail 标准是基于协议层的，而我们需要的 pass/fail 可能是业务级的，需要在业务层上进行判断来决定选择 pass 还是 fail。另外，案例的关联性也会引起 pass/fail，如果两个案例之间有关联，A 脚本负责向数据库插入数据，B 脚本负责查询数据，如果 Afail，则 B 也会 fail，虽然 B 本身不一定有错。为了避免因为 A 的 fail 导致本可以 pass 的 B 也 fail，可以从两方面来解决这个问题，一方面可以削弱脚本之间的关联性，另一方面也可以通过增强脚本的健壮性来避免。

（3）虚拟用户的定义（以 pass/fail 的标准）

虚拟用户是性能测试工具中一个普遍的概念，虚拟用户负责执行性能测试脚本，在这里应该定义虚拟用户在遇到何种情况时选择 fail 或 pass，即退出或通过。

4．执行

本步骤的开始时间：软件测试执行阶段。

本步骤的输入内容：场景、交易、虚拟用户等设置信息。

本步骤的输出内容：测试报告。

执行测试包含以下 2 个工作。

（1）准备测试环境、数据和脚本

测试环境：硬件平台和软件平台。

测试数据：包括初始测试数据和测试用例数据两部分，表现为 SQL 脚本、Excel 文件等。

测试环境直接影响测试效果，所有的测试结果都是在一定软硬件环境约束下的结果，测试环境不同，测试结果可能会有所不同。需要注意：如果是完全真实的应用运行环境，要尽可能降低测试对现有业务的影响；如果是建立近似的真实环境，首先要达到服务器、数据库及中间件的真实性要求，并且要具备一定的数据量，客户端可以次要考虑。实施负载压力测试时，需要运行系统相关业务，这时需要一些数据支持，这部分数据即为初始测试数据。有时为了模拟不同的虚拟用户的真实负载，需要将一部分业务数据参数化，这部分数据为测试用例数据。

测试脚本：用性能测试工具生成脚本。

（2）运行场景和监控性能

运行性能测试场景，并监控设定好的数据指标，最终生成测试报告。按照定义好的场景 pass/fail 标准来判断性能测试是否通过。如果未能通过，则进入下一步（即 Adjust）。

5. 调整

本步骤的开始时间：第一轮性能测试结束后，而且是在性能测试没有通过的条件下。

本步骤的输入内容：测试报告和测试结果数据。

本步骤的输出内容：性能问题解决方案。

调整包含应用程序修改和中间件调优。

中间件调优可考虑的因素有：操作系统调优；数据库调优；内存升级；CPU 数量；代码调优；Cache 调优。

解决一个性能瓶颈后，往往会出现另外的瓶颈或者其他问题，所以性能优化更加切实的目标是做到在一定范围内使系统的各项资源使用趋向合理和保持一定的平衡。

系统运行良好的时候恰恰也是各项资源达到了平衡的时候，任何一项资源的过度使用都会造成平衡体系被破坏，从而造成系统负载极高或者响应迟缓。比如 CPU 过度使用会造成大量进程等待 CPU 资源，系统响应变慢，等待会造成进程数增加，进程增加又会造成内存使用增加，内存耗尽又会造成系统使用虚拟内存，系统使用虚拟内存又会造成磁盘 I/O 增加和 CPU 开销增加（用于进程切换、缺页处理的 CPU 开销）。

4.2.5 性能测试过程通用模型

PTGM（Performance Test General Model，性能测试过程通用模型）使用的方法也是自动化测试生命周期方法，PTGM 方法主要包括 6 个阶段：测试前期准备阶段、测试工具引入阶段、测试计划阶段、测试设计与开发阶段、测试执行与管理阶段、测试分析阶段。各个阶段相互依赖。

1. 测试前期准备阶段

测试前期准备阶段至少要完成以下两项工作：

① 保证系统稳定；

② 建立合适的测试团队。

测试前期准备阶段包含以下活动：

① 系统基础功能验证；

② 组建测试团队；

③ 测试工具需求确认；

④ 性能预备测试（可选活动）。

性能预备测试，是指在正式测试之前，通过简单的探索性测试或其他方法，对系统的性能表现进行初步了解。预备测试就是我们平时工作中性能测试正式开展前的调研测试。

2．测试工具引入阶段

此阶段包含以下活动。

（1）选择工具

性能测试一定会使用自动化测试手段和自动化测试工具。

（2）工具应用的技能培训

该活动对项目组的相关参与者进行工具的应用技能培训，以使测试活动参与者具备测试需要的技能。

（3）确定工具的应用过程

该活动需要确定性能测试工具在测试中的具体应用范围，工具使用过程中的问题解决方法等内容，具体来说，是指哪些工作使用工具完成，测试工具在使用过程中的问题由谁来解决。

3．测试计划阶段

测试计划阶段用于生成指导整个测试执行的计划。该阶段主要完成测试目标的确定和测试时间的拟定。

此阶段的工作可分解为以下活动。

（1）性能测试领域分析

性能测试领域分析见表 4-1。

表 4-1　性能测试领域分析

应用领域	性能测试目标	性能目标
能力验证	验证系统在给定环境的性能能力	重点关注关键业务响应时间、吞吐量
规划能力	验证系统的性能扩展力，找出系统能力扩充的关键点，给出改善其性能扩展能力的建议	业务的性能瓶颈
性能调优	提高系统的性能表现	重点关注关键业务响应时间、吞吐量
发现缺陷	发现系统中的缺陷	无

（2）用户活动剖析与业务建模

用户活动剖析与业务建模活动被用来寻找用户的关键性能关注点。用户对系统性能的关注往往集中在少数几个业务活动上，在确定性能目标之前，需要先把用户的关注点找出来，从而确定最贴切用户要求的性能目标。

（3）确定性能目标

性能测试目标根据性能测试需求和用户活动分析结果来确定。确定性能测试目标的一般步骤是先从需求和设计中分析出性能测试需求，再结合用户活动剖析业务建模的结果，最终确定性能测试的目标。

（4）制定测试时间计划

该活动给出性能测试的各个活动起止时间，为性能测试的执行给出估算时间。

4．测试设计与开发阶段

性能测试的设计与开发阶段包括测试环境设计、测试场景设计、测试用例设计，以及脚本、辅助工具开发活动。

（1）测试环境设计

测试环境设计是测试设计中不可缺少的环节。性能测试的结果与测试环境之间的关联非常大。无论是哪种领域内的性能测试，都必须首先确定测试的环境。

（2）测试场景设计

测试场景设计活动用于设计测试活动需要使用的场景。

（3）测试用例设计

测试用例是对测试场景的进一步细化，细化的内容包括场景中涉及业务的操作序列描述、场景需要的环境部署。

（4）脚本和辅助工具开发

脚本和辅助工具的开发是测试执行之前的最后步骤，测试脚本是业务操作的体现，一个脚本一般是一个业务的过程描述。

5．测试执行与管理阶段

测试执行与管理过程用于建立合适的测试环境，部署测试脚本和测试场景，执行测试并记录测试结果。

（1）建立测试环境

该活动用于搭建需要的测试环境，在设计完用例之后就会开始。该活动是一个持续性的活动，在测试过程中，可能会根据测试需求进行环境上的调整。

（2）部署测试脚本和测试场景

建立完合适的测试环境之后的工作是部署测试脚本和测试场景。对脚本和场景的部署需要熟悉测试工具的人员来完成，在本过程模型中，该活动由测试实施人员进行。在场景部署完成后，一般需要一个确认步骤，即需要测试设计人员确认场景部署与预期的设计一致。沟通和确认工作在实际的测试过程很重要。

（3）执行测试和记录结果

测试执行过程用于建立合适的测试环境，部署测试脚本和测试场景，执行测试并记录测试结果。

6．测试分析阶段

测试分析过程用于对测试结果进行分析，根据测试的目的和目标给出测试结论。

性能测试的挑战性很大程度上体现在对测试结果的分析上，可以说，每次性能测试结果的分析需要测试分析人员具有相当程度的对软件性能、软件架构和各性能指标的了解。

实际性能测试工程师需要配合开发人员协同定位性能测试过程的异常。

4.3　常见内部性能测试指标概述

常见的四个性能硬件指标分别为内存、CPU、磁盘、Web。

4.3.1　内存

UNIX 资源监控中指标内存页交换速率如果偶尔走高，则表明当时有线程竞争内存。如果指标内存页交换速率持续很高，则表明内存可能存在瓶颈，也可能是内存访问命中率低。

在 Windows 资源监控中，如果 Process/Private Bytes 计数器和 Process/Working Set 计数器的值在长时间内持续升高，同时 Memory/Available bytes 计数器的值持续降低，则系统很可能存在内存泄露的问题。

内存资源成为系统性能的瓶颈的征兆：

① 很高的换页率；

② 进程进入不活动状态；

③ 交换区所有磁盘的活动次数过高；

④ 过高的全局系统 CPU 利用率；

⑤ 内存不够。

4.3.2　CPU

CPU 是系统的核心处理单元，在选购服务器时，我们一般需要考虑 CPU 的主频、核心数、外频等参数。

主频有时也被称为时钟频率，单位为 MHz，用来衡量 CPU 的运算能力，CPU 的主频=外频 x 倍频系数。主频和实际的运算速度有关，代表 CPU 的整体性能。核心数代表一颗 CPU 的物理核心，核心数越多，并发能力越高，性能越强。泰山服务器最多可以集成 128 个核心。外频为 CPU 的基准频率，单位是 MHz。CPU 的外频决定着整块主板的运行速度。目前绝大部分系统中外频与主板总线不是同步速度的。倍频系数指的是 CPU 主频与外频之间的相对比例关系。在相同的外频下，CPU 倍频系数越高，频率也越高。

在系统中，如果 CPU 的利用率不高，说明资源没有被充分利用，可以通过工具（如 strace）查看应用程序阻塞的位置，一般为磁盘，网络或应用程序的业务处理中有休眠或信号等待。如果 CPU 利用率高，则可以选择更好的硬件，优化硬件的配置参数来适配业务场景，或者通过优化软件来降低 CPU 占用率。根据 CPU 的能力配置合适的内存条，建议内存满通道配置，发挥内存最大带宽，一颗鲲鹏 920 处理器的内存通道为 8 个，两颗鲲鹏 920 处理器的内存通道为 16 个；建议选择高频率的内存条，提升内存带宽，鲲鹏

920 在 1DPC 配置时，支持的内存最高频率为 2933MHz。

CPU 资源成为系统性能的瓶颈的征兆：

① 很慢的响应时间；

② CPU 空闲时间为零；

③ 过高的用户占用 CPU 时间；

④ 过高的系统占用 CPU 时间；

⑤ 长时间有很长的运行进程队列。

4.3.3 磁盘

磁盘有 5 个常见的性能衡量指标，即使用率、饱和度、IOPS（Input/Output Operations Per Second，每秒读写次数）、吞吐量及响应时间。

使用率是指磁盘处理 I/O 的时间百分比。过高的使用率（比如超过 80%）通常意味着磁盘 I/O 存在性能瓶颈。

饱和度是指磁盘处理 I/O 的繁忙程度。过高的饱和度意味着磁盘存在严重的性能瓶颈。当饱和度为 100% 时，磁盘无法接受新的 I/O 请求。

IOPS 是指每秒的 I/O 请求数。

吞吐量是指每秒的 I/O 请求大小。

响应时间是指 I/O 请求从发出到收到响应的间隔时间。

尽可能不要孤立地去比较某一指标，而是要结合读写比例、I/O 类型（随机还是连续）及 I/O 的大小，综合来分析。比如，在数据库、大量小文件等这类随机读写比较多的场景中，IOPS 更能反映系统的整体性能，而在多媒体等顺序读写较多的场景中，吞吐量更能反映系统的整体性能。

文件系统也是影响磁盘 I/O 性能的关键因素，我们可以通过控制文件系统的写缓冲区的大小提高系统的写性能。写缓冲区的大小代表占系统内存的百分比，表示当写入缓冲在系统内存中占一定比例的时候，开始向磁盘写出数据。我们也可以控制文件系统的 pdflush 进程，其代表系统内存的百分比。pdflush 用于将内存中的内容和文件系统进行同步，比如，当一个文件在内存中被修改，pdflush 负责将它写回硬盘。每当内存中的垃圾页超过 10%的时候，pdflush 就会将这些页面备份回硬盘，垃圾页的比率（默认 10%）是可以调整的，增大这个比率后会使用更多系统内存用于磁盘写缓冲，也可以极大地提高系统的写性能。但是，当你需要持续、恒定的写入场合时，应该降低写缓冲区和 pdflush 的数值。

I/O 资源成为系统性能的瓶颈的征兆：

① 过高的磁盘利用率；

② 太长的磁盘等待队列；

③ 等待磁盘 I/O 的时间所占的百分率太高；

④ 太高的物理 I/O 速率；

⑤ 过低的缓存命中率；

⑥ 太长的运行进程队列，但 CPU 却空闲。

4.3.4 Web

一个 Web 请求的处理包括以下步骤：

① 客户发送请求；

② Web server 接收请求，进行处理；

③ Web server 向 DB（Data Base，数据库）获取数据；

④ Web server 生成用户的页面，返回给用户。从给客户发送请求开始到最后一个字节的时间被称为响应时间（第三步不包括在每次请求处理中）。

Web 性能测试业务指标涵盖以下几个。

1. 事务

在 Web 性能测试中，一个事务表示一个“用户发送请求→Web server 接受到请求，进行处理→Web server 向 DB 获取数据→生成用户的页面，返回给用户”的过程，一般的响应时间都是针对事务而言的。

2. 请求响应时间

请求响应时间指的是从客户端发起的一个请求开始，到客户端接收到从服务器端返回的响应结束所耗费的时间，响应时间的单位一般为“秒”或者“毫秒”。用公式可以表示为：响应时间＝网络响应时间+应用程序响应时间。标准可参考国外的 3/5/10 原则：

① 在 3 秒内，页面给予用户响应并有所显示，可认为是“很不错的”；

② 在 3～5 秒内，页面给予用户响应并有所显示，可认为是“好的”；

③ 在 5～10 秒内，页面给予用户响应并有所显示，可认为是“勉强接受的”；

④ 超过 10 秒就让人有点不耐烦了，用户很可能不会继续等待下去。

3. 事务响应时间

事务可能由一系列请求组成，事务的响应时间主要针对用户，属于宏观上的概念，是为了向用户说明业务响应时间而提出的。例如，跨行取款事务的响应时间就是由一系列的请求组成的。事务响应时间是直接衡量系统性能的参数。

4. 并发用户数

并发一般分为两种情况。

一种是严格意义上的并发，即所有的用户在同一时刻做同一件事情或者操作，这种操作一般指做同一类型的业务，比如在信用卡审批业务中，一定数量的用户在同一时刻对已经完成的审批业务进行提交；还有一种特例，即所有用户进行完全一样的操作，例如在信用卡审批业务中，所有的用户可以一起申请业务，或者修改同一条记录。

另一种并发是广义范围的并发。这种并发与前一种并发的区别是，尽管多个用户对系统发出了请求或者进行了操作，但是这些请求或者操作可以是相同的，也可以是不同的。对整个系统而言，仍然有很多用户同时对系统进行操作，因此也属于并发的范畴。

可以看出，后一种并发是包含前一种并发的，而且后一种并发更接近用户的实际使用情况，因此对于大多数的系统，只有数量很少的用户进行了“严格意义上的并发”。对于 Web 性能测试而言，这两种并发情况一般都需要进行测试，通常做法是先进行严格意义上的并发测试。严格意义上的用户并发一般发生在使用比较频繁的模块中，尽管发生的概率不是很大，但是一旦发生性能问题，后果很可能是致命的。严格意义上的并发测试往往和功能测试相关联，因为并发功能遇到异常时通常都是程序问题，这种测试也是健壮性和稳定性测试的一部分。

关于用户并发的数量，有两种常见的错误观点。一种错误观点是把并发用户数量理解为使用系统的全部用户的数量，理由是这些用户可能同时使用系统；还有一种观点比较接近正确的观点，把在线用户数量理解为并发用户数量。实际上在线用户不一定会和其他用户发生并发，例如正在浏览网页的用户对服务器没有任何影响，但是，在线用户数量是计算并发用户数量的主要依据之一。

5. 吞吐量

吞吐量指的是在一次性能测试过程中网络上传输的数据量的总和。吞吐量除以传输时间就是吞吐率。

6. TPS

TPS 是指系统每秒钟能够处理的交易或者事务的数量。它是衡量系统处理能力的重要指标。

7. 点击率

用户每秒向 Web 服务器提交的 HTTP 请求数。点击率是 Web 应用特有的一个指标，Web 应用是“请求-响应”模式，用户发出一次申请，服务器就要处理一次，所以点击是 Web 应用能够处理的交易的最小单位。如果把每次点击定义为一个交易，点击率和 TPS 就是一个概念。点击率越大，服务器的压力越大。点击率只是一个性能参考指标，重要的是分析点击时产生的影响。需要注意的是，这里的点击并非指鼠标的一次单击操作，因为在一次单击操作中，客户端可能向服务器发出多个 HTTP 请求。

在高并发的业务场景下，有大量的请求同时或在极短时间内到达服务端，每个请求都需要服务端耗费资源进行处理，并做出相应的反馈。推荐使用两块网卡，减少跨片内存访问的次数，即将两块网卡分别绑定在服务器的不同 CPU 上，每个 CPU 只处理对应的网卡数据。高并发场景还可以为网卡选择×16 的 PCIe 卡。

4.4 鲲鹏平台性能优化介绍

4.4.1 基于 CPU/内存的性能优化

随着现代社会不断信息化、智能化，越来越多的设备接入互联网、物联网、车联

网，从而催生了庞大的计算需求。但是功耗墙问题以功耗和冷却两大限制极大地影响了单核算力的发展。为了满足智能世界快速增长的算力需求，多核架构成为最重要的演进方向。

传统的多核方案采用的是 SMP（Symmetric Multi-Processing，对称多处理器结构）技术，在对称多处理器架构下，每个处理器的地位都是平等的，对内存的使用权限也相同。任何一个程序或进程、线程都可以分配到任何一个处理器上运行，在操作系统的支持下，可以达到非常好的负载均衡，从而让整个系统的性能、吞吐量有较大提升。但是，由于多个核使用相同的总线访问内存，随着核数的增长，总线将成为瓶颈，制约系统的扩展性和性能。

鲲鹏处理器支持 NUMA 架构，能够很好地解决 SMP 技术对 CPU 核数的制约。NUMA 架构将多个核结成一个节点，每一个节点相当于一个对称多处理机，一块 CPU 的各节点之间通过 On-chip Network 通信，不同的 CPU 之间采用 Hydra Interface 实现高带宽低时延的片间通讯，如图 4-3 所示。在 NUMA 架构下，整个内存空间在物理上是分布式的，所有这些内存的集合就是整个系统的全局内存。每个核访问内存的时间取决于内存相对于处理器的位置，访问本地内存会更快一些。Linux 内核从 2.5 版本开始支持 NUMA 架构，现在的操作系统也提供了丰富的工具和接口，帮助我们完成就近访问内存的优化和配置。所以，使用鲲鹏处理器所实现的计算机系统，通过适当的性能调优，既能够达到很好的性能，又能够解决 SMP 架构下的总线瓶颈问题，提供更强的多核扩展能力和更好更灵活的计算能力。

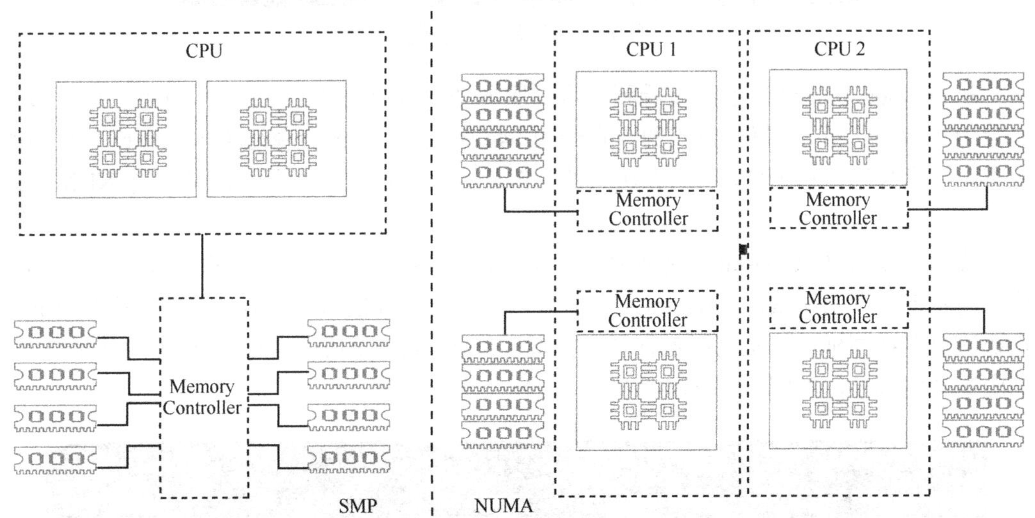

图 4-3　SMP 框架与 NUMA 框架

性能优化的思路如下。

如果 CPU 的利用率不高，说明资源没有被充分利用，可以通过工具（如 strace）查看应用程序阻塞的位置，一般为磁盘，网络或应用程序的业务处理中存在休眠或信号等待，这些优化措施会在后续其他章节进行描述。

如果 CPU 利用率高，通过优化软件、硬件的配置参数来更好地适配业务场景，减少 CPU 占用率，让整个系统有更多的 CPU 时间来处理业务。

我们也可以选择更好的硬件，根据 CPU 的能力配置合适的内存条，建议内存满通道配置，发挥内存最大带宽，一颗鲲鹏 920 处理器的内存通道为 8 个，两颗鲲鹏 920 处理器的内存通道为 16 个；建议选择高频率的内存条，提升内存带宽，鲲鹏 920 在 1DPC 配置时，支持的内存最高频率为 2933MHz。

numactl 工具可用于查看当前服务器的 NUMA 节点配置、状态，我们可通过该工具将进程绑定到指定的 CPU core，由指定 CPU core 来运行对应的进程，如图 4-4 所示。

```
[root@localhost ~]# numactl -H
available: 4 nodes (0-3)
node 0 cpus: 0 1 2 3 4 5 6 7 8 9 10 11 12 13 14 15
node 0 size: 64794 MB
node 0 free: 55404 MB
node 1 cpus: 16 17 18 19 20 21 22 23 24 25 26 27 28 29 30 31
node 1 size: 65404 MB
node 1 free: 58642 MB
node 2 cpus: 32 33 34 35 36 37 38 39 40 41 42 43 44 45 46 47
node 2 size: 65404 MB
node 2 free: 61181 MB
node 3 cpus: 48 49 50 51 52 53 54 55 56 57 58 59 60 61 62 63
node 3 size: 65402 MB
node 3 free: 55592 MB
node distances:
node   0   1   2   3
  0:  10  15  20  20
  1:  15  10  20  20
  2:  20  20  10  15
  3:  20  20  15  10
```

图 4-4　NUMA 节点配置

从 numactl 执行结果中可以看到，示例服务器共划分为 4 个 NUMA 节点。每个节点包含 16 个 CPU core，每个节点的内存约为 64GB。同时，该命令还给出了不同节点间的距离，距离越远，跨 NUMA 内存访问的延时越大。应用程序运行时应减少跨 NUMA 访问内存。

我们可以通过 numastat 命令观察各个 NUMA 节点的状态。numa_hit 表示节点内 CPU 核访问本地内存的次数。numa_miss 表示节点内核访问其他节点内存的次数。跨节点的内存访问会存在高延迟，从而降低性能，因此，numa_miss 的值应当越低越好，如果过高，则应当考虑绑核，如图 4-5 所示。

```
[root@localhost test]# numastat
                           node0           node1           node2           node3
numa_hit                68641597        59333134        50159172        55076006
numa_miss                      1         1005288          188567            2132
numa_foreign             1171587            2133               0           22268
interleave_hit              1476            1463            1477            1410
local_node              68640860        59318730        50157010        55073766
other_node                   738         1019692          190729            4372
```

图 4-5　NUMA 节点状态

针对 NUMA 调优，还有一些通用优化参数，见表 4-2。

表 4-2 通用优化参数

优化项	解释	默认值	生效范围	鲲鹏 916	鲲鹏 920
优化应用程序的 NUMA 配置	在 NUMA 架构下，CPU core 访问临近的内存时，访问延迟更低。将应用程序绑在一个 NUMA 节点，可减少因访问远端内存带来的性能下降问题发生	默认不绑定核	立即生效	yes	yes
修改 CPU 预取开关	内存预取在数据集中场景下可以提前将要访问的数据读到 CPU cache 中，提升性能；若数据不集中，导致预取命中率低，则浪费内存带宽	on	重启生效	No	yes
调整定时器机制	nohz 机制可减少不必要的时钟中断，减少 CPU 调度开销	不同 OS 默认配置不同 Euler: nohz=off	重启生效	yes	yes
调整内存的页大小	内存的页大小越大，TLB 中每行管理的内存越多，TLB 命中率就越高，从而减少内存访问次数	不同 OS 默认配置不同：4KB 或 64K	重新编译内核、更新内核后生效	yes	yes
优化应用程序的线程并发数	适当调整应用的线程并发数，使得充分利用多核能力和资源争抢之间达到平衡	由应用本身决定	立即生效或重启生效（由应用决定）	yes	yes

4.4.2 网络系统的性能优化

本小节主要讲述围绕优化网卡性能和利用网卡的能力分担 CPU 的压力来提升性能。在高并发的业务场景下，推荐使用两块网卡，减少跨片内存访问的次数，即将两块网卡分别绑定在服务器的不同 CPU 上，每个 CPU 只处理对应的网卡数据。高并发场景还可以为网卡选择 x16 的 PCIE 卡。主要优化参数见表 4-3。

表 4-3 主要优化参数

优化项	优化项简介	默认值	生效范围
调整 TLP（Transaction Layer Packet）的最大有效负载	调整 PCIE 总线每次数据传输的最大值	128B	重启生效
设置网卡队列数	调整网卡队列数量	不同操作系统和网卡不同	立即生效
将每个网卡中断分别绑定到距离最近的核上	减少跨 NUMA 访问内存	Irqbalance	立即生效
聚合中断	调整合适的参数以减少中断处理次数	不同操作系统和网卡不同	立即生效
开启 TCP（Transmission Control Protocol，传输控制协议）分段卸载	将 TCP 的分片处理交给网卡处理	关闭	立即生效

接下来我们举几个典型优化方法进行说明。

1. PCIE Max Payload Size 大小设置

在系统中，网卡自带的内存和 CPU 使用的内存是通过 PCIE 总线进行数据搬运的。Max Payload Size 为每次传输数据的最大单位（以字节为单位），它的大小与 PCIE 链路的传送效率成正比，该参数越大，PCIE 链路带宽的利用率越高。我们通过进入 BIOS（Basic Input Ouoput System，基本输入输出系统）界面，选择“Advanced > Max Payload Size”，将“Max Payload Size”的值设置为“512B”，如图 4-6 所示。

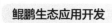

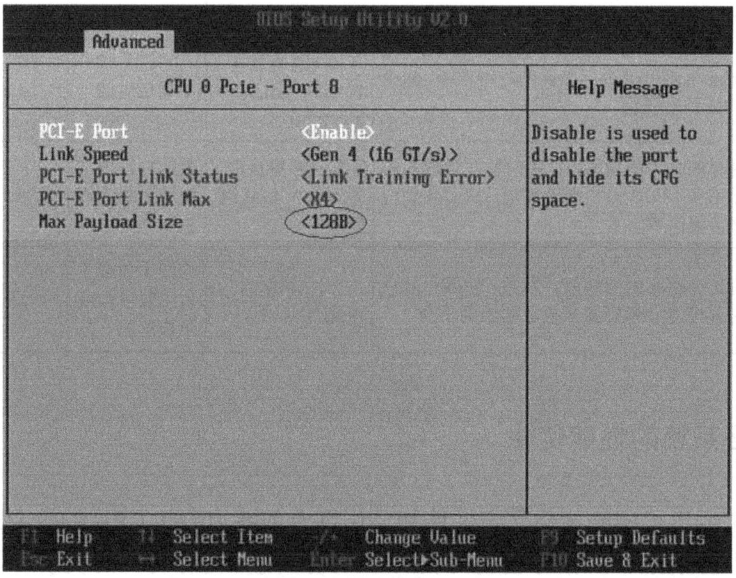

Advanced
CPU 0 Pcie - Port 0　　Help Message
PCI-E Port　<Enable>
Link Speed　<Gen 4 (16 GT/s)>
PCI-E Port Link Status　<Link Training Error>
PCI-E Port Link Max　<X4>
Max Payload Size　<128B>
Disable is used to disable the port and hide its CFG space.
Help　Select Item　Change Value　Setup Defaults
Exit　Select Menu　Select▶Sub-Menu　Save & Exit

图 4-6　Max Payload Size 设置

2. 网络 NUMA 绑核

当网卡收到大量请求时，会产生大量的中断，通知内核有新的数据包，然后内核调用中断处理程序响应，把数据包从网卡拷贝到内存。当网卡只存在一个队列时，同一时间数据包的拷贝只能由某一个 core 处理，无法发挥多核优势，因此引入了网卡多队列机制，这样同一时间不同的 core 可以分别从不同网卡队列中取数据包。

在网卡开启多队列时，操作系统通过 Irqbalance 服务来确定网卡队列中的网络数据包交由哪个 CPU core 处理，但是当处理中断的 CPU core 和网卡不在一个 NUMA 时，会触发跨 NUMA 访问内存。因此，我们可以将处理网卡中断的 CPU core 设置在网卡所在的 NUMA 上，从而减少跨 NUMA 的内存访问所带来的额外开销，提升网络处理性能。

NUMA 跨内存访问如图 4-7 所示，系统自动绑定，中断绑定随机，出现跨 NUMA 访问内存。

中断绑定到指定核，避免跨 NUMA 访问内存，如图 4-8 所示。

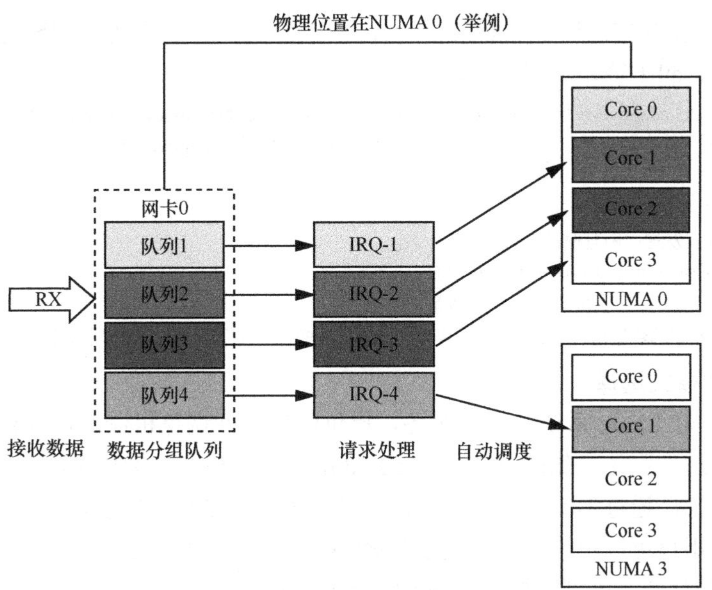

图 4-7　NUMA 跨内存访问

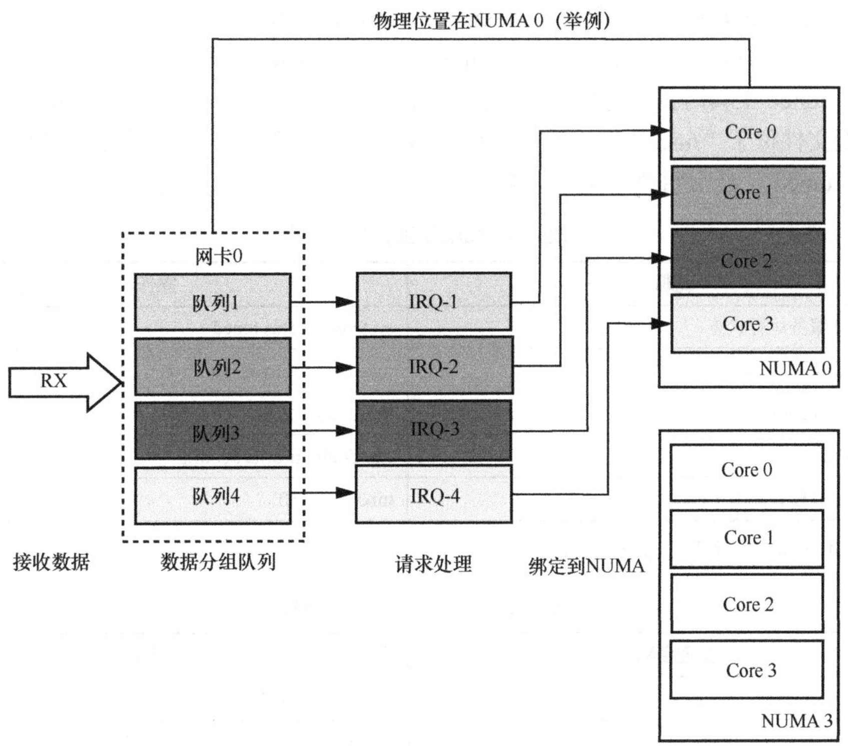

图 4-8　避免 NUMA 跨内存访问

3. 中断聚合参数调整

中断聚合特性允许网卡收到报文之后不立即产生中断，而是等待一小段时间有更多的报文到达之后再产生中断，这样就能让 CPU 一次中断处理多个报文，减少开销。通过使用 ethtool -C $eth 方法调整中断聚合参数，其中参数“$eth”为待调整配置的网卡设备名称，如 eth0、eth1 等，示例如下。

```
# ethtool -C eth3 adaptive-rx off adaptive-tx off rx-usecs N rx-frames N tx-usecs N tx-frames N
#为了确保使用静态值，需禁用自适应调节，关闭 Adaptive RX 和 Adaptive TX。
#参数如下
rx-usecs：设置接收中断延时的时间。
tx-usecs：设置发送中断延时的时间。
rx-frames：产生中断之前接收的数据包数量。
tx-frames：产生中断之前发送的数据包数量。
#这四个参数设置的数值越大，中断越少。需要注意的是，增大聚合度后，单个数据包的延时会有微秒级别的增加。
```

4. tuned 模式选择

tuned 是针对 Linux 系统的一项服务，提供配置文件调整机制，可以根据系统状态调整系统配置，达到系统优化的目的。tuned-adm 是配合 tuned 服务的工具，预置了多种系统参数配置文件，通过调节调度时间、脏页刷新水位、CPU 性能模式等参数来适应不同类型的业务。用户可以根据自己的需要选择不同的配置，例如：

① 追求低时延，可以选择 network-latency 模式；

② 追求高网络 I/O 吞吐，可以选择 network-throughput 模式；

③ 追求低 I/O 时延，可以选择 latency-performance 模式；

④ 追求高 I/O 吞吐，可以选择 throughput-performance 模式。

使用 tuned 工具时需要先使用“dnf install tuned –y”命令进行安装，tuned 工具所使用的配置文件位于“/usr/lib/tuned”目录，用户也可以借鉴其中的内核配置参数对系统进行优化。tuned 工具常用命令见表 4-4。

表 4-4　tuned 工具常用命令

说明	操作
查看 tuned 服务运行状态	systemctl status tuned
查看当前运行的 tuned 模式	tuned-adm active
查看支持的 tuned 模式	tuned-adm list
设置所需 tuned 模式	tuned-adm profile $config
不应用 tuned 模式配置	tuned-adm off

tuned 工具常用模式见表 4-5。

表 4-5　tuned 工具常用模式

配置名称	说明
latency-performance	低 I/O 延时模式
Balanced	均衡模式
network-latency	低网络延时模式
network-throughput	高网络吞吐模式
throughput-performance	高 I/O 吞吐模式
Powersave	节能模式

4.4.3 磁盘 I/O 系统性能优化

CPU 的 Cache、内存和磁盘之间的访问速度差异很大，当 CPU 计算所需要的数据并没有及时加载到内存或 Cache 中时，CPU 将会浪费很多时间等待磁盘的读取。计算机系统通过 cache、RAM、固态盘、磁盘等多级存储结构，并配合多种调度算法，来消除或缓解速度不对等的影响。但是缓存空间总是有限的，我们可以利用局部性原理，尽可能地将热点数据提前从磁盘中读取出来，减少 CPU 等待磁盘的时间。因此我们的部分优化手段其实是围绕着如何更充分地利用 Cache 获得更好的 I/O 性能。

内存读取过程如图 4-9 所示。

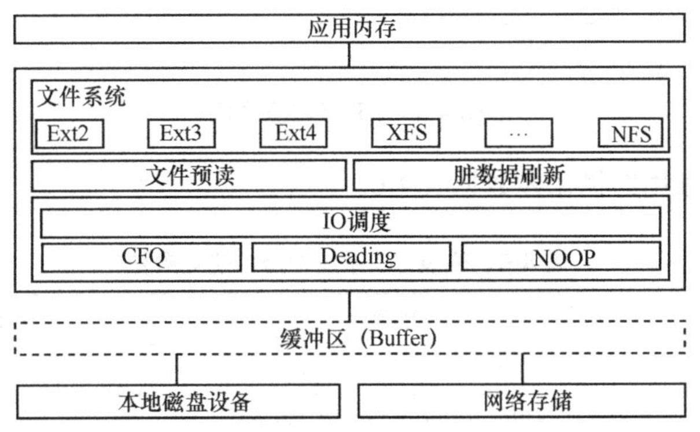

图 4-9 内存读取过程

未开启磁盘预取如图 4-10 所示。

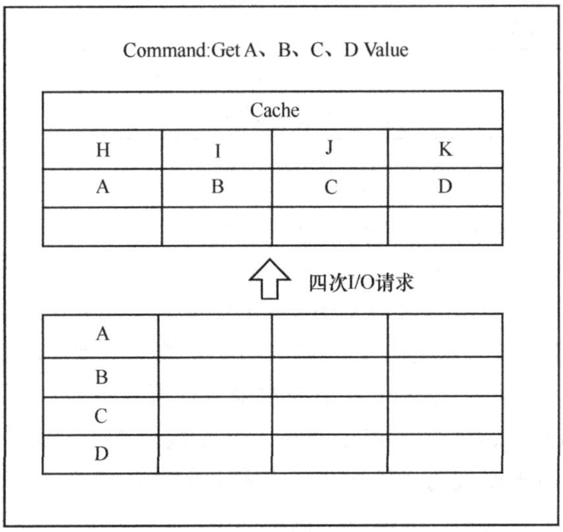

Command:Get A、B、C、D Value

Cache			
H	I	J	K
A	B	C	D

四次I/O请求

A			
B			
C			
D			

图 4-10 未开启磁盘预取

开启磁盘预取如图 4-11 所示。

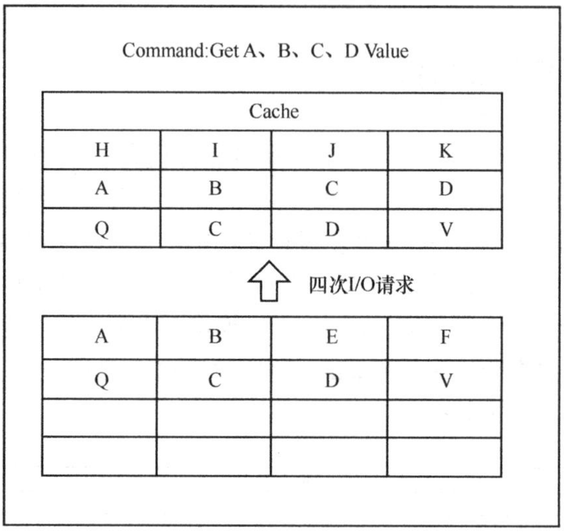

Command:Get A、B、C、D Value

Cache			
H	I	J	K
A	B	C	D
Q	C	D	V

四次I/O请求

A	B	E	F
Q	C	D	V

图 4-11　开启磁盘预取

磁盘 I/O 系统常用的优化参数见表 4-6。

表 4-6　磁盘 I/O 系统常用的优化参数

优化项	优化项简介	默认值	生效范围
脏数据缓存到期时间	调整脏数据缓存到期时间，分散磁盘的压力	3000（单位 1/100 秒）	立即生效
脏页面占用总内存最大的比例	调整脏页面占用总内存最大的比例（以 memfree+Cached-Mapped 为基准），增加 PageCache 命中率	10%	立即生效
脏页面缓存占用总内存最大的比例	调整脏页面占用总内存最大的比例，避免磁盘写操作变为 O_DIRECT 同步，导致缓冲机制失效	40%	立即生效
调整磁盘文件预读参数	根据局性原理，在读取磁盘数据时，额外地多读一定量的数据缓存到内存	128KB	立即生效
磁盘 I/O 调度方式	根据业务处理数据的特点，选择合适的 I/O 调度器	cfq	立即生效
文件系统	选用性能更好的文件系统及文件系统相关的选项	N/A	立即生效

接下来我们举几个典型优化方法进行说明。

1．调整脏数据刷新策略，减小磁盘的 I/O 压力

PageCache 中需要回写到磁盘的数据为脏数据。在应用程序通知系统保存脏数据时，应用可以选择直接将数据写入磁盘（O_DIRECT），或者先写到 PageCache（非 O_DIRECT 模式）。非 O_DIRECT 模式对缓存在 PageCache 中的数据的操作，都在内存中进行，减少了对磁盘的操作。系统为我们提供了以下参数来进行调整策略。

① /proc/sys/vm/dirty_expire_centiseconds，此参数用于表示脏数据在缓存中允许保留的时长，即达到时长后需要被写入磁盘中。此参数的默认值为 30s（3000 个 1/100 秒）。如果业务的数据是连续性地写，可以适当调小此参数，这样可以避免 I/O 集中，导致突发的 I/O 等待。可以通过 echo 命令修改参数。

```
# echo 2000 > /proc/sys/vm/dirty_expire_centisecs
```

② /proc/sys/vm/dirty_background_ratio，表示脏页面占用总内存最大的比例（以 memfree+Cached-Mapped 为基准），超过这个值，pdflush 线程会刷新脏页面到磁盘。增加这个值，系统会分配更多的内存用于写缓冲，因而可以提升写磁盘性能。但对于以磁盘写入操作为主的的业务，可以调小这个值，避免数据积压太多成为瓶颈，我们可以结合业务并通过观察 await 的时间波动范围来识别。此值的默认值是 10，可以通过 echo 来调整。

```
echo 8 > /proc/sys/vm/dirty_background_ratio
```

③ /proc/sys/vm/dirty_ratio 为脏页面占用总内存最大的比例，超过这个值，系统不会新增加脏页面，文件读写也变为同步模式。文件读写变为同步模式后，应用程序的文件读写操作的阻塞时间变长，会导致系统性能变慢。此参数的默认值为 40，对于以写入为主的业务，可以增加此参数，避免磁盘过早地进入同步写状态。如果加大了脏数据的缓存大小和时间，在意外断电情况下，丢失数据的概率会变大。因此对于需要立即存盘的数据，应该采用 O_DIRECT 模式，避免关键数据的丢失。

2. 调整磁盘文件预读参数

文件预取的原理就是根据局部性原理，在读取数据时，会多读一定量的相邻数据缓存到内存。如果预读的数据是后续会使用的数据，那么系统性能会提升，如果后续不使用该数据，就浪费了磁盘带宽。在磁盘顺序读的场景下，调大预取值效果会尤其明显。文件预取参数由文件 read_ahead_kb 指定，OpenEuler 操作系统中为“/sys/block/$DEVICE-NAME/queue/read_ahead_kb”（$DEVICE-NAME 为磁盘名称）。

如果不确定可通过以下命令来查找。

```
[root@techhost ~]# find / -name read_ahead_kb
```

此参数的默认值 128KB，可使用 echo 来调整，仍以 CentOS 为例，将预取值调整为 4096KB，实际这个值和读模型相关，要根据实际业务进行调整。

```
[root@techhost ~]# echo 4096 > /sys/block/vda/queue/read_ahead_kb
```

3. 优化磁盘 I/O 调度方式

文件系统在通过驱动读写磁盘时，不会立即将读写请求发送给驱动，而是延迟执行，这样 Linux 内核的 I/O 调度器可以将多个读写请求合并为一个请求或者排序（减少机械磁盘的寻址）发送给驱动，以提升性能。我们在前文介绍工具 iostat 时，也提到了合并的统计，这个值就是由合并统计获得的。目前 Linux 版本主要支持 3 种调度机制。

（1）CFQ（Completely Fair Queueing，完全公平队列调度）

CFQ 是早期 Linux 内核的默认调度算法，它给每个进程分配一个调度队列，默认以时间片和请求数限定的方式分配 I/O 资源，以此保证每个进程的 I/O 资源占用是公平的。这个算法在 I/O 压力大且 I/O 主要集中在某几个进程的时候，性能不太好。

（2）DeadLine（最终期限调度）

这个调度算法维护了 4 个队列，即读队列、写队列、超时读队列和超时写队列。当内核收到一个新请求时，如果能合并就合并，如果不能合并，就会尝试排序。如果既不能合并，也没有合适的位置插入，就放到读或写队列的最后。一定时间后，I/O 调度器会将读或写队列的请求分别放到超时读队列或者超时写队列。这个算法并不限制每个进程的 I/O 资源，适合 I/O 压力大且 I/O 集中在某几个进程的场景，比如大数据、数据库使用 HDD 磁盘的场景。

（3）NOOP

NOOP 也叫 NONE，是一种简单的先入先出队列调度策略，因为固态硬盘支持随机读写，所以固态硬盘可以选择这种最简单的调度策略，性能最好。

修改之前我们先查看当前系统的调度方式，命令如下。

```
#[ ]中即为当前使用的磁盘 I/O 调度模式，操作系统不同，返回的值或默认值可能不同。
[root@techhost ~]# cat /sys/block/vda/queue/scheduler
mq-deadline kyber [bfq] none
```

如果需要修改，可以采用 echo，比如将 vda 修改为 deadline。

```
[root@techhost ~]# echo deadline > /sys/block/vda/queue/scheduler
[root@techhost ~]# cat /sys/block/vda/queue/scheduler
[mq-deadline] kyber bfq none
[root@techhost ~]#
```

4．文件系统参数优化

Linux 支持多种文件系统，不同的文件系统在性能上也存在差异，因此如果可以选择，则选用性能更好的文件系统，比如 XFS。在创建文件系统时，可以通过增加一些参数进行优化。另外 Linux 在挂载文件分区时，也可以用增加参数的方式来达到性能提升的目的，比如利用磁盘挂载方式优化 nobarrier。当前的 Linux 文件系统基本上采用了日志文件系统，确保在系统出错时，可以通过日志进行恢复，保证文件系统的可靠性。Barrier（栅栏）即先加一个栅栏，保证日志总是先写入，然后对应的数据才会被刷新到磁盘，这种方式保证了系统崩溃后磁盘恢复的正确性，但对写入性能有影响。

服务器如果采用了 RAID 卡，并且 RAID 卡本身有电池，或者采用其他保护方案，就可以避免异常断电后日志的丢失，我们就可以关闭栅栏功能，以达到提高性能的目的。需要注意的是，nobarrier 参数使得系统在异常断电时无法确保文件系统日志已经写到磁盘介质，因此只适用于使用了带有保护的 RAID 卡的情况。

假如 sda 挂载在“/home/disk0”目录下，默认的 fstab 条目如下。

```
mount -o nobarrier -o remount /home/disk0
```

另外，我们还可以选用性能更优的文件系统 XFS 来提高性能。XFS 是一种高性能的日志文件系统，极具伸缩性，非常健壮，特别擅长处理大文件，同时可提供平滑的数据传输。因此如果可以选择，我们可以优先选择 XFS 文件系统。XFS 文件系统在创建时，可先选择加大文件系统的 block，这种做法更加适用于大文件的操作场景。示例如下。

```
#格式化磁盘。假设我们要对 sda1 进行格式化：
# mkfs.xfs /dev/sda1
#指定 blocksize，默认情况下为 4KB(4096B)，我们假设在格式化时指定为变更为 8192B：
mkfs.xfs /dev/sda1 -b size=8192
```

4.4.4 应用层性能优化

本小节只对应用层性能优化进行概念模型分析。具体实例参照“4.8 性能测试实验指导”及“4.9 Nginx+应用发布+性能优化综合实验”。

软件调优的本质是充分发挥硬件性能。应用层基于硬件的特性进行性能优化，需要

结合芯片和服务器的特点优化代码性能，使硬件能力得到充分发挥。比如，C/C++代码在编译时，gcc 编译器将源码翻译成 CPU 可识别的指令序列，写入可执行程序的二进制文件中。CPU 在执行指令时，通常采用流水线的方式并行执行指令，以提高性能，因此指令执行顺序的编排将对流水线执行效率有很大影响。通常在指令流水线中要考虑执行指令计算的硬件资源数量、不同指令的执行周期、指令间的数据依赖等因素。我们可以通过通知编译器，根据程序所运行的目标平台指令集和流水线特征，来获取更好的指令序列编排。GCC 9.1.0 版本支持了鲲鹏处理器所兼容的 Armv8 指令集、tsv110 流水线。

鲲鹏 CPU 核数较多，应提高应用的并行线程，提高 CPU 的利用率，如图 4-12 所示。

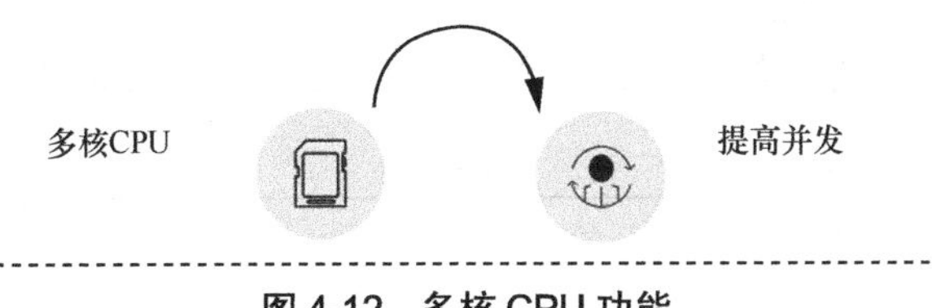

图 4-12 多核 CPU 功能

针对当前服务器内存配置较高的情况，在内存充裕的情况下，可以增加数据缓存，从而提高数据访问的性能，如图 4-13 所示。

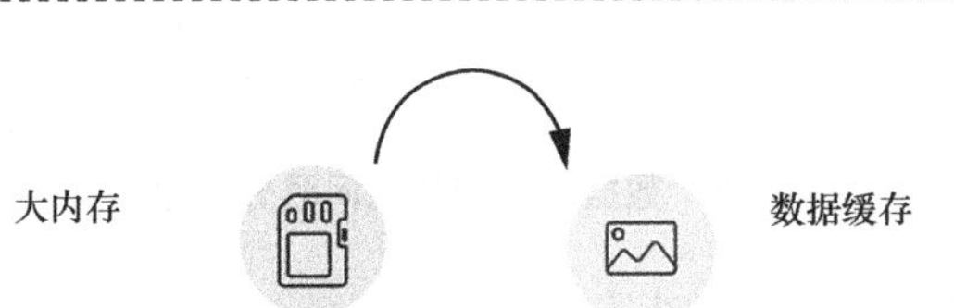

图 4-13 大内存功能

对于磁盘带宽有限而引起的读写阻塞，可使用异步 I/O 读写的方法，以减少磁盘 I/O 的等待时间，达到提高性能的效果，如图 4-14 所示。

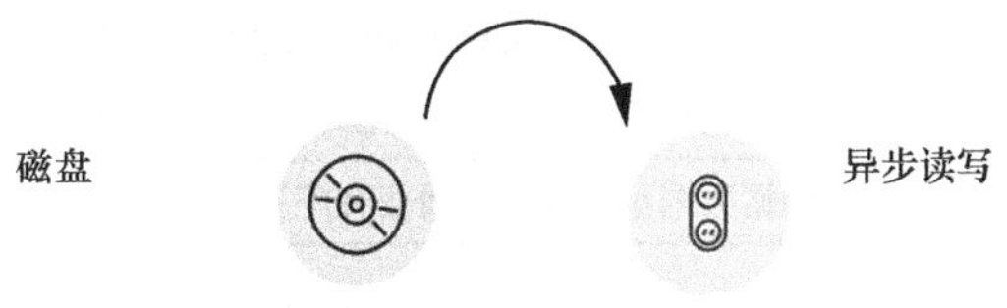

图 4-14 磁盘功能

4.5 鲲鹏解决方案性能优化应用

4.5.1 数据库性能优化

从硬件上来说，影响数据库性能的因素有 CPU、内存、I/O、网络。

从数据库层上来说，影响数据库性能的因素有数据库参数、统计信息。

从业务层上来说，影响数据库性能的因素有并发数、数据量、慢 SQL。

在实际应用中，数据库基本性能指标及其在数据库中的主要操作内容，可以分为 5 个层次的优化法则：

① 减少数据访问（减少磁盘访问）；

② 返回更少数据（减少网络传输或磁盘访问）；

③ 减少交互次数（减少网络传输）；

④ 减少服务器 CPU 开销（减少 CPU 及内存开销）；

⑤ 利用更多资源（增加资源）。

数据库性能优化问题，首先要定位数据库的问题所在，分析方法如图 4-15 所示。

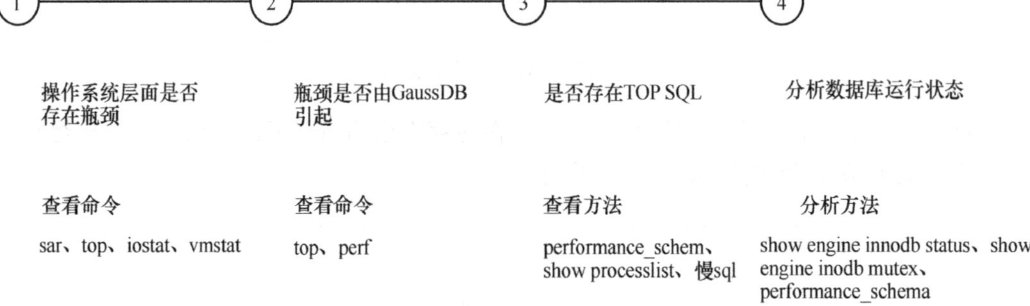

图 4-15 数据库性能优化问题分析过程

数据库性能调优方法总览见表 4-7。

表 4-7 数据库性能调优方法总览

问题层面	常见问题	参考解决方法
CPU/内存	CPU 占用率低	确认 BIOS 配置优化[关闭 SMMU（System Memory Management Unit，系统内存管理单元）及 CPU 预取功能]，分析客户端压力及数据库连接限制；如压力增加后 CPU 占用率无明显变化，则很可能存在其他瓶颈点
	内存占用率高	根据数据量及业务场景合理配置内存参数；增加可用内存
磁盘	磁盘 I/O 占用率高，CPU iowait 高	磁盘参数优化；增加磁盘数或更换性能更好的磁盘
网络	网络 I/O，软中断占用率高	调整网卡软中断绑核策略，将网卡中断绑定在其所在的 CPU NUMA NODE 上，以减少跨 NUMA 访问内存的情况，当业务压力高，网卡所在 NUMA NODE 上的 CPU 资源将要耗尽时，可能会影响软中断处理能力，此时可考虑将网卡中断绑定在单独的 CPU 核，然后将业务程序运行在剩余的 CPU 核上（例如使用 numactl 工具启动 mysql）
		优化网卡参数；更换性能更优的网卡设备

表 4-7　数据库性能调优方法总览（续）

问题层面	常见问题	参考解决方法
应用	JDBC（Java DateBase Connectivity，Java 数据库连接）连接优化	useServerPrepStmts=true: Server 端开启 prepare statement 提升解析效率 cachePrepStmts=true: 开启每个连接缓存 prepareStatement preStmtCacheSize: 缓存 prepareStatement 对象个数 preStmtCacheSqlLimit: prepareStatement 对象大小
	数据库参数配置	针对特定现象，分析问题原因，然后调整可能影响性能的参数值，例如合理分配 mysql 的 innodb_buffer_pool_size 大小可有效减少 I/O 读写操作，提升数据库性能
	表结构及 SQL 优化	判断业务 SQL 可优化性，例如 mysql 可借助执行计划、profile、optimizer trace 等性能工具
	开源代码逻辑优化	针对业务场景，分析代码逻辑瓶颈并做优化

1．OpenGaussDB 性能优化实例

案例：调整局部聚簇列

某局点测试过程中出现以下计划，客户要求将性能提升至 3s 内返回，如图 4-16 所示。

id	operation	A-time	A-rows	E-rows	Peak Memory	E-memory	A-width	width	E-costs
1	-> Row Adapter	11626.124	24	5472	354KB			287	692214.49
2	-> Vector Streaming (type: GATHER)	11626.091	24	5472	1913KB			287	692214.49
3	-> Vector Hash Aggregate	[11586.971,11588.002]	24	5472	[3703KB, 3703KB]	16MB	[302,315]	287	691799.12
4	-> Vector Streaming(type: REDISTRIBUTE)	[11586.335,11587.436]	63	5476	[773KB, 1208KB]	1MB		287	691760.10
5	-> Vector Hash Join (6,10)	[11046.690,11554.787]	63	5476	[3091KB, 3091KB]	16MB		287	691677.08
6	-> Vector Append	[9629.968,10096.082]	108402955	116745164	[1KB, 1KB]	1MB		27	449209.06
7	-> Partitioned Dfs Scan on lfbank.f_ev_dp_kdpl_zhminx zx	[8513.733,8948.960]	89159360	97499543	[20473KB, 20587KB]	1MB		27	381046.53
8	-> Vector Adapter	[1005.765,1165.251]	19243595	19245621	[122KB, 123KB]	1MB		27	67162.52
9	-> Seq Scan on cstore.pg_delta_2186520081 zx	[515.208,617.631]	19243595	19245621	[22KB, 22KB]	1MB		27	67162.52
10	-> Vector Streaming(type: BROADCAST)	[961.659,978.946]	288	2244	[1388KB, 1388KB]	1MB	[302,315]	335	70494.93
11	-> Vector Hash Join (12,48)	[784.660,964.821]	24	187	[3047KB, 3047KB]	16MB		335	70460.28
12	-> Vector Hash Join (13,17)	[784.245,964.340]	24	187	[3086KB, 3086KB]	16MB		313	69138.06
13	-> Vector Append	[357.334,531.923]	3995798	3996918	[2KB, 2KB]	1MB		87	22827.08
14	-> Partitioned Dfs Scan on lfbank2.f_ag_dp_kdpa_zhxinx zx	[357.094,531.672]	3995798	3996798	[2185KB, 2190KB]	1MB		87	22816.98
15	-> Vector Adapter	[0.003,0.006]	0	120	[132KB, 132KB]	1MB		168	10.10
16	-> Seq Scan on cstore.pg_delta_960882137 zx	[0.001,0.004]	0	120	[18KB, 18KB]	1MB		168	10.10
17	-> Vector Streaming(type: BROADCAST)	[398.300,416.767]	288	2244	[979KB, 979KB]	1MB	[252,268]	226	43810.56
18	-> Vector Hash Join (19,23)	[89.939,410.802]	24	187	[2728KB, 2817KB]	16MB		226	43780.60
19	-> Vector Append	[19.727,130.776]	2342165	4016237	[1KB, 1KB]	1MB		42	3797.78
20	-> Dfs Scan on lfbank2.f_ag_dp_kdpa_zhduis dd	[18.720,130.888]	2342165	4016117	[551KB, 1106KB]	1MB		42	3787.68
21	-> Vector Adapter	[0.002,0.022]	0	120	[35KB, 35KB]	1MB		93	10.10
22	-> Seq Scan on cstore.pg_delta_1125056844 dd	[0.001,0.020]	0	120	[13KB, 13KB]	1MB		93	10.10
23	-> Vector Hash Right Join (24, 28)	[89.699,268.589]	24	51	[2699KB, 2788KB]	16MB	[190,203]	195	37472.66
24	-> Vector Append	[140.984,164.540]	2064690	2478069	[2KB, 2KB]	1MB		73	4878.60
25	-> Dfs Scan on lfbank2.f_ag_vou_crd_kcda_pzjcxx pz	[140.833,164.367]	2064690	2477939	[1165KB, 1168KB]	1MB		73	4868.49
26	-> Vector Adapter	[0.003,0.005]	0	120	[87KB, 87KB]	1MB		128	10.10
27	-> Seq Scan on cstore.pg_delta_3069246256 pz	[0.001,0.002]	0	120	[16KB, 16KB]	1MB		128	10.10
28	-> Vector Streaming(type: REDISTRIBUTE)	[76.277,94.315]	24	51	[613KB, 686KB]	1MB	[160,172]	149	31545.18
29	-> Vector Hash Join (30,34)	[19.793,76.929]	24	51	[2578KB, 2666KB]	16MB		148	31544.52
30	-> Vector Append	[33.191,33.191]	24	3706070	[2KB, 2KB]	1MB		46	6053.93
31	-> Dfs Scan on lfbank2.f_ag_dp_kdpa_kehuxh gh	[33.184,33.184]	24	3705950	[1681KB, 1681KB]	1MB		46	6043.83
32	-> Vector Adapter	[0.003,0.003]	0	120	[87KB, 87KB]	1MB		93	10.10
33	-> Seq Scan on cstore.pg_delta_2286937238 gh	[0.001,0.001]	0	120	[16KB, 16KB]	1MB		93	10.10
34	-> Vector Hash Join (35,39)	[19.617,43.471]	1	4	[2416KB, 2503KB]	16MB	[0,180]	146	23174.24
35	-> Vector Append	[9.048,9.048]	1	1294301	[1KB, 1KB]	1MB		89	5459.50
36	-> Partitioned Dfs Scan on lfbank2.f_pt_per_kcfb_cfdsdx dx	[9.036,9.036]	1	1294300	[796KB, 796KB]	1MB		89	5458.44
37	-> Vector Adapter	[0.011,0.011]	0	1	[76KB, 76KB]	1MB		89	1.06
38	-> Seq Scan on cstore.pg_delta_1491992217 dx	[0.009,0.009]	0	1	[16KB, 16KB]	1MB		89	1.06
39	-> Vector Hash Join (40,44)	[19.509,34.169]	1	4	[2245KB, 2362KB]	16MB	[0,85]	87	16906.78
40	-> Vector Append	[10.964,10.964]	1	1182922	[1KB, 1KB]	1MB		29	4494.24
41	-> Partitioned Dfs Scan on lfbank2.f_pt_per_kcfb_cfdsdl dl	[10.960,10.960]	1	1182921	[809KB, 809KB]	1MB		29	4483.14
42	-> Vector Adapter	[0.011,0.011]	0	1	[30KB, 30KB]	1MB		30	1.10
43	-> Seq Scan on cstore.pg_delta_848394128 dl	[0.010,0.010]	0	1	[13KB, 13KB]	1MB		30	1.10
44	-> Vector Append	[19.458,26.149]	1	2	[1KB, 1KB]	1MB	[0,40]	28	11682.16
45	-> Partitioned Dfs Scan on lfbank2.f_pt_per_kcfb_cfdsjc gf	[19.155,25.863]	1	1	[1691KB, 1786KB]	1MB		28	11619.42
46	-> Vector Adapter	[0.217,0.390]	0	1	[30KB, 30KB]	1MB		28	62.74
47	-> Seq Scan on cstore.pg_delta_483619537 gf	[0.216,0.388]	0	1	[16KB, 16KB]	1MB		28	62.74
48	-> CStore Scan on lfbank2.f_pd_kdpf_chpshx cp	[0.072,0.196]	708	708	[1180KB, 1180KB]	1MB	[48,48]	36	1311.06

(48 rows)

图 4-16　局点测试

2．优化分析

分析发现上述计划的性能瓶颈点为 lfbank.f_ev_dp_kdpl_zhminx 的 scan，进一步分析此表的 Scan 条件如图 4-17 所示。

```
                              Predicate Information (identified by plan id)
--------------------------------------------------------------------------------------------------------
 5 --Vector Hash Join (6,10)
       Hash Cond: (((mx.zhanghao)::text = (dd.zhanghao)::text) AND ((mx.farendma)::text = (cf.farendma)::text))
 7 --Partitioned Dfs Scan on lfbank.f_ev_dp_kdpl_zhminx mx
       Pushdown Predicate Filter: ((mx.yezdminc)::text = 'DPLDGBAL'::text)
 9 --Seq Scan on cstore.pg_delta_2186520081 mx
       Filter: ((mx.yezdminc)::text = 'DPLDGBAL'::text)
       Rows Removed by Filter: 489
```

图 4-17　优化操作

尝试把 lfbank.f_ev_dp_kdpl_zhmin 表修改为列存表，然后在 yezdminc 列上建立局部聚簇，并设置 PARTIAL_CLUSTER_ROWS=100000000。执行计划优化如图 4-18 所示。

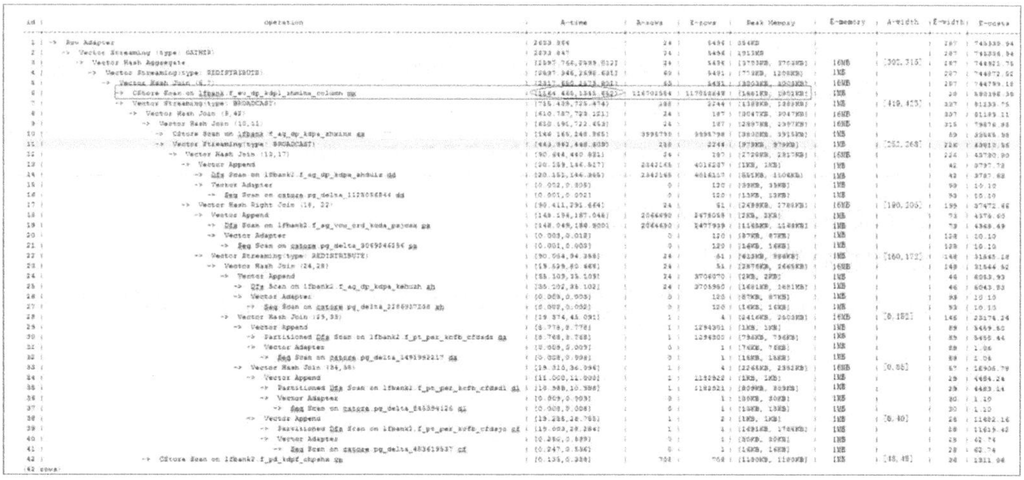

```
 id |                          operation                                         |        A-time         |  A-rows   |  E-rows   |    Peak Memory     | E-memory |  A-width  | E-width |  E-costs
----+----------------------------------------------------------------------------+-----------------------+-----------+-----------+--------------------+----------+-----------+---------+-----------
  1 | ->  Row Adapter                                                            | 2633.364              |        24 |      5496 | 354KB              |          |           |     287 | 745339.94
  2 |   ->  Vector Streaming (type: GATHER)                                      | 2633.847              |        24 |      5496 | 1913KB             |          |           |     287 | 745336.94
  3 |     ->  Vector Hash Aggregate                                              | [2597.766,2599.812]   |        24 |      5496 | [3703KB, 3703KB]   | 16MB     | [302,315] |     287 | 744921.75
  4 |       ->  Vector Streaming(type: REDISTRIBUTE)                             | [2597.346,2598.631]   |        69 |      5491 | [772KB, 1208KB]    | 1MB      |           |     287 | 744872.52
  5 |         ->  Vector Hash Join (6,7)                                         | [2317.650,2575.831]   |        65 |      5491 | [3203KB, 4003KB]   | 16MB     |           |     287 | 744799.12
  6 |           ->  CStore Scan on lfbank.f_ev_dp_kdpl_zhmin_column mx           | [1164.466,1345.652]   | 114702554 | 117014448 | [1661KB, 1902KB]   | 1MB      |           |      20 | 698198.38
  7 |           ->  Vector Streaming(type: BROADCAST)                            | [715.439,725.474]     |       288 |      2244 | [1389KB, 1389KB]   | 1MB      | [419,425] |     327 | 81233.75
  8 |             ->  Vector Hash Join (9,42)                                    | [610.787,723.121]     |        24 |       187 | [3047KB, 3047KB]   | 16MB     |           |     337 | 81189.11
  9 |               ->  Vector Hash Join (10,11)                                 | [610.196,722.462]     |        24 |       187 | [2897KB, 2897KB]   | 16MB     |           |     315 | 79876.88
 10 |                 ->  CStore Scan on lfbank.f_ag_dp_kdpa_zhminx ag           | [144.165,248.365]     |   3598799 |   3598798 | [3800KB, 3915KB]   | 1MB      |           |      69 | 35645.58
 11 |                 ->  Vector Streaming(type: BROADCAST)                      | [443.992,448.809]     |       288 |      2244 | [979KB, 979KB]     | 1MB      | [252,268] |     220 | 40912.56
 12 |                   ->  Vector Hash Join (13,17)                             | [90.644,440.821]      |        24 |       187 | [2720KB, 2817KB]   | 16MB     |           |     224 | 43780.90
 13 |                     ->  Vector Append                                      | [20.159,146.517]      |   2342165 |   4016287 | [1KB, 1KB]         | 1MB      |           |      42 | 3797.72
 14 |                       ->  Dfs Scan on lfbank2.f_ag_dp_kdpa_ahdbiz dd       | [20.151,146.365]      |   2342165 |   4016117 | [551KB, 1106KB]    | 1MB      |           |      42 | 3787.62
 15 |                       ->  Vector Adapter                                   | [0.002,0.305]         |         0 |       120 | [39KB, 39KB]       | 1MB      |           |      99 | 10.10
 16 |                         ->  Seq Scan on cstore.pg_delta_1123056844 dd      | [0.001,0.002]         |         0 |       120 | [13KB, 13KB]       | 1MB      |           |      93 | 10.10
 17 |                     ->  Vector Hash Right Join (18, 22)                    | [90.411,291.664]      |        24 |        61 | [2499KB, 2788KB]   | 16MB     | [190,205] |     199 | 37472.66
 18 |                       ->  Vector Append                                    | [149.194,187.046]     |   2066690 |   2478058 | [2KB, 2KB]         | 1MB      |           |      73 | 4376.60
 19 |                         ->  Dfs Scan on lfbank2.f_ag_vou_crd_kuda_pajcax ga| [148.049,186.900]     |   2066690 |   2477939 | [1165KB, 1168KB]   | 1MB      |           |      73 | 4368.49
 20 |                         ->  Vector Adapter                                 | [0.003,0.012]         |         0 |       120 | [87KB, 87KB]       | 1MB      |           |     128 | 10.10
 21 |                           ->  Seq Scan on cstore.pg_delta_3069346256 ga    | [0.001,0.003]         |         0 |       120 | [16KB, 16KB]       | 1MB      |           |     128 | 10.10
 22 |                       ->  Vector Streaming(type: REDISTRIBUTE)             | [90.054,94.358]       |        24 |        61 | [613KB, 984KB]     | 1MB      | [160,172] |     148 | 31545.18
 23 |                         ->  Vector Hash Join (24,28)                       | [15.699,60.468]       |        24 |        51 | [2876KB, 2665KB]   | 16MB     |           |     148 | 31544.52
 24 |                           ->  Vector Append                                | [35.103,35.103]       |        24 |   3706070 | [2KB, 2KB]         | 1MB      |           |      46 | 6053.93
 25 |                             ->  Dfs Scan on lfbank2.f_ag_dp_kdpa_kehuzh ah | [35.102,35.102]       |        24 |   3705960 | [1681KB, 1681KB]   | 1MB      |           |      46 | 6043.83
 26 |                             ->  Vector Adapter                             | [0.069,0.005]         |         0 |       120 | [87KB, 87KB]       | 1MB      |           |      93 | 10.10
 27 |                               ->  Seq Scan on cstore.pg_delta_2286937258 ah| [0.002,0.002]         |         0 |       120 | [16KB, 16KB]       | 1MB      |           |      93 | 10.10
 28 |                           ->  Vector Hash Join (29,33)                     | [19.374,45.091]       |         1 |         4 | [2416KB, 2603KB]   | 16MB     | [0,182]   |     146 | 23174.24
 29 |                             ->  Vector Append                              | [8.778,8.778]         |         1 |   1294301 | [1KB, 1KB]         | 1MB      |           |      89 | 5469.60
 30 |                               ->  Partitioned Dfs Scan on lfbank2.f_pt_per_kcfb_cfdsdx da | [8.768,8.768] | 1 | 1294200 | [796KB, 796KB] | 1MB |     |      89 | 5455.44
 31 |                               ->  Vector Adapter                           | [0.009,0.009]         |         0 |         1 | [76KB, 76KB]       | 1MB      |           |      89 | 1.06
 32 |                                 ->  Seq Scan on cstore.pg_delta_1491992217 da | [0.008,0.008]      |         0 |         1 | [18KB, 18KB]       | 1MB      |           |      89 | 1.06
 33 |                             ->  Vector Hash Join (34,38)                   | [19.310,36.996]       |         1 |         4 | [2268KB, 2352KB]   | 16MB     | [0,88]    |      57 | 18906.78
 34 |                               ->  Vector Append                            | [11.000,11.000]       |         1 |   1182522 | [1KB, 1KB]         | 1MB      |           |      29 | 4484.24
 35 |                                 ->  Partitioned Dfs Scan on lfbank2.f_pt_per_kcfb_cfdsdl dl | [10.989,10.988] | 1 | 1182521 | [809KB, 809KB] | 1MB |   |      29 | 4483.14
 36 |                                 ->  Vector Adapter                         | [0.009,0.009]         |         0 |         1 | [30KB, 30KB]       | 1MB      |           |      30 | 1.10
 37 |                                   ->  Seq Scan on cstore.pg_delta_845394126 dl | [0.008,0.008]     |         0 |         1 | [13KB, 13KB]       | 1MB      |           |      30 | 1.10
 38 |                               ->  Vector Append                            | [19.236,28.765]       |         1 |         2 | [1KB, 1KB]         | 1MB      | [0,40]    |      28 | 11682.16
 39 |                                 ->  Partitioned Dfs Scan on lfbank2.f_pt_per_kcfb_cfdejo gf | [19.003,28.284] | 1 |     4 | [1491KB, 1764KB] | 1MB |     |      28 | 11615.42
 40 |                                 ->  Vector Adapter                         | [0.280,0.689]         |         0 |         1 | [30KB, 30KB]       | 1MB      |           |      28 | 62.74
 41 |                                   ->  Seq Scan on cstore.pg_delta_483619537 gf | [0.247,0.536]     |         0 |         1 | [16KB, 16KB]       | 1MB      |           |      28 | 62.74
 42 |             ->  CStore Scan on lfbank2.f_pd_kdpf_chpshx gp                 | [0.135,0.384]         |       708 |       708 | [1100KB, 1100KB]   | 1MB      | [48,48]   |      24 | 1311.06
(42 rows)
```

图 4-18　优化结果

3．MySQL 数据库性能调优

接下来我们通过在 ARM 架构的 OpenEuler 系统上源码编译安装 Mysql，了解 Mysql 的编译方法，基于 Benchmarksql 测试工具，了解 MySQL 性能定位方法及如何通过参数优化提升数据库性能。

步骤一：检查 gcc 版本，安装依赖环境。

```
#安装 mysql gcc 版本需在 5.3 以上
#检查 gcc 版本信息
[root@techhost ~]# gcc --version
gcc (GCC) 7.3.0
Copyright (C) 2017 Free Software Foundation, Inc.
This is free software; see the source for copying conditions.  There is NO
warranty; not even for MERCHANTABILITY or FITNESS FOR A PARTICULAR PURPOSE.

[root@techhost ~]#
```

步骤二：获取源码，并解压。

```
[root@techhost ~]# cd /opt/
[root@techhostopt]#wget https://sandbox-experiment-resource-north-4.obs.cn-north-4. myhuaweicloud.com/ kunpeng/ mysql-5.7.27.tar.gz
[root@techhostopt]# wget https://sandbox-experiment-resource-north-4.obs.cn-north- 4.myhuaweicloud.com/ kun-
```

```
peng/boost_1_59_0.tar.gz
[root@techhost opt]#
#解压安装文件
[root@techhost opt]# tar -zxvf mysql-5.7.27.tar.gz
[root@techhost opt]# tar -zxvf boost_1_59_0.tar.gz
[root@techhost opt]#
```

步骤三：编译安装。

```
#进入 MySQL 的安装目录，创建并编辑 cmake.sh 文件
[root@techhost opt]# cd mysql-5.7.27
[root@techhost mysql-5.7.27]# vim cmake.sh
#cmake.sh 文件内容如下
#此处需要注意的是，编辑的 cmake.sh 文件中不能有多余的空格及空行，否则会报错。
[root@techhost mysql-5.7.27]# cat cmake.sh
cmake . -DCMAKE_INSTALL_PREFIX=/usr/local/mysql \
-DMYSQL_DATADIR=/usr/local/mysql/data \
-DSYSCONFDIR=/etc \
-DWITH_INNOBASE_STORAGE_ENGINE=1 \
-DWITH_PARTITION_STORAGE_ENGINE=1 \
-DWITH_FEDERATED_STORAGE_ENGINE=1 \
-DWITH_BLACKHOLE_STORAGE_ENGINE=1 \
-DWITH_MYISAM_STORAGE_ENGINE=1 \
-DENABLED_LOCAL_INFILE=1 \
-DENABLE_DTRACE=0 \
-DDEFAULT_CHARSET=utf8mb4 \
-DDEFAULT_COLLATION=utf8mb4_general_ci \
-DWITH_EMBEDDED_SERVER=1 \
-DDOWNLOAD_BOOST=1 \
-DWITH_BOOST=/opt/boost_1_59_0
[root@techhost mysql-5.7.27]#
#给“cmake.sh”赋以权限并运行，等待运行完成
[root@techhost mysql-5.7.27]# chmod +x cmake.sh
[root@techhost mysql-5.7.27]# ./cmake.sh
[root@techhost mysql-5.7.27]#
#编译安装 mysql
#在编译过程中，我们为了提高编译效率，使用“-j”参数可利用多核 CPU 加快编译速度，查
看虚拟机核数用以下命令：
[root@techhost mysql-5.7.27]# cat /proc/cpuinfo| grep  “processor” | wc -l
#在 mysql 源码路径下执行 make 命令，等待编译完成
[root@techhost mysql-5.7.27]#make -j8
#运行 make install，等待安装过程结束
[root@techhost mysql-5.7.27]# make install
[root@techhost mysql-5.7.27]#
```

步骤四：配置 MySQL。

```
#创建 mysql 用户及用户组，用于后续 mysql 配置文件配置
[root@techhost mysql-5.7.27]# groupadd mysql
[root@techhost mysql-5.7.27]# useradd -g mysql mysql
```

进入安装路径，创建 data、log、run 文件夹，赋予对应文件权限，执行初始化配置脚

本，生成初始的数据库和表，代码如下。

```
[root@techhost mysql-5.7.27]# chown -R mysql:mysql /usr/local/mysql
[root@techhost mysql-5.7.27]# cd /usr/local/mysql
#创建对应文件夹
[root@techhost mysql]# mkdir -p /data/log /data/data /data/run
[root@techhost mysql]# touch /data/log/mysql.log
[root@techhost mysql]# touch /data/run/mysql.pid
[root@techhost mysql]# chown -R mysql:mysql /data
[root@techhost mysql]# chmod -R 775 /data/
[root@techhost mysql]# bin/mysqld --initialize --basedir=/usr/local/mysql --datadir=/data/data --user=mysql
```

数据库初始化成功，此处需要注意的是，在初始化最后一行会产生数据库初始密码，此案例数据库初始密码为“MaYpppCiS9&S”，需要做记录，方便数据库登录，操作如下所示。

```
A temporary password is generated for root@localhost: MaYpppCiS9&S
```

修改数据库 my.cnf 文件，并启动数据库。

```
[root@techhost mysql]# vim /etc/my.cnf
#在文件中加入如下内容
[root@techhost mysql]# cat /etc/my.cnf
[mysqld]
datadir=/data/data
socket=/data/data/mysql.sock

[mysqld_safe]
log-error=/data/log/mysql.log
pid-file=/data/run/mysql.pid
[root@techhost mysql]#
```

步骤五：运行 MySQL。

```
#启动 mysql 服务，并让数据库开机自启。
[root@techhost mysql]# cp support-files/mysql.server /etc/init.d/mysql
[root@techhost mysql]# chkconfig mysql on
[root@techhost mysql]# service mysql start
Starting MySQL. SUCCESS!
[root@techhost mysql]# service mysql status
SUCCESS! MySQL running (19387)
[root@techhost mysql]#
```

添加 MySQL 数据库环境变量，如下所示。

```
[root@techhost mysql]# echo "export PATH=/usr/local/mysql/bin:$PATH ">> ~/.bash_profile
[root@techhost mysql]# source ~/.bash_profile
[root@techhost mysql]#
```

接下来建立套接字软链接，接入 MySQL 环境。需要输入的密码为配置 MySQL 时产生的初始密码，请留意初始密码包含了特殊字符，代码如下所示。

```
[root@techhost mysql]# ln -s /data/data/mysql.sock /tmp/mysql.sock
[root@techhost mysql]# mysql -uroot -p
Enter password: MaYpppCiS9&S(注意：此处输入密码并不会显示)
```

进入数据库，执行以下命令进行数据库密码修改，此处密码修改为“Techhost@123”。

```
mysql> SET PASSWORD = PASSWORD('Techhost@123');
mysql> create database tpcc default charset utf8;
mysql> create user tpcc identified by 'Techhost@123';
mysql> grant all privileges on tpcc.* to tpcc with grant option ;
mysql> flush privileges;
mysql>exit;
```

使用新密码进行数据库登录测试如下所示。

```
[root@techhost mysql]# mysql -uroot -pTechhost@123;
```

至此数据库安装成功。

步骤六：安装测试工具 BenchmarkSQL。

```
#执行如下命令下载工具包，并放置 home 目录下
[root@techhost ~]#cd /home
[root@techhosthome]#wget
https://sandbox-experiment-resource-north-4.obs.cn-north-4. myhuaweicloud.com/ mysql- opt/benchmarksql-5.0.zip
[root@techhost home]#unzip benchmarksql-5.0.zip
```

步骤七：配置 BenchmarkSQL 配置文件，修改数据库连接信息。

```
[root@techhost home]# cd benchmarksql-5.0/run/
[root@techhost run]#
#修改 props.mysql 配置文件
[root@techhost run]#vim props.mysql
#修改参数如下：
【数据库地址】：127.0.0.1
【数据库端口】：3306
【数据库名称】：tpcc
【数据库用户 user】：tpcc
【数据库密码 password】：Techhost@123
【warehouses】30(该参数是初始化加载数据时，需要创建的仓库数量)
【loadWorkers】：3
```

修改完成如图 4-19 所示。

```
db=mysql
driver=com.mysql.jdbc.Driver
conn=jdbc:mysql://127.0.0.1:3306/tpcc?useSSL=true

user=tpcc
password=Techhost@123

warehouses=30
loadWorkers=3

terminals=1
```

图 4-19　数据库配置信息

步骤八：安装 ant 工具。

```
[root@techhost run]# cd /usr/local/src
[root@techhost src]# wget
https://archive.apache.org/dist/ant/binaries/apache-ant-1. 10.6-bin.tar.gz
[root@techhost src]# tar -xvf apache-ant-1.10.6-bin.tar.gz
```

```
#设置环境变量，在/etc/prifile 文件最后增加如下两行
export ANT_HOME=/usr/local/src/apache-ant-1.10.6
export PATH=$JAVA_HOME/bin:$ANT_HOME/bin:$PATH
#新增内容显示如下
[root@techhost src ]# tail -n 2 /etc/profile
export ANT_HOME=/usr/local/src/apache-ant-1.10.6
export PATH=$JAVA_HOME/bin:$ANT_HOME/bin:$PATH
[root@techhost benchmarksql-5.0]#
#使配置文件生效
[root@techhost src]# source /etc/profile
#执行如下命令编译 ant
[root@techhost src]# cd -
/home/benchmarksql-5.0/run
[root@techhost run]#cd ..
[root@techhost benchmarksql-5.0]# ant
```

ant 执行结果如图 4-20 所示。

```
[root@techhost benchmarksql-5.0]# ant
Buildfile: /home/benchmarksql-5.0/build.xml

init:
    [mkdir] Created dir: /home/benchmarksql-5.0/build

compile:
    [javac] Compiling 12 source files to /home/benchmarksql-5.0/build

dist:
    [mkdir] Created dir: /home/benchmarksql-5.0/dist
      [jar] Building jar: /home/benchmarksql-5.0/dist/BenchmarkSQL-5.0.jar

BUILD SUCCESSFUL
Total time: 1 second
```

图 4-20　ant 执行结果

步骤九：进行 tpcc 模型数据加载。

```
#执行如下命令，进入 run 文件夹下
[root@techhost benchmarksql-5.0]# cd run/
#为脚本赋予执行权限
[root@techhost run]# chmod a+x *.sh
[root@techhost run]#
#执行 runDatabaseBuild.sh 脚本，加载数据(此处耗时较长)
[root@techhost run]# ./runDatabaseBuild.sh props.mysql
```

上述步骤执行成功后，我们在 mysql 数据库中发现 9 张表（warehouse，stock，item，order-line，new-order，history，distirct，customer，oorder）和 1 张配置表，如图 4-21 所示。

```
mysql> use tpcc;
Reading table information for completion of table and column names
You can turn off this feature to get a quicker startup with -A

Database changed
mysql> show tables;
+------------------+
| Tables_in_tpcc   |
+------------------+
| bmsql_config     |
| bmsql_customer   |
| bmsql_district   |
| bmsql_history    |
| bmsql_item       |
| bmsql_new_order  |
| bmsql_oorder     |
| bmsql_order_line |
| bmsql_stock      |
| bmsql_warehouse  |
+------------------+
10 rows in set (0.00 sec)
```

图 4-21　数据表

运行 BenchmarkSQL 程序，对 mysql 数据库进行压力测试，如图 4-22 所示。

```
[root@techhost run]# ./runBenchmark.sh props.mysql
```

```
738/run.properties
12:47:38,698 [main] INFO   jTPCC : Term-00, created my_result_2021-06-06_124738/data/runIn
fo.csv for runID 3
12:47:38,698 [main] INFO   jTPCC : Term-00, writing per transaction results to my_result_2
021-06-06_124738/data/result.csv
12:47:38,699 [main] INFO   jTPCC : Term-00,
12:47:38,936 [main] INFO   jTPCC : Term-00, C value for C_LAST during load: 170
12:47:38,936 [main] INFO   jTPCC : Term-00, C value for C_LAST this run:    236
12:47:38,936 [main] INFO   jTPCC : Term-00,                        Term-00, Running Average tpmTOT
AL: 12286.36    Current tpmTOTAL: 41220    Memory Usage: 77MB / 736MB
```

图 4-22　压力测试

我们在测试过程中新打开一个框口，在 mysql 数据库中执行如下命令查看数据库性能状态，如图 4-23 所示。

```
mysql> show engine innodb status\G;
```

```
mysql> show engine innodb status\G;
*************************** 1. row ***************************
  Type: InnoDB
  Name:
Status:
=====================================
2021-06-06 12:47:50 0xfffd000ff1c0 INNODB MONITOR OUTPUT
=====================================
Per second averages calculated from the last 52 seconds
-----------------
BACKGROUND THREAD
-----------------
srv_master_thread loops: 2118 srv_active, 0 srv_shutdown, 2562 srv_idle
srv_master_thread log flush and writes: 4680
----------
SEMAPHORES
----------
```

图 4-23　innodb 状态查看

在返回信息中，我们可查看 buffer hit 命中率情况，如图 4-24 所示。

```
Pages read 601930, created 2057562, written 2507407
0.00 reads/s, 0.00 creates/s, 0.00 writes/s
Buffer pool hit rate 986 / 1000, young-making rate 5 / 1000 not 79 / 1000
Pages read ahead 0.00/s, evicted without access 0.00/s, Random read ahead 0.00/s
LRU len: 7102, unzip_LRU len: 0
I/O sum[14882]:cur[137], unzip sum[0]:cur[0]
--------------
ROW OPERATIONS
--------------
0 queries inside InnoDB, 0 queries in queue
1 read views open inside InnoDB
Process ID=19747, Main thread ID=281461999333824, state: sleeping
Number of rows inserted 180489182, updated 29225, deleted 1100, read 27994904
263.09 inserts/s, 512.03 updates/s, 19.23 deletes/s, 2186.05 reads/s
----------------------------
END OF INNODB MONITOR OUTPUT
============================

1 row in set (0.00 sec)

ERROR:
No query specified

mysql>
```

图 4-24　buffer hit 命中率

查看数据库 I/O，如图 4-25 所示。

```
FILE I/O
--------
I/O thread 0 state: waiting for completed aio requests (insert buffer thread)
I/O thread 1 state: waiting for completed aio requests (log thread)
I/O thread 2 state: waiting for completed aio requests (read thread)
I/O thread 3 state: waiting for completed aio requests (read thread)
I/O thread 4 state: waiting for completed aio requests (read thread)
I/O thread 5 state: waiting for completed aio requests (read thread)
I/O thread 6 state: waiting for completed aio requests (write thread)
I/O thread 7 state: waiting for completed aio requests (write thread)
I/O thread 8 state: waiting for completed aio requests (write thread)
I/O thread 9 state: waiting for completed aio requests (write thread)
Pending normal aio reads: [0, 0, 0, 0] , aio writes: [0, 0, 0, 0] ,
 ibuf aio reads:, log i/o's:, sync i/o's:
Pending flushes (fsync) log: 0; buffer pool: 0
601951 OS file reads, 2858059 OS file writes, 378840 OS fsyncs
188.96 reads/s, 16384 avg bytes/read, 159.57 writes/s, 49.23 fsyncs/s
```

图 4-25　数据库 I/O

继续切到脚本执行界面，等待脚本执行结束，获取 tpmC 的值，与稍后调优后的结果做比较，如图 4-26 所示。

```
fo.csv for runID 3
12:47:38,698 [main] INFO   jTPCC : Term-00, writing per transaction results to my_result_2
021-06-06_124738/data/result.csv
12:47:38,699 [main] INFO   jTPCC : Term-00,                Term-00, Running Average tpmTOT
12:52:38,955 [Thread-0] INFO   jTPCC : Term-00, ry Usage: 26MB / 606MB
12:52:38,955 [Thread-0] INFO   jTPCC : Term-00,
12:52:38,956 [Thread-0] INFO   jTPCC : Term-00, Measured tpmC (NewOrders) = 5600.7
12:52:38,956 [Thread-0] INFO   jTPCC : Term-00, Measured tpmTOTAL = 12464.39
12:52:38,956 [Thread-0] INFO   jTPCC : Term-00, Session Start     = 2021-06-06 12:47:38
12:52:38,956 [Thread-0] INFO   jTPCC : Term-00, Session End       = 2021-06-06 12:52:38
12:52:38,956 [Thread-0] INFO   jTPCC : Term-00, Transaction Count = 62322
12:52:38,956 [Thread-0] INFO   jTPCC : executeTime[Payment]=88769
12:52:38,956 [Thread-0] INFO   jTPCC : executeTime[Order-Status]=2647
12:52:38,956 [Thread-0] INFO   jTPCC : executeTime[Delivery]=20891
12:52:38,956 [Thread-0] INFO   jTPCC : executeTime[Stock-Level]=2379
12:52:38,956 [Thread-0] INFO   jTPCC : executeTime[New-Order]=185014
[root@techhost run]#
```

图 4-26　查验 tpmC 的值

步骤十：mysql 服务器与测试工具优化。

在 mysql 服务端优化中，涉及两个部分的内容，一部分为服务端调优，另一部分为数据库配置文件调优，接下来，我们先打开数据库配置文件，修改配置参数，如下所示。

```
[root@techhost run]# vim /etc/my.cnf
#在[mysqld]标签下新增一下参数
innodb_buffer_pool_size=150G
max_connections=2000
transaction_isolation=READ-COMMITTED
```

修改完成如图 4-27 所示。

```
[root@techhost run]# vim /etc/my.cnf
[root@techhost run]# cat /etc/my.cnf
[mysqld]
datadir=/data/data
socket=/data/data/mysql.sock

innodb_buffer_pool_size=150G
max_connections=2000
transaction_isolation=READ-COMMITTED

[mysqld_safe]
log-error=/data/log/mysql.log
pid-file=/data/run/mysql.pid
[root@techhost run]#
```

图 4-27　数据库配置

修改数据库配置文件，此处需要重启数据库。

```
[root@techhost run]# service mysql restart
Shutting down MySQL.... SUCCESS!
Starting MySQL......... SUCCESS!
[root@techhost run]#
```

接下来进入 mysql 数据库，修改数据库服务配置信息，执行如下命令。

```
mysql> set global innodb_io_capacity=10000;
Query OK, 0 rows affected, 2 warnings (0.00 sec)

mysql> set global innodb_io_capacity_max=10000;
Query OK, 0 rows affected (0.00 sec)

mysql>
```

接下来我们对测试工具的参数进行优化，打开 props.mysql 文件，使用如下参数修改替换配置文件。

```
conn=jdbc:mysql://127.0.0.1:3306/tpcc?useSSL=false&useServerPrepStmts=true&useConfigs=maxPerformance&allowPublicKeyRetrieval=true
```

增大并发终端数。

```
terminals=128
```

修改完成如图 4-28 所示。

```
db=mysql
driver=com.mysql.jdbc.Driver
#conn=jdbc:mysql://127.0.0.1:3306/tpcc?useSSL=true
conn=jdbc:mysql://127.0.0.1:3306/tpcc?useSSL=false&useServerPrepStmts=true&useConfigs=maxP
erformance&allowPublicKeyRetrieval=true

user=tpcc
password=Techhost@123

warehouses=30
loadWorkers=3

terminals=128
//To run specified transactions per terminal- runMins must equal zero
runTxnsPerTerminal=0
```

图 4-28　压测配置

步骤十一：继续使用 tpcc 模型对数据库进行压测，测试命令如下，如图 4-29 所示。

```
[root@techhost run]# ./runBenchmark.sh props.mysql
```

```
13:10:00,224 [main] INFO   jTPCC : Term-00, writing per transaction results to my_result_2
021-06-06_131000/data/result.csv
13:10:00,225 [main] INFO   jTPCC : Term-00,                Term-00, Running Average tpmTOT
13:15:02,067 [Thread-36] INFO   jTPCC : Term-00, ry Usage: 94MB / 870MB
13:15:02,068 [Thread-36] INFO   jTPCC : Term-00,
13:15:02,068 [Thread-36] INFO   jTPCC : Term-00, Measured tpmC (NewOrders) = 33812.61
13:15:02,068 [Thread-36] INFO   jTPCC : Term-00, Measured tpmTOTAL = 75315.52
13:15:02,068 [Thread-36] INFO   jTPCC : Term-00, Session Start     = 2021-06-06 13:10:01
13:15:02,068 [Thread-36] INFO   jTPCC : Term-00, Session End       = 2021-06-06 13:15:02
13:15:02,068 [Thread-36] INFO   jTPCC : Term-00, Transaction Count = 377267
13:15:02,068 [Thread-36] INFO   jTPCC : executeTime[Payment]=11106501
13:15:02,068 [Thread-36] INFO   jTPCC : executeTime[Order-Status]=35931
13:15:02,068 [Thread-36] INFO   jTPCC : executeTime[Delivery]=3983570
13:15:02,068 [Thread-36] INFO   jTPCC : executeTime[Stock-Level]=36791
13:15:02,068 [Thread-36] INFO   jTPCC : executeTime[New-Order]=23294531
[root@techhost run]#
```

图 4-29 数据库压测

经过与调优前的运行结果对比，可以看到 tpmC 值有了较大幅度增长，验证了 mysql 服务器的性能得到提升。

步骤十二：清理环境，如图 4-30 所示。

```
[root@techhost run]# ./runDatabaseDestroy.sh props.mysql
```

```
[root@techhost run]# ./runDatabaseDestroy.sh props.mysql
# ------------------------------------------------------------
# Loading SQL file ./sql.mysql/tableDrops.sql
# ------------------------------------------------------------
Loading class `com.mysql.jdbc.Driver'. This is deprecated. The new driver class is `com.my
sql.cj.jdbc.Driver'. The driver is automatically registered via the SPI and manual loading
 of the driver class is generally unnecessary.
drop table bmsql_config;
drop table bmsql_new_order;
drop table bmsql_order_line;
drop table bmsql_oorder;
drop table bmsql_history;
drop table bmsql_customer;
drop table bmsql_stock;
drop table bmsql_item;
drop table bmsql_district;
drop table bmsql_warehouse;
drop table bmsql_config;
Unknown table 'tpcc.bmsql_config'
[root@techhost run]#
```

图 4-30 清理环境

至此，mysql 性能测试调优实验全部完成。

4.5.2 大数据性能优化

大数据性能优化有以下改变：

① 从 CPU 上来说，影响大数据性能因素有 CPU 型号、内存通道数量；

② 从磁盘上来说，影响大数据性能因素有硬盘类型、磁盘参数；

③ 从网络上来说，影响大数据性能因素有网卡型号、网卡参数、组网方式、带宽；

④ 从应用层上来说，影响大数据性能因素有硬件加速、大数据组件参数、数据库加速；

⑤ 从大数据架构来说，影响大数据性能因素有各个组件的参数、集群环境等，由于数据量比较大，大数据普遍以集群形式存在，在性能上对计算及存储的要求较高。

1. 大数据性能调优

大数据性能调优主要有以下 5 个方面。

（1）保障测试压力

当客户端压力不足以发挥大数据集群的性能时，需优先提高客户端压力。

（2）分配物理资源

根据组件特点，尽可能多地分配该组件依赖的物理资源（CPU、磁盘、内存、网络等）。

这两步是基础调优操作，确保集群拥有较优的性能。

（3）监控资源使用情况

使用性能监控工具观察系统状态并进行记录，如 CPU、磁盘、内存、网络、应用程序 GC 状况、热点函数等。

（4）确定性能瓶颈

基于组件、应用程序特点和监控数据识别性能瓶颈，瓶颈可能是物理资源、组件参数、测试工具、测试组网、JVM、锁等。

（5）实施优化

技术人员根据识别的瓶颈针对性地进行优化，其中，优化手段有时并不会生效，需进一步确定是否锁定瓶颈及优化手段是否正确。

大数据性能调优思路流程如图 4-31 所示。

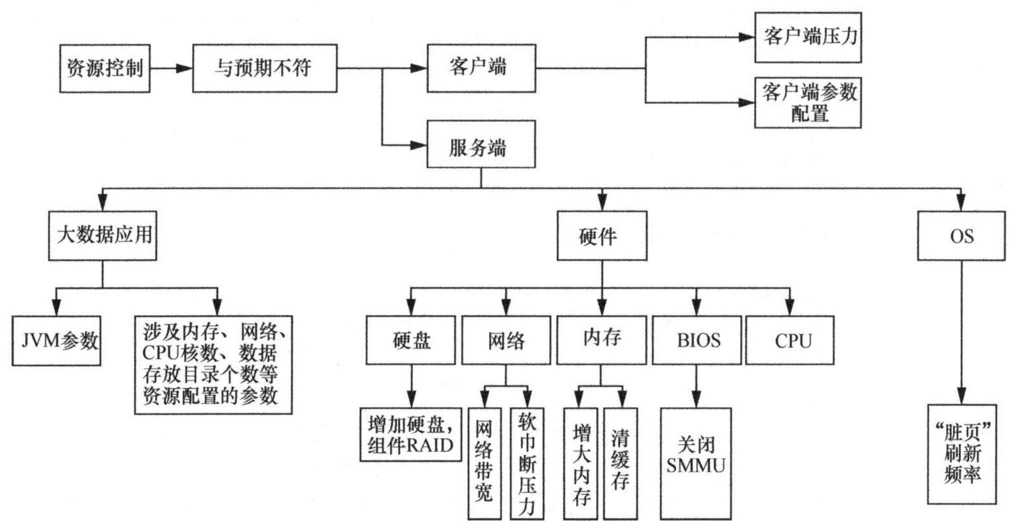

图 4-31　大数据性能调优思路流程

大数据性能调优方法见表 4-8。

HBase 常见的问题包括服务启动类故障、服务状态类故障、数据读写类故障、客户端操作类故障、数据分布类故障。当 HBase 中的某一个 RegionServer 出现意外故障或者 HMaster 重启时，在 HMaster 侧会进行 WAL 文件的 split，当集群中单个 RegionServer 的负载比较高（region 个数太多）或者访问 HDFS 比较缓慢时，会影响 WAL split 的速度，甚至失败。RegionServer 上 WAL（Write-ahead Log）包含了所有已经提交到 RS 的，已经保留在 memstore 中但是尚未 flush 到 storefile 的数据编辑历史，可以调整相关参数来提高写入速度。

表 4-8　大数据性能调优方法

问题层面	常见问题	参考解决方法
CPU/内存	CPU 占用率低	分析应用中与并发数、核数相关的参数，并适当增加；增加并发但 CPU 占用率未提升，则分析其他瓶颈点
	CPU 占用率高	Hadoop 3.X 以上版本打开 numa-aware 特性，以下版本及其他组件可考虑修改源码，利用 numactl 命令为真正占用 CPU 资源的进程分配 CPU 核，减少应用程序运行时跨 NUMA 访问内存的情况
		使用 perf 等性能监控工具抓取高 CPU 占用率进程（整机或单核）的热点函数，寻找是否有不合理的循环调用、单线程的逻辑实现、锁占用等，针对性地优化源码
	内存消耗尽但 CPU 等资源还有富余	大数据任务一般会开多个小人物同时执行业务逻辑，在满足内存需要的前提下适当降低每个任务的内存占用率，利用增加任务数来提高整机的资源利用率，将鲲鹏 CPU 多核的特点发挥出来
	内存占用多	适当调整内存页大小；关闭 swap 内存
磁盘	磁盘 I/O 占用率高，CPU iowait 高	开启 RAID 卡 cache；磁盘参数优化（脏页刷新频率、磁盘文件预读等）；增加磁盘数或更换性能更好的磁盘
网络	网络 I/O 占用率高	网卡软中断绑核，将处理网卡中断的 CPU 核设置在网卡所在的 NUMA 上，减少跨 NUMA 访问内存的情况
		优化网卡参数（RingBuffer、LRO 等）；增大网卡带宽
应用	GC 频繁	调整 JVM 堆、新生代、线程堆栈大小；选择合适的垃圾回收器
	组件参数已确保较优，但性能不好	检查客户端压力（如并发数、数据量设置）；检查客户端到服务端组件的网络带宽是否支持业务数据的流量

大数据调优案例如图 4-32 所示。

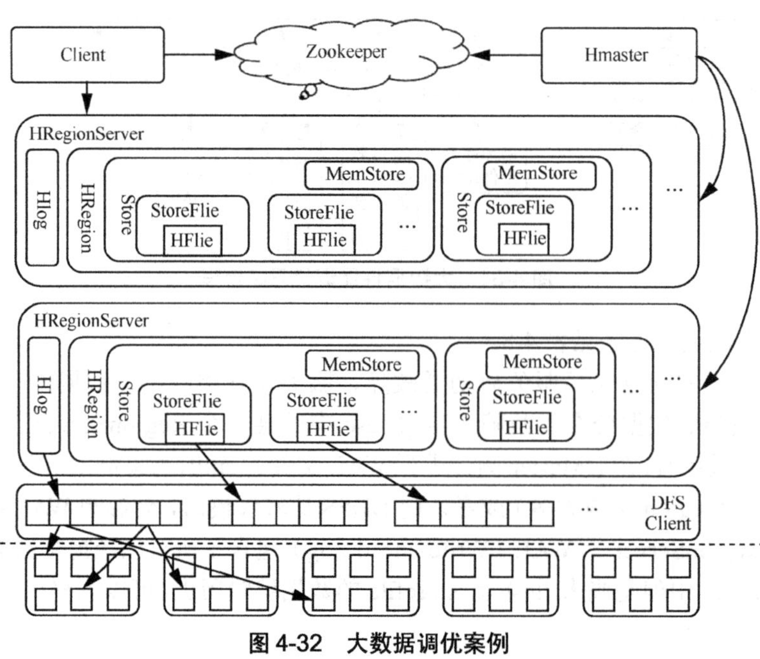

图 4-32　大数据调优案例

HBase 框架解释见表 4-9。

表 4-9　HBase 框架解释

名称	作用
HMaste	协调多个 RegionServer，侦测状态，平衡负载，分配 Region 给 RegionServer
HRegionServer	负责 Region 的切分和管理，响应客户端的读写请求，进行实际的读写操作
HRegion	HBase 中分布式存储和负载均衡的最小单元，不同 Region 分布到不同 RegionServer 上
Store	每个 ColumnFamily 的数据组成一个 Store，每个 Store 由一个 Memstore 和多个 HFile 组成
HLog	RegionServer 在处理数据插入和删除的过程中用来记录操作内容的一种日志

2. Hadoop 大数据环境调优案例

本案例帮助和指导用户在短时间内可了解大数据组件 Hadoop 在鲲鹏上的部署步骤，体验 Hadoop 组件在鲲鹏上的基本调优思路。实验主机配置见表 4-10。

表 4-10　实验主机配置

主机名	规格	镜像	IP 地址
techhost	CPU: Kunpeng 920 内存: 32GB DDR4 数据盘: 100GB NVME 系统盘：40GB	Centos 7.6	EIP 地址：124.71.141.243 私网地址：192.168.1.172

步骤一：基础配置。

```
#配置主机名与 IP 地址的映射关系
[root@techhost ~]# echo "192.168.1.172 techhost">> /etc/hosts
#配置 ssh 免密登录
[root@techhost ~]# ssh-keygen -t rsa
#将公钥复制到服务器中
[root@techhost ~]# ssh-copy-id -i ~/.ssh/id_rsa.pub root@techhost
```

步骤二：安装 OpenJDK-1.8.0。

```
#下载 openJDK-1.8.0 并安装到指定目录(如“/opt/tools/installed”)，执行如下命令。
#创建目录(/opt/tools/installed)
[root@techhost ~]# mkdir -p /opt/tools/installed
[root@techhost ~]# cd /opt/tools/installed/
[root@techhost installed]# wget
https://sandbox-experiment-resource-north-4.obs.cn-north-4.myhuaweicloud.com/ hadoop-performance-tuning/
Open JDK8U-jdk_aarch64_linux_hotspot_8u252b09.tar.gz
#解压
[root@techhost installed]# tar -zxf OpenJDK8U-jdk_aarch64_linux_hotspot_8u252b09.tar.gz
#配置环境变量修改/etc/profile 文件
#点击键盘“Shift+g”移动光标至文件末尾，单击键盘“i”键进入编辑模式，在代码末尾回车到下一行，添加
如下内容：
export JAVA_HOME=/opt/tools/installed/jdk8u252-b09 export
PATH=$JAVA_HOME/bin:$PATHexport
```

```
CLASSPATH=.:$JAVA_HOME/lib/dt.jar:$JAVA_HOME/lib/tools.jar
#添加完成示例如下：
[root@techhost installed]# vim /etc/profile
[root@techhost installed]# tail -n 3 /etc/profile
export JAVA_HOME=/opt/tools/installed/jdk8u252-b09
export PATH=$JAVA_HOME/bin:$PATH
export CLASSPATH=.:$JAVA_HOME/lib/dt.jar:$JAVA_HOME/lib/tools.jar
[root@techhost installed]#
#让配置文件生效
[root@techhost installed]# source /etc/profile
[root@techhost installed]#
#查看 openJDK-1.8.0 安装是否成功
[root@techhost installed]# java -version
openjdk version "1.8.0_252"
OpenJDK Runtime Environment (AdoptOpenJDK) (build 1.8.0_252-b09)
OpenJDK 64-Bit Server VM (AdoptOpenJDK) (build 25.252-b09, mixed mode)
[root@techhost installed]#
```

步骤三：安装依赖组件。

```
#安装 dstat(供调优时观察资源使用情况)
[root@techhost installed]# yum install dstat-0.7.2-12.el7 -y
#验证 dstat 是否安装成功
[root@techhost installed]# dstat -V
#安装 sysstat(供调优时观察资源使用情况)
[root@techhost ~]# yum install sysstat-10.1.5-19.el7 -y
#验证 sysstat 是否安装成功
[root@techhost ~]# iostat -V
```

步骤四：部署 zookeeper-3.4.6。

```
#下载 zookeeper-3.4.6 版本的安装包到/opt/tools/installed 目录下
[root@techhost ~]# cd /opt/tools/installed/
[root@techhost installed]# wget
https://sandbox-experiment-resource-north-4.obs.cn-north-4.myhuaweicloud.com/hadoop-performance-tuning/
zookeeper-3.4.6.tar.gz
#解压 zookeeper-3.4.6.tar.gz
[root@techhost installed]# tar -zxvf zookeeper-3.4.6.tar.gz
#添加软链接
[root@techhost installed]# ln -s zookeeper-3.4.6 zookeeper
[root@techhost installed]#
#修改/etc/profile 文件，添加环境变量
#点击键盘“Shift+g”移动光标至文件末尾，单击键盘“i”键进入编辑模式，在代码末尾回车到下一行，添加
如下内容：
export ZOOKEEPER_HOME=/opt/tools/installed/zookeeperexport PATH=$ZOOKEEPER_HOME/bin:$PATH
#修改完成示例如下：
[root@techhost installed]# vim /etc/profile
[root@techhost installed]# tail -n 2 /etc/profile
export ZOOKEEPER_HOME=/opt/tools/installed/zookeeper
export PATH=$ZOOKEEPER_HOME/bin:$PATH
[root@techhost installed]#
#使环境变量生效
```

```
[root@techhost installed]# source /etc/profile
[root@techhost installed]#
#修改 zookeeper 配置文件
#拷贝配置文件
[root@techhost installed]# cp zookeeper/conf/zoo_sample.cfg zookeeper/conf/zoo.cfg
[root@techhost installed]#
#修改配置文件
[root@techhost installed]# vim zookeeper/conf/zoo.cfg
#点击键盘“Shift+g”移动光标至文件末尾，单击键盘“i”键进入编辑模式，在代码末尾回车到下一行，添加如下内容：
dataDir=/opt/tools/installed/zookeeper/zkdata
server.1=techhost:2888:3888
#修改完成示例如下：
[root@techhost installed]#
[root@techhost installed]# tail -n 2 zookeeper/conf/zoo.cfg
dataDir=/opt/tools/installed/zookeeper/zkdata
server.1=techhost:2888:3888
[root@techhost installed]#
#修改 zookeeper 服务器标识
[root@techhost installed]# mkdir -p zookeeper/zkdata
[root@techhost installed]# touch zookeeper/zkdata/myid
[root@techhost installed]# echo 1 > zookeeper/zkdata/myid
[root@techhost installed]#
#运行 zookeeper
[root@techhost installed]# zookeeper/bin/zkServer.sh start
JMX enabled by default
Using config: /opt/tools/installed/zookeeper/bin/../conf/zoo.cfg
Starting zookeeper ... STARTED
[root@techhost installed]#
#验证 zookeeper
[root@techhost installed]# zookeeper/bin/zkServer.sh status
JMX enabled by default
Using config: /opt/tools/installed/zookeeper/bin/../conf/zoo.cfg
Mode: standalone
[root@techhost installed]#
#命令行输入“jps”回车执行，查看到有 Jps 和 QuorumPeerMain 两个进程
[root@techhost installed]# jps
12018 QuorumPeerMain
10664 WrapperSimpleApp
12267 Jps
[root@techhost installed]#
```

步骤五：部署 hadoop-3.1.1。

```
#下载 hadoop-3.1.1 安装包到/opt/tools/installed 目录下
[root@techhost installed]# cd /opt/tools/installed/
[root@techhost installed]# wget
https://sandbox-experiment-resource-north-4.obs.cn-north-4.myhuaweicloud.com/hadoop-performance-tuning/hadoop-3.1.1.tar.gz
```

```
#解压
[root@techhost installed]# tar -zxvf hadoop-3.1.1.tar.gz
#建立软连接
[root@techhost installed]# ln -s hadoop-3.1.1 hadoop
#配置 hadoop 环境变量打开/etc/profile 文件
#点击键盘“Shift+g”移动光标至文件末尾，单击键盘“i”键进入编辑模式，在代码末尾回车到下一行，添加如下内容：
export HADOOP_HOME=/opt/tools/installed/hadoopexport PATH=$HADOOP_HOME/bin:$PATH
#修改完成示例代码如下：
[root@techhost installed]# vim /etc/profile
[root@techhost installed]# tail -n 2 /etc/profile
export HADOOP_HOME=/opt/tools/installed/hadoop
export PATH=$HADOOP_HOME/bin:$PATH
#让配置文件生效
[root@techhost installed]# source /etc/profile
[root@techhost installed]#
#检验 hadoop 是否安装成功
[root@techhost installed]# hadoop -h
```

步骤六：修改 Hadoop 配置文件。

Hadoop 所有的配置文件都在$HADOOP_HOME/etc/hadoop 目录下，修改以下配置文件前，需要切换到“$HADOOP_HOME/etc/hadoop”目录。

```
#进入$HADOOP_HOME/etc/hadoop/目录
[root@techhost ~]# cd /opt/tools/installed/hadoop/etc/hadoop/
[root@techhost hadoop]#
#修改 hadoop-env.sh 文件
[root@techhost hadoop]# vim hadoop-env.sh
#找到 hadoop-env.sh 的第 54 行中的 java 目录(在命令模式下输入“:set nu”，查看行数)，然后删除行左端“#”取消注释
#输入 java 的安装目录：
/opt/tools/installed/jdk8u252-b09
```

修改完成示例如图 4-33 所示。

```
52 # The java implementation to use. By default, this environment
53 # variable is REQUIRED on ALL platforms except OS X!
54 export JAVA_HOME=/opt/tools/installed/jdk8u252-b09
55
```

图 4-33　修改完成

```
#修改 core-site.xml 配置文件
[root@techhost hadoop]#vim core-site.xml
#在<configuration></configuration>标签之间(移动光标至 19 行尾部回车，在命令模式下输入“:set nu”，查看行数)添加如下代码：
<property>
<name>fs.defaultFS</name>
<value>hdfs://ns1/</value>
</property>
<property>
<name>hadoop.tmp.dir</name>
```

```
<value>/opt/tools/installed/hadoop_tmp</value>
</property>
<property>
<name>ha.zookeeper.quorum</name>
<value>techhost:2181</value>
</property>
<property>
<name>ipc.client.connect.max.retries</name>
<value>100</value>
</property>
<property>
<name>ipc.client.connect.retry.interval</name>
<value>10000</value>
</property>
```

修改完成如图 4-34 所示。

```
19 <configuration>
20 <property>
21      <name>fs.defaultFS</name>
22      <value>hdfs://ns1/</value>
23 </property>
24 <property>
25       <name>hadoop.tmp.dir</name>
26       <value>/opt/tools/installed/hadoop_tmp</value>
27 </property>
28 <property>
29       <name>ha.zookeeper.quorum</name>
30       <value>techhost:2181</value>
31 </property>
32 <property>
33 <name>ipc.client.connect.max.retries</name>
34   <value>100</value>
35 </property>
36 <property>
37    <name>ipc.client.connect.retry.interval</name>
38    <value>10000</value>
39 </property>
40
41 </configuration>
-- INSERT --
```

图 4-34　core-site.xml 配置文件

```
#创建 hadoop.tmp.dir 参数配置的目录
[root@techhost hadoop]# mkdir -p /opt/tools/installed/hadoop_tmp
[root@techhost hadoop]#
#修改 hdfs-site.xml 文件
[root@techhost hadoop]# vim hdfs-site.xml
#如下所示，在<configuration></configuration>标签之间(移动光标至 19 行尾部回车，在命令模式下输入“: set nu”，查看行数)添加如下代码
<property>
<name>dfs.nameservices</name>
<value>ns1</value>
</property>
<property>
<name>dfs.namenode.rpc-address.ns1</name>
```

```
<value>techhost:9000</value>
</property>
<property>
<name>dfs.namenode.http-address.ns1</name><value>techhost:50070</value>
</property>
<property>
<name>dfs.datanode.data.dir</name>
<value>
    /opt/tools/installed/data/data01/hadoop,
    /opt/tools/installed/data/data02/hadoop,
    /opt/tools/installed/data/data03/hadoop
    </value>
</property>
<property>
<name>dfs.journalnode.edits.dir</name><value>/opt/tools/installed/data/journaldata</value>
</property>
<property>
<name>dfs.client.failover.proxy.provider.ns1</name><value>org.apache.hadoop.hdfs.server.namenode.ha.
ConfiguredFailoverProxyProvider</value>
</property>
<property>
<name>dfs.ha.fencing.methods</name>
<value>
    sshfence
    shell(/bin/true)
    </value>
</property>
<property>
<name>dfs.ha.fencing.ssh.private-key-files</name><value>/root/.ssh/id_rsa</value>
</property>
<property>
<name>dfs.ha.fencing.ssh.connect-timeout</name>
<value>30000</value>
</property>
<property>
<name>dfs.qjournal.write-txns.timeout.ms</name>
<value>90000</value>
</property>
```

配置完成后，创建 dfs.datanode.data.dir 参数配置的数据目录。

```
[root@techhost hadoop]# mkdir -p /opt/tools/installed/data
[root@techhost hadoop]#

#格式化 nvme ssd 盘
[root@techhost hadoop]# mkfs.xfs -f /dev/nvme0n1
#挂载 data 目录并创建数据目录
[root@techhost hadoop]# mount /dev/nvme0n1 /opt/tools/installed/data/
[root@techhost hadoop]# mkdir -p /opt/tools/installed/data/data0{1,2,3}/hadoop
[root@techhost hadoop]#
```

```
#修改 mapred-site.xml
[root@techhost hadoop]# vim mapred-site.xml
#如下所示，在<configuration></configuration>标签之间(移动光标至 19 行尾部回车，在命令模式下输入“:set nu”，查看行数)添加如下代码：
<property>
<name>mapreduce.framework.name</name>
<value>yarn</value>
</property>
<property>
<name>mapreduce.application.classpath</name>
<value>
        /opt/tools/installed/hadoop/etc/hadoop,
        /opt/tools/installed/hadoop/share/hadoop/common/*,
        /opt/tools/ installed/hadoop/share/hadoop/common/lib/*,
        /opt/tools/installed/hadoop/share/hadoop/hdfs/*,
        /opt/tools/installed/ hadoop/ share/hadoop/hdfs/lib/*,
        /opt/tools/installed/hadoop/share/hadoop/mapreduce/*,
        /opt/tools/installed/hadoop/ share/hadoop/ mapreduce/lib/*,
        /opt/tools/installed/hadoop/share/hadoop/yarn/*,
        /opt/tools/installed/hadoop/share/hadoop /yarn/lib/*
</value>
</property>
<property>
<name>mapreduce.map.memory.mb</name>
<value>6144</value>
</property>
<property>
<name>mapreduce.reduce.memory.mb</name>
<value>6144</value>
</property>
<property>
<name>yarn.app.mapreduce.am.env</name>
        <value>HADOOP_MAPRED_HOME=/opt/tools/installed/hadoop</value>
</property>
<property>
<name>mapreduce.map.env</name><value>HADOOP_MAPRED_HOME=/opt/tools/installed/hadoop</value>
</property>
<property>
<name>mapreduce.reduce.env</name><value>HADOOP_MAPRED_HOME=/opt/tools/installed/hadoop</value>
</property>
```

接下来，修改 yarn-site.xml 配置文件，在<configuration></configuration>标签之间（移动光标至 17 行尾部回车，在命令模式下输入“:set nu”，查看行数）添加如下代码。

```
<property>
    <name>yarn.resourcemanager.address</name>
    <value> techhost:8032</value>
</property>
<property>
<name>yarn.resourcemanager.cluster-id</name>
```

```
<value>yrc</value>
</property>
<property>
<name>yarn.resourcemanager.webapp.address</name>
<value> techhost:8088</value>
</property>
<property>
<name>yarn.resourcemanager.zk-address</name>
<value> techhost:2181</value>
</property>
<property>
<name>yarn.nodemanager.aux-services</name><value>mapreduce_shuffle</value>
</property>
<property>
<name>yarn.log-aggregation-enable</name>
<value>true</value>
</property>
<property>
<name>yarn.client.nodemanager-connect.max-wait-ms</name><value>300000</value>
</property>
<property>
<name>yarn.nodemanager.vmem-pmem-ratio</name><value>7.1</value>
</property>
<property>
<name>yarn.nodemanager.vmem-check-enabled</name><value>false</value>
</property>
<property>
<name>yarn.nodemanager.pmem-check-enabled</name><value>false</value>
</property>
<property>
<name>yarn.nodemanager.local-dirs</name>
    <value>
    /opt/tools/installed/data/data01/yarn,
    /opt/tools/installed/data/data02/yarn,
    /opt/tools/installed/data/data03/yarn
    </value>
</property>
<property>
<name>yarn.log-aggregation-enable</name>
<value>true</value>
</property>
<property>
<name>yarn.log-aggregation.retain-seconds</name><value>86400</value>
</property>
<property>
<name>yarn.resourcemanager.resource-tracker.address</name><value>techhost:8031</value>
</property>
<property>
<name>yarn.resourcemanager.store.class</name>
```

```
<value>
        org.apache.hadoop.yarn.server.resourcemanager.recovery.ZKRMStateStore
        </value>
</property>
<property>
<name>yarn.nodemanager.numa-awareness.enabled</name><value>true</value>
</property>
<property>
<name>yarn.nodemanager.numa-awareness.read-topology</name><value>true</value>
</property>
```

接着创建 yarn.nodemanager.local-dirs 对应的目录。

```
[root@techhost hadoop]# mkdir -p /opt/tools/installed/data/data0{1,2,3}/yarn
[root@techhost hadoop]#
#将本机加入到 workers
[root@techhost hadoop]# echo techhost > workers
```

继续修改 dfs 和 yarn 的启动脚本，添加 root 用户权限，如下所示。

```
#修改 start-dfs.sh 脚本
[root@techhost hadoop]# vim /opt/tools/installed/hadoop/sbin/start-dfs.sh
#单击键盘“i”键进入编辑模式，移动光标至第 37 行末尾回车(在命令模式下输入“:set #nu”，查看行数)，
添加如下内容：
HDFS_ZKFC_USER=root
HDFS_JOURNALNODE_USER=root
HDFS_DATANODE_USER=root
HADOOP_SECURE_DN_USER=root
HDFS_NAMENODE_USER=root
HDFS_SECONDARYNAMENODE_USER=root
```

效果如图 4-35 所示。

```
34 ## @description  usage info
35 ## @audience     private
36 ## @stability    evolving
37 ## @replaceable  no
38 HDFS_ZKFC_USER=root
39 HDFS_JOURNALNODE_USER=root
40 HDFS_DATANODE_USER=root
41 HADOOP_SECURE_DN_USER=root
42 HDFS_NAMENODE_USER=root
43 HDFS_SECONDARYNAMENODE_USER=root
44
45 function hadoop_usage
```

图 4-35 start-dfs.sh 脚本修改

修改 stop-dfs.sh 文件，单击键盘“i”键进入编辑模式，移动光标至第 25 行末尾回车（在命令模式下输入“:set nu”，查看行数），同样添加如下内容。

```
[root@techhost hadoop]# vim /opt/tools/installed/hadoop/sbin/stop-dfs.sh
HDFS_ZKFC_USER=root
HDFS_JOURNALNODE_USER=root
HDFS_DATANODE_USER=root
HADOOP_SECURE_DN_USER=root
HDFS_NAMENODE_USER=root
HDFS_SECONDARYNAMENODE_USER=root
```

效果如图 4-36 所示。

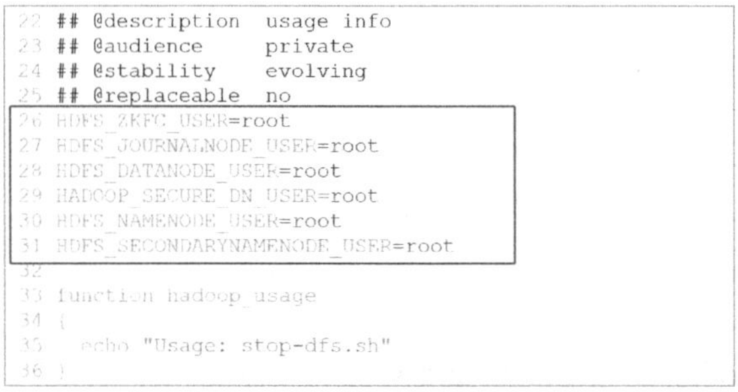

```
22 ## @description  usage info
23 ## @audience     private
24 ## @stability    evolving
25 ## @replaceable  no
26 HDFS_ZKFC_USER=root
27 HDFS_JOURNALNODE_USER=root
28 HDFS_DATANODE_USER=root
29 HADOOP_SECURE_DN_USER=root
30 HDFS_NAMENODE_USER=root
31 HDFS_SECONDARYNAMENODE_USER=root
32
33 function hadoop_usage
34 {
35   echo "Usage: stop-dfs.sh"
36 }
```

图 4-36　stop-dfs.sh 脚本修改

修改 start-yarn.sh 文件，单击键盘“i”键进入编辑模式，移动光标至第 21 行末尾回车（在命令模式下输入“:set nu”，查看行数），添加如下内容。

```
[root@techhost hadoop]# vim /opt/tools/installed/hadoop/sbin/start-yarn.sh
YARN_RESOURCEMANAGER_USER=root
HADOOP_SECURE_DN_USER=root
YARN_NODEMANAGER_USER=root
```

修改完成，效果如图 4-37 所示。

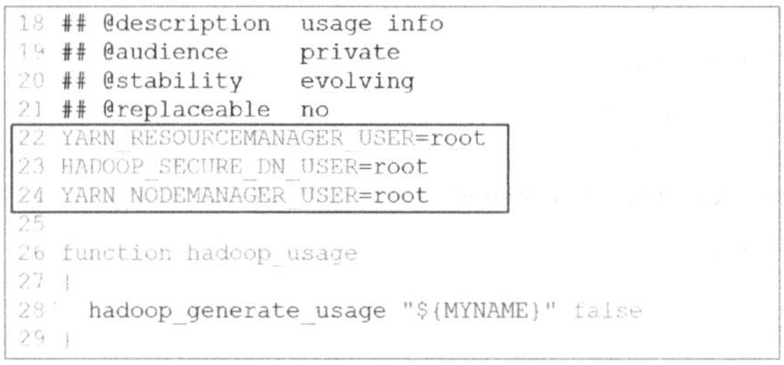

```
18 ## @description  usage info
19 ## @audience     private
20 ## @stability    evolving
21 ## @replaceable  no
22 YARN_RESOURCEMANAGER_USER=root
23 HADOOP_SECURE_DN_USER=root
24 YARN_NODEMANAGER_USER=root
25
26 function hadoop_usage
27 {
28   hadoop_generate_usage "${MYNAME}" false
29 }
```

图 4-37　start-yarn.sh 脚本文件

修改 stop-yarn.sh 文件，单击键盘“i”键进入编辑模式，移动光标至第 21 行末尾回车（命令模式下输入“:set nu”，查看行数），添加如下内容。

```
[root@techhost hadoop]# vim /opt/tools/installed/hadoop/sbin/stop-yarn.sh
YARN_RESOURCEMANAGER_USER=root
HADOOP_SECURE_DN_USER=root
YARN_NODEMANAGER_USER=root
```

修改效果如图 4-38 所示。

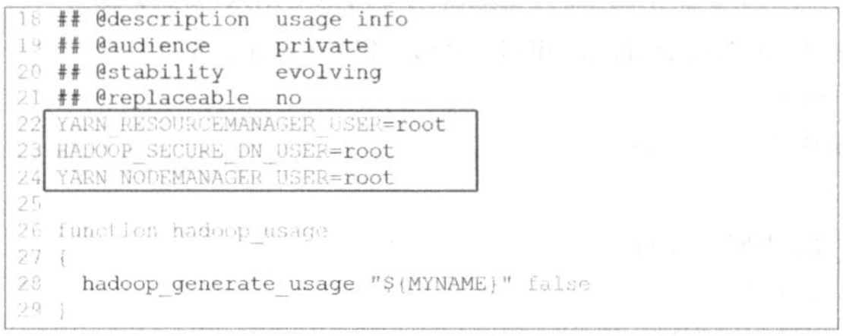

```
18 ## @description  usage info
19 ## @audience     private
20 ## @stability    evolving
21 ## @replaceable  no
22 YARN_RESOURCEMANAGER_USER=root
23 HADOOP_SECURE_DN_USER=root
24 YARN_NODEMANAGER_USER=root
25
26 function hadoop_usage
27 {
28   hadoop_generate_usage "${MYNAME}" false
29 }
```

图 4-38　stop-yarn.sh 脚本文件

步骤七：启动 Hadoop。

```
#启动 journalnode
[root@techhost hadoop]# cd /opt/tools/installed/hadoop/sbin
[root@techhost sbin]# hdfs --daemon start journalnode
WARNING: /opt/tools/installed/hadoop/logs does not exist. Creating.
[root@techhost sbin]#
#格式化 HDFS
[root@techhost sbin]# hdfs namenode -format
#启动 HDFS 和 yarn
[root@techhost sbin]# /opt/tools/installed/hadoop/sbin/start-all.sh
#验证 hadoop 状态
#使用 jps 命令查看 hadoop 是否启动成功。若可以看到 QuorumPeerMain，JournalNode, Namenode，ResourceManager，DataNode，NodeManager 这些进程，则 hadoop 启动成功。
[root@techhost sbin]# jps
12018 QuorumPeerMain
13474 DataNode
17139 Jps
10664 WrapperSimpleApp
14522 NodeManager
12650 JournalNode
15790 NameNode
[root@techhost sbin]#
```

步骤八：Hadoop DFSIO 性能测试。

使用 Hadoop 的 DFSIO 写入 100 个文件，每个文件为 1000MB。执行如下命令，进行 hadoop 的 DFSIO 测试（测试命令需要执行 10 分钟左右）。

```
#执行之前退出 namenode 安全模式
[root@techhost sbin]hadoop dfsadmin -safemode leave
[root@techhost sbin]# hadoop jar /opt/tools/installed/hadoop/share/hadoop/mapreduce/hadoop- mapreduce-client-jobclient-3.1.1-tests.jar TestDFSIO -write -nrFiles 100 -filesize 1000
```

执行命令后，我们观察当前主机网观察网络、CPU 和磁盘的使用情况。技术人员执行“dstat”命令，观察网络、CPU 使用情况：可以发现单节点环境中，不存在网络间通信情况，不存在网络达到瓶颈的问题；CPU 使用量也未达到瓶颈，仅仅是磁盘有少量使用，如图 4-39 所示。

```
[root@techhost ~]# dstat
```

```
[root@techhost ~]# dstat
You did not select any stats, using -cdngy by default.
----total-cpu-usage---- -dsk/total- -net/total- ---paging-- ---system--
usr sys idl wai hiq siq| read  writ| recv  send|  in   out | int   csw
  0   0 100   0   0   0|5777B   46M|   0     0 |   0     0 | 148   240
  0   0 100   0   0   0|   0     0 |  60B  908B|   0     0 | 669  1398
  0   0 100   0   0   0|   0      k|  60B  428B|   0     0 | 774  1576
  0   0 100   0   0   0|   0     0 |  60B  436B|   0     0 | 734  1472
  0   0 100   0   0   0|   0      k|  60B  428B|   0     0 |1057  1694
  0   0 100   0   0   0|   0     0 |  60B  436B|   0     0 | 692  1432
  0   0 100   0   0   0|   0     0 |  60B  428B|   0     0 | 825  1698
  0   0 100   0   0   0|   0     0 |  60B  428B|   0     0 | 643  1320
  0   0 100   0   0   0|   0     0 |  60B  428B|   0     0 | 671  1400
  0   0 100   0   0   0|   0      k| 120B  742B|   0     0 | 662  1382
  0   0 100   0   0   0|   0     0 |  60B  436B|   0     0 | 834  1682
  0   0 100   0   0   0|   0 1536B|  60B  428B|   0     0 | 694  1424
```

图 4-39　命令执行结果

字段信息说明如下。

```
total cpu usage：CPU 的使用率
--usr：用户占比
--sys：系统占比
--idl：空闲占比
--wai：等待占比
dsk/total：磁盘统计
--read：读
--writ：写
net/total：网络统计
--recv：接受
--send：发送
```

观察结束，我们使用“Ctrl+c”组合键退出 dstat。

接下来，我们打印磁盘使用状态及 I/O 扩展数据，执行命令“iostat -x -k -d 1 50”，打印磁盘使用状态及 I/O 扩展数据，打印频率为每秒打印一次，共打印 50 次。其中，“util”列表示该设备的繁忙程度，如下图中的“util”值为 100，则表示当前设备处于满负荷的状态。观察本机的“%util”值，可以看出该值并不是很大，即磁盘并没有达到瓶颈，如图 4-40 所示。

```
[root@techhost ~]# iostat -x -k -d 1 50
```

```
[root@techhost ~]# iostat -x -k -d 1 50
Linux 4.14.0-115.el7a.0.1.aarch64 (techhost)    06/06/2021      _aarch64_       (128 CPU)

Device:         rrqm/s   wrqm/s     r/s     w/s    rkB/s    wkB/s avgrq-sz avgqu-sz   awai
t r_await w_await  svctm  %util
sda               0.03     0.61    0.18    0.62     5.47    22.98    70.94     0.00    3.4
9    0.69    4.29   0.04   0.00
nvme0n1           0.00     0.00    0.00    0.20     0.10 46905.32 472308.51     0.01   26.
15    0.18   26.48   0.25   0.00
nvme1n1           0.00     0.00    0.00    0.00     0.06     0.00   128.26     0.00    0.0
0    0.00    0.00   0.00   0.00
```

图 4-40　磁盘及 I/O 状态

我们接着查看 Java 进程，执行“jps”命令查看进程，可以看到当前除了 zookeeper 和 Hadoop 的服务进程，还有一个 YarnChild 进程，这是因为 Hadoop 中的 map 和 reduce 任务一般都是在 YarnChild 里面运行的，一个 task 对应一个 YarnChild 进程。一般来说，MapReduce 运行时会存在多个 YarnChild 进程，而 YarnChild 进程个数与 nodemanager 的资源配置强弱相关。由此可以联想到涉及 nodemanager 的内存配置参数“yarn.nodemanager. resource.memory-mb”，该参数的默认值为 8GB，上文中配置单个 map 和 reduce 任务申请的内存为 6144MB，因此在有限资源情况下，nodemanager 只启动了一个 YarnChild 进程，如图 4-41 所示。

```
[root@techhost ~]# jps
56128 MRAppMaster
55379 RunJar
11747 QuorumPeerMain
10692 WrapperSimpleApp
56661 YarnChild
12327 JournalNode
52727 NameNode
54089 NodeManager
52970 DataNode
56779 Jps
53839 ResourceManager
[root@techhost ~]#
```

图 4-41　jps 进程

数据写入完成后，返回吞吐量，测试执行时间等信息，如图 4-42 所示。

```
2021-06-06 20:58:53,847 INFO fs.TestDFSIO: ----- TestDFSIO ----- : write
2021-06-06 20:58:53,849 INFO fs.TestDFSIO:            Date & time: Sun Jun 06 20:58:53 CS
T 2021
2021-06-06 20:58:53,849 INFO fs.TestDFSIO:        Number of files: 100
2021-06-06 20:58:53,849 INFO fs.TestDFSIO: Total MBytes processed: 100000
2021-06-06 20:58:53,849 INFO fs.TestDFSIO:      Throughput mb/sec: 676.74
2021-06-06 20:58:53,849 INFO fs.TestDFSIO: Average IO rate mb/sec: 691.64
2021-06-06 20:58:53,849 INFO fs.TestDFSIO:  IO rate std deviation: 91.03
2021-06-06 20:58:53,849 INFO fs.TestDFSIO:     Test exec time sec: 523.16
2021-06-06 20:58:53,849 INFO fs.TestDFSIO:
[root@techhost sbin]#
```

图 4-42　系统性能

步骤九：DFSIO 调优。

```
#停止 hadoop
[root@techhost sbin]# /opt/tools/installed/hadoop/sbin/stop-all.sh
```

执行命令“free -g”，查看本机内存总量，如下示例中的内存总量 254GB。内存内容以实际情况为准。

```
[root@techhost sbin]# free -g
        total   used   free   shared   buff/cache   available
Mem:    510     4      502    0        3            465
Swap:   0       0      0
[root@techhost sbin]#
```

修改 Hadoop 配置文件，打开 yarn-site.xml 文件，在<configuration></configuration>标签之间（移动光标至 17 行尾部回车，在命令模式下输入“:set nu”，查看行数）添加 yarn.nodemanager.resource.memory-mb 参数配置如下（本例中内存设置为 200GB，实际需参考自己本机情况）。

```
[root@techhost sbin]# vim /opt/tools/installed/hadoop/etc/hadoop/yarn-site.xml
<property>
<name>yarn.nodemanager.resource.memory-mb</name><value>204800</value>
</property>
```

修改完成示例如图 4-43 所示。

```
17 <!-- Site specific YARN configuration properties -->
18 <property>
19     <name>yarn.nodemanager.resource.memory-mb</name>
20     <value>204800</value>
21 </property>
22
23
24 <property>
25 <name>yarn.resourcemanager.address</name>
```

图 4-43　yarn-site.xml 配置文件

启动 hadoop，使参数生效。

```
[root@techhost sbin]# /opt/tools/installed/hadoop/sbin/start-all.sh
```

重新执行 DFSIO 测试指令。

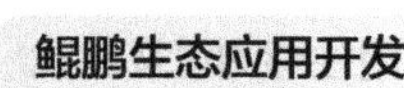


```
#执行之前退出 namenode 安全模式
[root@techhost sbin]hadoop dfsadmin -safemode leave
[root@techhost sbin]# hadoop jar /opt/tools/installed/hadoop/share/hadoop/mapreduce/hado-mapreduce-client-jobclient-3.1.1-tests.jar TestDFSIO -write -nrFiles 100 -filesize 1000
```

DFSIO 在写测试过程中，执行命令“jps”查看 YarnChild 进程个数，发现进程个数相比之前增加，如图 4-44 所示。

```
[root@techhost ~]# jps
31936 RunJar
33088 YarnChild
34305 YarnChild
10692 WrapperSimpleApp
34245 YarnChild
34247 YarnChild
33418 YarnChild
34253 YarnChild
37135 Jps
34256 YarnChild
29525 DataNode
34263 YarnChild
34202 YarnChild
33950 YarnChild
34271 YarnChild
29283 NameNode
11747 QuorumPeerMain
34341 YarnChild
34343 YarnChild
12327 JournalNode
```

图 4-44 jps 进程

观察测试执行时间，DFSIO 结束后，观察测试执行时间，发现写相同数据量，在优化之后，使用时间更少，性能提升将近 10 倍左右，如图 4-45 所示。

```
2021-06-06 21:08:40,030 INFO fs.TestDFSIO: ----- TestDFSIO ----- : write
2021-06-06 21:08:40,030 INFO fs.TestDFSIO:            Date & time: Sun Jun 06 21:08:40 CST 2021
2021-06-06 21:08:40,030 INFO fs.TestDFSIO:        Number of files: 100
2021-06-06 21:08:40,030 INFO fs.TestDFSIO: Total MBytes processed: 100000
2021-06-06 21:08:40,030 INFO fs.TestDFSIO:      Throughput mb/sec: 239.6
2021-06-06 21:08:40,030 INFO fs.TestDFSIO: Average IO rate mb/sec: 245.99
2021-06-06 21:08:40,030 INFO fs.TestDFSIO:  IO rate std deviation: 52.41
2021-06-06 21:08:40,030 INFO fs.TestDFSIO:     Test exec time sec: 43.5
2021-06-06 21:08:40,030 INFO fs.TestDFSIO:
[root@techhost sbin]#
```

图 4-45 系统性能

至此，大数据性能优化案例已全部完成。

4.5.3 分布式存储性能优化

Ceph 是一个专注于分布式的、弹性可扩展的、高可靠的、性能优异的存储系统平台，可以同时支持块设备、文件系统和对象网关这 3 种类型的存储接口。Ceph 的调优手段包括硬件层面和软件配置层面的优化，暂不涉及软件源码层面的优化。通过调整系统和 Ceph 配置参数，Ceph 可以更充分地发挥系统硬件性能。Ceph PG 分布调优和 OSD 绑核旨在让磁盘负载更平均，避免个别 OSD 成为瓶颈。此外，在均衡型场景下，技术人员也可以用 NVMe SSD 做 Bcache 提升性能。Ceph 架构如图 4-46 所示。

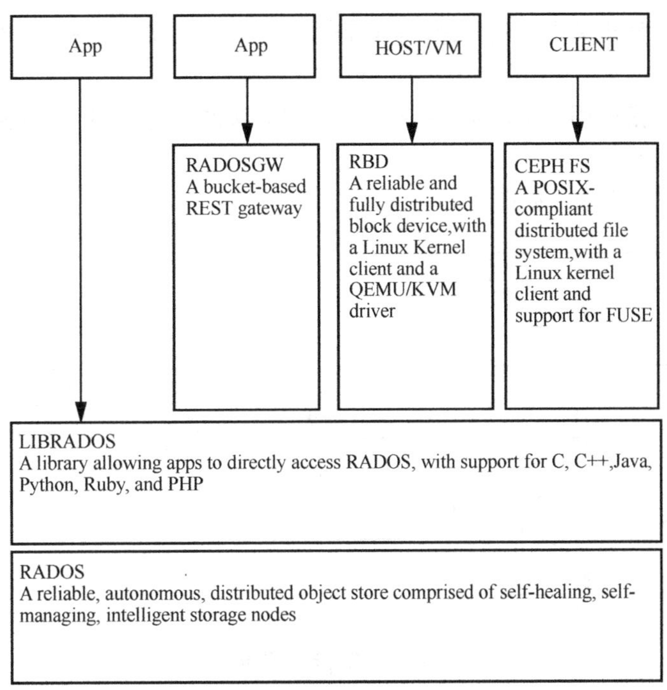

图 4-46　Ceph 架构

此处我们以块存储为例，Ceph 块存储调优主要分为均衡型配置调优和高性能配置调优。均衡型配置调优以机械硬盘作为数据盘，并配置适量固态硬盘作为 DB/WAL 分区、元数据存储池的场景。高性能配置调优适用于所有数据盘都是用固态硬盘的场景。在性能优化时，需要遵循一定的原则，主要有以下 3 个方面：

① 对性能进行分析时，要多方面分析系统的资源瓶颈所在，如 CPU 利用率达到 100% 时，也可能是内存容量限制，导致 CPU 忙于处理内存调度；

② 一次只对一个性能指标参数进行调整；

③ 分析工具本身运行可能会带来资源损耗，导致系统某方面的资源瓶颈情况更加严重，应避免或降低对应用程序的影响。

具体调优思路如下：

① 很多情况下压测流量并没有完全进入后端（服务端），在网络接入层（云化的架构，比如 SLB/WAF/高防 IP，甚至是 CDN/全站加速等）可能就会出现由于各种规格（带宽、最大连接数、新建连接数等）限制或者压测的某些特征符合 CC 和 DDoS 的行为而触发了防护策略导致压测达不到预期结果；

② 接着看关键指标是否满足要求，如果不满足，需要确定哪个地方有问题，一般情况下，服务器端问题可能性比较大，也有可能是客户端问题（这种可能性非常小）；

③ 对于服务器端问题，需要定位的是硬件相关指标，例如 CPU、Memory、Disk I/O、Network I/O，如果是某个硬件指标有问题，需要深入地进行分析；

④ 如果硬件指标都没有问题，需要查看中间件相关指标，例如线程池、连接池、GC 等，如果是这些指标出现问题，需要深入地分析；

⑤ 如果中间件相关指标没问题，需要查看数据库相关指标，例如慢查 SQL、命中率、锁、参数设置；

⑥ 如果以上指标都正常，则应用程序的算法、缓冲、缓存、同步或异步可能有问题，需要具体深入地分析。

Ceph 调优通用步骤，如图 4-47 所示。

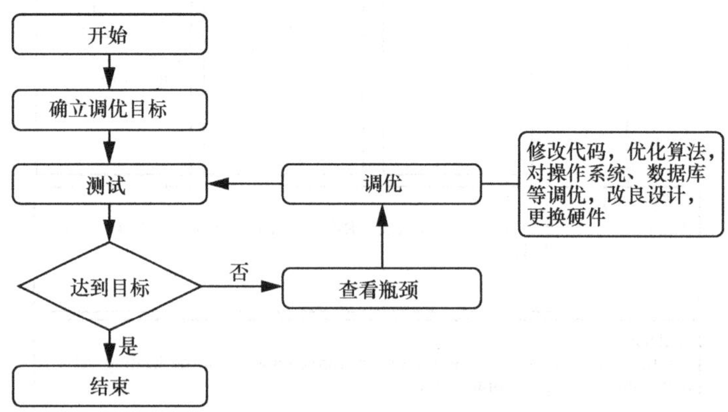

图 4-47　Ceph 调优步骤

Ceph 分布式存储性能调优流程总览如图 4-48 所示。

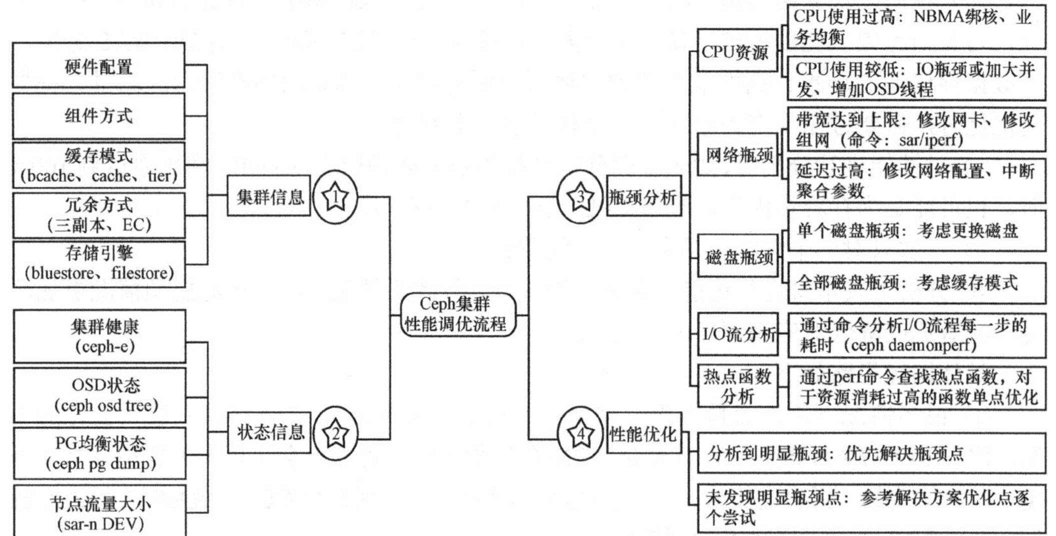

图 4-48　Ceph 分布式存储性能调优流程总览

Ceph 分布式存储性能调优案例

我们在一台 arm 架构服务器上安装 OpenEuler 操作系统，在该主机上部署 Ceph 集群，通过本案例完成 Ceph 各个组件 mon、mgr、osd 的部署，能实现 Ceph 块存储场景下的压缩。验证同一数据集在 glz 压缩算法和 lz4 压缩算法下的存储数据收集和验证差异。主机规划见表 4-11。

表 4-11　主机规划

主机名	IP 地址	磁盘
techhost	此处使用私网地址与主机名建立映射关系 IP：192.168.0.170/24	系统盘：40GB 数据盘：100GB，3 块

步骤一：安装 Ceph 集群前基本配置。

```
#查看主机名
[root@techhost ~]# hostname
techhost
#查看 ip 地址
[root@techhost ~]# ip addr show
1: lo: <LOOPBACK,UP,LOWER_UP> mtu 65536 qdisc noqueue state UNKNOWN group default qlen 1000
    link/loopback 00:00:00:00:00:00 brd 00:00:00:00:00:00
    inet 127.0.0.1/8 scope host lo
       valid_lft forever preferred_lft forever
    inet6 ::1/128 scope host
       valid_lft forever preferred_lft forever
2: eth0: <BROADCAST,MULTICAST,UP,LOWER_UP> mtu 1500 qdisc mq state UP group default qlen 1000
    link/ether fa:16:3e:59:9c:7a brd ff:ff:ff:ff:ff:ff
    inet 192.168.0.170/24 brd 192.168.0.255 scope global dynamic noprefixroute eth0
       valid_lft 86317sec preferred_lft 86317sec
    inet6 fe80::f816:3eff:fe59:9c7a/64 scope link
       valid_lft forever preferred_lft forever
[root@techhost ~]#
#将主机名与 ip 地址映射关系写如 hosts 文件
[root@techhost ~]# echo "192.168.0.170 techhost">> /etc/hosts
[root@techhost ~]#
```

步骤二：设置主机免密登录，如图 4-49 所示。

```
#生成密钥信息，出现的三个输入框单击回车确认即可。
[root@techhost ~]# ssh-keygen
```

```
[root@techhost ~]# ssh-keygen
Generating public/private rsa key pair.
Enter file in which to save the key (/root/.ssh/id_rsa):
Enter passphrase (empty for no passphrase):
Enter same passphrase again:
Your identification has been saved in /root/.ssh/id_rsa.
Your public key has been saved in /root/.ssh/id_rsa.pub.
The key fingerprint is:
SHA256:7mnnTKJ2MTNxxMJ+h2/D4dnNi7daPutEKSZy90uPMLM root@techhost
The key's randomart image is:
+---[RSA 2048]----+
|         . .     |
|          o o    |
|         . o .   |
|          o + o  .|
|          S= B B =|
|         .= o @ = o|
|          o=..+..=.|
|        .oo=.   *==o|
|       ..oooo E.=*=|
+----[SHA256]-----+
[root@techhost ~]#
```

图 4-49　密钥生成

```
#配置免密登录
[root@techhost ~]# ssh-copy-id techhost
```

在出现“Are you sure you want to continue connecting （yes/no）?:”提示框以后，输入“yes”出现“ root@techhost's password: ”提示框以后，输入弹性云服务器 ECS 的密码 Huawei@123（输入密码时，命令行窗口不会显示密码，输完后单击回车），如图 4-50 所示。

```
[root@techhost ~]# ssh-copy-id techhost
/usr/bin/ssh-copy-id: INFO: Source of key(s) to be installed: "/root/.ssh/id_rsa.pub"
The authenticity of host 'techhost (192.168.0.170)' can't be established.
ECDSA key fingerprint is SHA256:E186hLaZyNnBK7uJCLnUYkYotavQxKNTrOgmLsvWS0A.
Are you sure you want to continue connecting (yes/no)? yes
/usr/bin/ssh-copy-id: INFO: attempting to log in with the new key(s), to filter out any th
at are already installed
/usr/bin/ssh-copy-id: INFO: 1 key(s) remain to be installed -- if you are prompted now it
is to install the new keys

Authorized users only. All activities may be monitored and reported.
root@techhost's password:

Number of key(s) added: 1

Now try logging into the machine, with:   "ssh 'techhost'"
and check to make sure that only the key(s) you wanted were added.

[root@techhost ~]#
```

图 4-50 设置免密登录

步骤三：设置主机用户默认权限。

```
#修改 bashrc 配置文件，将 umask 值改为 0022
[root@techhost ~]# vim /etc/bashrc
[root@techhost ~]# tail -n 1 /etc/bashrc
umask 0022
[root@techhost ~]#
#使配置文件生效
[root@techhost ~]# source /etc/bashrc
[root@techhost ~]#
```

步骤四：通过 ceph-deploy 部署 Ceph 服务。

```
#安装 ceph 服务
[root@techhost ~]# dnf install ceph ceph-* -y
```

ceph-deploy 是一个用 python 实现的工程，我们通过对单台或者多台服务器的 ssh 访问来部署 Ceph。ceph-deploy 完全可以在服务端或者客户端上运行，不需要服务器、数据库或类似的东西，ceph-deploy 能够简化部署 Ceph 的流程。ceph-deploy 支持多种不同的系统，OpenEuler 系统已经在最新的 ceph-deploy 中支持。通过如下命令安装 ceph-deploy。

```
[root@techhost ~]# pip install prettytable
[root@techhost ~]# pip install ceph-deploy
```

在 techhost 节点上的文件/lib/python2.7/site-packages/ceph_deploy/hosts/__init__.py 中的_get_distro 函数中增加一行代码适配 OpenEuler 系统。

```
[root@techhost ~]# vim /lib/python2.7/site-packages/ceph_deploy/hosts/__init__.py
#新增内容为 'openeuler': fedora,
```

适配 OpenEuler 如图 4-51 所示。

```
distro = _normalized_distro_name(distro)
distributions = {
    'debian': debian,
    'ubuntu': debian,
    'centos': centos,
    'scientific': centos,
    'oracle': centos,
    'redhat': centos,
    'fedora': fedora,
    'openeuler': fedora,
    'suse': suse,
    'virtuozzo': centos,
    'arch': arch
    }
```

图 4-51　适配 OpenEuler

部署完成 Ceph 后，执行如下命令查看 Ceph 版本信息。

```
[root@techhost ~]# ceph -v
ceph version 12.2.8 (ae699615bac534ea496ee965ac6192cb7e0e07c0) luminous (stable)
[root@techhost ~]#
```

步骤五：部署 mon。

```
#切换到/etc/ceph 目录下
[root@techhost ceph]# cd /etc/ceph
#在主机节点上创建 ceph 配置文件信息
[root@techhost ceph]# ceph-deploy new techhost
#在主机节点上创建 mon
[root@techhost ceph]# ceph-deploy mon create-initial
```

部署成功后，确认 ceph health 状态为 HEALTH_OK，集群状态正常，命令如图 4-52 所示。

```
[root@techhost ceph]# ceph -s
```

```
[root@techhost ceph]# ceph -s
  cluster:
    id:     e88e0b74-cd26-4cf4-8c60-9e206f137772
    health: HEALTH_OK

  services:
    mon: 1 daemons, quorum techhost
    mgr: no daemons active
    osd: 0 osds: 0 up, 0 in

  data:
    pools:   0 pools, 0 pgs
    objects: 0 objects, 0B
    usage:   0B used, 0B / 0B avail
    pgs:

[root@techhost ceph]#
```

图 4-52　Ceph 状态查看

接下来，修改 Ceph 全局配置项，在 Ceph 配置文件增加如下配置项。

```
[root@techhost ceph]# echo 'bluestore_min_alloc_size_hdd = 8192' >>  /etc/ceph/ceph.conf
[root@techhost ceph]#
#确认配置
[root@techhost ceph]# cat /etc/ceph/ceph.conf
[global]
fsid = e88e0b74-cd26-4cf4-8c60-9e206f137772
mon_initial_members = techhost
```

```
mon_host = 192.168.0.170
auth_cluster_required = cephx
auth_service_required = cephx
auth_client_required = cephx
bluestore_min_alloc_size_hdd = 8192
[root@techhost ceph]#
```

步骤六：部署 mgr 节点。

```
#部署 mgr
[root@techhost ceph]# ceph-deploy mgr create techhost
```

部署 mgr 节点如图 4-53 所示。

```
[techhost][        ] Running command: systemctl enable ceph-mgr@techhost
[techhost][        ] Created symlink /etc/systemd/system/ceph-mgr.target.wants/ceph-mgr@tech
host.service → /usr/lib/systemd/system/ceph-mgr@.service.
[techhost][        ] Running command: systemctl start ceph-mgr@techhost
[techhost][        ] Running command: systemctl enable ceph.target
[root@techhost ceph]#
```

图 4-53　部署 mgr 节点

步骤七：部署 osd 节点。

```
#此处为了简单方便期间，我们使用三块磁盘(vdb/vdc/vdd)模拟三个节点部署
[root@techhost ceph]# lsblk
NAME    MAJ:MIN RM   SIZE RO TYPE MOUNTPOINT
vda     253:0    0    40G  0 disk
├─vda1 253:1    0     1G  0 part /boot/efi
└─vda2 253:2    0    39G  0 part /
vdb     253:16   0   100G  0 disk
vdc     253:32   0   100G  0 disk
vdd     253:48   0   100G  0 disk
[root@techhost ceph]#
[root@techhost ceph]# ceph-deploy osd create techhost --data /dev/vdb
[root@techhost ceph]# ceph-deploy osd create techhost --data /dev/vdc
[root@techhost ceph]# ceph-deploy osd create techhost --data /dev/vdd
#使用 list 命令查看 osd
[root@techhost ceph]# ceph-deploy osd list techhost
```

部署 osd 节点如图 4-54 所示。

```
[techhost][DEBUG ]       vdo                       0
[techhost][DEBUG ]       crush device class        None
[techhost][DEBUG ]       devices                   /dev/vdb
[techhost][DEBUG ]
[techhost][DEBUG ] ====== osd.2 =======
[techhost][DEBUG ]
[techhost][DEBUG ]   [block]      /dev/ceph-ac08e48e-ace8-4fb1-900b-e673117cca17/osd-block-7
f3221b2-454d-41ff-b807-73a7f21c256f
[techhost][DEBUG ]
[techhost][DEBUG ]       type                      block
[techhost][DEBUG ]       osd id                    2
[techhost][DEBUG ]       cluster fsid              e88e0b74-cd26-4cf4-8c60-9e206f137772
[techhost][DEBUG ]       cluster name              ceph
[techhost][DEBUG ]       osd fsid                  7f3221b2-454d-41ff-b807-73a7f21c256f
[techhost][DEBUG ]       encrypted                 0
[techhost][DEBUG ]       cephx lockbox secret
[techhost][DEBUG ]       block uuid                VCY17f-QFp0-A0kx-ONng-sGAS-s8ql-OEe9Lz
[techhost][DEBUG ]       block device              /dev/ceph-ac08e48e-ace8-4fb1-900b-e6731
17cca17/osd-block-7f3221b2-454d-41ff-b807-73a7f21c256f
[techhost][DEBUG ]       vdo                       0
[techhost][DEBUG ]       crush device class        None
[techhost][DEBUG ]       devices                   /dev/vdd
[root@techhost ceph]#
```

图 4-54　部署 osd 节点

步骤八：修改 ceph crushmap。

默认 ceph 3 个副本需要 3 台机器才能正常使用。为了简化实验步骤，将 3 副本放在同一台机器上 3 个不同的磁盘上，因此需要修改 crushmap 规则，如图 4-55 所示。

```
[root@techhost ceph]# ceph osd getcrushmap -o crushmap
7
#decompile 改 crushmap
[root@techhost ceph]# crushtool -d crushmap -o real_crushmap
[root@techhost ceph]#
#修改 crushmap
[root@techhost ceph]# vim real_crushmap
#在打开的配置文件界面，单击键盘“shift+g”,进入配置文件最后一行。单击键盘“i”进入编辑模式。将倒数第三行的“step chooseleaf firstn 0 type host”修改为 “step chooseleaf firstn 0 type osd”，单击键盘“Esc”退出编辑模式，输入“:wq”，“回车”执行保存并退出。
```

```
[root@techhost ceph]# tail -n 10 real_crushmap
        id 0
        type replicated
        min_size 1
        max_size 10
        step take default
        step chooseleaf firstn 0 type osd
        step emit
}

# end crush map
[root@techhost ceph]#
```

图 4-55　修改 ceph crushmap

```
#compile 修改后的 real_crushmap:
[root@techhost ceph]# crushtool -c real_crushmap -o new_crushmap
[root@techhost ceph]#
#将 encode 后的 new_crushmap 导入系统:
[root@techhost ceph]# ceph osd setcrushmap -i new_crushmap
8
[root@techhost ceph]#
```

步骤九：创建资源池。

```
#创建资源池
[root@techhost ceph]# ceph osd pool create test 128
pool 'test' created
[root@techhost ceph]#
#通过键入 ceph -s 查看集群 pg 状态，确保每个 pg 状态是 active+clean
[root@techhost ceph]# ceph -s
  cluster:
    id:     e88e0b74-cd26-4cf4-8c60-9e206f137772
    health: HEALTH_OK

  services:
    mon: 1 daemons, quorum techhost
    mgr: techhost(active)
    osd: 3 osds: 3 up, 3 in

  data:
```

```
    pools:    1 pools, 128 pgs
    objects: 0 objects, 0B
    usage:    3.00GiB used, 297GiB / 300GiB avail
    pgs:      128 active+clean

[root@techhost ceph]#
```

步骤十：glz 压缩算法测试。

glz 压缩算法是华为自研的压缩算法，支持高压缩场景和高压缩速度场景，本实验主要验证的是高压缩率场景。高压缩率模式对标的场景是 lz4 压缩算法，在 lz4 的高性能的基础上能有很好的压缩率提升，进而提高整体集群的性能。

```
#安装 glz 算法库
#获取安装包和数字签名文件，下载至"/root/glz"路径，
#获取地址
#https://support.huawei.com/enterprise/zh/kunpeng-computing/kunpeng-computing-dc-solution-pid-251181670/
software/252325103
[root@techhost ceph]# mkdir /root/glz
[root@techhost ceph]# cd /root/glz/
#从华为官网下载软件包放置该目录下
[root@techhost glz]# ls
glz-1.0.0-centos.aarch64.tar
[root@techhost glz]# chmod 700 glz-1.0.0-centos.aarch64.tar
[root@techhost glz]#
#解压
[root@techhost glz]# tar -xvf glz-1.0.0-centos.aarch64.tar
glz_kps.a
glz.h
[root@techhost glz]#
#获取 zstd-1.4.5 安装包，下载至"/root/glz"路径下
#获取路径为：https://github.com/facebook/zstd/tree/v1.4.5
#检查 zip 文件是否损坏并验证安装包的完整性
[root@techhost glz]# ls
glz-1.0.0-centos.aarch64.tar   glz.h   glz_kps.a   zstd-1.4.5.zip
[root@techhost glz]# unzip -t zstd-1.4.5.zip
[root@techhost glz]#
执行结果显示"No errors detected in compressed data of zstd-1.4.5.zip."说明包未损毁。
#验证安装包的完整性(重点核对 zip 中的文件大小和数量)
[root@techhost glz]# unzip -l zstd-1.4.5.zip
[root@techhost glz]#
#解压安装包
[root@techhost glz]# unzip zstd-1.4.5.zip
```

```
#将获得的安装包和构建依赖项共同编译出动态库，以下为编译动态库实例
#将 Makefile 文件下载至路径“/root/glz”目录
[root@techhostglz]# wget https://github.com/kunpengcompute/kps/releases/download/glz/Makefile --no-check-certificate
#进行编译
[root@techhost glz]# ls
glz-1.0.0-centos.aarch64.tar   glz.h   glz_kps.a   Makefile   zstd-1.4.5   zstd-1.4.5.zip
[root@techhost glz]# make
#当编译完成出现 libglz.so 文件说明编译成功
[root@techhost glz]# ls
glz-1.0.0-centos.aarch64.tar   glz_kps.a   Makefile        zstd-1.4.5.zip
glz.h                                      libglz.so   zstd-1.4.5
[root@techhost glz]#
#将构建后文件放置系统库目录“/usr/lib64”目录中，将头文件放置到“/usr/include”目录。
[root@techhost glz]# cp libglz.so /usr/lib64
[root@techhost glz]# cp glz.h /usr/include
[root@techhost glz]#
#生成压缩算法 RPM 包
[root@techhost glz]# yum install rpmdevtools -y
[root@techhost glz]# rpmdev-setuptree
#若使用 root 用户进行编译，则会在“/root”目录下生成一个“rpmbuild”目录，由于编译过程会占用 20~30GB 左右的空间，若“/root”目录下空间较小，可以更改“rpmbuild”目录到其他路径下，如“/home”目录：
[root@techhost glz]# vim /root/.rpmmacros
[root@techhost glz]# cat /root/.rpmmacros
%_topdir home/rpmbuild
===============省略不相干内容=====================
[root@techhost glz]#
#再次执行 rpmbuild 安装命令
[root@techhost glz]# rpmdev-setuptree
[root@techhost glz]#
#拷贝算法动态库。将压缩算法动态库拷贝至“/home/rpmbuild/BUILD/”。
[root@techhost glz]# mkdir -p /home/rpmbuild/BUILD/glz-1.0.0
[root@techhost glz]# cp /usr/lib64/libglz.so /home/rpmbuild/BUILD/glz-1.0.0/
[root@techhost glz]#
#编辑生成 spec 文件
[root@techhost ~]#mkdir /home/rpmbuild/SPECS
[root@techhost ~]# vim    /home/rpmbuild/SPECS/glz.spec
[root@techhost ~]# cat    /home/rpmbuild/SPECS/glz.spec
```

```
# os_type
%{!?os_type: %define os_type centos}
Name: glz
Version: 1.0.0
Release: centos
Summary: glz compress
License: Commercial
%description
%install
mkdir -p %{buildroot}/usr/lib64
cp %{_builddir}/%{name}-%{version}/*.so %{buildroot}/usr/lib64/
%files
%{_libdir}/*.so
[root@techhost ~]#
#制作 RPM 包
[root@techhost glz]# rpmbuild -bb /home/rpmbuild/SPECS/glz.spec
#安装压缩算法
[root@techhost glz]#cd /home/rpmbuild/RPMS/aarch64/
[root@techhost aarch64]# rpm -ivh glz-1.0.0-OpenEuler.aarch64.rpm
#设置 pool 资源池压缩模式 glz
[root@techhost ceph]# ceph osd pool set test compression_algorithm glz
set pool 1 compression_algorithm to glz
[root@techhost ceph]# ceph osd pool set test compression_mode force
set pool 1 compression_mode to force
[root@techhost ceph]#
#创建 RBD，即创建虚拟卷
[root@techhost ceph]# rbd create rbdtest --pool test --size 10G --image-format 2 --image-feature layering
[root@techhost ceph]#
#将卷挂载到本地
[root@techhost ceph]# rbd map test/rbdtest
/dev/rbd0
[root@techhost ceph]#
#测试 glz 压缩算法的 dickens 数据集的性能
[root@techhost ceph]# ceph daemon osd.0 perf reset all
{
"success": "perf reset all"
}
[root@techhost ceph]#
```

```
#进入测试用例目录
[root@techhost ceph]# mkdir /root/testfile/
[root@techhost ceph]# cd /root/testfile/
[root@techhost testfile]#
#将 dickens 数据上传到 ECS 主机，进入 dickens 文件上传的对应目录
[root@techhost testfile]#
[root@techhost testfile]# ls
dickens
[root@techhost testfile]# dd if=./dickens of=/dev/rbd0
19907+1 records in
19907+1 records out
10192446 bytes (10 MB, 9.7 MiB) copied, 0.0727967 s, 140 MB/s
[root@techhost testfile]#
#通过键入如下命令收集结果
[root@techhost testfile]# ceph daemon osd.0 perf dump | grep compress
"compress_lat": {
"decompress_lat": {
"compress_success_count": 78,
"compress_rejected_count": 0,
"bluestore_compressed": 5812625,
"bluestore_compressed_allocated": 6184960,
"bluestore_compressed_original": 10223616,
"bluestore_extent_compress": 0,
[root@techhost testfile]#
```

计算压缩率：10223616/6184960 = 1.65。

使用命令清空 rbd 和 osd 0 的统计信息。

```
[root@techhost testfile]# rbd unmap /dev/rbd0
[root@techhost testfile]# rbd rm test/rbdtest
Removing image: 100% complete...done.
[root@techhost testfile]#
#清空统计配置
[root@techhost testfile]# ceph daemon osd.0 perf reset all
{
"success": "perf reset all"
}
[root@techhost testfile]#
```

步骤十一：使用 lz4 压缩算法测试。

目前 lz4 是综合效率最高的压缩算法，更加侧重压缩解压速度，压缩比并不是第一位。

```
[root@techhost testfile]# ceph osd pool set test compression_algorithm lz4
set pool 1 compression_algorithm to lz4
[root@techhost testfile]# ceph osd pool set test compression_mode force
set pool 1 compression_mode to force
[root@techhost testfile]#
#创建虚拟卷并挂载
[root@techhost testfile]# ceph osd pool set test compression_mode force
set pool 1 compression_mode to force
[root@techhost testfile]# rbd create rbdtest --pool test --size 10G --image-format 2 --image-feature layering
[root@techhost testfile]# rbd map test/rbdtest
/dev/rbd0
[root@techhost testfile]#
#测试 lz4 压缩算法的 dickens 数据集的性能
[root@techhost testfile]# dd if=./dickens of=/dev/rbd0
19907+1 records in
19907+1 records out
10192446 bytes (10 MB, 9.7 MiB) copied, 0.0742996 s, 137 MB/s
[root@techhost testfile]#
[root@techhost testfile]# ceph daemon osd.0 perf dump |grep compress
"compress_lat": {
"decompress_lat": {
"compress_success_count": 78,
"compress_rejected_count": 0,
"bluestore_compressed": 6526775,
"bluestore_compressed_allocated": 6930432,
"bluestore_compressed_original": 10223616,
"bluestore_extent_compress": 0,
[root@techhost testfile]#
```

计算压缩率：10223616/6930432 =1.47

整体效果分析：当 HDD 场景下硬盘本身是瓶颈时，提升压缩率可以提升前端性能，相当于在集群场景下 HDD 场景能够提升 12%左右的性能。本实验性能见表 4-12。

表 4-12　实验性能

	GLZ	LZ4
原始数据块	10223616	10223616
压缩后数据块	6184960	6930432
压缩率	1.65	1.47
压缩率提升	（1.65−1.47）/1.47 = 0.122	

至此，ceph 性能测试案例到此结束。

4.6　常见性能测试工具使用

4.6.1　Linux 监控工具 vmstat 使用

vmstat 是一个查看虚拟内存使用状况的工具，技术人员使用 vmstat 命令可以得到关于进程、内存、内存分页、堵塞 I/O、traps 及 CPU 活动的信息。本节介绍了虚拟内存的运行原理，继而介绍了 vmstat 的用法和使用范例。

1. 虚拟内存运行原理

在系统中运行的每个进程都需要使用内存，但不是每个进程都需要每时每刻使用系统分配的内存空间。当系统运行所需内存超过实际的物理内存，内核会释放某些进程所占用但未使用的部分或所有物理内存，将这部分资料存储在磁盘上直到进程下一次调用，并将释放出的内存提供给有需要的进程使用。

在 Linux 内存管理中，调页和交换可完成上述的内存调度。调页算法是将内存中最近不常使用的页面换到磁盘上，把活动页面保留在内存中供进程使用。交换技术是将整个进程，而不是部分页面，全部交换到磁盘上。

分页写入磁盘的过程被称作 Page-Out，分页从磁盘重新回到内存的过程被称作 Page-In。当内核需要一个分页时，但发现此分页不在物理内存中（因为已经被 Page-Out 了），此时就是发生了分页错误。

当系统内核发现可运行内存减少时，就会通过 Page-Out 来释放一部分物理内存。尽管不会经常发生 Page-Out，但是如果 Page-Out 频繁不断地发生，直到当内核管理分页的时间超过运行程式的时间时，系统效能会急剧下降。这时的系统已经运行得非常慢或进入暂停状态，这种状态亦被称作颠簸。

2. 使用 vmstat

vmstat 功能见表 4-13。

表 4-13　vmstat 功能

名称	功能
-f	显示从系统启动至今的 fork 数量
-m	显示 slabinfo
-n	只在开始时显示一次各字段名称
-s	显示内存相关统计信息及多种系统活动数量
delay	刷新时间间隔。如果不指定，只显示一条结果
count	刷新次数。如果不指定刷新次数，但指定了刷新时间间隔，这时刷新次数为无穷
-d	显示磁盘相关统计信息

表 4-13　vmstat 功能（续）

名称	功能
-p	显示指定磁盘分区统计信息
-S	使用指定单位显示。参数有 k、K、m、M， 分别代表 1000、1024、1000000、1048576 字节，默认单位为 K（1024 bit/s）
-V	显示 vmstat 版本信息

vmstat 采集状态，如图 4-56 所示。

```
[root@techhost ~]# vmstat 5 6
```

```
[root@techhost ~]# vmstat 5 6
procs -----------memory---------- ---swap-- -----io---- -system-- ------cpu-----
 r  b   swpd   free   buff  cache   si   so    bi    bo   in   cs us sy id wa st
 0  0      0 2088896  34432 469376    0    0    48    23   93  179  0  0 99  0
0
 0  0      0 2087168  34496 469376    0    0     0    10  144  267  0  0 100  0
 0
 0  0      0 2087168  34496 469376    0    0     0     0  144  268  0  0 100  0
 0
 0  0      0 2087168  34496 469376    0    0     0     0  138  265  0  0 100  0
 0
 0  0      0 2087168  34496 469376    0    0     0     0  142  267  0  0 100  0
 0
 0  0      0 2087168  34496 469376    0    0     0     0  246  437  0  0 100  0
 0
[root@techhost ~]#
```

图 4-56　vmstat 采集状态

vmstat-a 使用如图 4-57 所示。

```
[root@techhost ~]# vmstat -a 2 5
```

```
[root@techhost ~]#  vmstat -a 2 5
procs -----------memory---------- ---swap-- -----io---- -system-- ------cpu-----
 r  b   swpd   free  inact active   si   so    bi    bo   in   cs us sy id wa st
 0  0      0 2091136 247104 557568    0    0    48    23   93  179  0  0 99  0
0
 0  0      0 2089856 247104 558912    0    0     0     0  144  263  0  0 100  0
 0
 0  0      0 2089408 247040 559360    0    0     0     0  172  291  0  0 100  0
 0
 0  0      0 2089408 247040 559360    0    0     0     0  164  288  0  0 100  0
 0
 0  0      0 2089408 247040 559360    0    0     0     0  134  258  0  0 100  0
 0
[root@techhost ~]#
```

图 4-57　vmstat-a 使用

vmstat 状态注释见表 4-14。

表 4-14　vmstat 状态注释

名称	功能
r	等待执行的任务数
B	等待 I/O 的进程数量
swpd	正在使用虚拟的内存容量，单位 k

表 4-14　vmstat 状态注释（续）

名称	功能
free	空闲内存容量
buff	已用的 buff 大小，对块设备的读写进行缓冲
cache	已用的 cache 大小，文件系统的 cache
inact	非活跃内存容量，即被标明可回收的内存，区别于 free 和 active
active	活跃的内存容量
si	每秒从交换区写入内存的大小（单位：KB/s）
so	每秒从内存写到交换区的大小
bi	每秒读取的块数（读磁盘）
bo	每秒写入的块数（写磁盘）
in	每秒中断数，包括时钟中断
cs	每秒上下文切换数
us	用户进程执行消耗 CPU 时间（user time）
sy	系统进程消耗 CPU 时间（system time）
id	空闲时间（包括 I/O 等待时间）
wa	等待 I/O 时间

4.6.2　Linux 监控工具 sar 使用

sar（System Activity Reporter，系统活动情况报告）是目前 Linux 上最为全面的系统性能分析工具之一，可以从多方面对系统的活动进行报告，包括文件的读写情况、系统调用的使用情况、磁盘 I/O、CPU 效率、内存使用状况、进程活动及 IPC 有关的活动等，sysstat 安装包安装 sar 命令如下。

```
[root@techhost ~]# dnf install sysstat -y
```

1．sar 命令常用格式

sar 命令的语法格式为：“sar [选项] [<时间间隔> [<次数>]”，sar 常用命令见表 4-15。

表 4-15　sar 常用命令

名称	功能
-h	显示常用的命令格式
-A	所有报告的总和
-b	显示 I/O 和传递速率的统计信息
-B	显示换页状态
-d	输出每一块磁盘的使用信息
-e	设置显示报告的结束时间
-f	从制定的文件读取报告

表 4-15　sar 常用命令（续）

名称	功能
-i	设置状态信息刷新的间隔时间
-P	报告每个 CPU 的状态
-R	显示内存状态
-V	显示索引节点、文件和其他内核表的状态
-w	显示交换分区的状态
-x	显示给定进程的状态
-r	报告内存利用率的统计信息

2. 查看 CPU 使用情况（sar -u）

sar -u 查询结果，如图 4-58 所示。

```
[root@techhost ~]# sar -u 1 3
```

```
[root@techhost ~]# sar -u 1 3
Linux 4.19.90-2003.4.0.0036.oe1.aarch64 (techhost)      05/07/2021      _aarch64
_        (2 CPU)

11:30:59 PM     CPU     %user     %nice   %system   %iowait    %steal     %idle
11:31:00 PM     all      0.00      0.00      0.00      0.00      0.00    100.00
11:31:01 PM     all      0.00      0.00      0.00      0.00      0.00    100.00
11:31:02 PM     all      0.00      0.00      0.00      0.00      0.00    100.00
Average:        all      0.00      0.00      0.00      0.00      0.00    100.00
[root@techhost ~]#
```

图 4-58　sar -u 查询结果

sar -u 查询结果注释，见表 4-16。

表 4-16　sar -u 查询结果注释

名称	注释
%user	用户空间的 CPU 使用
%nice	改变过优先级的进程的 CPU 使用率
%system	内核空间的 CPU 使用率
%iowait	CPU 等待 I/O 的百分比
%steal	虚拟机 CPU 等待实际 CPU 的时间的百分比
%idle	空闲的 CPU

在以上的显示当中，主要看%iowait 和%idle，%iowait 过高表示存在 I/O 瓶颈，即磁盘 I/O 无法满足业务需求，如果%idle 过低表示 CPU 使用率比较严重，需要结合内存使用等情况判断 CPU 是否存在瓶颈。

3. 将统计结果保存到文件

sar -o　test 1 3 表示保存，sar -f test 表示查看，如图 4-59 所示。

```
[root@techhost ~]# sar -o test 1   3
```

```
[root@techhost ~]# sar -o test 1 3
Linux 4.19.90-2003.4.0.0036.oe1.aarch64 (techhost)      05/07/2021      _aarch64
_        (2 CPU)

11:32:01 PM     CPU     %user     %nice   %system   %iowait    %steal     %idle
11:32:02 PM     all      0.00      0.00      0.00      0.00      0.00    100.00
11:32:03 PM     all      0.50      0.00      0.50      0.00      0.00     99.00
11:32:04 PM     all      0.00      0.00      0.50      0.00      0.00     99.50
Average:        all      0.17      0.00      0.33      0.00      0.00     99.50
[root@techhost ~]#
```

图 4-59　sar -o 查询结果

4. 查看平均负载 sar -q

sar -q 查询结果，如图 4-60 所示。

```
[root@techhost ~]# sar -q 1 3
```

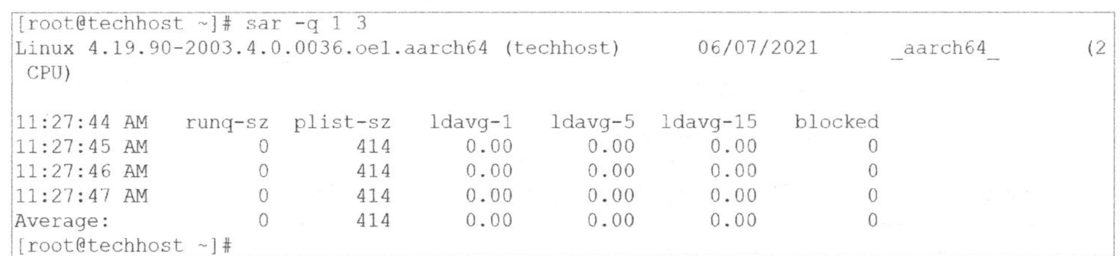

```
[root@techhost ~]# sar -q 1 3
Linux 4.19.90-2003.4.0.0036.oe1.aarch64 (techhost)      06/07/2021      _aarch64_       (2
 CPU)

11:27:44 AM   runq-sz  plist-sz   ldavg-1   ldavg-5  ldavg-15   blocked
11:27:45 AM         0       414      0.00      0.00      0.00         0
11:27:46 AM         0       414      0.00      0.00      0.00         0
11:27:47 AM         0       414      0.00      0.00      0.00         0
Average:            0       414      0.00      0.00      0.00         0
[root@techhost ~]#
```

图 4-60　sar -q 查询结果

sar -q 查询结果注释见表 4-17。

表 4-17　sar -q 查询结果注释

名称	注释
runq-sz	运行队列的长度（等待运行的进程数，每核的 CPU 不能超过 3 个）
plist-sz	进程列表中的进程和线程的数量
ldavg-1	ldavg-1　最后 1 分钟的 CPU 平均负载，即将多核 CPU 过去一分钟的负载相加再除以核心数得出的平均值，最后 5 分钟（ladavg-5）和最后 15 分钟（ldavg-15）以此类推
blocked	当前阻塞的进程数量，在等待 I/O 完成

5. 查看内存使用情况（sar -r）

sar -r 查询结果，如图 4-61 所示。

```
[root@techhost ~]# sar -r 1 3
```

```
[root@techhost ~]# sar -r 1 3
Linux 4.19.90-2003.4.0.0036.oe1.aarch64 (techhost)      05/07/2021      _aarch64
_        (2 CPU)

11:33:17 PM kbmemfree   kbavail kbmemused  %memused kbbuffers  kbcached  kbcommi
t   %commit  kbactive   kbinact   kbdirty
11:33:18 PM   2018496   2247552    424512     13.92     48064    490496    343948
8    112.81    648832    218112      5952
11:33:19 PM   2017152   2246208    425856     13.97     48064    490496    343948
8    112.81    649856    218112      5952
11:33:20 PM   2017152   2246208    425856     13.97     48064    490496    343948
8    112.81    649856    218112      5952
Average:      2017600   2246656    425408     13.95     48064    490496    343948
8    112.81    649515    218112      5952
[root@techhost ~]#
```

图 4-61　sar -r 查询结果

sar -r 查询结果注释，见表 4-18。

表 4-18　sar -r 查询结果注释

名称	注释
kbmemfree	空闲的物理内存容量
kbmemused	使用中的物理内存容量
%memused	物理内存使用率
kbbuffers	内核中作为缓冲区使用的物理内存容量，kbbuffers 和 kbcached 这两个值是 free 命令中的 buffer 和 cache
kbcached	缓存的文件大小
kbcommit	保证当前系统正常运行所需要的最小内存，即为了确保内存不溢出而需要的最少内存（物理内存+swap 分区）
commit	这个值是 kbcommit 与内存总量（物理内存+swap 分区）的一个百分比的值

6. 查看系统 swap 分区统计情况（sar -W）

sar -W 查询结果，如图 4-62 所示。

```
[root@techhost ~]# sar -W 1 3
```

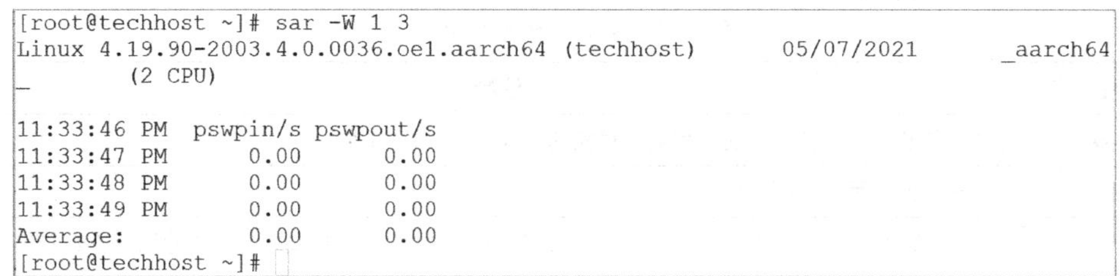

```
[root@techhost ~]# sar -W 1 3
Linux 4.19.90-2003.4.0.0036.oe1.aarch64 (techhost)      05/07/2021      _aarch64
_        (2 CPU)

11:33:46 PM  pswpin/s pswpout/s
11:33:47 PM      0.00      0.00
11:33:48 PM      0.00      0.00
11:33:49 PM      0.00      0.00
Average:         0.00      0.00
[root@techhost ~]#
```

图 4-62　sar -W 查询结果

sar -W 查询结果注释，见表 4-19。

表 4-19　sar -W 查询结果注释

名称	注释
#pswpin/s	每秒从交换分区到系统的交换页面数量
#pswpott/s	每秒从系统交换到 swap 的交换页面的数量

7. 磁盘使用详情统计（sar -d）

sar -d 查询结果，如图 4-63 所示。

```
[root@techhost ~]# sar –d 1 3
```

```
[root@techhost ~]# sar -d 1 3
Linux 4.19.90-2003.4.0.0036.oe1.aarch64 (techhost)        06/07/2021        _aarch64_        (2
 CPU)

11:31:46 AM       DEV       tps      rkB/s      wkB/s      dkB/s     areq-sz     aqu-sz      awai
t      %util
11:31:47 AM   dev253-0      6.00       0.00      88.00       0.00      14.67       0.00       0.8
3      0.40
11:31:47 AM  dev253-16      0.00       0.00       0.00       0.00       0.00       0.00       0.0
0      0.00
11:31:47 AM  dev253-32      0.00       0.00       0.00       0.00       0.00       0.00       0.0
0      0.00
11:31:47 AM  dev253-48      0.00       0.00       0.00       0.00       0.00       0.00       0.0
0      0.00
11:31:47 AM   dev252-0      0.00       0.00       0.00       0.00       0.00       0.00       0.0
0      0.00
11:31:47 AM   dev252-1      0.00       0.00       0.00       0.00       0.00       0.00       0.0
0      0.00
11:31:47 AM   dev252-2      0.00       0.00       0.00       0.00       0.00       0.00       0.0
0      0.00
```

图 4-63　sar -d 查询结果

sar -d 查询结果注释，见表 4-20。

表 4-20　sar -d 查询结果注释

名称	注释
#DEV	磁盘设备的名称，如果不加-p，会显示与 dev253-0 类似的设备名称，因此加上-p 显示的名称更直接
#tps	每秒 I/O 的传输总数
#rd_sec/s	每秒读取的扇区的总数
#wr_sec/s	每秒写入的扇区的总数
#avgrq-sz	平均每次次磁盘 I/O 操作的数据大小（扇区）
#avgqu-sz	磁盘请求队列的平均长度

8. 网络接口信息（sar -n DEV）

sar -n DEV 查询结果，如图 4-64 所示。

```
[ root@techhost ~]#sar -n DEV 1 1
```

```
[root@techhost ~]# sar -n DEV 1 1
Linux 4.19.90-2003.4.0.0036.oe1.aarch64 (techhost)       05/07/2021       _aarch64
_        (2 CPU)

11:45:50 PM     IFACE   rxpck/s   txpck/s    rxkB/s    txkB/s   rxcmp/s   txcmp/
s  rxmcst/s   %ifutil
11:45:51 PM        lo      0.00      0.00      0.00      0.00      0.00      0.0
0      0.00      0.00
11:45:51 PM      eth0      1.00      1.00      0.06      0.64      0.00      0.0
0      0.00      0.00

Average:        IFACE   rxpck/s   txpck/s    rxkB/s    txkB/s   rxcmp/s   txcmp/
s  rxmcst/s   %ifutil
Average:           lo      0.00      0.00      0.00      0.00      0.00      0.0
0      0.00      0.00
Average:         eth0      1.00      1.00      0.06      0.64      0.00      0.0
0      0.00      0.00
[root@techhost ~]#
```

图 4-64　sar -n DEV 查询结果

sar-n DEV 查询结果注释，见表 4-21。

表 4-21　sar-n DEV 查询结果注释

名称	注释
IFACE	本地网卡接口的名称
rxpck/s	每秒接受的数据包
txpck/s	每秒发送的数据库
rxKB/s	每秒接受的数据包大小，单位为 KB
txKB/s	每秒发送的数据包大小，单位为 KB
rxcmp/s	每秒接受的压缩数据包
txcmp/s	每秒发送的压缩包
rxmcst/s	每秒接收的多播数据包

4.6.3　Linux 监控工具 iostat 使用

Linux 监控工具 iostat 使用介绍：

① iostat 主要用于输出磁盘 I/O 和 CPU 的统计信息。

② iostat 属于 sysstat 软件包，可以用 yum install sysstat 直接安装。

iostat 的用法为“iostat [选项] [<时间间隔>] [<次数>]”，如图 4-65 所示。

```
[root@techhost ~]# iostat -help
```

```
[root@techhost ~]# iostat -help
Usage: iostat [ options ] [ <interval> [ <count> ] ]
Options are:
[ -c ] [ -d ] [ -h ] [ -k | -m ] [ -N ] [ -s ] [ -t ] [ -V ] [ -x ] [ -y ] [ -z
]
[ -j { ID | LABEL | PATH | UUID | ... } ]
[ --dec={ 0 | 1 | 2 } ] [ --human ] [ -o JSON ]
[ [ -H ] -g <group_name> ] [ -p [ <device> [,...] | ALL ] ]
[ <device> [...] | ALL ]
[root@techhost ~]#
```

图 4-65　iostat 用法

命令参数见表 4-22。

表 4-22　命令参数

名称	注释
-c	显示 CPU 使用情况
-d	显示磁盘使用情况
-N	显示磁盘阵列信息
-n	显示 NFS 使用情况
-k	以 KB 为单位显示
-m	以 M 为单位显示

表 4-22　命令参数（续）

名称	注释
-t	报告每秒向终端读取和写入的字符数和 CPU 的信息
-V	显示版本信息
-x	显示详细信息
-p	显示磁盘和分区的情况

示例如下。

iostat 显示所有设备负载情况，如图 4-66 所示。

```
[root@techhost ~]# iostat
```

```
[root@techhost ~]# iostat
Linux 4.19.90-2003.4.0.0036.oe1.aarch64 (techhost)      05/07/2021      _aarch64
_         (2 CPU)

avg-cpu:  %user   %nice %system %iowait  %steal   %idle
           0.22    0.01    0.17    0.07    0.00   99.54

Device             tps    kB_read/s    kB_wrtn/s    kB_dscd/s    kB_read    kB_w
rtn     kB_dscd
vda               2.94        77.75        51.81         0.00     378257     252
053           0
vdb               0.01         0.64         0.00         0.00       3136
  0           0
vdc               0.01         0.64         0.00         0.00       3136
  0           0


[root@techhost ~]#
```

图 4-66　显示所有设备负载情况

CPU 属性值说明见表 4-23。

表 4-23　CPU 属性值说明

名称	注释
%user	CPU 处在用户模式下的时间百分比
%nice	CPU 处在带 nice 值的用户模式下的时间百分比
%system	CPU 处在系统模式下的时间百分比
%iowait	CPU 等待输入/输出完成时间的百分比
%steal	管理程序维护另一个虚拟处理器时，虚拟 CPU 的无意识等待时间百分比
-%idle	CPU 空闲时间百分比

备注：如果%iowait 的值过高，表示硬盘存在 I/O 瓶颈，%idle 值高，说明 CPU 内存较空闲：如果%idle 值高但系统响应慢时，有可能是 CPU 等待分配内存，此时应加大内存容量。如果%idle 值持续低于 10，表示系统的 CPU 处理能力相对较低，说明系统中最需要解决的资源是 CPU。

device 属性值说明见表 4-24。

表 4-24　device 属性值说明

名称	注释
device	磁盘名称
tps	每秒发送到的 I/O 请求数
BLK_read/s	每秒读取的 block 数
BLK_write/s	每秒写入的 block 数
BLK_read	读入的 block 总数
BLK_write	写入的 block 总数

4.6.4　Linux 监控工具 top 使用

top 命令经常用来监控 Linux 的系统状况，是常用的性能分析工具，能够实时显示系统中各个进程的资源占用情况。

1．top 经典界面参数含义

top 页面参数如图 4-67 所示。

```
top - 19:39:15 up  2:21,  1 user,  load average: 0.00, 0.00, 0.00
Tasks: 106 total,   1 running, 105 sleeping,   0 stopped,   0 zombie
%Cpu(s):  0.2 us,  0.2 sy,  0.0 ni, 99.5 id,  0.0 wa,  0.2 hi,  0.0 si,  0.0 st
MiB Mem :   2977.4 total,   1553.9 free,    697.7 used,    725.8 buff/cache
MiB Swap:      0.0 total,      0.0 free,      0.0 used.   1948.6 avail Mem

  PID USER      PR  NI    VIRT    RES    SHR S  %CPU  %MEM     TIME+ COMMAND
    1 root      20   0  108608  16704   8896 S   0.0   0.5   0:01.92 systemd
    2 root      20   0       0      0      0 S   0.0   0.0   0:00.00 kthreadd
    3 root       0 -20       0      0      0 I   0.0   0.0   0:00.00 rcu_gp
    4 root       0 -20       0      0      0 I   0.0   0.0   0:00.00 rcu_par_gp
    6 root       0 -20       0      0      0 I   0.0   0.0   0:00.00 kworker/0:0H-kblockd
    7 root      20   0       0      0      0 I   0.0   0.0   0:00.02 kworker/u4:0-events_unbound
    8 root       0 -20       0      0      0 I   0.0   0.0   0:00.00 mm_percpu_wq
    9 root      20   0       0      0      0 S   0.0   0.0   0:00.01 ksoftirqd/0
   10 root      20   0       0      0      0 I   0.0   0.0   0:00.09 rcu_sched
   11 root      20   0       0      0      0 I   0.0   0.0   0:00.00 rcu_bh
   12 root      rt   0       0      0      0 S   0.0   0.0   0:00.00 migration/0
   13 root      20   0       0      0      0 S   0.0   0.0   0:00.00 cpuhp/0
   14 root      20   0       0      0      0 S   0.0   0.0   0:00.00 cpuhp/1
   15 root      rt   0       0      0      0 S   0.0   0.0   0:00.00 migration/1
   16 root      20   0       0      0      0 S   0.0   0.0   0:00.01 ksoftirqd/1
   17 root      20   0       0      0      0 I   0.0   0.0   0:00.11 kworker/1:0-mm_percpu_wq
```

图 4-67　top 页面参数

（1）系统状态

图 4-67 第一行：top-19:39:15 up 2:21，1 user，load average: 0.00，0.00，0.00

现在的系统时间：19:39:15。

系统已经启动了：2 小时 21 分钟。

用户数量：1 个。

系统平均负载 1 分钟、5 分钟、15 分钟：0.00、0.00、0.00。

系统平均负载指的是在特定时间间隔内运行队列中的平均进程数。一个进程通常会在没有等待 I/O 操作、没有主动进入等待状态、没有被中止的情况下处于运行状态。

Top 系统平均负载是技术人员通过每隔 5 秒检查一次活跃进程数计算得到的，以下为这个数值除以逻辑 CPU 的数量得到的数值所代表的含义。

<0.70：正常。

0.70～1.00：有一些负荷，需要检查。

1.00～5.00：刚好 1 个 CPU 处理 1 个进程，但占用了全部的 CPU 资源，应该马上检查进程是否存在问题。

>5.00：系统超负荷运转。

（2）进程总体状态

图 4-67 第二行：Tasks: 106 total，1 running，105sleeping，0 stopped，0 zombie

一共有 106 个进程，1 个处于运行状态，105 个处于睡眠状态，0 个处于僵尸状态。

（3）CPU 状态

CPU 状态如图 4-68 所示。

%Cpu(s):　0.2 us,　0.1 sy,　0.4 ni, 99.2 id,　0.0 wa,　0.0 hi,　0.0 si,　0.0 st

```
top - 11:35:12 up  2:03,  2 users,  load average: 0.00, 0.01, 0.00
Tasks: 128 total,   2 running, 126 sleeping,   0 stopped,   0 zombie
%Cpu(s):  0.2 us,  0.3 sy,  0.0 ni, 99.5 id,  0.0 wa,  0.0 hi,  0.0 si,  0.0 st
MiB Mem :   2977.4 total,   1501.1 free,    624.1 used,    852.2 buff/cache
MiB Swap:      0.0 total,      0.0 free,      0.0 used.   2012.6 avail Mem

  PID USER      PR  NI    VIRT    RES    SHR S  %CPU  %MEM     TIME+ COMMAND
 2014 ceph      20   0  613824  73344  23040 S   0.3   2.4   0:07.27 /usr/bin/ceph-mgr+
 7856 root      20   0 1155328  18176   9856 S   0.3   0.6   0:06.59 /usr/local/hostgu+
    1 root      20   0  109376  17280   8832 S   0.0   0.6   0:03.01 /usr/lib/systemd/+
    2 root      20   0       0      0      0 S   0.0   0.0   0:00.00 [kthreadd]
```

图 4-68　CPU 状态

CPU 状态说明见表 4-25。

表 4-25　CPU 状态说明

名称	注释
us（user）	运行未调整优先级的用户进程的 CPU 时间所占的百分比
sy（system）	运行内核进程的 CPU 时间所占的百分比
ni（niced）	运行已调整优先级的用户进程的 CPU 时间所占的百分比
id（idle）	CPU 空闲时间所占的百分比
hi（HardwareIRQ）	执行过程中用于等待 I/O 完成的 CPU 时间所占的百分比
si（Software Interrupts）	处理硬件中断的 CPU 时间所占的百分比
st（steal）	虚拟 CPU 等待实际 CPU 时间所占的百分比

我们知道程序在进行系统调用（比如 read 等函数）、发生异常（比如缺页异常）、外围设备中断等操作陷入内核代码后，进程会从用户态进入系统态。

当 US 值过高，表示运行的应用消耗掉了大部分 CPU，在这种情况下，技术人员要去找程序中消耗 CPU 线程所执行的代码，对 Java 而言，可以去查看 JVM 是否频繁 GC（garbage collection，垃圾回收）和因为什么频繁 GC。

sy 值过高，表示运行的应用过于频繁地进行线程上下文切换，线程不断地处于阻塞（锁等待、I/O 等待）和执行的状态变化过程中，对 Java 而言，技术人员需要查看是否启动的线程太多，是否有并发锁竞争的问题。

通常，除了百分比的值，us 和 sy 的比应该小于 3:1～4:1 才比较合理。

ni 值可以用于观察调整过优先级的进程所占用 CPU 的百分比。比如，原本两个优先级为 0 的进程 A 和 B，分别分配 1 时间片，提高 B 的优先级到-19 后，A 仍然为 1 时间片，B 分配 1.5 时间片，那么 B 多占了（1.5-1）/1.5+1=20%的 CPU 时间，这就是 ni 值。ni 值越高说明调整后的进程抢占了其他进程越多的 CPU 资源。如果某个进程的 ni 值不是自己调的，一定要注意检查是否系统被入侵了，比如被挂了挖矿进程。

id 值表明 CPU 空闲时间，CPU 空闲时间占 99.2%，说明没跑啥大程序，大部分时间 CPU 都在空转，没有运行程序

st 表示 CPU 被其他虚拟机占用的时间，仅出现在多虚拟机场景。如果该指标过高，可以检查下宿主机或其他虚拟机是否正常。

（4）内存状态

内存状态如图 4-69 所示。

```
KiB Mem:   1024052 total,   945656 used,    78396 free,   187356 buffers
KiB Swap:        0 total,        0 used,        0 free.   359120 cached Mem
```

```
top - 11:36:37 up  2:05,  2 users,  load average: 0.00, 0.01, 0.00
Tasks: 128 total,   1 running, 127 sleeping,   0 stopped,   0 zombie
%Cpu(s):  0.4 us,  0.4 sy,  0.0 ni, 99.1 id,  0.0 wa,  0.0 hi,  0.0 si,  0.0 st
MiB Mem :   2977.4 total,   1499.4 free,    624.3 used,    853.8 buff/cache
MiB Swap:      0.0 total,      0.0 free,      0.0 used.   2012.3 avail Mem

  PID USER      PR  NI    VIRT    RES    SHR S  %CPU  %MEM     TIME+ COMMAND
    1 root      20   0  109376  17280   8832 S   0.0   0.6   0:03.01 /usr/lib/systemd/+
```

图 4-69　内存状态

第一行是物理内存，全部有 1GB 内存（1024052 字节），使用中的内存有 0.9GB 左右，空闲内存为 0.1GB 左右，有 0.17GB（187356 字节）的缓冲。

第二行是虚拟交换内存，全部有 0 字节，使用中的有 0 字节，可用的有 0 字节（没有设置虚拟交换内存），有 0.34GB（359120 字节）的缓存。

缓冲主要用于块设备的读写，缓存主要存储频繁访问的数据。

空闲内存指的是完全没有被利用的内存，所以剩余的内存可用量并不是空闲内存，而是空闲内存+缓冲内存+缓存内存，即 0.1GB+0.17GB+0.34GB=0.61GB，还有一半内存可用。

我们要注意虚拟内存的 used 数值是否会频繁变化，如果频繁变化，说明在不断地进行内存和虚拟内存的数据交换，表明内存不足。

（5）进程详细状态

进程详细状态，如图 4-70 所示。

```
PID USER   PR  NI   VIRT    RES    SHR S %   CPU %   MEM    TIME+ COMMAND
 root      20  0    28900   5248   3148 S    0.0     0.5    0:12.74 systemdMem
```

```
top - 11:37:16 up  2:05,  2 users,  load average: 0.00, 0.00, 0.00
Tasks: 132 total,   3 running, 129 sleeping,   0 stopped,   0 zombie
%Cpu(s):  0.3 us,  0.3 sy,  0.0 ni, 99.2 id,  0.0 wa,  0.2 hi,  0.0 si,  0.0 st
MiB Mem :   2977.4 total,   1493.6 free,    629.4 used,    854.5 buff/cache
MiB Swap:      0.0 total,      0.0 free,      0.0 used.   2007.2 avail Mem

  PID USER      PR  NI    VIRT    RES    SHR S  %CPU  %MEM     TIME+ COMMAND
 2016 ceph      20   0  379584  45696  20992 S   0.3   1.5   0:04.83 /usr/bin/ceph-mon+
 7856 root      20   0 1155328  18176   9856 S   0.3   0.6   0:06.70 /usr/local/hostgu+
    1 root      20   0  109376  17280   8832 S   0.0   0.6   0:03.01 /usr/lib/systemd/+
    2 root      20   0       0      0      0 S   0.0   0.0   0:00.00 [kthreadd]
    3 root       0 -20       0      0      0 I   0.0   0.0   0:00.00 [rcu_gp]
    4 root       0 -20       0      0      0 I   0.0   0.0   0:00.00 [rcu_par_gp]
    6 root       0 -20       0      0      0 I   0.0   0.0   0:00.00 [kworker/0:0H-kbl+
    8 root       0 -20       0      0      0 I   0.0   0.0   0:00.00 [mm_percpu_wq]
    9 root      20   0       0      0      0 S   0.0   0.0   0:00.03 [ksoftirqd/0]
   10 root      20   0       0      0      0 I   0.0   0.0   0:00.18 [rcu_sched]
```

图 4-70 进程详细状态

进程详细状态注释，见表 4-26。

表 4-26 进程详细状态注释

名称	注释
PID（Process Id）	进程 ID
USER（User Name）	进程所有者的用户名
PR（Priority）	进程的动态优先级，“rt”代表实时态，取值 0～39
NI（Nice Value）	进程的静态优先级，取值-20～19
VIRT（Virtual Image）	进程所用虚拟内存总量，单位 KB
RES（Resident Size）	驻留内存容量，单位 KB
SHR（shared Memory）	共享内存容量，单位 KB
S（Process State）	进程状态
%CPU（CPU Usage）	上次更新到现在的 CPU 时间占用百分比
%MEM（Memory Usage RES）	进程使用的物理内存百分比
TIME+（CPU Time，hundredths）	启动后到现在使用的全部 CPU 时间，精确到 1/100 秒
COMMAND（Command Name/Line）	运行进程使用的命令

Linux 一共有 140 个实际进程优先级（0～139），数字越小优先级越高，0～99 是实时进程优先级，100～139 是非实时进程优先级，系统会优先运行实时进程，只有实时进程留出 CPU 后才会运行非实时进程。所有新的非实时进程初始 Nice 值均为 0，初始的实际优先级是（140−40/2）=120，所以可以通过−20～19 的 Nice 值的调整来实现实际优先级在 100～139 内调整。而实时进程的优先级都是根据指定策略动态变化的，实际优先级显示为“rt”，而普通非实时进程实际优先级可以通过 PR+100=120+NI 算出。

例如：

PR=20，NI 必定为 0，实际优先级是 100+20 或 120+0 为 120；

PR=0，NI 必定为−20，实际优先级是 100+0 或 120−20 为 100；

PR=rt，实际优先级必定在 0～99 为实时进程。

所以我们判断 PR 为否是实时进程，NI 为非实时进程设置的优先级是多少。

VIRT 是进程中需要虚拟内存的容量，包括库、代码、数据等，如果进程申请了 200MB 内存，只用了 10MB，这个值也会是 200MB，VIRT=SWAP+RES；

RES 是进程当前使用内存的容量，如果加载了某个库，只会统计加载的库文件所占内存的容量，如果进程申请了 200MB 内存，只用了 10MB 内存，那么这个值就是 10MB，RES=CODE+DATA；

SHR 是共享内存的容量，如果只用了某个库的几个函数，也会包含整个共享库的内存大小。

S 是进程的状态，包括：

R（Running）——运行态；

S（Sleep）——休眠态；

D（UnInterruptable）——不可中断的休眠态；

T（Stopped or Traced）——跟踪态或停止态；

Z（Zombie）——僵尸态；

X（Exit）——退出态。

大部分进程都处于运行态和休眠态，运行态可以去抢占 CPU 用以执行自身的程序，休眠态可能在等待某事件发生（比如信号量）。

%CPU 是将 CPU 占用率，如果 CPU 是多核的，进程开了多个线程抢 CPU，那么 CPU 的占用率可能会超过 100%，最大占用率为核心数×100%，例如 4 核最大占用率为 400%。

Time+的读法是按位的，单位分别是：1 分钟、10 秒、1 秒、1/10 秒、1/100 秒，比如 0:12.74，即 0×1 分钟+1×10 秒+2×1 秒+7×1/10 秒+4×1/100 秒。

2. top 的调用方法

（1）top 参数运行

1）top -c

COMMAND 一列将会显示详细的启动命令，而不会只显示命令名称，如图 4-71 所示。

```
  PID USER      PR  NI    VIRT    RES    SHR S  %CPU  %MEM     TIME+ COMMAND
    1 root      20   0  108608  16704   8896 S   0.0   0.5   0:01.92 /usr/lib/systemd/systemd --switc+
    2 root      20   0       0      0      0 S   0.0   0.0   0:00.00 [kthreadd]
    3 root       0 -20       0      0      0 I   0.0   0.0   0:00.00 [rcu_gp]
    4 root       0 -20       0      0      0 I   0.0   0.0   0:00.00 [rcu_par_gp]
    6 root       0 -20       0      0      0 I   0.0   0.0   0:00.00 [kworker/0:0H-kblockd]
    7 root      20   0       0      0      0 I   0.0   0.0   0:00.02 [kworker/u4:0-events_unbound]
```

图 4-71　top -c 运行

2）top -b

top -b 以批处理的方式运行，刷新界面是历史记录上移，这样可以将历史 top 信息有效保存，便于查看信息的变化过程。

3）top -S

top -S 为累积模式，会将已完成或消失的子进程的 CPU Time 累积。

4）top -n [次数]

我们在刷新打印 *n* 次之后退出 top，配合 top -c 可以查看指定信息在几次内的变化，如图 4-72 所示。

```
[root@techhost ~]# top -n 2 -b > top.log
[root@techhost ~]# ll
total 20K
-rw------- 1 root root 19K May 11 19:49 top.log
[root@techhost ~]# cat top.log
top - 19:49:23 up  2:31,  1 user,  load average: 0.00, 0.00, 0.00
Tasks: 108 total,   1 running, 105 sleeping,   2 stopped,   0 zombie
%Cpu(s):  0.0 us,  0.0 sy,  0.0 ni,100.0 id,  0.0 wa,  0.0 hi,  0.0 si,  0.0 st
MiB Mem :  2977.4 total,  1546.5 free,   703.4 used,   727.5 buff/cache
MiB Swap:     0.0 total,     0.0 free,     0.0 used.  1942.8 avail Mem

    PID USER      PR  NI    VIRT    RES    SHR S  %CPU  %MEM     TIME+ COMMAND
      1 root      20   0  108608  16704   8896 S   0.0   0.5   0:01.92 systemd
      2 root      20   0       0      0      0 S   0.0   0.0   0:00.00 kthreadd
      3 root       0 -20       0      0      0 I   0.0   0.0   0:00.00 rcu_gp
      4 root       0 -20       0      0      0 I   0.0   0.0   0:00.00 rcu_par_gp
      6 root       0 -20       0      0      0 I   0.0   0.0   0:00.00 kworker/0:0H-kblockd
      7 root      20   0       0      0      0 I   0.0   0.0   0:00.02 kworker/u4:0-events_unbound
      8 root       0 -20       0      0      0 I   0.0   0.0   0:00.00 mm_percpu_wq
      9 root      20   0       0      0      0 S   0.0   0.0   0:00.01 ksoftirqd/0
     10 root      20   0       0      0      0 I   0.0   0.0   0:00.10 rcu_sched
     11 root      20   0       0      0      0 I   0.0   0.0   0:00.00 rcu_bh
     12 root      rt   0       0      0      0 S   0.0   0.0   0:00.00 migration/0
     13 root      20   0       0      0      0 S   0.0   0.0   0:00.00 cpuhp/0
     14 root      20   0       0      0      0 S   0.0   0.0   0:00.00 cpuhp/1
     15 root      rt   0       0      0      0 S   0.0   0.0   0:00.00 migration/1
     16 root      20   0       0      0      0 S   0.0   0.0   0:00.01 ksoftirqd/1
```

图 4-72　top -n 运行

5）top -d

top -d 为指定刷新间隔时间，默认刷新时间是 3 秒。

6）top -p

top -p 只显示指定进程的信息，如图 4-73 所示。

```
[root@techhost ~]# top -p 20
top - 20:05:04 up  2:47,  2 users,  load average: 0.00, 0.00, 0.00
Tasks:   1 total,   0 running,   1 sleeping,   0 stopped,   0 zombie
%Cpu(s):  0.0 us,  0.0 sy,  0.0 ni,100.0 id,  0.0 wa,  0.0 hi,  0.0 si,  0.0 st
MiB Mem :  2977.4 total,  1524.6 free,   722.6 used,   730.2 buff/cache
MiB Swap:     0.0 total,     0.0 free,     0.0 used.  1923.6 avail Mem

    PID USER      PR  NI    VIRT    RES    SHR S  %CPU  %MEM     TIME+ COMMAND
     20 root       0 -20       0      0      0 I   0.0   0.0   0:00.00 netns
```

图 4-73　top -p 运行

7）top -s

top -s 为安全模式，将不能使用交互式命令。

8）top -i

top -i 不显示任何闲置或僵尸进程，如图 4-74 所示。

```
top - 20:11:40 up  2:53,  2 users,  load average: 0.00, 0.00, 0.00
Tasks: 112 total,   1 running, 108 sleeping,   3 stopped,   0 zombie
%Cpu(s):  0.2 us,  0.0 sy,  0.0 ni, 99.8 id,  0.0 wa,  0.0 hi,  0.0 si,  0.0 st
MiB Mem :  2977.4 total,  1519.4 free,   726.7 used,   731.4 buff/cache
MiB Swap:     0.0 total,     0.0 free,     0.0 used.  1919.4 avail Mem

    PID USER      PR  NI    VIRT    RES    SHR S  %CPU  %MEM     TIME+ COMMAND
   2393 root      20   0 1138816  14400   9536 S   0.3   0.5   0:06.20 hostguard
  12091 root      20   0  218432   6144   3392 R   0.3   0.2   0:00.14 top
```

图 4-74　top -i 运行

我们对比普通的 top，会发现其有大量的非活跃进程，如图 4-75 所示。

```
  PID USER      PR  NI    VIRT    RES    SHR S  %CPU  %MEM     TIME+ COMMAND
    1 root      20   0  108608  16704   8896 S   0.0   0.5   0:01.92 systemd
    2 root      20   0       0      0      0 S   0.0   0.0   0:00.00 kthreadd
    3 root       0 -20       0      0      0 I   0.0   0.0   0:00.00 rcu_gp
    4 root       0 -20       0      0      0 I   0.0   0.0   0:00.00 rcu_par_gp
    6 root       0 -20       0      0      0 I   0.0   0.0   0:00.00 kworker/0:0H-kblockd
    7 root      20   0       0      0      0 I   0.0   0.0   0:00.02 kworker/u4:0-events_unbound
    8 root       0 -20       0      0      0 I   0.0   0.0   0:00.00 mm_percpu_wq
    9 root      20   0       0      0      0 S   0.0   0.0   0:00.01 ksoftirqd/0
   10 root      20   0       0      0      0 I   0.0   0.0   0:00.09 rcu_sched
   11 root      20   0       0      0      0 I   0.0   0.0   0:00.00 rcu_bh
   12 root      rt   0       0      0      0 S   0.0   0.0   0:00.00 migration/0
   13 root      20   0       0      0      0 S   0.0   0.0   0:00.00 cpuhp/0
   14 root      20   0       0      0      0 S   0.0   0.0   0:00.00 cpuhp/1
   15 root      rt   0       0      0      0 S   0.0   0.0   0:00.00 migration/1
   16 root      20   0       0      0      0 S   0.0   0.0   0:00.01 ksoftirqd/1
   17 root      20   0       0      0      0 I   0.0   0.0   0:00.11 kworker/1:0-mm_percpu_wq
   18 root       0 -20       0      0      0 I   0.0   0.0   0:00.00 kworker/1:0H-kblockd
   19 root      20   0       0      0      0 S   0.0   0.0   0:00.00 kdevtmpfs
```

图 4-75　top 对比

（2）top 交互式命令

top 交互式命令见表 4-27。

表 4-27　top 交互式命令

名称	注释
E、e 切换显示单位	E 控制的是上面的内存信息单位，从 KB 到 EB
l、t、m	l：显示或隐藏第 1 行信息，如 top； t：显示或隐藏第 2～3 行信息，如 Tasks、%CPU（s）； m：显示或隐藏第 4 行信息，如 Mem、Swap
d/s	修改刷新频率
n	指定显示行数，0 表示无限制
q	退出 top
M	根据驻留内存容量排序，这样能看到哪个进程占用内存大
P	根据 CPU 使用百分比大小排序，能检查占用 CPU 多的进程
T	根据时间/累积时间进行排序
x	加亮排序列，可以看到当前是按照哪一列在排序；打开后可以配合 shift+<或 shift+>调整排序列
y	加亮运行态进程
c	COMMAND 列会显示详细的启动命令
k	kill 一个进程
r	renice，调整一个进程的静态优先级
W	将当前弄好的配置写入~/.toprc 配置文件中
F	可以选择排序列，可以选择显示哪些列

4.6.5　Linux 监控工具 netstat 使用

Netstat 命令用于显示各种网络相关信息，如网络连接、路由表、接口状态、masquerade 连接、多播成员等。

常见参数见表 4-28。

表 4-28　常见参数

名称	注释
-a（all）	显示所有选项，默认不显示 LISTEN 相关
-t（tcp）	仅显示 tcp 相关选项
-u（udp）	仅显示 udp 相关选项
-n	拒绝显示别名，能显示数字的全部转化成数字
-l	仅列出在监听的服务状态
-p	显示建立相关链接的程序名
-r	显示路由信息，如路由表
-e	显示扩展信息，例如 uid
-s	按各个协议进行统计
-c	每隔一个固定时间，执行该 netstat 命令

常见命令示例如下。

1．列出所有端口（包括监听和未监听的）

列出所有端口 netstat -a ，如图 4-76 所示。

```
[root@techhost ~]# netstat -a
```

```
[root@techhost ~]# netstat -a
Active Internet connections (servers and established)
Proto Recv-Q Send-Q Local Address           Foreign Address         State
tcp        0      0 0.0.0.0:ssh             0.0.0.0:*               LISTEN
tcp        0      0 techhost:47118          100.125.1.29:https      TIME_WAIT
tcp        0      0 techhost:47092          100.125.1.29:https      ESTABLISHED
tcp        0    256 techhost:ssh            223.104.170.248:52143   ESTABLISHED
tcp6       0      0 [::]:mysql              [::]:*                  LISTEN
tcp6       0      0 [::]:http               [::]:*                  LISTEN
tcp6       0      0 [::]:ssh                [::]:*                  LISTEN
udp        0      0 0.0.0.0:bootpc          0.0.0.0:*
udp        0      0 localhost:323           0.0.0.0:*
udp6       0      0 localhost:323           [::]:*
Active UNIX domain sockets (servers and established)
Proto RefCnt Flags       Type       State         I-Node   Path
unix  2      [ ACC ]     STREAM     LISTENING     14615    /run/systemd/journal/
io.systemd.journal
unix  2      [ ]         DGRAM                    27968    /var/run/chrony/chron
yd.sock
unix  2      [ ACC ]     STREAM     LISTENING     29016    /var/run/irqbalance12
54.sock
unix  2      [ ACC ]     STREAM     LISTENING     32371    /var/run/NetworkManag
er/private-dhcp
unix  3      [ ]         DGRAM                    10645    /run/systemd/notify
unix  2      [ ACC ]     STREAM     LISTENING     34219    /var/lib/mysql/mysql.
sock
unix  2      [ ]         DGRAM                    10647    /run/systemd/cgroups-
agent
unix  11     [ ]         DGRAM                    10661    /run/systemd/journal/
dev-log
```

图 4-76　netstat -a 效果

```
unix  2      [ ACC ]     STREAM     LISTENING      10666    /run/systemd/journal/
stdout
unix  7      [ ]         DGRAM                     10669    /run/systemd/journal/
socket
unix  2      [ ACC ]     STREAM     LISTENING      30386    /run/httpd/cgisock.13
52
unix  2      [ ]         DGRAM                     49355    /run/user/0/systemd/n
otify
unix  2      [ ACC ]     STREAM     LISTENING      49359    /run/user/0/systemd/p
rivate
unix  2      [ ACC ]     STREAM     LISTENING      49365    /run/user/0/bus
unix  2      [ ACC ]     STREAM     LISTENING      13020    /run/systemd/private
unix  2      [ ACC ]     STREAM     LISTENING      27358    /run/dbus/system_bus_
socket
unix  2      [ ACC ]     STREAM     LISTENING      13036    /run/lvm/lvmetad.sock
et
unix  2      [ ACC ]     STREAM     LISTENING      13040    /run/lvm/lvmpolld.soc
ket
```

图 4-76　netstat -a 效果（续）

2. 列出所有 udp 端口 netstat -au

列出所有 udp 端口 netstat -au，如图 4-77 所示。

[root@techhost ~]# netstat -au

```
[root@techhost ~]# netstat -au
Active Internet connections (servers and established)
Proto Recv-Q Send-Q Local Address           Foreign Address         State
udp        0      0 0.0.0.0:bootpc          0.0.0.0:*
udp        0      0 localhost:323           0.0.0.0:*
udp6       0      0 localhost:323           [::]:*
[root@techhost ~]#
```

图 4-77　netstat -au 效果

3. 只显示监听端口 netstat -l

只显示监听端口 netstat -l，如图 4-78 所示。

[root@techhost ~]# netstat -l

```
[root@techhost ~]# netstat -l
Active Internet connections (only servers)
Proto Recv-Q Send-Q Local Address           Foreign Address         State
tcp        0      0 0.0.0.0:ssh             0.0.0.0:*               LISTEN
tcp6       0      0 [::]:mysql              [::]:*                  LISTEN
tcp6       0      0 [::]:http               [::]:*                  LISTEN
tcp6       0      0 [::]:ssh                [::]:*                  LISTEN
udp        0      0 0.0.0.0:bootpc          0.0.0.0:*
udp        0      0 localhost:323           0.0.0.0:*
udp6       0      0 localhost:323           [::]:*
Active UNIX domain sockets (only servers)
Proto RefCnt Flags       Type       State         I-Node   Path
unix  2      [ ACC ]     STREAM     LISTENING     14615    /run/systemd/journal/
io.systemd.journal
unix  2      [ ACC ]     STREAM     LISTENING     29016    /var/run/irqbalance12
54.sock
unix  2      [ ACC ]     STREAM     LISTENING     32371    /var/run/NetworkManag
er/private-dhcp
unix  2      [ ACC ]     STREAM     LISTENING     34219    /var/lib/mysql/mysql.
sock
unix  2      [ ACC ]     STREAM     LISTENING     10666    /run/systemd/journal/
stdout
unix  2      [ ACC ]     STREAM     LISTENING     30386    /run/httpd/cgisock.13
52
unix  2      [ ACC ]     STREAM     LISTENING     49359    /run/user/0/systemd/p
rivate
unix  2      [ ACC ]     STREAM     LISTENING     49365    /run/user/0/bus
unix  2      [ ACC ]     STREAM     LISTENING     13020    /run/systemd/private
unix  2      [ ACC ]     STREAM     LISTENING     27358    /run/dbus/system_bus_
socket
unix  2      [ ACC ]     STREAM     LISTENING     13036    /run/lvm/lvmetad.sock
et
unix  2      [ ACC ]     STREAM     LISTENING     13040    /run/lvm/lvmpolld.soc
ket
unix  2      [ ACC ]     SEQPACKET  LISTENING     13043    /run/systemd/coredump
unix  2      [ ACC ]     STREAM     LISTENING     30708    /run/php-fpm/www.sock
unix  2      [ ACC ]     SEQPACKET  LISTENING     13049    /run/udev/control
Active Bluetooth connections (only servers)
Proto  Destination       Source            State         PSM DCID   SCID      IM
TU    OMTU Security
Proto  Destination       Source            State     Channel
[root@techhost ~]#
```

图 4-78　netstat -l 效果

4. 只列出所有监听 tcp 端口 netstat -lt

只列出所有监听 tcp 端口 netstat -lt，如图 4-79 所示。

```
[root@techhost ~]# netstat -lt
```

```
[root@techhost ~]# netstat -lt
Active Internet connections (only servers)
Proto Recv-Q Send-Q Local Address           Foreign Address         State
tcp        0      0 0.0.0.0:ssh             0.0.0.0:*               LISTEN
tcp6       0      0 [::]:mysql              [::]:*                  LISTEN
tcp6       0      0 [::]:http               [::]:*                  LISTEN
tcp6       0      0 [::]:ssh                [::]:*                  LISTEN
[root@techhost ~]#
```

图 4-79 netstat -lt 效果

5. 只列出所有监听 udp 端口 netstat -lu

只列出所有监听 udp 端口 netstat -lu，如图 4-80 所示。

```
[root@techhost ~]# netstat -lu
```

```
[root@techhost ~]# netstat -lu
Active Internet connections (only servers)
Proto Recv-Q Send-Q Local Address           Foreign Address         State
udp        0      0 0.0.0.0:bootpc          0.0.0.0:*
udp        0      0 localhost:323           0.0.0.0:*
udp6       0      0 localhost:323           [::]:*
[root@techhost ~]#
```

图 4-80 netstat -lu 效果

4.7 鲲鹏系统性能优化工具 Tuning Kit 概述

为解决客户软件运行遇到性能问题时凭人工经验定位困难、调优能力弱的痛点，华为推出了鲲鹏性能优化工具 Tuning Kit。Tuning Kit 主要面向华为现场应用工程师（Field Application Engineer，FAE）、开放实验室建设工程师或客户工程师。客户的应用软件运行在 TaiShan 服务器上时，如果遇到性能或体验问题，可通过华为鲲鹏性能优化工具快速分析、定位及调优。

Tuning Kit 是一个工具集，包含系统性能优化工具和 Java 性能优化工具这两种工具。

4.7.1 系统性能优化工具

系统性能优化工具是针对 TaiShan 服务器的性能分析和优化的工具，通过收集服务器的处理器硬件、操作系统、进程/线程、函数等性能数据，分析系统性能指标，定位到瓶颈点及热点函数。

系统性能优化工具支持系统级、进程/线程级以及函数级的性能分析，其功能特性如下。

1. 系统级性能分析

系统级性能分析针对整个系统进行性能分析，包括发生在所有的硬件组件、整个软件栈和数据路径上的事件，这些事件都有可能影响性能。

系统级性能分析包含以下几个主要功能。

（1）系统配置全景分析

采集整个系统的软硬件配置信息，分析配置是否合理。针对不合理的配置根据当前已有经验提供优化建议。

（2）系统性能全景分析

业界的 USE（Utilization、Saturation、Errors，即使用率、饱和度和错误）方法，通过采集系统的 CPU、内存、存储 I/O、网络 I/O 等资源的运行情况，获得它们的使用率、饱和度、错误等指标，以此识别系统瓶颈。我们针对部分系统指标项，根据当前已有的基准值和优化经验提供优化建议。

（3）系统资源调度分析

基于 CPU 调度事件分析系统资源调度情况，主要包括以下几点。

① 分析 CPU 核在各个时间点的运行状态，如空闲态、运行态等。如果是运行态，能关联到在 CPU 核上运行的进程/线程信息及其热点函数信息。

② 分析进程/线程在各个时间点的运行状态，如 wait_ blocked、wait_ for_cpu 和 running 等，能够关联到其热点函数信息。

③ 分析进程/线程切换情况，包括切换次数、平均调度延迟、最小调度延迟和最大延迟的时间点。

④ 分析各个进程/线程在不同 NUMA（Non Uniform Memory Access Architecture，非统一内存访问架构）节点之间的切换次数。如果切换次数大于基准值，能给出绑核优化建议。

（4）访存分析

基于处理器访问缓存和内存的 PMU（Power Management Unit，电源管理单元）事件，分析存储的访问次数、命中率、带宽等，具体包括：

①分析一级高速缓冲存储器（Ll Cache）、二级高速缓冲存储器（L2Cache）、三级高速缓冲存储器（L3 Cache）、TLB（Translation Lookaside Buffer，内存管理单元）的访问命中率和带宽；

②分析 DDR（Double Data Rate，双倍速率）的访问带宽和次数。

2. 进程/线程级性能分析

进程/线程级性能分析针对单个或多个进程/线程进行性能分析，包括进程/线程运行过程中所消耗的资源、上下文切换、锁与等待等情况，这些情况都可能会影响到进程/线程的运行性能。进程/线程级性能分析包含以下主要功能。

（1）进程/线程性能分析

借鉴业界的 USE 方法，我们采集进程/线程对 CPU 的内存、存储 I/O 等资源的消耗情况，获得对应的使用率、饱和度、错误等指标，以此识别性能瓶颈。我们针对部分指标项，根据当前已有的基准值和优化经验，提供优化建议。

针对单个进程，我们还支持分析它的系统调用情况。

（2）锁与等待分析

基于 Linux perf 工具采样数据，我们对 glibc 和开源软件（如 MySQL、Open MP）的锁和等待函数（包括 sleep、usleep、mutex、cond、spinlock、rwlock、semophore 等）进行分析，关联到其归属的进程和调用点，并根据当前已有的优化经验给出优化建议。

3．函数级性能分析

函数级性能分析定义为采集整个系统或指定进程（包括运行中的进程或直接启动的进程）的 CPU 周期性能事件，快速定位到热点函数，甚至定位到热点指令，并支持对函数的调用栈、代码映射，控制流等进行分析。函数级性能分析包含以下几个主要功能：

① 支持分析 C、C++、Java 代码的热点函数及热点指令；

② 支持采集整个系统或指定进程（包括运行中的进程或直接启动的进程）的 CPU 周期性能事件，能够快速定位到热点函数，包括应用程序函数、模块函数与内核函数，甚至能够定位到热点指令；

③ 支持热点函数按照 CPU 核/线程/模块进行分组，支持查看热点函数调用栈；

④ 支持通过火焰图查看热点函数及其调用栈；

⑤ 支持代码映射功能，即查看函数内的热点指令及该指令对应的高级语言文件及行号；

⑥ 支持显示汇编代码的控制流图。

基于上述功能，华为鲲鹏系统性能优化工具为软件开发人员、系统管理员提供软件运行分析与系统资源分析两种维度的性能优化视角，具体如图 4-81 所示。

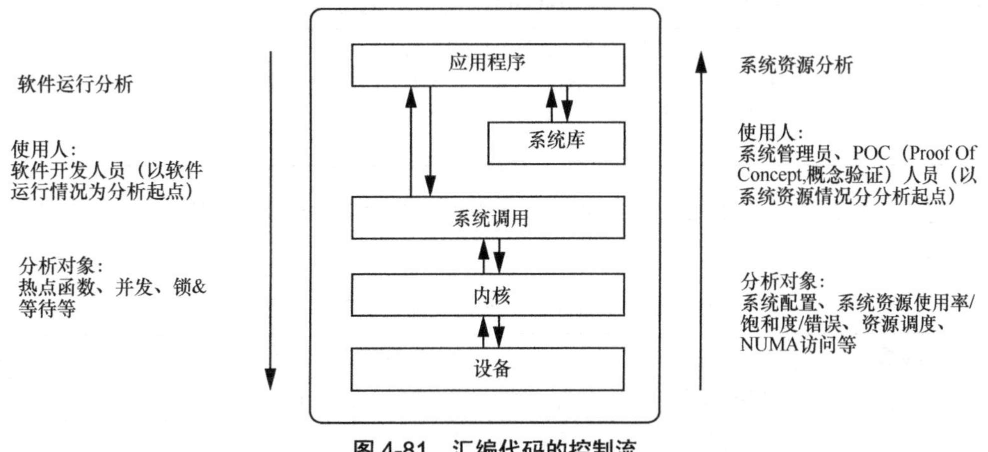

图 4-81　汇编代码的控制流

4．实现原理

鲲鹏系统性能优化工具的逻辑架构如图 4-82 所示。

鲲鹏系统性能优化工具分为 Analysis 和 Agent 两个子系统。工具支持用户通过 Web 浏览器访问，用于操作交互和数据呈现。

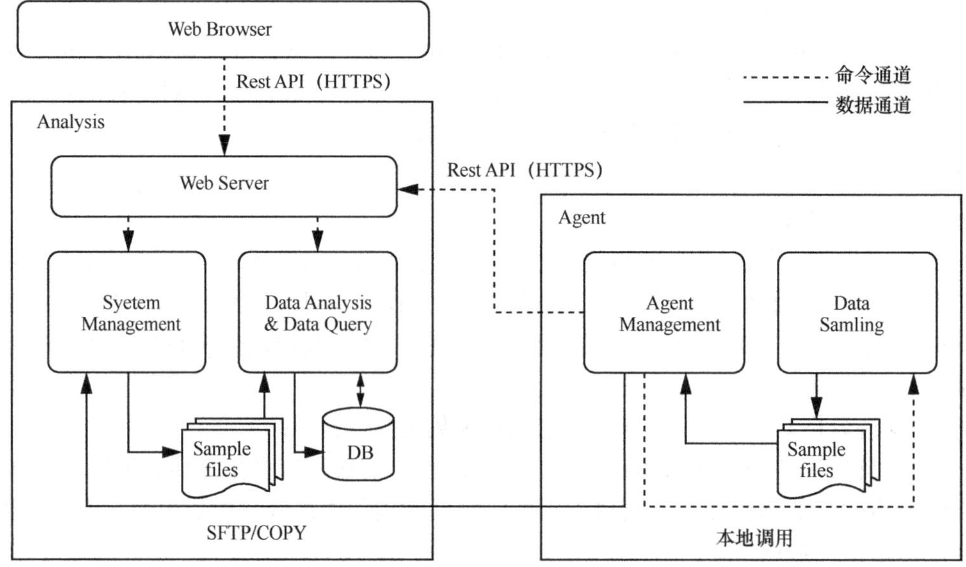

图 4-82　鲲鹏系统性能优化工具逻辑架构

Analysis 子系统的功能是实现性能数据分析及分析结果的呈现，Anqlysis 子系统模块及其功能见表 4-29。

表 4-29　Analysis 子系统模块及其功能

模块名	功能
Web Server	Web 服务器
System Management	提供用户管理、数据库存储空间管理、日志管理、采集分析任务管理等功能
Data Analysis & Data Query	对采集数据文件预处理，并导入数据库中； 根据分析需求，将原始数据汇总，结合以往项目调优经验值，完成对性能数据的分析，给出优化建议； 提供性能分析结果查询接口

Agent 子系统的功能是实现性能数据采集的，Agent 子系统的功能模块及其功能见表 4-30。

表 4-30　Agent 子系统的功能模块及其功能

模块名	功能
Agent Management	提供获取采集任务、采集文件存储空间管理、日志管理等功能
Data Samping	完成对系统性能数据的采集，并将采集的数据保存到文件； 将文件通过 SFTP/COPY 操作上传到 Analysis 子系统

5．案例：安装和使用系统性能优化工具

系统性能优化工具只支持通过 Web UI 访问。

系统性能优化工具的详细使用指南可参考华为的官方网址。本节使用鲲鹏云服务器举例说明如何安装和使用该工具。鲲鹏云服务器的构建和配置可参考 5.1 节。

（1）获取安装包

用 SSH（Secure Shell，安全壳协议）工具以 root 账户登录鲲鹏云服务器。下载性能优化工具 Tuning Kit 安装包，Tuning Kit 最新版安装包地址可从鲲鹏社区获得。

（2）安装系统性能分析工具

安装系统性能分析工具执行如下命令：tar - zxvf Tuning -Kit - release - 2.1.1.SPC100.tar.gzcd Tuning_kit./tuning_kit_install.sh -s - ip = 192.168.1.230

安装过程中需要手动设置华为鲲鹏性能优化工具程序的操作系统运行用户（用户名 malluma）的密码。

（3）登录系统性能优化工具 Web 页面

我们打开浏览器，登录网址为：https://部署服务器的 IP:端口号/user-management/#/login。

我们输入默认管理员用户名 tunadmin，默认密码为 Admin@ 9000，首次登录后需要修改此默认密码，但从安全性考虑，建议使用人员定期修改密码。

单击“系统性能优化”按钮，可以打开系统性能优化工具 Web 页面。

（4）测试

系统性能优化工具支持系统分析任务、进程分析任务，函数分析任务分为 3 类分析任务。每类分析任务又支持多个功能。

此处以系统分析任务中的“系统性能全景分析”功能为例展示如何使用该工具。系统性能全景分析使用流程如图 4-83 所示。

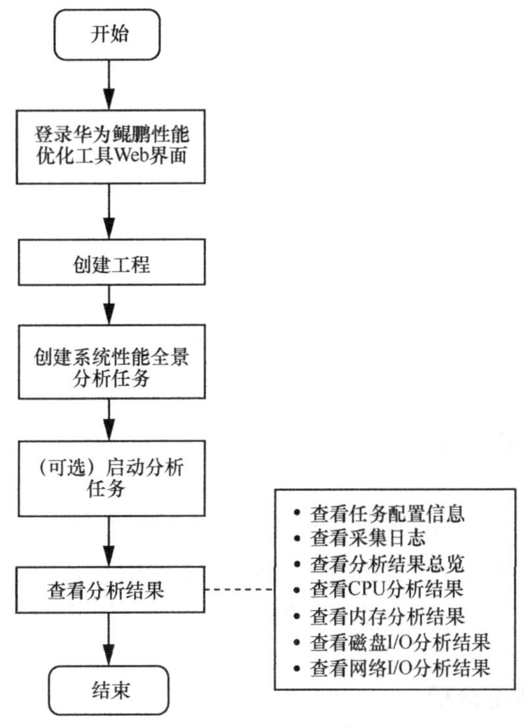

图 4-83　系统性能全景分析使用流程

我们登录系统性能优化工具 Web 页面后，按照流程创建“系统性能全景分析”任务如图 4-84 所示。

图 4-84　系统性能全景分析任务

任务启动成功后，等待分析完成，网页中显示分析结果如图 4-85 所示。

tk_test_01

sys_test_01

CPU

CPU	%user	%nice	%sys	%iowait	%irq	%soft	%idle
0	0.55	0	0.7	0.88	0	0	97.87
1	0.35	0	0.74	0.26	0	0	98.64
all	0.45	0	0.73	0.6	0	0	98.23

图 4-85　分析结果

4.7.2　Java 性能优化工具

Java 性能优化工具是华为鲲鹏性能优化工具的子工具，是针对 TaiShan 服务器上运行的 Java 程序的性能分析和优化，能图形化显示 Java 程序的堆、线程、锁、垃圾回收等信息，收集热点函数，定位程序瓶颈点，帮助用户采取针对性优化。

Java 性能优化工具支持的功能如下。

1．实时对 Java 性能分析

实时的 Java 性能分析包含我们对于目标 Java 虚拟机和 Java 程序的双重分析，包括

Java 虚拟机的内部状态，如 Heap（内存堆）、GC（Garbage Collection，垃圾回收）活动、线程状态及上层 Java 程序的性能分析，如调用链分析、热点函数、锁分析、程序线程状态及对象生成分布等。我们通过代理的方式实时获取 Java 虚拟机运行数据，进行精确分析，主要功能如下。

（1）实时显示 Java 虚拟机系统状态

实时显示 Java 虚拟机的 Heap 大小、GC 活动、Thread 数量、Class 加载数量和 CPU 使用率。

（2）Java 进程/线程性能分析

程序线程状态及锁分析：我们分析当前 Java 虚拟机中实时的活动线程的状态，同时提供获取当前线程转储的信息，根据线程转储的信息，图形化显示线程锁定状态，分析线程死锁情况。

程序所用堆积对象分析：我们分析并获取 Java 堆中各个对象创建的数量及大小，显示相关内存使用情况并实时刷新。

（3）上层应用 Workload（工作负载）相关分析

Workload 分析主要指技术人员通过动态修改上层应用代码并埋下 hook（钩子）函数来收集特定的应用相关性能数据，通过 Workload 分析，可以收集并定位用户关心的特定代码的工作性能。Workload 分析包括以下功能：JDBC（Java DataBase Connectivity，Java 数据库连接）热点 SQL 分析，技术人员记录应用中的 SQL 调用时间和耗时，帮助找出耗时最长及总用时最多的热点 SQL。HTTP 请求分析指技术人员记录应用中的 Http 请求时间和耗时，找出热点 Http 请求。

2．采样性能分析

技术人员通过采样的方式收集 Java 虚拟机的内部活动/性能事件，再通过录制及回放的方式进行离线分析。这种方式的系统额外开销很小，对业务影响不大，适用于大型的 Java 程序，主要功能包括如下。

（1）Java 虚拟机系统状态显示

技术人员通过录制及回放的方式显示 Java 虚拟机的 Heap 大小、GC 活动和 CPU 使用率。

（2）Java 进程/线程性能分析

程序线程状态及锁分析。录制一定时间内的线程的状态变化，同时提供获取当前线程转储信息，根据线程转储信息，图形化显示线程锁定状态，分析线程死锁情况。程序所用堆积对象分析。录制一定时间内 Java 堆中各个对象创建的数量及大小。通过采样数据，分析并估计线程阻塞对象和阻塞时间。

（3）函数性能分析

函数性能分析主要由技术人员通过收集系统性能事件，然后通过离线分析来定位热点函数、查看调用链关系、调用占比等。

函数性能分析包括 Java 及 Native 代码中的热点函数 CPU 周期占比及定位。支持通过火焰图查看热点函数及其调用栈。

基于上述功能，Java 性能优化工具提供程序开发时刻调优与集成、压力测试时系统调优两种维度的性能优化视角，具体如图 4-86 所示。

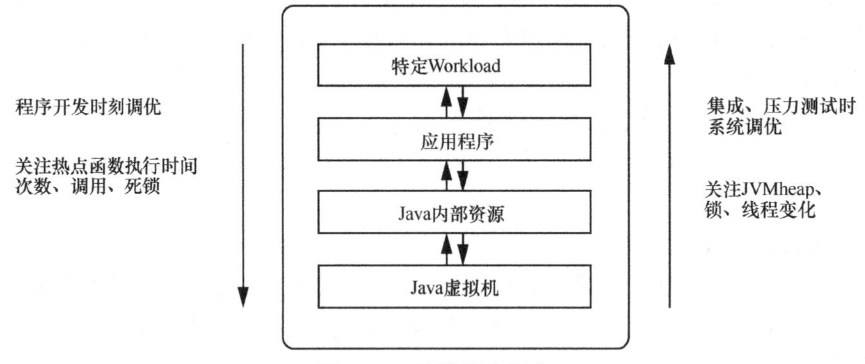

图 4-86　性能优化视角

3．实现原理

鲲鹏 Java 性能优化工具的逻辑架构如图 4-87 所示。

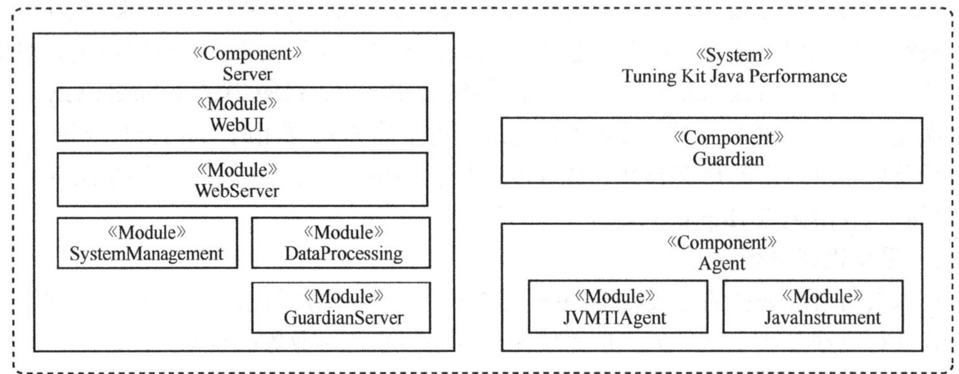

图 4-87　鲲鹏 Java 性能优化工具的逻辑架构

鲲鹏 Java 性能优化工具包括 Server、Guardian &. Agent 两个子系统。

Server 子系统的功能是实现性能数据分析及分析结果呈现，Server 子系统的模块及其功能见表 4-31。

表 4-31　Server 子系统的模块及其功能

模块名	功能
WebUI	通过 Web 浏览器提供用户界面，用于操作交互和数据呈现
WebServer	Web 服务器
SystemManagement	提供用户管理、数据库存储空间管理、日志管理、采集分析任务管理等功能
DataProcessing	对采集数据文件预处理； 提供性能分析数据接口
GuardianServer	提供各个目标主机上的 Guardian 模块的安装、管理、连接和卸载功能； 提供实时 streaming 接口

Guardian &. Agent 子系统的功能是实现性能数据采集，Guardian &. Agent 子系统的模块及其功能见表 4-32。

表 4-32　Guardian &. Agent 子系统的模块及其功能

模块名	功能
Guardian	提供获取采集任务、采集文件存储空间管理、通信管理等功能
JVMTIAgent	通过 JVMTI（JVM Tool Interface，Java 虚拟机工具接口）收集性能信息； 完成对系统的性能数据采集，并保存到文件； 将文件通过 Socket 接口上传到 Analysis 子系统
JavaInstrument	通过 Attach 接口动态调整代码； 传输性能数据至 Analysis 子系统

4．案例：安装和使用 Java 性能优化工具

Java 性能优化工具只支持通过 Web UI 访问。

该工具的详细使用指南可参考华为网站。

本节使用鲲鹏云服务器举例说明如何安装和使用该工具，鲲鹏云服务器的构建和配置可参考 5.1 节。

（1）安装 OpenJDK11

技术人员安装 Java 性能优化工具的服务器上需要安装 JDK 工具，要求为 OpenJDK 11 版。在鲲鹏云服务器的 CentOS7.6 下安装和配置 OpenJDK11 的命令如下。

```
#安装 JAVA:
yum install java- 11 - openjdk#配置 JAVA:
rm - rf /usr/bin/java
ln - s /usr/lib/jvm/java - 11 - openjdk - 11.0.7.10 - 4.el7_8.aarch64/bin/java /usrlbin/java
#配置 JAVA_HOME:
echo 'export JAVA_HOME =/usr/lib/jvm/java-11 - openjdk - 11.0.7.10-4.el7_8.aarch64'>>/etc/profile
echo 'export PATH = $ PATH:$ JAVA_HOME/bin' >>/etc/profilesource /etc/profile
```

（2）获取 Java 性能分析工具安装包

Java 性能优化工具是 Tuning Kit 的一个子工具，与系统性能优化工具使用同一个安装包。

（3）安装 Java 性能分析工具

技术人员进入解压的 Tuning_kit 目录。运行命令为/ tuning_kit_install.sh -j -ip=Nginx ip -jip=internal ip -jh=java home，根据实际情况替代命令中的参数，命令示例如下。

```
./tuning_kit_install.sh - j - ip = 192.168.1.230 -jip =192.168.1.230 -jh =/usr/lib/jvm/java- 11 - openjdk - 11.0.7.10 —
4.el7_8.aarch64
```

（4）登录 Java 性能优化工具 Web 页面

技术人员打开浏览器，登录网址为: https://部署服务器的 ip:端口号/user-management/#/ login。

输入管理员用户名 tunadmin 和密码。

技术人员单击“Java 性能优化”按钮，可以打开 Java 性能优化工具 Web 页面。

（5）测试

Java 性能优化工具的使用流程如图 4-88 所示。

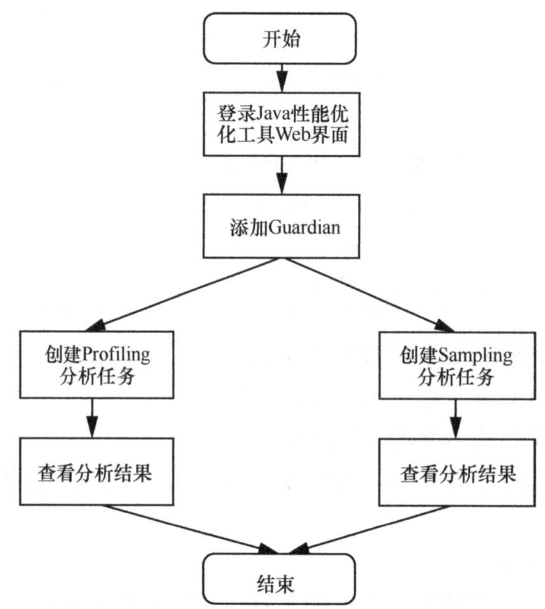

图 4-88　Java 性能优化工具的使用流程

我们登录 Java 性能优化工具 Web 页面后，首先需要添加 Guardian。参数配置如图 4-89 所示，其中，服务器 IP 地址、用户名与密码是待安装 Guardian 的远程服务器的 IP 地址、用户名与密码。

Java 性能优化工具支持 Profiling 分析、Sampling 分析两类分析。

我们在首页 Guardian 区域选择指定的 Guardian，在“Java 进程”区域选择指定的 Java 进程，然后单击“Profiling 分析”按钮或者单击“Sampling 分析”按钮即可打开相应的分析任务，Java 进程如图 4-90 所示。

添加Guardian

* 名称：guardian_test_01

* 服务器IP地址：192 . 168 . 1 . 230

* 用户名：root

* 密码：

* 端口：- 22 +

系统将通过SSH协议访问待部署Guardian的服务器，请确认服务器信息正确无误。

图 4-89　参数配置

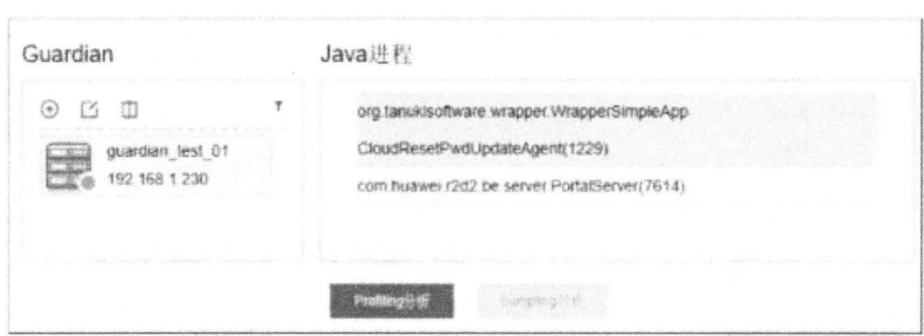

图 4-90　Java 进程

任务启动成功后，等待分析完成，我们可以在网页中查看分析结果。Sampling 分析任务如图 4-91 所示。

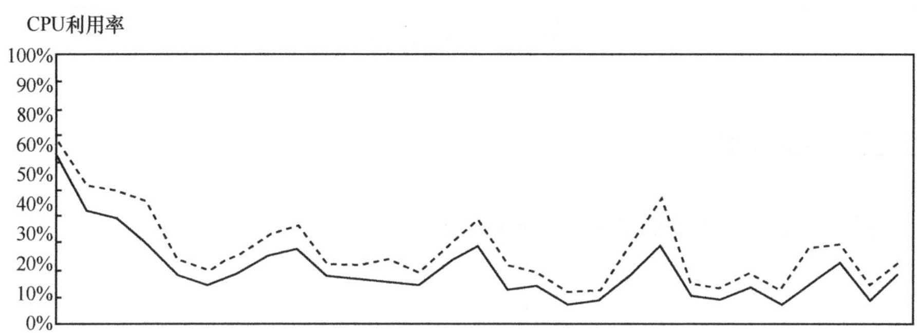

图 4-91　Sampling 分析任务

4.8　性能测试实验指导

1. 关于本实验

本实验虚拟机 OpenEuler1 中安装 Tomcat，在 Tomcat 中部署 Web 应用，该 Web 应用可以判断用户输入的 int 类型的参数是否是素数。然后，我们在另一台虚拟机 OpenEuler2 中安装 Jmeter，并对虚拟机 OpenEuler1 中 Tomcat 部署的应用进行压力测试。

2. 实验目的

① 了解华为弹性服务器的相关配置。

② 掌握如何使用 Tomcat 部署 Web 应用。

③ 掌握如何使用 Jmeter 进行压力测试。

3. 实验组网介绍

实验组网需要在两台虚拟机上完成，其中在署名为 OpenEuler1 的虚拟机上安装 Tomcat 及部署应用，在另一台署名为 OpenEuler2 的虚拟机上进行压力测试。个人主机需要安装远程连接工具 putty，如图 4-92 所示。

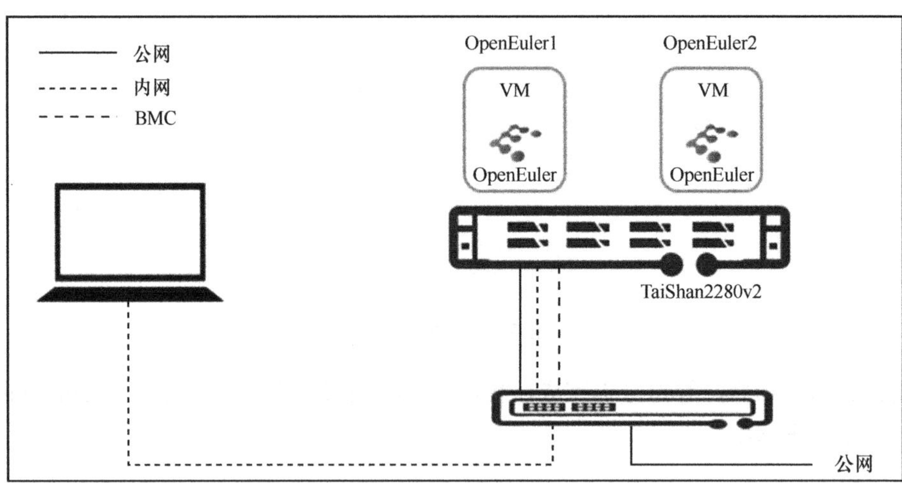

图 4-92　实验组网

4.8.1　安装 Tomcat

1. 使用 xshell 工具登录第一台 OpenEuler1 虚拟机

技术人员登录第一台 OpenEuler1 虚拟机如图 4-93 所示。

```
Welcome to 4.19.90-2003.4.0.0036.oe1.aarch64

System information as of time:  Tue May 11 17:20:10 CST 2021

System load:     0.43
Processes:       116
Memory used:     9.9%
Swap used:       0.0%
Usage On:        9%
IP address:      10.0.0.54
Users online:    1



[root@techhost ~]#
```

图 4-93　技术人员登录第一台 OpenEuler1 虚拟机

技术人员进入“/usr/local/src”目录，并使用 wget 工具下载“apache-tomcat-8.5.41.tar”软件包，如图 4-94 所示。

```
wget https://hcia.obs.cn-north-4.myhuaweicloud.com/v1.5/apache-tomcat-8.5.41.tar.gz
[root@techhost ~]# cd /usr/local/src/
[root@techhostsrc]#wget
https://hcia.obs.cn-north-4.myhuaweicloud.com/v1.5/apache-tomcat-8.5.41.tar.gz
```

```
[root@techhost ~]# wget https://hcia.obs.cn-north-4.myhuaweicloud.com/v1.5/apache-tomcat-8
.5.41.tar.gz
--2021-06-07 11:39:43--  https://hcia.obs.cn-north-4.myhuaweicloud.com/v1.5/apache-tomcat-
8.5.41.tar.gz
Resolving hcia.obs.cn-north-4.myhuaweicloud.com (hcia.obs.cn-north-4.myhuaweicloud.com)...
 49.4.112.92, 49.4.112.91, 49.4.112.3
Connecting to hcia.obs.cn-north-4.myhuaweicloud.com (hcia.obs.cn-north-4.myhuaweicloud.com
)|49.4.112.92|:443... connected.
HTTP request sent, awaiting response... 200 OK
Length: 9699102 (9.2M) [application/gzip]
Saving to: 'apache-tomcat-8.5.41.tar.gz'

apache-tomcat-8.5.41.t 100%[==========================>]   9.25M  10.1MB/s    in 0.9s

2021-06-07 11:39:44 (10.1 MB/s) - 'apache-tomcat-8.5.41.tar.gz' saved [9699102/9699102]
```

图 4-94 Tomcat 安装

注意：如果软件下载比较慢，技术人员可以使用“Ctrl+c”组合键终止任务，并在使用“rm –rf apache-tomcat-8.5.41.tar.gz”命令删除文件之后，重新使用 wget 命令下载软件包。

2．解压 Tomcat 软件包

执行如下命令解压安装包，如图 4-95 所示。

```
tar -xvf apache-tomcat-8.5.41.tar.gz
[root@techhost src]# tar -xvf apache-tomcat-8.5.41.tar.gz
```

```
[root@techhost src]# tar -xvf apache-tomcat-8.5.41.tar.gz
apache-tomcat-8.5.41/conf/
apache-tomcat-8.5.41/conf/catalina.policy
apache-tomcat-8.5.41/conf/catalina.properties
apache-tomcat-8.5.41/conf/context.xml
apache-tomcat-8.5.41/conf/jaspic-providers.xml
apache-tomcat-8.5.41/conf/jaspic-providers.xsd
apache-tomcat-8.5.41/conf/logging.properties
apache-tomcat-8.5.41/conf/server.xml
apache-tomcat-8.5.41/conf/tomcat-users.xml
apache-tomcat-8.5.41/conf/tomcat-users.xsd
apache-tomcat-8.5.41/conf/web.xml
apache-tomcat-8.5.41/bin/
apache-tomcat-8.5.41/lib/
apache-tomcat-8.5.41/logs/
apache-tomcat-8.5.41/temp/
apache-tomcat-8.5.41/webapps/
apache-tomcat-8.5.41/webapps/ROOT/
apache-tomcat-8.5.41/webapps/ROOT/WEB-INF/
apache-tomcat-8.5.41/webapps/docs/
apache-tomcat-8.5.41/webapps/docs/WEB-INF/
apache-tomcat-8.5.41/webapps/docs/api/
apache-tomcat-8.5.41/webapps/docs/appdev/
apache-tomcat-8.5.41/webapps/docs/appdev/sample/
apache-tomcat-8.5.41/webapps/docs/appdev/sample/docs/
```

图 4-95 解压 Tomcat

解压完成后，技术人员使用“ls”命令查看解压后的文件，如图 4-96 所示。

```
[root@techhost src]# ls
apache-tomcat-8.5.41  apache-tomcat-8.5.41.tar.gz  FFmpeg-n4.3.1  FFmpeg-n4.3.1.tar.gz
[root@techhost src]#
```

图 4-96 查看 Tomcat 解压后文件

3. 安装 JDK

```
dnf install -y java-1.8.0-openjdk
[root@techhost src]# dnf install java-1.8.0-openjdk
[root@techhost src]# java -version
openjdk version "1.8.0_242"
OpenJDK Runtime Environment (build 1.8.0_242-b08)
OpenJDK 64-Bit Server VM (build 25.242-b08, mixed mode)
[root@techhost src]#
```

4. 运行 Tomcat

运行 Tomcat 如图 4-97 所示。

```
sh /usr/local/src/apache-tomcat-8.5.41/bin/startup.sh
[root@techhost src]# sh /usr/local/src/apache-tomcat-8.5.41/bin/startup.sh
Using CATALINA_BASE:   /usr/local/src/apache-tomcat-8.5.41
Using CATALINA_HOME:   /usr/local/src/apache-tomcat-8.5.41
Using CATALINA_TMPDIR: /usr/local/src/apache-tomcat-8.5.41/temp
Using JRE_HOME:        /usr
Using CLASSPATH:
/usr/local/src/apache-tomcat-8.5.41/bin/bootstrap.jar:/usr/local/src/apache-tomcat-8.5.41/ bin/tomcat-juli.jar
Tomcat started.
[root@techhost src]#
```

```
[root@techhost src]# sh /usr/local/src/apache-tomcat-8.5.41/bin/startup.sh
Using CATALINA_BASE:   /usr/local/src/apache-tomcat-8.5.41
Using CATALINA_HOME:   /usr/local/src/apache-tomcat-8.5.41
Using CATALINA_TMPDIR: /usr/local/src/apache-tomcat-8.5.41/temp
Using JRE_HOME:        /usr
Using CLASSPATH:       /usr/local/src/apache-tomcat-8.5.41/bin/bootstrap.jar:/usr/local/sr
c/apache-tomcat-8.5.41/bin/tomcat-juli.jar
Tomcat started.
[root@techhost src]#
```

图 4-97　运行 Tomcat

5. 关闭防火墙

技术人员执行 systemctl status firewalld 命令，查看防火墙是否开启（显示“inactive”表示防火墙没有开启，请跳过以下步骤），如图 4-98 所示。

```
[root@techhost src]# systemctl status firewalld
● firewalld.service - firewalld - dynamic firewall daemon
   Loaded: loaded (/usr/lib/systemd/system/firewalld.service; disabled; vendor preset: enabled)
   Active: inactive (dead)
     Docs: man:firewalld(1)
```

图 4-98　查看防火墙是否开启

如果服务器 OS 防火墙已开启，技术人员执行 firewall-cmd --query-port=8080/tcp 命令查看端口是否开通，提示“no”表示未开通，如图 4-99 所示。

```
[root@techhost src]# firewall-cmd --query-port=8080/tcp
no
```

图 4-99　端口未开通

执行 firewall-cmd --add-port=8080/tcp --permanent 命令永久开通端口，提示“success”表示开通成功，如图 4-100 所示。

```
[root@techhost src]# firewall-cmd --add-port=8080/tcp --permanent
success
```

图 4-100　开通成功

执行 firewall-cmd --reload 命令重新载入配置，并再次执行 firewall-cmd --query-port=8080/tcp 命令查看端口是否开通，提示“yes”表示端口已开通，如图 4-101 所示。

```
[root@techhost src]# firewall-cmd --reload
success
[root@techhost src]# firewall-cmd --query-port=8080/tcp
yes
```

图 4-101　查看端口是否开通

6．验证 tomcat 是否安装成功

技术人员打开本地 PC 的 Chrome 浏览器，在地址栏输入 https://部署虚拟机的 ip:端口号（例如：http:// 192.168.101.243:8080），单击“Enter”。此处的 IP 地址为部署工具主机的 IP 地址。

如图 4-102 所示，当出现以下页面，说明 Tomcat 服务器环境配置成功。

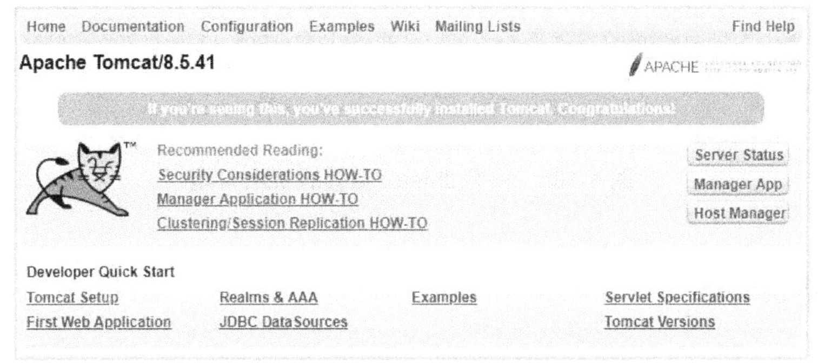

图 4-102　Tomcat 服务器环境配置成功

技术人员进入/usr/local /src/apache-tomcat-8.5.41/webapps 目录，使用 wget 命令下载 primetest.war，如图 4-103 所示。

```
[root@techhost src]# cd apache-tomcat-8.5.41/webapps/
[root@techhost webapps]# ls
docs   examples   host-manager   manager   ROOT
[root@techhost webapps]# wget
https://hcia.obs.cn-north-4.myhuaweicloud.com/v1.5/primetest.war
```

```
[root@techhost src]# cd ./apache-tomcat-8.5.41/webapps/
[root@techhost webapps]# ls
docs  examples  host-manager  manager  ROOT
[root@techhost webapps]#
```

图 4-103　切换到安装目录

安装 primetest.war 成功如图 4-104 所示。

```
[root@techhost webapps]# wget https://hcia.obs.cn-north-4.myhuaweicloud.com/v1.5/primetest.war
--2021-05-11 17:42:25--  https://hcia.obs.cn-north-4.myhuaweicloud.com/v1.5/primetest.war
Resolving hcia.obs.cn-north-4.myhuaweicloud.com (hcia.obs.cn-north-4.myhuaweicloud.com)... 49.4.112.3,
.4.112.92, 49.4.112.91
Connecting to hcia.obs.cn-north-4.myhuaweicloud.com (hcia.obs.cn-north-4.myhuaweicloud.com)|49.4.112.3|
43... connected.
HTTP request sent, awaiting response... 200 OK
Length: 13021441 (12M) [binary/octet-stream]
Saving to: ‘primetest.war’

primetest.war            100%[====================================>]  12.42M  37.8MB/s    in 0.3s

2021-05-11 17:42:26 (37.8 MB/s) - ‘primetest.war’ saved [13021441/13021441]

[root@techhost webapps]#
```

图 4-104　安装 primetest.war 成功

4.8.2　压力测试

配置 Jmeter 依赖的 JDK 环境可使用 SSH 工具登录到另外一台 OpenEuler2 虚拟机，并执行以下命令，安装 JMeter 依赖的 JDK 环境，如图 4-105 所示。

```
[root@techhost webapps]# yum install java-1.8.0-openjdk java-1.8.0-openjdk-devel
```

```
[root@techhost ~]# yum install java-1.8.0-openjdk java-1.8.0-openjdk-devel
Last metadata expiration check: 8:17:37 ago on Sat 08 May 2021 01:22:26 PM CST.
Package java-1.8.0-openjdk-1:1.8.0.242.b08-1.h5.oe1.aarch64 is already installed.
Package java-1.8.0-openjdk-devel-1:1.8.0.242.b08-1.h5.oe1.aarch64 is already installed.
Dependencies resolved.
Nothing to do.
Complete!
```

图 4-105　安装 JMeter 依赖的 JDK 环境

4.8.3　安装 Jmeter

（1）我们进入“/usr/local/src”目录下，并使用 wget 工具下载“apache-jmeter”软件包。

切换安装目录如图 4-106 所示。

```
[root@techhost ~]# cd /usr/local/src/
[root@techhostsrc]#wget
https://hcia.obs.cn-north-4.myhuaweicloud.com/v1.5/apache-jmeter-5.2.1.tgz
```

```
[root@techhost ~]# cd /usr/local/src
[root@techhost src]#
```

图 4-106　切换安装目录

下载“apache-jmeter”软件如图 4-107 所示。

```
[root@techhost src]# wget https://hcia.obs.cn-north-4.myhuaweicloud.com/v1.5/apache-jmeter-5.2.1.tgz
--2021-05-08 21:43:50--  https://hcia.obs.cn-north-4.myhuaweicloud.com/v1.5/apache-jmeter-5.2.1.tgz
Resolving hcia.obs.cn-north-4.myhuaweicloud.com (hcia.obs.cn-north-4.myhuaweicloud.com)... 100.125.80.93
Connecting to hcia.obs.cn-north-4.myhuaweicloud.com (hcia.obs.cn-north-4.myhuaweicloud.com)|100.125.80.93|:443... connected.
HTTP request sent, awaiting response... 200 OK
Length: 62146506 (59M) [binary/octet-stream]
Saving to: 'apache-jmeter-5.2.1.tgz'

apache-jmeter-5.2.1.tgz                    100%[==========================================================================

2021-05-08 21:43:50 (96.9 MB/s) - 'apache-jmeter-5.2.1.tgz' saved [62146506/62146506]
```

图 4-107　下载“apache-jmeter”软件

解压 JMeter 压缩包，如图 4-108 所示。

```
[root@techhost src]# tar -xvf apache-jmeter-5.2.1.tgz
```

```
[root@techhost src]# tar -xvf apache-jmeter-5.2.1.tgz
```

图 4-108　解压 JMeter 压缩包

（2）配置 JDK 和 JMeter 环境变量。

vim /etc/profile，配置 JDK 和 JMeter 环境变量如图 4-109 所示。

```
[root@techhost src]# vi /etc/profile
```

图 4-109　配置 JDK 和 JMeter 环境变量

（3）在倒数第三行插入如下四行内容，然后依次输入“esc”和“:wq”保存修改并退出。修改内容如图 4-110 所示。

```
export JAVA_HOME=/usr/lib/jvm/java-openjdk
export CLASSPATH=.:$JAVA_HOME/lib/dt.jar:$JAVA_HOME/lib/tools.jar
export PATH=$JAVA_HOME/bin:$JAVA_HOME/jre/bin:$PATH
export PATH=$PATH:/usr/local/src/apache-jmeter-5.2.1/bin
```

```
if [ -n "${BASH_VERSION-}" ] ; then
        if [ -f /etc/bashrc ] ; then
                # Bash login shells run only /etc/profile
                # Bash non-login shells run only /etc/bashrc
                # Check for double sourcing is done in /etc/bashrc.
                . /etc/bashrc
                export JAVA_HOME=/usr/lib/jvm/java-openjdk
                export CLASSPATH=.:$JAVA_HOME/lib/dt.jar:$JAVA_HOME/lib/tools.jar
                export PATH=$JAVA_HOME/bin:$JAVA_HOME/jre/bin:$PATH
                export PATH=$PATH:/usr/local/src/apache-jmeter-5.2.1/bin

        fi
fi
```

图 4-110　修改内容

（4）执行以下命令使得环境变量生效。

环境变量生效如图 4-111 所示。

```
source /etc/profile
```

```
[root@techhost src]# source /etc/profile


Welcome to 4.19.90-2003.4.0.0036.oe1.aarch64

System information as of time:  Sat May  8 21:51:38 CST 2021

System load:     0.54
Processes:       140
Memory used:     61.1%
Swap used:       0.0%
Usage On:        18%
IP address:      10.0.0.237
Users online:    1
```

图 4-111　环境变量生效

（5）测试已完成编译的软件。

技术人员进入 JMeter 的测试文件所在目录，并测试。

```
cd /usr/local/src/apache-jmeter-5.2.1/extras/
jmeter -n -t Test.jmx -l test.jtl
```

命令参数说明：

“-n”表示非 GUI 模式，即在非 GUI 模式下运行 JMeter；

“-t”指定测试文件，即要运行的 JMeter 测试脚本文件；

“-l”指定日志文件，即记录结果的文件，如图 4-112 所示。

```
[root@techhost extras]# jmeter -n -t Test.jmx -l test.jtl
May 08, 2021 9:56:57 PM java.util.prefs.FileSystemPreferences$1 run
INFO: Created user preferences directory.
Creating summariser <summary>
Created the tree successfully using Test.jmx
Starting standalone test @ Sat May 08 21:56:58 CST 2021 (1620482218108)
Waiting for possible Shutdown/StopTestNow/HeapDump/ThreadDump message on port 4445
summary +     14 in 00:00:01 =    9.5/s Avg:   217 Min:    113 Max:
  316 Err:     1 (7.14%) Active: 3 Started: 3 Finished: 0
summary +     16 in 00:00:01 =   10.8/s Avg:   238 Min:   122 Max:    354 Err:     1 (6.25%) Active: 0 Started: 3 Finished: 3
summary =     30 in 00:00:03 =   10.2/s Avg:   229 Min:   113 Max:    354 Err:     2 (6.67%)
Tidying up ...    @ Sat May 08 21:57:01 CST 2021 (1620482221499)
... end of run
```

图 4-112　测试已完成编译的软件

回显类似如上信息，则表示 JMeter 单元测试执行成功。

技术人员使用 JMeter 进行测试，使用 wget 命令将“test_01”软件包下载至“/usr/local/src/apache-jmeter-5.2.1/extras”目录下，如图 4-113 所示。

```
cd /usr/local/src/apache-jmeter-5.2.1/extras
wget https://hcia.obs.cn-north-4.myhuaweicloud.com/v1.5/test_01.jmx
```

```
[root@techhost extras]# cd /usr/local/src/apache-jmeter-5.2.1/extras
[root@techhost extras]# wget https://hcia.obs.cn-north-4.myhuaweicloud.com/v1.5/test_01.jmx
--2021-05-08 21:57:44--  https://hcia.obs.cn-north-4.myhuaweicloud.com/v1.5/test_01.jmx
Resolving hcia.obs.cn-north-4.myhuaweicloud.com (hcia.obs.cn-north-4.myhuaweicloud.com)... 100.125.80.29
Connecting to hcia.obs.cn-north-4.myhuaweicloud.com (hcia.obs.cn-north-4.myhuaweicloud.com)|100.125.80.29|:443... connected.
HTTP request sent, awaiting response... 200 OK
Length: 4957 (4.8K) [binary/octet-stream]
Saving to: ‘test_01.jmx’

test_01.jmx                  100%[=====================================================================>]   4.84K  --.-KB/s    in 0s

2021-05-08 21:57:44 (170 MB/s) - ‘test_01.jmx’ saved [4957/4957]
```

图 4-113　JMeter 单元测试执行成功

技术人员修改“test_01”文件中指定的 IP 地址为安装了 Tomcat 虚拟机的 IP 地址。

```
vim test_01.jmx
:set nu
```

进入“test_01”文件如图 4-114 所示。

```
[root@techhost extras]# vi test_01.jmx
```

图 4-114　进入“test_01”文件

修改 IP 地址如图 4-115 所示。

```
        </elementProp>
        <stringProp name="HTTPSampler.domain">193.168.101.207</stringProp>
        <stringProp name="HTTPSampler.port">8080</stringProp>
        <stringProp name="HTTPSampler.protocol">http</stringProp>
        <stringProp name="HTTPSampler.contentEncoding"></stringProp>
        <stringProp name="HTTPSampler.path">/primetest/49851651</stringProp>
        <stringProp name="HTTPSampler.method">GET</stringProp>
        <boolProp name="HTTPSampler.follow_redirects">true</boolProp>
        <boolProp name="HTTPSampler.auto_redirects">false</boolProp>
        <boolProp name="HTTPSampler.use_keepalive">true</boolProp>
        <boolProp name="HTTPSampler.DO_MULTIPART_POST">false</boolProp>
        <stringProp name="HTTPSampler.embedded_url_re"></stringProp>
        <stringProp name="HTTPSampler.connect_timeout"></stringProp>
        <stringProp name="HTTPSampler.response_timeout"></stringProp>
      </HTTPSamplerProxy>
```

图 4-115　修改 IP 地址

执行下列命令进入 JMeter 测试文件所在目录，并执行测试命令。

```
cd /usr/local/src/apache-jmeter-5.2.1/extras/
jmeter -n -t test_01.jmx -l test1.jtl
```

执行测试命令如图 4-116 所示。

```
[root@techhost extras]# cd /usr/local/src/apache-jmeter-5.2.1/extras/
[root@techhost extras]# jmeter -n -t test_01.jmx -l test1.jtl
Creating summariser <summary>
Created the tree successfully using test_01.jmx
Starting standalone test @ Sat May 08 22:05:11 CST 2021 (1620482711184)
Waiting for possible Shutdown/StopTestNow/HeapDump/ThreadDump message on port 4445
summary =   2000 in 00:01:05 =   30.8/s Avg: 31505 Min: 31369 Max: 31975 Err:   2000 (100.00%)
Tidying up ...    @ Sat May 08 22:06:16 CST 2021 (1620482776641)
... end of run
```

图 4-116　执行测试命令

执行 vim test1.jtl 查看测试结果文件，如图 4-117 所示。

```
[root@techhost extras]# vi test1.jtl

timeStamp,elapsed,label,responseCode,responseMessage,threadName,dataType,success,failureMessage,bytes,sentBytes,grpThreads,allThreads,URL,Latency,IdleT
ime,Connect
1620482712196,31379,HTTP,Non HTTP response code: org.apache.http.conn.HttpHostConnectException,Non HTTP response message: Connect to 193.168.101.207:80
80 [/193.168.101.207] failed: Connection timed out (Connection timed out),Thread Group 1-54,text,false,,2657,0,1000,1000,http://193.168.101.207:8080/pr
imetest/49851651,0,0,31379
1620482712195,31386,HTTP,Non HTTP response code: org.apache.http.conn.HttpHostConnectException,Non HTTP response message: Connect to 193.168.101.207:80
80 [/193.168.101.207] failed: Connection timed out (Connection timed out),Thread Group 1-69,text,false,,2657,0,1000,1000,http://193.168.101.207:8080/pr
imetest/49851651,0,0,31386
1620482711986,31595,HTTP,Non HTTP response code: org.apache.http.conn.HttpHostConnectException,Non HTTP response message: Connect to 193.168.101.207:80
80 [/193.168.101.207] failed: Connection timed out (Connection timed out),Thread Group 1-9,text,false,,2657,0,1000,1000,http://193.168.101.207:8080/pri
metest/49851651,0,0,31595
1620482711995,31591,HTTP,Non HTTP response code: org.apache.http.conn.HttpHostConnectException,Non HTTP response message: Connect to 193.168.101.207:80
80 [/193.168.101.207] failed: Connection timed out (Connection timed out),Thread Group 1-52,text,false,,2657,0,1000,1000,http://193.168.101.207:8080/pr
imetest/49851651,0,0,31591
1620482712189,31387,HTTP,Non HTTP response code: org.apache.http.conn.HttpHostConnectException,Non HTTP response message: Connect to 193.168.101.207:80
80 [/193.168.101.207] failed: Connection timed out (Connection timed out),Thread Group 1-190,text,false,,2657,0,1000,1000,http://193.168.101.207:8080/p
rimetest/49851651,0,0,31387
1620482711983,31603,HTTP,Non HTTP response code: org.apache.http.conn.HttpHostConnectException,Non HTTP response message: Connect to 193.168.101.207:80
80 [/193.168.101.207] failed: Connection timed out (Connection timed out),Thread Group 1-13,text,false,,2657,0,1000,1000,http://193.168.101.207:8080/pr
imetest/49851651,0,0,31603
1620482711920,31662,HTTP,Non HTTP response code: org.apache.http.conn.HttpHostConnectException,Non HTTP response message: Connect to 193.168.101.207:80
80 [/193.168.101.207] failed: Connection timed out (Connection timed out),Thread Group 1-84,text,false,,2657,0,1000,1000,http://193.168.101.207:8080/pr
imetest/49851651,0,0,31662
1620482711986,31595,HTTP,Non HTTP response code: org.apache.http.conn.HttpHostConnectException,Non HTTP response message: Connect to 193.168.101.207:80
80 [/193.168.101.207] failed: Connection timed out (Connection timed out),Thread Group 1-33,text,false,,2657,0,1000,1000,http://193.168.101.207:8080/pr
imetest/49851651,0,0,31595
```

图 4-117　查看测试结果文件

4.9 Nginx+应用发布+性能优化综合实验

综合实验步骤如下。

步骤一：购买 ECS 主机，ARM 架构为 2C4G 即可。

步骤二：综合实验。

1. 下载 Nginx src 源码包

（1）下载 Nginx 源码包

安装 Nginx 源码包，如图 4-118 所示。

```
[root@techhost ~]# cd /root/
[root@techhost ~]# wget http://repo.openeuler.org/OpenEuler-20.03-LTS/source/Packages/Nginx-1.16.1- 2.oe1.src.rpm
```

```
[root@techhost ~]# wget http://repo.openeuler.org/openEuler-20.03-LTS/source/Packages/ngin
x-1.16.1-2.oe1.src.rpm
--2021-06-07 14:29:22--  http://repo.openeuler.org/openEuler-20.03-LTS/source/Packages/ngi
nx-1.16.1-2.oe1.src.rpm
Resolving repo.openeuler.org (repo.openeuler.org)... 159.138.11.195
Connecting to repo.openeuler.org (repo.openeuler.org)|159.138.11.195|:80... connected.
HTTP request sent, awaiting response... 200 OK
Length: 1057082 (1.0M) [application/x-redhat-package-manager]
Saving to: 'nginx-1.16.1-2.oe1.src.rpm'

nginx-1.16.1-2.oe1.src 100%[=========================>]   1.01M   823KB/s    in 1.3s

2021-06-07 14:29:23 (823 KB/s) - 'nginx-1.16.1-2.oe1.src.rpm' saved [1057082/1057082]

[root@techhost ~]#
```

图 4-118 安装 Nginx 源码包

（2）解压源码包

解压 Nginx 源码包，如图 4-119 所示。

```
[root@techhost ~]# rpm2cpio Nginx-1.16.1-2.oe1.src.rpm | cpio -div
```

```
[root@techhost ~]# rpm2cpio nginx-1.16.1-2.oe1.src.rpm  | cpio -div
404.html
50x.html
CVE-2019-20372.patch
README.dynamic
UPGRADE-NOTES-1.6-to-1.10
index.html
nginx-1.12.1-logs-perm.patch
nginx-1.16.1.tar.gz
nginx-auto-cc-gcc.patch
nginx-logo.png
nginx-upgrade
nginx-upgrade.8
nginx.conf
nginx.logrotate
nginx.service
nginx.spec
poweredby.png
2102 blocks
[root@techhost ~]#
```

图 4-119 解压 Nginx 源码包

2. 使用 rpmbuild 工具打包

（1）安装 rpmbuild 工具

安装 rpmbuild 工具，如图 4-120 和图 4-121 所示。

```
[root@techhost ~]# dnf install rpm-build rpmdevtools -y
```

```
[root@techhost ~]# dnf install rpm-build rpmdevtools -y
OS                                              609 kB/s | 3.8 kB     00:00
everything                                      478 kB/s | 3.8 kB     00:00
EPOL                                            272 kB/s | 2.9 kB     00:00
debuginfo                                       386 kB/s | 3.8 kB     00:00
source                                          148 kB/s | 2.9 kB     00:00
Dependencies resolved.
================================================================================
 Package             Architecture     Version              Repository     Size
================================================================================
Installing:
 rpm-build           aarch64          4.15.1-12.oe1        OS             93 k
 rpmdevtools         noarch           8.10-8.oe1           OS             66 k
Installing dependencies:
 emacs-filesystem    noarch           1:26.1-12.oe1        OS            7.9 k
 fakeroot            aarch64          1.23-2.oe1           OS             60 k
 patch               aarch64          2.7.6-12.oe1         OS            118 k

Transaction Summary
================================================================================
Install  5 Packages
```

图 4-120 安装 rpmbuild 工具

```
Installed:
  rpm-build-4.15.1-12.oe1.aarch64              rpmdevtools-8.10-8.oe1.noarch
  emacs-filesystem-1:26.1-12.oe1.noarch        fakeroot-1.23-2.oe1.aarch64
  patch-2.7.6-12.oe1.aarch64

Complete!
[root@techhost ~]#
```

图 4-121 安装 rpmbuild 工具

（2）生成 rpmbulid 目录

生成 rpmbulid 目录，如图 4-122 所示。

```
[root@techhost ~]# rpmdev-setuptree
[root@techhost ~]# ls
```

```
[root@techhost ~]# rpmdev-setuptree
[root@techhost ~]# ls
404.html                        nginx-auto-cc-gcc.patch  nginx-upgrade.8
50x.html                        nginx.conf               poweredby.png
CVE-2019-20372.patch            nginx-logo.png           README.dynamic
index.html                      nginx.logrotate          rpmbuild
nginx-1.12.1-logs-perm.patch    nginx.service            UPGRADE-NOTES-1.6-to-1.10
nginx-1.16.1-2.oe1.src.rpm      nginx.spec
nginx-1.16.1.tar.gz             nginx-upgrade
[root@techhost ~]#
```

图 4-122 生成 rpmbulid 目录

（3）把源码包和补丁包以及其他文件放入 rpmbuild 目录，检查是否成功移动过去

检查结果，如图 4-123 所示。

```
[root@techhost ~]# mv Nginx-1.16.1.tar.gz ./rpmbuild/SOURCES/
[root@techhost ~]# ls rpmbuild/SOURCES/
```

```
[root@techhost ~]# ls rpmbuild/SOURCES/
404.html                      nginx-1.16.1.tar.gz        nginx.spec
50x.html                      nginx-auto-cc-gcc.patch    nginx-upgrade
CVE-2019-20372.patch          nginx.conf                 nginx-upgrade.8
index.html                    nginx-logo.png             poweredby.png
nginx-1.12.1-logs-perm.patch  nginx.logrotate            README.dynamic
nginx-1.16.1-2.oe1.src.rpm    nginx.service              UPGRADE-NOTES-1.6-to-1.10
[root@techhost ~]#
```

图 4-123　检查结果

（4）生成 Nginx.spec

生成 Nginx.spec，如图 4-124 所示。

```
[root@techhost ~]# cd ./rpmbuild/SPECS/
[root@techhost SPECS]# ls
[root@techhost SPECS]# rpmdev-newspec Nginx
Nginx.spec created; type minimal, rpm version >= 4.15.
[root@techhost SPECS]# ls
Nginx.spec
[root@techhost SPECS]#
```

```
[root@techhost ~]# cd ./rpmbuild/SPECS/
[root@techhost SPECS]# ls
[root@techhost SPECS]# rpmdev-new
rpmdev-newinit  rpmdev-newspec
[root@techhost SPECS]# rpmdev-newspec nginx
nginx.spec created; type minimal, rpm version >= 4.15.
[root@techhost SPECS]# ls
nginx.spec
[root@techhost SPECS]#
```

图 4-124　生成 Nginx.spec

（5）编写配置 Nginx.spec 文件

```
%global  _hardened_build        1
%global  Nginx_user             Nginx
%undefine _strict_symbol_defs_build
%bcond_with geoip
%global with_gperftools 1
%global with_mailcap_mimetypes 1
%global with_aio 1
Name:                Nginx
Epoch:               1
Version:             1.16.1
Release:             2
Summary:             A HTTP server, reverse proxy and mail proxy server
License:             BSD
URL:                 http://Nginx.org/

Source0:             https://Nginx.org/download/Nginx-%{version}.tar.gz
Source10:            Nginx.service
Source11:            Nginx.logrotate
Source12:            Nginx.conf
```

```
Source13:               Nginx-upgrade
Source14:               Nginx-upgrade.8
Source100:              index.html
Source101:              poweredby.png
Source102:              Nginx-logo.png
Source103:              404.html
Source104:              50x.html
Source200:              README.dynamic
Source210:              UPGRADE-NOTES-1.6-to-1.10

Patch0:                 Nginx-auto-cc-gcc.patch
Patch2:                 Nginx-1.12.1-logs-perm.patch
Patch3:                 CVE-2019-20372.patch
BuildRequires:          gcc openssl-devel pcre-devel zlib-devel systemd gperftools-devel
Requires:               Nginx-filesystem = %{epoch}:%{version}-%{release} openssl pcre
Requires:               Nginx-all-modules = %{epoch}:%{version}-%{release}
%if 0%{?with_mailcap_mimetypes}
Requires:               Nginx-mimetypes
%endif
Requires(pre):          Nginx-filesystem
Requires(post):         systemd
Requires(preun):        systemd
Requires(postun):       systemd
Provides:               webserver

%description
NGINX is a free, open-source, high-performance HTTP server and reverse proxy,
as well as an IMAP/POP3 proxy server.

%package all-modules
Summary:                Nginx modules
BuildArch:              noarch

%if %{with geoip}
Requires:               Nginx-mod-http-geoip = %{epoch}:%{version}-%{release}
%endif
Requires:               Nginx-mod-http-image-filter = %{epoch}:%{version}-%{release}
Requires:               Nginx-mod-http-perl = %{epoch}:%{version}-%{release}
Requires:               Nginx-mod-http-xslt-filter = %{epoch}:%{version}-%{release}
Requires:               Nginx-mod-mail = %{epoch}:%{version}-%{release}
Requires:               Nginx-mod-stream = %{epoch}:%{version}-%{release}

%description all-modules
NGINX is a free, open-source, high-performance HTTP server and reverse proxy,
as well as an IMAP/POP3 proxy server.
This package is a meta package that installs all available Nginx modules.

%package filesystem
Summary:                Filesystem for the Nginx server
```

```
BuildArch:              noarch
Requires(pre):          shadow-utils

%description filesystem
NGINX is a free, open-source, high-performance HTTP server and reverse proxy,
as well as an IMAP/POP3 proxy server.
The package contains the basic directory layout for the Nginx server.

%if %{with geoip}
%package mod-http-geoip
Summary:                HTTP geoip module for Nginx
BuildRequires:          GeoIP-devel
Requires:               Nginx GeoIP

%description mod-http-geoip
The package is the Nginx HTTP geoip module.
%endif

%package mod-http-image-filter
Summary:                HTTP image filter module for Nginx
BuildRequires:          gd-devel
Requires:               Nginx gd

%description mod-http-image-filter
Nginx HTTP image filter module.

%package mod-http-perl
Summary:                HTTP perl module for Nginx
BuildRequires:          perl-devel perl(ExtUtils::Embed)
Requires:               Nginx   perl(constant)
Requires:               perl(:MODULE_COMPAT_%(eval "`%{__perl} -V:version`"; echo $version))

%description mod-http-perl
Nginx HTTP perl module.

%package mod-http-xslt-filter
Summary:                XSLT module for Nginx
BuildRequires:          libxslt-devel
Requires:               Nginx

%description mod-http-xslt-filter
Nginx XSLT module.

%package mod-mail
Summary:                mail modules for Nginx
Requires:               Nginx

%description mod-mail
Nginx mail modules
```

```
%package mod-stream
Summary:            stream modules for Nginx
Requires:           Nginx

%description mod-stream
Nginx stream modules.

%package_help

%prep
%autosetup -n %{name}-%{version} -p1
cp %{SOURCE200} %{SOURCE210} %{SOURCE10} %{SOURCE12} .

%build
export DESTDIR=%{buildroot}
Nginx_ldopts="$RPM_LD_FLAGS -Wl,-E"
if ! ./configure \
    --prefix=%{_datadir}/Nginx --sbin-path=%{_sbindir}/Nginx
    --modules-path=%{_libdir}/Nginx/modules \
    --conf-path=%{_sysconfdir}/Nginx/Nginx.conf
    --error-log-path=%{_localstatedir}/log/Nginx/error.log \
    --http-log-path=%{_localstatedir}/log/Nginx/access.log \
    --http-client-body-temp-path=%{_localstatedir}/lib/Nginx/tmp/client_body \
    --http-fastcgi-temp-path=%{_localstatedir}/lib/Nginx/tmp/fastcgi \
    --http-proxy-temp-path=%{_localstatedir}/lib/Nginx/tmp/proxy \
    --http-scgi-temp-path=%{_localstatedir}/lib/Nginx/tmp/scgi \
    --http-uwsgi-temp-path=%{_localstatedir}/lib/Nginx/tmp/uwsgi \
    --pid-path=/run/Nginx.pid --lock-path=/run/lock/subsys/Nginx \
    --user=%{Nginx_user} --group=%{Nginx_user} \
%if 0%{?with_aio}
    --with-file-aio \
%endif
    --with-ipv6 --with-http_ssl_module --with-http_v2_module --with-http_realip_module \
    --with-http_addition_module --with-http_xslt_module=dynamic
    --with-http_image_filter_module=dynamic \
%if %{with geoip}
    --with-http_geoip_module=dynamic \
%endif
    --with-http_sub_module --with-http_dav_module --with-http_flv_module
    --with-http_mp4_module \
    --with-http_gunzip_module --with-http_gzip_static_module
    --with-http_random_index_module \
    --with-http_secure_link_module --with-http_degradation_module --with-http_slice_module \
    --with-http_perl_module=dynamic --with-http_auth_request_module \
    --with-mail=dynamic --with-mail_ssl_module --with-pcre --with-pcre-jit
    --with-stream=dynamic \
    --with-stream_ssl_module --with-google_perftools_module --with-debug \
    --with-cc-opt="%{optflags} $(pcre-config --cflags)" --with-ld-opt="$Nginx_ldopts"; then
```

```
    : configure failed
    cat objs/autoconf.err
    exit 1
fi

%make_build


%install
%make_install INSTALLDIRS=vendor

find %{buildroot} -type f -empty -exec rm -f '{}' \;
find %{buildroot} -type f -name .packlist -exec rm -f '{}' \;
find %{buildroot} -type f -name perllocal.pod -exec rm -f '{}' \;
find %{buildroot} -type f -iname '*.so' -exec chmod 0755 '{}' \;

pushd %{buildroot}
install -p -D -m 0644 %{_builddir}/Nginx-%{version}/Nginx.service .%{_unitdir}/Nginx.service
install -p -D -m 0644 %{SOURCE11} .%{_sysconfdir}/logrotate.d/Nginx
install -p -d -m 0755 .%{_sysconfdir}/systemd/system/Nginx.service.d
install -p -d -m 0755 .%{_unitdir}/Nginx.service.d
install -p -d -m 0755 .%{_sysconfdir}/Nginx/conf.d
install -p -d -m 0755 .%{_sysconfdir}/Nginx/default.d
install -p -d -m 0700 .%{_localstatedir}/lib/Nginx
install -p -d -m 0700 .%{_localstatedir}/lib/Nginx/tmp
install -p -d -m 0700 .%{_localstatedir}/log/Nginx
install -p -d -m 0755 .%{_datadir}/Nginx/html
install -p -d -m 0755 .%{_datadir}/Nginx/modules
install -p -d -m 0755 .%{_libdir}/Nginx/modules
install -p -m 0644 %{_builddir}/Nginx-%{version}/Nginx.conf .%{_sysconfdir}/Nginx
install -p -m 0644 %{SOURCE100} .%{_datadir}/Nginx/html
install -p -m 0644 %{SOURCE101} %{SOURCE102} .%{_datadir}/Nginx/html
install -p -m 0644 %{SOURCE103} %{SOURCE104} .%{_datadir}/Nginx/html

%if 0%{?with_mailcap_mimetypes}
rm -f .%{_sysconfdir}/Nginx/mime.types
%endif

install -p -D -m 0644 %{_builddir}/Nginx-%{version}/man/Nginx.8 .%{_mandir}/man8/Nginx.8
install -p -D -m 0755 %{SOURCE13} .%{_bindir}/Nginx-upgrade
install -p -D -m 0644 %{SOURCE14} .%{_mandir}/man8/Nginx-upgrade.8
popd

for i in ftdetect indent syntax; do
    install -p -D -m644
    contrib/vim/${i}/Nginx.vim %{buildroot}%{_datadir}/vim/vimfiles/${i}/Nginx.vim
done

%if %{with geoip}
```

```
echo 'load_module "%{_libdir}/Nginx/modules/ngx_http_geoip_module.so";' \
> %{buildroot}%{_datadir}/Nginx/modules/mod-http-geoip.conf
%endif

pushd %{buildroot}
echo 'load_module "%{_libdir}/Nginx/modules/ngx_http_image_filter_module.so";' \
> .%{_datadir}/Nginx/modules/mod-http-image-filter.conf
echo 'load_module "%{_libdir}/Nginx/modules/ngx_http_perl_module.so";' \
> .%{_datadir}/Nginx/modules/mod-http-perl.conf
echo 'load_module "%{_libdir}/Nginx/modules/ngx_http_xslt_filter_module.so";' \
> .%{_datadir}/Nginx/modules/mod-http-xslt-filter.conf
echo 'load_module "%{_libdir}/Nginx/modules/ngx_mail_module.so";' \
> .%{_datadir}/Nginx/modules/mod-mail.conf
echo 'load_module "%{_libdir}/Nginx/modules/ngx_stream_module.so";' \
> .%{_datadir}/Nginx/modules/mod-stream.conf
popd

%pre filesystem
getent group %{Nginx_user} > /dev/null || groupadd -r %{Nginx_user}
getent passwd %{Nginx_user} > /dev/null || useradd -r -d %{_localstatedir}/lib/Nginx
    -g %{Nginx_user} \
    -s /sbin/nologin -c "Nginx web server" %{Nginx_user}
exit 0

%post
%systemd_post Nginx.service

%if %{with geoip}
%post mod-http-geoip
if [ $1 -eq 1 ]; then
    systemctl reload Nginx.service >/dev/null 2>&1 || :
fi
%endif

%post mod-http-image-filter
if [ $1 -eq 1 ]; then
    systemctl reload Nginx.service >/dev/null 2>&1 || :
fi

%post mod-http-perl
if [ $1 -eq 1 ]; then
    systemctl reload Nginx.service >/dev/null 2>&1 || :
fi

%post mod-http-xslt-filter
if [ $1 -eq 1 ]; then
    systemctl reload Nginx.service >/dev/null 2>&1 || :
fi
```

```
%post mod-mail
if [ $1 -eq 1 ]; then
    systemctl reload Nginx.service >/dev/null 2>&1 || :
fi

%post mod-stream
if [ $1 -eq 1 ]; then
    systemctl reload Nginx.service >/dev/null 2>&1 || :
fi

%preun
%systemd_preun Nginx.service

%postun
%systemd_postun Nginx.service
if [ $1 -ge 1 ]; then
    /usr/bin/Nginx-upgrade >/dev/null 2>&1 || :
fi

%files
%defattr(-,root,root)
%license LICENSE
%config(noreplace) %{_sysconfdir}/Nginx/*
%config(noreplace) %{_sysconfdir}/logrotate.d/Nginx
%exclude %{_sysconfdir}/Nginx/conf.d
%exclude %{_sysconfdir}/Nginx/default.d
%if 0%{?with_mailcap_mimetypes}
%exclude %{_sysconfdir}/Nginx/mime.types
%endif
%{_bindir}/Nginx-upgrade
%{_sbindir}/Nginx
%dir %{_libdir}/Nginx/modules
%attr(770,%{Nginx_user},root) %dir %{_localstatedir}/lib/Nginx
%attr(770,%{Nginx_user},root) %dir %{_localstatedir}/lib/Nginx/tmp
%{_unitdir}/Nginx.service
%{_datadir}/Nginx/html/*
%{_datadir}/vim/vimfiles/ftdetect/Nginx.vim
%{_datadir}/vim/vimfiles/syntax/Nginx.vim
%{_datadir}/vim/vimfiles/indent/Nginx.vim
%attr(770,%{Nginx_user},root) %dir %{_localstatedir}/log/Nginx

%files all-modules

%files filesystem
%dir %{_sysconfdir}/Nginx
%dir %{_sysconfdir}/Nginx/{conf.d,default.d}
%dir %{_sysconfdir}/systemd/system/Nginx.service.d
%dir %{_unitdir}/Nginx.service.d
%dir %{_datadir}/Nginx
```

```
%dir %{_datadir}/Nginx/html

%if %{with geoip}
%files mod-http-geoip
%{_libdir}/Nginx/modules/ngx_http_geoip_module.so
%{_datadir}/Nginx/modules/mod-http-geoip.conf
%endif

%files mod-http-image-filter
%{_libdir}/Nginx/modules/ngx_http_image_filter_module.so
%{_datadir}/Nginx/modules/mod-http-image-filter.conf

%files mod-http-perl
%{_libdir}/Nginx/modules/ngx_http_perl_module.so
%{_datadir}/Nginx/modules/mod-http-perl.conf
%dir %{perl_vendorarch}/auto/Nginx
%{perl_vendorarch}/Nginx.pm
%{perl_vendorarch}/auto/Nginx/Nginx.so

%files mod-http-xslt-filter
%{_libdir}/Nginx/modules/ngx_http_xslt_filter_module.so
%{_datadir}/Nginx/modules/mod-http-xslt-filter.conf

%files mod-mail
%{_libdir}/Nginx/modules/ngx_mail_module.so
%{_datadir}/Nginx/modules/mod-mail.conf

%files mod-stream
%{_libdir}/Nginx/modules/ngx_stream_module.so
%{_datadir}/Nginx/modules/mod-stream.conf

%files help
%defattr(-,root,root)
%doc CHANGES README README.dynamic
%{_mandir}/man3/Nginx.3pm*
%{_mandir}/man8/Nginx.8*
%{_mandir}/man8/Nginx-upgrade.8*

%changelog
* Wed Mar 18 2020 yuxiangyang <yuxiangyang4@huawei.com> - 1:1.16.1-2
- delete http_stub_status_module.This configuration creates a simple
  web page with basic status data,but it will affect cpu scale-out because
  it use atomic cas.

* Mon Mar 16 2020 likexin <likexin4@huawei.com> - 1:1.16.1-1
- update to 1.16.1

* Mon Mar 16 2020 OpenEuler Buildteam <buildteam@openeuler.org> - 1:1.12.1-17
- Type:bugfix
```

```
- ID:NA
- SUG:restart
- DESC: fix CVE-2019-20372

* Sat Dec 28 2019 OpenEuler Buildteam <buildteam@openeuler.org> - 1:1.12.1-16
- Type:bugfix
- ID:NA
- SUG:NA
- DESC: add the with_mailcap_mimetypes

* Wed Dec 4 2019 OpenEuler Buildteam <buildteam@openeuler.org> - 1:1.12.1-15
- Package init
```

安装需要的相关依赖，然后使用命令 rpmbulid 生产 rpm 包，生成包检查，如图 4-125、图 4-126 和图 4-127 所示。

```
[root@techhost SPECS]#yum -y install gd-devel gperftools-devel libxslt-devel openssl-devel
pcre-devel zlib-devel
[root@techhost SPECS]#yum install -y gdb
[root@techhost SPECS]#rpmbuild -ba Nginx.spec
[root@techhost SPECS]#ls rpmbulid/RPMS/aarch64/
```

```
[root@techhost SPECS]# rpmbuild -ba nginx.spec
```

图 4-125　生成 rpm 包

```
Provides: debuginfo(build-id) = 079fe59c8b2c34d6da8867efa102d79a748a671b debuginfo(build-id) = 6
3e094bbfe803a62ebdca269920f66d990823860 debuginfo(build-id) = 90c168951ff87a289a861f4e0bda76bdcc
0d4ac6 debuginfo(build-id) = ab84cfa4b01d4486ec3e6ca83d52d668c28f710b debuginfo(build-id) = b01e
a37261defe6bd1ca214a2064f514b2fe668e debuginfo(build-id) = bbeb592c0383456385878b5f7d2c0d08cf867
d88 debuginfo(build-id) = d789428b62b7dd5754e4e056de486dd5ae0b1705 nginx-debuginfo = 1:1.16.1-2
nginx-debuginfo(aarch-64) = 1:1.16.1-2
Requires(rpmlib): rpmlib(CompressedFileNames) <= 3.0.4-1 rpmlib(FileDigests) <= 4.6.0-1 rpmlib(P
ayloadFilesHavePrefix) <= 4.0-1
Recommends: nginx-debugsource(aarch-64) = 1:1.16.1-2
Processing files: nginx-debugsource-1.16.1-2.aarch64
Provides: nginx-debugsource = 1:1.16.1-2 nginx-debugsource(aarch-64) = 1:1.16.1-2
Requires(rpmlib): rpmlib(CompressedFileNames) <= 3.0.4-1 rpmlib(FileDigests) <= 4.6.0-1 rpmlib(P
ayloadFilesHavePrefix) <= 4.0-1
Checking for unpackaged file(s): /usr/lib/rpm/check-files /root/rpmbuild/BUILDROOT/nginx-1.16.1-
2.aarch64
Wrote: /root/rpmbuild/SRPMS/nginx-1.16.1-2.src.rpm
Wrote: /root/rpmbuild/RPMS/aarch64/nginx-1.16.1-2.aarch64.rpm
Wrote: /root/rpmbuild/RPMS/noarch/nginx-all-modules-1.16.1-2.noarch.rpm
Wrote: /root/rpmbuild/RPMS/noarch/nginx-filesystem-1.16.1-2.noarch.rpm
Wrote: /root/rpmbuild/RPMS/aarch64/nginx-mod-http-image-filter-1.16.1-2.aarch64.rpm
Wrote: /root/rpmbuild/RPMS/aarch64/nginx-mod-http-perl-1.16.1-2.aarch64.rpm
Wrote: /root/rpmbuild/RPMS/aarch64/nginx-mod-http-xslt-filter-1.16.1-2.aarch64.rpm
Wrote: /root/rpmbuild/RPMS/aarch64/nginx-mod-mail-1.16.1-2.aarch64.rpm
Wrote: /root/rpmbuild/RPMS/aarch64/nginx-mod-stream-1.16.1-2.aarch64.rpm
Wrote: /root/rpmbuild/RPMS/noarch/nginx-help-1.16.1-2.noarch.rpm
Wrote: /root/rpmbuild/RPMS/aarch64/nginx-debuginfo-1.16.1-2.aarch64.rpm
Wrote: /root/rpmbuild/RPMS/aarch64/nginx-debugsource-1.16.1-2.aarch64.rpm
Executing(%clean): /bin/sh -e /var/tmp/rpm-tmp.FNYpNw
+ umask 022
+ cd /root/rpmbuild/BUILD
+ cd nginx-1.16.1
+ /usr/bin/rm -rf /root/rpmbuild/BUILDROOT/nginx-1.16.1-2.aarch64
+ RPM_EC=0
++ jobs -p
+ exit 0
```

图 4-126　生成 rpm 包

```
[root@techhost ~]# ll rpmbuild/RPMS/aarch64/
total 2.8M
-rw------- 1 root root 480K May 12 11:08 nginx-1.16.1-2.aarch64.rpm
-rw------- 1 root root 1.5M May 12 11:08 nginx-debuginfo-1.16.1-2.aarch64.rpm
-rw------- 1 root root 647K May 12 11:08 nginx-debugsource-1.16.1-2.aarch64.rpm
-rw------- 1 root root  17K May 12 11:08 nginx-mod-http-image-filter-1.16.1-2.aarch64.rpm
-rw------- 1 root root  26K May 12 11:08 nginx-mod-http-perl-1.16.1-2.aarch64.rpm
-rw------- 1 root root  16K May 12 11:08 nginx-mod-http-xslt-filter-1.16.1-2.aarch64.rpm
-rw------- 1 root root  45K May 12 11:08 nginx-mod-mail-1.16.1-2.aarch64.rpm
-rw------- 1 root root  69K May 12 11:08 nginx-mod-stream-1.16.1-2.aarch64.rpm
[root@techhost ~]#
```

图 4-127 生成 rpm 包

3. 安装 Nginx

（1）使用命令安装，并检查安装是否成功

安装及结果，如图 4-128 所示。

```
[root@techhost SPECS]#cd /root
[root@techhost ~]#rpm -ivh rpmbuild/RPMS/aarch64/Nginx-1.16.1-2.aarch64.rpm --nodeps
--force
[root@techhost ~]#rpm -q Nginx
```

```
[root@techhost ~]# rpm -ivh rpmbuild/RPMS/aarch64/nginx-1.16.1-2.aarch64.rpm --nodeps --fo
rce
Verifying...                          ################################# [100%]
Preparing...                          ################################# [100%]
Updating / installing...
   1:nginx-1:1.16.1-2                 ################################# [100%]
warning: user nginx does not exist - using root
warning: user nginx does not exist - using root
warning: user nginx does not exist - using root
[root@techhost ~]#
[root@techhost ~]# rpm -qa nginx
nginx-1.16.1-2.aarch64
[root@techhost ~]#
```

图 4-128 安装并检查安装是否成功

（2）启动 Nginx

```
[root@techhost ~]#cd /usr/sbin
[root@techhost bin]#./Nginx
```

（3）报错添加

报错添加，如图 4-129 所示。

```
[root@techhost sbin]# ./nginx
nginx: [emerg] getpwnam("nginx") faild in /etc/nginx/nginx.conf:5
```

图 4-129 报错添加

```
[root@techhost bin]#useradd -s /sbin/nologin -M Nginx
[root@techhost bin]#id Nginx
[root@techhost bin]#systemctl start Nginx
[root@techhost bin]#systemctl status Nginx
[root@techhost bin]#systemctl enable Nginx
```

（4）输入公网 IP，默认端口 80

编译成功，如图 4-130 所示。

```
http://124.70.55.82
```

图 4-130　编译成功

自此，编译部署 Nginx 成功。

4．编写 java 应用

（1）使用命令构建工程骨架

```
[root@techhost bin]# cd /root
[root@techhost ~]# mvn archetype:generate
```

构建过程当中出现：出现提示，groupId，artfactId，version 及包名，输入如下内容并确定，如图 4-131 所示。

```
Define value for property 'groupId': com.example
Define value for property 'artifactId': huaweidemo
[INFO] Using property: version = 1.0-SNAPSHOT
Define value for property 'package' com.example::
Confirm properties configuration:
groupId: com.example
artifactId: huaweidemo
version: 1.0-SNAPSHOT
package: com.example
```

```
Choose a number or apply filter (format: [groupId:]artifactId, case sensitive contains): 1776:
Choose org.apache.maven.archetypes:maven-archetype-quickstart version:
1: 1.0-alpha-1
2: 1.0-alpha-2
3: 1.0-alpha-3
4: 1.0-alpha-4
5: 1.0
6: 1.1
7: 1.3
8: 1.4
Choose a number: 8:
Define value for property 'groupId':  com.example
Define value for property 'artifactId': huaweidemo
Define value for property 'version' 1.0-SNAPSHOT: : version = 1.0-SNAPSHOT
Define value for property 'package'  com.example: :
Confirm properties configuration:
groupId:  com.example
artifactId: huaweidemo
version: version = 1.0-SNAPSHOT
package:  com.example
 Y: :
```

图 4-131　构建工程骨架

若执行 mvn 命令时报错-bash: mvn: command not found，则执行以下步骤进行 mvn 配置，如图 4-132 所示。

```
[root@techhost ~]#wget
http://mirrors.cnnic.cn/apache/maven/maven-3/3.5.4/binaries/apache-maven-3.5.4-bin.tar.gz
```

```
[root@techhost ~]# wget http://mirrors.cnnic.cn/apache/maven/maven-3/3.5.4/binaries/apache-maven-3.5.4-bin.
tar.gz
--2021-05-12 11:46:38--  http://mirrors.cnnic.cn/apache/maven/maven-3/3.5.4/binaries/apache-maven-3.5.4-bin
.tar.gz
Resolving mirrors.cnnic.cn (mirrors.cnnic.cn)... 101.6.8.193, 2402:f000:1:408:8100::1
Connecting to mirrors.cnnic.cn (mirrors.cnnic.cn)|101.6.8.193|:80... connected.
HTTP request sent, awaiting response... 200 OK
Length: 8842660 (8.4M) [application/x-gzip]
Saving to: 'apache-maven-3.5.4-bin.tar.gz'

apache-maven-3.5.4-bin.tar 100%[=======================================>]   8.43M  2.30MB/s    in 3.7s

2021-05-12 11:46:42 (2.30 MB/s) - 'apache-maven-3.5.4-bin.tar.gz' saved [8842660/8842660]
```

图 4-132　下载 Maven 示意

解压 Maven，如图 4-133 所示。

```
[root@techhost ~]#tar -zxvf apache-maven-3.5.4-bin.tar.gz
```

```
[root@techhost ~]# tar -zxvf apache-maven-3.5.4-bin.tar.gz
apache-maven-3.5.4/README.txt
apache-maven-3.5.4/LICENSE
apache-maven-3.5.4/NOTICE
apache-maven-3.5.4/lib/
apache-maven-3.5.4/lib/cdi-api.license
apache-maven-3.5.4/lib/commons-cli.license
apache-maven-3.5.4/lib/commons-io.license
apache-maven-3.5.4/lib/commons-lang3.license
apache-maven-3.5.4/lib/jcl-over-slf4j.license
apache-maven-3.5.4/lib/jsr250-api.license
apache-maven-3.5.4/lib/maven-artifact.license
apache-maven-3.5.4/lib/maven-builder-support.license
apache-maven-3.5.4/lib/maven-compat.license
apache-maven-3.5.4/lib/maven-core.license
apache-maven-3.5.4/lib/maven-embedder.license
```

图 4-133　解压 Maven 示意

配置环境变量如图 4-134 所示。

```
[root@techhost ~]#vim /etc/profile
#增加如下俩列
export MAVEN_HOME=/root/apache-maven-3.5.4
export PATH=$MAVEN_HOME/bin:$PATH
```

```
if [ -n "${BASH_VERSION-}" ] ; then
        if [ -f /etc/bashrc ] ; then
                # Bash login shells run only /etc/profile
                # Bash non-login shells run only /etc/bashrc
                # Check for double sourcing is done in /etc/bashrc.
                . /etc/bashrc
                export MAVEN_HOME=/root/apache-maven-3.5.4
                export PATH=$MAVEN_HOME/bin:$PATH
        fi
fi
-- INSERT --                                                        84,25-39      Bot
```

图 4-134　配置环境变量

配置文件生效，如图 4-135 所示。

```
[root@techhost ~]#source /etc/profile
[root@techhost ~]#mvn -version
```

```
[root@techhost ~]# source /etc/profile


Welcome to 4.19.90-2003.4.0.0036.oe1.aarch64

System information as of time:  Wed May 12 11:55:54 CST 2021

System load:    0.00
Processes:      113
Memory used:    10.5%
Swap used:      0.0%
Usage On:       10%
IP address:     10.0.0.54
Users online:   1
```

图 4-135　配置文件生效示意

Maven 安装检验，如图 4-136 所示。

```
[root@techhost ~]# mvn -version
Apache Maven 3.5.4 (1edded0938998edf8bf061f1ceb3cfdeccf443fe; 2018-06-18T02:33:14+08:00)
Maven home: /root/apache-maven-3.5.4
Java version: 1.8.0_242, vendor: Huawei Technologies Co., Ltd, runtime: /usr/lib/jvm/java-1.8.0-openjdk-1.8.0.242.b08-1.h5.oe1.aarch64/jre
Default locale: en_US, platform encoding: UTF-8
OS name: "linux", version: "4.19.90-2003.4.0.0036.oe1.aarch64", arch: "aarch64", family: "unix"
[root@techhost ~]#
```

图 4-136　Maven 安装检验

（2）使用 Spring Boot 框架编写一个简单的校验功能及上传功能

最终目录结构，如图 4-137 所示。

```
.
├── pom.xml
└── src
    └── main
        ├── java
        │   └── com
        │       └── example
        │           └── huaweidemo
        │               ├── control
        │               │   ├── FileUploadController.java
        │               │   └── WebConller.java
        │               ├── HuaweidemoApplication.java
        │               ├── personValidating
        │               │   └── PersonForm.java
        │               └── storage
        │                   ├── FileSystemStorageService.java
        │                   ├── StorageException.java
        │                   ├── StorageFileNotFoundException.java
        │                   ├── StorageProperties.java
        │                   └── StorageService.java
        └── resources
            ├── application.properties
            └── templates
                ├── form.html
                ├── result.html
                └── uploadForm.html
```

图 4-137　最终目录结构

使用以下命令按照上图的信息创建目录。

```
[root@techhost ~]# rm -rf ./huaweidemo/src/test
[root@techhost ~]# rm -rf ./huaweidemo/src/main/java/' com'/example/App.java
[root@techhost ~]# cd ./huaweidemo/src/main/java/com/example
[root@techhost example]#mkdir huaweidemo
[root@techhost example]#cd huaweidemo/
[root@techhost huaweidemo]#mkdir control personValidating storage
[root@techhost huaweidemo]# cd storage
[root@techhost storage]# touch FileSystemStorageService.java StorageException.java
StorageFileNotFoundException.java StorageProperties.java StorageService.java
[root@techhost storage]# cd ../control/
[root@techhost control]#touch FileUploadController.java WebConller.java
[root@techhost control]#cd ../personValidating/
[root@techhost personValidating]#touch PersonForm.java
[root@techhost personValidating]# cd ..
[root@techhost huaweidemo]# touch HuaweidemoApplication.java
```

修改 pom.xml 文件具体代码主要内容如下。

```
[root@techhost huaweidemo]# vim /root/huaweidemo/pom.xml
<?xml version="1.0" encoding="UTF-8"?>
<project xmlns="http://maven.apache.org/POM/4.0.0"
xmlns:xsi="http://www.w3.org/2001/XMLSchema-instance"
xsi:schemaLocation="http://maven.apache.org/POM/4.0.0
https://maven.apache.org/xsd/maven-
4.0.0.xsd">
<modelVersion>4.0.0</modelVersion>
<parent>
<groupId>org.springframework.boot</groupId>
<artifactId>spring-boot-starter-parent</artifactId>
<version>2.3.3.RELEASE</version>
<relativePath/><!-- lookup parent from repository -->
</parent>
<groupId>com.example</groupId>
<artifactId>huaweidemo</artifactId>
<version>0.0.1-SNAPSHOT</version>
<name>huaweidemo</name>
<description>Demo project for Spring Boot</description>
<properties>
<java.version>1.8</java.version>
</properties>
<dependencies>
<dependency>
<groupId>org.springframework.boot</groupId>
<artifactId>spring-boot-starter-validation</artifactId>
</dependency>
<dependency>
```

```
<groupId>org.springframework.boot</groupId>
<artifactId>spring-boot-starter-thymeleaf</artifactId>
</dependency>
<dependency>
<groupId>org.springframework.boot</groupId>
<artifactId>spring-boot-starter-web</artifactId>
</dependency>
<dependency>
<groupId>org.springframework.boot</groupId>
<artifactId>spring-boot-starter-test</artifactId>
<scope>test</scope>
<exclusions>
<exclusion>
<groupId>org.junit.vintage</groupId>
<artifactId>junit-vintage-engine</artifactId>
</exclusion>
</exclusions>
</dependency>
<dependency>
<groupId>net.bytebuddy</groupId>
<artifactId>byte-buddy</artifactId>
</dependency>
<dependency>
<groupId>org.assertj</groupId>
<artifactId>assertj-core</artifactId>
</dependency>
<dependency>
<groupId>javax.validation</groupId>
<artifactId>validation-api</artifactId>
<version>2.0.1.Final</version>
</dependency>
<dependency>
<groupId>org.springframework.boot</groupId>
<artifactId>spring-boot-starter-thymeleaf</artifactId>
</dependency>
</dependencies>
<build>
<plugins>
<plugin>
<groupId>org.springframework.boot</groupId>
<artifactId>spring-boot-maven-plugin</artifactId>
</plugin>
</plugins>
</build>
</project>
```

编写 HuaweidemoApplication.java 代码。

```
[root@techhost huaweidemo]# vim HuaweidemoApplication.java
package com.example.huaweidemo;
import com.example.huaweidemo.storage.StorageProperties;
import com.example.huaweidemo.storage.StorageService;
import org.springframework.boot.CommandLineRunner;
import org.springframework.boot.SpringApplication;
import org.springframework.boot.autoconfigure.SpringBootApplication;
import org.springframework.boot.autoconfigure.domain.EntityScan;
import org.springframework.boot.context.properties.EnableConfigurationProperties;
import org.springframework.context.annotation.Bean;
import org.springframework.context.annotation.ComponentScan;
import org.springframework.context.annotation.Configuration;
@SpringBootApplication
@EntityScan("com.example.huaweidemo.personvalidating")
//@ComponentScan(basePackages = "com.example.huaweidemo.control.*")
@EnableConfigurationProperties(StorageProperties.class)
public class HuaweidemoApplication {
public static void main(String[] args) {
SpringApplication.run(HuaweidemoApplication.class, args);
}
@Bean
CommandLineRunner init(StorageService storageService) {
return (args) -> {
storageService.deleteAll();
storageService.init();
};
}
}
```

编写 control 目录下的 WebConller.java 代码，如下。

```
[root@techhost huaweidemo]# vim control/WebConller.java
package com.example.huaweidemo.control;
import com.example.huaweidemo.personvalidating.PersonForm;
import org.springframework.stereotype.Controller;
import org.springframework.validation.BindingResult;
import org.springframework.web.bind.annotation.GetMapping;
import org.springframework.web.bind.annotation.PostMapping;
import org.springframework.web.servlet.config.annotation.ViewControllerRegistry;
import org.springframework.web.servlet.config.annotation.WebMvcConfigurer;
import javax.validation.Valid;
@Controller
public class WebConller implements WebMvcConfigurer {
@Override
public void addViewControllers(ViewControllerRegistry registry) {
registry.addViewController("/result").setViewName("result");
```

```
}
@GetMapping("/")
public String showForm(PersonForm personForm) {
return "form";
}
@PostMapping("/")
public String checkPersonInfo(@Valid PersonForm personForm, BindingResult bindingResult) {
return bindingResult.hasErrors() ? "form": "redirect:/result";
}
}
```

编写 personValidating 目录下的 PersonForm.java 代码如下。

```
[root@techhost huaweidemo]# vim personValidating/PersonForm.java
package com.example.huaweidemo.personvalidating;
import javax.validation.constraints.Min;
import
javax.validation.constraints.NotNull;
import javax.validation.constraints.Size;
public class PersonForm {
@NotNull
@Size(min=2,max=30)
private String name;
@NotNull
@Min(18)
private Integer age;
public String getName() {
return name;
}
public void setName(String name) {
this.name = name;
}
public Integer getAge() {
return age;
}
public void setAge(Integer age) {
this.age = age;
}
@Override
public String toString() {
return "PersonForm{" +
"name='" + name + '\'' +
", age=" + age +
'}';
}
}
```

在 storage 下编写处理代码 FileSystemStorageService.java。

```
[root@techhost huaweidemo]# vim storage/FileSystemStorageService.java
package com.example.huaweidemo.storage;
import org.springframework.beans.factory.annotation.Autowired;
import org.springframework.core.io.Resource;
import org.springframework.core.io.UrlResource;
import org.springframework.stereotype.Service;
import org.springframework.util.FileSystemUtils;
import org.springframework.web.multipart.MultipartFile;
import java.io.IOException;
import java.io.InputStream;
import java.net.MalformedURLException;
import java.nio.file.Files;
import java.nio.file.Path;
import java.nio.file.Paths;
import java.nio.file.StandardCopyOption;
import java.util.stream.Stream;
@Service
public class FileSystemStorageService implements StorageService{
private final Path rootLocation;
@Autowired
public FileSystemStorageService(StorageProperties properties) {
this.rootLocation = Paths.get(properties.getLocation());
}
@Override
public void init() {
try {
Files.createDirectories(rootLocation);
}catch (IOException E) {
throw new StorageException("Could not initalize storager",E);
}
}
@Override
public void store(MultipartFile file) {
try {
if (file.isEmpty()){
throw new StorageException("Failed to store empty file");
}
Path destinationFile =
this.rootLocation.resolve(Paths.get(file.getOriginalFilename())).normalize().toAbsolutePath();
if (!destinationFile.getParent().equals(this.rootLocation.toAbsolutePath())) {
throw new StorageException( "cantnot store file outside current directory");
}
try (InputStream inputStream = file.getInputStream()){
Files.copy(inputStream,destinationFile, StandardCopyOption.REPLACE_EXISTING);
```

```
}
}catch (IOException e) {
throw new StorageException("Failed to store file",e);
}
}
@Override
public Stream<Path> loadAll() {
try {
return Files.walk(this.rootLocation,1).filter(path
-> !path.equals(this.rootLocation)).map(this.rootLocation::relativize);
}catch (IOException e) {
throw new StorageException("Failed to read stored files ",e);
}
}
@Override
public Path load(String filename) {
return rootLocation.resolve(filename);
}
@Override
public Resource loadAsResource(String filename) {
try {
Path file = load(filename);
Resource resource = new UrlResource(file.toUri());
if (resource.exists() || resource.isReadable()) {
return resource;
}else {
throw new StorageFileNotFoundException("Could not read file:" +filename);
}
}catch (MalformedURLException e){
throw new StorageFileNotFoundException("Could not read file:"+ filename, e);
}
}
@Override
public void deleteAll() {
FileSystemUtils.deleteRecursively(rootLocation.toFile());
}
}
```

编写 storage 目录下的 StorageService.java 代码如下。

```
package com.example.huaweidemo.storage;
import org.springframework.core.io.Resource;
import org.springframework.web.multipart.MultipartFile;
import java.nio.file.Path;
import java.util.stream.Stream;
public interface StorageService {
void init();
```

```
void store(MultipartFile file);
Stream<Path> loadAll();
Path load(String filename);
Resource loadAsResource(String filename);
void deleteAll();
}
```

编写 storage 目录下的 StorageProperties.java 代码如下。

```
[root@techhost huaweidemo]# vim storage/ StorageProperties.java
package com.example.huaweidemo.storage;
import org.springframework.boot.context.properties.ConfigurationProperties;
@ConfigurationProperties("storage")
public class StorageProperties {
private String location = "upload-dir";
public String getLocation() {
return location;
}
public void setLocation(String location) {
this.location = location;
}
}
```

编写 storage 目录下的 StorageFileNotFoundException.java 代码如下。

```
[root@techhost huaweidemo]# vim storage/StorageFileNotFoundException.java
package com.example.huaweidemo.storage;
public class StorageFileNotFoundException extends StorageException {
public StorageFileNotFoundException(String message) {
super(message);
}
public StorageFileNotFoundException(String message, Throwable cause) {
super(message, cause);
}
}
```

编写 storage 目录下的 StorageException.java 代码如下。

```
[root@techhost huaweidemo]# vim storage/StorageException.java
package com.example.huaweidemo.storage;
public class StorageException extends RuntimeException{
public StorageException(String message) {
super(message);
}
public StorageException (String message , Throwable cause) {
super(message, cause);
}
}
```

编写 control 目录下的 FileUploadControlle.java 代码如下。

```
[root@techhost huaweidemo]# vim control/FileUploadController.java
package com.example.huaweidemo.control;
import com.example.huaweidemo.storage.StorageFileNotFoundException;
import com.example.huaweidemo.storage.StorageService;
import org.springframework.beans.factory.annotation.Autowired;
import org.springframework.core.io.Resource;
import org.springframework.http.HttpHeaders;
import org.springframework.http.ResponseEntity;
import org.springframework.stereotype.Controller;
import org.springframework.ui.Model;
import org.springframework.web.bind.annotation.*;
import org.springframework.web.multipart.MultipartFile;
import org.springframework.web.servlet.mvc.method.annotation.MvcUriComponentsBuilder;
import org.springframework.web.servlet.mvc.support.RedirectAttributes;
import java.io.IOException;
import java.util.stream.Collectors;
@Controller
public class FileUploadController {
private final StorageService storageService;
@Autowired
public FileUploadController(StorageService storageService) {
this.storageService = storageService;
}
@GetMapping("/files")
public String listUploadController(Model model) throws IOException {
model.addAttribute("files", storageService.loadAll().map(
path -> MvcUriComponentsBuilder.fromMethodName(FileUploadController.class,
"serveFile",path.getFileName().toString()).build().toUri().toString()).collect(Collectors.toList()));
return "uploadForm";
}
@GetMapping("/files/{filename:.+}")
@ResponseBody
public ResponseEntity<Resource> serveFile(@PathVariable String filename) {
Resource file = storageService.loadAsResource(filename);
return ResponseEntity.ok().header(HttpHeaders.CONTENT_DISPOSITION,
"attachment; filename=\"" + file.getFilename() + "\"").body(file);
}
@PostMapping("/files")
public String handleFileUpload(@RequestParam("file") MultipartFile file,
RedirectAttributes redirectAttributes) {
storageService.store(file);
redirectAttributes.addFlashAttribute("message",
"You successfully uploaded " + file.getOriginalFilename() + "!");
return "redirect:/files";
}
```

```
@ExceptionHandler(StorageFileNotFoundException.class)
public ResponseEntity<?> handleStorageFileNotFound(StorageFileNotFoundException exc) {
return ResponseEntity.notFound().build();
}
}
```

（3）创建 resources 目录

在项目的 src/main 目录下使用以下命令创建 resources 目录。

```
[root@techhost huaweidemo]# cd /root/huaweidemo/src/main/
[root@techhost main]# mkdir resources
```

在 resources 目录下建立 templates 目录。

```
[root@techhost main]# cd resources/
[root@techhost resources]# mkdir templates
[root@techhost resources]#
```

templates 目录中建立三个 html 文件。

```
[root@techhost resources]# touch form.html result.html uploadForm.html
[root@techhost resources]#
```

编写 form.html 文件。

```
[root@techhost resources]# vim form.html
<html lang="en" xmlns:th="http://www.w3.org/1999/xhtml">
<head>
<meta charset="UTF-8">
<title>Title</title>
</head>
<body>
<form action="#" th:action="@{/}" th:object="${personForm}" method="post">
<table>
<tr>
<td>Name:</td>
<td><input type="text" th:field="*{name}" /></td>
<td th:if="${#fields.hasErrors('name')}" th:errors="*{name}">Name Error</td>
</tr>
<tr>
<td>Age:</td>
<td><input type="text" th:field="*{age}" /></td>
<td th:if="${#fields.hasErrors('age')}" th:errors="*{age}">Age Error</td>
</tr>
<tr>
<td><button type="submit">Submit</button></td>
</tr>
</table>
</form>
</body>
```

编写 result.html 文件。

```
[root@techhost resources]# vim result.html
<!DOCTYPE html>
<html lang="en">
<head>
<meta charset="UTF-8">
<title>Title</title>
</head>
<body>
Congratulations! You are old enough to sign up HuweiCde patche
</body>
</html>
```

编写 uploadForm.html 文件。

```
[root@techhost resources]# vim uploadForm.html
<html xmlns:th="https://www.thymeleaf.org">
<body>
<div th:if="${message}">
<h2 th:text="${message}"/>
</div>
<div>
<form method="POST" enctype="multipart/form-data" action="/files">
<table>
<tr><td>File to upload:</td><td><input type="file" name="file" /></td></tr>
<tr><td></td><td><input type="submit" value="Upload" /></td></tr>
</table>
</form>
</div>
<div>
<ul>
<li th:each="file : ${files}">
<a th:href="${file}" th:text="${file}" />
</li>
</ul>
</div>
</body>
</html>
```

在 resources 目录建立 application.properties 文件。

```
[root@techhost resources]# touch application.properties
[root@techhost resources]#
```

application.properties 文件内容如下。

```
[root@techhost resources]# vim application.properties
[root@techhost resources]# cat application.properties
spring.servlet.multipart.max-file-size= 100000000
spring.servlet.multipart.max-request-size= 100000000
[root@techhost resources]#
```

```
#写入如下内容
spring.servlet.multipart.max-file-size= 100000000
spring.servlet.multipart.max-request-size= 100000000
```

（4）在主目录下执行 mvn 命令

```
[root@techhost resources]# cd /root/huaweidemo/
[root@techhost huaweidemo]# mvn clean compile
[root@techhost huaweidemo]# mvn clean package
```

（5）执行 Spring Boot 代码

最终目录结构，如图 4-138 所示。

```
[root@techhost huaweidemo]# cd /root/huaweidemo/target/
[root@techhost target]# java -jar huaweidemo-0.0.1-SNAPSHOT.jar
```

```
[root@techhost ~]# cd /root/huaweidemo/target/
[root@techhost target]# ls
classes            huaweidemo-0.0.1-SNAPSHOT.jar           maven-archiver  upload-dir
generated-sources  huaweidemo-0.0.1-SNAPSHOT.jar.original  maven-status
```

图 4-138　最终目录结构

执行结果，如图 4-139 所示。

```
[root@techhost target]# java -jar huaweidemo-0.0.1-SNAPSHOT.jar

  .   ____          _            __ _ _
 /\\ / ___'_ __ _ _(_)_ __  __ _ \ \ \ \
( ( )\___ | '_ | '_| | '_ \/ _` | \ \ \ \
 \\/  ___)| |_)| | | | | || (_| |  ) ) ) )
  '  |____| .__|_| |_|_| |_\__, | / / / /
 =========|_|==============|___/=/_/_/_/
 :: Spring Boot ::        (v2.3.3.RELEASE)

2021-05-13 13:02:35.378  INFO 6092 --- [           main] c.e.huaweidemo.HuaweidemoApplication
  : Starting HuaweidemoApplication v0.0.1-SNAPSHOT on techhost with PID 6092 (/root/huaweidemo/t
arget/huaweidemo-0.0.1-SNAPSHOT.jar started by root in /root/huaweidemo/target)
2021-05-13 13:02:35.381  INFO 6092 --- [           main] c.e.huaweidemo.HuaweidemoApplication
  : No active profile set, falling back to default profiles: default
2021-05-13 13:02:37.100  INFO 6092 --- [           main] o.s.b.w.embedded.tomcat.TomcatWebServer
  : Tomcat initialized with port(s): 8080 (http)
2021-05-13 13:02:37.116  INFO 6092 --- [           main] o.apache.catalina.core.StandardService
  : Starting service [Tomcat]
2021-05-13 13:02:37.116  INFO 6092 --- [           main] org.apache.catalina.core.StandardEngine
  : Starting Servlet engine: [Apache Tomcat/9.0.37]
2021-05-13 13:02:37.206  INFO 6092 --- [           main] o.a.c.c.C.[Tomcat].[localhost].[/]
  : Initializing Spring embedded WebApplicationContext
2021-05-13 13:02:37.206  INFO 6092 --- [           main] w.s.c.ServletWebServerApplicationContex
t : Root WebApplicationContext: initialization completed in 1703 ms
2021-05-13 13:02:37.535  INFO 6092 --- [           main] o.s.s.concurrent.ThreadPoolTaskExecutor
  : Initializing ExecutorService 'applicationTaskExecutor'
2021-05-13 13:02:37.817  INFO 6092 --- [           main] o.s.b.w.embedded.tomcat.TomcatWebServer
  : Tomcat started on port(s): 8080 (http) with context path ''
2021-05-13 13:02:37.833  INFO 6092 --- [           main] c.e.huaweidemo.HuaweidemoApplication
  : Started HuaweidemoApplication in 3.018 seconds (JVM running for 3.735)
```

图 4-139　执行结果示意

（6）使用 IP 加端口号的方式访问 Spring Boot 服务器

输入虚拟机 IP 地址 +端口访问测试，如图 4-140 所示。

```
⚠ 不安全 | 124.70.55.82:8080

Name:
Age:
Submit
```

图 4-140　端口访问测试

（7）测试文件上传页面

技术人员在访问地址后面添加 files 可访问文件上传页面，如图 4-141 所示。

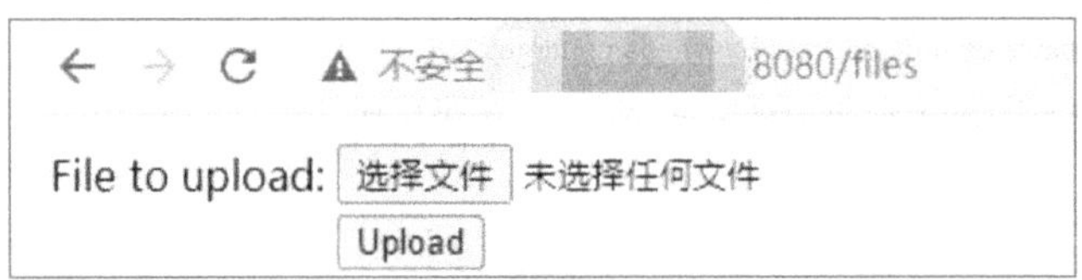

图 4-141　测试文件上传页面

（8）更改端口，打开另外一个 Sping Boot 应用服务

执行结果如图 4-142 所示，如果使用云服务器，记得在安全组规则中放通 8080 和 8081 端口。

```
[root@techhost target]#java -jar huaweidemo-0.0.1-SNAPSHOT.jar --server.port=8081
```

```
[root@techhost target]# java -jar huaweidemo-0.0.1-SNAPSHOT.jar --server.port=8081

  .   ____          _            __ _ _
 /\\ / ___'_ __ _ _(_)_ __  __ _ \ \ \ \
( ( )\___ | '_ | '_| | '_ \/ _` | \ \ \ \
 \\/  ___)| |_)| | | | | || (_| |  ) ) ) )
  '  |____| .__|_| |_|_| |_\__, | / / / /
 =========|_|==============|___/=/_/_/_/
 :: Spring Boot ::        (v2.3.3.RELEASE)

2021-05-13 13:17:04.967  INFO 6745 --- [           main] c.e.huaweidemo.HuaweidemoApplication
  : Starting HuaweidemoApplication v0.0.1-SNAPSHOT on techhost with PID 6745 (/root/huaweidemo/t
arget/huaweidemo-0.0.1-SNAPSHOT.jar started by root in /root/huaweidemo/target)
2021-05-13 13:17:04.987  INFO 6745 --- [           main] c.e.huaweidemo.HuaweidemoApplication
  : No active profile set, falling back to default profiles: default
2021-05-13 13:17:06.702  INFO 6745 --- [           main] o.s.b.w.embedded.tomcat.TomcatWebServer
  : Tomcat initialized with port(s): 8081 (http)
2021-05-13 13:17:06.717  INFO 6745 --- [           main] o.apache.catalina.core.StandardService
  : Starting service [Tomcat]
2021-05-13 13:17:06.717  INFO 6745 --- [           main] org.apache.catalina.core.StandardEngine
  : Starting Servlet engine: [Apache Tomcat/9.0.37]
2021-05-13 13:17:06.795  INFO 6745 --- [           main] o.a.c.c.C.[Tomcat].[localhost].[/]
  : Initializing Spring embedded WebApplicationContext
2021-05-13 13:17:06.795  INFO 6745 --- [           main] w.s.c.ServletWebServerApplicationContex
t : Root WebApplicationContext: initialization completed in 1682 ms
2021-05-13 13:17:07.088  INFO 6745 --- [           main] o.s.s.concurrent.ThreadPoolTaskExecutor
  : Initializing ExecutorService 'applicationTaskExecutor'
2021-05-13 13:17:07.356  INFO 6745 --- [           main] o.s.b.w.embedded.tomcat.TomcatWebServer
  : Tomcat started on port(s): 8081 (http) with context path ''
2021-05-13 13:17:07.373  INFO 6745 --- [           main] c.e.huaweidemo.HuaweidemoApplication
  : Started HuaweidemoApplication in 3.077 seconds (JVM running for 3.608)
```

图 4-142　执行结果示意

输入 IP +端口，如图 4-143 所示。

124.70.55.82:8081

Name:

Age:

Submit

图 4-143　登录界面

上传页面，如图 4-144 所示。

不安全 | ████████:8081/files

File to upload: 选择文件 未选择任何文件

Upload

图 4-144　上传页面

5．配置 Nginx 负载均衡转发到 Java 交互

（1）配置 Nginx 文件实现负载均衡

修改 Nginx 配置文件，以实现负载均衡：

```
[root@techhost target]#cd /etc/Nginx
[root@techhost Nginx]# vim Nginx.conf
```

添加如下配置文件：

```
upstream upstream_name {
server 虚拟机 ip:开启端口;
server 虚拟机 ip:开启端口;
}
```

将 server_name 参数修改为虚拟机 IP 地址，修改完成后的配置，如图 4-145 所示。

```
include                   /etc/nginx/mime.types;
default-type              application/octet-stream;
# Load modular  configuration files from the /etc/nginx/conf.d directory
# See http: //nginx.org/en/docs/ngx-core-module.html#include
# for more information.
include /etc/nginx/conf.d/*.conf;
upstream upstream name{
         server 124.70.55.82:8080;
         server 124.70.55.82:8081;
    }
server {
    listen        80 default-server;
    listen        [::]:80 default server;
    server-name   124.70.55.82;
    root          /usr/share/nginx/html;

    #Load  configuration files for the default server block.
    include /etc/nginx/default.d/*.conf;
```

图 4-145　修改完成后的配置

配置 location 信息，具体如图 4-146 所示。

```
location / {
proxy_pass http://upstream_name;
proxy_set_header Host $host;
proxy_set_header X-Real-IP $remote_addr;
proxy_set_header X-Forwarded-For $proxy_add_x_forwarded_for;
}
```

```
server {
    listen       80 default_server;
    listen       [::]:80 default_server;
    server_name  124.71.150.25;
    root         /usr/share/nginx/html;

    # Load configuration files for the default server block.
    include /etc/nginx/default.d/*.conf;

    location / {
    proxy_pass http://upstream_name;
    proxy_set_header Host $host;
    proxy_set_header X-Real-IP $remote_addr;
    proxy_set_header X-Forwarded-For $proxy_add_x_forwarded_for;

    }

    error_page 404 /404.html;
        location = /40x.html {
```

图 4-146　配置 location 信息完成

（2）重启 Nginx

重启 Nginx，如图 4-147 所示。

```
[root@techhost Nginx]#Nginx -s reload
```

```
[root@techhost nginx]# nginx -s reload
nginx: [warn] could not build optimal types-hash, you should increase either the-hash
-max-size: 2048 or types-hash-bucket-size: 64; ignoring types-hash-buck-size
[root@techhost nginx]#
```

图 4-147　重启 Nginx

（3）直接输入 IP 地址进行访问

直接输入 IP 地址进行访问，如图 4-148 所示。

```
http:// 124.70.55.82
```

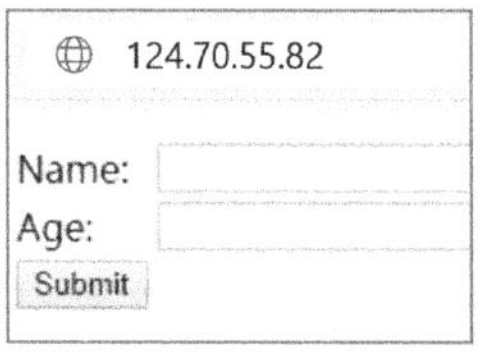

图 4-148　直接输入 IP 地址进行访问

上传页面，如图 4-149 所示。

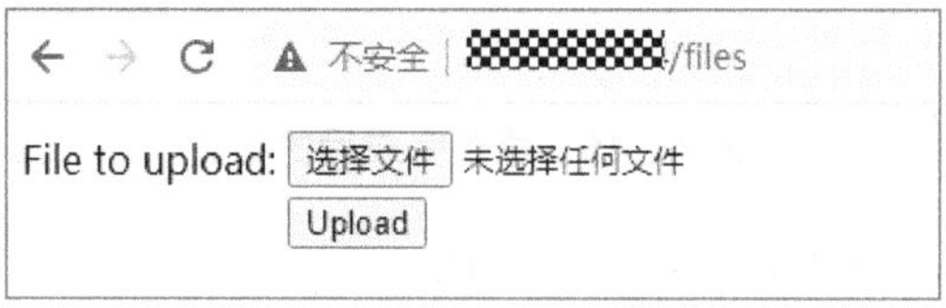

图 4-149　上传页面

自此全部完成。

6．针对 Nginx 的性能优化，配置扩展文件

在 Nginx 环境中，技术人员需要配置的最大打开文件数为 102400，否则在测试过程中可能会导致软件最大打开文件数被限制在 1024，影响服务器性能。

（1）修改“/etc/security/limits.conf”配置文件

技术人员在“/etc/security/limits.conf”配置文件中写入配置，如图 4-150 所示。

```
* soft nofile 102400
* hard nofile 102400
```

```
# End of file

root soft nofile 65535
root hard nofile 65535
* soft nofile 102400
* hard nofile 102400
```

图 4-150 修改配置文件

（2）重启服务器，配置内核参数

对于不同的操作系统，技术人员通过调优内核参数，可以有效提高服务器的性能。

（3）修改/etc/sysctl.conf 配置文件

在 vim /etc/sysctl.conf 中，技术人员输入内核参数，如图 4-151 所示。

```
net.ipv4.tcp_tw_reuse = 1
net.ipv4.tcp_keepalive_time = 60
net.ipv4.tcp_fin_timeout = 1
net.ipv4.tcp_max_tw_buckets = 5000
net.ipv4.ip_local_port_range = 1024 65500
net.core.somaxconn = 65535
net.ipv4.tcp_max_syn_backlog = 262144
net.core.netdev_max_backlog = 262144
net.core.rmem_max = 16777216
net.core.wmem_max = 16777216
```

```
#
# Vendors settings live in /usr/lib/sysctl.d/.
# To override a whole file, create a new file with the same in
# /etc/sysctl.d/ and put new settings there. To override
# only specific settings, add a file with a lexically later
# name in /etc/sysctl.d/ and put new settings there.
#
# For more information, see sysctl.conf(5) and sysctl.d(5).
kernel.sysrq=0
net.ipv4.ip_forward=0
net.ipv4.conf.all.send_redirects=0
net.ipv4.conf.default.send_redirects=0
net.ipv4.conf.all.accept_source_route=0
net.ipv4.conf.default.accept_source_route=0
net.ipv4.conf.all.accept_redirects=0
net.ipv4.conf.default.accept_redirects=0
net.ipv4.conf.all.secure_redirects=0
net.ipv4.conf.default.secure_redirects=0
net.ipv4.icmp_echo_ignore_broadcasts=1
net.ipv4.icmp_ignore_bogus_error_responses=1
net.ipv4.conf.all.rp_filter=1
net.ipv4.conf.default.rp_filter=1
net.ipv4.tcp_syncookies=1
net.ipv4.tcp_tw_reuse = 1
net.ipv4.tcp_keepalive_time = 60
net.ipv4.tcp_fin_timeout = 1
net.ipv4.tcp_max_tw_buckets = 5000
net.ipv4.ip_local_port_range = 1024 65500
net.core.somaxconn = 65535
net.ipv4.tcp_max_syn_backlog = 262144
net.core.netdev_max_backlog = 262144
net.core.rmem_max = 16777216
net.core.wmem_max = 16777216
kernel.dmesg_restrict=1
net.ipv6.conf.all.accept_redirects=0
net.ipv6.conf.default.accept_redirects=0


vm.swappiness=0
-- INSERT --                                          35,29         28%
```

图 4-151 修改/etc/sysctl.conf 配置文件

参数对照，见表 4-33。

表 4-33　参数对照

Linux 参数	参数定义	当前值	默认值
net.ipv4.tcp_tw_reuse	1 表示允许将 TIME-WAIT sockets 重新用于新的 TCP 连接，0 表示关闭	1	0
net.ipv4.tcp_keepalive_time	TCP 发送 keepalive 探测消息的间隔时间（秒），用于确认 TCP 连接是否有效	60	7200
net.ipv4.tcp_fin_time out	socket 保持在 FIN_WAIT_2 状态的最大时间	1	60
net.ipv4.tcp_max_tw_buckets	减少 TIME_WAIT 连接数，避免过多 TIME_WAIT 连接占用网络资源导致新建连接资源紧张，时延增加	5000	262144
net.ipv4.ip_local_port_range	增加可用端口范围，避免大量连接占用端口时，新建连接不断寻找可用端口导致的性能跳水	1024 65500	32768 61000
net.core.somaxconn	定义了系统中每一个端口最大的监听队列的长度，这是个全局的参数	65535	128
net.ipv4.tcp_max_sy_backlog	表示 SYN 队列的长度，加大队列长度可以容纳更多等待连接的网络连接	262144	1024
net.core.netdev_max_backlog	当每个网络接口接收数据包的速率比内核处理这些包的速率快时，允许送到队列的数据包的最大数目	262144	1000
net.core.rmem_max	系统套接字读最大缓冲区	16777216	131071
net.core.wmem_max	系统套接字写最大缓冲区，增加 buffer 大小，避免大量新建连接导致 buffer 溢出，出现无法建立连接情况	16777216	131071
net.nf_conntrack_max	最大跟踪连接数	0	65535

（4）使能配置

执行命令以生效配置，如图 4-152 所示。

```
sysctl -p
```

```
[root@techhost ~]# /sbin/sysctl  -p
net.ipv4.ip-forward=0
net.ipv4.conf.all.send-redirects=0
net.ipv4.conf.default.send-redirects=0
net.ipv4.conf.all.accept-source-route=0
net.ipv4.conf.default.accept-source-route=0
net.ipv4.conf.all.accept-redirects=0
net.ipv4.conf.default.accept-redirects=0
net.ipv4.conf.all.secure-redirects=0
net.ipv4.conf.default.secure-redirects=0
net.ipv4.icmp-echo-ignore-broadcasts=1
net.ipv4.icmp-ignore-bogus-error-responses=1
net.ipv4.conf.all.rp-filter=1
net.ipv4.conf.default.rp-filter=1
net.ipv4.tcp-syncookies=1
net.ipv4.tcp-tw-reuse=1
net.ipv4.tcp-keepalive-time=60
net.ipv4.tcp-fin-timeout=1
net.ipv4.tcp-fin-timeout=1
net.ipv4.tcp-max-tw-buckets=5000
net.ipv4.ip-local-port-range=1024 65500
net.core.somaxconn=65535
```

图 4-152　使能配置

（5）关闭 nf_conntrack 模块

内核的 nf_conntrack 模块可以用来实现 NAT，但是在没有使用 NAT 的场景，开启 nf_conntrack 模块会导致不需要的 CPU 消耗，甚至可能导致 table 记录满产生丢包问题，因此可以考虑关闭 nf_conntrack 模块提升性能。

（6）修改“/etc/modprobe.d/blacklist.conf”配置文件

在“/etc/modprobe.d/blacklist.conf”文件中加入参数，如图 4-153 所示。

```
instinstall nf_conntrack /bin/false
blacklist nf_conntrack
blacklist nf_conntrack_ipv6
blacklist xt_conntrack
blacklist nf_conntrack_ftp
blacklist xt_state
blacklist iptable_nat
blacklist ipt_REDIRECT
blacklist nf_nat
blacklist nf_conntrack_ipv4
```

```
install nf-conntrack /bin/false
blacklist nf-conntrack
blacklist nf-conntrack-ipv6
blacklist xt-conntrack-ipv6
blacklist nf-conntrack-ftp
blacklist xt-state
blacklist iptable-nat
blacklist ipt-REDIRECT
blacklist nf-nat
blacklist nf-conntrack-ipv4
```

图 4-153　修改“/etc/modprobe.d/blacklist.conf”配置文件

（7）保存文件后，重启服务器使文件生效。

（8）配置网卡中断绑核

① 每个 CPU 对应一个网卡，每个 CPU 内的中断绑核只绑在属于本 CPU 的网卡上，按 node 各自绑核。

② 中断个数在尽量少的情况下满足当前所有业务 core 在客户端满压下满 CPU 运作即可。

③ 容器在使用主机网络共享和 IPVLAN 网络两种网络方式下使用同样的绑核脚本，且都是在物理机上执行绑核脚本

（9）关闭 irqbalance

技术人员使用以下命令关闭 irqbalance，并使其不能自动启动，如图 4-154 所示。

```
systemctl stop irqbalance.service
systemctl disable irqbalance.service
```

```
[root@techhost ~]# systemctl stop irqbalance.service
[root@techhost ~]# systemct disable irqbalance.service
Removed /etc/systemd/system/multi-user.target.wants/irqbalance.service.
```

图 4-154　关闭 irqbalance

（10）编辑绑核脚本

```
vim irq_docker_http_4core.sh
```

以 4core 的 http 短连接场景的绑核脚本为例，如果要修改绑核脚本，技术人员只需修改要绑定的网卡名 eth0 以及要绑定的 core。编辑绑核脚本如图 4-155 所示。

```
#!/bin/bash
# filename: irq_docker_http_4core.sh
cnt=1
eth1=eth0
ethtool -L $eth1 combined $cnt
irq1='cat /proc/interrupts | grep -E ${eth1} | head -1 | awk -F ':' '{print $1}"
irq1='ech
o $irq1'
i=0
while(( $i < 1))
do
for cpunum in 2 3
do
echo $cpunum "->" $irq1
echo $cpunum > /proc/irq/$irq1/smp_affinity_list
let "irq1++"
done
let "i++"
done
```

```
#!/bin/bash
# filename:  irq-docker-http-4core.sh
cnt=1
eth1=eth0
ethtool -L $eth1 combined $cnt
irq1='cat /proc/interrupts | grep -E ${eth1} | head -1 | awk -F ':''{print $1}''
irq1='echo $irq1'
i=0
while(( $i < 1))
do
        for cpunum in 2 3
        do
                echo $cpunum "->" $sirq1
                echo $cpunum > /proc/irq/$irq1/smp-affinity-list
                let "irq1++"
        done
        let "i++"
done
```

图 4-155　编辑绑核脚本

（11）修改脚本文件权限，并将其放入开机自启动

为此脚本文件添加可执行权限，修改脚本文件权限如图 4-156 所示。

```
chmod 755 irq_docker_http_4core.sh
```

```
[root@techhost ~]# chmod 755 irq_docker_http_4core.sh
[root@techhost ~]# ll
total 8.5M
drwx------ 6 root root 4.0K May 12 11:51 apache-maven-3.5.4
-rw------- 1 root root 8.5M Jul  3  2020 apache-maven-3.5.4-bin.tar.gz
drwx------ 5 root root 4.0K May 12 23:32 huaweidemo
-rwxr-xr-x 1 root root  375 May 13 15:01 irq_docker_http_4core.sh
drwx------ 8 root root 4.0K May 11 21:41 rpmbuild
```

图 4-156　修改脚本文件权限

修改/etc/rc.local 文件，将开发好的脚本加入其中，如图 4-157 所示。

```
vim /etc/rc.local
```

```
#!/bin/bash
# THIS FILE IS ADDED FOR COMPATIBILITY PURPOSES
#
# It is highly advisable to create own systemd services or udev rules
# to run scripts during boot instead of using this file.
#
# In contrast to previous versions due to parallel execution during boot
# this script will NOT be run after all other services.
#
# Please note that you must run 'chmod +x /etc/rc.d/rc.local' to ensure
# that this script will be executed during boot.

touch /var/lock/subsys/local
sh /root/irq_docker_http_4core.sh
~
~
~
```

图 4-157　脚本放入

4.10　本章小结

本章开始从性能测试概述入手，为读者介绍性能测试的意义。同时介绍了几种性能测试的方法。在此基础上对性能测试的常见指标进行相应的简介。在了解完基础知识后，着重向同学们介绍鲲鹏平台对于性能优化的介绍以及性能优化的方案。在本章中，读者需要了解并熟练使用几种 Linux 监控工具及不同场景下的性能测试及调优方法。

本章习题

1. 性能测试主要有哪些方法？

答：性能测试主要有 RBI 方法、性能下降曲线分析法、GAME（A）性能测试过程模型方法、性能测试过程模型 PTGM。

2. 常见性能测试指标有哪些？

答：常见性能测试指标包含内存、CPU、磁盘、Web。

3. 常见性能测试工具有常见的性能测试工具有哪些？

答：常见性能测试工具有 vmstat、sar、iostat、top、netstat。

第5章 应用部署与发布

学习目标

- 了解鲲鹏软件构成
- 掌握鲲鹏平台不同语言开发工具的使用
- 掌握不同语言代码移植的操作

本章主要介绍在鲲鹏云平台上构建应用并发布的流程。我们借助实验流程重点讲解了鲲鹏应用开发环境的搭建，以及基于 x86 平台和鲲鹏云服务器的交叉编译方法，还介绍了常见的 C 语言、Python 语言、Java 语言中应用打包工具以及操作流程。学习完本章，我们希望读者能够掌握鲲鹏云平台发布应用的方法，并熟练掌握各种应用文件的打包方式。

软件开发是一个需要经历代码的编写、配置、编译、构建、调试、测试、部署、发布等多项行为的工作流程，需要借用多种软件开发工具对源文件进行操作，并生成可运行的目标文件。软件开发所用的机器与被开发的软件所运行的机器未必是兼容的，例如，利用 x86 架构的个人计算机为 AArch64 架构的鲲鹏服务器开发软件。

而这种不兼容对开发者的影响与开发软件所使用的平台和语言关系密切。如果是使用跨平台的框架/语言（例如 node.js、Java、Python 等）开发应用程序，例如，目前大多数的 Web 应用程序，服务器的体系结构，编译型语言开发的应用程序（例如 C/C++语言应用程序），尤其是一些需要借助底层机器的体系结构来进行深度的优化的程序，开发环境与运行环境如果不兼容，就会导致整个流程割裂，影响开发效率。

鲲鹏服务器是通用的服务器，对于使用跨平台的框架/语言开发的应用程序，无论是本地开发还是云端开发，与基于 x86 服务器的软件开发方式并没有差别。

基于鲲鹏云服务器开发应用程序，也就是说软件的运行环境是基于 ARMv8 架构的，而操作系统一般基于 Linux。这种情况下，开发者就会面临不同开发环境的选择，也就需要不同的开发模式。

① 华为提供鲲鹏物理服务器、鲲鹏云服务器等多种选择，开发者可以搭建基于 ARM8 架构的开发环境进行开发。

② 开发者可以在 x86 机器上搭建 ARM8 的交叉开发环境进行开发。这种模式被称为交叉开发模式，后续章节会介绍与交叉编译相关的内容。

③ 开发者可以利用华为提供的 CloudIDE（云端开发环境）进行开发，CloudIDE 也支持鲲鹏原生应用程序的开发。这种模式被称作云端开发模式。

5.1 鲲鹏平台软件概述

鲲鹏平台上的软件是系统软件与应用软件的统称。华为鲲鹏软件栈汇聚了各种鲲鹏兼容的软件，同时也为开发者了解如何移植软件到鲲鹏服务器上提供了指导方案和工具，它是一个不断开发进步的软件生态环境。本小节主要介绍鲲鹏软件的构成，华为鲲鹏云服务器上的应用软件发布流程和常用到的主流语言以及这些软件的打包工具。

5.1.1 鲲鹏软件构成概述

鲲鹏软件栈包含兼容鲲鹏平台的全栈软件仓库，提供软件移植到鲲鹏的操作指导及源码资源。而鲲鹏服务器支持的软件本身也是很复杂的，经过不断地发展，不同服务器硬件会配备不同的操作系统，在这些操作系统之上还形成了不同的软件分层和组合。图 5-1 所示为鲲鹏软件架构。

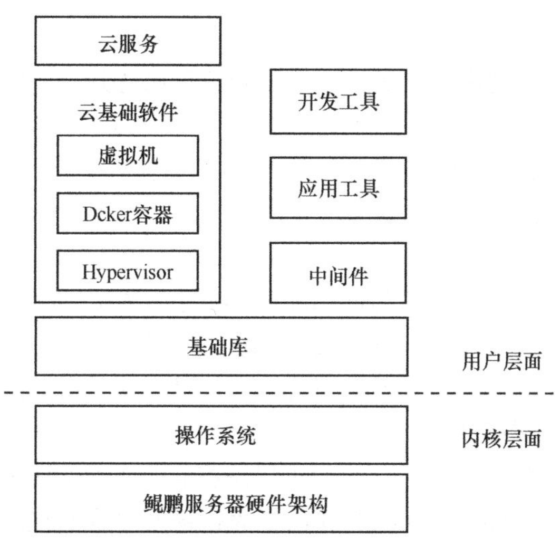

图 5-1 鲲鹏软件架构

图 5-1 中操作系统主要指 Linux 系统内核，硬件主要是指以鲲鹏处理器为核心的通用服务器设备。用户层面包含的内容很复杂，首先根据功能区分，可以分为给予大部分软件依赖支持的基础库，其余软件包括鲲鹏云包含的软件以及中间件、应用程序开发工具等。鲲鹏软件栈资源非常丰富，包含大数据、Web 应用、数据库等多个领域，具体使用要根据应用场景来定。

在鲲鹏平台发布部署应用是指开发应用的用户选择开发完善的应用的部分内容（如特定子版本应用系统、配置文件、帮助文档、安装手册、用户手册等），并编写发布说明后发布应用的过程。应用发布流程包含应用开发、应用打包、华为云账户的注册、配套文档编写以及选择合适的发布平台发布应用。

1. 应用开发

应用开发是指按照需求，选择特定的开发语言以及开发环境进行应用软件的编写开发，按照不同的需求主要分为用于商业或用于生活的应用系统或者软件开发。常见的应用开发流程有瀑布软件流程、敏捷软件开发、持续集成与持续交付模式、云原生与微服务模式。

2. 应用打包

应用打包是指根据需求和选择的开发语言将开发好的可执行文件以及必要文档使用打包工具制作成软件包，也就是我们日常安装软件需要下载的安装包，当我们选择使用某款软件时，直接下载安装包并解压安装就可以了。通常会根据不同开发语言来进行应用程序的打包，例如，C 语言一般使用 RPM 打包、Java 使用 Maven 工具打包等。

3. 华为云账户注册

用户需注册华为云账号以完成后续操作。

① 进入华为云首页，单击页面右上角的“注册”选项。

② 填写手机号并单击“获取短信验证码”选项。

（a）该手机号未注册华为云账号，或已注册华为云账号，但账号数量未超过 3 次，则可以获取并输入短信验证码、密码并勾选“我已阅读并同意《华为云用户协议》和《隐私政策声明》”。

（b）该手机号已注册过华为云账号，且账号数量已达到 3 次，将不支持再使用该手机号注册新的华为云账号。

③ 单击“同意协议并注册”。

账号提示注册成功。

4．配套文档编写

应用在发布之前应该需要编写与应用相关的配套文档，通常包括功能说明文档、使用说明文档以及版本信息文档等。这些文档的编写是为了让使用者能够快速便捷地了解应用的功能以及安装使用方法，并了解相关版本信息，便于后期继续开发。

5．选择发布平台发布应用

应用开发前期准备全部完成后，用户可以选择合适的平台发布应用，使其他用户根据需求选择合适的应用。通常可在鲲鹏社区、华为镜像站以及其他的第三方平台（如 github 等）发布应用。

5.1.2 鲲鹏平台主流开发语言及常用打包工具

1．C 语言

C 语言是一门面向过程的、抽象化的通用程序设计语言，广泛应用于底层开发。它能以简易的方式编译、处理低级存储器，而且兼顾了高级语言和汇编语言的优点。C 语言是仅产生少量的机器语言及不需要任何运行环境支持便能运行的高效率程序设计语言。尽管 C 语言提供了许多低级处理的功能，但仍然保持着跨平台的特性，以一个标准规格写出的 C 语言程序可在包括类似嵌入式处理器及超级计算机等作业平台的许多计算机平台上进行编译。

使用 C 语言编写的应用程序通常使用 RPM 管理工具进行打包。RPM（Redhat Package Manager，红帽包管理器）是 OpenEuler、Redhat、CentOS、Fedora 等 Linux 操作系统中的软件包管理器。它所涉及的命令集包括 RPM、rpmbuild、rpmdevtool 等。其中，RPM 命令集可用于手动的安装、卸载、查询、升级 RPM 包；rpmbuild 命令集可用于将源码打包成 RPM 包；rpmdevtool 命令集可用于创建 rpmbuild 目录和 SPEC 文件等。

rpmbuild 用于创建软件的二进制包和源代码包。一个“包”包括文件的归档及用来安装和卸载归档中文件的元数据。元数据包括辅助脚本、文件属性及相关的描述性信息。软件包分类见表 5-1。

表 5-1　软件包分类

名称	解释
二进制包	用来封装已经编译好的二进制文件
源代码包	用来封装源代码和要构建二进制包需要的信息

rpmbuild 工具打包的方法是技术人员使用 rpmbuild 命令把编辑好的 SPEC 文件进行构建打包，并最终输出 RPM 包。具体流程包括：

① 编写测试代码；
② 创建 rpmbuild 目录；
③ 将文件放入对应的目录；
④ 制作 SPEC 文件；
⑤ 使用 rpmbuild 命令集将源码打包成 RPM 包；
⑥ 安装打包应用测试是否可正常运行。

2．Java

Java 是一门面向对象编程语言，吸收了 C++语言的各种优点，还摒弃了 C++里难以理解的多继承、指针等概念，因此，Java 语言具有功能强大和简单易用两个特征。Java 具有简单性、面向对象、分布式、健壮性、安全性、平台独立与可移植性、多线程、动态性等特点。Java 可以编写桌面应用程序、Web 应用程序、分布式系统和嵌入式系统应用程序等。

Java 开发的应用在发布前通常会打包一个 JAR（Java ARchive）文件，JAR 是将一系列文件（包含库、依赖文件等）合并到单个压缩文件里。

与早期使用 Jar 命令手动制作 JAR 文件不同，现在技术人员会借助 Maven 等工具自动进行软件包生命周期的管理，从而提高效率，降低出错概率。Maven 是 Apache 下的一个单纯的 Java 开发的开源项目，是一个项目管理工具，包含项目管理、插件以及目标的逻辑等。基于项目对象模型（Project Object Model，POM），技术人员可以对 Java 项目进行构建，而依赖管理。Pom 是 Maven 工程的基本工作单元，是一个 XML 文件，包含了项目的基本信息，描述项目如何构建，声明项目依赖等。Maven 主要功能包括以下几点。

（1）添加第三方 jar 包

技术人员创建工程时，无须将大量的 JAR 包复制到工程下，Maven 提供了一个中央仓库和本地仓库，使用 Maven 构建工程只要在 pom.xml 中创建 JAR 包的依赖标签，就可以从本地仓库中获取 JAR 包，如果本地仓库不存在，则会到中央仓库下载。

（2）处理 jar 包之间的依赖关系

Maven 会自动地将当前的 JAR 包所依赖的其他 JAR 包全部导入，减少了 JAR 包冲突，无须了解 JAR 包的依赖，节省时间。

（3）将项目拆分为多个工程模块

将一个很大的项目拆分为很多子工程，用于大项目开发，Maven 负责管理协调整个项目。

鲲鹏云平台的 Maven 仓库提供了适配鲲鹏平台的 SO 库，因此开发者可以直接调用，不需要重新编译。用户开发的应用可以借助 Maven 工具，通过 POM 文件打包，打包后的程序可以直接安装到本地仓库中，以供其他程序调用。

3．Python

Python 提供了高效的高级数据结构，还能简单有效地面向对象编程。Python 的语法和动态类型，以及解释型语言的本质，使它成为多数平台上写脚本和快速开发应用的编程语言，随着版本的不断更新和语言新功能的添加，Python 逐渐被用于独立的、大型项目的开发。

常见的 Python 打包工具包括原生库 Distutils、扩展库 setuptools 等。

Distutils 是 Python 标准库的一部分，这个库的目的是为开发者提供一种方便的打包方式，同时为使用者提供方便的安装方式。当我们开发了自己的模块之后，使用 Distutils 的 setup.py 打包。使用的方法是当我们编写好应用所需的文件后，建立 setup.py 文件，然后执行打包命令“Python setup sdist”，再次查看当前目录下会出现自动生成的 dist 文件夹，其中就有打包好的 tar.gz 后缀的压缩包文件。

Setuptools 可看作是 Distutils 的增强版，使用 setuptools 库打包方式与 Distutils 类似，首先需要创建 demo 文件夹，在文件夹里创建 get_path.py 和_int_.py 两个文件。其中，get_path.py 是功能函数，_int_.py 是包的标识文件，然后需要配置 set.up 文件，在 set.up 文件要填写必要的打包信息。然后执行“Python setup sdist”命令打包。打包之后多出两个文件夹，分别是 demo.egg-info 和 dist。demo.egg-info 是必要的安装信息，而 dist 中的 tar.gz 文件就是打包好的安装包。

5.1.3 应用发布的 3 种途径

鲲鹏平台应用发布的包括以下 3 种途径，见表 5-2。

表 5-2 鲲鹏应用发布途径

发布途径	方法
在私有仓库发布应用	将应用发布镜像到公司自建的私有仓库
在开源社区发布应用	在鲲鹏自由的开源社区发布帖子，包含发布应用包以及使用说明文档等
在开源组织发布应用	在一些支持开源的网站组织上，经管理员同意后将自己的镜像发布到镜像仓库供其他用户学习使用

5.2 基于鲲鹏的开发环境搭建

软件的开发环境（Software Development Environment，SDE）是指在基本硬件和宿主软件的基础上，为支持系统软件和应用软件的工程化开发和维护而使用的一组软件。SDE 由软件工具和环境集成机制构成，前者用以支持软件开发的相关过程、活动和任务，后者为工具集成和软件的开发、维护及管理提供统一的支持。

当前鲲鹏开发环境的搭建有 3 种途径。

（1）鲲鹏云服务器

在鲲鹏云服务器上搭建开发环境具有获取简单、规格丰富的优点。

（2）TaiShan 物理服务器

TaiShan 服务器是是华为新一代数据中心服务器，基于华为鲲鹏处理器，适合为大数据、分布式存储、ARM 原生、高性能计算和数据库等应用加速 ，旨在满足数据中心多样性计算、绿色计算的需求。具有高效能计算、安全可靠和开放生态三大特点。

（3）x86 交叉环境编译

使用 x86 架构的服务器进行交叉编译，将编译完的程序迁移到鲲鹏云服务器上运行。优点是基于已有的 x86 环境搭建，无须额外成本。

部署鲲鹏云服务器的实验步骤在上述章节已经进行了详细的讲解，所以本节主要讲解 x86 交叉编译实验内容，目的是使用户掌握交叉编译的基本原理。

5.2.1　交叉编译简介

编译是指利用编译程序从源语言编写的源程序产生目标程序的过程或者用编译程序产生目标程序的动作。简单来说，编译就是把高级语言变成计算机可以识别的二进制语言。一般可将编译分为本地编译和交叉编译两种类型。

本地编译可简单理解为在当前的编译平台下所有编译出来的程序只能在本平台运行，平常我们所做的软件开发都属于本地编译。

交叉编译通俗地讲就是在一种平台上编译出能运行在与体系结构不同的另一种平台上的程序，比如在 PC 平台（x86 CPU）上编译出能运行在以 ARM 为内核的 CPU 平台上的程序，编译得到的程序在 x86 CPU 平台上是不能运行的，必须放在 ARM CPU 平台上才能运行，虽然两个平台用的都是 Linux 系统。这种方法在异平台移植和嵌入式开发时非常有用。

可以说交叉编译是为了满足本地编译无法完成的状况而发展出现的。例如，有时目标平台上不允许或者无法安装我们需要的编译器，但我们又需要借助该编译器的某些特征；有时目标平台上的资源匮乏，无法支持我们使用所需的编译器；甚至有时目的平台还没有建立完整的操作系统，根本谈不上编译器的使用。当出现以上情况时，常用的本地编译就无法正常进行下去。因此我们就需要借助交叉编译。

交叉编译的必要性体现在以下 4 点：

① 目标平台由于配置等问题运行速度往往远弱于主机，许多专用的嵌入式硬件被设计为低成本和低功耗，性能不高；

② 编译的过程对资源的需求巨大，嵌入式系统往往没有足够的内存或磁盘容量；

③ 第一个在目标平台上运行的本地编译器总是需要交叉编译得到；

④ 交叉编译可以避免我们耗费大量的时间资源用于将各种依赖支持包移植到目标平台上。

在进行实验操作前，我们需要对交叉编译的基础知识做一些了解，交叉编译的基础知识见表 5-3。

表 5-3　交叉编译的基础知识

名称	解释
宿主机	指我们编辑和编译程序的平台，通常是就 x86 的 PC，也被称为主机
目标机	指由用户开发的平台，通常都区别于 x86 平台。宿主机上编译得到的可执行代码可以在目标机上运行
Prefix	交叉编译器的安装位置
平台描述	常见形式是 xxx-xxxx-xxxxx 类型，如 arm-linux，i386-pc-linux2.4.3 等，是用来描述平台的，有完整格式、缩减格式和别名之分。完整格式是：CPU-制造厂商-操作系统，如 sparc-sun-sunos4.1.4，说明平台所使用的 CPU 是 sparc，制造厂商是 sun，上面运行的操作系统是 SunOS，版本是 4.1.4

我们的后续实验以 x86 平台为宿主机，将 x86 平台上编译好的程序迁移到鲲鹏云服务器，因此我们要完成的是 x86 平台上的交叉编译操作。

5.2.2 x86 环境下编译 ARM 程序时使用交叉编译工具

1. 安装交叉编译工具

步骤一：使用 xshell 工具，远程登录已购买的 x86 服务器，如图 5-2 所示。

```
Welcome to 4.19.90-2003.4.0.0036.oe1.x86_64

System information as of time:  Thu May  6 16:04:06 CST 2021

System load:    1.95
Processes:      92
Memory used:    26.7%
Swap used:      0.0%
Usage On:       7%
IP address:     10.0.0.223
Users online:   1


[root@techhost-x86 ~]#
```

图 5-2 远程登录云主机

步骤二：使用以下命令安装开发环境。

```
[root@techhost-x86 ~]# yum -y groupinstall Development Tools
```

步骤三：在用户目录（/user/local）下建立名为 techhost86 的文件夹用来放置安装包。

```
[root@techhost-x86 ~]# mkdir /usr/local/techhost86
```

步骤四：进入创建的文件夹目录下，使用 wget 下载编译器的安装包，如图 5-3 所示。

```
[root@techhost-x86 ~]# cd /usr/local/techhost86
[root@techhost-x86 techhost86]# wget https://hcia.obs.cn-north-4.myhuaweicloud.com/v1.5/
gcc-linaro-5.5.0- 2017.10- x86_64_aarch64-linux-gnu.tar.xz
```

```
[root@techhost-x86 ~]# mkdir /usr/local/techhost86
[root@techhost-x86 ~]# cd /usr/local/techhost86
[root@techhost-x86 techhost86]# wget https://hcia.obs.cn-north-4.myhuaweicloud.com/v1.5/gcc-linaro-5.5.0-2017.1
0-x86_64_aarch64-linux-gnu.tar.xz
--2021-05-06 16:10:12--  https://hcia.obs.cn-north-4.myhuaweicloud.com/v1.5/gcc-linaro-5.5.0-2017.10-x86_64_aar
ch64-linux-gnu.tar.xz
Resolving hcia.obs.cn-north-4.myhuaweicloud.com (hcia.obs.cn-north-4.myhuaweicloud.com)... 100.125.80.190
Connecting to hcia.obs.cn-north-4.myhuaweicloud.com (hcia.obs.cn-north-4.myhuaweicloud.com)|100.125.80.190|:443
... connected.
HTTP request sent, awaiting response... 200 OK
Length: 94218924 (90M) [binary/octet-stream]
Saving to: ‘gcc-linaro-5.5.0-2017.10-x86_64_aarch64-linux-gnu.tar.xz’

gcc-linaro-5.5.0-2017.10-x8 100%[=========================================>]  89.85M   141MB/s    in 0.6s

2021-05-06 16:10:13 (141 MB/s) - ‘gcc-linaro-5.5.0-2017.10-x86_64_aarch64-linux-gnu.tar.xz’ saved [94218924/942
18924]

[root@techhost-x86 techhost86]#
```

图 5-3 命令执行结果

步骤五：解压下载好的安装包，如图 5-4 所示。

```
[root@techhost-x86 techhost86]# tar -xvf gcc-linaro-5.5.0-2017.10-x86_64_aarch64-linux-gnu.tar.xz
```

```
gcc-linaro-5.5.0-2017.10-x86_64_aarch64-linux-gnu/aarch64-linux-gnu/lib64/libatomic.so.1
gcc-linaro-5.5.0-2017.10-x86_64_aarch64-linux-gnu/aarch64-linux-gnu/lib64/libssp_nonshared.a
gcc-linaro-5.5.0-2017.10-x86_64_aarch64-linux-gnu/aarch64-linux-gnu/lib64/libstdc++.so.6.0.21
gcc-linaro-5.5.0-2017.10-x86_64_aarch64-linux-gnu/aarch64-linux-gnu/lib64/libstdc++.a
gcc-linaro-5.5.0-2017.10-x86_64_aarch64-linux-gnu/aarch64-linux-gnu/lib64/libasan_preinit.o
[root@techhost-x86 techhost86]# ls
gcc-linaro-5.5.0-2017.10-x86_64_aarch64-linux-gnu  gcc-linaro-5.5.0-2017.10-x86_64_aarch64-linux-gnu.tar.xz
[root@techhost-x86 techhost86]#
```

图 5-4　解压安装包

为了方便大家使用，我们修改目录名称为“linaro”，如图 5-5 所示。

```
[root@techhost-x86 techhost86]# mv gcc-linaro-5.5.0-2017.10-x86_64_aarch64-linux-gnu linaro
```

```
[root@techhost-x86 techhost86]# mv gcc-linaro-5.5.0-2017.10-x86_64_aarch64-linux-gnu linaro
[root@techhost-x86 techhost86]# ls
gcc-linaro-5.5.0-2017.10-x86_64_aarch64-linux-gnu.tar.xz  linaro
[root@techhost-x86 techhost86]#
```

图 5-5　命令执行结果

步骤六：修改环境变量，把交叉编译器的路径加到 PATH 中。

```
[root@techhost-x86 techhost86]# vim /etc/profile
```

单击 i 键进入插入模式，按上下左右键将光标移动到最后一行的最末尾，按回车添加新的一行，在新的一行输入如下内容，然后按 Esc 键退出插入模式，按冒号+wq 键保存退出，如图 5-6 所示。

```
fi
export PATH=$PATH:/usr/local/techhost86/linaro/bin/
-- INSERT --
```

图 5-6　导入环境变量

使用如下命令执行 profile 文件使配置环境生效，如图 5-7 所示。

```
[root@techhost-x86 techhost86]# source /etc/profile
```

```
[root@techhost-x86 techhost86]# vim /etc/profile
[root@techhost-x86 techhost86]# source /etc/profile


Welcome to 4.19.90-2003.4.0.0036.oe1.x86_64

System information as of time:  Thu May  6 16:16:25 CST 2021

System load:    0.00
Processes:      81
Memory used:    26.0%
Swap used:      0.0%
Usage On:       9%
IP address:     10.0.0.223
Users online:   1


[root@techhost-x86 techhost86]#
```

图 5-7　使用环境变量比较

步骤七：测试交叉编译工具是否安装成功，如图 5-8 所示。

```
[root@techhost-x86 techhost86]# aarch64-linux-gnu-gcc -v
```

```
[root@techhost-x86 techhost86]# aarch64-linux-gnu-gcc -v
Using built-in specs.
COLLECT_GCC=aarch64-linux-gnu-gcc
COLLECT_LTO_WRAPPER=/usr/local/techhost86/linaro/bin/../libexec/gcc/aarch64-linux-gnu/5.5.0/lto-wrapper
Target: aarch64-linux-gnu
Configured with: '/home/tcwg-buildslave/workspace/tcwg-make-release/builder_arch/amd64/label/tcwg-x86_64-build/
target/aarch64-linux-gnu/snapshots/gcc.git~linaro-5.5-2017.10/configure' SHELL=/bin/bash --with-mpc=/home/tcwg-
buildslave/workspace/tcwg-make-release/builder_arch/amd64/label/tcwg-x86_64-build/target/aarch64-linux-gnu/_bui
ld/builds/destdir/x86_64-unknown-linux-gnu --with-mpfr=/home/tcwg-buildslave/workspace/tcwg-make-release/builde
r_arch/amd64/label/tcwg-x86_64-build/target/aarch64-linux-gnu/_build/builds/destdir/x86_64-unknown-linux-gnu --
with-gmp=/home/tcwg-buildslave/workspace/tcwg-make-release/builder_arch/amd64/label/tcwg-x86_64-build/target/aa
rch64-linux-gnu/_build/builds/destdir/x86_64-unknown-linux-gnu --with-gnu-as --with-gnu-ld --disable-libmudflap
 --enable-lto --enable-shared --without-included-gettext --enable-nls --disable-sjlj-exceptions --enable-gnu-un
ique-object --enable-linker-build-id --disable-libstdcxx-pch --enable-c99 --enable-clocale=gnu --enable-libstdc
xx-debug --enable-long-long --with-cloog=no --with-ppl=no --with-isl=no --disable-multilib --enable-fix-cortex-
a53-835769 --enable-fix-cortex-a53-843419 --with-arch=armv8-a --enable-threads=posix --enable-multiarch --enabl
e-libstdcxx-time=yes --with-build-sysroot=/home/tcwg-buildslave/workspace/tcwg-make-release/builder_arch/amd64/
label/tcwg-x86_64-build/target/aarch64-linux-gnu/_build/sysroots/aarch64-linux-gnu --with-sysroot=/home/tcwg-bu
ildslave/workspace/tcwg-make-release/builder_arch/amd64/label/tcwg-x86_64-build/target/aarch64-linux-gnu/_build
/builds/destdir/x86_64-unknown-linux-gnu/aarch64-linux-gnu/libc --enable-checking=release --disable-bootstrap -
-enable-languages=c,c++,fortran,lto --build=x86_64-unknown-linux-gnu --host=x86_64-unknown-linux-gnu --target=a
arch64-linux-gnu --prefix=/home/tcwg-buildslave/workspace/tcwg-make-release/builder_arch/amd64/label/tcwg-x86_6
4-build/target/aarch64-linux-gnu/_build/builds/destdir/x86_64-unknown-linux-gnu
Thread model: posix
gcc version 5.5.0 (Linaro GCC 5.5-2017.10)
[root@techhost-x86 techhost86]#
```

图 5-8　交叉编译工具版本查看

显示如上交叉编译器的版本信息则说明安装成功。

2. 测实验证

步骤一：在/tmp/目录下新建 x86test 目录用于保存代码，如图 5-9 所示。

```
[root@techhost-x86 ~]# mkdir /tmp/x86test/
```

```
[root@techhost-x86 ~]# mkdir /tmp/x86test/
[root@techhost-x86 ~]#
```

图 5-9　创建目录

步骤二：进入创建的目录下，创建并编辑 hello.c 文件，如图 5-10 所示。

```
[root@techhost-x86 ~]# cd /tmp/x86test/
[root@techhost-x86 x86test]# vim hello.c
```

```
[root@techhost-x86 ~]# mkdir /tmp/x86test/
[root@techhost-x86 ~]# cd /tmp/x86test/
[root@techhost-x86 x86test]# vim hello.c
```

图 5-10　编辑 hello.c 文件

在文件中输入如下内容，然后保存退出，如图 5-11 所示。

```
#include <stdio.h>
int main(void)
{
        printf("hello linux\n");
        return 0;
}
```

```
#include <stdio.h>
int main(void)
{
        printf("hello linux\n");
        return 0;
}
~
```

图 5-11　hello.c 文件内容

步骤三：开始进行交叉编译操作，执行命令如图 5-12 所示。

```
[root@techhost-x86 x86test]# aarch64-linux-gnu-gcc -o kp-hello hello.c
```

```
[root@techhost-x86 x86test]# aarch64-linux-gnu-gcc -o kp-hello hello.c
[root@techhost-x86 x86test]# ls
hello.c  kp-hello
[root@techhost-x86 x86test]#
```

图 5-12　交叉编译

步骤四：执行编译后的脚本如下。

```
[root@techhost-x86 x86test]# ./kp-hello
```

此时可能会报错，如图 5-13 所示。

```
[root@techhost-x86 x86test]# ./kp-hello
bash: ./kp-hello: cannot execute binary file: Exec format error
[root@techhost-x86 x86test]#
```

图 5-13　脚本验证

步骤五：执行以下命令将编译后的脚本复制到鲲鹏架构服务器的/tmp 目录下（指令 scp 就是 secure copy，是一个在 Linux 下用来进行远程拷贝文件的命令；指令中 123.60.208.84 为鲲鹏 techhost 服务器的私有 IP 地址，请根据实际购买服务器私网 IP 修改）。

```
[root@techhost-x86 x86test]# scp kp-hello 123.60.208.84:/tmp
```

依次输入“yes”及鲲鹏架构云服务器的 root 密码，如图 5-14 所示。

```
[root@techhost-x86 x86test]# scp kp-hello 123.60.208.84:/tmp
The authenticity of host '123.60.208.84 (123.60.208.84)' can't be established.
ECDSA key fingerprint is SHA256:NBcJ9mcMGU4H1bmLQaPh/qzXRme0Ot+1v/iNv5OMjjU.
Are you sure you want to continue connecting (yes/no)? yes
Warning: Permanently added '123.60.208.84' (ECDSA) to the list of known hosts.

Authorized users only. All activities may be monitored and reported.
root@123.60.208.84's password:  输入鲲鹏架构服务器密码
kp-hello                                                    100%   12KB   4.8MB/s   00:00
[root@techhost-x86 x86test]#
```

图 5-14　拷贝文件

步骤六：使用 xshell 工具，输入 techhost 服务器的弹性 IP 地址，登录 techhost 服务器，如图 5-15 所示。

```
Welcome to 4.19.90-2003.4.0.0036.oe1.aarch64

System information as of time:  Thu May  6 16:31:29 CST 2021

System load:    0.04
Processes:      141
Memory used:    64.8%
Swap used:      0.0%
Usage On:       9%
IP address:     10.0.0.237
Users online:   1


[root@techhost ~]#
```

图 5-15　登录云主机

步骤七：验证脚本执行情况。

```
[root@techhost ~]# /tmp/kp-hello
```

如图 5-16 所示，出现回显信息说明执行成功，实验完成。

```
[root@techhost ~]# /tmp/kp-hello
hello linux
[root@techhost ~]#
```

图 5-16 验证脚本

5.3 软件打包实验

5.3.1 RPM 包制作

本小节为 C 语言 RPM 打包实验，目的是为让读者理解 RPM 打包的概念并掌握制作的流程。

RPM（Redhat Package Manager，RedHat 软件包管理工具）是 OpenEuler、Redhat、CentOS、Fedora 等 Linux 操作系统中的软件包管理器，所涉及的命令集包括 RPM、rpmbuild、rpmdevtool。RPM 工具具有以下优点：

① RPM 档案本身为已经编译过的 binary 档案，可以让 client 端的使用者免除重新编译的困扰；

② RPM 档案在被安装之前，RPM 会先检查系统的硬碟容量、作业系统版本等，可避免档案被安装错误；

③ RPM 档案本身提供套件版本资讯、相依属性套件名称、套件用途说明、套件所含档案等资讯，便于了解套件；

④ RPM 管理的方式使用资料库记录 RPM 档案的相关参数，便于升级、移除、查询与验证。

RPM 常用命令集简介，见表 5-4。

表 5-4 RPM 常用命令集

命令	作用
-vh	显示安装进度
-U	升级软件包
-qpl	列出 RPM 软件包内的文件信息
-qpi	列出 RPM 软件包的描述信息
-qf	查找指定文件属于哪个 RPM 软件包
-va	校验所有的 RPM 软件包，查找丢失的文件
-qa	查找相应文件，如 rpm -qa mysql

表 5-4 RPM 常用命令集（续）

命令	作用
-i	安装 RPM 包
-version	查看安装版本
-e	卸载 RPM 包

rpmbuild 命令来自 rpm-build 包，rpmbuild 常用命令见表 5-5。

表 5-5 rpmbuild 常用命令

命令	作用
-bp	只作准备 （解压与打补丁）
-bc	准备并编译
-bi	编译并安装
-bl	检验文件是否齐全
-ba	编译后做成*.rpm 和 src.rpm
-bb	编译后做成*.rpm
-bs	只做成*.src.rpm

本小节实验通过制作 mysql 的 RPM 包，旨在使读者掌握在鲲鹏平台 OpenEuler 上的 rpmbuild 打包方法，实验目的如下：

① 使用户理解 RPM 的基本原理，掌握 RPM 包的安装；

② 使用户理解 rpmbuild 与 RPM 之间的关系，掌握 rpmbuild 打包方法。

首先使用 Xshell 远程登录工具登录 techhost 虚拟机，如图 5-17 所示。

```
Welcome to 4.19.90-2003.4.0.0036.oe1.aarch64

System information as of time:  Thu May  6 16:31:29 CST 2021

System load:    0.04
Processes:      141
Memory used:    64.8%
Swap used:      0.0%
Usage On:       9%
IP address:     10.0.0.237
Users online:   1


[root@techhost ~]# █
```

图 5-17 登录云主机

登录成功后，接下来开始完成 RPM 包制作实验，流程如下。

1. 安装 RPM 工具包

步骤一：下载 RPM 工具包。

技术人员输入如下命令安装 RPM 相关软件，如图 5-18 和图 5-19 所示。

```
[root@techhost ~]# dnf install -y gcc rpm-build rpm-devel rpmlint make Python bash coreutils diffutils patch rpmdevtools gdb
```

```
[root@techhost ~]# dnf install -y gcc rpm-build rpm-devel rpmlint make python bash coreutils diffutils patch rp
mdevtools gdb
Last metadata expiration check: 1:17:43 ago on Thu 06 May 2021 03:19:43 PM CST.
Package gcc-7.3.0-20190804.h31.oe1.aarch64 is already installed.
Package make-1:4.2.1-15.oe1.aarch64 is already installed.
Package python2-2.7.16-15.oe1.aarch64 is already installed.
Package bash-5.0-12.oe1.aarch64 is already installed.
Package coreutils-8.31-4.oe1.aarch64 is already installed.
Package diffutils-3.7-3.oe1.aarch64 is already installed.
Dependencies resolved.
================================================================================================================
 Package                          Architecture          Version                        Repository          Size
================================================================================================================
Installing:
 gdb                              aarch64               8.3.1-11.oe1                   OS                 115 k
 patch                            aarch64               2.7.6-12.oe1                   OS                 118 k
 rpm-build                        aarch64               4.15.1-12.oe1                  OS                  93 k
 rpm-devel                        aarch64               4.15.1-12.oe1                  OS                  76 k
 rpmdevtools                      noarch                8.10-8.oe1                     OS                  66 k
 rpmlint                          noarch                1.10-18.oe1                    OS                 173 k
Installing dependencies:
 desktop-file-utils               aarch64               0.24-1.oe1                     OS                  54 k
 fakeroot                         aarch64               1.23-2.oe1                     OS                  60 k
 gdb-headless                     aarch64               8.3.1-11.oe1                   OS                 2.6 M
 popt-devel                       aarch64               1.16-17.oe1                    OS                  36 k
 zstd-devel                       aarch64               1.3.6-3.oe1                    OS                  35 k

Transaction Summary
================================================================================================================
Install  11 Packages
```

图 5-18　安装依赖包

```
Installed:
  gdb-8.3.1-11.oe1.aarch64                  patch-2.7.6-12.oe1.aarch64            rpm-build-4.15.1-12.oe1.aarch64
  rpm-devel-4.15.1-12.oe1.aarch64           rpmdevtools-8.10-8.oe1.noarch         rpmlint-1.10-18.oe1.noarch
  desktop-file-utils-0.24-1.oe1.aarch64     fakeroot-1.23-2.oe1.aarch64           gdb-headless-8.3.1-11.oe1.aarch64
  popt-devel-1.16-17.oe1.aarch64            zstd-devel-1.3.6-3.oe1.aarch64

Complete!
[root@techhost ~]#
```

图 5-19　依赖包安装完成

步骤二：使用如下命令查看 RPM 版本信息来检测 RPM 工具包是否安装成功，如图 5-20 所示。

```
[root@techhost ~]# rpm --version
```

```
[root@techhost ~]# rpm --version
RPM version 4.15.1
[root@techhost ~]#
```

图 5-20　查看 RPM 版本

回显信息如上图所示说明安装成功。

步骤三：安装 tree 工具便于查看文件，如图 5-21 所示。

```
[root@techhost ~]# yum install tree
```

```
[root@techhost ~]# yum install tree
Last metadata expiration check: 0:03:50 ago on Fri 07 May 2021 12:19:06 PM CST.
Dependencies resolved.
================================================================================================
 Package                  Architecture               Version                         Repository
================================================================================================
Installing:
 tree                     aarch64                    1.7.0-18.oe1                    OS

Transaction Summary
================================================================================================
Install  1 Package

Total download size: 49 k
Installed size: 165 k
Is this ok [y/N]: y
Downloading Packages:
tree-1.7.0-18.oe1.aarch64.rpm                                                 3.3 MB/s |  49 kB
------------------------------------------------------------------------------------------------
Total                                                                         3.2 MB/s |  49 kB
Running transaction check
Transaction check succeeded.
Running transaction test
Transaction test succeeded.
Running transaction
  Preparing        :
  Installing       : tree-1.7.0-18.oe1.aarch64
  Verifying        : tree-1.7.0-18.oe1.aarch64

Installed:
  tree-1.7.0-18.oe1.aarch64

Complete!
```

图 5-21 安装 tree 工具

2. 创建 rpmbuild 目录并下载源码

使用如下命令生成 rpmbuild 目录，如图 5-22 所示。

```
[root@techhost ~]# rpmdev-setuptree
```

```
[root@techhost ~]# rpmdev-setuptree
[root@techhost ~]# ls
rpmbuild
[root@techhost ~]#
```

图 5-22 生成 rpmbuild 目录

创建完成后到该目录下检查目录是否生成完整，如图 5-23 所示。

```
[root@techhost ~]# cd rpmbuild
[root@techhost rpmbuild]# ls
```

```
[root@techhost ~]# cd rpmbuild
[root@techhost rpmbuild]# ls
BUILD  RPMS  SOURCES  SPECS  SRPMS
[root@techhost rpmbuild]#
```

图 5-23 查看 rpmbuild 目录

使用如下命令进入 SOURCE 目录下载所需源码，如图 5-24 所示。

```
[root@techhost ~]# cd ~/rpmbuild/SOURCES
[root@techhost SOURCES]# wget http://ftp.gnu.org/gnu/hello/hello-2.10.tar.gz
```

```
[root@techhost ~]# cd ~/rpmbuild/SOURCES
[root@techhost SOURCES]# wget http://ftp.gnu.org/gnu/hello/hello-2.10.tar.gz
--2021-05-07 12:31:27--  http://ftp.gnu.org/gnu/hello/hello-2.10.tar.gz
Resolving ftp.gnu.org (ftp.gnu.org)... 209.51.188.20, 2001:470:142:3::b
Connecting to ftp.gnu.org (ftp.gnu.org)|209.51.188.20|:80... connected.
HTTP request sent, awaiting response... 200 OK
Length: 725946 (709K) [application/x-gzip]
Saving to: 'hello-2.10.tar.gz'

hello-2.10.tar.gz             100%[=====================================================>] 708.93K   280KB/s

2021-05-07 12:31:31 (280 KB/s) - 'hello-2.10.tar.gz' saved [725946/725946]

[root@techhost SOURCES]#
```

图 5-24 下载资源

3. 制作 spec 文件

进入 SPECS 目录，使用命令 rpmdev-newspec 生成应用对应的 SPEC 文件，如图 5-25 所示。

```
[root@techhost SOURCES]# cd ~/rpmbuild/SPECS
[root@techhost SPECS]# vim hello.spec
```

```
[root@techhost SOURCES]# cd ~/rpmbuild/SPECS
[root@techhost SPECS]# vim hello.spec
```

图 5-25 修改 SPEC 文件

在 SPEC 文件中根据实际情况填写然后保存退出，本实验 hello.spec 的完整内容，如图 5-26 所示。

```
Name:     hello
Version:   2.10
Release:   1%{?dist}
Summary:   The "Hello World" program from GNU
Summary(zh_CN):   GNU "Hello World" 程序
License:   GPLv3+
URL:          http://ftp.gnu.org/gnu/hello
Source0:   http://ftp.gnu.org/gnu/hello/%{name}-%{version}.tar.gz

BuildRequires:   gettext
Requires(post): info
Requires(preun): info

%description
The "Hello World" program, done with all bells and whistles of a proper FOSS
project, including configuration, build, internationalization, help files, etc.
%description
The "Hello World" program, done with all bells and whistles of a proper FOSS
project, including configuration, build, internationalization, help files, etc.

%description -l zh_CN
"Hello World" 程序，包含 FOSS 项目所需的所有部分，包括配置、构建、国际化、帮助文件等。

%prep
%setup -q

%build
%configure
```

```
make %{?_smp_mflags}

%install
make install DESTDIR=%{buildroot}
%find_lang %{name}
rm -f %{buildroot}/%{_infodir}/dir

%post
/sbin/install-info %{_infodir}/%{name}.info %{_infodir}/dir || :

%preun
if [ $1 = 0 ] ; then
/sbin/install-info --delete %{_infodir}/%{name}.info %{_infodir}/dir || :
fi

%files -f %{name}.lang
%doc AUTHORS ChangeLog NEWS README THANKS TODO
%license COPYING
%{_mandir}/man1/hello.1.*
%{_infodir}/hello.info.*
%{_bindir}/hello

%changelog
* Sun Dec 4 2016 Your Name <youremail@xxx.xxx> - 2.10-1
- Update to 2.10
* Sat Dec 3 2016 Your Name <youremail@xxx.xxx> - 2.9-1
- Update to 2.9
```

```
Name:     hello
Version:  2.10
Release:  1%{?dist}
Summary:  The "Hello World" program from GNU
Summary(zh_CN):  GNU "Hello World" 程序
License:  GPLv3+
URL:      http://ftp.gnu.org/gnu/hello
Source0:  http://ftp.gnu.org/gnu/hello/%{name}-%{version}.tar.gz

BuildRequires:  gettext
Requires(post): info
Requires(preun): info

%description
The "Hello World" program, done with all bells and whistles of a proper FOSS
project, including configuration, build, internationalization, help files, etc.

%description -l zh_CN
"Hello World" 程序, 包含 FOSS 项目所需的所有部分, 包括配置, 构建, 国际化, 帮助文件等.

%prep
%setup -q

%build
%configure
make %{?_smp_mflags}

%install
make install DESTDIR=%{buildroot}
%find_lang %{name}
```

图 5-26　SPEC 文件内容

4．打包应用测试

使用命令 rpmbuild 进行 RPM 包的创建，如图 5-27 所示。

```
[root@techhost SPECS]# rpmbuild -ba hello.spec
```

```
Checking for unpackaged file(s): /usr/lib/rpm/check-files /root/rpmbuild/BUILDROOT/hello-2.10-1.aarch64
Wrote: /root/rpmbuild/SRPMS/hello-2.10-1.src.rpm
Wrote: /root/rpmbuild/RPMS/aarch64/hello-2.10-1.aarch64.rpm
Wrote: /root/rpmbuild/RPMS/aarch64/hello-debuginfo-2.10-1.aarch64.rpm
Wrote: /root/rpmbuild/RPMS/aarch64/hello-debugsource-2.10-1.aarch64.rpm
Executing(%clean): /bin/sh -e /var/tmp/rpm-tmp.BbMDh4
+ umask 022
+ cd /root/rpmbuild/BUILD
+ cd hello-2.10
+ /usr/bin/rm -rf /root/rpmbuild/BUILDROOT/hello-2.10-1.aarch64
+ RPM_EC=0
++ jobs -p
+ exit 0
```

图 5-27　RPM 包构建

使用如下指令查看生成的 RPM 文件包，如图 5-28 所示。

```
[root@techhost SPECS]# tree ~/rpmbuild/*RPMS
```

```
[root@techhost SPECS]# tree ~/rpmbuild/*RPMS
/root/rpmbuild/RPMS
└── aarch64
    ├── hello-2.10-1.aarch64.rpm
    ├── hello-debuginfo-2.10-1.aarch64.rpm
    └── hello-debugsource-2.10-1.aarch64.rpm
/root/rpmbuild/SRPMS
└── hello-2.10-1.src.rpm

1 directory, 4 files
[root@techhost SPECS]#
```

图 5-28　查看目录树

使用如下命令安装我们打包成功的 rpm 包文件，如图 5-29 所示。

```
[root@techhost SPECS]# rpm -ivh ~/rpmbuild/RPMS/aarch64/hello-2.10-1.aarch64.rpm
```

```
[root@techhost ~]# rpm -ivh ~/rpmbuild/RPMS/aarch64/hello-2.10-1.aarch64.rpm
Verifying...                          ################################# [100%]
Preparing...                          ################################# [100%]
Updating / installing...
   1:hello-2.10-1                     ################################# [100%]
```

图 5-29　安装 PM 包

运行以下检验成果，如图 5-30 所示。

```
[root@techhost ~]# hello   //执行文件
[root@techhost ~]# which hello   //查看二进制文件 hello 的地址
[root@techhost ~]# rpm -qf `which hello`   //查看已安装相关的 rpm 包
```

```
[root@techhost ~]# hello
Hello, world!
[root@techhost ~]# which hello
/usr/bin/hello
[root@techhost ~]# rpm -qf `which hello`
hello-2.10-1.aarch64
[root@techhost ~]#
```

图 5-30　结果验证

至此，RPM 包制作实验完成。

5.3.2 使用 Maven 打包 Java 代码

1. Maven 工具介绍

Maven 是 Apache 下的一个 Java 开发的开源项目，是一个软件项目管理和理解工具。Maven 包含了一个项目对象模型、一组标准集合、一个项目生命周期（Project Lifecycle）、一个依赖管理系统（Dependency Management System）和用来运行定义在生命周期阶段中插件目标的逻辑。基于项目对象模型，Maven 可以用中央信息来管理项目的构建、报告和文档。通俗来讲，Maven 的核心功能就是可以通过 pom.xml 文件的配置获取 jar 包，而不需要手动去添加 jar 包。

Maven 有一个生命周期，当运行 mvn install 的时候会被调用。这条命令会通知 Maven 执行一系列有序的操作，直到到达指定的生命周期。遍历生命周期旅途中的一个影响就是，Maven 运行了许多默认的插件目标，这些目标完成了像编译和创建一个 Jar 文件这样的工作。

Maven 常用的命令，见表 5-6。

表 5-6 Maven 常用的命令

命令名	作用
mvn archetype:generate	创建 Maven 项目
mvn compile	编译源代码
mvn deploy	发布项目
mvn test	运行应用程序中的单元测试
mvn test-compile	编译测试源代码
mvn site	生成项目相关信息的网站
mvn clean	清除项目目录中的生成结果
mvn package	根据项目生成的 jar
mvn install	在本地 Repository 中安装 jar

2. POM 文件介绍

Pom 代表“项目对象模型”，保存在名为 pom.xml 的文件中，是 Maven 项目的 XML 表示形式，它是 Maven 工程的基本工作单元，包含了项目的基本信息，用于描述项目如何构建，声明项目依赖等。如果没有 POM 的话，Maven 是毫无用处的，所以说 POM 是 Maven 的核心，是 POM 实现并驱动了这种以模型来描述的构建方式。实际上，在 Maven 的世界中，项目根本不需要包含任何代码，只需要包含 pom.xml 文件。

一个 POM 文件中包含了项目的所有重要信息。POM 文件包含的信息见表 5-7。

3. Maven 安装及配置实验

本部分实验旨在使学员掌握 Maven 配置华为镜像源，掌握 Maven 打包后存放的 jar 包位置，熟悉 POM 文件的语法。

表 5-7　POM 文件包含的信息

参数名	解释
project	这是所有 POM 文件中的最顶级元素，一级根元素
modelVersion	此必须的元素说明了本 POM 所使用的模型版本
groupId	本元素表示创建本项目的组织的唯一标识，groupId 是一个项目的核心关键标识之一，它基于组织的完整属性域名
artifactId	表示本项目的主要项目的唯一基本名，一个典型的由 Maven 生成的项目名称将会是如下的格式：<artifactId>-<version>.<extension>
packaging	表示本项目所使用的包类型（JAR，WAR，EAR 等）。本元素的默认值是 jar，因此在大多数情况下，不需要去特别指定
version	表示项目的版本，对版本管理大有帮助，我们会经常看到一个版本对应的 SNAPSHOT（快照），表示项目在开发中的不同状态
name	项目的显示名称，常用于 Maven 生成的文档当中，并在构建过程中，作为一种依赖被项目使用
url	项目的网站网址
description	项目的介绍

（1）Maven 安装及配置

1）配置 Maven 安装环境

要求 Java 的 OpenJDK 版本至少为“1.8.0”，可以使用以下命令安装 OpenJDK。

```
[root@techhost ~]# yum install java-1.8.0-openjdk
```

2）下载 Maven 的软件安装包

使用以下命令下载 Maven 的软件安装包（具体下载版本请根据实际选择），如图 5-31 所示。

```
[root@techhost ~]# wget https://repo.huaweicloud.com/apache/maven/maven-3/3.5.4/binaries/apache-maven- 3.5.4-bin.tar.gz
```

```
[root@techhost ~]# wget https://repo.huaweicloud.com/apache/maven/maven-3/3.5.4/binaries/apache-maven-3.5.4-bin
.tar.gz
--2021-05-06 18:04:18--  https://repo.huaweicloud.com/apache/maven/maven-3/3.5.4/binaries/apache-maven-3.5.4-bi
n.tar.gz
Resolving repo.huaweicloud.com (repo.huaweicloud.com)... 103.254.188.48, 124.236.26.54
Connecting to repo.huaweicloud.com (repo.huaweicloud.com)|103.254.188.48|:443... connected.
HTTP request sent, awaiting response... 200 OK
Length: 8842660 (8.4M) [application/octet-stream]
Saving to: 'apache-maven-3.5.4-bin.tar.gz'

apache-maven-3.5.4-bin.tar. 100%[=========================================>]   8.43M  1.22MB/s    in 5.6s

2021-05-06 18:04:24 (1.49 MB/s) - 'apache-maven-3.5.4-bin.tar.gz' saved [8842660/8842660]
```

图 5-31　下载 Maven 包

然后解压下载的压缩包，如图 5-32 所示。

```
[root@techhost ~]# tar -zxvf apache-maven-3.5.4-bin.tar.gz
```

```
apache-maven-3.5.4/lib/wagon-provider-api-3.1.0.jar
apache-maven-3.5.4/lib/wagon-http-3.1.0-shaded.jar
apache-maven-3.5.4/lib/jcl-over-slf4j-1.7.25.jar
apache-maven-3.5.4/lib/wagon-file-3.1.0.jar
apache-maven-3.5.4/lib/maven-resolver-connector-basic-1.1.1.jar
apache-maven-3.5.4/lib/maven-resolver-transport-wagon-1.1.1.jar
apache-maven-3.5.4/lib/maven-slf4j-provider-3.5.4.jar
apache-maven-3.5.4/lib/jansi-1.17.1.jar
[root@techhost ~]#
```

图 5-32 解压源码包

然后在 /usr/local/ 下创建 Maven，并把当前 apache-Maven-3.5.4 复制到该目录下，如图 5-33 所示。

```
[root@techhost ~]# mkdir /usr/local/maven
[root@techhost ~]# cp  apache-maven-3.5.4 /usr/local/maven -rf
[root@techhost ~]# ls /usr/local/maven
```

```
[root@techhost ~]# mkdir /usr/local/maven
[root@techhost ~]# cp  apache-maven-3.5.4 /usr/local/maven -rf
[root@techhost ~]# ls /usr/local/maven
apache-maven-3.5.4
[root@techhost ~]#
```

图 5-33 安装 Maaven

3）配置 Maven 环境

使用如下命令打开并编辑环境配置文件，在文件最后添加如下内容并保存退出，如图 5-34 所示。

```
[root@techhost ~]# vim /etc/profile
```

```
fi

MAVEN_HOME=/usr/local/maven/apache-maven-3.5.4
export PATH=${MAVEN_HOME}/bin:$PATH
-- INSERT --
```

图 5-34 配置 Maven 环境变量

```
MAVEN_HOME=/usr/local/maven/apache-maven-3.5.4
export PATH=${MAVEN_HOME}/bin:$PATH
```

然后使环境配置生效，如图 5-35 所示。

```
[root@techhost ~]# source /etc/profile
```

```
[root@techhost ~]# vim /etc/profile
[root@techhost ~]# source /etc/profile


Welcome to 4.19.90-2003.4.0.0036.oe1.aarch64

System information as of time:  Thu May  6 18:10:58 CST 2021

System load:    0.10
Processes:      142
Memory used:    65.1%
Swap used:      0.0%
Usage On:       11%
IP address:     10.0.0.237
Users online:   1


[root@techhost ~]#
```

图 5-35 使用环境变量生效

4）配置华为云镜像，便于快速拉取镜像

步骤一：修改 setting.xml 文件。

```
[root@techhost ~]# vim /usr/local/maven/apache-maven-3.5.4/conf/settings.xml
```

添加内容如图 5-36 和图 5-37 所示。

```
<!-- Another sample, using keys to authenticate.
<server>
  <id>siteServer</id>
  <privateKey>/path/to/private/key</privateKey>
  <passphrase>optional; leave empty if not used.</passphrase>
</server>
-->
<server>
  <id>huaweicloud</id>
  <username>anonymous</username>
  <password>devcloud</password>
</server>

</servers>
```

图 5-36　修改 Maven 配置信息

```
<mirror>
  <id>mirrorId</id>
  <mirrorOf>repositoryId</mirrorOf>
  <name>Human Readable Name for this Mirror.</name>
  <url>http://my.repository.com/repo/path</url>
</mirror>
-->
<mirror>
  <id>huaweicloud</id>
  <mirrorOf>*</mirrorOf>
  <url>https://mirrors.huaweicloud.com/repository/maven/</url>
</mirror>

</mirrors>
```

图 5-37　修改 Maven 源

```
<server>
<id>huaweicloud</id>
<username>anonymous</username>
<password>devcloud</password>
</server>
......
<mirror>
<id>huaweicloud</id>
<mirrorOf>*</mirrorOf>
<url>https://mirrors.huaweicloud.com/repository/maven/</url>
</mirror>
```

步骤二：使用如下命令验证安装是否成功，如图 5-38 所示。

```
[root@techhost ~]# mvn --version
```

```
[root@techhost ~]# mvn --version
Apache Maven 3.5.4 (1edded0938998edf8bf061f1ceb3cfdeccf443fe; 2018-06-18T02:33:14+08:00)
Maven home: /usr/local/maven/apache-maven-3.5.4
Java version: 1.8.0_242, vendor: Huawei Technologies Co., Ltd, runtime: /usr/lib/jvm/java-1.8.0-openjdk-1.8.0.2
42.b08-1.h5.oe1.aarch64/jre
Default locale: en_US, platform encoding: UTF-8
OS name: "linux", version: "4.19.90-2003.4.0.0036.oe1.aarch64", arch: "aarch64", family: "unix"
[root@techhost ~]#
```

图 5-38　验证 Maven

（2）Maven 工程构建

借用 Maven 工具构建鲲鹏应用的流程，如图 5-39 所示。

技术人员安装好 Maven 工具后，会在本地构建一个仓库，仓库中包含各种 jar 包。本地仓库如果没有我们需要的 jar 包，可以从远程仓库中下载，对下载好的 jar 包，x86 平台上可以直接编写运行程序，但当要把应用迁移到鲲鹏平台时，就需要替换掉与鲲鹏平台不适应的其他语言的 SO 库文件，重新编译打包 jar 包，并更新本地仓库使其可以正常运行。

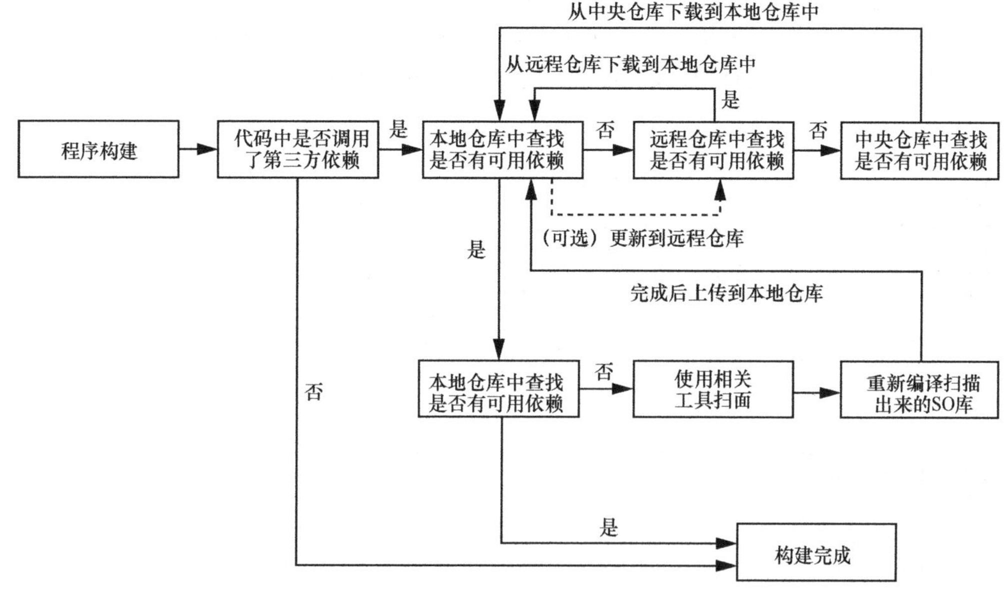

图 5-39　鲲鹏应用构建流程

步骤一：使用如下命令构建 Maven 工程骨架。

```
[root@techhost ~]# mvn archetype:generate
```

构建过程当中，系统会要求选择版本，保持默认，系统会自动选择最高版本，如图 5-40 所示。

```
Choose a number or apply filter (format: [groupId:]artifactId, case sensitive contains): 1760:
Choose org.apache.maven.archetypes:maven-archetype-quickstart version:        回车
1: 1.0-alpha-1
2: 1.0-alpha-2
3: 1.0-alpha-3
4: 1.0-alpha-4
5: 1.0
6: 1.1
7: 1.3
8: 1.4
Choose a number: 8:   回车
```

图 5-40　构建工程

当出现提示 groupId、artfactId、version 及包名时，如图 5-41 所示，输入框中指定坐标即可。其余停顿处回车即可。

```
Downloaded from huaweicloud: https://mirrors.huaweicloud.com/repository/maven/org/apache/maven/archetype
-archetype-quickstart/1.4/maven-archetype-quickstart-1.4.jar (7.1 kB at 132 kB/s)
Define value for property 'groupId': com.juvenxu.mvnbook
Define value for property 'artifactId': hello-world
Define value for property 'version' 1.0-SNAPSHOT: :
Define value for property 'package' com.juvenxu.mvnbook: : com.juvenxu.mvnbook.helloworld
```

图 5-41 结果验证

```
Define value for property 'groupId': com.juvenxu.mvbook
Define value for property 'artifactId': hello-world
Define value for property 'version' 1.0-SNAPSHOT: :
Define value for property 'package' com.juvenxu.mvbook: : com.juvenxu.mvbook.helloworld
```

完成后会出现 BUILD SUCCESS 提示字样，如图 5-42 所示。

```
[INFO] ------------------------------------------------------------------------
[INFO] Using following parameters for creating project from Archetype: maven-archetype-quickstart:1.4
[INFO] ------------------------------------------------------------------------
[INFO] Parameter: groupId, Value: com.juvenxu.mvnbook
[INFO] Parameter: artifactId, Value: hello-world
[INFO] Parameter: version, Value: 1.0-SNAPSHOT
[INFO] Parameter: package, Value: com.juvenxu.mvnbook.helloworld
[INFO] Parameter: packageInPathFormat, Value: com/juvenxu/mvnbook/helloworld
[INFO] Parameter: package, Value: com.juvenxu.mvnbook.helloworld
[INFO] Parameter: version, Value: 1.0-SNAPSHOT
[INFO] Parameter: groupId, Value: com.juvenxu.mvnbook
[INFO] Parameter: artifactId, Value: hello-world
[INFO] Project created from Archetype in dir: /root/hello-world
[INFO] ------------------------------------------------------------------------
[INFO] BUILD SUCCESS
[INFO] ------------------------------------------------------------------------
[INFO] Total time: 03:58 min
[INFO] Finished at: 2021-05-06T18:26:19+08:00
[INFO] ------------------------------------------------------------------------
[root@techhost ~]#
```

图 5-42 结果验证

步骤二：验证已构建的 Maven 工程。

工程构建成功后，在当前目录下会生成对应的项目，使用 ls 命令查看目录下内容即可看到构建的工程，如图 5-43 所示。

```
[root@techhost ~]# ls
```

```
[root@techhost ~]# ls
apache-maven-3.5.4               mysql-8.0.17-3.oe1.src.rpm                      rpmbuild
apache-maven-3.5.4-bin.tar.gz    mysql80-community-release-el8-1.noarch.rpm
hello-world                      mysql.spec
[root@techhost ~]#
```

图 5-43 结果验证

步骤三：安装 tree。

使用如下命令安装 tree 工具，可以用来查看项目结构，如图 5-44 所示。

```
[root@techhost ~]# yum install tree
```

```
[root@techhost ~]# yum install tree
Last metadata expiration check: 0:16:40 ago on Thu 06 May 2021 06:11:56 PM CST.
Dependencies resolved.
================================================================================================================
 Package                 Architecture              Version                            Repository          Size
================================================================================================================
Installing:
 tree                    aarch64                   1.7.0-18.oe1                       OS                  49 k

Transaction Summary
================================================================================================================
Install  1 Package

Total download size: 49 k
Installed size: 165 k
Is this ok [y/N]: y
Downloading Packages:
tree-1.7.0-18.oe1.aarch64.rpm                                                    2.9 MB/s |  49 kB     00:00
----------------------------------------------------------------------------------------------------------------
Total                                                                            2.5 MB/s |  49 kB     00:00
Running transaction check
Transaction check succeeded.
Running transaction test
Transaction test succeeded.
Running transaction
  Preparing        :                                                                                       1/1
  Installing       : tree-1.7.0-18.oe1.aarch64                                                             1/1
  Verifying        : tree-1.7.0-18.oe1.aarch64                                                             1/1

Installed:
  tree-1.7.0-18.oe1.aarch64

Complete!
[root@techhost ~]#
```

图 5-44 安装工具

安装完成后，输入以下命令可以查看项目的结构，说明 Maven 工程构建成功，如图 5-45 所示。

```
[root@techhost ~]# tree hello-world/
```

```
[root@techhost ~]# tree hello-world/
hello-world/
├── pom.xml
└── src
    ├── main
    │   └── java
    │       └── com
    │           └── juvenxu
    │               └── mvnbook
    │                   └── helloworld
    │                       └── App.java
    └── test
        └── java
            └── com
                └── juvenxu
                    └── mvnbook
                        └── helloworld
                            └── AppTest.java

13 directories, 3 files
[root@techhost ~]#
```

图 5-45 查看各项目目录结构

步骤四：检查 POM 文件。

图中黑色框选的内容即为我们建立骨架中的坐标，如图 5-46 所示。

```
[root@techhost ~]# cd hello-world
[root@techhost hello-world]# cat pom.xml
```

```
[root@techhost ~]# cd hello-world
[root@techhost hello-world]# cat pom.xml
<?xml version="1.0" encoding="UTF-8"?>

<project xmlns="http://maven.apache.org/POM/4.0.0" xmlns:xsi="http://www.w3.org/2001/XMLSchema
  xsi:schemaLocation="http://maven.apache.org/POM/4.0.0 http://maven.apache.org/xsd/maven-4.0.
  <modelVersion>4.0.0</modelVersion>

  <groupId>com.juvenxu.mvnbook</groupId>
  <artifactId>hello-world</artifactId>
  <version>1.0-SNAPSHOT</version>

  <name>hello-world</name>
  <!-- FIXME change it to the project's website -->
  <url>http://www.example.com</url>
```

图 5-46　查验 pom.xml 文件

步骤五：编写主代码。

当需要对代码进行开发修改时，需要修改主代码文件 App.java，修改之后的代码最终也会被打包到构件中。使用 vim 命令编写 App.java 的内容，如图 5-47 所示。

```
[root@techhost hello-world]# cd /root/hello-world/src/main/java/com/juvenxu/mvnbook/helloworld
[root@techhost helloworld]# pwd
[root@techhost helloworld]# ls
```

```
[root@techhost mvnbook]# cd /root/hello-world/src/main/java/com/juvenxu/mvnbook/helloworld
[root@techhost helloworld]# pwd
/root/hello-world/src/main/java/com/juvenxu/mvnbook/helloworld
[root@techhost helloworld]# ls
App.java
[root@techhost helloworld]#
```

图 5-47　命令执行结果

使用如下命令打开并编辑 App.java 内容，如图 5-48 所示。

```
[root@techhost helloworld]# vim App.java
```

```
[root@techhost helloworld]# vim App.java
```

图 5-48　编辑文件

文件默认代码如图 5-49 所示。

```
package com.juvenxu.mvnbook.helloworld;

/**
 * Hello world!
 *
 */
public class App
{
    public static void main( String[] args )
    {
        System.out.println( "Hello World!" );
    }
}
```

```
package com.juvenxu.mvnbook.helloworld;

/**
 * Hello world!
 *
 */
public class App
{
    public static void main( String[] args )
    {
        System.out.println( "Hello World!" );
    }
}
```

图 5-49　文件内容

步骤六：使用 Maven 工具进行编译。

如下指令可在项目的根目录下对代码进行编译，其中，clean 指令会让 Maven 清理输出目录，compile 指令负责指挥 Maven 编译主代码。如图 5-50 所示，出现提示表示编译成功。

```
[root@techhost helloworld]# cd /root/hello-world
[root@techhost hello-world]# mvn clean compile
```

```
[INFO] Changes detected - recompiling the module!
[INFO] Compiling 1 source file to /root/hello-world/target/classes
[INFO] ------------------------------------------------------------------------
[INFO] BUILD SUCCESS
[INFO] ------------------------------------------------------------------------
[INFO] Total time: 13.070 s
[INFO] Finished at: 2021-05-06T18:39:35+08:00
[INFO] ------------------------------------------------------------------------
[root@techhost hello-world]#
```

图 5-50　构建项目

使用“ls”查看当前目录下内容，target 目录为编译成功后的输出，如图 5-51 所示。

```
[root@techhost hello-world]# ls
pom.xml  src  target
[root@techhost hello-world]#
```

图 5-51　结果验证

（3）程序打包和运行

步骤一：在项目根目录下使用如下命令进行打包，然后查看生成的 jar 包，如图 5-52 所示。

```
[root@techhost hello-world]# mvn clean package
```

```
[INFO] Building jar: /root/hello-world/target/hello-world-1.0-SNAPSHOT.jar
[INFO] ------------------------------------------------------------------------
[INFO] BUILD SUCCESS
[INFO] ------------------------------------------------------------------------
[INFO] Total time: 11.383 s
[INFO] Finished at: 2021-05-06T18:42:31+08:00
[INFO] ------------------------------------------------------------------------
[root@techhost hello-world]#
```

图 5-52　命令执行结果

打包完成后查看所生成的jar包，如图5-53所示。

```
[root@techhost hello-world]# ls target/
```

```
[root@techhost hello-world]# ls target/
classes              generated-test-sources         maven-archiver   surefire-reports
generated-sources    hello-world-1.0-SNAPSHOT.jar   maven-status     test-classes
[root@techhost hello-world]#
```

图5-53　命令执行结果

步骤二：使用install命令安装，如图5-54所示。

```
[root@techhost hello-world]# mvn clean install
```

```
[INFO] Installing /root/hello-world/target/hello-world-1.0-SNAPSHOT.jar to /root/.m2/repository/com/juvenxu/mvnbook/hello-world/1.0-SNAPSHOT/hello-world-1.0-SNAPSHOT.jar
[INFO] Installing /root/hello-world/pom.xml to /root/.m2/repository/com/juvenxu/mvnbook/hello-world/1.0-SNAPSHOT/hello-world-1.0-SNAPSHOT.pom
[INFO] ------------------------------------------------------------------------
[INFO] BUILD SUCCESS
[INFO] ------------------------------------------------------------------------
[INFO] Total time: 6.867 s
[INFO] Finished at: 2021-05-06T18:44:34+08:00
[INFO] ------------------------------------------------------------------------
[root@techhost hello-world]#
```

图5-54　命令执行结果

使用如下命令在本地仓库查看，如图5-55所示。

```
[root@techhost hello-world]# mvn clean install
```

```
[root@techhost hello-world]# ls /root/.m2/repository/com/juvenxu/mvnbook/hello-world/
1.0-SNAPSHOT  maven-metadata-local.xml
[root@techhost hello-world]#
```

图5-55　命令执行结果

步骤三：使用如下命令打开并修改pom文件，配置插件，删除其他插件，内容如下，然后保存退出。

```
[root@techhost hello-world]# vim pom.xml
<build>
<plugins>
<plugin>
<groupId>org.apache.maven.plugins</groupId>
<artifactId>maven-shade-plugin</artifactId>
<version>2.4.3</version>
<executions>
<execution>
<phase>package</phase>
<goals>
<goal>shade</goal>
</goals>
<configuration>
<transformers>
<transformer implementation="org.apache.maven.plugins.shade.resource.ManifestResourceTransformer">
<mainClass>com.juvenxu.mvnbook.helloworld.App</mainClass>
```

```
</transformer>
</transformers>
</configuration>
</execution>
</executions>
            </plugin>
</plugins>
</build>
```

步骤四：执行上几步中的命令重新编译配置，如图 5-56、图 5-57 和图 5-58 所示。

```
[root@techhost hello-world]# mvn clean compile
[root@techhost hello-world]# mvn clean package
[root@techhost hello-world]# mvn clean install
```

```
[INFO] Changes detected - recompiling the module!
[INFO] Compiling 1 source file to /root/hello-world/target/classes
[INFO] ------------------------------------------------------------------------
[INFO] BUILD SUCCESS
[INFO] ------------------------------------------------------------------------
[INFO] Total time: 6.579 s
[INFO] Finished at: 2021-05-06T19:53:34+08:00
[INFO] ------------------------------------------------------------------------
[root@techhost hello-world]#
```

图 5-56　命令执行结果

```
[INFO] Building jar: /root/hello-world/target/hello-world-1.0-SNAPSHOT.jar
[INFO] ------------------------------------------------------------------------
[INFO] BUILD SUCCESS
[INFO] ------------------------------------------------------------------------
[INFO] Total time: 5.381 s
[INFO] Finished at: 2021-05-06T19:53:58+08:00
[INFO] ------------------------------------------------------------------------
[root@techhost hello-world]#
```

图 5-57　命令执行结果

```
[INFO] Installing /root/hello-world/target/hello-world-1.0-SNAPSHOT.jar to /root/.m2/repo
ook/hello-world/1.0-SNAPSHOT/hello-world-1.0-SNAPSHOT.jar
[INFO] Installing /root/hello-world/pom.xml to /root/.m2/repository/com/juvenxu/mvbook/he
/hello-world-1.0-SNAPSHOT.pom
[INFO] ------------------------------------------------------------------------
[INFO] BUILD SUCCESS
[INFO] ------------------------------------------------------------------------
[INFO] Total time: 4.244 s
[INFO] Finished at: 2021-05-06T19:54:33+08:00
[INFO] ------------------------------------------------------------------------
[root@techhost hello-world]#
```

图 5-58　命令执行结果

步骤五：执行 Java 程序，回显 Hello World！，运行成功，如图 5-59 所示。

```
[root@techhost hello-world]#  java -jar target/hello-world-1.0-SNAPSHOT.jar
```

```
[root@techhost hello-world]# java -jar target/hello-world-1.0-SNAPSHOT.jar
Hello World!
[root@techhost hello-world]#
```

图 5-59　执行程序

5.3.3 Python 打包

Python 应用中有很多可以打包 Python 模块的方式，我们可以借助原生库 Distutils 构建和打包 Python 模块，也可以借助第三方管理器，例如，setuptools 库或 pyinstaller 工具等进行打包处理。

1．原生库 Distutils

Distutils 库作为 Python 内部基础工具包，是最常用的打包方式。对于任何 Python 模块的开发者或使用者来说，Distutils 都是很便捷的工具。作为一个开发者，除了需要编写源码，还需要做以下工作：

① 编写一个设置脚本 setup.py；

② （可选）编写设置脚本的配置文件；

③ 创建源码的发行版；

④ （可选）创建一个或多个编译好（二进制）的发行版。

由 Python 编写的 setup 脚本一般都很简单，setup 脚本可以在构建和安装模块发布时运行多次。

Distutils 有以下基本术语。

① 模块发布：一些 Python 模块的集合，它们将会被一起安装。一些常见的模块发布有 Numeric Python、PyXML、PIL、mxBase。

② 纯模块发布：一个只包含纯 Python 模块和包的模块发布。

③ 非纯模块发布：至少包含一个扩展模块的模块发布。

④ 发布根：源码树的根目录；setup.py 所在的目录。

2．setuotools

setuptools 是 Python Enterprise Application Kit（PEAK）的一个副项目，它是一组 Python 的 Distutilsde 工具的增强工具（适用于 Python 2.3.5 以上的版本，64 位平台则适用于 Python 2.4 以上的版本），可以让程序员更方便地创建和发布 Python 包，特别是那些对其他包具有依赖性的状况。

相比于 Python 自带的用于发布 Python 应用程序的模块 Distutils，setuptools 的真正优点并不在于实现 Distutils 所能实现的功能，它的确增强了 Distutils 的功能并简化了 setup.py 脚本中的内容。setuptools 最大的优势是它在包管理能力方面的增强。可以使用一种更加透明的方法来查找、下载并安装依赖包；并可以在一个包的多个版本中自由进行切换，这些版本都安装在同一个系统上；也可以声明对某个包的特定版本的需求；还可以只使用一个简单的命令就能更新到某个包的最新版本。另外，即使有些包的开发人员可能还从未考虑过任何 setuptools 兼容性问题，但是我们依然可以使用这些包。

setuptools 由以下特性。

① 在构建模块时，我们可使用 EasyInstall 工具自动查找、下载、安装、升级所依赖的软件包，EasyInstall 支持通过 HTTP、FTP、Subversion 及 SourceForge 下载软件包，并能自动扫描 PyPI 上的网页，找到下载链接。

② setuptools 可以创建 Python Eggs，Python Eggs 是一种单文件的可导入的发布格式。

③ 在包的目录中可以包含数据文件，允许代码访问这些数据文件。（Python 2.4 Distutils 也支持这个特性，不过 setuptools 能为面向 Python 2.3 的包也提供这样的特性，此外还支持访问压缩包中的数据。）

④ 自动包含程序员的源代码树中的所有包，而不需要在独立的 setup.py 中逐个声明。

⑤ 自动在源代码发布中包含所有相关的文件，而无须创建 MANIFEST.in 文件，也不必在源代码树改变后强制生成 MANIFEST。

⑥ 自动为程序员项目中的任意数量的“main”函数生成封装脚本或者 Windows（控制台或者图行用户界面）.exe 文件。（注：这并不是 py2exe 的替代方案；这里生成的.exe 需要基于已安装的 Python，而 py2exe 则不需要。）

⑦ 由透明的 Pyrex（Pyrex 允许程序员编写混合 Python 和 C 数据类型的代码，并编译为 Python 的 C 扩展。）支持，这样程序员的 setup.py 可以列出.pyx 文件，即使最终用户没有安装 Pyrex 也能够运行（当然这需要程序员在源代码发布包中包含 Pyrex 生成的 C 代码）。

⑧ 对创建命令行别名的支持，setuptools 可以帮助程序员为发布包创建项目需要的、每个用户或者全局的快捷方式，这通常用于命令行或选项中。

⑨ 支持上传发布包到 PyPI，setuptools 可以帮助程序员将源码包或者 Eggs 发布到 PyPI 上。

⑩ 可以以“开发模式”发布程序员的项目，这样它可以出现在 sys.path 中，而程序员依然可以直接编辑源代码的工作副本。

⑪ 方便为 Distutils 扩展新功能或者 setup( )方法，并能够发布可供不同的项目重复使用的扩展包，而无须复制代码。

⑫ 技术人员创建具有自动发现扩展功能的可扩展的应用程序或框架，只要在项目的安装脚本中简单的声明“入口点”即可。

3. Python 打包流程

以原生库 Distutils 打包发布 Python 模块为例，Python 打包路程如下。

① 技术人员首先要编写完善要开发模块的源码。编写好自己的模块后，使用 Distutils 的 setup.py 打包。

② 技术人员编写安装创建的脚本 setup.py。

setup 脚本是使用 Distutils 构建、发布和安装模块的核心。setup 脚本的作用是向 Distutils 描述发布模块的信息。以 Distutils 模块本身的 setup 脚本为例：

```
from Distutils.core import setup
setup(name='Distutils',
        version='1.0',
        description='Python Distribution Utilities',
        author='Greg Ward',
        author_email='gward@Python.net',
        url='https://www.Python.org/sigs/Distutils-sig/',
        packages=['Distutils', 'Distutils.command'],
      )
```

上面这个脚本有很多的元数据，列出的是两个包，而不是列出每个模块。因为 Distutils 包含多个模块，这些模块分成了两个包；如果列出所有模块的话则是冗长且难以维护的。注意，setup 脚本中的路径必须是以 Unix 形式书写的，也就是由“/”分割的。Distutils 会在使用这些路径之前，将这种表示方法转换为适合当前平台的格式。

③ 创建源分布，执行打包命令。

技术人员编写好配套的安装脚本 setup.py 后，执行打包命令：

```
[root@techhost ~]# Python setup sdist
```

运行完后，技术人员再次查看当前目录会发现自动生成了一个文件夹 dist，其中，有一个以 tar.gz 结尾的压缩包文件就是打包好的目标文件，另外还有一个记录文件 MANIFEST，以及 setup.py 文件和源码文件。

当然也可以生成其他格式的目标文件，可以使用 --foemats 指令，例如：

```
[root@techhost ~]# Python setup.py sdist --formats=gztar,zip
```

可生成格式，见表 5-8。

表 5-8 可生成格式

格式	描述
zip	zip 文件（.zip）
gztar	gzip'ed tar 文件（.tar.gz）
bztar	bzip2'ed tar 文件（.tar.bz2）
xztar	xz'ed tar 文件（.tar.xz）
ztar	压缩 tar 文件（.tar.Z）
tar	tar 文件（.tar）

4. 脚本编写与测试

生成的 dist 文件夹下的.tar.gz 文件是为我们打包好的 Python 模块源码包。切换到 Python 虚拟环境中，使用 Python setup install 命令安装该模块。

然后使用 freeze 命令按照一定格式输出所需要的依赖包的列表，供其他开发者或使用者参考。

```
[root@techhost ~]# pip freeze -requirements.txt
```

生成的 requirements.txt 文件就是我们所需要的依赖的列表，其他开发者可以使用 pip 命令按照 requirements.txt 自动安装所需要的依赖。

```
[root@techhost ~]# pip install -r requirements.txt
```

完成安装后，技术人员编写测试脚本并运行，通过 pip list 命令查看包的安装情况以确定应用是否打包成功。

```
[root@techhost ~]# vim testinstall.py
#编写测试脚本
[root@techhost ~]# Python testinstall.py
#运行测试脚本
[root@techhost ~]# pip list
#展示安装清单
```

5.4 本章小结

本章主要介绍了在华为鲲鹏云平台上发布部署应用的相关内容，涉及常用计算机语言的文件打包实验和打包工具的介绍。读者学完本章应该能够独立完成鲲鹏云平台上各类计算机语言的文件打包，并掌握应用发布的流程。

本章习题

1. RPM 打包使用的是什么命令？这个命令来自以下哪个包？（　　）

A. rpm，rpmbuild 包　　B. Rpmbuild，rpm-build 包

C. rpmbuild，rpmbuild 包　　D. rpm，rpm-build 包

2. RPM 打包时下载的源码包要放在哪个目录下？（　　）

A. BUILD　　B. RPMS

C. SOURCES　　D. SPEC

3. 若某工程师负责公司网站维护的工作，网站平时访问量比较稳定，但会在一些特殊时期产生大量的访问，这期间需要对前端服务器扩容，他如果想选择鲲鹏云服务器采取以下哪种计费方式划算可靠？（　　）

A. 按需计费　　B. 包年包月

C. 竞价计费

4. 华为云包含哪些类型的镜像？（　　）

A. 公共镜像　　B. 私有镜像

C. 市场镜像　　D. 行业镜像

E. 混合镜像　　F. 共享镜像

5. 什么是交叉编译？为什么需要交叉编译？

答案：1. B　2. C　3. A　4. ABCF

5. 交叉编译是在一个平台上生成另一个平台上的可执行代码。

- 目标平台由于配置等问题运行速度往往远弱于主机，许多专用的嵌入式硬件被设计为低成本和低功耗，性能不高。
- 编译的过程对资源的需求巨大，嵌入式系统往往没有足够的内存或磁盘容量。
- 第一个在目标平台上运行的本地编译器总是需要交叉编译得到。
- 交叉编译可以避免我们耗费大量的时间资源用于将各种依赖支持包一直到目标平台上。

第6章 鲲鹏解决方案

学习目标

- 了解华为鲲鹏解决方案全景
- 了解不同场景下的鲲鹏解决方案

本章将介绍鲲鹏解决方案的意义与实践案例。我们通过大数据、HPC、云手机等应用方向来展示鲲鹏解决方案的潜力，并与传统 x86 架构的解决方案进行比较，全方面地展示鲲鹏解决方案的优势。

6.1 鲲鹏解决方案全景介绍

华为鲲鹏的解决方案主要分为两个方向。

第一个方向是行业解决方案。行业解决方案包含了行业特性，它的顾客是特定的，比如针对运营商的解决方案里面就包括了运营商的各种系统。

第二个方向是通用解决方案。顾名思义，通用的解决方案是谁都可以拿来用的。就像楼房的地基，各个行业的用户都可以根据自己的业务需求来进行进一步的搭建，例如，要搭建高性能计算的 HPC、搭建大数据、搭建分部署储存等。图 6-1 所示为鲲鹏解决方案的全景。

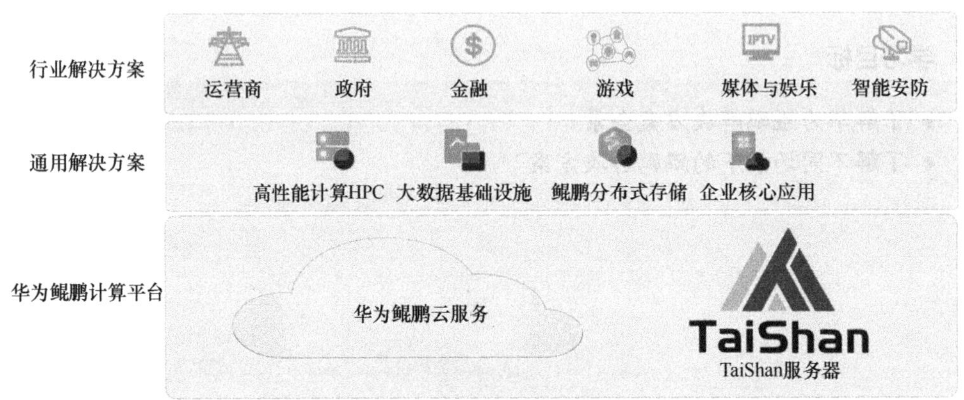

图 6-1　鲲鹏解决方案全景

鲲鹏的解决方案的底座分为两种，也就是它的计算平台分为两种，第一种可以选择华为云鲲鹏云服务，第二种可以选择泰山服务器，第一种是将所有的服务都放云上，第二种是使用泰山服务器在线下搭建。

如果客户选择第一种方案使用的是公有云的方式，可以在上面找到所有的云服务，华为云提供的是全栈解决方案。目前，业内只有华为可以提供全栈解决方案。比如从部署的形式上来说，有对应的公有云、私有云及打通公有云和私有云的混合云解决方案，从服务层的类型上来说，有 laas 层的服务，包括 ECS、BMS 等，还有一些 Paas 层服务，以及基于数据库的一些 DaaS 服务。另外，华为还和各个行业的领军企业深度合作，提供了各种 SaaS 服务。

如果客户选择的方案是第二种方案，泰山服务器能满足目前所有主流的应用场景，包括大数据、分布式存储、数据库、HPC 等。图 6-2 所示为华为鲲鹏解决方案全景。

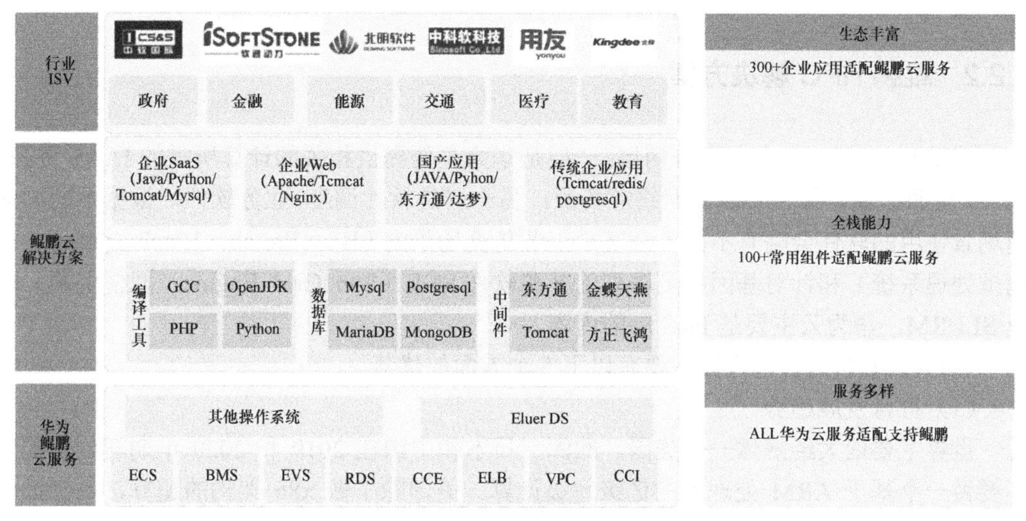

图 6-2　华为鲲鹏解决方案全景

6.2 鲲鹏 HPC 解决方案

6.2.1　HPC 介绍

HPC（High Performance Computing，高性能计算）指的是能够执行个人电脑无法处理的大资料量与高速运算的电脑，通常是将大规模运算任务拆分并分发到各个服务器上进行并行运算再将计算结果汇总得到最终结果。

一台高性能计算机会有上万个处理器，在提供超级计算能力的同时，其价格也是非常昂贵的。世界上前 100 名的超算中心，每个中心的运营成本至少 2000 万美元。超算和普通计算都是提供速度，但是提供的能力不一样，也在不同的地方应用。而随着技术的发展，HPC 逐渐会成为企业发展必不可少的核心技术。

企业因为自身的发展，逐步运用 HPC。一方面，企业自身发展需要 HPC，数字化转型战略的实施，数据成为企业新业务引擎，系统处理能力决定着用户体验和增长空间，带动 HPC 需求不断增加。另一方面，技术发展驱动 HPC 发展，大数据与 HPC 结合衍生出的 HPDA 高性能数据分析技术。

传统 HPC 也存在诸多问题：

① 传统 HPC 为资源独占模式，建设时需要按照业务峰值来建设，使用时必须严格按照计划排期执行；

② 资源交付效率低，运维复杂；

③ 建设周期长，物理环境要求多样；

④ 只能满足单一计算需求，未来计算需求难以扩展延伸。

6.2.2 鲲鹏 HPC 解决方案

鲲鹏 HPC 解决方案主要分两层：一层是华为主要提供相关的计算所需的 IAAS 资源，IAAS 资源包括计算、存储、网络等资源；另一层是软件调度+业务软件，根据不同的应用场景使用的软件会略有不同，有基于工业仿真场景的 PBS（Protable Batch System，便携批处理系统）和针对基因检测序列的开源软件 SGE（Sun Grid Engine，网格引擎）以及 SLURM。华为云主要是 IaaS 层的内容。

鲲鹏在 HPC 的解决方案主要有以下 5 个方面的优势。

（1）符合发展趋势

世界主要四大经济体——美国、欧洲、日本和中国在 2019 和 2020 年期间分别提出了要做一个基于 ARM 处理器的亿级超级计算。美国除了做 x86 架构的超算，还会推出 ARM 架构的超算。由于 x86 架构在计算下存在某些瓶颈，ARM 架构正在成为 HPC 解决方案的一个非常重要的技术来源，这就是符合发展趋势。

（2）符合时代的要求

高性能计算集群建设属于重资产，传统服务器建设成本高，建设周期长，往往无法满足企业灵活的业务形态，造成资源的不足或者浪费；系统维护工作繁重，压力大，在维护端企业需要投入很多的人力和物力，并且会占用企业自身较高的运营成本，高性能计算计算量可能快速膨胀，新技术层出不穷，软硬件更新速度快，现有的硬件可能很快就无法满足计算需求。HPC 解决方案部署周期短，成本低，设备在一天内就可开始使用，且部署灵活，大大节省了建设周期并且提供了几乎无限的基础架构。同时由于使用的是公有云方式，各种计算或者存储的实例可灵活可选，符合时代发展的需求。

（3）低能耗

低能耗是 ARM 架构对于 x86 架构来说的另外一个优势。ARM 架构的 CPU 大多是使用在手机、单板机、物联网等设备上。所以基于 ARM 架构的 CPU 首先要考虑的问题就是如何降低能耗，其次才是提高它的性能。而 x86 架构的 CPU 大多是使用在电脑、服务器等通电设备中。基于 x86 架构的 CPU 首先考虑的是提高性能，其次才是考虑降低能耗。所以说低能耗是鲲鹏服务器或者说是鲲鹏解决方案的一个天生的优势。

（4）高性能

虽然 ARM 架构首先考虑的是低能耗，但是性能也是属于一个不得不考虑的因素。鲲鹏针对整个服务架构进行了优化，内存端支持 8 通道的内存算力。ARM HPC 瞄准内存敏感型应用或者双精度计算密度低的应用（如单精或者整型计算），比如气象环保、基因测序。根据 Roofline 模型，所谓内存敏感型应用，即是当模型的计算强度小于计算平台的计算强度上限时，该类型应用便可认为是内存敏感型应用，表明应用上限受内存带宽影响较大；当模型的计算强度大于计算平台的计算强度上限时，就是计算敏感型，HPC 场景中非常大量的算法和应用属于内存带宽受限型应用。由于鲲鹏 920 芯片有 8 通道，内存带宽较高，因此对内存敏感型应用性能较好。又比如，在以前的服务器上，IB 网卡只连接单个 CPU，网络包过来要经过一个 CPU，此时如果另外一个 CPU 的应用要调用这个

包的话，需要跨越一个中间的快速连接端口才可以连接。鲲鹏的服务器上，将 IB 网卡做了两条通道分别连到了两个 CPU，这样就避免了两个 CPU 之间出现上述问题，也从而达到了一个平衡的效果。图 6-3 所示为鲲鹏加速气象和基因仿真应用性能上相比于传统 x86 的仿真比较。

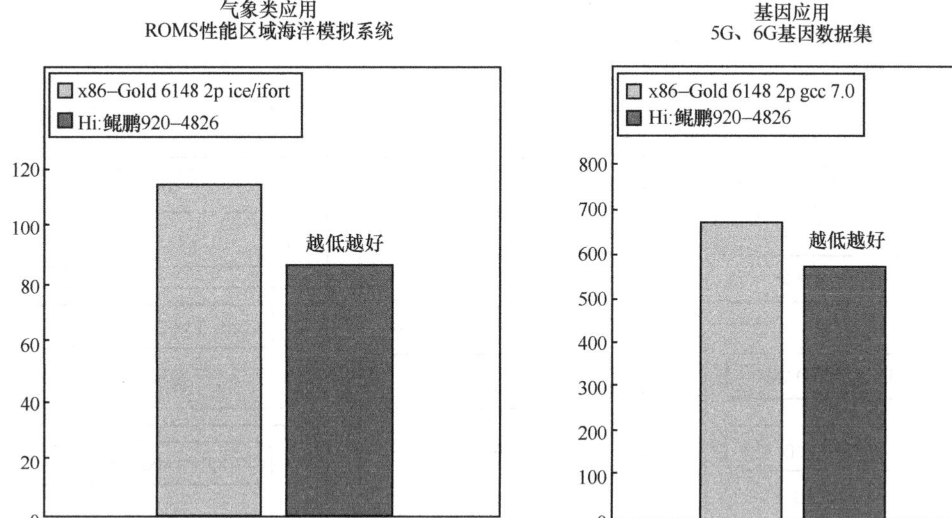

图 6-3 鲲鹏与 x86 仿真比较

（5）HPC 解决方案性价比高

华为云采用并行文件系统 PFS，同时支持对象存储和 POSIX 接口，替代传统并行文件系统，数据免拷贝，总拥有成本相比其他传统方案降低 20%，独家支持 100GB 高速网络，时延低至 1.5 微秒，支持 RDMA。同时，华为云提供云上 HPC 集群管理服务，支持集群一键式发放、快速部署。并提供集群管理、作业管理、节点管理等可视化 HPC 集群管理能力。鲲鹏持续集成 HPC 编译器、MPI 等各种开源商用 HPC 中间件及业务软件。

6.2.3 HPC 应用场景

HPC 应用按应用类型主要分为科学计算型集群、负载均衡型集群、高可用型集群、并行数据库型集群 4 类，按照应用需求对应的应用领域分为以下几个，HPC 解决方案典型业务场景如图 6-4 所示。

1．计算密集型应用

计算密集型应用为大型科学工程计算，数值模拟等，应用领域为石油、气象、CAE、核能、制药、环境监测分析、系统仿真等。

2．数据密集型应用

数据密集型应用为数字图书馆、数据仓库、数据挖掘、计算可视化等应用领域，图书馆、银行、证券、税务、决策支持系统等。

3. 通信密集型应用

通信密集型应用为协同工作、网格计算、遥控和远程诊断等应用领域为网站、搜索引擎、电信、流媒体等。

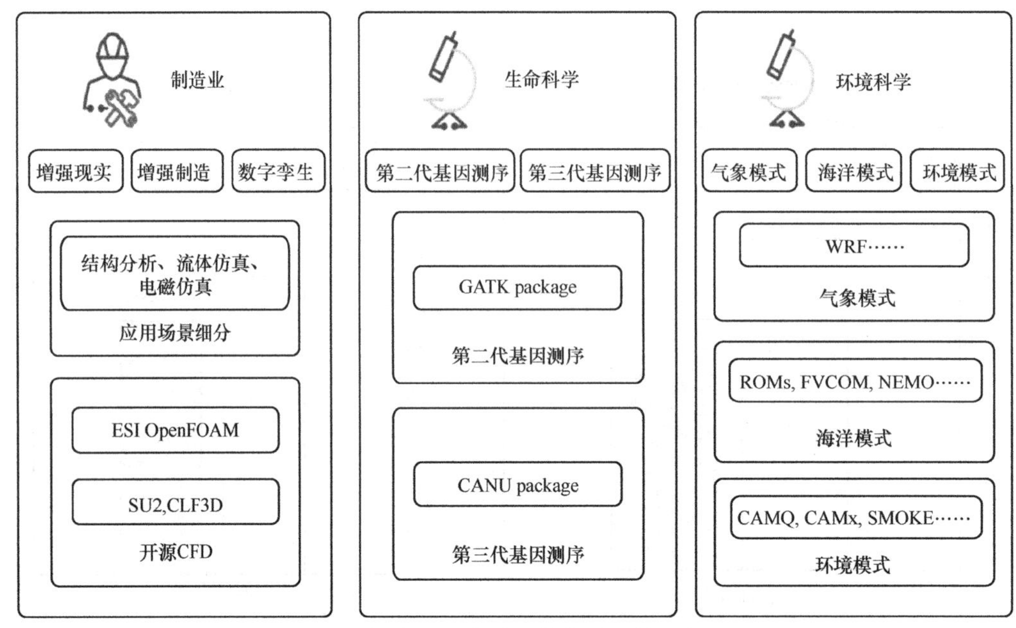

图 6-4 HPC 解决方案典型业务场景

6.2.4 HPC 之 WRF 应用移植

Weather Research and Forecasting Model（天气预报模式，WRF）被誉为次世代的中尺度天气预报模式，是以美国国家大气研究中心等美国的科研机构为中心开发的一种统一的气象模式。很快，世界各地的气象研究机关开发出了各自的相对独立的气象模式。这些模式之间缺少互换性，对科研及业务上的交流极其不便。从 20 世纪 90 年代后半开始，美国对这种乱立的模式状况进行反省。最后由美国环境预测中心，美国国家大气研究中心等美国的科研机构于 2000 年开发出了 WRF 模式。WRF 包括多重区域、从几千米到数千千米的灵活分辨率、多重嵌套网格，以及与之协调的三维变分同化系统 3DVAR 等。WRF 数值模式采用高度模块化、并行化和分层设计技术，集成了迄今为止中尺度方面的研究成果。

WRF 为中尺度研究和业务数值气象预报提供共同框架；设计用于 1 km～10 km 格距的模拟；与一般计算平台上典型的实时预报能力相适应。WRF 也为理想化动力研究及完整物理的数值气象预报与区域气候模拟提供共同框架。WRF 的优点有多维动态内核、更为合理的模式动力框架、先进的三维变分资料同化系统、可达几千米的水平分辨率及集合参数化物理过程方案。WRF 模式为完全可压缩以及非静力模式，采用 F90 语言编写。水平方向采用 Arakawa C（荒川 C）网格点，垂直方向则采用地形跟随质量坐标。WRF 模式在时间积分方面采用三阶或者四阶的 Runge-Kutta 算法。WRF 模式不仅可以用于真实天气的个案模拟，还可以用其包含的模块组作为基本物理过程探讨的理论根据。

WRF 模拟系统主要包含 WPS 和 WRF 两部分模块。

WPS（WRF Pre-processing System，WRF 预处理系统）模块：用来为 WRF 模型准备输入数据；如果只是做理想实验，就不需要使用 WPS 处理真实数据。

WRF 模块：是数值求解的模块，有 ARW（Advanced Research WRF，预研式天气研究与预报模型）和 NMM（Nonhydrostatic Mesoscale Model，非静力中尺度模式）两个版本，即研究用和业务用两种形式，分别由 NCEP 和 NCAR 管理维持着。大多数研究者主要用的都是 ARW 版本。除了 WPS 与 WRF 两大核心模块，WRF 系统还有很多附加模块，比如用于数据同化的 WRF-DA、用于化学传输的 WRF-chem、用于林火模拟的 WRF-fire。

接下来，我们开始部署安装 WRF 3.8.1 环境，环境配置见表 6-1。

表 6-1 部署安装 WRF 3.8.1 环境

类别	子类	要求	软件描述
硬件	ECS 主机俩台	CPU：2×Kunpeng 920	—
		内存：4GB 2666MHz RAM	—
		硬盘：40GB SAS HD	—
OS	CentOS	CentOS-7.6 aarch64	—
软件	WRF	3.8.1	开源气象模拟软件
	GCC	9.1	开源编译器
	OpenMPI	4.0.1	开源并行库
	HDF5	1.10.1	层级数据格式
	NETCDF	4.4.1.1	网络通用数据格式
	NETCDF-F	4.4.1	NETCDF fortran 库
	PNETCDF	1.8.0	并行 NETCDF 支持 MPI I/O

步骤一：部署 GNU。

```
#规划、创建软件路径
#/path/to/GMP   GMP 6.1.0 的安装规划路径。
#/path/to/ MPC   MPC 1.0.3 的安装规划路径。
#/path/to/ MPFR   MPFR 3.1.4 的安装规划路径。
#/path/to/ GNU   GNU 9.3.0 的安装规划路径。
#/path/to/ OPENMPI   OpenMPI 4.0.1 的安装规划路径。
[root@techhost1 ~]# mkdir -p /path/to/{GMP,MPC,MPFR,GNU,OPENMPI}
[root@techhost1 ~]#
```

① GMP 安装流程。

```
#下载软件安装包到 GMP 路径下
```

```
[root@techhost1 ~]# cd /path/to/GMP/
[root@techhost1 GMP]# wget https://gcc.gnu.org/pub/gcc/infrastructure/gmp-6.1.0.tar.bz2
#解压
[root@techhost1 GMP]# yum -y install bzip2
[root@techhost1 GMP]# tar -xvf gmp-6.1.0.tar.bz2
#编译安装
[root@techhost1 GMP]# cd gmp-6.1.0
[root@techhost1 gmp-6.1.0]# ./configure --prefix=/path/to/GMP
[root@techhost1 gmp-6.1.0]#make -j4 && make install
#加载环境变量
[root@techhost1gmp-6.1.0]#export LD_LIBRARY_PATH=/path/to/GMP/lib:$LD_LIBRARY_PATH
```

② MPFR 安装流程。

```
#下载安装包值 MPFR 路径下
[root@techhost1 gmp-6.1.0]# cd /path/to/MPFR/
[root@techhost1 MPFR]# wget https://gcc.gnu.org/pub/gcc/infrastructure/mpfr-3.1.4.tar.bz2
#解压
[root@techhost1 MPFR]# tar -xvf mpfr-3.1.4.tar.bz2
#编译安装
[root@techhost1 MPFR]# cd mpfr-3.1.4
[root@techhost1 mpfr-3.1.4]# ./configure --prefix=/path/to/MPFR --with-gmp=/path/to/GMP
[root@techhost1 mpfr-3.1.4]# make -j4 && make install
#加载环境变量
[root@techhost1mpfr-3.1.4]#export LD_LIBRARY_PATH=/path/to/MPFR/lib:$LD_LIBRARY_PATH
```

③ MPC 安装流程。

```
#下载安装包至 MPC 路径下
[root@techhost1 mpfr-3.1.4]# cd /path/to/MPC/
[root@techhost1 MPC]# wget https://gcc.gnu.org/pub/gcc/infrastructure/mpc-1.0.3.tar.gz
#解压
[root@techhost1 MPC]# tar -xvf mpc-1.0.3.tar.gz
#编译安装
[root@techhost1 MPC]# cd mpc-1.0.3
[root@techhost1 mpc-1.0.3]# ./configure --prefix=/path/to/MPC --with-gmp=/path/to/GMP --with-mpfr=/path/to/MPFR
[root@techhost1 mpc-1.0.3]#make -j4 && make install
#加载环境变量
[root@techhost1 mpc-1.0.3]# export LD_LIBRARY_PATH=/path/to/MPC/lib:$LD_LIBRARY_PATH
```

④ GNU 安装流程。

```
#下载安装包至 GNU 路径下
[root@techhost1 mpc-1.0.3]# cd /path/to/GNU/
[root@techhost1 GNU]# wget https://ftp.gnu.org/gnu/gcc/gcc-9.3.0/gcc-9.3.0.tar.xz
#解压
[root@techhost1 GNU]# tar -xvf gcc-9.3.0.tar.xz
#编译安装
[root@techhost1 GNU]# cd gcc-9.3.0
[root@techhost1 gcc-9.3.0]# ./configure --disable-multilib --enable-languages="c,c++,fortran" --prefix=/path/to/GNU
--disable-static --enable-shared --with-gmp=/path/to/GMP --with-mpfr=/path/to/MPFR --with-mpc=/path/to/MPC
[root@techhost1 gcc-9.3.0]# make -j4 && make install
#加载环境变量
```

```
[root@techhost1 gcc-9.3.0]#export PATH=/path/to/GNU/bin:$PATH
[root@techhost1gcc-9.3.0]#export LD_LIBRARY_PATH=/path/to/GNU/lib64:$LD_LIBRARY_PATH
#验证 gcc 版本
[root@techhost1 gcc-9.3.0]# gcc --version
gcc (GCC) 9.3.0
Copyright (C) 2019 Free Software Foundation, Inc.
This is free software; see the source for copying conditions.   There is NO
warranty; not even for MERCHANTABILITY or FITNESS FOR A PARTICULAR PURPOSE.
[root@techhost1 gcc-9.3.0]#
```

⑤ OPENMPI 安装流程。

```
#安装依赖包
[root@techhost1 gcc-9.3.0]#yum install libxml2* systemd-devel.aarch64 numa* -y
#下载安装包至 OPENMPI 路径下
[root@techhost1 gcc-9.3.0]#cd /path/to/OPENMPI
[root@techhost1OPENMPI]#wget https://download.open-mpi.org/release/open-mpi/v4.0/openmpi-4.0.3.tar.gz
#解压
[root@techhost1 OPENMPI]# tar -xvf openmpi-4.0.3.tar.gz
#安装 ucx
[root@techhost1 ucx]# yum install autoconf automake libtool
[root@techhost1  ~]# git clone https://github.com/openucx/ompi-mirror
[root@techhost1  ~]# cd ucx/
[root@techhost1 ucx]# ./autogen.sh
[root@techhost1 ucx]# ./contrib/configure-release --prefix=/usr/local/ucx
[root@techhost1 ucx]# make -j4 && make install
#编译安装
[root@techhost1 OPENMPI]# cd openmpi-4.0.3
[root@techhost1openmpi-4.0.3]#./configure \
> --prefix=/path/to/OPENMPI   \
> --enable-pretty-print-stacktrace   \
> --with-hcoll=/path/to/OPENMPI/openmpi-4.0.3/ompi/mca/coll/hcoll \
> --with-knem=/root/ucx/src/uct/sm/scopy/knem \
> --enable-orterun-prefix-by-default   \
> --with-cma    \
> --with-ucx    \
> --enable-mpi1-compatibility
[root@techhost1 openmpi-4.0.3]#make -j4 && make install
#加载环境变量
[root@techhost1openmpi-4.0.3]#export PATH=/path/to/OPENMPI/bin:$PATH
[root@techhost1openmpi-4.0.3]#export LD_LIBRARY_PATH=/path/to/OPENMPI/lib:$LD_LIBRARY_PATH
```

步骤二：安装 HDF5。

```
#创建 WRF 软件规划路径
#/path/to/HDF5   HDF5 的安装规划路径。
# /path/to/PNETCDF   PNETCDF 1.9.0 的安装规划路径。
# /path/to/NETCDF   NETCDF 4.4.1.1 的安装规划路径。
# /path/to/NETCDF   NETCDF-Fortran 4.4.1.的安装规划路径。
# /path/to/MATH   OPTIMIZED-ROUTINES 的安装规划路径。
# /path/to/WRF   WRF 3.8.1 的安装规划路径。
```

```
# /path/to/WRFTEST   WRF 的测试目录。
[root@techhost1~]# mkdir -p /path/to/{HDF5,PNETCDF,NETCDF,NETCDF,MATH,WRF,WRFTEST}
#加载环境变量
[root@techhost1 ~]# export PATH=/path/to/GNU/bin:/path/to/OPENMPI/bin:$PATH
[root@techhost1 ~]# export LD_LIBRARY_PATH=/path/to/GNU/lib64:/path/to/OPENMPI/lib:$LD_LIBRARY_PATH
[root@techhost1 ~]#
#下载软件包到 HDF5 路径下并解压
[root@techhost1 ~]# cd /path/to/HDF5/
[root@techhost1 HDF5]# wget https://support.hdfgroup.org/ftp/HDF5/releases/hdf5-1.10/hdf5-1.10.1/src/hdf5-1.10.1.tar.gz
[root@techhost1 HDF5]# gunzip hdf5-1.10.1.tar.gz
[root@techhost1 HDF5]# tar -xvf hdf5-1.10.1.tar
#编译安装
[root@techhost1 hdf5-1.10.1]# make -j4 && make install
#执行如下命令检测是否安装成功
[root@techhost1 hdf5-1.10.1]# cd /path/to/HDF5/
[root@techhost1 HDF5]# ls lib/
```

命令执行结果，如图 6-5 所示。

```
[root@techhost1 hdf5-1.10.1]# cd /path/to/HDF5/
[root@techhost1 HDF5]# ls lib/
libdynlib1.la    libdynlibdiff.la   libhdf5_fortran.la             libhdf5_hl.la
libdynlib1.so    libdynlibdiff.so   libhdf5_fortran.so             libhdf5_hl.so
libdynlib2.la    libdynlibdump.la   libhdf5_fortran.so.100         libhdf5_hl.so.100
libdynlib2.so    libdynlibdump.so   libhdf5_fortran.so.100.1.0     libhdf5_hl.so.100.0.1
libdynlib3.la    libdynlibls.la     libhdf5_hl.a                   libhdf5.la
libdynlib3.so    libdynlibls.so     libhdf5hl_fortran.a            libhdf5.settings
libdynlib4.la    libdynlibvers.la   libhdf5hl_fortran.la           libhdf5.so
libdynlib4.so    libdynlibvers.so   libhdf5hl_fortran.so           libhdf5.so.101
libdynlibadd.la  libhdf5.a          libhdf5hl_fortran.so.100       libhdf5.so.101.0.0
libdynlibadd.so  libhdf5_fortran.a  libhdf5hl_fortran.so.100.0.1
[root@techhost1 HDF5]#
```

图 6-5　命令执行结果

步骤三：安装 PNETCDF。

```
#执行如下命令安装 PNETCDF
[root@techhost1 HDF5]# cd /path/to/PNETCDF/
[root@techhost1 PNETCDF]# wget https://parallel-netcdf.github.io/Release/parallel-netcdf-1.9.0.tar.gz
#解压
[root@techhost1 PNETCDF]# tar -xvf parallel-netcdf-1.9.0.tar.gz
#编译安装
[root@techhost1 PNETCDF]# cd parallel-netcdf-1.9.0
[root@techhost1 parallel-netcdf-1.9.0]# ./configure --prefix=/path/to/PNETCDF --build=aarch64-unknown-linux-gnu CFLAGS="-fPIC -DPIC" CXXFLAGS="-fPIC -DPIC" FCFLAGS="-fPIC" FFLAGS="-fPIC" CC=mpicc CXX=mpicxx FC=mpifort F77=mpifort
[root@techhost1 parallel-netcdf-1.9.0]# make -j4 && make install
[root@techhost1 parallel-netcdf-1.9.0]# cd /path/to/PNETCDF/
[root@techhost1 PNETCDF]# ls lib
libpnetcdf.a  libpnetcdf.la  pkgconfig
[root@techhost1 PNETCDF]#
```

命令执行结果，如图 6-6 所示。

```
[root@techhost1 parallel-netcdf-1.9.0]# cd /path/to/PNETCDF/
[root@techhost1 PNETCDF]# ls lib
libpnetcdf.a  libpnetcdf.la  pkgconfig
[root@techhost1 PNETCDF]#
```

图 6-6　命令执行结果

步骤四：安装 NETCDF-C。

```
#下载安装包
[root@techhost1 PNETCDF]# cd /path/to/NETCDF/
[root@techhost1 NETCDF]# wget https://github.com/Unidata/netcdf-c/archive/refs/tags/v4.4.1.1.tar.gz
[root@techhost1 NETCDF]# tar -xvf netcdf-c-4.4.1.1.tar.gz
#编译安装
[root@techhost1 NETCDF]# cd netcdf-c-4.4.1.1
[root@techhost1 netcdf-c-4.4.1.1]#./configure --prefix=/path/to/NETCDF --build=aarch64-unknown-linux-gnu --enable-shared --enable-netcdf-4 --enable-dap --with-pic --disable-doxygen --enable-static --enable-pnetcdf --enable-largefile CC=mpicc CXX=mpicxx FC=mpifort F77=mpifort CPPFLAGS="-I/path/to/HDF5/include -I/path/to/PNETCDF/include" LDFLAGS="-L/path/to/HDF5/lib -L/path/to/PNETCDF/lib -Wl,-rpath=/path/to/HDF5/lib -Wl,-rpath=/path/to/PNETCDF/lib" CFLAGS="-L/path/to/HDF5/lib -L/path/to/PNETCDF/lib -I/path/to/HDF5/include -I/path/to/PNETCDF/include"
[root@techhost1 netcdf-c-4.4.1.1]# make -j24 && make install
```

步骤五：安装 NETCDF-FORTRAN。

```
#下载安装包
[root@techhost1 netcdf-c-4.4.1.1]# cd /path/to/NETCDF/
[root@techhost1 NETCDF]# wget https://github.com/Unidata/netcdf-fortran/archive/refs/tags/v4.4.1.tar.gz
[root@techhost1 NETCDF]# tar -xvf v4.4.1.tar.gz
[root@techhost1 NETCDF]# cd netcdf-fortran-4.4.1/
[root@techhost1 netcdf-fortran-4.4.1]#./configure
--prefix=/path/to/NETCDF
--build=aarch64-unknown-linux-gnu
--enable-shared --with-pic --disable-doxygen
--enable-largefile
--enable-static CC=mpicc CXX=mpicxx FC=mpifort F77=mpifort
CPPFLAGS="-I/path/to/HDF5/include -I/path/to/ NETCDF/include"
LDFLAGS="-L/path/to/HDF5/lib -L/path/to/NETCDF/lib -Wl,-rpath=/path/to/HDF5/lib
-Wl,-rpath=/path/to/ NETCDF/lib"
CFLAGS="-L/path/to/HDF5/lib -L/path/to/NETCDF/lib -I/path/to/HDF5/include
-I/path/to/NETCDF/include"
CXXFLAGS="-L/path/to/HDF5/lib -L/path/to/NETCDF/lib -I/path/to/HDF5/include
-I/path/to/NETCDF/include"
FCFLAGS="-L/path/to/HDF5/lib -L/path/to/NETCDF/lib -I/path/to/HDF5/include
-I/path/to/NETCDF/include"
```

命令执行结果，如图 6-7 所示。

```
[root@techhost1 NETCDF]# cd netcdf-fortran-4.4.1/
[root@techhost1 netcdf-fortran-4.4.1]# ./configure --prefix=/path/to/NETCDF --build=aarch6
4-unknown-linux-gnu --enable-shared --with-pic --disable-doxygen --enable-largefile --enab
le-static CC=mpicc CXX=mpicxx FC=mpifort F77=mpifort CPPFLAGS="-I/path/to/HDF5/include -I/
path/to/NETCDF/include" LDFLAGS="-L/path/to/HDF5/lib -L/path/to/NETCDF/lib -Wl,-rpath=/pat
h/to/HDF5/lib -Wl,-rpath=/path/to/NETCDF/lib" CFLAGS="-L/path/to/HDF5/lib -L/path/to/NETCD
F/lib -I/path/to/HDF5/include -I/path/to/NETCDF/include" CXXFLAGS="-L/path/to/HDF5/lib -L/
path/to/NETCDF/lib -I/path/to/HDF5/include -I/path/to/NETCDF/include" FCFLAGS="-L/path/to/
HDF5/lib -L/path/to/NETCDF/lib -I/path/to/HDF5/include -I/path/to/NETCDF/include"
configure: netCDF-Fortran 4.4.1
checking build system type... aarch64-unknown-linux-gnu
checking host system type... aarch64-unknown-linux-gnu
checking target system type... aarch64-unknown-linux-gnu
checking for a BSD-compatible install... /usr/bin/install -c
checking whether build environment is sane... yes
checking for a thread-safe mkdir -p... /usr/bin/mkdir -p
```

图 6-7 命令执行结果

```
#编译安装
[root@techhost1 netcdf-fortran-4.4.1]# make -j4 && make install
#验证是否安装成功
[root@techhost1 netcdf-fortran-4.4.1]# cd /path/to/NETCDF/
[root@techhost1 NETCDF]# ls lib
```

命令执行结果，如图6-8所示。

```
[root@techhost1 netcdf-fortran-4.4.1]# cd /path/to/NETCDF/
[root@techhost1 NETCDF]# ls lib
libnetcdf.a     libnetcdff.so          libnetcdf.la          libnetcdf.so.11
libnetcdff.a    libnetcdff.so.6        libnetcdf.settings    libnetcdf.so.11.0.4
libnetcdff.la   libnetcdff.so.6.0.1    libnetcdf.so          pkgconfig
[root@techhost1 NETCDF]#
```

图6-8　命令执行结果

步骤六：安装OPTIMIZED-ROUTINES。

```
#安装依赖包
[root@techhost1 NETCDF]# cd /path/to/MATH/
[root@techhost1 MATH]# yum install glibc* glibm* -y
#下载源码并解压
[root@techhost1 MATH]# wget https://github.com/ARM-software/optimized-routines/archive/refs/tags/v201910.tar.gz
[root@techhost1 MATH]# tar -xvf v201910.tar.gz
#编译安装
[root@techhost1 MATH]# cd optimized-routines-201910/
[root@techhost1 optimized-routines-201910]# cp config.mk.dist config.mk
[root@techhost1 optimized-routines-201910]#
[root@techhost1 optimized-routines-201910]# make -j4
[root@techhost1 optimized-routines-201910]# cp -r ./build/* /path/to/MATH/
[root@techhost1 optimized-routines-201910]# cd /path/to/MATH/
[root@techhost1 MATH]# ls lib
```

命令执行结果，如图6-9所示，说明安装成功。

```
[root@techhost1 optimized-routines-201910]# cp -r ./build/* /path/to/MATH/
[root@techhost1 optimized-routines-201910]# cd /path/to/MATH/
[root@techhost1 MATH]# ls lib
libmathlib.a  libmathlib.so  libstringlib.a  libstringlib.so
[root@techhost1 MATH]#
```

图6-9　命令执行结果

步骤七：安装clustershell。

```
[root@techhost1 MATH]# cd
[root@techhost1 ~]#
[root@techhost1 ~]# wget https://mirrors.tuna.tsinghua.edu.cn/epel/7/aarch64/Packages/c/clustershell- 1.8.2-1.el7. noarch.rpm
[root@techhost1 ~]# wget https://mirrors.tuna.tsinghua.edu.cn/epel/7/aarch64/ Packages/p/python2-clustershell-1.8.2-1.el7.noarch.rpm
[root@techhost1 ~]# yum install python-setuptools –y
[root@techhost1 ~]# yum localinstall python2-clustershell-1.8.2-1.el7.noarch.rpm
[root@techhost1 ~]# yum localinstall clustershell-1.8.2-1.el7.noarch.rpm
```

步骤八：安装 WRF。

```
#下载源码
[root@techhost1 ~]# cd /path/to/WRF
[root@techhost1 WRF]# wget https://github.com/wrf-model/WRF/archive/refs/tags/V3.8.1.tar.gz
#解压
[root@techhost1 WRF]# tar -xvf WRF-3.8.1.tar.gz
#修改“arch/configure_new.defaults”文件，在 1856 行之前添加如下内容：
[root@techhost1 WRF]# cd WRF-3.8.1
[root@techhost1 WRF-3.8.1]# vim arch/configure_new.defaults
#加入内容如下：
######################################################## #########
#ARCH    Linux    aarch64,gnu OpenMPI #serial smpar dmpar dm+sm
DESCRIPTION      =      GNU ($SFC/$SCC)
DMPARALLEL       =        1
OMPCPP           =      -D_OPENMP
OMP              =      -fopenmp
OMPCC            =      -fopenmp
SFC              =      gfortran
SCC              =      gcc
CCOMP            =      gcc
DM_FC            =      mpif90 -f90=$(SFC)
DM_CC            =      mpicc -cc=$(SCC) -DMPI2_SUPPORT
FC               =      CONFIGURE_FC
CC               =      CONFIGURE_CC
LD               =      $(FC)
RWORDSIZE        =      CONFIGURE_RWORDSIZE
PROMOTION        =      #-fdefault-real-8
ARCH_LOCAL       =      -DNONSTANDARD_SYSTEM_SUBR  -DWRF_USE_CLM
CFLAGS_LOCAL     =      -w -O3 -c -march=armv8.2-a -L/path/to/MATH/lib -lmathlib
LDFLAGS_LOCAL    =
CPLUSPLUSLIB     =
ESMF_LDFLAG      =      $(CPLUSPLUSLIB)
FCOPTIM          =      -O3 -ftree-vectorize -funroll-loops -march=armv8.2-a -L/path/to/MATH/lib -lmathlib
FCREDUCEDOPT     =      $(FCOPTIM)
FCNOOPT          =      -O0
FCDEBUG          =      # -g $(FCNOOPT)   # -fbacktrace
                        -ggdb-fcheck=bounds,do,mem,pointer
                        -ffpe-trap=invalid,zero, overflow
FORMAT_FIXED     =      -ffixed-form
FORMAT_FREE      =      -ffree-form -ffree-line-length-none
FCSUFFIX         =
BYTESWAPIO       =      -fconvert=big-endian -frecord-marker=4
FCBASEOPTS_NO_G =       -w $(FORMAT_FREE) $(BYTESWAPIO)
FCBASEOPTS       =      $(FCBASEOPTS_NO_G) $(FCDEBUG)
MODULE_SRCH_FLAG =
TRADFLAG         =      -traditional
CPP              =      /lib/cpp -P
AR               =      ar
ARFLAGS          =      ru
```

```
M4                 =        m4 -G
RANLIB              =        ranlib
RLFLAGS              =
CC_TOOLS             =        $(SCC)
```

修改完成后，执行以下命令设置编译前环境。

```
[root@techhost1 WRF-3.8.1]# export WRFIO_NCD_LARGE_FILE_SUPPORT=1
[root@techhost1 WRF-3.8.1]# export NETCDF=/path/to/NETCDF
[root@techhost1 WRF-3.8.1]# export HDF5=/path/to/HDF5
[root@techhost1 WRF-3.8.1]# export PNETCDF=/path/to/PNETCDF
[root@techhost1 WRF-3.8.1]# export CPPFLAGS="-I$HDF5/include -I$PNETCDF/include -I$NETCDF/include"
[root@techhost1 WRF-3.8.1]# export LDFLAGS="-L$HDF5/lib -L$PNETCDF/lib -L$NETCDF/lib
-lnetcdf -lnetcdff -lpnetcdf -lhdf5_hl -lhdf5 -lz"
[root@techhost1 WRF-3.8.1]#
```

接着执行如下命令开始生成配置文件。

```
[root@techhost1 WRF-3.8.1]# echo 4 | ./configure
```

执行以下命令修改“./phys/module_cu_g3.F”文件，第 3125 行。

```
[root@techhost1 WRF-3.8.1]#vim ./phys/module_cu_g3.F
#修改内容如下，将 dimension (12)改为 33
integer, dimension (33) :: seed
```

执行如下命令加载编译器和 MPI 环境变量。

```
[root@techhost1 WRF-3.8.1]# export PATH=/path/to/GNU/bin:/path/to/OPENMPI/bin:$PATH
[root@techhost1 WRF-3.8.1]# export LD_LIBRARY_PATH=/path/to/GNU/lib64:/path/to/OPENMPI/lib:$LD_
LIBRARY_PATH
[root@techhost1 WRF-3.8.1]#
```

执行如下命令进行编译安装。

```
[root@techhost1 WRF-3.8.1]# yum install csh -y
[root@techhost1 WRF-3.8.1]# ./compile -j4 em_real 2>&1 | tee -a compile.log
```

验证是否安装成功。

```
[root@techhost1 WRF-3.8.1]#ls man#
```

回显如图 6-10 所示，生成了“wrf.exe”可执行文件，表明安装成功。

```
[root@techhost1 WRF-3.8.1]# ls main
convert_em.F     module_initialize_real.mod   ndown_em.f90   real_em.f90   wrf_ESMFMod.F
depend.common    module_wrf_top.F             ndown_em.o     real_nmm.F    wrf.exe
ideal_em.F       module_wrf_top.f90           ndown.exe      tc_em.F       wrf.F
ideal_nmm.F      module_wrf_top.mod           nup_em.F       tc_em.f90     wrf.f90
libwrflib.a      module_wrf_top.o             nup_em.f90     tc_em.o       wrf.o
Makefile         ndown_em.F                   real_em.F      tc.exe        wrf_SST_ESMF.F
[root@techhost1 WRF-3.8.1]#
[root@techhost1 WRF-3.8.1]#
```

图 6-10　命令执行结果

步骤九：运行和验证。

```
#获取算例文件
[root@techhost1 WRF-3.8.1]# cd /path/to/WRFTEST/
[root@techhost1 WRFTEST]#
[root@techhost1 WRFTEST]# wget https://www2.mmm.ucar.edu/WG2bench/conus_2.5_v3/1-RST/namelist.input
```

```
[root@techhost1 WRFTEST]# wget https://www2.mmm.ucar.edu/WG2bench/conus_2.5_v3/wrfbdy_d01.gz
[root@techhost1 WRFTEST]# gunzip wrfbdy_d01.gz
[root@techhost1 WRFTEST]#wget https://www2.mmm.ucar.edu/WG2bench/conus_2.5_v3/1-RST/RST/ -r -c -np -nH --cut-dirs 2 --restrict-file-names=nocontrol -e robots=off --reject "index.html*"
[root@techhost1 WRFTEST]#wget https://www2.mmm.ucar.edu/WG2bench/conus_2.5_v3/wrfbdy_d01.gz -r -c -np -nH --cut-dirs 2 --restrict-file-names=nocontrol -e robots=off --reject "index.html*"
[root@techhost1 WRFTEST]# wget https://www2.mmm.ucar.edu/WG2bench/conus_2.5_v3/1-RST/namelist.input -r -c -np -nH --cut-dirs 2 --restrict-file-names=nocontrol -e robots=off --reject "index.html*"
#执行如下命令将“namelist.input”放在测试目录并删除多余目录
[root@techhost1 WRFTEST]# mv 1-RST/namelist.input ./
#执行如下命令生成算例并删除多余目录
[root@techhost1]#cat 1-RST/RST/rst_6hr* | gunzip -c > wrfrst_d01_2005-06-04_06_00_00
[root@techhost1 WRFTEST]#rm -rf 1-RST
#执行如下命令修改 namelist.input 文件
#将 run_hours 的值改为 3，
#将 interval_seconds 的值改为 10800
#将“/path/to/WRF/WRF-3.8.1/run”目录下的所有文件拷贝到“/path/to/WRFTEST”目录下。
[root@techhost1 WRFTEST]# cp /path/to/WRF/WRF-3.8.1/run/* /path/to/WRFTEST/
#加载环境变量
[root@techhost1 WRFTEST]# export PATH=/path/to/GNU/bin:/path/to/OPENMPI/bin:$PATH
[root@techhost1 WRFTEST]# export
LD_LIBRARY_PATH=/path/to/GNU/lib64:/path/to/OPENMPI/lib:/path/to/NETCDF/lib:/path/to/PNETCDF/lib:/path/to/HDF5/lib:/path/to/MATH/lib:$LD_LIBRARY_PATH
[root@techhost1 WRFTEST]#
#创建 hostfile 文件，输入集群节点名称(两台主机需做免密登录)
[root@techhost1 WRFTEST]# vim hostfile
[root@techhost1 WRFTEST]# cat hostfile
techhost1
techhost2
[root@techhost1 WRFTEST]#
#执行以下命令运行 WRF 程序
#运行此处实验请根据自身 ECS 主机或者泰山服务器自行安排合适大小及资源
[root@techhost1 WRFTEST]# clush --hostfile hostfile "sync;echo 3 > /proc/sys/vm/drop_caches"
#此处我们使用 RoCE 网络，执行如下命令
time -p mpirun --allow-run-as-root -hostfile hostfile
-x PATH -x LD_LIBRARY_PATH
-x LD_PRELOAD=/path/to/MATH/lib/libmathlib.so
-x OMP_NUM_THREADS=4 -map-by ppr:24:node:pe=4 -bind-to core -display-map -mca pml ucx -mca btl ^vader,tcp,openib,uct
-x UCX_TLS=self,sm,rc
-x UCX_NET_DEVICES=mlx5_0:1
-x UCX_IB_GID_INDEX=5 ./wrf.exe
#若使用 IB 网络，则执行以下命令
time -p `which mpirun` --allow-run-as-root -x PATH=$PATH
-x LD_LIBRARY_PATH=$LD_LIBRARY_PATH
-x LD_PRELOAD=/path/to/MATH/lib/libmathlib.so
-x OMP_NUM_THREADS=4 -map-by ppr:32:node:pe=4 --bind-to core --hostfile hostfile
```

```
--mca pml ucx ./wrf.exe
#代码说明如下：
--hostfile hostfile：指定使用的节点名字列表。
-x OMP_NUM_THREADS=4：指定使用的线程数。
-map-by
ppr:32:node:pe=4：指定进程和线程的绑定方式，每个节点 32 个进程，每个进程 4 个线程(此处以单节点 128 核 cpu 为例)。
UCX_NET_DEVICES 指定 ROCE 网络网口。
UCX_IB_GID_INDEX 指定 ROCE 网络类型。
#在执行过程中，会出现各种各样的错误，建议确保依赖组件安装无误的前提下，修改 namelist.input 文件参数。
#执行完成，可通过 cat 或者 less 命令查看报错信息与执行结果，如下：
[root@techhost1 WRFTEST]# ls | ls rsl.*
```

至此，实验结束。

6.3 大数据解决方案

6.3.1 大数据介绍

大数据是目前 ICT 行业发展趋势较好的领域之一。大数据指利用常用软件工具捕获、管理和处理数据所耗时间超过可容忍时间的数据集。大数据的特性主要包括以下 4 种。

第一个是 Volume 数据量巨大，我们衡量数据的量级从 TB 级别变成了 PB 级别，甚至是 EB 级别。

第二个是 Variety 即种类多，大数据时代，我们要处理的数据与我们传统的数据库里存储的数据相比有着显著区别，我们不仅要对结构化的数据进行处理，同时也要对非结构化以及半结构化的数据进行处理。而大数据场景主要处理的就是非结构化数据。

第三个是 Value 即价值密度低，单一的数据并没有太多价值，比如你上网随便点开一个网页，并不会产生任何数据价值，但是在你连续 3～4 次搜索同一件衣服，这说明你对这个衣服真的很感兴趣，大数据则会根据你的搜索做一些定制来推送给你。这就体现了海量数据蕴含的高价值信息。

第四个是 Velocity 即处理数据速度快，已经从以前的非实时处理变成了现在的实时处理。

大数据处理与传统数据处理的区别在于，大数据存储数据的容量是不端增加的。我们在大数据时代进行数据挖掘，就好比在海里面捕“鱼”，“鱼”是待处理的数据，而在传统数据库里进行数据挖掘就是在“鱼塘捕鱼”，二者的区别见表 6-2。

表 6-2　大数据处理与传统数据处理的区别

	大数据处理	传统数据处理
数据规模	大（以 GB、TB、PT 为处理单位）	小（以 MB 为处理单位）
数据类型	繁多（结构化、半结构化、非结构化）	单一（结构化为主）

表 6-2　大数据处理与传统数据处理的区别（续）

	大数据处理	传统数据处理
模式和数据的关系	先有数据后有模式，模式随数据增多不断演变	先有模式后有数据（先有池塘后有鱼）
处理对象	“大海中的鱼”，通过某些“鱼”判断其他种类的“鱼是否存在”	“池塘中的鱼”
处理工具	No size fits all	One size fits

接下来，我们宏观介绍大数据的 Hadoop 生态圈如图 6-11 所示。在大数据发展初期，只有 Hadoop 一个开源的项目。Hadoop 包含了两个开源的组件，一个是 HDFS，被称为分布式文件管理系统；另一个是 MapReduce，被称为批处理计算引擎。

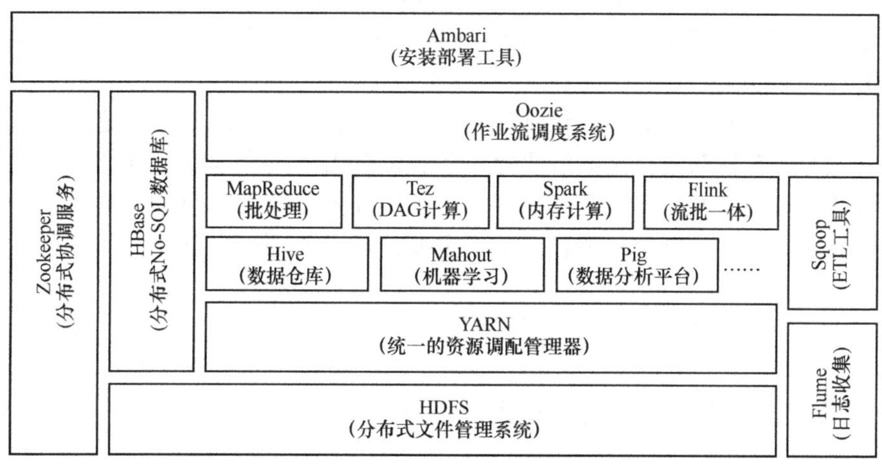

图 6-11　Hadoop 大数据生态圈

随着需求的不断地发展，移动互联网的快速发展推动了大数据的进步。因为我们发现 MapReduce 在某些程度上对有些问题是解决不了的。在 2.0 时代，我们提出来了以 YARN 架构进行统一的资源管理调度。除了 YARN，大数据 Hadoop 生态圈还包括如下组件。

① Hive 即数据仓库，主要是用于汇集数据，进行产品分析。

② Mahout 是基于 MapReduce 为底层的机器学习库。

③ Pig 提供了一种高层次抽象的数据分析引擎。我们可以通过编写 Pig 脚本来实现复杂的数据分析。相对于 MapReduce 来说，Pig 的语法更加简洁。

④ Tez 是一种 DAG 计算框架，这种计算框架是对 MapReduce 的改进。它将 MapReduce 的操作分解成许多较小的操作并且把他们重新组成了有向图，减少了冗余的操作。Spark 是基于内存的分布式计算框架，这个框架克服了 MapReduce 的缺陷，适合具有多次迭代性质的机器学习的计算。Flink 是流处理和批处理于一体的计算框架，它既支持流式计算也支持批处理计算，也是目前大数据处理项目中的升起的新星。

⑤ Oozie 为作业流调度系统。在大数据的应用场景下，涉及许多大数据的分析和处理流程，比如说先要用 MapReduce 对数据进行预处理，然后利用 Spark 基于内存的方式来进行机器学习训练模型等流程。在大数据早期需要手工的写脚本进行配置流程，现在可以直接使用 Oozie 去进行直接配置。

⑥ Sqoop 为 ETL 工具。它可以将数据库里的数据加载到大数据平台。Flume 用于二级数据的收集。Zookeeper 主要是应用在大数据平台进行分布式协调服务很多组件都需要依赖于 Zookeerper，比如 HDFS。

⑦ Ambari 在最上层是一种自动化的安装部署工具，可以让我们很方便地安装大数据平台。

接下来，介绍在大数据分析和处理过程中所遇到的关键技术。

首先是介绍关于计算处理的任务类型。

第一种是 I/O 密集型任务，主要涉及的是网络、磁盘、内存 I/O。特点是 CPU 消耗很少，任务的大部分时间都在等待 I/O 操作完成（因为 I/O 的速度远远低于 CPU 和内存的速度）。对于 I/O 密集型任务，任务越多，CPU 效率越高，但也有一个限度。常见的大部分任务都是 I/0 密集型任务，比如 Web 应用。I/O 密集型任务执行期间，99%的时间都花在 I/O 上，因此提升网络传输效率和读写效率是重中之重。

第二种是计算密集型任务，这种计算任务要进行大量的计算，消耗 CPU 资源。比如计算圆周率、对视频进行高清解码等，全依靠 CPU 的运算能力。计算密集型任务虽然也可以用多任务完成，但是任务越多，消耗在任务切换的时间也就越多，CPU 执行任务的效率就越低。计算密集型任务由于主要消耗 CPU 资源，因此，代码运行效率非常重要。

第三种是数据密集型任务。数据密集型应用与计算密集型应用是存在区别的，传统的计算密集型应用往往通过并行计算方式在紧耦合的超级计算机上运行少量计算作业，即一个计算作业同时占用大量计算机节点；而数据密集型应用的特点主要是：

① 大量独立的数据分析处理作业可以分布在松耦合的计算机集群系统的不同节点上运行；

② 高度密集的海量数据 I/O 吞吐需求；

③ 大部分数据密集型应用都有一个数据流驱动的流程。

数据密集型计算的典型应用可以概括为 3 类：日志分析很多企业的日志、用户点击流等；软件即服务应用；大型企业的商务智能应用。

目前，大数据应用主要的计算模式也属于数据密集型计算。主要计算模式及技术，见表 6-3。

表 6-3 主要计算模式及技术

计算模式	模式介绍	主要技术
批处理计算	针对大规模数据的批量处理	MapReduce、Spark 等
流计算	针对流数据的实时计算处理	Spark、Storm、Flink、Flume、Dstream 等
图计算	针对大规模图结构数据的处理	GraphX、Gelly、Giraph、PowerGraph
查询分析计算	大规模数据的存储管理和查询分析	Hive、Impala、Dremel、Cassandra

华为云大数据服务总体架构，如图 6-12 所示。

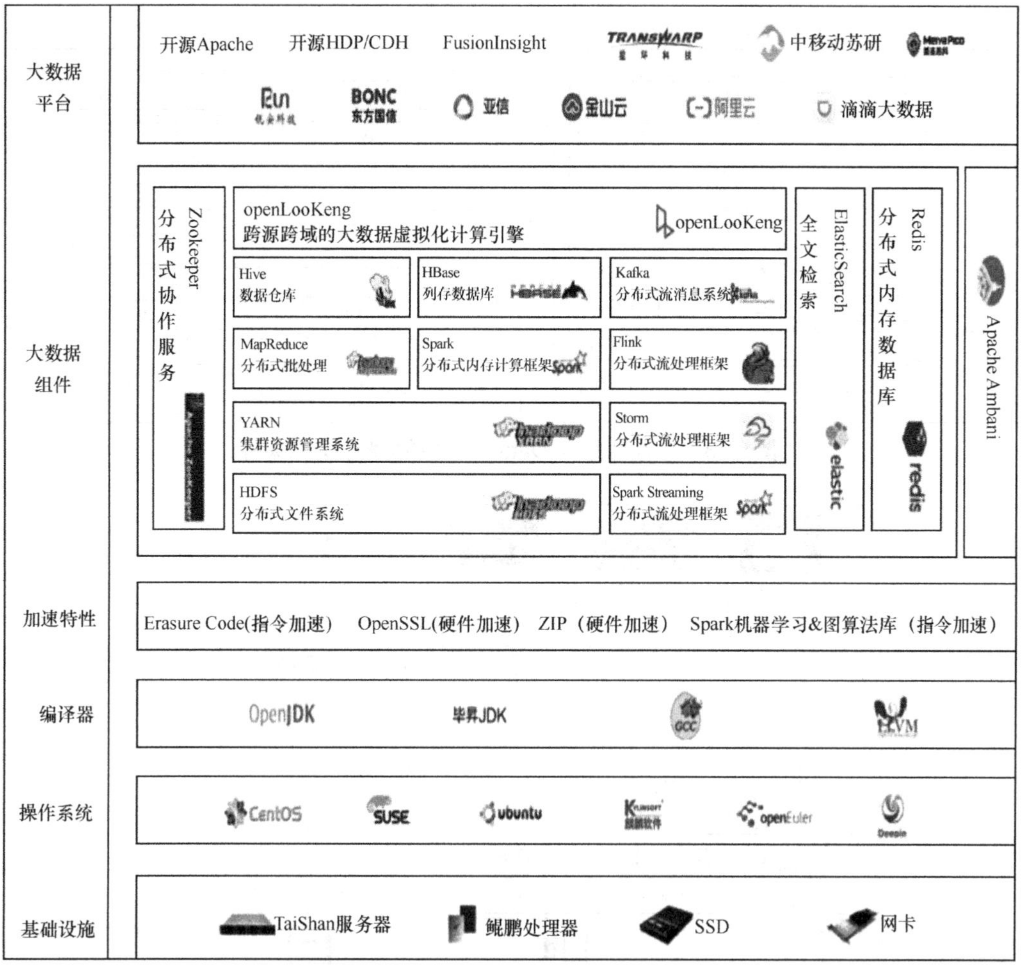

大数据平台
开源Apache 开源HDP/CDH FusionInsight TRANSWARP 星环科技 中移动苏研
BONC 东方国信 亚信 金山云 阿里云 滴滴大数据

大数据组件
Zookeeper 分布式协作服务
openLooKeng 跨源跨域的大数据虚拟化计算引擎
Hive 数据仓库
HBase 列存数据库
Kafka 分布式流消息系统
MapReduce 分布式批处理
Spark 分布式内存计算框架
Flink 分布式流处理框架
YARN 集群资源管理系统
Storm 分布式流处理框架
HDFS 分布式文件系统
Spark Streaming 分布式流处理框架
ElasticSearch 全文检索
Redis 分布式内存数据库
Apache Ambari

加速特性
Erasure Code(指令加速) OpenSSL(硬件加速) ZIP（硬件加速） Spark机器学习&图算法库（指令加速）

编译器
OpenJDK 毕昇JDK GCC LLVM

操作系统
CentOS SUSE ubuntu 麒麟软件 openEuler Deepin

基础设施
TaiShan服务器 鲲鹏处理器 SSD 网卡

图 6-12 华为云大数据服务总体架构

华为鲲鹏 BigData Pro 大数据解决方案基于 TaiShan 服务器，从端到端打通硬件、操作系统、中间件、大数据软件的全堆栈，支持多个主流的大数据平台，主要价值如下。

① 高性能：华为鲲鹏大数据解决方案提升计算并行度，充分发挥华为鲲鹏处理器的多核能力。

② 安全可靠：华为鲲鹏大数据解决方案支持处理器内置加密硬件，更加安全可靠；华为鲲鹏 920 处理器支持国密算法加速，联合 FI 构建国产化安全可信大数据；CPU 内置硬件加速器，更安全；加密对业务性能的损耗低于 10%。

③ 开放生态：华为鲲鹏大数据解决方案拥有成熟的大数据生态：支持开源 Apache、开源 HDP/CDH 组件，支持苏研、星环等多个第三方大数据平台；支持大数据组件 TaiShan 服务器与其他架构服务器混合部署。华为鲲鹏 BigData Pro 大数据解决方案架构如图 6-13 所示。

BigData Pro 存算分离解决方案支持多个大数据平台，包括离线分析、实时检索、实时流处理等多种大数据场景，如图 6-14 所示。

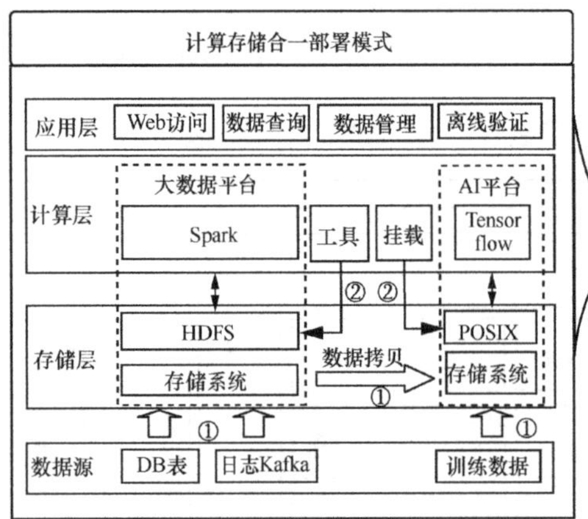

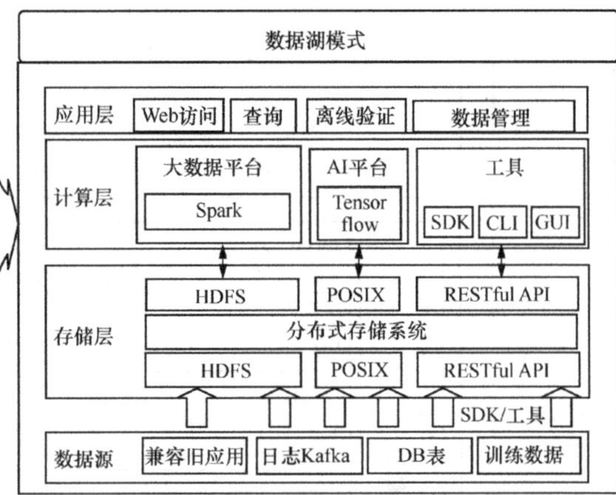

图 6-13　华为鲲鹏 BigData Pro 大数据解决方案架构

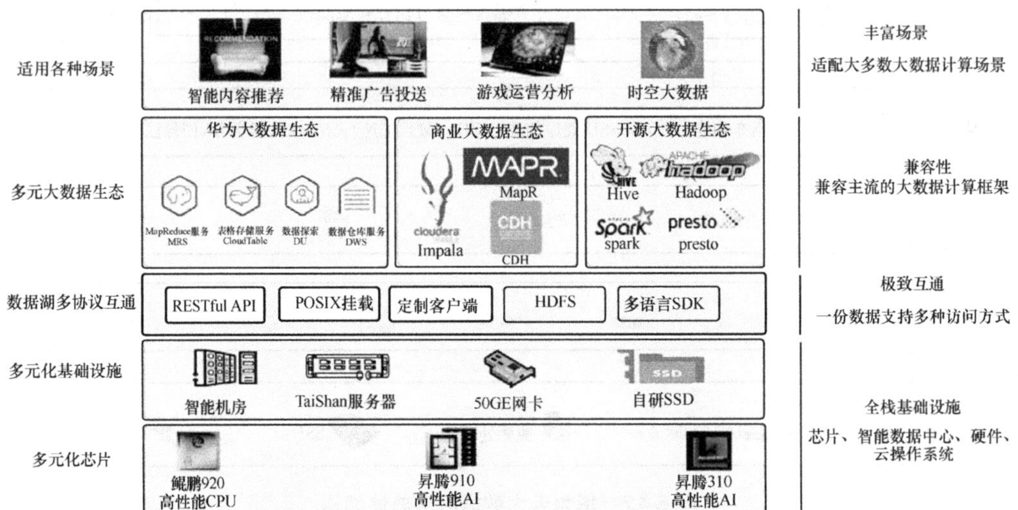

图 6-14　多种大数据场景

6.3.2　BigData Pro 大数据解决方案搭建流程

1．概述

本小节详细描述了在华为云鲲鹏生态下的 BigData Pro 解决方案实验手段，涵盖集群搭建及验证，本小节实验所涉及的大数据组件版本见表 6-4。

特别说明：

① 本文档及所涉及的软件包仅限于实验用途，不适用于其他用途；

② 实验过程中所使用到的密钥信息（如访问 OBS 的 AK，SK、登录 ECS 的密码）请妥善保存，防止泄露；

③ 相关硬件规格及配置参数仅作参考，若需更好的集群能力，硬件规模及配置参数需根据实际情况评估。

表 6-4　大数据组成版本

组件	版本
Hadoop	2.8.3
Spark	2.3.0
Hive	2.3.3
Hbase	2.1.0

2. 部署视图

（1）Hadoop 对接 OBS 部署视图

Hadoop 对接 OBS 部署，如图 6-15 所示。

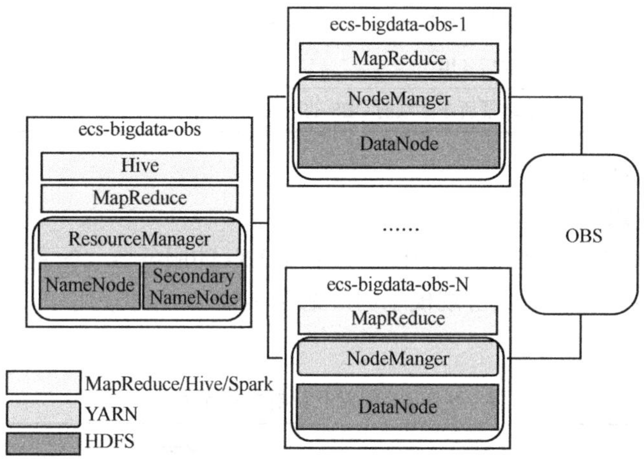

图 6-15　Hadoop 对接 OBS 部署

（2）HBase 对接 OBS 部署视图

HBase 对接 OBS 部署视图如图 6-16 所示。

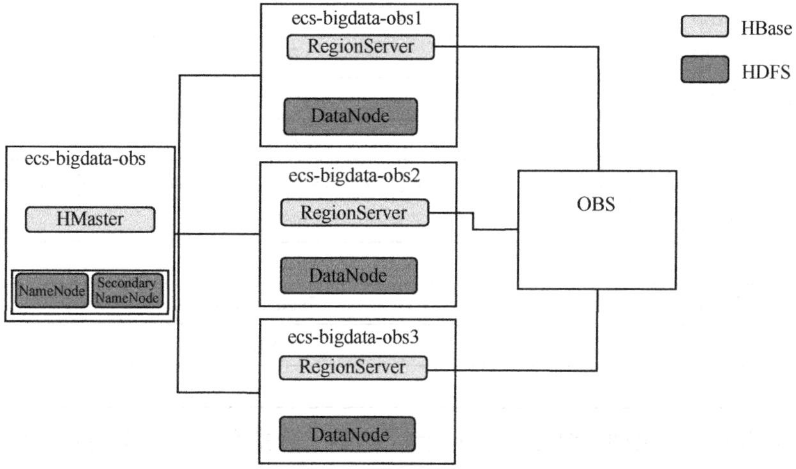

图 6-16　HBase 对接 OBC 部署视图

3. 准备工作

（1）准备 OBS 桶及访问信息

本次搭建过程中需要使用到表 6-5 中的资源信息，需提前准备好。

表 6-5　资源使用信息

资源名称	备注
确认所使用的华为云区域	选择具备鲲鹏弹性云服务器的任一区域，后续创建并行文件系统及创建鲲鹏 ECS 虚拟机均须在同一区域进行
并行文件系统	① 创建方式：登录华为云，在上述，选择对象存储服务，点击并行文件系统，点击创建并行文件系统； ② 创建后记录文件系统名称（本文后续也称为桶名），为避免相互影响，每套大数据集群建议对接不同的 OBS 桶
访问密钥（AK 和 SK）	获取后备用
OBS 区域域名	上述桶所在区域的 OBS 的区域域名

（2）准备 ARM 节点

1）申请鲲鹏 ECS 虚拟机

① 在已选定的华为云区域中，申请 4 台 8U32G 的服务器，配置要点如下。

特别说明：仅为配置及集群规模示例，见表 6-6，在实际使用中，请大家根据实际需求规划。

表 6-6　配置及集群规模示例

配置项目	项目	配置要点
基础配置	计费模式	按需计费
	CPU 架构	鲲鹏计算
	规格	rc6.2xlarge.4
	镜像	公共镜像 CentOS 7.6 64bit with ARM
	数据盘	增加一块 200GB 的超高 I/O 数据盘
网络配置	弹性公网 IP	现在购买
	规格	全动态 BGP
	带宽类型	独享带宽
	安全组	新建安全组，可命名为 bigdata，并确保放通 22、8088、16010、16030、19888 端口
	计费模式	按流量计费
	带宽	100 Mbit/s
高级配置	云服务名称	bigdata-node
	登录凭证	密码
	购买量	4

② 在华为云控制页面，通过“远程登录”方式，分别登录各个节点后，开启允许 root 的 ssh 权限，方法为：

a）vim /etc/ssh/sshd_config 后，去除 PermitRootLogin yes 前的#后保存；

b）systemctl start sshd。

③ 将 4 个节点分别的主机名称分别修改为 node1、node2、node3、node4，步骤为：

a）修改/etc/hostname 文件；

b）执行 hostname 主机名。

修改完毕后，效果如图 6-17 所示（以 node1 为例）。

```
[root@node1 ~]# hostname
node1
[root@node1 ~]# cat /etc/hostname
node1
[root@node1 ~]# 
```

图 6-17　效果示意

④ 配置四个节点的 vim /etc/hosts，增加 IP 及节点的映射关系，且确保 IP 为内网 IP（通过 ifconfig eth0 可查到），如图 6-18 所示。

```
[root@node1 hadoop]# cat /etc/hosts
::1      localhost        localhost.localdomain    localhost6       localhost6.localdomain6
10.95.           node1
10.95.           node2
10.95.           node3
10.95.           node4
```

图 6-18　检查主机名

2）关闭防火墙

各节点执行如下命令关闭防火墙。

```
systemctl stop firewalld
systemctl disable firewalld
```

3）配置 4 台服务器互信

配置 4 台服务器互信流程如下：

① 各节点执行 ssh-keygen -t rsa 命令后，连续回车生成/root/.ssh/id_rsa.pub 文件；

② 各个节点执行 cat /root/.ssh/id_rsa.pub 命令，将内容拷贝汇总到一个文本后，将本文本内容拷贝到各节点的/root/.ssh/authorized_keys 中；

③ 每个节点分别到 sh node1～node4，选择 yes 后，确保能够无密码跳转到目的节点。

4）将数据盘挂载到/home 目录

我们云硬盘（云硬盘 VPC 和可用区间，一定要和 ECS 服务器的 VPC 和可用区间才可以挂在到对应服务器上）。

node1～node4 均需要执行如下命令，建议技术人员逐台执行，对一台节点挂载目录的手段如下。

① 执行 fdisk /dev/vdb 后，根据提示，依次输入 *m*、*n*、*p*、1，按两次回车和 wq，开始区分；

② 执行 partprobe 命令；

③ 执行 mkfs -t ext4 /dev/vdb1，对新分区进行格式化处理；

④ 执行 mount /dev/vdb1/home；

⑤ 执行 df -h 查看/home/目录已经挂载成功；

⑥ 执行 blkid 查看/dev/vdb1 的 UUID；

⑦ 设置开机自动挂载，执行 vi /etc/fstab 后，按照步骤 6 查询到 UUID，增加如下一行信息。

```
UUID=查询到的 UUID   /home    ext4     defaults          1 1
```

示例，如图 6-19 所示。

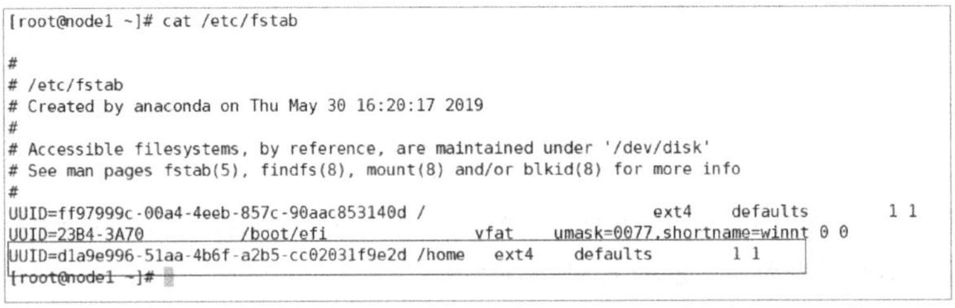

```
[root@node1 ~]# cat /etc/fstab

#
# /etc/fstab
# Created by anaconda on Thu May 30 16:20:17 2019
#
# Accessible filesystems, by reference, are maintained under '/dev/disk'
# See man pages fstab(5), findfs(8), mount(8) and/or blkid(8) for more info
#
UUID=ff97999c-00a4-4eeb-857c-90aac853140d /                       ext4    defaults        1 1
UUID=23B4-3A70          /boot/efi               vfat    umask=0077,shortname=winnt 0 0
UUID=d1a9e996-51aa-4b6f-a2b5-cc02031f9e2d /home   ext4    defaults        1 1
[root@node1 ~]#
```

图 6-19　查验 fstab 文件

5）同步各节点时间

鉴于 Hbase 集群强依赖时间的一致性，因此需要将各节点的时间同步至相同的时间，各节点同时执行如下命令（命令中的 xxxx-xx-xx xx:xx:xx 需替换为执行命令的时间），也可通过配置 ntp 的方式实现。

```
date -s "xxxx-xx-xx xx:xx:xx"
hwclock
date
```

6）创建必要目录

node1～node4 均执行如下命令。

```
mkdir -p /home/modules/data/buf/
mkdir -p /home/test_tools/
mkdir -p /home/nm/localdir
```

（3）下载软件包

node1 节点可从单独提供的网址中下载本次部署用到的软件包 extend_tools.tar.gz，并放置到/home/目录后，执行如下命令解压。

注意：本实验所涉及的软件包仅限于实验用途，不适用于其他用途。

```
cd /home
tar zxvf extend_tools.tar.gz
```

软件列表如图 6-20 所示。

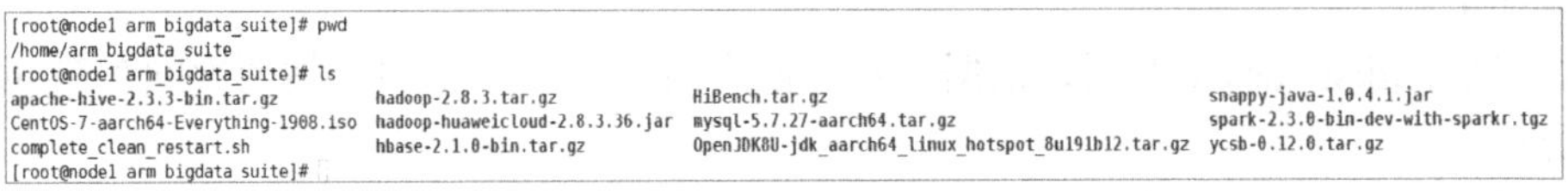

```
[root@node1 arm_bigdata_suite]# pwd
/home/arm_bigdata_suite
[root@node1 arm_bigdata_suite]# ls
apache-hive-2.3.3-bin.tar.gz          hadoop-2.8.3.tar.gz                  HiBench.tar.gz                                         snappy-java-1.0.4.1.jar
CentOS-7-aarch64-Everything-1908.iso  hadoop-huaweicloud-2.8.3.36.jar      mysql-5.7.27-aarch64.tar.gz                            spark-2.3.0-bin-dev-with-sparkr.tgz
complete_clean_restart.sh             hbase-2.1.0-bin.tar.gz               OpenJDK8U-jdk_aarch64_linux_hotspot_8u191b12.tar.gz    ycsb-0.12.0.tar.gz
[root@node1 arm_bigdata_suite]#
```

图 6-20　查验软件包

（4）安装 openjdk

① 在 node1 节点，执行如下命令，将 jdk 安装包拷贝到各个节点。

```
cp /home/extend_tools/jdk-8u211-linux-arm64-vfp-hflt.tar.gz /usr/lib/jvm/
for i in {2..4};do scp /home/extend_tools/jdk-8u211-linux-arm64-vfp-hflt.tar.gz
root@node${i}:/usr/lib/jvm/;done
```

② 在各个节点上，执行如下的操作。

```
cd /usr/lib/jvm/
tar zxvf jdk-8u211-linux-arm64-vfp-hflt.tar.gz
```

③ 各个节点上 vim /etc/profile 增加如下的配置。

```
export JAVA_HOME=/usr/lib/jvm/jdk1.8.0_211
```

④ 各节点，执行如下命令后，确认 Java 版本为 openjdk version “1.8.0_191”。

```
source /etc/profile
java -version
```

（5）配置 yum 源

① 在 node1，执行如下命令后，执行 df -h 确认/media 目录已经成功挂载。

```
mount -o loop /home/extend_tools/CentOS-7-aarch64-Everything-1908.iso /media/
```

② 在 node1，执行如下命令。

```
mv /etc/yum.repos.d/* /tmp/
```

③ 在 node1，执行 vi /etc/yum.repos.d/local.repo 将如下内容保存到本文件中。

```
[local]
name=local
baseurl=file:///media
enabled=1
gpgcheck=0
```

④ 在 node1，执行如下命令。

```
yum clean all
yum makecache
yum list | grep libaio
yum list |grep mysql-connector-java
```

如图 6-21 所示，代表 yum 源配置完毕。

```
[root@node1 yum.repos.d]# yum list |grep libaio
libaio.aarch64                       0.3.109-13.el7                @local
libaio-devel.aarch64                 0.3.109-13.el7                @local
[root@node1 yum.repos.d]# yum list |grep mysql-connector-java
mysql-connector-java.noarch          1:5.1.25-3.el7                @local
[root@node1 yum.repos.d]#
```

图 6-21　查验依赖包

4．详细搭建步骤

（1）Hadoop 集群部署

1）在 node1 上准备 Hadoop 组件

① 在 node1 节点上执行如下命令，解压 Hive 软件包，并重命名文件夹。

```
cp /home/extend_tools/hadoop-2.8.3.tar.gz /home/modules/
cd /home/modules/
tar zxvf hadoop-2.8.3.tar.gz
```

执行完毕后，可查看到目录，如图 6-22 所示。

```
[root@node1 modules]# ls /home/modules/ | grep hadoop
hadoop-2.8.3
[root@node1 modules]#
```

图 6-22　查验软件包

② 在 node1 节点上，执行 vim /home/modules/hadoop-2.8.3/etc/hadoop/hadoop-env.sh 后，将 export JAVA_HOME=${JAVA_HOME}替换为：

```
export JAVA_HOME=/usr/lib/jvm/jdk1.8.0_211
```

③ 在 node1 节点上，执行 vim /home/modules/hadoop-2.8.3/etc/hadoop/core-site.xml 后，将如下内容填写到本文件中。

特别注意：fs.obs.access.key、fs.obs.secret.key、fs.obs.endpoint 需根据实际情况修改。

```
<configuration>
<property>
<name>fs.obs.readahead.inputstream.enabled</name>
<value>true</value>
</property>
<property>
<name>fs.obs.buffer.max.range</name>
<value>6291456</value>
</property>
<property>
<name>fs.obs.buffer.part.size</name>
<value>2097152</value>
</property>
<property>
<name>fs.obs.threads.read.core</name>
<value>500</value>
</property>
<property>
<name>fs.obs.threads.read.max</name>
<value>1000</value>
</property>
<property>
<name>fs.obs.write.buffer.size</name>
<value>8192</value>
</property>
<property>
<name>fs.obs.read.buffer.size</name>
<value>8192</value>
</property>
<property>
<name>fs.obs.connection.maximum</name>
<value>1000</value>
</property>
<property>
```

```
<name>fs.defaultFS</name>
<value>hdfs://node1:8020</value>
</property>
<property>
<name>hadoop.tmp.dir</name>
<value>/home/modules/hadoop-2.8.3/tmp</value>
</property>
<property>
<name>fs.obs.access.key</name>
<value>PTGGQ5ZE0ZAYY68WIXVG</value>
</property>
<property>
<name>fs.obs.secret.key</name>
<value>Iyw9CBN4LIiyjDBDFJtZNFWlsBvb0pcctrjAAXPg</value>
</property>
<property>
<name>fs.obs.endpoint</name>
<value>obs.cn-north-4.myhuaweicloud.com:5080</value>
</property>
<property>
<name>fs.obs.buffer.dir</name>
<value>/home/modules/data/buf</value>
</property>
<property>
<name>fs.obs.impl</name>
<value>org.apache.hadoop.fs.obs.OBSFileSystem</value>
</property>
<property>
<name>fs.obs.connection.ssl.enabled</name>
<value>false</value>
</property>
<property>
<name>fs.obs.fast.upload</name>
<value>true</value>
</property>
<property>
<name>fs.obs.socket.send.buffer</name>
<value>65536</value>
</property>
<property>
<name>fs.obs.socket.recv.buffer</name>
<value>65536</value>
</property>
<property>
<name>fs.obs.max.total.tasks</name>
<value>20</value>
</property>
<property>
<name>fs.obs.threads.max</name>
```

```
<value>20</value>
</property>
</configuration>
```

④ 在 node1 节点，执行 vi/home/modules/hadoop-2.8.3/etc/hadoop/hdfs-site.xml 将<configuration>及</configuration>中的内容替换为如下：

```
<configuration>
<property>
<name>dfs.replication</name>
<value>3</value>
</property>
<property>
<name>dfs.namenode.secondary.http-address</name>
<value>node1:50090</value>
</property>
<property>
<name>dfs.namenode.secondary.https-address</name>
<value>node1:50091</value>
</property>
</configuration>
```

⑤ 在 node1 节点，执行 vi/home/modules/hadoop-2.8.3/etc/hadoop/yarn-site.xml 将<configuration>及</configuration>中的内容替换为如下：

```
<configuration>
<property>
<name>yarn.nodemanager.local-dirs</name>
<value>/home/nm/localdir</value>
</property>
<property>
<name>yarn.nodemanager.resource.memory-mb</name>
<value>28672</value>
</property>
<property>
<name>yarn.scheduler.minimum-allocation-mb</name>
<value>3072</value>
</property>
<property>
<name>yarn.scheduler.maximum-allocation-mb</name>
<value>28672</value>
</property>
<property>
<name>yarn.nodemanager.resource.cpu-vcores</name>
<value>38</value>
</property>
<property>
<name>yarn.scheduler.maximum-allocation-vcores</name>
<value>38</value>
</property>
<property>
```

```
<name>yarn.nodemanager.aux-services</name>
<value>mapreduce_shuffle</value>
</property>
<property>
<name>yarn.resourcemanager.hostname</name>
<value>node1</value>
</property>
<property>
<name>yarn.log-aggregation-enable</name>
<value>true</value>
</property>
<property>
<name>yarn.log-aggregation.retain-seconds</name>
<value>106800</value>
</property>
<property>
<name>yarn.nodemanager.vmem-check-enabled</name>
<value>false</value>
<description>Whether virtual memory limits will be enforced for containers</description>
</property>
<property>
<name>yarn.nodemanager.vmem-pmem-ratio</name>
<value>4</value>
<description>Ratio between virtual memory to physical memory when setting memory limits for containers
</description>
</property>
<property>
<name>yarn.resourcemanager.scheduler.class</name>
<value>org.apache.hadoop.yarn.server.resourcemanager.scheduler.fair.FairScheduler</value>
</property>
<property>
<name>yarn.log.server.url</name>
<value>http://node1:19888/jobhistory/logs</value>
</property>
</configuration>
```

⑥ 在 node1 节点，执行 vim /home/modules/hadoop-2.8.3/etc/hadoop/mapred-site.xml，确保内容如下：

```
<configuration>
<property>
<name>mapreduce.framework.name</name>
<value>yarn</value>
</property>
<property>
<name>mapreduce.jobhistory.address</name>
<value>node1:10020</value>
</property>
<property>
<name>mapreduce.jobhistory.webapp.address</name>
```

```
<value>node1:19888</value>
</property>
<property>
<name>mapred.task.timeout</name>
<value>1800000</value>
</property>
</configuration>
```

⑦ 在 node1 节点，vi /home/modules/hadoop-2.8.3/etc/hadoop/slaves 确保内容如下：

```
node2
node3
node4
```

⑧ 在 node1 节点，替换 snappy-java-1.0.4.1.jar 文件。

```
cd /home/extend_tools/hbase_lib
echo y | cp /snappy-java-1.0.5.jar /home/modules/hadoop-2.8.3/share/hadoop/kms/tomcat/webapps/kms/ WEB-INF/ lib/
echo y | cp snappy-java-1.0.5.jar /home/modules/hadoop-2.8.3/share/hadoop/tools/lib/
echo y | cp snappy-java-1.0.5.jar /home/modules/hadoop-2.8.3/share/hadoop/mapreduce/lib/
echo y | cp snappy-java-1.0.5.jar /home/modules/hadoop-2.8.3/share/hadoop/common/lib/
echo y | cp snappy-java-1.0.5.jar /home/modules/hadoop-2.8.3/share/hadoop/httpfs/tomcat/webapps/webhdfs/ WEB-INF/ lib/
```

⑨ 在 node1 节点，执行如下命令将 OBA-HDFS 的插件 jar 包，添加到对应的目录中。

```
cp /home/extend_tools/hadoop-huaweicloud-2.8.3.33.jar /home/modules/hadoop-2.8.3/share/hadoop/common/lib/

cp /home/extend_tools/hadoop-huaweicloud-2.8.3.33.jar /home/modules/hadoop-2.8.3/share/hadoop/tools/lib

cp /home/extend_tools/hadoop-huaweicloud-2.8.3.33.jar /home/modules/hadoop-2.8.3/share/hadoop/ httpfs/tomcat/webapps/webhdfs/WEB-INF/lib/

cp /home/extend_tools/ hadoop-huaweicloud-2.8.3.33.jar /home/modules/hadoop-2.8.3/share/hadoop/hdfs/lib/
```

2）分发组件到各个节点并启动 dfs

① 在 node1 执行如下命令，将 hadoop-2.8.3 目录拷贝到其他各个节点的/home/modules/下。

```
for i in {2..4};do scp -r /home/modules/hadoop-2.8.3 root@node${i}:/home/modules/ hadoop-2.8.3;done
```

拷贝完毕后，在 node2～node4 节点均出现目录，如图 6-23 所示。

```
[root@node2 ~]# ls /home/modules/ | grep hadoop
hadoop-2.8.3
[root@node2 ~]#
```

图 6-23 查验软件包

② 在 node1～node4，执行 vi /etc/profile 添加如下环境变量。

```
export HADOOP_HOME=/home/modules/hadoop-2.8.3
export PATH=$JAVA_HOME/bin:$PATH
export PATH=$HADOOP_HOME/bin:$HADOOP_HOME/sbin:$PATH
export HADOOP_CLASSPATH=/home/modules/hadoop-2.8.3/share/hadoop/tools/lib/*:$HADOOP_CLASSPATH
```

③ 在 node1～node4，执行如下命令，使环境变量生效。

```
source /etc/profile
```

④ 在 node1 初始化 namenode。

```
hdfs namenode -format
```

⑤ 在 node1 节点，执行如下命令启动 dfs 和 yarn。

```
start-dfs.sh
start-yarn.sh
```

⑥ 在 node1 执行 jps 命令，可以查看到 NameNode、SecondaryNameNode、ResourceManager 进程。

⑦ 在 node2～node4 执行 jps 命令，可以查看到 NodeManager 和 Datanode 进程。

3）验证 Hadoop 的基本功能

① 登录网址 http://node1 弹性 ip:8088/cluster，页面可正常打开。

② 执行如下命令创建目录并查看目录，需注意，此时创建的目录是在 HDFS 本地。

```
hadoop dfs -mkdir /test_folder
hadoop dfs -ls /
```

③ 在 node1，执行如下命令，在 obs 桶中创建目录。

```
hdfs dfs -mkdir obs://[桶名]/[文件夹名]/
```

④ 在 node1，执行如下命令查看 obs 桶中的目录。

```
hdfs dfs -ls obs://[桶名]/
```

（2）Spark 分布式集群部署

1）在 node1 准备 spark 组件

① 在 node1 节点上执行如下命令，解压 spark 软件包，并重命名文件夹。

```
tar zxvf /home/extend_tools/spark-2.3.0-bin-dev-with-sparkr.tgz -C /home/modules/ cd /home/modules/
mv spark-2.3.0-bin-dev spark-2.3.0
```

执行完毕后，可查看到目录，如图 6-24 所示。

```
[root@node1 modules]# ls /home/modules/ | grep spark
spark-2.3.0
[root@node1 modules]#
```

图 6-24 查验软件包

② 在 node1 节点，执行如下命令将 hadoop-huaweicloud-2.8.3.36.jar 包拷贝到 jars 目录。

```
cp /home/extend_tools/hadoop-huaweicloud-2.8.3.36.jar /home/modules/spark-2.3.0/jars/
```

③ 在 node1 节点，替换 snappy-java-1.0.4.1.jar 文件。

```
cd /home/extend_tools/
echo y | cp snappy-java-1.0.4.1.jar /home/modules/spark-2.3.0/jars/
```

④ 在 node1 节点上，vi /home/modules/spark-2.3.0/conf/spark-env.sh 补充如下配置项。

```
export JAVA_HOME=/usr/lib/jvm/jdk1.8.0_211
export SCALA_HOME=/home/modules/spark-2.3.0-bin-hadoop2.7/examples/src/main/scala
export HADOOP_HOME=/home/modules/hadoop-2.8.3
export HADOOP_CONF_DIR=/home/modules/hadoop-2.8.3/etc/hadoop
export SPARK_HOME=/home/modules/spark-2.3.0-bin-hadoop2.7
export SPARK_DIST_CLASSPATH=$(/home/modules/hadoop-2.8.3/bin/hadoop classpath)
```

2）分发组件到各个节点

① 在 node1 执行如下命令，将 spark-2.3.0 目录拷贝到其他各个节点的/home/modules/下。

```
for i in {2..4};do scp -r /home/modules/spark-2.3.0-bin-hadoop2.7
root@node${i}:/home/modules/;done
```

拷贝完毕后，在 node2～node4 节点，均可出现目录，如图 6-25 所示。

```
[root@node2 ~]# ls /home/modules/ | grep spark
spark-2.3.0
[root@node2 ~]#
```

图 6-25 查验软件包

② 在 node1～node4 节点上，vi /etc/profile 添加如下环境变量：

```
export SPARK_HOME=/home/modules/spark-2.3.0-bin-hadoop2.7
export PATH=${SPARK_HOME}/bin:${SPARK_HOME}/sbin:$PATH
```

③ 在 node1～node4 节点上，执行如下命令使得环境变量生效。

```
source /etc/profile
```

3）验证 spark 的基本功能

通过 spark-sql 验证基本功能，在 node1 上执行 spark-sql 命令，进入到命令行后，执行如下操作。

```
spark-sql
show databases;
create database testdb;
show databases;
use testdb;
create table testtable(value INT);
desc testtable;
insert into testtable values (1000);
select * from testtable;
exit;
```

（3）Hive 部署

1）在 node1 上准备 Hive 组件

① 在 node1 上安装 mysql。

（a）添加 mysql 用户组和 mysql 用户，用于隔离 mysql 进程。

```
groupadd -r mysql && useradd -r -g mysql -s /sbin/nologin -M mysql
```

（b）安装依赖库 libaio.aarch64 及 libaio-devel.aarch64。

```
yum install -y libaio*
```

（c）解压 mysql 安装包并重命名。

```
tar xvf /home/extend_tools/mysql-5.7.27-aarch64.tar.gz -C /usr/local/
mv /usr/local/mysql-5.7.27-aarch64 /usr/local/mysql
```

（d）配置 mysql。

```
mkdir -p /usr/local/mysql/logs
chown -R mysql:mysql /usr/local/mysql
ln -sf /usr/local/mysql/my.cnf /etc/my.cnf
cp -rf /usr/local/mysql/extra/lib* /usr/lib64/
mv /usr/lib64/libstdc++.so.6 /usr/lib64/libstdc++.so.6.old
```

```
ln -s /usr/lib64/libstdc++.so.6.0.24 /usr/lib64/libstdc++.so.6
```

（e）设置开机启动。

```
cp -rf /usr/local/mysql/support-files/mysql.server /etc/init.d/mysqld
chmod +x /etc/init.d/mysqld
systemctl enable /sbin/chkconfig mysqld
```

（f）添加环境变量，执行 vi /etc/profile 后，添加如下信息。

```
export MYSQL_HOME=/usr/local/mysql
export PATH=$PATH:$MYSQL_HOME/bin
```

（g）确保环境变量生效。

```
source /etc/profile
```

（h）初始化 mysql。

```
mysqld --initialize-insecure --user=mysql --basedir=/usr/local/mysql
--datadir=/usr/local/mysql/data
systemctl start mysqld
systemctl status mysqld
service mysqld start
```

（i）修改数据库 root 密码，执行 mysql_secure_installation 后按照如下操作进行。

```
[root@node1  ~]# mysql_secure_installation
NOTE: RUNNING ALL PARTS OF THIS SCRIPT IS RECOMMENDED FOR ALL MySQL
SERVERS IN PRODUCTION USE! PLEASE READ EACH STEP CAREFULLY!
In order to log into MySQL to secure it, we'll need the current
password for the root user. If you've just installed MySQL, and
you haven't set the root password yet, the password will be blank,
so you should just press enter here.
Enter current password for root (enter for none):<–初次运行直接回车
OK, successfully used password, moving on…
Setting the root password ensures that nobody can log into the MySQL
root user without the proper authorisation.
Set root password? [Y/n]        #是否设置 root 用户密码，输入 y 并回车
New password:                   #设置 root 用户的密码，输入 Huawei@2020 后回车
Re-enter new password:          #再输入 Huawei@2020 后回车
Password updated successfully!
Reloading privilege tables..
… Success!
By default, a MySQL installation has an anonymous user, allowing anyone
to log into MySQL without having to have a user account created for
them. This is intended only for testing, and to make the installation
go a bit smoother. You should remove them before moving into a
production environment.
Remove anonymous users? [Y/n]    #是否删除匿名用户，输入 Y 并回车
… Success!
Normally, root should only be allowed to connect from 'localhost'. This
ensures that someone cannot guess at the root password from the network.
Disallow root login remotely? [Y/n] #是否禁止 root 远程登录，输入 n 并回车
… Success!
By default, MySQL comes with a database named 'test' that anyone can
```

```
access. This is also intended only for testing, and should be removed
before moving into a production environment.
Remove test database and access to it? [Y/n] #是否删除 test 数据库，直接回车
- Dropping test database…
… Success!
- Removing privileges on test database…
… Success!
Reloading the privilege tables will ensure that all changes made so far
will take effect immediately.
Reload privilege tables now? [Y/n] #是否重新加载权限表，直接回车
… Success!
Cleaning up…
All done! If you've completed all of the above steps, your MySQL
installation should now be secure.
Thanks for using MySQL!
[root@node1～]#
```

（j）重启 mysql 并查看 mysql 状态。

```
systemctl restart mysql
systemctl status mysql
```

（k）允许远程连接 mysql。

```
mysql -u root -p
mysql>use mysql;
mysql>update user set host = '%' where user = 'root';
mysql>select host, user from user;
mysql>flush privileges;
```

② 在 node1 上，安装 mysql-connector-java。

```
yum -y install mysql-connector-java
```

③ 在 node1 节点上执行如下命令，解压 Hive 软件包，并重命名文件夹。

```
cp /home/extend_tools/apache-hive-2.3.3-bin.tar.gz /home/modules/
cd /home/modules/
tar zxvf apache-hive-2.3.3-bin.tar.gz
mv apache-hive-2.3.3-bin hive-2.3.3
```

执行完毕后，可查看到目录，如图 6-26 所示。

```
[root@node1 modules]# ls /home/modules/|grep hive
hive-2.3.3
[root@node1 modules]#
```

图 6-26　查验软件包

④ 在 node1 节点上，将 mysql-connect-java.jar 拷贝到 hive 相关目录下。

```
cp /usr/share/java/mysql-connector-java.jar /home/modules/hive-2.3.3/lib/
```

⑤ 在 node1 节点上，执行 vi /home/modules/hive-2.3.3/conf/hive-site.xml 后，拷贝如下内容到本文本中后，保存退出。

特别注意：此配置文件中的 javax.jdo.option.ConnectionPassword 的值需要和 mysql

的密码保持一致。

```
<configuration>
<property>
<name>javax.jdo.option.ConnectionURL</name>
<value>jdbc:mysql://node1:3306/hive_metadata?createDatabaseIfNotExist=true</value>
#注意：在哪台服务器上做格式化，node 就是哪台服务器
</property>
<property>
<name>javax.jdo.option.ConnectionDriverName</name>
<value>com.mysql.jdbc.Driver</value>
</property>
<property>
<name>javax.jdo.option.ConnectionUserName</name>
<value>root</value>
</property>
<property>
<name>javax.jdo.option.ConnectionPassword</name>
<value>Huawei@2020</value>
</property>
<property>
<name>hive.strict.checks.cartesian.product</name>
<value>false</value>
</property>
</configuration>
```

⑥ 在 node1 节点上，cp hive-env.sh.template hive-env.sh 然后执行如下命令修改配置文件，vi /home/modules/hive-2.3.3/conf/hive-env.sh 中增加 HADOOP_HOME 路径。

```
HADOOP_HOME=/home/modules/hadoop-2.8.3
```

⑦ 执行初始化 mysql 数据库操作，显示“schemaTool completed”则表示执行成功。

```
cd /home/modules/hive-2.3.3/bin
./schematool -initSchema -dbType mysql
```

2）分发组件到各节点并设置环境变量

① 在 node1 执行如下命令，将 Hive 目录拷贝到其他各个节点的/home/modules/下。

```
for i in {2..4};do scp -r /home/modules/hive-2.3.3 root@node${i}:/home/modules/;done
```

拷贝完毕后，在 node2～node4 节点，均可出现目录，如图 6-27 所示。

```
[root@node2 ~]# ls /home/modules/ | grep hive
hive-2.3.3
[root@node2 ~]#
```

图 6-27　查验软件包

② 在 node1～node4 上的/etc/profile 文件中，补充如下的内容。

```
export HIVE_HOME=/home/modules/hive-2.3.3
export PATH=${HIVE_HOME}/bin:$PATH
```

③ 在 node1～node4 节点执行如下命令确保环境变量生效。

```
source /etc/profile
```

3）验证 hive 基本功能

① 在 node1 上执行 Hive 命令，进入命令行后，执行如下操作。

```
#启动 hive
cd /home/modules/hive-2.3.3
bin/hive
#进入 hive 数据库中，执行如下命令
show databases;
create database testdb;
show databases;
use testdb;
create table testtable(value INT);
desc testtable;
insert into testtable values (1000);
select * from testtable;
exit;
```

② 在 node1 上执行 hive 命令，进入命令行后，执行如下操作，通过 on OBS 的方式访问 hive 数据（需提前将 bucket_name 替换为真实使用的 OBS 桶名），验证存算分离基本能力：

```
use testdb;
create table testtable_obs(a int, b string)row format delimited fields terminated by "," stored as textfile location "obs://bucket_name/testtable_obs";
insert into testtable_obs values (1,'test');
select * from testtable_obs;
exit;
```

执行 hadoop fs -ls obs://bucket_name/testtable_obs 命令，可以查看到具体的数据文件已存储在 OBS 桶中。

（4）HBase 部署

1）在 node1 上准备 hbase 组件

① 在 node1 节点上执行如下命令，解压 hbase 软件包至/home/modules 路径下。

```
tar zxvf /home/extend_tools/hbase-2.1.0-bin.tar.gz    -C /home/modules/
```

执行完毕后，可查看到目录，如图 6-28 所示。

```
[root@node1 modules]# ls /home/modules/ | grep hbase
hbase-2.1.0
[root@node1 modules]#
```

图 6-28 查验软件包

② 在 node1 节点，vi /home/modules/hbase-2.1.0/conf/hbase-env.sh 在最后补充。

```
export JAVA_HOME=/usr/lib/jvm/jdk1.8.0_211
```

③ 在 node1 节点，vim /home/modules/hbase-2.1.0/conf/hbase-site.xml 将<configuration>和</configuration>中的内容替换为如下。

特别说明：本配置文件中的 hbase.rootdir 参数中 bucket_name 需要替换为实际用到的

桶名。

```
<configuration>
<property>
<name>hbase.regionserver.handler.count</name>
<value>1000</value>
</property>
<property>
<name>hbase.client.write.buffer</name>
<value>5242880</value>
</property>
<property>
<name>hbase.rootdir</name>
<value>obs://obs-kpbd/hbasetest</value>
</property>
<property>
<name>zookeeper.session.timeout</name>
<value>120000</value>
</property>
<property>
<name>hbase.zookeeper.property.tickTime</name>
<value>6000</value>
</property>
<property>
<name>hbase.zookeeper.property.dataDir</name>
<value>/home/modules/hbase-2.1.0/data/zookeeper</value>
</property>
<property>
<name>hbase.cluster.distributed</name>
<value>true</value>
</property>
<property>
<name>hbase.zookeeper.quorum</name>
<value>node1,node2,node3</value>
</property>
<property>
<name>hbase.tmp.dir</name>
<value>/home/modules/hbase-2.1.0/tmp</value>
</property>
<property>
<name>hbase.wal.provider</name>
<value>org.apache.hadoop.hbase.wal.FSHLogProvider</value>
</property>
<property>
<name>hbase.wal.dir</name>
<value>hdfs://node1:8020/hbase</value>
</property>
<property>
<name>hbase.client.write.buffer</name>
<value>2097152</value>
```

```
    </property>
    <property>
    <name>hbase.regionserver.handler.count</name>
    <value>200</value>
    </property>
    <property>
    <name>hbase.hstore.compaction.min</name>
    <value>6</value>
    </property>
    <property>
    <name>hbase.hregion.memstore.block.multiplier</name>
    <value>16</value>
    </property>
    <property>
    <name>hfile.block.cache.size</name>
    <value>0.2</value>
    </property>
    <property>
    <name>hbase.master.maxclockskew</name>
    <value>150000</value>
    </property>
</configuration>
```

④ 在 node1 节点，配置 regionserver，执行 vim /home/modules/ hbase-2.1.0/ conf/ regionservers 确保内容如下。

```
node1
node2
node3
node4
```

⑤ node1 上执行如下命令。

```
cp /home/modules/hadoop-2.8.3/etc/hadoop/core-site.xml /home/modules/hbase-2.1.0/conf/
```

⑥ node1 上执行如下命令，将 hbase 中的 hadoop-common-2.8.3.jar 组件包替换成 hadoop 中的 jar 包，并通过 md5sum 命令校验两个 jar 文件的 MD5 值一致。

```
echo y | cp /home/modules/hadoop-2.8.3/share/hadoop/common/hadoop-common-2.8.3.jar /home/modules/ hbase-2.1.0/lib/
md5sum /home/modules/hbase-2.1.0/lib/hadoop-common-2.8.3.jar
md5sum /home/modules/hadoop-2.8.3/share/hadoop/common/hadoop-common-2.8.3.jar
```

⑦ 技术人员在 node1 上执行如下命令，将 hadoop-huaweicloud-2.8.3.36.jar 添加至 hbase 的 lib 目录中。

```
cp /home/extend_tools/hadoop-huaweicloud-2.8.3.36.jar /home/modules/hbase-2.1.0/lib/
```

⑧ 技术人员在node1上配置vi /home/modules/hbase-2.1.0/bin/hbase-daemon.sh，在172行增加如下的配置。

```
export SERVER_GC_OPTS="-Xms20480M -Xmx20480M -XX:NewSize=2048M
-XX:MaxNewSize=2048M -XX:MetaspaceSize=512M -XX:MaxMetaspaceSize=512M
-XX:MaxDirectMemorySize=2048M -XX:+UseParNewGC -XX:+UseConcMarkSweepGC
-XX:+CMSParallelRemarkEnabled -XX:CMSInitiatingOccupancyFraction=65 -XX:+ PrintGCDetails
```

```
-Dsun.rmi.dgc.client.gcInterval=0x7FFFFFFFFFFFFFE
-Dsun.rmi.dgc.server.gcInterval= 0x7FFFF FFFFF FFFFE -XX:-OmitStackTraceInFastThrow
-XX:+PrintGCTimeStamps -XX:+PrintGCDateStamps -XX:+ UseGCLog FileRotation
-XX:NumberOfGCLogFiles=10 -XX:GCLogFileSize=1M"
```

配置后，结果如图 6-29 所示。

```
export HBASE_ZNODE_FILE=$HBASE_PID_DIR/hbase-$HBASE_IDENT_STRING-$command.znode
export HBASE_AUTOSTART_FILE=$HBASE_PID_DIR/hbase-$HBASE_IDENT_STRING-$command.autostart
export SERVER_GC_OPTS="-Xms20480M -Xmx20480M -XX:NewSize=2048M -XX:MaxNewSize=2048M -XX:MetaspaceSize=512M -XX:MaxMetaspaceSize=512M -XX:MaxDirectMemorySize=2048M -XX:+UseParNewGC -XX:+UseConcMarkSweepGC -XX:+CMSParallelRemarkEnabled -XX:CMSInitiatingOccupancyFraction=65 -XX:+PrintGCDetails -Dsun.rmi.dgc.client.gcInterval=0x7FFFFFFFFFFFFFE -Dsun.rmi.dgc.server.gcInterval=0x7FFFFFFFFFFFFFE -XX:-OmitStackTraceInFastThrow -XX:+PrintGCTimeStamps -XX:+PrintGCDateStamps -XX:+UseGCLogFileRotation -XX:NumberOfGCLogFiles=10 -XX:GCLogFileSize=1M"
if [ -n "$SERVER_GC_OPTS" ]; then
  export SERVER_GC_OPTS=${SERVER_GC_OPTS/"-Xloggc:<FILE-PATH>"/"-Xloggc:${HBASE_LOGGC}"}
fi
```

图 6-29　配置结果

2）分发组件到各个节点并启动 hbase

① 技术人员在 node1 执行如下命令，将 hbase 目录拷贝到其他各个节点的/home/modules/下。

```
for i in {2..4};do scp -r /home/modules/hbase-2.1.0 root@node${i}:/home/modules/;done
```

拷贝完毕后，node2～node4 节点中均可出现目录，如图 6-30 所示。

```
[root@node2 ~]# ls /home/modules/ | grep hbase
hbase-2.1.0
[root@node2 ~]#
```

图 6-30　查验软件包

② node1～node4 上的/etc/profile 文件中，补充如下的内容。

```
export HBASE_HOME=/home/modules/hbase-2.1.0
export PATH=${HBASE_HOME}/bin:$PATH
```

③ node1～node4 节点执行如下命令确保环境变量生效。

```
source /etc/profile
```

④ node1 节点，执行如下命令启动 hbase。

```
start-hbase.sh
```

3）验证 hbase 基本功能

① node1 节点执行 jps 命令，技术人员查看存在 HMaster、HRegionServer、HQuorumPeer，如图 6-31 所示。

```
[root@node1 ~]# jps
18258 HRegionServer
20403 Jps
17476 ResourceManager
18024 HQuorumPeer
18104 HMaster
18344 JobHistoryServer
17066 NameNode
17291 SecondaryNameNode
16911 WrapperSimpleApp
[root@node1 ~]#
```

图 6-31　jps 进程

② 使用 node1 的弹性 IP 地址，登录 Hbase 首页网址，能够正常打开。

③ 在 node1 上，执行 hbase shell 命令后，执行如下命令可正常执行。

```
create 't', 'f'
put 't', 'rold', 'f', 'v'
scan 't'
describe 't'
disable 't'
drop 't'
exit
```

4）开源工具使用

Hibench 工具准备，在 node1 节点，将 Hibench.tar.gz 解压至/home/test_tools/目录下。

```
tar zxvf /home/extend_tools/HiBench.tar.gz -C /home/test_tools/
```

在 node1，执行 vim /home/test_tools/HiBench/conf/hadoop.conf 将 hibench.hdfs.master 中 hibench.hdfs.master obs://bucket_name/test1 的 bucket_name 替换成真正的桶名。

5）Wordcount 测试

① 在 node1，准备 wordcount 模型的运行数据。

```
cd /home/test_tools/HiBench/bin/workloads/micro/wordcount/prepare
sh prepare.sh
```

数据准备完毕后，可执行如下命令查看数据存储的位置（bucket_name 替换成真正的桶名）。

```
hdfs dfs -ls obs://bucket_name/test1/HiBench/Wordcount/Input
```

② 以 MapReduce 的方式运行 wordcount 业务。

```
cd /home/test_tools/HiBench/bin/workloads/micro/wordcount/hadoop
sh run.sh
```

③ Spark 的方式运行 wordcount 业务。

```
cd /home/test_tools/HiBench/bin/workloads/micro/wordcount/spark
sh run.sh
```

④ 测试完毕后，可通过如下命令运行结果数据存储的位置（bucket_name 替换成真正的桶名）。

```
hdfs dfs -ls obs://bucket_name/test1/HiBench/Wordcount/Output
```

6）Terasort 测试

① 在 node1 上，准备 terasort 模型的运行数据。

```
cd /home/test_tools/HiBench/bin/workloads/micro/terasort/prepare
sh prepare.sh
```

② 以 MapReduce 的方式运行 terasort 业务。

```
cd /home/test_tools/HiBench/bin/workloads/micro/terasort/hadoop
sh run.sh
```

③ 以 Spark 的方式运行 terasort 业务。

```
cd /home/test_tools/HiBench/bin/workloads/micro/terasort/spark
sh run.sh
```

④ 测试完毕后，可通过如下命令运行结果数据存储的位置（bucket_name 替换成真正的桶名）。

```
hdfs dfs -ls obs://bucket_name/test1/HiBench/Terasort/Output
```

（5）YCSB

1）工具准备

在 node1 节点，将 ycsb-0.12.0.tar.gz 拷贝并解压至/home/test_tools/目录下。

```
tar zxvf /home/extend_tools/ycsb-0.12.0.tar.gz -C /home/test_tools/
chmod 755 -R /home/test_tools/ycsb-0.12.0/
```

2）数据准备阶段

① 在 node1 上创建表，执行 hbase shell 后，创建表。

```
create 'BTable','family',{SPLITS => (1..20).map {|i| "user#{1000+i*(9999-1000)/20}"}}
exit
```

② 在 node1 节点执行如下命令，启动数据导入（以 10000 数据量为例）。

```
cd /home/test_tools/ycsb-0.12.0/
nohup bin/ycsb load hbase10 -P workloads/workloada -cp /home/modules/hbase-2.1.0// conf:/home/modules/hbase-2.1.0/lib/*:hbase10-binding/lib/hbase10-binding-0.12.0.jar -p table=BTable -p columnfamily=family -p recordcount=10000 -threads 100 -s 2> workload-loadrun.txt -s 1> workload-loadresult.txt &
```

③ ps -ef |grep ycsb 确认执行完毕后，可查看 workload-loadrun.txt 及 workloada-Bloadresult1.txt。

④ 分析 workload-loadresult.txt，确保[INSERT]，Return=OK 的条目数符合预期。

3）测试执行阶段

本次此时中分别运行测试模型 a、b、c、d，运行模型说明见表 6-7。

表 6-7　运行模型说明

YCSB 业务模型	说明
模型 a	10%写 90%读
模型 b	50%写 50%读
模型 c	90%写 10%读
模型 d	100%读

① 在 node1 节点执行如下命令，运行测试模型 a，待 ps -ef |grep ycsb 确认已无 ycsb 进程后，查看 cat　workloada-result.txt。

```
cd /home/test_tools/ycsb-0.12.0/
nohup bin/ycsb run hbase10 -P workloads/workloada -cp
/home/modules/hbase-2.1.0//  conf:/home/modules/  hbase-2.1.0/lib/*:hbase10-binding/lib/hbase10-binding-0.12.0.jar -p table=BTable -p columnfamily=family -p operationcount=10000 -threads 100 -s 2> workloada-run.txt -s 1> workloada-result.txt &
```

② 运行测试模型 b，待 ps -ef |grep ycsb 确认已无 ycsb 进程后，查看 cat workloadc-result.txt。

```
nohup bin/ycsb run hbase10 -P workloads/workloadb -cp
/home/modules/hbase-2.1.0//conf:/  home/modules/hbase-2.1.0/lib/*:hbase10-binding/lib/hbase10-binding-0.12.0. jar
```

```
-p table=BTable -p columnfamily=family -p operationcount=10000 -threads 100 -s 2> workloadb-run.txt -s 1> workloadb-result.txt &
```

③ 运行测试模型 c，待 ps -ef |grep ycsb 确认已无 ycsb 进程后，查看 cat workloadb-result.txt。

```
nohup bin/ycsb run hbase10 -P workloads/workloadc -cp
/home/modules/hbase-2.1.0//c onf:/home/modules/ hbase-2.1.0/lib/*:hbase10-binding/lib/hbase10-binding-0.12.0.jar -p table=BTable -p columnfamily=family -p operationcount=10000 -threads 100 -s 2> workloadc-run.txt -s 1> workloadc-result.txt &
```

④ 运行测试模型 d，待 ps -ef |grep ycsb 确认已无 ycsb 进程后，查看 cat workloadd-result.txt。

```
nohup bin/ycsb run hbase10 -P workloads/workloadd -cp
/home/modules/ hbase-2.1.0// conf:/home/modules/hbase-2.1.0/lib/*:hbase10-binding/lib/hbase10-binding-0.12.0.jar -p table=BTable -p columnfamily=family -p operationcount=10000 -threads 100 -s 2> workloadd-run.txt -s 1> workloadd-result.txt &
```

5. 注意事项

在 node1，执行如下命令（参数为桶名）可以完成大数据集群格式化操作，这意味着本集群中 hdfs 将会重新初始化，obs://${bucket_name}/hbasetest001/*将被清空，hbase 元数据将被删除，集群将会重新启动，因此请谨慎使用本脚本。

```
[root@node1 ~]# sh /home/extend_tools/complete_clean_restart.sh
bucket_name is empty. Please check it! Usage:
sh /home/extend_tools/complete_clean_restart.sh [bucket_name]
[root@node1 ~]#
```

执行完毕后，检查如下页面是否可以正常打开：

① 登录网址 http://node1 弹性 ip:8088/cluster，页面可正常打开。

② 使用 node1 的弹性 IP 地址，登录 Hbase 首页网址，能够正常打开：http://node 弹性 ip:16010/master-status。

6.4 云手机解决方案

6.4.1 云手机介绍

华为云鲲鹏云手机（Cloud Phone，CPH）是基于华为云鲲鹏裸金属服务器，虚拟出带有原生安卓操作系统，同时具有虚拟手机功能的云服务器。简单来说就是一个在云端运行的手机，如图 6-32 所示，具体来讲就是相当于在鲲鹏泰山服务器上安装了一个手机的模拟器，然后将基于安卓的程序迁移到模拟器上来运行，达到 App 云化的效果。在云端运行的是一个个实例，然后通过各种传感器、屏幕的传输、鼠标键盘，甚至一些游戏手柄的操作指令发送到云端，最后实现可以在本地操控云手机的效果。

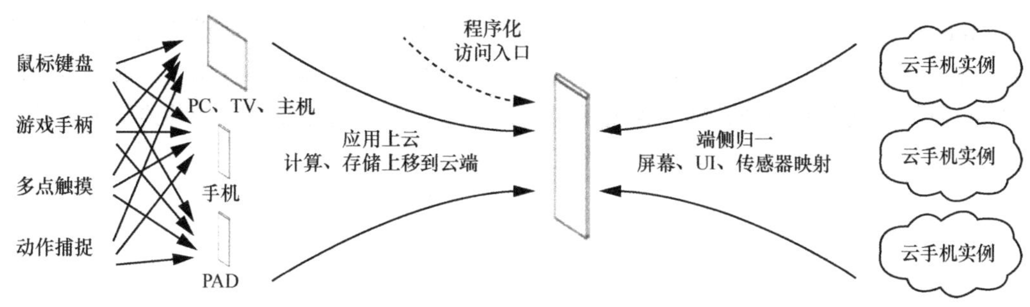

图 6-32　云手机示意

作为一种新型服务，云手机对传统物理手机起到了非常好的延展和补充作用，可以用在诸如 App 仿真测试、云手游、直播互娱、移动办公等场景，让移动应用不但可以在物理手机运行，还可以在云端智能运行。

当前，市场上常见的手机模拟方案有 x86 模拟器方案和真手机方案，优劣对比见表 6-8。

表 6-8　云手机与其他手机模拟方案的优劣对比

项目	x86 模拟器方案	真手机方案	华为云云手机
性能	差 需要在 x86 指令集和 ARM 指令集之间转换，效率低，最少有 50%的性能损失	中 基于真机的实现方式，性能与真机一致，但无法超越真机性能	高 基于 ARM 服务器的实现方式，性能规格灵活，可大幅度超越真机性能，无限延展手机对性能和存储的需求
稳定性	中 基于外部各种开源或非商业模拟器软件实现，稳定性难以保证	极差 非服务器制成品，大量二手真机、手工焊点与复杂接线难以保障产品质量，稳定性非常差	高 自研高性能 ARM 芯片与 ARM 服务器，市场上有大量应用，稳定性与可靠性高
可获得性	高 直接基于 x86 服务器以及模拟器软件搭建，门槛低，资源可获得性高	极差 非常难获得足够且稳定的货源，二手手机市场变化快，设计对应的手机在市场上的可获得性极差	高 采用公有云的服务方式，资源量大，使用灵活，可按月包周期，资源弹性大
仿真度	差 基于软件上层技术实现，虽然可修改手机参数较多，同时特征明显，很容易被上层应用检测为模拟器	高 与真机一致，仿真度高	高 可实现与真机完全的仿真与兼容性，与华为真机保持完全一致；如果采用高性价比 AOSP 方式，也可针对应用进行底层硬件数据模拟
规格灵活性	高 可灵活设定规格，自由度高	差 按照规格设定购买相应的真机，基本不具备规格灵活性	高 基于 ARM 服务器的实现方式，规格灵活设定调整，也可轻松实现高规格超分实例

6.4.2　典型案例

云手机的典型案例大致上可以分为两种。一种是 ToC，是针对个人的；另一种是 ToB，是针对商业用户的。

ToC 类场景-直播互动，如图 6-33 所示，有很多游戏主播把自己打游戏的过程给众多粉丝进行直播。在云手机里，我们可以看到在云手游中的控制流和视频流是分开的，即控制指令与视频直流是分开的。也就是说我们可以将我们的控制指令转移给他人，让其他人进行下一步的操控。这就是鲲鹏的直播互动。

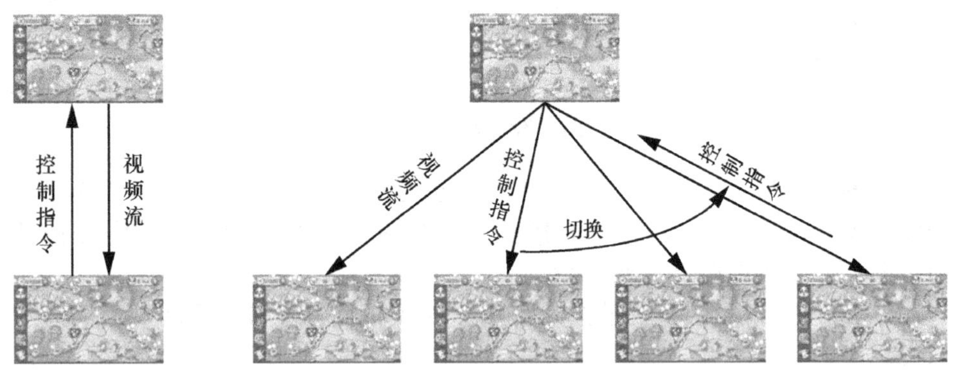

图 6-33　ToC 类场景—直播互动

ToB 类场景—移动办公，如图 6-34 所示。手机办公目前已经在各大公司实现了，但是手机端办公会有一个隐患，手机比起电脑等设备丢失的可能性较大。当一些数据保存在你的本地，一旦手机发生丢失里面的数据就有可能丢失或者是被盗。鲲鹏为避免此类情况出现，将手机运行在云端，使真正的数据全部保存在云端。就算办公的终端即真正的手机丢失，数据也不会丢失，这就是在移动办公端云手机的优势。

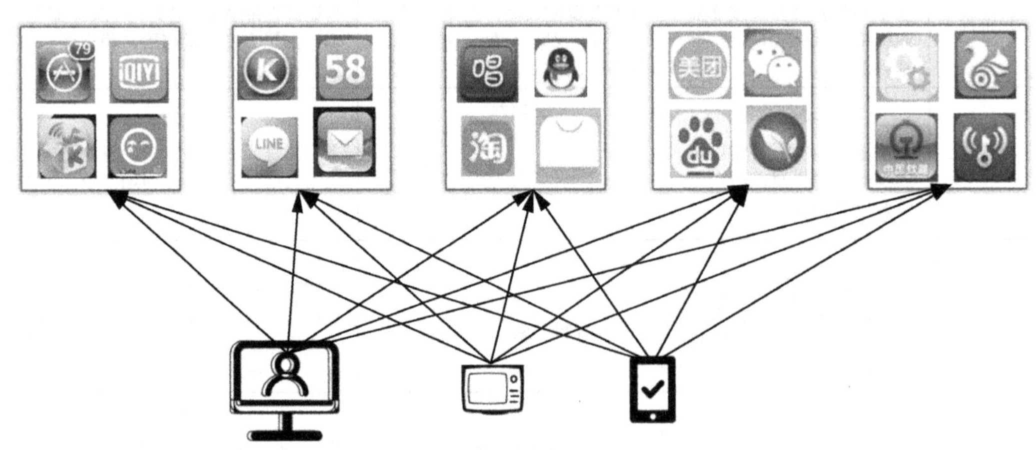

图 6-34　ToB 类场景—移动办公

接下来，我们通过 Airtest 快速获取云手机画面，进行云手机示例演示。实验前提条件已在本地 PC 安装 Airtest 工具，并且已关闭 ADB 连接的命令行窗口，并保证 SSH 隧道建立成功。

Airtest 是一款基于 Python 的、跨平台的 UI 自动化测试框架，基于图像识别原理，适用于游戏和 App。

登录 Airtest 官网，下载符合操作系统的版本并安装。准备工作包含注册华为云并实

名认证、创建密钥对两项任务。其中，密钥对用于鉴权，在购买服务器时要选择一个密钥对，以便连接云手机（建立 SSH 隧道）时使用。

首先打开网址，注册并实名认证。然后登录管理控制台，选择“计算”→“弹性云服务器”。在左侧导航树中，选择“密钥对”，单击“创建密钥对”，输入密钥名称，单击“确定”。您的浏览器会提示您下载或自动下载私钥文件。文件名是您为密钥对指定的名称，文件扩展名为“.pem”。请将私钥文件保存在安全位置，然后单击系统弹出的提示框“确定”。这是保存私钥文件的唯一机会，请妥善保管。当购买云手机时，需要选择一个密钥对；建立 SSH 隧道时，将需要提供相应私钥的完整保存路径。

购买服务器后，系统会自动创建云手机，因此只需要购买服务器即可。在云手机控制台左上角，选择“上海一”，如图 6-35 所示。

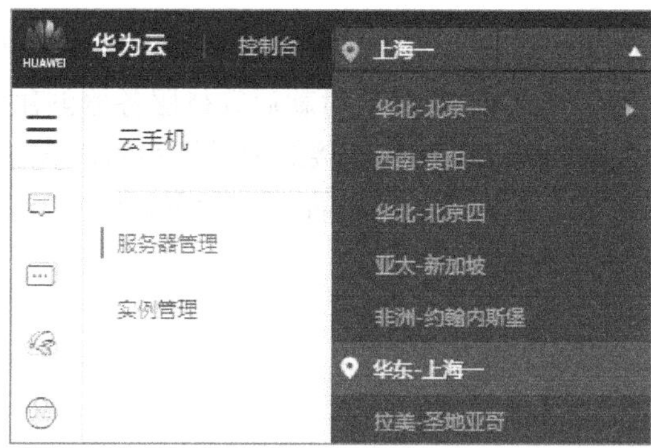

图 6-35　区域选择

选择左侧导航栏的“服务器管理”，单击右上角的“购买服务器实例”。

在“基础配置”页面，根据实际场景选择服务器类型、实例规格以及手机镜像，单击“下一步：网络配置”。实例规格中有一项参数为“手机开数”，表示购买一台服务器时所对应的云手机数量。例如：手机台数为 15，表示这台服务器对应 15 台云手机。

在“网络配置”页面，选择默认的“独享带宽”即可，如图 6-36 所示，单击“下一步：高级配置”。

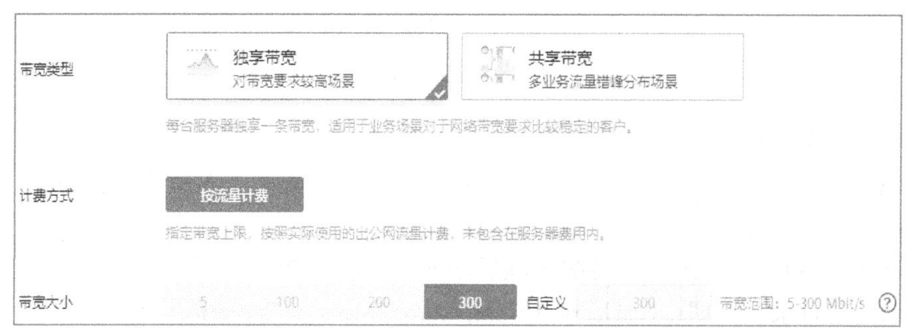

图 6-36　网络选型

在“高级配置”页面，选择准备工作中创建好的密钥对，并根据需要设置自定义网络和应用端口，如图 6-37 所示。

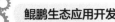

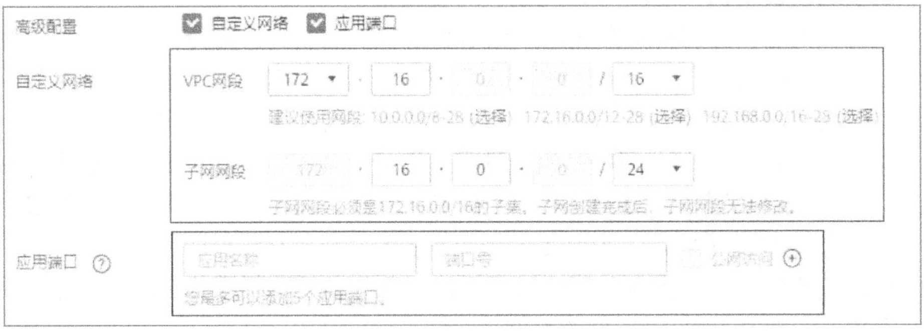

高级配置 自定义网络 应用端口
自定义网络 VPC网段 172 · 16 · 0 · 0 / 16
建议使用网段：10.0.0.0/8-28（选择） 172.16.0.0/12-28（选择） 192.168.0.0/16-28（选择）
子网网段 172 · 16 · 0 · 0 / 24
子网网段必须是172.16.0.0/16的子集。子网创建完成后，子网网段无法修改。
应用端口 应用名称 端口号 公网访问
您最多可以添加5个应用端口。

图 6-37　网段设置

单击“下一步：确认订单”，确认配置无误后，设置购买时长与购买数量，阅读并勾选公测试用服务协议，单击“立即购买”。付款后等待服务器创建成功。

创建成功后，在云手机列表，选择待连接的云手机实例，单击右侧“操作”列的“更多 >ADB 公网连接”。进入右侧面板。右侧面板示意图如图 6-38 所示。

图 6-38　密钥设置

填写如下参数。

① 密钥文件路径：输入服务器的密钥对对应的私钥文件在本地的保存路径，例如：C:\Users\Administrator\Downloads\KeyPair-a49c.pem。

② platform-tools 目录：点击配置项后面的“下载 ADB 工具”，然后解压该工具 zip 包至您选定的目录，例如：C:\Users\Administrator\Downloads\platform-tools。

③ 本地空闲端口：输入一个本地空闲端口，您可以执行 netstat -an 命令，查看端口占用情况，如图 6-39 所示，6667 端口已被其他程序占用（显示 LISTENING），而 1234 端口空闲。

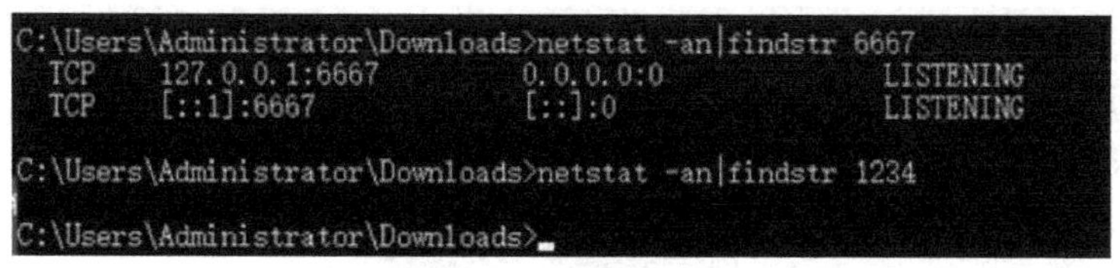

图 6-39　端口验证

当这三个参数填写后，右侧面板下方位置的空白处将自动填充命令，读者只需要按照界面指导完成操作即可连接云手机。获取云手机画面具体步骤如下。

步骤一：在 Airtest 主页单击“刷新 ADB”，出现已连接的移动设备，如图 6-40 所示。

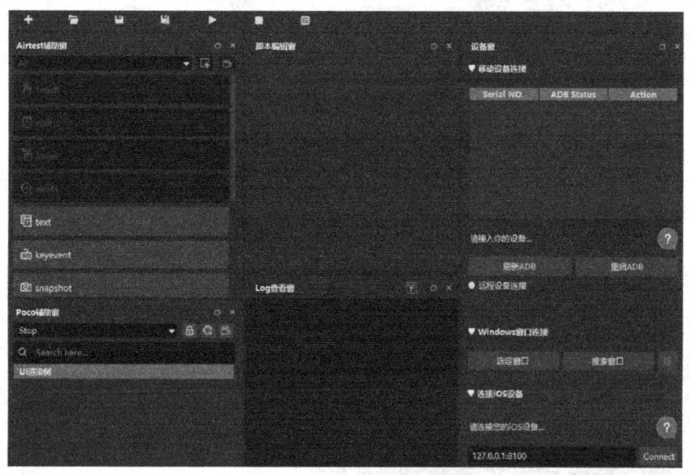

图 6-40　ADB 验证

步骤二：如果没有出现您想要连接的设备，可选择下方的“远程设备连接”，然后手动输入对应云手机的 ADB 连接命令。

```
adb connect 127.0.0.1:1234
```

其中，1234 为建立 SSH 隧道时所使用的本地空闲端口，如图 6-41 所示。

图 6-41　连接 ADB

步骤三：单击右侧的“连接”后，“移动设备列表”中即会出现所需连接的云手机。

在已识别的移动设备列表中单击对应设备右侧的“connect”，即可获取云手机画面。

注意：

请确保 ADB 连接的命令行窗口已关闭，否则会连接失败；并且保证 SSH 隧道建立成功，否则即使已识别出移动设备，“ADB Status”也会出现“offline”状态，导致无法获取云手机画面，如图 6-42 所示。

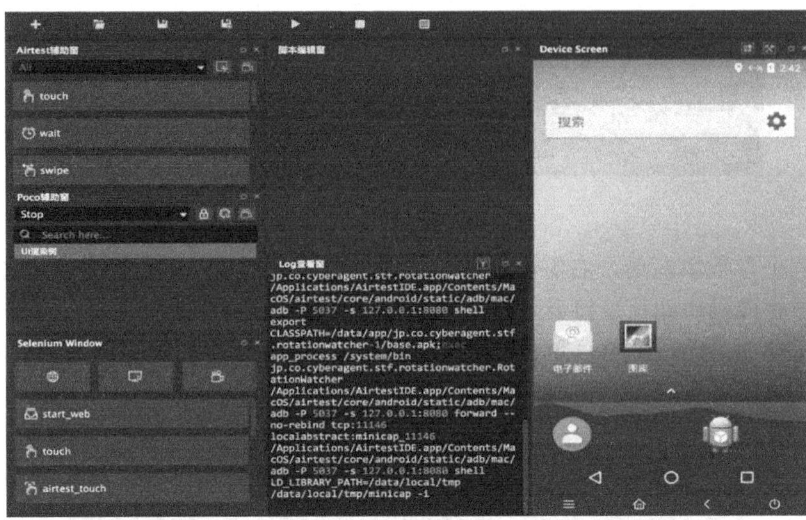

图 6-42　验证结果

步骤四：若通过 ADB 连接了多台云手机，需要切换画面，可单击右上角的切换图标进行切换，如图 6-43 所示。

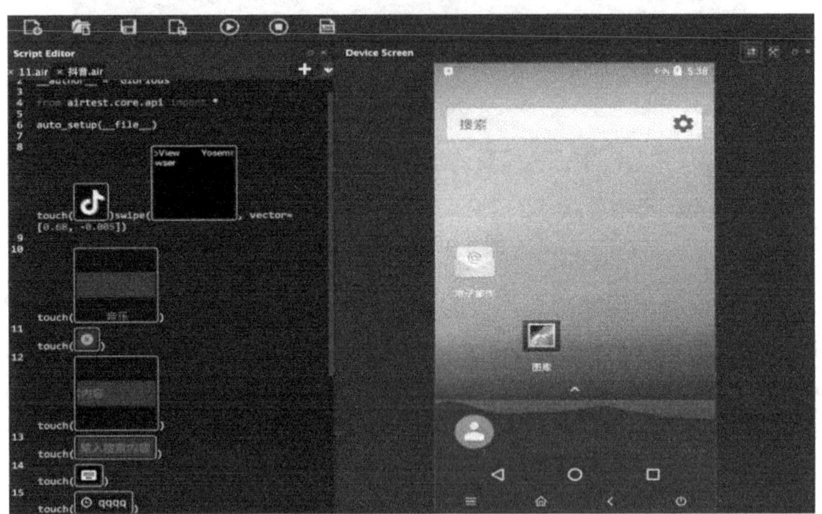

图 6-43　切换验证

6.5　华为鲲鹏平台应用软件移植调优综合案例

本章为实验内容，主要讲解基于华为云鲲鹏弹性云服务器部署 OA 系统的全流程。实验主要采用了华为鲲鹏扫描工具 Dependency Advisor 和华为代码迁移工具 Porting Advisor 来实现。利用一个实际的 OA 系统来帮助学生去理解应用程序如何进行代码的迁移。实验流程如图 6-44 所示。

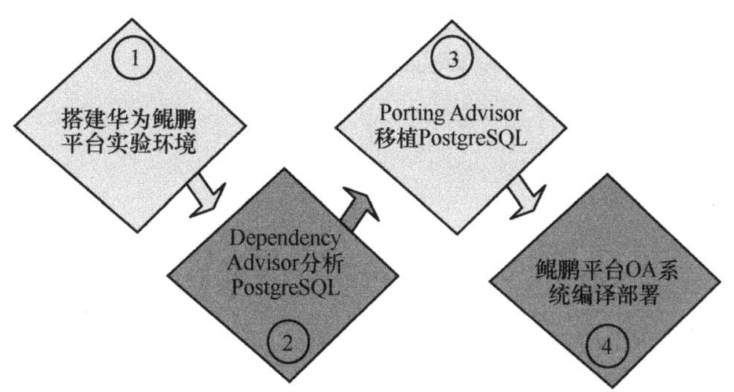

图 6-44　软件移植调优实验流程

6.5.1　搭建华为鲲鹏平台

本实验采用的是华为云 ECS 鲲鹏云服务器。

我们首先准备三台弹性服务器。第一台叫作工作机，用来部署 porting advisor。

第二台用来部署 OA 系统，第三台用来部署 postgreSQL 数据库。

第一台：工作机 1IP 地址为：124.70.55.82（弹性公网），10.0.0.62（私网）。

第二台：工作机 2IP 地址为：123.60.208.84（弹性公网），10.0.0.237（私网）。

第三台：工作机 3IP 地址为：124.71.231.127（弹性公网），10.0.0.223（私网）。

6.5.2　Porting Advisor 移植部署 PostgreSQL

接下来我们使用 porting advisor 代码迁移工具扫描源代码，检查哪些代码需要修改。

步骤一：安装 porting advisor 代码迁移工具。

回到云主机页面，在 home 界面下载并安装 portingadvisor 代码迁移工具。解压完进入解压后的文件夹，解压文件。

```
[root@techhost1 ~]#cd /home
[root@techhost1 home]#wget https://hcia.obs.cn-north-4.myhuaweicloud.com/v1.5/ Porting-advisor- Kunpeng- linux-2.1.1.SPC100.tar.gz
[root@techhost1 home]#tar -zxvf Porting-advisor-Kunpeng-linux-2.1.1.SPC100.tar.gz
[root@techhost1 home]#cd Porting-advisor-Kunpeng-linux-2.1.1.SPC100
[root@techhost1 Porting-advisor-Kunpeng-linux-2.1.1.SPC100]#sh install.sh web
```

在安装过程中提示设置访问地址及端口号，保留默认即可。

步骤二：部署 portingadvisor 代码迁移工具。

在浏览器打开 portingadvisor 代码迁移工具。

注意端口号为 8084。

此时默认账户为 portadmin，默认密码为 Admin@9000

初次登录同样需要修改密码并再次登录，如图 6-45 所示。

图 6-45　源码移植

看到 porting advisor 工具界面后，下载 postgreSQL 源码包，以供扫描。

```
[root@techhost1 Porting-advisor-Kunpeng-linux-2.1.1.SPC100]#cd /opt/portavd/portadmin/
[root@techhost1portadmin]#wget https://hcia.obs.cn-north-4.myhuaweicloud.com/v1.5/postgresql-11.3.tar.gz
[root@techhost1 portadmin]# tar -xvf postgresql-11.3.tar.gz
[root@techhost1 portadmin]# chmod -R 777 postgresql-11.3
```

接下来补全存放路径“postgresql-11.3/”，操作系统选择 OpenEuler，构建工具是 make，编译命令是 make，编译器版本选择 GCC7.3。单击分析，等待分析结果完成，如图 6-46 所示。

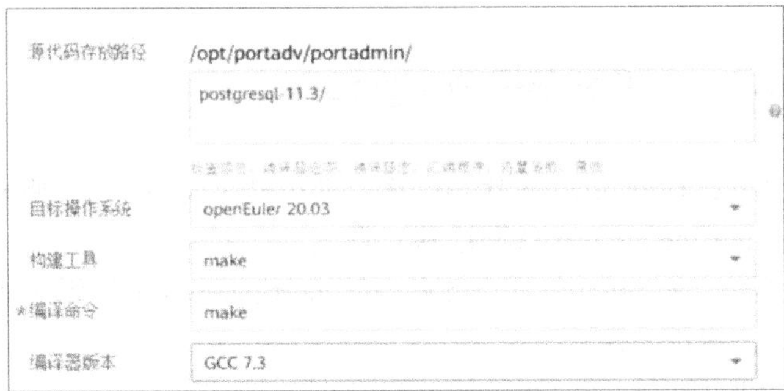

图 6-46　源码移植配置资源

分析完成后结构报告如图 6-47 所示。

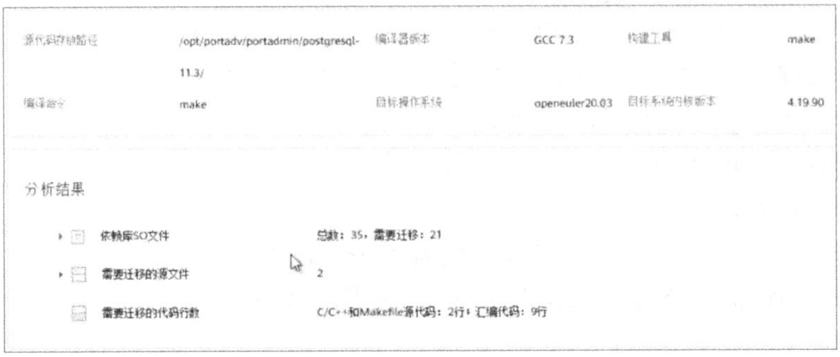

图 6-47　移植报告

单击右上角迁移意见，单击显示源码，如图 6-48 所示。左侧是文件列表，右侧即为修改意见。

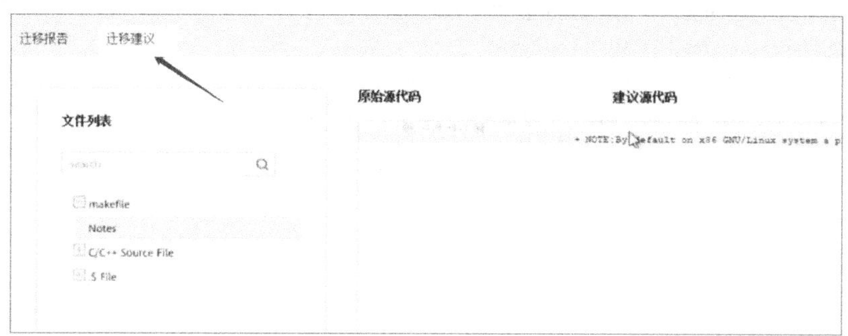

图 6-48　迁移建议

步骤三：安装 postgreSQL 依赖环境。

返回云服务器列表，查看第三台主机，也就是计划安装 postgreSQL 数据库的云主机 IP 地址，如图 6-49 所示。

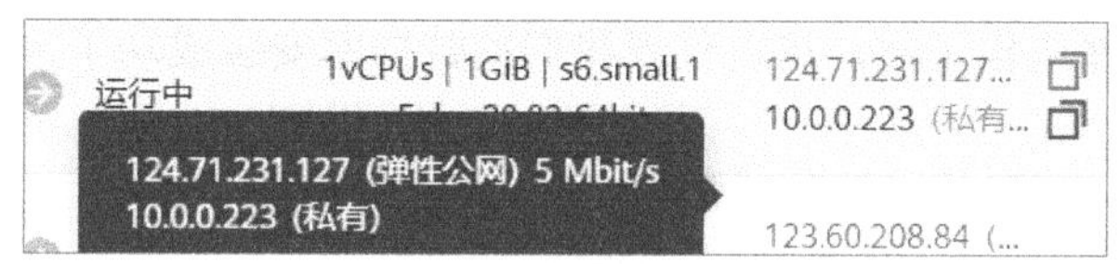

图 6-49　获取主机地址

复制该地址并使用 SHH 工具登录到服务器。

使用 yum 命令下载依赖包。

```
[root@techhost3 ~]#yum -y install gcc gcc-c++ automake zlib zlib-devel bzip2 bzip2-devel bzpi2-libs readline readline-devel bison ncurses ncurses-devel libaio-devel openssl openssl-devel gmp gmp-devel mpfr mpfr-devel libmpc libmpc-devel
```

步骤四：安装 postgreSQL。

利用 SCP 命令把工具机 1 中的 postgresql 拷贝过来(此处用 wget 命令也可以直接下载)。

```
#此处的 192.168.0.180 地址为第一台主机地址
[root@techhost1 ~]# scp -r root@192.168.0.180:/opt/portadv/portadmin/postgresql-11.3 /home/
```

步骤五：制作 postgreSQL 的目录并执行编译与安装。

```
[root@techhost3 home]# cd postgresql-11.3
[root@techhost3 postgresql-11.3]# mkdir /home/pgsql
[root@techhost3 postgresql-11.3]#./configure -prefix=/home/pgsql
[root@techhost3 postgresql-11.3]#make -j2 && make install
```

步骤六：创建访问数据库 postgreSQL 的用户和用户组。

先创建用户组，再添加用户 postgres 设置用户密码。

```
[root@techhost3 postgresql-11.3]#groupadd -g 1001 postgres
[root@techhost3 postgresql-11.3]#useradd -u 1012 -m -g postgres postgres
#设置 pgsql 用户访问密码，密码自行设置
[root@techhost3 postgresql-11.3]#passwd postgres
```

放开 pgsql 文件夹的访问权限，然后切换到 postgres，初始化并启动数据库，如图 6-50 所示。

```
[root@techhost3 postgresql-11.3]#chmod -R 777 /home/pgsql/
[root@techhost3 postgresql-11.3]#su - postgres
[postgres@techhost3 ~]$/home/pgsql/bin/pg_ctl -D pgsql/ -l logfile start
[postgres@techhost3 ~]$/home/pgsql/bin/pg_ctl -D pgsql/ -l logfile start
```

```
Success. You can now start the database server using:

    /home/pgsql/bin/pg_ctl -D pgsql/ -l logfile start

[postgres@techhost1 ~]$ /home/pgsql/bin/pg_ctl -D pgsql/ -l logfile start
waiting for server to start.... done
server started
[postgres@techhost1 ~]$
```

图 6-50　执行结果

查看一下数据库的进程情况。

```
[postgres@techhost1 ~]$ ps -ef | grep postgres
```

可以看到数据库进程正常，这就代表我们的数据库安装成功了，如图 6-51 所示。

```
[postgres@techhost1 ~]$ ps -ef | grep postgres
root      8382  2392  0 12:58 pts/1    00:00:00 su - postgres
postgres  8383  8382  0 12:58 pts/1    00:00:00 -bash
postgres  8452     1  0 12:59 pts/1    00:00:00 /home/pgsql/bin/postgres -D pgsql
postgres  8454  8452  0 12:59 ?        00:00:00 postgres: checkpointer
postgres  8455  8452  0 12:59 ?        00:00:00 postgres: background writer
postgres  8456  8452  0 12:59 ?        00:00:00 postgres: walwriter
postgres  8457  8452  0 12:59 ?        00:00:00 postgres: autovacuum launcher
postgres  8458  8452  0 12:59 ?        00:00:00 postgres: stats collector
postgres  8459  8452  0 12:59 ?        00:00:00 postgres: logical replication launcher
postgres  8487  8383  0 12:59 pts/1    00:00:00 ps -ef
postgres  8488  8383  0 12:59 pts/1    00:00:00 grep --color=auto postgres
[postgres@techhost1 ~]$
```

图 6-51　结果验证

登录数据库。

```
[postgres@techhost1 ~]$ /home/pgsql/bin/psql -U postgres
```

可以看到我们是可以正常登录数据库的，如图 6-52 所示。

```
[postgres@techhost1 ~]$ /home/pgsql/bin/psql -U postgres
psql (11.3)
Type "help" for help.

postgres=#
```

图 6-52　登录数据库

步骤七：对数据库进行相关的访问配置。

打开数据库的权限。

在 postgres 账号下退出数据库，进入配置文件 pgsql 目录，打开数据库配置信息。

```
postgres=# create database oasys encoding='utf-8';
CREATE DATABASE
postgres=# \l
postgres=# \q
[postgres@techhost3  ~]$ cd /home/postgres/pgsql/
[postgres@techhost3 pgsql]$ vim pg_hba.conf
```

找到 IPv4 local connections，按 i 键进入编辑模式，回车加入一行，如图 6-53 所示。

```
# IPv4 local connections:
host    all             all             127.0.0.1/32            trust
host    all             all             0.0.0.0/0               trust
```

图 6-53　配置资源

修改监听项。

```
[postgres@techhost3 pgsql]$ vim postgresql.conf
```

找到 listen_addresses 项目，按 i 键将‘localhost’改为‘*’。然后在尾端输入:wq 保存退出，如图 6-54 所示。

```
listen_addresses = '*'          # what IP address(es) to listen on;
                                        # comma-separated list of addresses;
                                        # defaults to 'localhost'; use '*' for all
                                        # (change requires restart)
#port = 5432                            # (change requires restart)
```

图 6-54　配置文件

重启数据库，如图 6-55 所示。

```
[postgres@techhost3 pgsql]$ cd ..
[postgres@techhost3  ~]$ /home/pgsql/bin/pg_ctl -D pgsql/ stop
waiting for server to shut down.... done
server stopped
[postgres@techhost3  ~]$ /home/pgsql/bin/pg_ctl -D pgsql/ start
```

```
[postgres@techhost1 pgsql]$ cd ..
[postgres@techhost1 ~]$ /home/pgsql/bin/pg_ctl -D pgsql/ stop
waiting for server to shut down.... done
server stopped
[postgres@techhost1 ~]$ /home/pgsql/bin/pg_ctl -D pgsql/ start
waiting for server to start....2021-06-08 13:06:01.375 CST [8813] LOG:  listening on IPv4
address "0.0.0.0", port 5432
2021-06-08 13:06:01.375 CST [8813] LOG:  listening on IPv6 address "::", port 5432
2021-06-08 13:06:01.380 CST [8813] LOG:  listening on Unix socket "/tmp/.s.PGSQL.5432"
2021-06-08 13:06:01.390 CST [8814] LOG:  database system was shut down at 2021-06-08 13:05
:53 CST
2021-06-08 13:06:01.394 CST [8813] LOG:  database system is ready to accept connections
 done
server started
[postgres@techhost1 ~]$
```

图 6-55　命令执行结果

步骤八：下载表结构和数据。

返回主页面然后下载相关的数据表。返回 home 文件夹，使用 ls 查看当前文件夹内文件，可以看到下载的 oasys-pgsql-data.sql 和 oasys-pgsql-table.sql 文件。将表格和数据导入数据库中去。

```
#切换到 root 目录下
[root@techhost1 home]#wget https://gitee.com/github-5407963/oasys_postgresql/raw/master/oasys-pgsql-table.sql
[root@techhost1 home]#wget https://gitee.com/github-5407963/oasys_postgresql/raw/master/oasys-pgsql-data.sql
[root@techhost1 home]#/home/pgsql/bin/psql -U postgres -d oasys -a -f
/home/oasys-pgsql-table.sql
[root@techhost1 home]#/home/pgsql/bin/psql -U postgres -d oasys -a -f
/home/oasys-pgsql-data.sql
```

6.5.3 鲲鹏平台 OA 系统编译部署

步骤一：安装 Maven。

进入第二台主机。创建一个 Maven 的安装目录。然后进入该目录下载并解压 Maven 的二进制包。解压完成后配置环境文件，如图 6-56 所示。

```
[root@techhost3 ~]#mkdir  /usr/local/maven
[root@techhost3 ~]#cd /usr/local/maven
[root@techhost3 ~]#wget_http://mirrors.tuna.tsinghua.edu.cn/apache/maven/maven-3/3. 6.3/binaries/ apache- maven-3.6.3-bin.tar.gz
[root@techhost3 ~]#tar -xvzf apache-maven-3.6.3-bin.tar.gz
[root@techhost3 ~]#vim /etc/profile
MAVEN_HOME=/usr/local/maven/apache-maven-3.6.3
export PATH=$PATH:$MAVEN_HOME/bin
export MAVEN_HOME
#效果如下：
[root@techhost3 maven]# tail -n 3 /etc/profile
MAVEN_HOME=/usr/local/maven/apache-maven-3.6.3
export PATH=$PATH:$MAVEN_HOME/bin
export MAVEN_HOME
[root@techhost3 maven]#
#使配置生效
[root@techhost3 maven]# source /etc/profile
[root@techhost3 maven]# mvn -v
```

```
[root@techhost3 maven]# source /etc/profile
[root@techhost3 maven]# mvn -v
Apache Maven 3.6.3 (cecedd343002696d0abb50b32b541b8a6ba2883f)
Maven home: /usr/local/maven/apache-maven-3.6.3
Java version: 1.8.0_232, vendor: Oracle Corporation, runtime: /usr/lib/jvm/java-1.8.0-open
jdk-1.8.0.232.b09-0.el7_7.aarch64/jre
Default locale: en_US, platform encoding: UTF-8
OS name: "linux", version: "4.18.0-80.7.2.el7.aarch64", arch: "aarch64", family: "unix"
[root@techhost3 maven]#
```

图 6-56 查看 Maven 版本

步骤二：更换 Maven 的源。

我们先进入指定目录，配置一个 setting.xml 文件。

```
[root@techhost3 maven]# cd /usr/local/maven/apache-maven-3.6.3/conf/
[root@techhost3 conf]# vim setting.xml
```

在 setting.xml 中找到镜像源<mirrors>的位置，在<mirrors>和</mirror>中间插入以下代码，如图 6-57 所示。

```
<mirror>
<id>mirror</id>
<mirrorOf>*</mirrorOf>
<name>cc-cd-mirror</name>
<url>https://mirrors.huaweicloud.com/repository/maven/</url>
</mirror>
```

```
<mirror>
<id>mirror</id>
<mirrorOf>*</mirrorOf>
<name>cc-cd-mirror</name>
<url>https://mirrors.huaweicloud.com/repository/maven/</url>
</mirror>
```

图 6-57　配置截图

输入完成后按下:wq 保存退出。

步骤三：项目源码搬移到本地。

首先回到 home 目录中下载源码。再配置 OA 系统与 postgreSQL 的连接。进入配置文件。

```
[root@techhost3 conf]# cd /home/
[root@techhost3 home]#git clone https://gitee.com/github-5407963/oasys_postgresql.git
[root@techhost3 home]# cd /home/oasys_postgresql/src/main/resources/
[root@techhost3 resources]#vim application properties
```

修改三处信息：数据库的 IP 地址，数据库用户名与密码。IP 地址改为 SQL 服务器的私网 IP 地址，本案例为第三台。端口号保留 5432，如图 6-58 所示。

```
#PGSQL数据库配置
spring.datasource.driver-class-name=org.postgresql.Driver
spring.datasource.url=jdbc:postgresql://192.168.0.189:5432/oasys
spring.datasource.username=postgres
spring.datasource.password=

spring.jpa.show-sql=true
```

图 6-58　数据库配置

```
spring.datasource.url=jdbc:postgresql://192.168.0.189:5432/oasys
spring.datasource.username=postgres
spring.datasource.password=Huawei@123
```

之后输入:wq 保存退出。

步骤四：编译安装 OA 系统。

首先需要获取一个 class pass 的文本文件并将 class pass 的内容写入我们的配置中。

```
[root@techhost3 resources]#wget https://hcia.obs.cn-north-4.myhuaweicloud.com/v1.5/classpath.txt
[root@techhost3 resources]#cat classpath.txt >> /etc/profile
[root@techhost3 resources]#source   /etc/profile
```

接下来，进入指定目录进行 Maven 的本地安装。首先进入 postgreSQL 的目录。

```
[root@techhost3 resources]# cd /home/oasys_postgresql/
[root@techhost3 oasys_postgresql]# mvn install
```

出现 BUILD SUCCESS 表示安装完成，如图 6-59 所示。

```
[INFO] Installing /home/oasys_postgresql/target/oasys-0.0.1-SNAPSHOT.jar to /root/.m2/repo
sitory/cn/gson/oasys/0.0.1-SNAPSHOT/oasys-0.0.1-SNAPSHOT.jar
[INFO] Installing /home/oasys_postgresql/pom.xml to /root/.m2/repository/cn/gson/oasys/0.0
.1-SNAPSHOT/oasys-0.0.1-SNAPSHOT.pom
[INFO] ------------------------------------------------------------------------
[INFO] BUILD SUCCESS
[INFO] ------------------------------------------------------------------------
[INFO] Total time:  04:16 min
[INFO] Finished at: 2021-06-08T14:01:15+08:00
[INFO] ------------------------------------------------------------------------
[root@techhost3 oasys_postgresql]#
```

图 6-59　Maven 安装完成

步骤五：编译并运行项目应用。

```
[root@techhost3 oasys_postgresql]# javac
src/main/java/cn/gson/oasys/OasysApplication.java -d ./
[root@techhost3 oasys_postgresql]# java cn.gson.oasys.OasysApplication
```

运行成功结果如图 6-60 所示。

```
         : ClassTemplateLoader for Spring macros added to FreeMarker configuration
2021-06-08 14:03:01.831  INFO 12006 --- [  restartedMain] o.s.b.d.a.OptionalLiveReloadServ
er       : LiveReload server is running on port 35729
2021-06-08 14:03:01.892  INFO 12006 --- [  restartedMain] o.s.j.e.a.AnnotationMBeanExporte
r        : Registering beans for JMX exposure on startup
2021-06-08 14:03:01.941  INFO 12006 --- [  restartedMain] s.b.c.e.t.TomcatEmbeddedServletC
ontainer : Tomcat started on port(s): 8088 (http)
2021-06-08 14:03:01.947  INFO 12006 --- [  restartedMain] cn.gson.oasys.OasysApplication
         : Started OasysApplication in 7.924 seconds (JVM running for 8.275)
```

图 6-60　结果验证

步骤六：用浏览器访问 OA 系统。

复制 OA 系统所在的 2 号机弹性公网 IP。用浏览器打开 http://123.60.208.84:8088，端口号为 8088。使用默认用户名“soli”和密码“123456”进入界面，如图 6-61 所示。

图 6-61　OA 系统登录界面

看到此页面即为 OA 系统正常登录，表示我们编译安装已经完成，如图 6-62 所示。

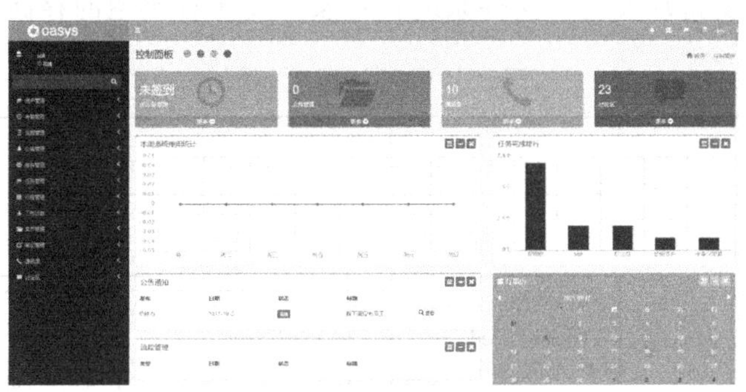

图 6-62　OA 首页

OA 系统的安装成功表明我们的综合实验达到了我们预期的目的。

6.6　鲲鹏平台 Ceph 文件存储部署案例

随着 IoT、大数据、移动互联等应用的暴涨，产生的数据也越来越多，整个存储市场总量也逐年增长。随着分布式存储越来越普及，现在一些对性能要求比较高的应用也开始使用分布式存储，例如金融系统的数据库。要实现高性能的存储系统，一般都需要配置 SSD 作为主要存储介质，要将 SSD 的性能完全发挥出来，对 CPU 的处理能力要求就越来越高。

华为鲲鹏分布式存储解决方案，是以鲲鹏硬件平台为底座，依托鲲鹏硬件的自研处理器、网卡、SSD、管理芯片、AI 芯片的全方位整体优势，结合开源 Ceph 分布式存储软件，为客户提供块存储、文件存储、对象存储服务的分布式存储解决方案。

华为鲲鹏分布式存储解决方案总体架构主要由硬件平台、操作系统、中间件、分布式存储软件构成，其中，分布式存储软件当前只支持开源 Ceph，如图 6-63 所示。

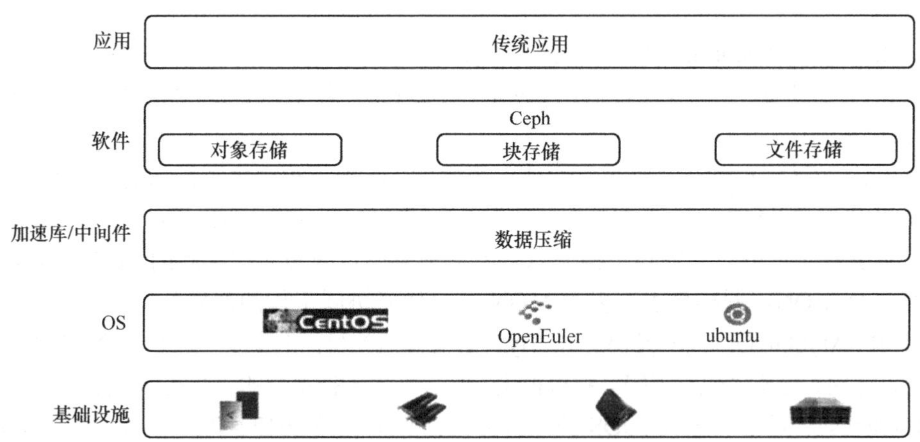

图 6-63　分布式存储解决方案架构

Ceph 是一个专注于分布式的、弹性可扩展的、高可靠的、性能优异的存储系统平台，可以同时支持块设备、文件系统和对象网关 3 种类型的存储接口，如图 6-64 所示。

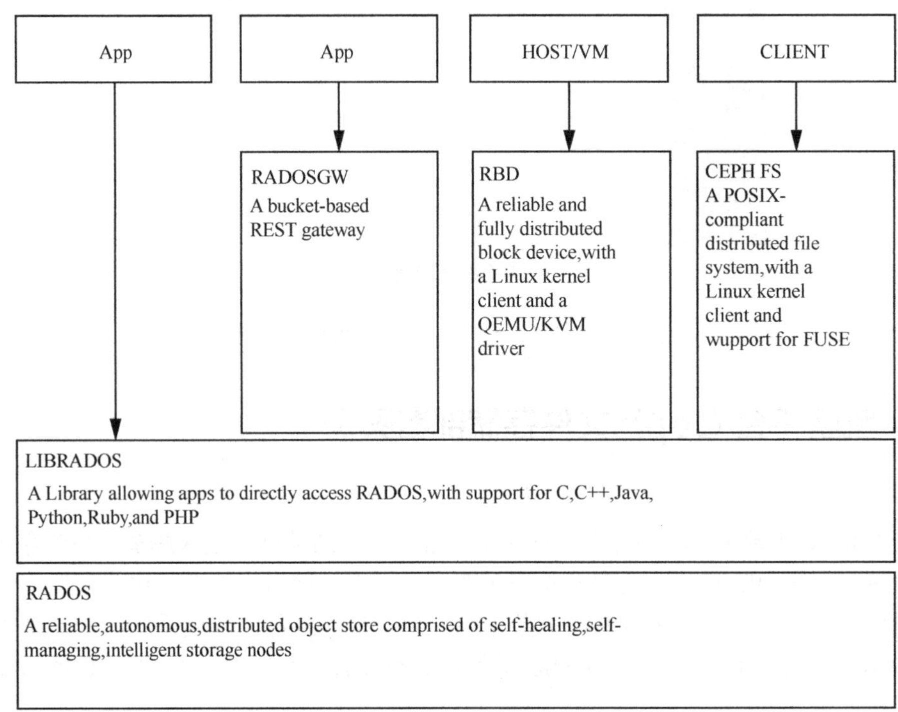

图 6-64　Ceph 架构

RADOS（Reliable Autonomic Distributed Object Store，可靠的自主分布式对象存储器）是 Ceph 存储集群的基础。Ceph 中的一切都以对象的形式存储，而 RADOS 就负责存储这些对象，而不考虑它们的数据类型。RADOS 层确保数据一致性和可靠性。对于数据一致性，它执行数据复制、故障检测和恢复，还包括数据在集群节点间的 recovery。

OSD（Object Storage Derice，提供存储资源）是实际存储数据的进程。通常一个 OSD daemon 绑定一个物理磁盘。Client write/read 数据最终都会走到 OSD 去执行 write/read 操作。

monitor 在 Ceph 集群中扮演者管理者的角色，维护了整个集群的状态，是 Ceph 集群中最重要的组件。MON 保证集群的相关组件在同一时刻能够达成一致，相当于集群的领导层，负责收集、更新和发布集群信息。为了规避单点故障，在实际的 Ceph 部署环境中会部署多个 MON，同样会引来多个 MON 之前如何协同工作的问题。

MGR（MySQL Group Replication，MySQL 组复制）目前的主要功能是一个监控系统，包含采集、存储、分析（包含报警）和可视化 4 部分，用于把集群的一些指标暴露给外界使用。

Librados 是简化访问 RADOS 的一种方法，目前支持 PHP、Ruby、Java、Python、C 和 C++语言。Librados 提供了 Ceph 存储集群的一个本地接口 RADOS，并且是其他服务

（如 RBD、RGW）的基础，此外，还为 CephFS 提供 POSIX 接口。Librados API 支持直接访问 RADOS，使开发者能够创建自己的接口来访问 Ceph 集群存储。

RBD 是 Ceph 块设备，对外提供块存储。可以像磁盘一样被映射、格式化和挂载到服务器上。

RGW 是 Ceph 对象网关，提供了一个兼容 S3 和 Swift 的 RESTful API 接口。RGW 还支持多租户和 OpenStack 的 Keystone 身份验证服务。

MDS 是 Ceph 元数据服务器，跟踪文件层次结构并存储只供 CephFS 使用的元数据。Ceph 块设备和 RADOS 网关不需要元数据。MDS 不直接给 Client 提供数据服务。

CephFS 提供了一个任意大小且兼容 POSIX 的分布式文件系统。CephFS 依赖 Ceph MDS 来跟踪文件层次结构，即元数据。

Ceph 安装案例（OpenEuler 20.03）

该案例采用三节点 Ceph 集群进行部署安装，Ceph 版本为 Octopus （stable），部署工具为 cephadm，将 techhost01 作为 cephadm 部署节点。Ceph 集群规划见表 6-9。

表 6-9　Ceph 集群规划

主机名	私有 IP 地址	规格	磁盘	角色
techhost01	192.168.0.11/24	2vCPUs|8GiB|kc1.large.4	系统盘: 40GB OSD 盘:50GB	cephadm、monitor、mgr、rgw、mds、osd
techhost02	192.168.0.12/24	2vCPUs|8GiB|kc1.large.4	系统盘: 40GB OSD 盘:50GB	monitor、mgr、rgw、mds、osd
techhost03	192.168.0.13/24	2vCPUs|8GiB|kc1.large.4	系统盘: 40GB OSD 盘:50GB	monitor、mgr、rgw、mds、osd
techpc01	192.168.0.20/24	1vCPUs|1GiB|s6.small.1	系统盘: 40GB	monitor、mgr、rgw、mds、osd

步骤一：准备阶段。

① 准备 3 台部署了 OpenEuler 系统的节点，主机名分别为 techhost01、techhost02、techhost03。

② 部署 python3、Systemd、Podman 或 Docker、synchronization（时间同步，例如 chrony）、LVM2。

```
yum install -y python3 docker chrony lvm2
```

③ 在所有节点上编辑 hosts 文件，配置各节点 IP 和主机名的映射。

```
# vim /etc/hosts
192.168.0.11    techhost01
192.168.0.12    techhost02
192.168.0.13    techhost03
```

④ 配置时间同步

（a）选择首节点 techhost01 和外部时钟源同步，使用 vi 或 vim 配置 chrony.conf。

```
vim chrony.conf
```

（b）在 chrony.conf 中添加 allow “主机所在的网段”，如图 6-65 所示。

```
allow 192.168.0.0/24
```

```
server ntp.myhuaweicloud.com minpoll 4 maxpoll 10 iburst
allow 192.168.0.0/24
```

图 6-65 时间同步设置

（c）查看 techhost01 的 IP 地址。

```
ip addr show
```

（d）登录 techhost02 和 techhost03，编辑 chrony.conf，修改时钟源为 techhost01，如图 6-66 所示。

```
# vim chrony.conf
server techhost01 minpoll 4 maxpoll 10 iburst
```

```
server techhost01 minpoll 4 maxpoll 10 iburst

# Ignore stratum in source selection.
stratumweight 0.05
```

图 6-66 时间同步设置

（e）然后退出并保存。

（f）在 techhost01、techhost02、techhost03 上重启 chrony 服务，并设置开机自启。

```
systemctl restart chronyd.service
systemctl enable chronyd.service
```

（g）在 techhost02 上检验时间同步是否成功，如图 6-67 所示。

```
chronyc sources
```

```
[root@techhost02 ~]# chronyc sources
210 Number of sources = 1
MS Name/IP address         Stratum Poll Reach LastRx Last sample
===============================================================================
^* techhost01                    4   6   377    36  -9947ns[  -16us] +/-  120ms
```

图 6-67 时间同步验证

（h）在 techhost03 上检验时间同步是否成功，如图 6-68 所示。

```
[root@techhost03 ~]# chronyc sources
210 Number of sources = 1
MS Name/IP address         Stratum Poll Reach LastRx Last sample
===============================================================================
^* techhost01                    4   6   377    14  -1326ns[-2314ns] +/-  120ms
```

图 6-68 时间同步验证

⑤ 在所有节点上配置 Docker 仓库源。

```
# cat >> /etc/yum.repos.d/docker-ce.repo << EOF
> [docker-ce-stable]
> name=Docker CE Stable - aarch64
> baseurl=https://repo.huaweicloud.com/docker-ce/linux/centos/7/aarch64/stable
```

```
> enabled=1
> gpgcheck=1
> gpgkey=https://repo.huaweicloud.com/docker-ce/linux/centos/gpg
>
> [docker-ce-stable-debuginfo]
> name=Docker CE Stable - Debuginfo aarch64
> baseurl=https://repo.huaweicloud.com/docker-ce/linux/centos/7/debug-aarch64/stable
> enabled=0
> gpgcheck=1
> gpgkey=https://repo.huaweicloud.com/docker-ce/linux/centos/gpg
>
> [docker-ce-stable-source]
> name=Docker CE Stable - Sources
> baseurl=https://repo.huaweicloud.com/docker-ce/linux/centos/7/source/stable
> enabled=0
> gpgcheck=1
> gpgkey=https://repo.huaweicloud.com/docker-ce/linux/centos/gpg
>
> [docker-ce-test]
> name=Docker CE Test - aarch64
> baseurl=https://repo.huaweicloud.com/docker-ce/linux/centos/7/aarch64/test
> enabled=0
> gpgcheck=1
> gpgkey=https://repo.huaweicloud.com/docker-ce/linux/centos/gpg
>
> [docker-ce-test-debuginfo]
> name=Docker CE Test - Debuginfo aarch64
> baseurl=https://repo.huaweicloud.com/docker-ce/linux/centos/7/debug-aarch64/test
> enabled=0
> gpgcheck=1
> gpgkey=https://repo.huaweicloud.com/docker-ce/linux/centos/gpg
>
> [docker-ce-test-source]
> name=Docker CE Test - Sources
> baseurl=https://repo.huaweicloud.com/docker-ce/linux/centos/7/source/test
> enabled=0
> gpgcheck=1
> gpgkey=https://repo.huaweicloud.com/docker-ce/linux/centos/gpg
>
> [docker-ce-nightly]
> name=Docker CE Nightly - aarch64
> baseurl=https://repo.huaweicloud.com/docker-ce/linux/centos/7/aarch64/nightly
> enabled=0
> gpgcheck=1
> gpgkey=https://repo.huaweicloud.com/docker-ce/linux/centos/gpg
>
> [docker-ce-nightly-debuginfo]
> name=Docker CE Nightly - Debuginfo aarch64
> baseurl=https://repo.huaweicloud.com/docker-ce/linux/centos/7/debug-aarch64/nightly
```

```
> enabled=0
> gpgcheck=1
> gpgkey=https://repo.huaweicloud.com/docker-ce/linux/centos/gpg
>
> [docker-ce-nightly-source]
> name=Docker CE Nightly - Sources
> baseurl=https://repo.huaweicloud.com/docker-ce/linux/centos/7/source/nightly
> enabled=0
> gpgcheck=1
> gpgkey=https://repo.huaweicloud.com/docker-ce/linux/centos/gp
> EOF
```

⑥ 更新索引信息。

```
yum makecache fast
```

⑦ 给所有节点配置 docker 镜像加速。

（a）编辑/etc/sysconfig/docker。

```
# vim /etc/sysconfig/docker
OPTIONS='--live-restore
--registry-mirror=https://a104ab9403cf4acfb328f1e33089c974. mirror.swr.myhuaweicloud. com'
```

docker 镜像加速配置如图 6-69 所示。

```
# /etc/sysconfig/docker

# Modify these options if you want to change the way the docker daemon runs
OPTIONS='--live-restore --registry-mirror=https://a104ab9403cf4acfb328f1e33089c974.mirror.swr.myhuaweicloud.com'

DOCKER_CERT_PATH=/etc/docker

# If you have a registry secured with https but do not have proper certs
# distributed, you can tell docker to not look for full authorization by
# adding the registry to the INSECURE_REGISTRY line and uncommenting it.
# INSECURE_REGISTRY='--insecure-registry'

# Location used for temporary files, such as those created by
# docker load and build operations. Default is /var/lib/docker/tmp
# Can be overridden by setting the following environment variable.
# DOCKER_TMPDIR=/var/tmp
```

图 6-69 docker 镜像加速配置

（b）重启 docker。

```
systemctl restart docker.service
```

（c）在所有节点上设置 docker 开机自启。

```
systemctl enable docker.service
```

⑧ 编写 epel.repo 文件，并刷新 yum 仓库缓存

```
cat >> /etc/yum.repos.d/epel.repo << EOF
> [epel]
> name=epel_huaweicloud
> baseurl=https://repo.huaweicloud.com/epel/7/aarch64/
> enabled=1
> gpgcheck=1
> gpgkey=https://repo.huaweicloud.com/epel/RPM-GPG-KEY-EPEL-7
```

```
> EOF
#清空 yum 缓存，并刷新
yum clean all
yum makecache
```

步骤二：安装部署 Ceph。

1. 安装 cephadm

（1）通过 curl 获取对应版本的安装脚本

获取对应版本的安装脚本，如图 6-70 所示。

```
curl --silent --remote-name --location
https://github.com/ceph/ceph/raw/octopus/src/cephadm/cephadm
```

```
[root@techhost01 ~]# ls
cephadm
```

图 6-70　结果验证

（2）赋予脚本执行权限

```
chmod +x cephadm
mv cephadm /usr/local/bin/
```

2. 部署 monitor

（1）在首节点上部署 monitor

```
cephadm bootstrap --mon-ip 192.168.0.11
```

得到登录 dashboard 的方法，如图 6-71 所示。

```
Ceph Dashboard is now available at:

             URL: https://techhost01:8443/
            User: admin
        Password: e7qlrcckti

You can access the Ceph CLI with:

        sudo ./cephadm shell --fsid ae571efc-bdd9-11eb-aaea-fa163eaaeb95 -c /etc/ceph/ce
ph.conf -k /etc/ceph/ceph.client.admin.keyring

Please consider enabling telemetry to help improve Ceph:

        ceph telemetry on

For more information see:

        https://docs.ceph.com/docs/master/mgr/telemetry/

Bootstrap complete.
```

图 6-71　dashboard 登录

（2）添加主机到集群

1）进入 cephadm shell

进入 cephadm shell，如图 6-72 所示。

```
cephadm shell
```

```
[root@techhost01 ~]# ./cephadm shell
Inferring fsid ae571efc-bdd9-11eb-aaea-fa163eaaeb95
Inferring config /var/lib/ceph/ae571efc-bdd9-11eb-aaea-fa163eaaeb95/mon.techhost01/confi
g
Using recent ceph image ceph/ceph@sha256:16d37584df43bd6545d16e5aeba527de7d6ac3da3ca7b88
2384839d2d86acc7d
[ceph: root@techhost01 /]#
```

图 6-72　cephadm shell

2）配置主机密钥登录

```
ceph cephadm get-pub-key > ~/ceph.pub
```

3）拷贝公钥至其他节点

拷贝公钥至其他节点，如图 6-73 和图 6-74 所示。

```
ssh-copy-id -f -i ~/ceph.pub root@techhost02
```

```
[ceph: root@techhost01 ~]# ssh-copy-id -f -i ~/ceph.pub root@techhost02
/usr/bin/ssh-copy-id: INFO: Source of key(s) to be installed: "/root/ceph.pub"

Authorized users only. All activities may be monitored and reported.

Number of key(s) added: 1

Now try logging into the machine, with:   "ssh 'root@techhost02'"
and check to make sure that only the key(s) you wanted were added.
```

图 6-73　设置免密登录

```
ssh-copy-id -f -i ~/ceph.pub root@techhost03
```

```
[ceph: root@techhost01 ~]# ssh-copy-id -f -i ~/ceph.pub root@techhost03
/usr/bin/ssh-copy-id: INFO: Source of key(s) to be installed: "/root/ceph.pub"

Authorized users only. All activities may be monitored and reported.

Number of key(s) added: 1

Now try logging into the machine, with:   "ssh 'root@techhost03'"
and check to make sure that only the key(s) you wanted were added.
```

图 6-74　设置免密登录

4）添加主机至集群

添加主机至集群，如图 6-75 和图 6-76 所示。

```
ceph orch host add techhost02
```

```
[ceph: root@techhost01 ~]# ceph orch host add techhost02
Added host 'techhost02'
```

图 6-75　命令执行结果

```
ceph orch host add techhost03
```

```
[ceph: root@techhost01 ~]# ceph orch host add techhost03
Added host 'techhost03'
```

图 6-76　命令执行结果

（3）给其他两台节点部署 monitor

1）配置 monitor 通讯的网络

```
ceph config set mon public_network 192.168.0.0/24
```

2）配置 monitor 默认数量为 3

```
ceph orch apply mon 3
```

3）通过标签控制运行 monitor 的主机

通过标签控制运行 monitor 的主机，如图 6-77、图 6-78 和图 6-79 所示。

```
ceph orch host label add techhost01 mon
```

```
[ceph: root@techhost01 ~]# ceph orch host label add techhost01 mon
Added label mon to host techhost01
```

图 6-77 命令执行结果

```
ceph orch host label add techhost02 mon
```

```
[ceph: root@techhost01 ~]# ceph orch host label add techhost02 mon
Added label mon to host techhost02
```

图 6-78 命令执行结果

```
ceph orch host label add techhost03 mon
```

```
[ceph: root@techhost01 ~]# ceph orch host label add techhost03 mon
Added label mon to host techhost03
```

图 6-79 命令执行结果

4）告诉 cephadm 根据标签部署监视器

```
ceph orch apply mon label:mon
```

（4）部署 OSD，实现块存储

1）查看可用磁盘

查看可用磁盘，如图 6-80 所示。

```
ceph orch device ls
```

```
[ceph: root@techhost01 ~]# ceph orch device ls
Hostname    Path      Type  Serial                    Size   Health   Ident  Fault  Availabl
e
techhost01  /dev/vdb  hdd   d9d1960a-f37e-4cf0-9      53.6G  Unknown  N/A    N/A    No

techhost02  /dev/vdb  hdd   d1431ae3-d17b-4765-8      53.6G  Unknown  N/A    N/A    No

techhost03  /dev/vdb  hdd   2b71f007-490d-407a-9      53.6G  Unknown  N/A    N/A    No
```

图 6-80 命令执行结果

2）对指定主机上指定磁盘创建 OSD

对指定主机上指定磁盘创建 OSD，如图 6-81、图 6-82 和图 6-83 所示。

```
ceph orch daemon add osd techhost01:/dev/vdb
```

```
[ceph: root@techhost01 /]#  ceph orch daemon add osd techhost01:/dev/vdb
Created osd(s) 0 on host 'techhost01'
```

图 6-81 命令执行结果

```
ceph orch daemon add osd techhost02:/dev/vdb
```

```
[ceph: root@techhost01 /]#  ceph orch daemon add osd techhost02:/dev/vdb
Created osd(s) 1 on host 'techhost02'
```

图 6-82 命令执行结果

```
ceph orch daemon add osd techhost03:/dev/vdb
```

```
[ceph: root@techhost01 /]#  ceph orch daemon add osd techhost03:/dev/vdb
Created osd(s) 2 on host 'techhost03'
```

图 6-83 命令执行结果

（5）部署 MDS 在 3 个节点上，实现文件存储

部署 MDS 在 3 个节点上，实现文件存储，如图 6-84 所示。

```
ceph orch apply mds cephfs --placement="3 techhost01 techhost02 techhost03"
```

```
[ceph: root@techhost01 ~]# ceph orch apply mds cephfs --placement="3 techhost01 techhost
02 techhost03"
Scheduled mds.cephfs update...
```

图 6-84 命令执行结果

（6）部署 rgw 在 3 个节点上，实现对象存储

1）创建 realm

创建 realm，如图 6-85 所示。

```
radosgw-admin realm create --rgw-realm=techrealm --default
```

```
[ceph: root@techhost01 /]# radosgw-admin realm create --rgw-realm=techrealm --default
{
    "id": "d02e6b66-6ccd-45c6-94f3-b25fb307f6e7",
    "name": "techrealm",
    "current_period": "d7416a15-24f6-4d62-aba9-d2e2f06dbb16",
    "epoch": 1
}
```

图 6-85 命令执行结果

2）创建 zonegroup

创建 zonegroup，如图 6-86 所示。

```
radosgw-admin zonegroup create --rgw-zonegroup=south-china --master –default
```

```
[ceph: root@techhost01 /]#  radosgw-admin zonegroup create --rgw-zonegroup=south-china -
-master --default
{
    "id": "69466e67-d123-4ad2-a1b5-bcddfa5a366b",
    "name": "south-china",
    "api_name": "south-china",
    "is_master": "true",
    "endpoints": [],
    "hostnames": [],
    "hostnames_s3website": [],
    "master_zone": "",
    "zones": [],
    "placement_targets": [],
    "default_placement": "",
    "realm_id": "d02e6b66-6ccd-45c6-94f3-b25fb307f6e7",
    "sync_policy": {
        "groups": []
    }
}
```

图 6-86 命令执行结果

3）创建 zone

创建 zone，如图 6-87 所示。

```
radosgw-admin zone create --rgw-zonegroup=south-china    --rgw-zone=gz --master --default
```

```
[ceph: root@techhost01 /]# radosgw-admin zone create --rgw-zonegroup=south-china  --rgw-
zone=gz --master --default
{
    "id": "59bc5e8d-c53f-479e-b9c1-5aeccbfa976c",
    "name": "gz",
    "domain_root": "gz.rgw.meta:root",
    "control_pool": "gz.rgw.control",
    "gc_pool": "gz.rgw.log:gc",
    "lc_pool": "gz.rgw.log:lc",
    "log_pool": "gz.rgw.log",
    "intent_log_pool": "gz.rgw.log:intent",
    "usage_log_pool": "gz.rgw.log:usage",
    "roles_pool": "gz.rgw.meta:roles",
    "reshard_pool": "gz.rgw.log:reshard",
    "user_keys_pool": "gz.rgw.meta:users.keys",
    "user_email_pool": "gz.rgw.meta:users.email",
    "user_swift_pool": "gz.rgw.meta:users.swift",
    "user_uid_pool": "gz.rgw.meta:users.uid",
    "otp_pool": "gz.rgw.otp",
    "system_key": {
        "access_key": "",
        "secret_key": ""
    },
    "placement_pools": [
        {
            "key": "default-placement",
            "val": {
                "index_pool": "gz.rgw.buckets.index",
                "storage_classes": {
                    "STANDARD": {
                        "data_pool": "gz.rgw.buckets.data"
                    }
                },
                "data_extra_pool": "gz.rgw.buckets.non-ec",
                "index_type": 0
            }
        }
    ],
    "realm_id": "d02e6b66-6ccd-45c6-94f3-b25fb307f6e7"
}
```

图 6-87　命令执行结果

4）部署 rgw

部署 rgw，如图 6-88 所示。

```
ceph orch apply rgw techrealm gz --placement="3 techhost01 techhost02 techhost03"
```

```
[ceph: root@techhost01 ~]# ceph orch apply rgw techrealm gz --placement="3 techhost01 te
chhost02 techhost03"
Scheduled rgw.techrealm.gz update...
```

图 6-88　命令执行结果

步骤三：Ceph 操作管理之块存储管理。

1. 创建一个新的存储池为 tech-rbd

```
ceph osd pool create tech-rbd --size 3
```

2. 启用存储池 rbd 接口

```
ceph osd pool application enable tech-rbd rbd
```

3. 通过 rbd 创建一个块设备

```
rbd create local01 -p tech-rbd --size 10G
```

4. 查看创建块设备列表

查看创建块设备列表，如图 6-89 所示。

```
rbd ls -p tech-rbd
```

```
[ceph: root@techhost01 /]# rbd ls -p tech-rbd
local01
```

图 6-89　命令执行结果

5. 将 rbd 设备映射成本地磁盘使用

（1）推出 cephadm shell

推出 cephadm shell，如图 6-90 所示。

```
exit
```

```
[ceph: root@techhost01 /]# exit
exit
```

图 6-90　命令执行结果

（2）检查内核模块中是否已加载 rbd 模块

```
lsmod | grep rbd
```

（3）如果没有，加载 rbd 内核模块

加载 rbd 内核模块，如图 6-91 所示。

```
modprobe rbd
lsmod | grep rbd
```

```
[root@techhost01 ~]# modprobe -a rbd
[root@techhost01 ~]# lsmod | grep rbd
rbd                    262144  0
libceph                524288  1 rbd
```

图 6-91　命令执行结果

（4）进入 cephadm shell

```
cephadm shell
```

（5）关闭 object-map, fast-diff, deep-flatten 的 features，如果 fast-diff 已关闭则出现提示，关闭提示如图 6-92 所示。

```
rbd -p tech-rbd --image local01 feature disable object-map
rbd -p tech-rbd --image local01 feature disable fast-diff
rbd -p tech-rbd --image local01 feature disable deep-flatten
```

```
[ceph: root@techhost01 /]# rbd -p tech-rbd --image local01 feature disable object-map
[ceph: root@techhost01 /]# rbd -p tech-rbd --image local01 feature disable fast-diff
rbd: failed to update image features: 2021-05-26T12:21:23.108+0000 fffbb6ff0010 -1 librb
d::Operations: one or more requested features are already disabled
(22) Invalid argument
[ceph: root@techhost01 /]# rbd -p tech-rbd --image local01 feature disable deep-flatten
```

图 6-92　命令执行结果

（6）将 local01 映射到本地主机

将 local01 映射到本地主机，如图 6-93 所示。

```
rbd map -p tech-rbd --image local01
```

```
[ceph: root@techhost01 /]# rbd map -p tech-rbd --image local01
/dev/rbd0
```

图 6-93　命令执行结果

（7）退出 cephadm shell，查看磁盘

查看磁盘，如图 6-94 所示。

```
exit
lsblk
```

```
[ceph: root@techhost01 /]# exit
exit
[root@techhost01 ~]# lsblk
NAME                                                                                        MAJ:MIN RM SIZE RO TYPE MOUNTPOINT
rbd0                                                                                        251:0    0  10G  0 disk
vda                                                                                         253:0    0  40G  0 disk
├─vda1                                                                                      253:1    0   1G  0 part /boot/efi
└─vda2                                                                                      253:2    0  39G  0 part /
vdb                                                                                         253:16   0  50G  0 disk
└─ceph--0c8cf63f--e1a7--407f--8f4a--2b1208225fd0-osd--block--286fcee0--08e7--47e4--9b14-
-dac1beeaf31e
                                                                                            252:0    0  50G  0 lvm
```

图 6-94　命令执行结果

（8）创建 cephblock 目录，格式化 rbd0，挂载文件系统只做 cephblock

```
mkdir /cephblock
mkfs.ext4 /dev/rbd0
mount /dev/rbd0 /cephblock/
```

（9）查看分区挂载情况

查看分区挂载情况，如图 6-95 所示。

```
df -Th /cephblock/
```

```
[root@techhost01 ~]# df -Th /cephblock/
Filesystem     Type  Size  Used Avail Use% Mounted on
/dev/rbd0      ext4  9.8G   37M  9.3G   1% /cephblock
```

图 6-95　命令执行结果

（10）卸载文件系统

```
umount /cephblock
```

（11）卸载块存储 local01

```
rbd device unmap -p tech-rbd --image local01
```

步骤四：文件系统管理。

1. 创建元数据存储池

创建元数据存储池，如图 6-96 所示。

```
ceph osd pool create cephfs_metadata 32 32 --size 3 --autoscale_mode off
```

```
[ceph: root@techhost01 /]# ceph osd pool create cephfs_metadata 32 32 --size 3 --autosca
le_mode off
pool 'cephfs_metadata' created
```

图 6-96　命令执行结果

2. 创建数据存储池

创建数据存储池，如图 6-97 所示。

```
ceph osd pool create cephfs_data 32 32 --size 3 --autoscale_mode off
```

```
[ceph: root@techhost01 /]# ceph osd pool create cephfs_data 32 32 --size 3 --autoscale_m
ode off
pool 'cephfs data' created
```

图 6-97　命令执行结果

3. 开启文件系统

开启文件系统，如图 6-98 所示。

```
ceph fs new cephfs cephfs_metadata cephfs_data
```

```
[ceph: root@techhost01 /]# ceph fs new cephfs cephfs_metadata cephfs_data
new fs with metadata pool 11 and data pool 12
```

图 6-98　命令执行结果

4. 查看用户 admin

查看用户 admin，如图 6-99 所示。

```
ceph auth ls
```

```
client.admin
        key: AQCaI65gsw4oEBAATy7v3DjU78QzMaHExK70lg==
        caps: [mds] allow *
        caps: [mgr] allow *
        caps: [mon] allow *
        caps: [osd] allow *
```

图 6-99　命令执行结果

退出 cephadm shell，创建 cephfs 目录，如图 6-100 所示。

```
[ceph: root@techhost01 /]# exit
exit
[root@techhost01 ~]# mkdir /cephfs
```

图 6-100　命令执行结果

5. 挂载目录

（1）通过内核方式 cephfs

通过内核方式 cephfs，如图 6-101 所示。

```
mount -t ceph 192.168.0.11:6789,192.168.0.12:6789,192.168.0.13:6789:/ /cephfs/ -o
name=admin,secret= AQCaI65gsw4oEBAATy7v3DjU78QzMaHExK7Olg==
```

```
[root@techhost01 ~]# mount -t ceph 192.168.0.11:6789,192.168.0.12:6789,192.168.0.13:6789
:/ /cephfs/ -o name=admin,secret=AQCaI65gsw4oEBAATy7v3DjU78QzMaHExK70lg==
```

图 6-101　命令执行结果

（2）查看分区挂载情况

查看分区挂载情况，如图 6-102 所示。

df -Th /cephfscd

```
[root@techhost01 ~]# df -Th /cephfs/
Filesystem                                              Type  Size  Used Avail Use% Moun
ted on
192.168.0.11:6789,192.168.0.12:6789,192.168.0.13:6789:/ ceph   47G     0   47G   0% /cep
hfs
```

图 6-102　命令执行结果

当然 Ceph 也可以做对象存储及文件存储管理，这部分内容留给各位读者实现，我们重点关注如何在 OpenEuler 搭建 Ceph 集群并使用。至此 Ceph 集群部署完毕。

6.7　本章小结

本章主要介绍了华为鲲鹏的全景解决方案，并给出了 4 种典型的鲲鹏解决方案应用场景以及实验案例。最后给出了 3 个鲲鹏平台软件移植简单案例。学生经过本章的学习之后应该对鲲鹏常用的几种应用解决方案有所了解。

本章习题

1. 下列说法错误的是（　　）。

A. 大数据可以用于流行病预测

B. 实时流处理对时延的要求不高

C. 离线批处理通常通过

2. 以下哪个命名可以用来解压 Dependency-advisor-Kunpeng-linux-2.1.1.SPC100.tar.gz 软件包？（　　）

A. tar Dependency-advisor-Kunpeng-linux-2.1.1.SPC100.tar.gz

B. tar -xvf Dependency-advisor-Kunpeng-linux-2.1.1.SPC100.tar.gz

C. tar -xjvf Dependency-advisor-Kunpeng-linux-2.1.1.SPC100.tar.gz

D. tar -zxvf Dependency-advisor-Kunpeng-linux-2.1.1.SPC100.tar.gz

3. 以下哪个命令可以用来安装以 Web 方式访问 Portind advisor 工具？（　　）

A. sh install.sh web

B. sh install.sh cli

C. sh install.sh

4.（多选）关于 PostgreSQL 编译安装命令，以下哪些说法是正确的？（　　）

A. make -j 4 用于编译源程序

B. make -j 4 用于安装编译后的程序

C. make install 用于编译源程序

D. make install 用于安装编译后的程序

5.（多选）为什么 x86 架构处理器上的软件在鲲鹏处理器使用时需要移植？（　　）

A. 两种处理器的指令集不同

B. 源代码需要按照目标处理的指令集编译成指令才能运行

C. 编译型语言由编译器静态编译成指令和数据

D. 解释型语言由语言的虚拟机在运行时将源码/字节码编译成指令和数据

答案：1. B　2. D　3. A　4. AD　5. ABCD

附录
OpenEuler 操作系统的安装

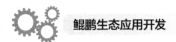

1. 准备镜像

下载我们所需的 OpenEuler20.03 镜像，保存至系统本地，如附图 1、附图 2。

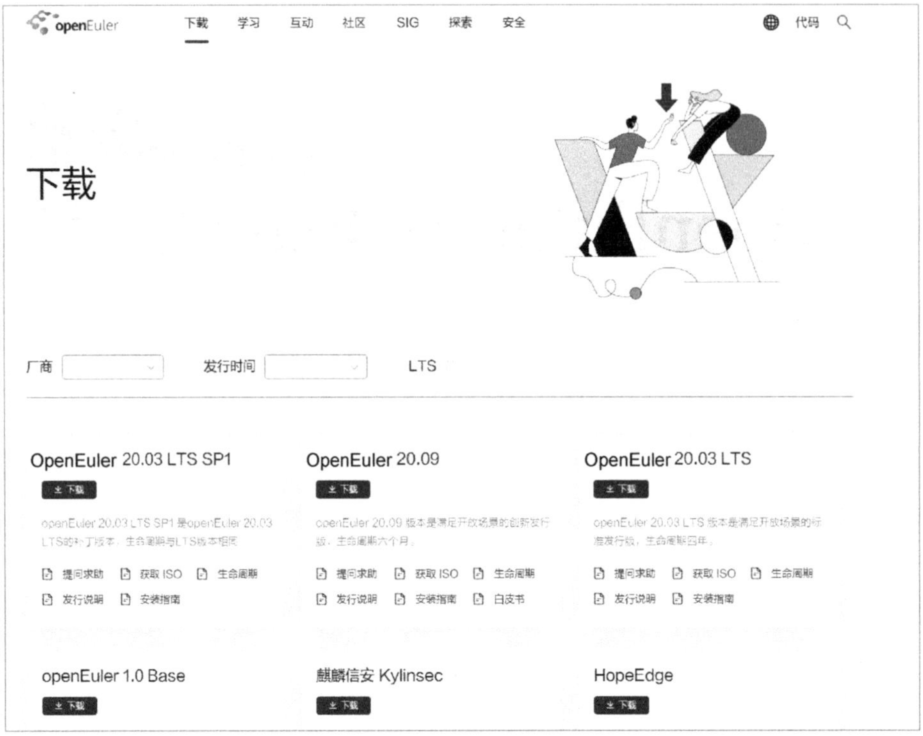
openEuler
下载
学习
互动
社区
SIG
探索
安全
代码
下载
厂商
发行时间
LTS
OpenEuler 20.03 LTS SP1
下载
提问求助
获取 ISO
生命周期
发行说明
安装指南
OpenEuler 20.09
下载
提问求助
获取 ISO
生命周期
发行说明
安装指南
白皮书
OpenEuler 20.03 LTS
下载
提问求助
获取 ISO
生命周期
发行说明
安装指南
openEuler 1.0 Base
下载
麒麟信安 Kylinsec
下载
HopeEdge
下载

附图 1 下载镜像

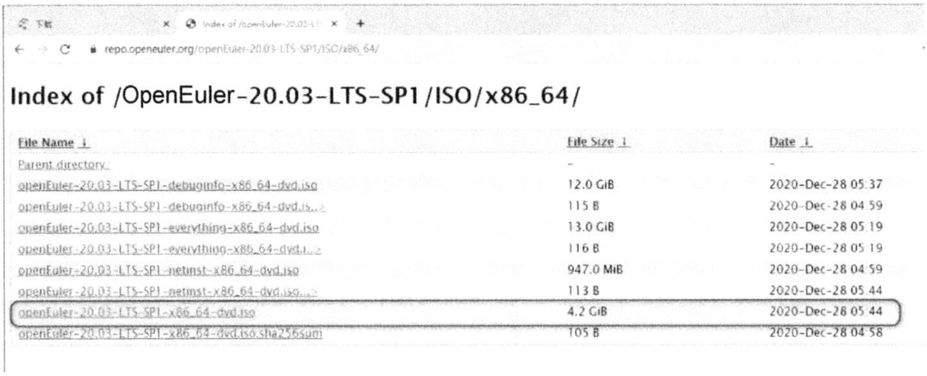
repo.openeuler.org/openEuler-20.03-LTS-SP1/ISO/x86_64/
Index of /OpenEuler-20.03-LTS-SP1/ISO/x86_64/
File Name ↓
File Size ↓
Date ↓
Parent directory/
openEuler-20.03-LTS-SP1-debuginfo-x86_64-dvd.iso 12.0 GiB 2020-Dec-28 05:37
openEuler-20.03-LTS-SP1-debuginfo-x86_64-dvd.is..> 115 B 2020-Dec-28 04:59
openEuler-20.03-LTS-SP1-everything-x86_64-dvd.iso 13.0 GiB 2020-Dec-28 05:19
openEuler-20.03-LTS-SP1-everything-x86_64-dvd.i..> 116 B 2020-Dec-28 05:19
openEuler-20.03-LTS-SP1-netinst-x86_64-dvd.iso 947.0 MiB 2020-Dec-28 04:59
openEuler-20.03-LTS-SP1-netinst-x86_64-dvd.iso...> 113 B 2020-Dec-28 05:44
openEuler-20.03-LTS-SP1-x86_64-dvd.iso 4.2 GiB 2020-Dec-28 05:44
openEuler-20.03-LTS-SP1-x86_64-dvd.iso.sha256sum 105 B 2020-Dec-28 04:58

附图 2 选择镜像

2. 创建虚拟机

此处使用 VmwareWorkstation 工具进行虚拟机创建，工具安装可参考网络文档。接下来开始具体的安装流程。

步骤一：创建虚拟机。

打开 Vmware 软件，单击“文件”，选择“新建虚拟机”，如附图 3 所示。

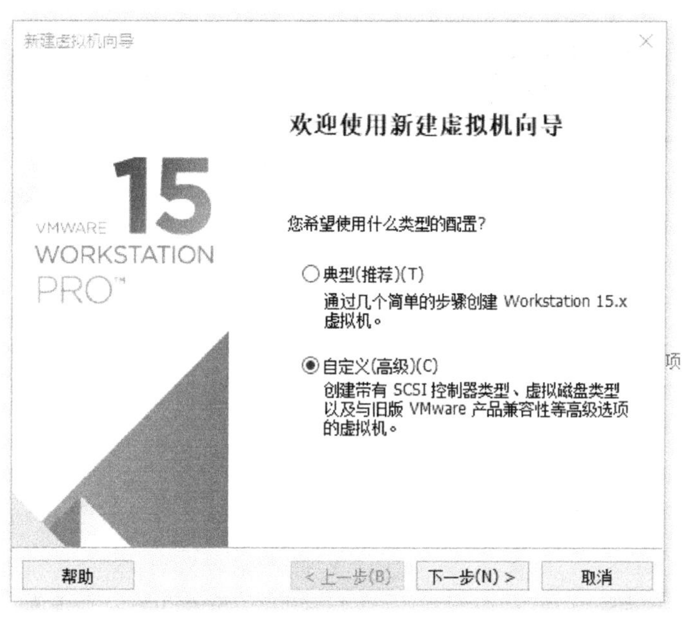

附图 3 新建虚拟机向导

步骤二：单击“下一步”，查看虚拟机硬件兼容性，此处选择默认即可，接着单击下一步，如附图 4 所示。

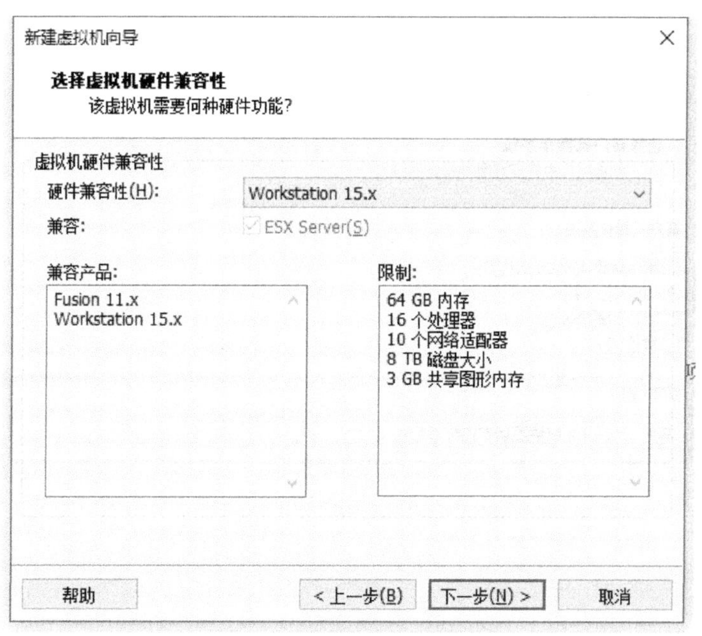

附图 4 设置虚拟机兼容性

步骤三：安装客户机操作系统。

选择“稍后安装操作系统”，如附图 5 所示。

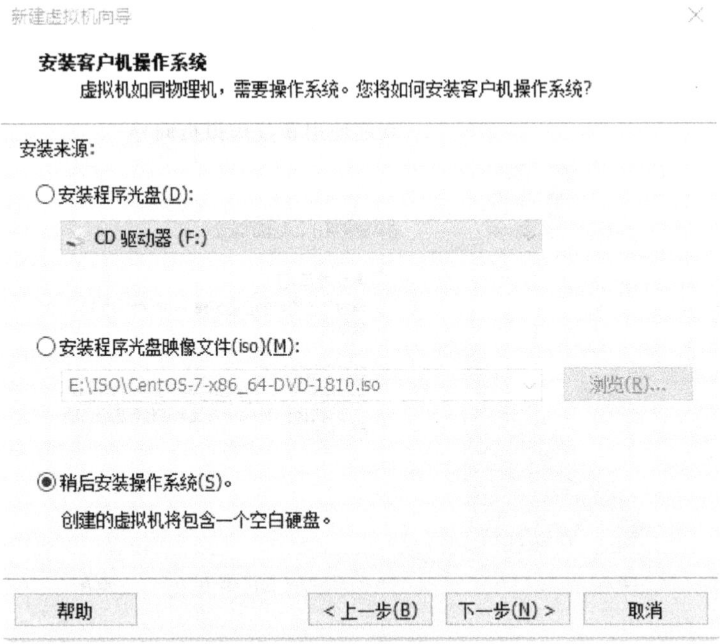

附图 5　稍后选择安装操作系统

步骤四：选择客户机操作系统。

选择“Linux”系统，版本选择“其他 Linux 4.x 或更高版本内核 64 位”，接下来单击下一步，如附图 6 所示。

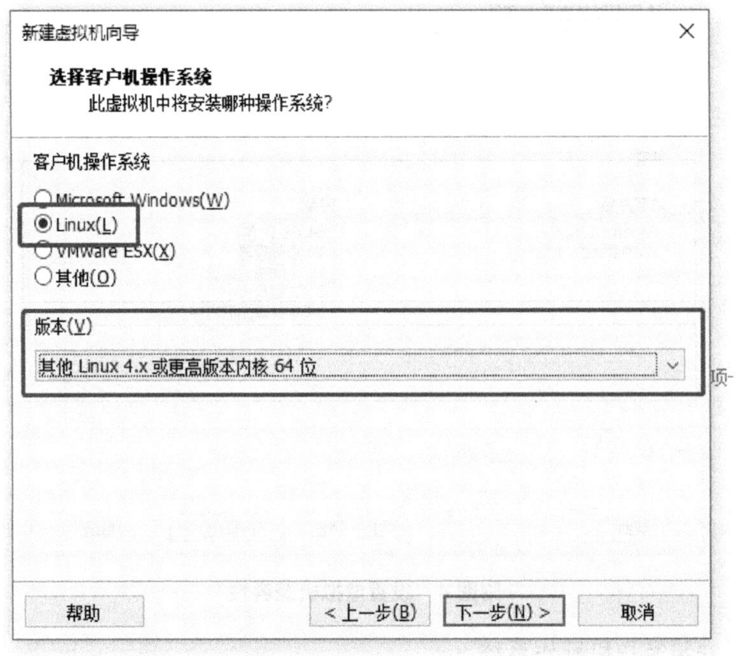

附图 6　安装 Linux 系统

步骤五：命名虚拟机。

此处可对虚拟机的名称进行自定义，安装位置请根据具体计算机的配置自行设置，如附图 7 所示为本次实验设置。

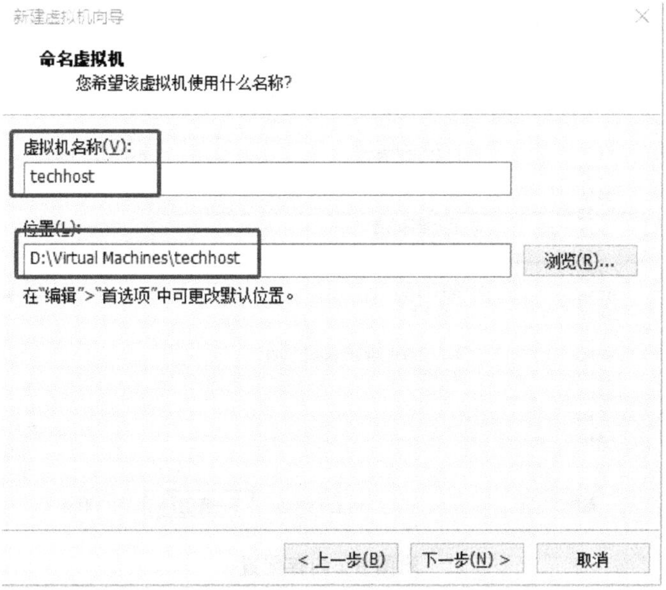

附图 7　命名虚拟机

步骤六：处理器配置。

请根据计算机硬件配置进行设置，此处实验机器配置选择如附图 8 所示。

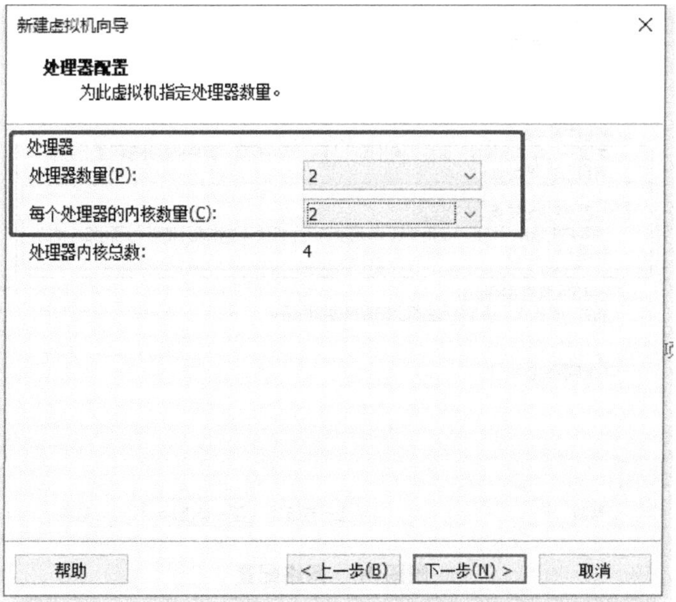

附图 8　处理器配置

步骤七：虚拟机内存配置。

请根据计算机硬件配置进行设置，此处实验机器配置选择如附图 9 所示。

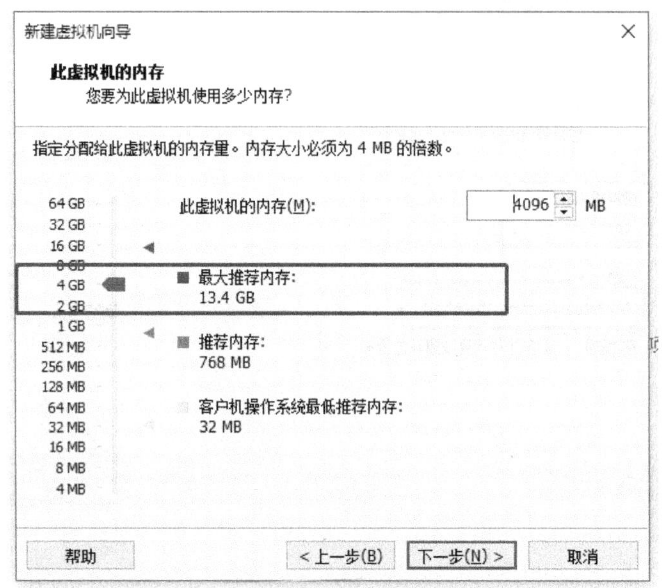

附图 9　内存配置

步骤八：网络类型。

此处选择“使用网络地址转换（NAT）”,如附图 10 所示。

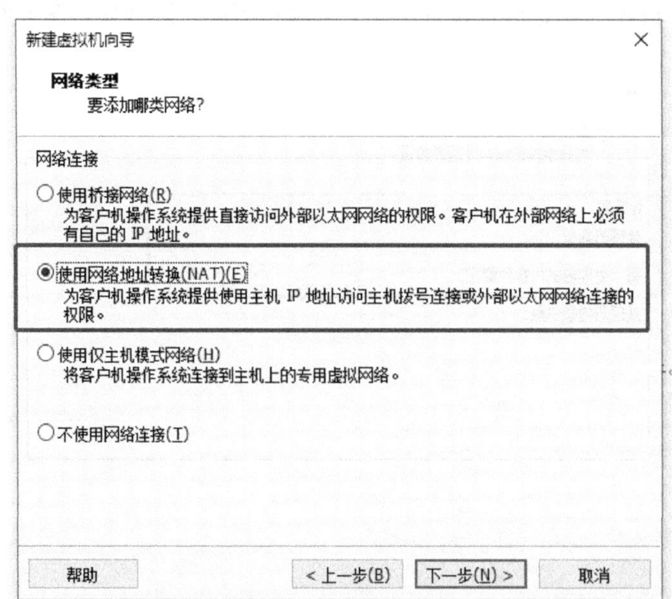

附图 10　网络配置

步骤九：选择 I/O 控制器类型，默认即可，如附图 11 所示。

新建虚拟机向导

选择 I/O 控制器类型

您要使用何种类型的 SCSI 控制器?

I/O 控制器类型

SCSI 控制器:

○ BusLogic(U) (不适用于 64 位客户机)

◉ LSI Logic(L) (推荐)

○ LSI Logic SAS(S)

帮助 < 上一步(B) 下一步(N) > 取消

附图 11 I/O 控制器类型

步骤十：选择磁盘类型，默认即可，如附图 12 所示。

新建虚拟机向导

选择磁盘类型

您要创建何种磁盘?

虚拟磁盘类型

○ IDE(I)

◉ SCSI(S) (推荐)

○ SATA(A)

○ NVMe(V)

帮助 < 上一步(B) 下一步(N) > 取消

附图 12 磁盘类型

步骤十一：选择磁盘。

此处选择“创建新虚拟磁盘”，如附图 13 所示。

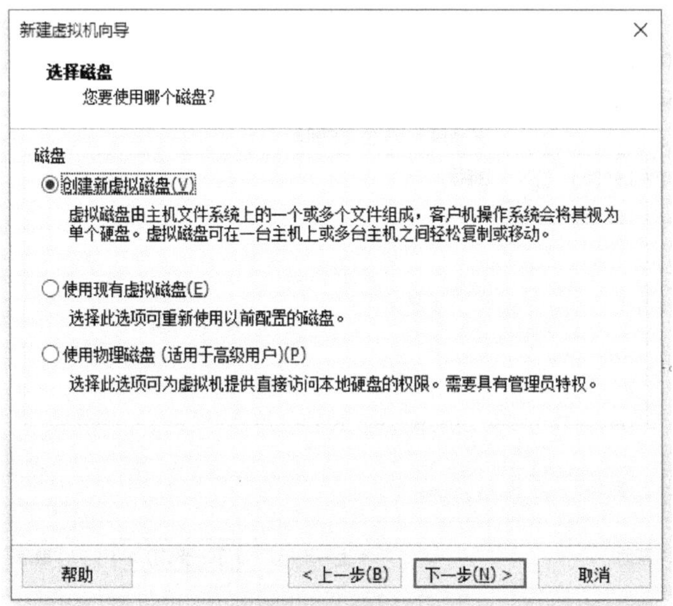

附图 13　磁盘选择

给予虚拟磁盘 40G 空间大小，选择“将虚拟磁盘存储为单个文件”，如附图 14 所示。

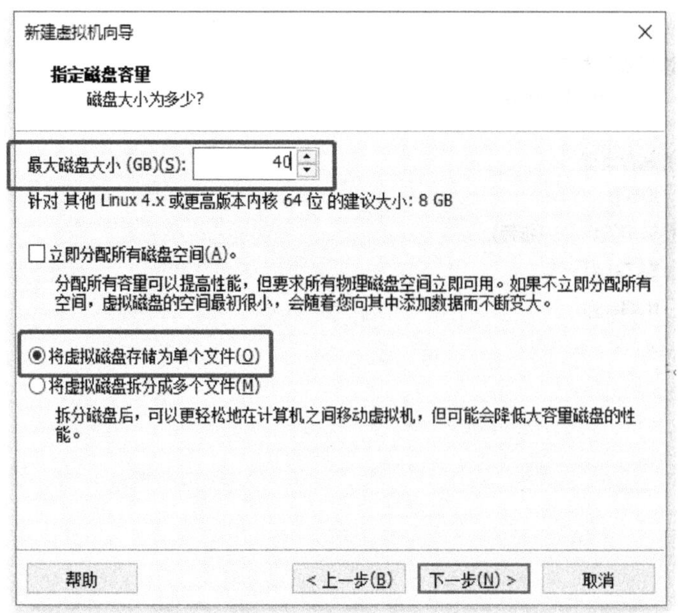

附图 14　磁盘容量设置

接着指定磁盘类型，此处选择默认即可，如附图 15 所示。

新建虚拟机向导

指定磁盘文件

您要在何处存储磁盘文件？

磁盘文件(F)

将使用此文件名创建一个 40 GB 磁盘文件。

techhost.vmdk　浏览(R)...

帮助　< 上一步(B)　下一步(N) >　取消

附图 15　磁盘文件

步骤十二：自定义硬件

选择“自定义硬件”，如附图 16 所示。

新建虚拟机向导

已准备好创建虚拟机

单击"完成"创建虚拟机。然后可以安装 其他 Linux 4.x 或更高版本内核 64 位。

将使用下列设置创建虚拟机：

名称:	techhost
位置:	D:\Virtual Machines\techhost
版本:	Workstation 15.x
操作系统:	其他 Linux 4.x 或更高版本内核 64 位
硬盘:	40 GB
内存:	4096 MB
网络适配器:	NAT
其他设备:	4 个 CPU 内核, CD/DVD, USB 控制器, 打印机, 声卡

自定义硬件(C)...

< 上一步(B)　完成　取消

附图 16　配置概览

单击自定义硬件，进入后将“USB 控制器”“声卡”“打印机”设备移除，如附图 17 所示。

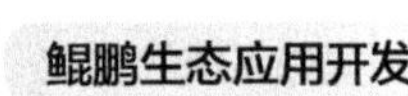

附图 17　自定义硬件

移出后单击“处理器”，选中“虚拟化配置选项”，如附图 18 所示。

附图 18　处理器设置

接着单击“新 CD/VCD”，选择“使用 ISO 映像文件”，单击“浏览”，选择之前下载的 OpenEuler 20.03 版本的镜像，如附图 19 所示。

附图 19　I/O 镜像文件设置

修改完成后，单击“关闭”按钮，回到新建虚拟机向导页签，单击“完成”即可，如附图 20 所示。

附图 20　完成

步骤十三：启动虚拟机。

配置修改完成后，单击“开启此虚拟机“，如附图 21 所示。

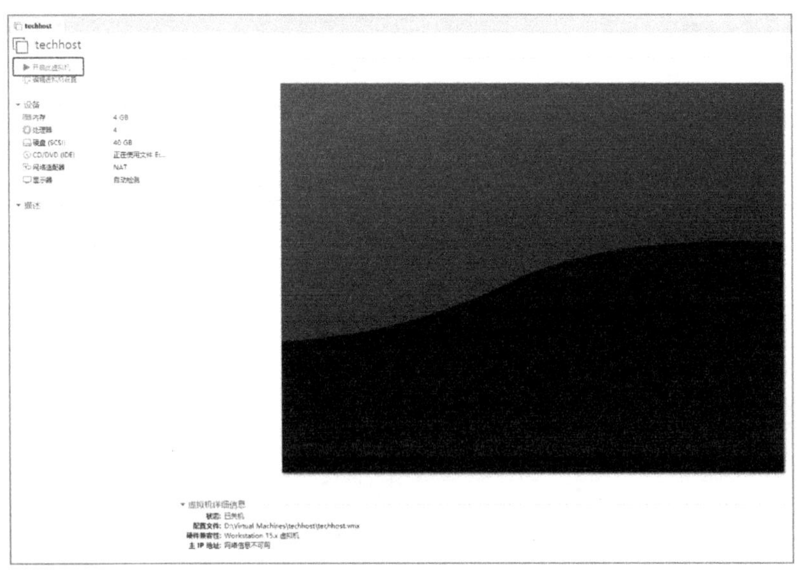

附图 21　启动虚拟机

进入安装页面，将光标点入系统中，选择“install”安装选项及“高亮显示”选项，开始安装系统，如附图 22 所示。

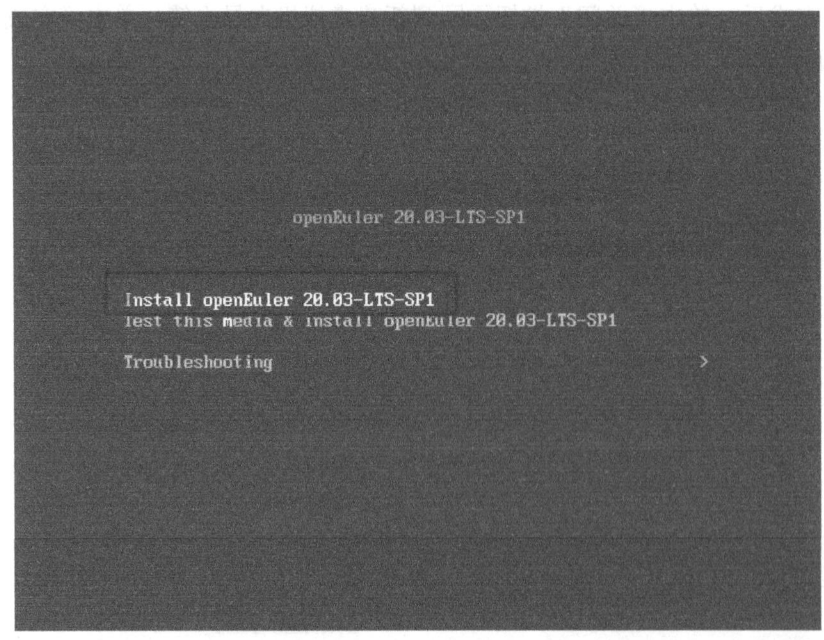

附图 22　安装 OpenEuler 系统

进入系统安装导航页面，选择安装过程中的语言，默认英文即可，如附图 23 所示。

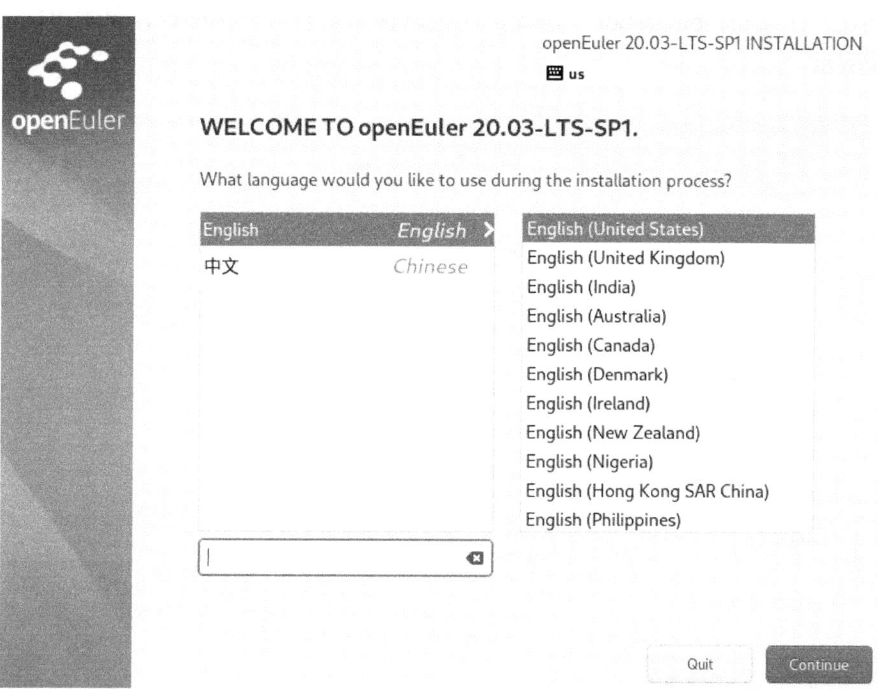

附图 23　安装过程中语言选择

进入下一步后，单击进入显示感叹号的选项，进行确认即可，如附图 24 所示。

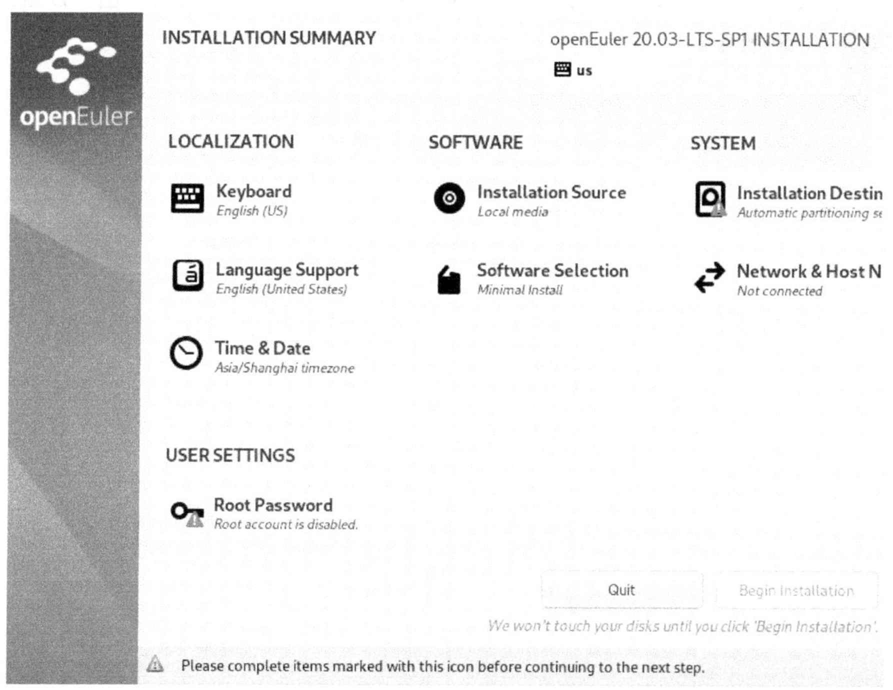

附图 24　配置项选择

首先单击“InstallationDestion”选项，此处默认系统自行分区即可，单击“Done”，如附图 25 所示。

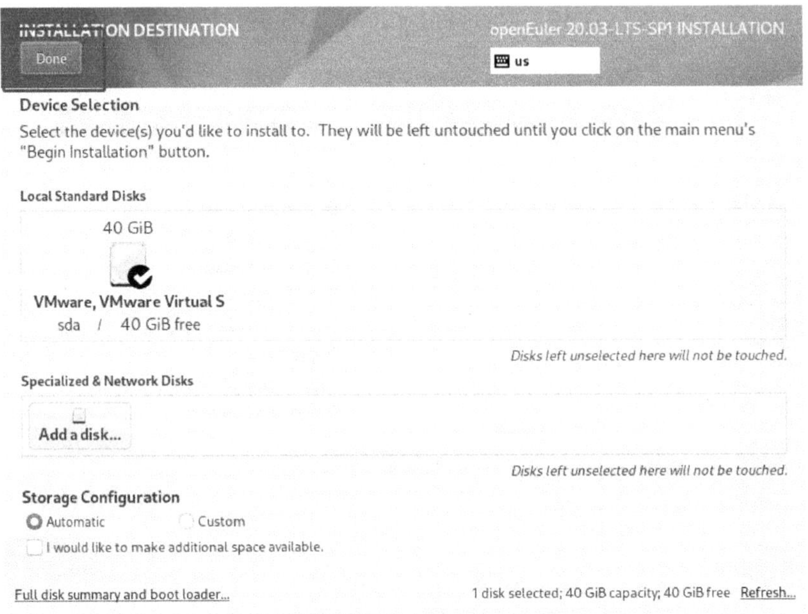

附图 25　选择安装位置

然后单击“RootPassword”选项，设置 root 用户密码，设置完成后单击“Done”保存退出，如附图 26 所示。

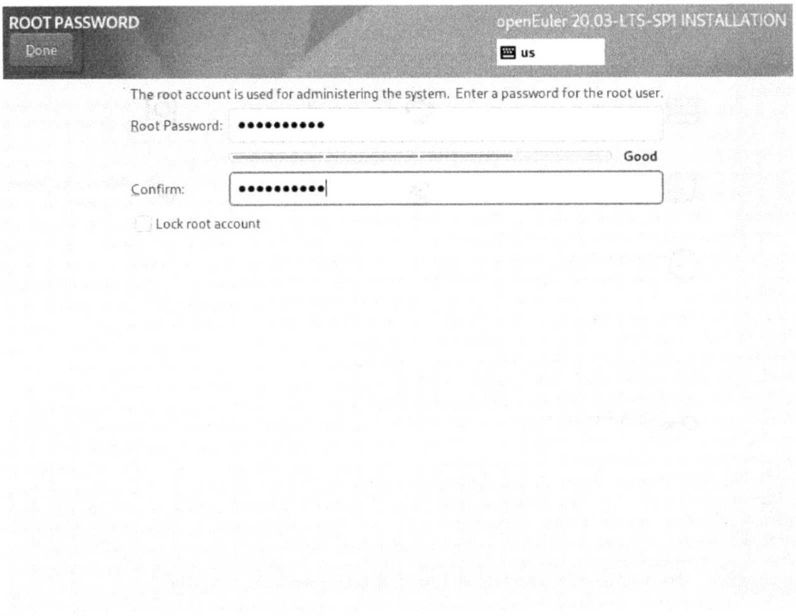

附图 26　设置 root 用户密码

最后单击“Begin Installation”开始安装。默认采用最小化安装，如附图 27 所示。

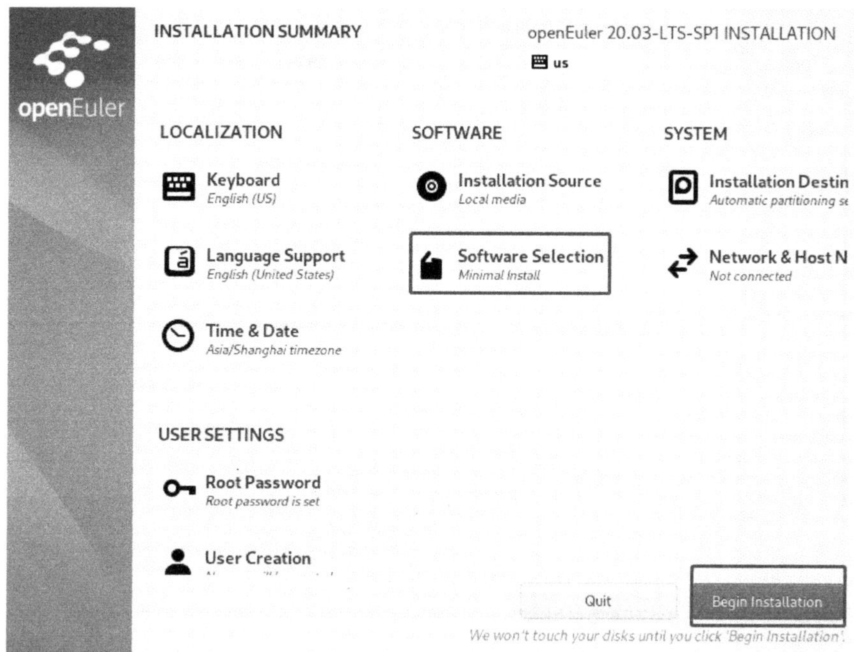

附图 27 最小化安装

附图 28 显示正在安装，过程较慢，耐心等待即可。

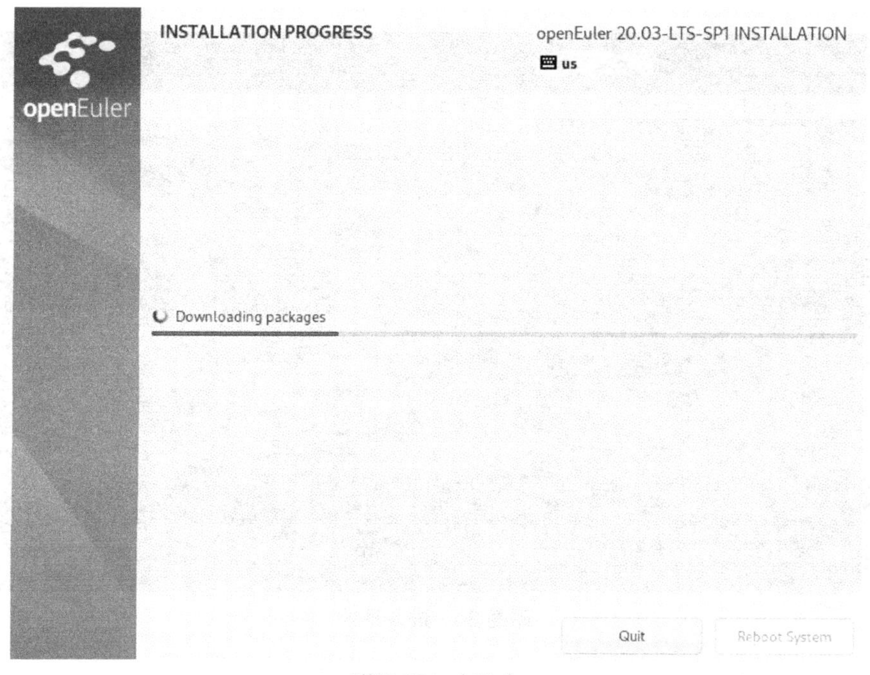

附图 28 安装中

安装成功后，单击重启系统，如附图 29 所示。

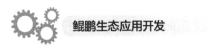

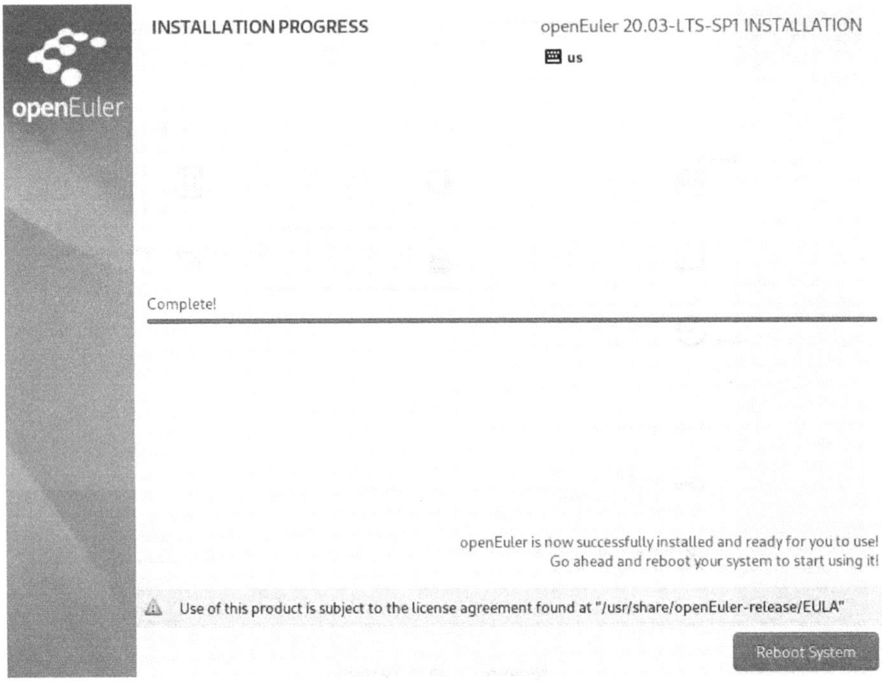

INSTALLATION PROGRESS
openEuler 20.03-LTS-SP1 INSTALLATION
us
openEuler
Complete!
openEuler is now successfully installed and ready for you to use!
Go ahead and reboot your system to start using it!
Use of this product is subject to the license agreement found at "/usr/share/openEuler-release/EULA"
Reboot System

附图 29　安装完成重启

重启完成，选择第一个选项进入系统，如附图 30 所示。

openEuler (4.19.90-2012.5.0.0054.oe1.x86_64) 20.03 (LTS-SP1)
openEuler (0-rescue-54d5b4bea5284a0cbc4310e1243b08ba) 20.03 (LTS-SP1)
Use the ↑ and ↓ keys to change the selection.
Press 'e' to edit the selected item, or 'c' for a command prompt.
The selected entry will be started automatically in 4s.

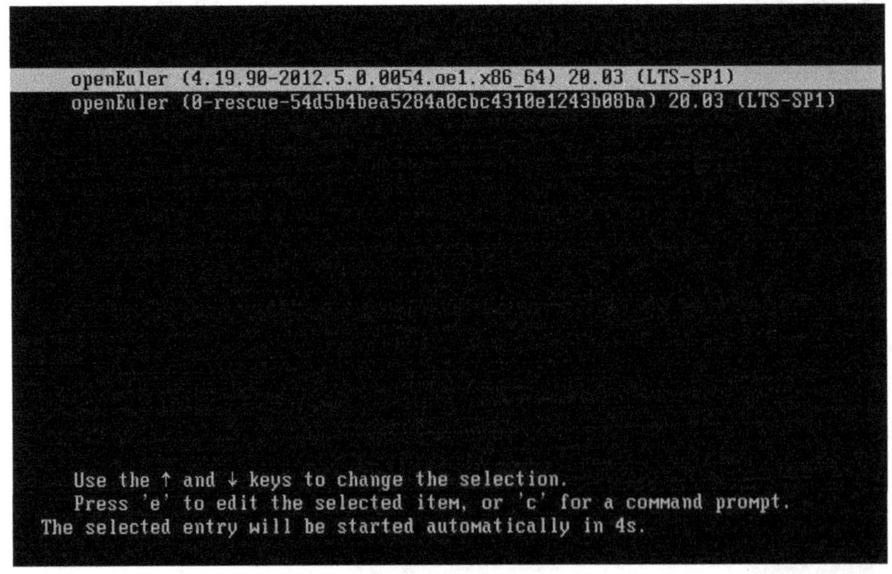

附图 30　进入系统

重启后需要输入登录用户名与密码，如附图 31 所示。

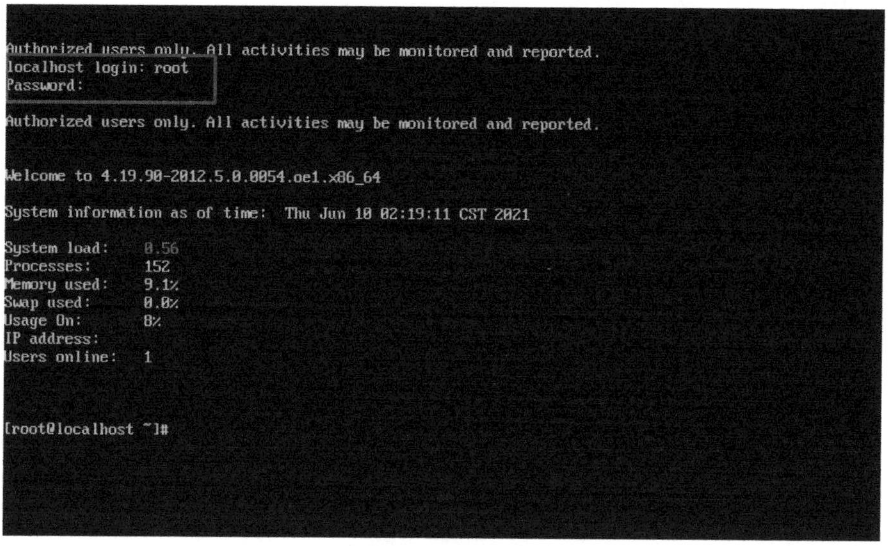

```
Authorized users only. All activities may be monitored and reported.
localhost login: root
Password:

Authorized users only. All activities may be monitored and reported.


Welcome to 4.19.90-2012.5.0.0054.oe1.x86_64

System information as of time:  Thu Jun 10 02:19:11 CST 2021

System load:    0.56
Processes:      152
Memory used:    9.1%
Swap used:      0.0%
Usage On:       8%
IP address:
Users online:   1



[root@localhost ~]#
```

附图 31　登录系统

至此，系统安装成功。